중심지이론

남부독일의 중심지

나남
nanam

한국학술진흥재단 학술명저번역총서
서양편 223

중심지이론
남부독일의 중심지

2008년 2월 15일 발행
2008년 2월 15일 1쇄

지은이_ 발터 크리스탈러
옮긴이_ 안영진 · 박영한
발행자_ 趙相浩
발행처_ (주) 나남
주소_ 413-756 경기도 파주시 교하읍
출판도시 518-4
전화_ (031) 955-4600 (代)
FAX_ (031) 955-4555
등록_ 제 1-71호(79.5.12)
홈페이지_ http://www.nanam.net
전자우편_ post@nanam.net
인쇄인_ 유성근(삼화인쇄주식회사)

ISBN 978-89-300-8256-3
ISBN 978-89-300-8215-0(세트)
책값은 뒤표지에 있습니다.

'한국학술진흥재단 학술명저번역총서'는 우리 시대 기초학문의 부흥을 위해
한국학술진흥재단과 (주)나남이 공동으로 펼치는 서양명저 번역간행사업입니다.

중심지이론

남부독일의 중심지

발터 크리스탈러 지음 | 안영진 · 박영한 옮김

나남
nanam

Die Zentralen Orte in Süddeutschland

Eine ökonomisch-geographische Untersuchung über die Gesetzmäßigkeit der Verbreitung und Entwicklung der Siedlungen mit städtischen Funktionen

by

Walter Christaller

옮긴이 머리말

이 책은 독일의 지리학자 발터 크리스탈러(Walter Christaller)가 저술한《남부독일의 중심지 : 도시 기능을 지닌 취락의 분포와 발달의 법칙성에 관한 경제지리학적 연구》를 우리말로 완역한 것이다. 이 책의 원저는 크리스탈러가 1932년 에어랑겐(Erlangen)대학에 로베르트 그라트만(Robert Gradmann) 교수의 지도 아래 제출한 박사학위논문을 바탕으로 하여 1933년에 처음 출간되었으며, 1968년에 수정 없이 다시 출간된 것이다.

원저자인 크리스탈러는 일생 동안 중심지를 비롯하여 행정구역(개편), 농촌 및 지역개발, 관광 등의 분야를 주로 연구하였으며, 총 50여 편의 논문과 4권의 단행본, 30여 편의 서평, 6권의 관광안내서, 1권의 교과서, 그리고 2권의 지도집을 남겼다. 물론 그 가운데서 가장 잘 알려져 있는 학술적 업적은 두말할 나위도 없이 중심지이론을 제시한《남부독일의 중심지》이다.

이 책은 기본적으로 오늘날 인간의 경제활동과 정주생활에서 핵심적 공간으로 자리잡고 있는 도시가 어떤 입지패턴을 보여주고 공간적으로 어떻게 조직되어 있으며, 그 가운데 작용하는 (경제)지리학적 원리와 법칙이 무엇인가를 밝히려 하고 있다. 무엇보다도 크리스탈러는 주변 배후지에 중심적 재화와 서비스를 제공하는 기능을 지닌 이른바 중심지로서 도시의 수와 규모, 입지, 그리고 그 발전패턴에 관심을 갖고, 이를 설명하기 위해 경제학의 수요 및 공급개념을 공간에 원용함으로써 지리학과 경제학을 접목시킨 새로운 공간경제이론을 독창적으로 제시하고 있다.

이런 의미에서 이 책은 농업적 토지이용과 조직에 관한 튀넨(H. von Thünen)의 《고립국이론》과 2차산업인 공업의 공간적 배치와 입지선정에 관한 베버(A. Weber)의 《공업입지론》의 이론적 맥락을 이어받으면서, 3차산업인 상업 및 서비스의 존립방식과 그 기능을 수행하는 도시의 편성과 발전에 관한 한층 더 정교하고 세련된 이론을 제시하고 있다고 평가할 수 있다. 이와 동시에 이 책의 내용은 이후의 인문지리학(특히 경제지리학과 도시지리학)과 공간경제론, 그리고 지역과학 등의 분야에서 이론적 논의와 정책적 응용에 기초이론으로서 폭넓게 원용되었을 뿐만 아니라, 계속적으로 수정·보완되면서 다양한 분야에 영향을 미치고 있다.

그동안 크리스탈러의 원저는 중심지이론이라는 이름 아래 다양한 해설서로 소개되었고, 또한 이에 그치지 않고 세계 각국어로도 번역되었다. 연도는 달라도 지금까지 스웨덴어, 영어, 일본어, 그리고 이탈리아어 등으로 번역 출간된 것으로 파악되고 있다.

우리나라에서도 중심지이론과 관련한 논설과 관련저술들이 적지 않게 나와 있지만, 이론적 논의의 깊이와 폭, 그리고 관련주제에 관한 연구성과가 꼭 만족스러운 수준에 이르렀다고 보기에는 여전히 어렵다. 이 점과 관련해서는 여러 가지 이유가 있겠지만, 기본적으로 언어적 이유로 원저의 접근이 제약된 점을 그 하나로 들 수 있을 것이다. 물론 이 책의 번역으로 당장 중심지이론에 대한 연구가 크게 활성화될 것이라는 점은 역시 또한 다양한 이유에서 기대하기 어렵지만, 적어도 크리스탈러가 주장했던 이론의 내용적 측면에 대한 그동안의 피상적 이해를 불식시키고, 이른바 '현대적 고전'으로 일컫는 이 책에 대해 교육적 차원을 포함한 그 학술적 가치를 다시 한번 생각해 볼 수 있는 계기는 될 수 있을 것이다.

이 번역서가 나오기까지 여러분들로부터 조언과 함께 많은 도움을 받았음을 밝혀두고 싶다. 먼저 번역작업을 시종일관 큰 관심을 갖고 격려해 주신 조영국(협성대), 이원호(성신여대), 오상학(제주대) 등 여러 교수님들께 먼저 감사드린다. 또한 허술한 번역원고를 끝까지 꼼꼼히 읽어주시고 정성껏 가다듬어 주신 구동회(부산대), 이현욱(전남대) 두 교수님과 학진 평가과정에서 귀중한 조언을 아끼지 않으신 익명의 논평자들께도 깊이 감사드린다. 그리고 도표와 지도작업을 도와 준 권성택(전남대 지리학과 졸업) 군에게는 고마움을 전하고자 한다. 끝으로 귀중한 고전적 학술서를 한정된 독자층에도 불구하고 2003년 명저번역사업을 통해 물심양면으로 지원해 주신 한국학술진흥재단 관계자들과 편집 및 출판과정에 여러모로 신경을 써주신 주) 나남 조상호 사장님께도 다시 한번 감사드린다.

2008년 1월

안영진 · 박영한

일러두기

- 원서에서 지은이가 강조한 부분은 고딕체로 표기했다.
- 원서에서 주요 용어와 인용문을 모두 "..."로 표기하고 있으나, 역서에서는 주요 용어는 '...'로, 인용문은 "..."로 구분하여 표기했다.
- 원서의 본문에서 언급한 저서는 《 》로, 논문은 〈 〉로 구분하여 표기했다.
- 원서의 장과 절의 구분 및 기호체계를 일부 바꿔 새롭게 표기했다.
- 인명과 지명 등 고유명사와 주요 개념어는 처음 나올 때 한번만 원어를 병기하는 것을 원칙으로 하였다.
- 원서의 쪽별로 붙은 각주는 장별로 바꿔 달았다.
- 본문 내용에 대한 옮긴이의 보충설명은 각주에서 〔역주〕로 표시하여 원주와 구별했다.
- 본문의 〔 〕은 옮긴이의 부연설명 또는 문맥의 이해를 돕기 위해 덧붙인 것이다.
- 각주 및 참고문헌의 인용방식과 관련한 주요 용어 및 약어의 뜻은 다음과 같다. a. a. O. (앞의 책 또는 논문), Ebenda(위의 책 또는 논문), Bd. ... 또는 ... Band(제... 권), Heft ... (제... 호), ... Aufl. (제... 판), usw. (기타 등등), S. ... 또는 Sp. ... (... 쪽), S. ... ff. (... 쪽 이하), ... Teil(제... 부), ... Jahrg. (... 연도분), Diss. (박사학위논문), (H/h)erausg(eg). von ... (... 편), bearb. und herausg. von ... (... 편저).

머리말

이 연구는 원래 국민경제학적, 국가학적 연구로 구상된 것이었다. 그때의 주도적 관점은 국가의 행정조직을 합리적으로 구축하고 국가활동을 간소화하는 방향에서 독일제국의 영토를 새롭게 편성하는 데 필요한 경제학적 기초를 탐색하려는 것이었다.

그렇지만 에어랑겐대학에서 강의와 세미나, 그리고 답사를 통해 로베르트 그라트만 교수로부터 인상 깊은 자극을 받아 지난 30여 년 동안, 다시 말해 내가 처음 글 읽는 법을 배운 이후 대부분의 여가시간을 할애했던 지리가 일생동안 해야 할 수많은 일 가운데서도 핵심에 해당한다는 사실을 나는 마침내 분명히 깨닫게 되었다. 그래서 다분히 실천적 과제를 해결하려는 당초 생각을 바꿔 순수한 학술적 연구를 진행하게 되었다. 즉, 남부독일을 사례로 도시취락의 수와 분포, 그리고 규모의 법칙성에 관한 경제지리학적 연구를 수행하게 된 것이다.

이 연구의 범위는 〔전통적〕 취락지리학 연구에서 흔히 채택하는 범위를 뛰어넘어 자못 확대되지 않을 수 없었다. 이는 국지적 현상이나 법칙성을 일반화하는 위험에 빠지지 않기 위함이었다. 이렇게 함으로써 특수적 연구에 관계하거나 개별적 사안을 다루는 일을 자연스럽게 배제할 수 있었다. 더구나 실제로도 연구의 범위를 통상적 경우보다 확대하지 않을 수 없었다. 왜냐하면 취락지리학적 현실을 이해하고 설명하기 위해서는 경제학이 최근까지도 명백히 등한시한 공간을 지향한 이론경제학적 원리를 먼저 개진하지 않을 수 없었기 때문이다. 이로 인하여 연구분량이 크게 늘어난 점에 대해서는 〔독자 여러분들의〕 양해를 구한다.

이 책을 빌어 나는 폭넓은 학문적 격려와 함께 지리학에 매진하라는 평생의 과제를 제시한 존경하는 스승인 로베르트 그라트만 교수께 깊이 감사드린다.

1932년 여름 에어랑겐에서
발터 크리스탈러

중심지이론

남부독일의 중심지

차 례

서 론

1. 도시의 수와 규모, 그리고 분포를 규정하는 법칙이 존재하는가

근래에 들어와서 취락지리학 문헌에서는 그라트만[1]의 모범에 따라 농촌취락과 도시취락을 엄격히 구분하고 있다. 그라트만[2]이 "촌락과 도시처

1) Robert Gradmann: "Das ländliche Siedlungswesen des Königreichs Württemberg." In: *Forschungen zur deutschen Landes- und Volkskunde*, 21. Bd., Heft 1. 2. Aufl. Stuttgart 1926(1. Aufl. 1913); Robert Gradmann: "Die städtischen Siedlungen des Königreichs Württemberg." Ebenda, Heft 2. 2. Aufl. Stuttgart 1926(1. Aufl. 1913).

2) 〔역주〕 이 연구에서 그라트만이 자주 언급되는 것은 그가 크리스탈러의 박사학위논문 지도교수이자 당시 독일 취락지리학의 대가로서 크리스탈러의 연구에 적잖은 이론적, 지적 영감을 주었기 때문이다. 그라트만(1865~1950)은 라우펜(Lauffen)에서 태어나 튀빙겐대학에서 신학을 공부하고 대학졸업 후 목회활동을 하면서 식물학에 전념하며 저술한 《슈바벤 알프의 식물상》(*Das Pflanzenleben der Schwäbischen Alb*, 전 2권, 1898년)으로 튀빙겐대학에서 박사학위를 취득했다. 그후 그는 튀빙겐대학 도서관에서 일하면서 독서와 답사를 통해 지리학에 심취하여 토양과 기후, 식생, 인간

럼 근본적으로 서로 다른 두 현상"이 존재한다고 언급한 점은 전적으로 타당한 것으로 생각된다.[3] 이때 촌락이 존립하는 데 기초가 되는 것이 과연 무엇인지는 명약관화하다. 그것은 촌락이 다름아닌 농업과 여타 토지이용에 전적으로 의존한다는 점이다. 촌락이나 〔개별〕농가에 거주하는 인구수와 토지규모 사이에 일정한 관련성이 성립한다고 볼 수 있다. 즉, 촌락에서는 일정한 농업기술과 경영조직 아래 평면적 토지이용에 의지하여 살아갈 수 있을 만큼의 인구가 거주한다는 것이다. 이 인구가 대규모 취락, 다시 말해 폐쇄적인 대규모 촌락에 거주하는지 아니면 작은 촌락이나 마을 혹은 개별농가에 거주하는지는 그다지 명확하지 않다. 그렇지만 그라트만과 많은 학자들의 연구를 통해 이러한 관련성은 대체적으로 설명되고 있다. 즉, 일정한 유형의 (정주)취락들이 대개의 경우 특정 지역에서 우세하다는 것이다.

도시의 상황은 이와 다르다. 우리는 동일한 지역에서 모든 범주에 걸쳐 크고 작은 도시들이 나란히 자리잡고 있음을 관찰할 수 있다. 때로는 도시들이 전혀 그럴 것 같지 않는, 외견상 아무런 뜻도 없는 방식으로 특정 지역에 모여 있으며, 때로는 도시는 물론이고 시장이라고 부를 만한 장소조차 없는 광대한 지역이 존재한다는 사실을 관찰할 수 있다. 도시와 그 주민들의 생업활동 사이에 우연이 아닌 본질에 바탕을 둔 그 어떤 관련성이

의 정주역사 사이의 관련성에 관한 연구로 경관발전사 연구에 귀중한 성과를 내놓았으며, 또한 생태학의 확립에도 기여한 '스텝황야이론'(*Steppenheidetheorie*)을 발전시켰다. 고대 독일과 로마의 곡물재배에 관한 그의 교수자격논문(1910)도 이 분야의 후속연구에 토대가 되었다. 1919년 에어랑겐대학 지리학교수로 초빙된 후 식물지리학과 취락지리학 이외에 지지연구에 몰두하여 헤트너(Hettner)의 지지도식에 입각하여 저술한 《남부독일》(*Süddeutschland*, 전 2권, 1931년)로 학계로부터 큰 호평을 받았다. 1934년 정년퇴임 후 튀빙겐으로 귀향하여 연구를 계속하다가 1950년에 85세의 나이로 진델핑겐(Sindelfingen)에서 사망했다.

3) Robert Gradmann: *Süddeutschland*. Band 1, Stuttgart 1933, S. 162.

성립한다는 점은 항상 강조되고 있다. 그렇다면 왜 크고 작은 도시들이 존재하며, 이러한 도시들은 왜 이처럼 불규칙적으로 분포하는가?

우리는 이 물음에 대한 해답을 구하고자 한다. 바꿔 말해, 우리는 도시가 왜 크고 작은지의 이유를 탐색하려고 한다. 우리는 이러한 도시의 분포에서 사람들이 이제까지 깨닫지 못한 그 어떤 질서원리가 작용한다는 점을 굳게 믿고 있다.

비단 지리학자들뿐만 아니라[4] 역사학자나 사회학자, 경제학자,[5] 그리

4) 라첼(Ratzel)이 '지표상의 공간질서'를 설명해야 한다는 '거리의 과학'을 요청하는 점에 비춰볼 때, 라첼도 이러한 과제를 해결하는 데 무관심했던 것은 아닌 것 같다(Friedrich Ratzel: *Anthropogeographie oder Grundzüge der Anwendung der Geographie auf die Geschichte*. I. Teil, Stuttgart 1882, S. 177). 이와 관련하여 라첼은 '지리적 관계론'이라는 리터(Ritter)의 정식을 원용하고 있다(Carl Ritter: *Einleitung zur allgemeinen vergleichenden Geographie und Abhandlungen zur Begründung einer mehr wissenschaftlichen Behandlung der Erdkunde*. Berlin 1852, S. 137). 물론 거리의 과학을 발전시키려고 했던 괴츠(Götz)의 시도는 완전히 실패로 귀착되고 말았다(Wilhelm Götz: *Die Verkehrswege im Dienste des Welthandels. Eine historisch-geographische Untersuchung, samt einer Einleitung für eine 'Wissenschaft von den geographischen Entfernungen.'* Stuttgart 1888, S. 1~28).

5) 뷔허(Bücher)에 따르면, 중세 독일에서는 4.3 평방마일당 하나의 도시가 존재했으며, 각 도시에는 30~40개의 농장이나 촌락 또는 작은 부락이 속해 있었다. "이러한 취락지역의 구성은 어떤 사회질서에 연유한 것"으로서, 그 속에서 도시는 매우 독특한 역할을 수행했다. 물론 촌락과 도시는 서로 대조를 이뤘지만, 기능적 관계에서는 서로 의존하고 있었다고 한다(Karl Bücher: "Die Großstädte in Gegenwart und Vergangenheit." In: *Die Großstadt, Jahrbuch der Gehestiftung*. Dresden 1927, S. 21ff.). 경제학자들은 도시의 분포라는 한층 더 지리학적인 논제를 거의 간과하고 있으며, '도시입지론'은 아직까지 나오지 않고 있다. 반면 도시 규모의 의존성 문제는 종종 고찰되는데, 예를 들어 베르너 좀바르트(Werner Sombart)는 다음과 같이 지적하고 있다(*Der moderne Kapitalismus*, I. Bd. 2.

고 통계학자들도 이 문제를 다뤄왔다. 하지만 도시의 분포 및 규모와 관련된 실질적 법칙을 탐색하려는 포괄적 시도는 단 한 번밖에 이뤄지지 않았다.[6] 그것도 백여 년 전에 콜(Kohl)에 의해 이뤄졌다.[7] 이 시도에 대한

Aufl. München und Leipzig 1916, S. 130). "한 도시의 규모는 그 부양지역의 생산물 양과 우리가 잉여생산물로 일컬을 수 있는 것이 그 중에서 얼마나 차지하는지에 따라 조건지워진다." 이미 아담 스미스(Adam Smith)는 다음과 같이 언급했다(좀바르트가 인용한 Book III Ch. 1). "이러한 잉여생산물의 실체를 구성하는 것은 … 농촌의 잉여생산물뿐이다." 이 말은 사실 교통이 크게 발전하지 못한 상황에서만 유효하며, 오늘날 유럽과 미국의 문화권이라는 경제체제하에서는 크게 전용된 뜻으로 이해될 수 있을 뿐이다. 한스 보벡(Hans Bobek)은 이 연구에서 표현되는 이해와 거의 일치하는 "Grundfragen der Stadtgeographie"(In: *Geogr. Anzeiger* 28. Jahrg. Gotha 1927, S. 213ff.)라는 뛰어난 논문에서 잉여생산물을 비교적 광의로 한 지역의 운송에 맡겨진 〔다시 말해 수송을 위해 내다 놓은〕 모든 과잉생산물로 파악하고 있다. 한 지역의 잉여생산물과 잉여수요는 '교통의 긴장'을 야기하며, 이는 다시 도시의 가능한, 그리고 실질적 규모를 결정한다는 것이다(S. 221).

6) 〔역주〕 최근의 연구성과에 따르면, 크리스탈러의 이러한 주장이 전적으로 올바른 것은 아니라는 주장도 제기되고 있다. 즉, 중심지와 이와 관련된 유사한 연구에 관심을 가진 학자들이 지리학자인 콜 이외에도 다수 존재했다는 것이다. 미국에서는 갈핀(Galpin, 1915)을 중심으로 한 농촌사회학자들의 일련의 연구가 있었으며, 독일에서는 국가학자 뮐러(Müller, 1809)의 연구와 지리학 분야에서는 콜과 더불어 슐뤼터(Schlüter, 1899) 등의 연구가 있었다는 것이다. 이 책에 언급되는 보벡(Bobek, 1927)의 도시취락에 관한 기능론적 연구도 크리스탈러의 이론과 아주 유사한 것으로 평가받고 있다. 그리고 영국에서는 당시 디킨슨(Dickinson, 1932)이 중심지에 대한 실증적 연구를 진행시키고 있었다. 성준용, "중심지 이론에서 제 개념의 형성," 〈지리학연구〉 제39권 제3호(서울, 2005), pp. 347~359.

7) Johann Georg Kohl: *Der Verkehr und die Ansiedlungen der Menschen in ihrer Abhängigkeit von der Gestaltung der Erdoberfläche*. 2. Ausg. Leipzig 1850(1. Aufl. 1841).

평가는 의아스러울 정도로 서로 상반되고 있다. 한편으로 콜은 문제의 본질에서 너무 벗어났다는 이유로 호된 비판을 받고 있다. 그래서 라첼(Ratzel)은 누군가가 "과학적으로 유용한 그 무엇인가를 얻으려고 한다면, "진실"(그가 생각한 것은 현실이었다)에서 너무 벗어나서는 안 된다고 지적하고 있다.[8] 하세르트(Hassert)는 본질이란 너무나도 다양할 수 있기 때문에 조작된 수치를 바탕으로 하여 구한 도식으로는 그 본질을 결코 설명할 수 없다고 언급한다.[9] 반면에 헤트너(Hettner)는 "콜이 성취한 법칙의 대부분이 오늘날에도 그 타당성을 여전히 지니고 있다"라고 주장함으로써 그의 연구성과를 인정하고 있다.[10] 더구나 슐뤼터(Schlüter)는 교통망을 이론적 기본형식에 의거하여 설명하려는 과제를 콜이 "단번에 해결했다"라고 지적하고 있다.[11] 삭스(Sax)도 콜이 개발한 '교통방향의 법칙'을 기반으로 하여 자신의 논지를 한층 더 발전시키고 있다.[12] 그런데 도시의 규모와 분포를 지배하는 법칙을 찾으려는 측면에서 보면, 콜의 독창적 시도

---

8) Friedrich Ratzel: *Anthropogeographie*. 2. Teil. *Die geographische Verbreitung des Menschen*. Stuttgart 1882, S. 466.
〔역주〕 출판년도로 표시된 '1882'년은 앞서 언급된 제1부의 것이며, 제2부는 '1891'년이 정확한 것이다.

9) Kurt Hassert: *Die Städte geographische betrachtet*. Leipzig 1907, S. 13.

10) Alfred Hettner: "Der gegenwärtige Stand der Verkehrsgeographie." In: *Geographische Zeitschrift*. 3. Jahrg. Leipzig 1895, S. 628.

11) Otto Schlüter: "Über die Aufgaben der Verkehrsgeographie im Rahmen der 'Reinen' Geographie." In: *Hermann Wagner Gedächtnisschrift*. Ergänzungsheft Nr. 209 zu Petermanns Mitteilungen. Gotha 1930, S. 298~309. 인용된 것은 307쪽이다. 이미 유사한 설명으로서는 "Die Stellung der Geographie des Menschen in der erdkundlichen Wissenschaft"(In: *Die Geographie als Wissenschaft und Lehrfach*. Berlin 1918, S. 25ff.)를 들 수 있다.

12) Emil Sax: *Die Verkehrsmittel in Volks- und Staatswirtschaft*. 2. Aufl. I. Bd. *Allgemeine Verkehrslehre*. Berlin 1919, S. 71ff.

는 실패로 귀결되고 있다. 그 이유는 그가 지나치리만큼 추상적으로 연구를 진행시켰기 때문이 아니라, 기본적으로 잘못된 전제를 갖고서 논의를 시작했기 때문이다. 우리는 이에 대한 논거들을 이 연구를 통해 제시하고자 한다.

그렇다면 우리는 도시의 규모와 수, 그리고 분포에 관한 일반적 설명을 어떻게 도출할 수 있는가? 우리는 과연 법칙을 찾아낼 수 있는가?

우리는 순수한 지리학적 연구를 통해 이러한 법칙을 밝혀낼 수 있는가? 지리학적 연구는 일반적으로 지형적, 지리적 위치에 의거하고 있다. 따라서 이와 같은 위치에서 도시가 "발생할 수밖에 없었다"[13] 고 설명하고, 또한 그 위치가 매우 유리한 경우에도 그곳에서 도시가 특별히 양호하게 "발전할 수밖에 없었다"고 막연히 설명하는 데 그치고 있다. 이때 비교적 유리한 위치를 갖고 있다거나 보다 유리한 위치를 가진 곳에서도 도시를 전혀 찾아 볼 수 없는 경우가 적지 않다는 사실과, 이와는 정반대로 〔위치가〕 매우 불리한 곳에서도 도시를 찾아볼 수 있으며 경우에 따라서는 꽤나 큰 도시를 찾아볼 수 있다는 사실이 간과되고 있다. 지리적 자연조건에 의거한 위치로는 도시의 수도 분포도, 그리고 그 규모도 설명할 수 없다.[14] 헤트너는 이미 1902년에 서로 유사한 경제적 특성을 지닌 취락의 수와 그 평균거리에 대한 연구가 얼마나 중요한지를 지적했다.[15] 그 후로 취락지리학 문헌에서는 취락수와 취락 사이의 평균거리에 관한 계산이 빠지지 않고 있다. 그럼에도 불구하고 어느 누구도 이러한 방법으로 명확하고도 보편타당한 법칙에는 도달하지 못하고 있다.

---

13) 괴테(Goethe)가 레겐스부르크(Regensburg)에 대해 언급했던 것과 똑같다.

14) 이러한 지리학적 방법을 원용한 대표적 논자는 "*Anthropogeographie*"을 저술한 프리드리히 라첼과 "*Die Städte geographisch betrachtet*"에서 이 점을 언급한 쿠르트 하세르트이다.

15) Alfred Hettner: "Die wirtschaftlichen Typen der Ansiedungen." In: *Geographische Zeitschrift*. 8. Jahrg. Leipzig 1902, S. 98.

혹시 역사(학)적 연구라면 이에 대한 일반론적 해답을 도출할 수 있지 않을까? 발생 초기부터 현재까지 전체 도시의 발전과정을 자세히 조사한다면 이러한 조사자료로부터 지역적으로, 그리고 시간적으로 분명한 특성을 보여주는 일정한 규칙을 찾아낼 수 있을지도 모른다. 물론 우리는 다양성 속에서 그 어떤 배열질서를 찾아낼 수 있겠지만, 역사적 연구만으로는 배열원리 자체를 밝혀내기란 결코 쉽지 않을 것이다. 이 점은 우리가 경제사학파에게서도 확인할 수 있는 사실이며, 이들은 여러모로 풍부한 사실자료를 밝혀내긴 하지만 역시 역사적 방법만으로 타당성을 지닌 경제법칙에는 도달하지 못하고 있다.[16)]

끝으로 통계학적 방법이 이 문제를 해결하는 데 어떤 진척을 보여주고 있는가? 우리는 어떤 지역에서 도시의 밀도와 두 도시 사이의 평균거리를 계산하고, 규모에 따른 등급을 설정하여 각 등급에 해당하는 도시수를 조사할 수 있다. 그리고 우리는 이러한 방식으로 현상의 빈도와 평균값, 그리고 아마도 현상의 일정한 규칙성과 특별히 빈번히 발생하는 독특한 조합을 찾아낼 수 있을 것이다. 그러나 통계학만으로 이와 관련된 진정한 법칙을 밝혀낼 수 있다고는 논리적으로 증명할 수 없다.[17)]

많은 학자들이 생각하는 것처럼 취락지리학[18)]이 자연과학의 한 분야이

---

16) 이른바 방법론을 둘러싼 논쟁에 관한 광범위한 문헌은 "*Hdwb. d. Staatswissenschaften*"(8. Bd. 4. Aufl. Jena 1928)의 'Volkswirtschaft und Volkswirtschaftslehre' 항목에 정리된 것을 참조하라. 최근의 것으로서는 Werner Sombart: *Die drei Nationalökonomien. Geschichte und System der Lehre von der Wirtschaft*. München und Leipzig 1930의 비판적 논의를 참조하라.

17) Hans Jürgen Seraphim: "Statistik und Sozialökonomie." In: *Jahrbücher für Nationalökonomie und Statistik*, 3. Folge, 76. Bd. 1929, II, S. 321ff. 를 참조하라.

18) 〔역주〕 도시지리학과 촌락지리학을 포괄하는 인문지리학의 한 분야이다. '취락지리학'이라는 용어는 오늘날 다소 생소하게 느껴지지만, 20세기 중반까지 지리학의 중요한 계통 분야의 하나였다. 인간의 정주취락과 그 부속

거나 적어도 중요한 논점에서 그와 유사한 분야라고 한다면, 모든 자연현상은 자연과학적 법칙을 따르지 않을 수 없으며, 따라서 이 경우에도 자연과학적 법칙이 작용할 수밖에 없다는 점에 대해서는 의심할 여지가 없다. 그러나 우리는 취락지리학이 여러 가지 측면에서 사회과학의 한 분야로 생각한다. 도시의 성립과 발전, 그리고 쇠퇴에서 확실히 중요한 것은 도시주민들이 도시에서 생업의 가능성을 찾고, 도시 자체가 제공해야 한다는 그 무엇에 대해 수요가 성립해야 한다는 사실이다. 그러므로 도시가 존립하기 위해서는 경제적 요인이 결정적이라고 할 수 있다. 가옥이 〔거주의 장소인〕 동시에 생산의 장소가 되는 농촌취락의 존립을 위해서도 경제적 기반은 대단히 중요하다. 그러므로 취락지리학은 경제지리학의 한 분야이며, 경제지리학과 마찬가지로 도시의 성격을 설명하려고 한다면 경제이론을 받아들여야만 할 것이다. 그런데 경제이론에 법칙이 존재한다면, 취락지리학에도 법칙이 존재할 수밖에 없을 것이다. 그리고 우리는 이 특수한 성격의 경제법칙을 특별히 '경제지리학적 법칙'이라고 부를 수 있을 것이다. 경제법칙이 과연 가능한지의 문제는 여기서 다뤄질 수 없다. 다만 나는 이 질문에 대해 분명히 가능하다고 답변하며, 이 점에서는 대다수 경제학자들과 같은 생각을 갖고 있다.[19]

물을 역사적 발생 또는 기원, 형태, 입지, 그리고 기능 등의 관점에서 접근하는 고유한 방법론을 확립하기도 했다. 20세기에 들어와서 도시가 크게 성장하고 이에 대한 연구가 활발해지면서, 도시지리학이 마침내 독립적 분과로 발전하고 취락지리학의 연구범위는 크게 축소되기에 이르렀다. 취락지리학은 오늘날 협의로 촌락지리학 혹은 농촌지리학과 동의어로 사용되기도 한다.

19) Franz Eulenberg: "Sind 'historische Gesetze' möglich?" In: *Hauptprobleme der Soziologie, Erinnerungsgabe für Max Weber*, 1. Bd. München und Leipzig 1923, S. 21ff. 를 참조하라. 하지만 무엇보다도 경제학의 모든 인식론적, 그리고 방법론적 전제에 대한 근본적이고 자세한 논의로서는 Werner Sombart: *Die drei Nationalökonomien*, a. a. O., 특히 S. 248ff. 를 참조하라.

물론 이러한 법칙이 자연법칙과는 다른 성질의 것이지만, 그에 못지않게 '유효하다'고 생각한다. 아마도 경제법칙은 자연법칙처럼 그렇게 냉혹하지도 않고 또한 불가피한 것도 아니기 때문에 법칙보다는 법칙성[20] 이라고 부르는 것이 훨씬 합목적적으로 여겨진다. 그런데 여기서 우리는 인식론적 연구를 진행하는 것이 아니기 때문에, 용어는 크게 중요하지 않다. 경제생활을 결정하는 경제법칙이 존재한다는 점, 곧 도시의 규모와 분포, 그리고 수를 규정하는 법칙과 같은 특수한 경제지리학적 법칙이 존재한다는 사실을 확인하는 것만으로 충분하다.[21] 그러므로 이러한 법칙을 탐구하는 것이 쓸모없는 일이라고는 결코 생각하지 않는다.

그리고 두 번째 질문, 다시 말해 '도시'란 과연 무엇이며 그 개념을 어떻게 제한할 수 있는지의 문제는 〔여기서〕 여전히 해결되지 않고 있다. 이 문제에 대한 해답은 제 1장에서 논의할 것이다.

---

20) 〔역주〕 크리스탈러는 법칙성(*Gesetzmäßigkeit*)이라는 말이 너무 엄격한 뉘앙스를 지니고 있다고 해서 이 책의 후반부에서는 다소 순화된 표현인 '규정(성)'(*Bestimmtheit*)이라는 용어를 사용하기도 한다.

21) 경제학적 방법과 목적에 관한 문제들을 무엇보다도 상세하고 총체적으로 다룬 프란츠 오일렌베르크(Franz Eulenberg)는 "모든 사회관계는 공간적 확장을 요구한다"는 사실로부터 일련의 특수한 사회법칙을 도출하고 있다. 즉, '취락의 법칙,' '법칙적 교통의 자연적 구성체계' 등이 중요하다고 지적한다(Gesellschaft und Nature. Akademische Antrittsrede, abgedruckt In: *Archiv für Sozialwissenschaft und Sozialpolitik*, 21. Bd., neue Folge 3. Bd., Tübingen 1905, S. 537).

2. 연구의 구상과 자료에 대한 개관

이 연구를 구성함에 있어서는 지리학적 연구를 수행하는 데 일반적으로 적용해 온 방식과는 다소 다른 방식을 추구하고자 하며, 그 이유는 다음과 같다. 여기서 적용되는 연구방법을 살펴보면, 제 1장이 보다 종합적이라고 한다면, 제 3장은 보다 분석적이라고 할 수 있다. 연구의 과제는 처음부터 끝까지 구체적인데, 다시 말해 남부독일의 도시의 규모와 수, 그리고 분포에 관한 여러 가지 사실들을 확인하고 설명하려는 것이다. 그렇지만 이 연구의 출발점은 현실을 기술적으로 설명하는 데 있는 것이 아니라 일반적이고 순수한 연역적 이론을 설명하는 데 있다. 다만 유감스러운 점은 도시의 경제적 토대에 관해서는 그 어떤 상호연관된 이론이 아직까지 나오지 않기 때문에 이를 자세히 논의할 필요가 있다는 사실이다. 우리가 어떤 법칙성을 탐구하려고 한다면, 〔우선〕 그러한 이론〔을 논의하는 것〕은 불가피하다고 생각된다.

이와 더불어 이론을 앞서 다루는 것은 실용적 이유 때문이기도 하다. 즉, 나중에 현실을 서술하고 분석할 때 없어서는 안될 개념들을 전개하고 경제(학)적 고찰방법을 소개해야 하기 때문이다. 다음으로 이러한 원론적 고찰은 이 연구를 구분하는 데에도 중요하다. 다시 말해 정신과학분야[22]에서 말하는 이론은 귀납적 추론이 아니라 연역적 추론을 통해 얻어질 수 있기 때문이다. 그러므로 현실에 대한 기술을 앞세운다는 것이 그다지 쓸모 있는 일은 아니다.[23] 이론이라는 것은 구체적 현실을 어떻게 인식하는

---

22) 〔역주〕 앞서 언급된 자연과학분야와 구별되는 인문학, 그리고 사회과학 전체 분야를 통칭하는 독일어권의 고유한 용어이다. 독일에서는 이 용어와 비슷한 뜻으로 '문화과학'(*Kulturwissenschaft*) 이라는 용어도 종종 사용되기도 한다. 이러한 용례는 19세기 말에서 20세기 초반에 걸친 과학이론 논쟁에서 유래한 오랜 역사를 지니고 있다.

지와 전혀 상관없이 오로지 그 논리와 '의미상의 적합성'[24]에 의해서만 타당성을 획득한다. 자연히 이 유효한 이론과 대조되는 것이 현실이며, 이러한 대조로부터 현실은 이론과 어느 정도 부합하고 이론을 통해 얼마만큼 설명되며, 그리고 현실은 어떤 점에서 이론과 일치하지 않은지, 따라서 어떤 점에서 이론에 의해 설명되지 않은지가 명백해진다. 더구나 설명되지 않는 사실은 역사적, 그리고 지리적 방법을 통해 해명되어야만 한다. 왜냐하면 이 경우에는 개별적, 역사적, 자연조건적 저항, 곧 이론으로부터 편차를 발생시키는 계기가 중요하기 때문이다. 이 계기는 이론 자체와 아무 연관이 없으며, 특히 이론의 정확성에 대한 반증으로서 인용될 수도 없다.[25] 이와 비슷한 (연구) 방법을 입지론[26]에서 대단히 성공적으로 적용한 알프레트 베버(Alfred Weber)는 이 방법을 '이론의 확증'이라고 불렀다.

이 점과 더불어 우리가 또한 분명히 강조해 두어야 할 점은 여기서 제시된 이론이 완벽하지 않다는 사실이다. 우리는 여기서 다만 제기한 구체적 문제들을 해명하는 데 대단히 귀중한 여러 가지 다양한 관계와 과정들을 설명하고자 할 따름이다. 따라서 우리는 이론을 아주 체계적으로 전개하

---

23) Werner Sombart: *Die drei Nationalökonomien*, a. a. O., S. 319를 참조하라. 그는 "우리에게 법칙은 연구의 끝이 아니라 시작이다"라고 언급하고 있다.

24) 이 용어와 이에 관한 일반적인 종합적 해석은 예를 들어, "Wirtschaft und Gesellschaft"(In: *Grundriß der Sozialökonomik*. Tübingen 1925)의 서론 부분에서 찾아 볼 수 있듯이 막스 베버(Max Weber)에 의거한 것이다.

25) 이와 유사하지만 더 이상 진전시키지 않은 것이 슐뤼터의 견해인데, 그에 따르면 사람들은 "그러한 연역적 고찰을 현실에 접근하기 위한 문제설정의 체계로 보아야지 현실 그 자체를 서술하는 것으로 보아서는 안 된다는 점"을 터득해야 할 것이라고 지적한다. 이러한 '문제설정의 체계'와 거의 유사한 것이 좀바르트가 말하는 '합리적 도식'이나 막스 베버가 말하는 '이념형'이다(Otto Schlüter: "Die Stellung der Geographie des Menschen usw.," a. a. O., S. 267).

26) Alfred Weber: *Über den Standort der Industrien*, 1. Teil. *Reine Theorie des Standorts*. 1. Aufl. Tübingen 1909(2. Aufl. Tübingen 1922).

기보다는 오히려 실용적 관점에서 전개하려고 한다.

이 책의 이론편과 지역편 사이에 연계편을 삽입하고자 한다. 이 부분에서는 오늘날 어떤 장소가 구체적으로 도시로서의 기능을 지니고 있고, 그 규모가 수치적으로 어떻게 설명될 수 있으며, 그리고 그 영향이 어디까지 미치는지를 확인하는 데 도움을 주는 방법과 원리들을 설명할 것이다.

이처럼 이 연구는 전체적으로 네 부분으로 나뉠 수 있다. 제 1장에서는 이론화를 위한 시도를 제시하고, 제 2장에서는 현실을 한층 명료하게 파악하기 위한 방법론을 전개하며, 제 3장에서는 현실에 대한 기술 및 그 개별사실을 설명하고, 그리고 마지막 결론부분에서는 이론의 검증과 아울러 일반 취락지리학적 연구결과를 제시하고자 한다.

이 책의 첫 부분에 제시되는 이론적 기초의 출처와 관련해서는 다음과 같은 몇 가지 논점을 함께 언급해 두고자 한다. 즉, 이러한 이론적 기초들의 대부분은 최근 경제학의 이론적 발전동향으로부터 도출된 것이라는 점이다. 이는 곧 아담 스미스(Adam Smith)와 리카도(Ricardo), 그리고 튀넨(Thünen) 등 고전학파와의 연계 아래 한편으로 한계효용학파인 멩거(Menger)와 폰 비저(von Wieser)의 연구성과와 다른 한편으로 후기역사학파, 특히 좀바르트(Sombart)와 막스 베버(Max Weber)의 사회학적 접근에 바탕을 둔 것이다.

이미 뵘-바베르크(Böhm-Bawerk)의 연구[27]에서, 그리고 최근 들어 무엇보다도 카셀(Cassel)[28]의 연구와 경기변동이론[29]에서 알 수 있듯이, 시간이라는 요소는 〔학술적으로〕 대단히 중요한 역할을 하는 반면, 이론경제

---

27) Eugen von Böhm-Bawerk: *Positive Theorie des Kapitals*, Bd. 1. 4. Aufl. Jena 1921.

28) Gustav Cassel: *Theoretische Sozialökonomie*, 4. Aufl. Leipzig 1927. 특히 S. 568ff. 를 참조하라.

29) 예를 들면, 다음과 같다. Rudolf Stucken: *Die Konjunkturen des Wirtschaftslebens*. Jena 1932.

학은 유감스럽게도 공간관계와 공간의 영향에 대해서는 여전히 별다른 관심을 기울이지 않고 있다.[30] 다만 하름스(Harms)가 국민경제와 세계경제는 이미 그 이론적 토대에서 서로 다르다는 점이 인정되지만, 그것이 부분적으로 공간적 〔활동 또는 작용〕 범위의 차이에 기인한다는 사실에 주목한 이래,[31] 하름스학파는 공간현상을 조사하고 이를 경제이론에 접목시키고자 노력하고 있다.[32] 이에 따라 국지적 시장관계와 사회학적 근린관계, 그리고 향토관계를 독자의 고유한 법칙 속에 포괄할 수 있는 '근린경제학'[33]을 설정하는 것도 그릇된 시도라고는 할 수 없다. 더구나 이러한 맥락에서 쓰이는 '공간경제학적' 또는 '구성체적'[34] — 물론 이는 아직까지 널리 통용

---

30) Gerhard Menz: *Irrationales in der Rationalisierung. Mensch und Maschine*. Breslau 1928을 참조하라. 멘츠 역시 '합리적 경제공간'의 문제가 경제생활에서 시간여건의 합리화와는 대조적으로 아직까지 충분히 설명되지 않고 있다고 지적한다. 이 점에서도 〔공간과 결부된〕 기본적 사실과 관련성에 대한 인식이 결여되어 있다.

31) Bernhard Harms: *Volkswirtschaft und Weltwirtschaft. Versuch der Begründung einer Weltwirtschaftslehre*. Jena 1912.

32) 대부분의 논저가 1913년 이래 "*Weltwirtschaftliches Archiv*"(Jena) 및 총서인 "*Probleme der Weltwirtschaft*"(Jena)에 발표되었다.
〔역주〕 베른하르트 하름스(Bernhard Harms, 1876~1939)는 독일의 경제학자로서 1914년 설립된 '왕립 해양교통 및 세계경제 연구소'(Königliches Institut für Seeverkehr und Weltwirtschaft — 오늘날의 Das Institut für Weltwirtschaft an der Universität Kiel: IfW)의 소장직을 오랫동안 역임하면서 독일 거시경제학과 세계경제론 연구에 크게 공헌했을 뿐만 아니라 이 연구소를 중심으로 하나의 학파를 형성했다. 그는 이 과정에서 '공간연구'(*Raumforschung*)에 깊은 관심을 쏟았으며, 이를 통해 그는 20세기 초반 인문지리학의 이론 발전에도 적잖은 영향을 미쳤다.

33) 헤르만 라우텐자흐(Hermann Lautensach)는 인류지리학〔또는 인문지리학〕에 대한 깊은 이해를 바탕으로 하여 저술한 "*Allgemeine Geographie zur Einführung in die Länderkunde*"(Gotha 1926, S. 290)에서 ① 자급경제, ② 근린경제, ③ 국민경제, 그리고 ④ 세계경제 등을 독립적인 공간적 '교역권의 단계'로 들고 있다.

되는 용어가 아니다—이라는 표현은 여전히 매우 불명료하기 때문에 권장할 만한 것이 아니다. 여기서 우리가 의도하는 것은 공간적 관계와 과정을 경제이론적으로 다룬다는 점, 바꿔 말해 모든 경제활동이 공간관계 속에서 행해진다는 사실을 고려한다는 점이나 구체적 경제현상(구성체)을 그 모든 구체적인 공간적, 그리고 시간적 제한 속에서 이론적으로 분석한다는 점이다. 최근 바이크만(Weigmann)은 하름스의 생각과 요청을 한층 발전시켜 "공간경제론에 관한 사상"[35]이라는 많은 점을 시사하는 논문을 발표했다. 거기에는 예를 들어, '경제지역'이라는 용어가 이론경제학의 틀 속에 자리매김될 수 있음을 지적하고 있다. 이미 지나간 수많은 학자들 중에서 오이겐 뒤링(Eugen Dühring)이 공간문제를 이론적으로 고찰한 반면,[36] 알베르트 쉐플레(Albert Schäffle)는 이 문제를 제기하고 있긴 하지만 이론적 측면에서 다루지 않고 있다.[37] 경제학의 대표적 논자들이 다룬 일반 지리학적 문제에 관해서는 슈미트(P. H. Schmidt)가 훌륭히 개관하고 있다. 여기서는 이 점만을 분명히 지적해 두고자 한다.[38]

모든 경제관계와 경제과정은 예외 없이 공간과 결부되어 있거나 공간과의 관련성이 경제적 관계와 과정의 구성적 요소이며, 더구나 경제적 관계와 과정은 공간과의 관련성 없이는 생각할 수조차 없다는 사실을 주지하는

---

34) Bernhard Harms: "Strukturwandlungen in der Weltwirtschaft." In: *Weltwirtschaftliches Archiv*. Bd. 25. Jena 1927, S. 4.

35) Hans Weigmann: "Ideen zu einer Theorie der Raumwirtschaft. Ein Versuch zur Begründung einer realistischen Wirtschaftstheorie." In: *Weltwirtschaftliches Archiv*, Bd. 34(1931 II). Jena 1931, S. 1~40.

36) Eugen Dühring: *Cursus der National- und Sozialökonomie*. 2. Aufl. Leipzig 1876. 특히 S. 81ff.를 보라.

37) Albert Schäffle: *Das gesellschaftliche System der menschlichen Wirtschaft*. 3. Aufl. Tübingen 1873, Bd. 2.

38) Peter Heinrich Schmidt: *Wirtschaftsforschung und Geographie*. Jena 1925.

경제학자들은 소수에 지나지 않는다. 그렇지만 이러한 공간과의 관련성을 경제이론에 의거하여 해명하고 그 독특한 법칙을 밝혀낸다면, 경제학은 물론이고 지리학도 대단히 풍성한 결과를 얻을 수 있을 것이다. 그러므로 지리학자들뿐만 아니라 경제학자들도 경제지리학적 문제를 해결하려면, 튀넨(Thünen)의 기초적이고 선구적인 연구업적인 《고립국》[39] 으로 언제나 되돌아가야 할 것이다. 튀넨은 주로 농업과 관련된 사실관계를 다루고 있

---

39) Johann Heinrich von Thünen: *Der isolierte Staat in Beziehung auf Landwirtschaft und Nationalökonomie*. 1 Aufl. 1826, 2 Aufl. Rostock 1842 (Neuauflage Jena 1910).

〔역주〕 요한 하인리히 폰 튀넨(1783~1850)은 독일 니더작센주 올덴부르크 출신의 농업경제학자로서 메클렌부르크의 텔로브(Tellow)에서 농장을 직접 경영하면서 고전학파의 영향 아래 농업경제 및 경영체계를 연구했다. 그의 주저인 《고립국》(*Isolierter Staat*, 1826)은 리카도와 마찬가지로 추상적 접근방법을 통해 아담 스미스의 이론을 보완하고, 특히 차액지대론과 자연임금론 등의 분야에서 독자적 이론을 전개하고 있다. 《농업과 국민경제와의 관계에서 본 고립국》이라는 제목을 가진 《고립국》은 전체 3부로 구성된 책으로 제1부에서는 농업입지를, 제2부에서는 자연임금이론을, 그리고 마지막 제3부에서는 임업에 관해 다루고 있다. 특히 그의 고립국 이론은 평야의 중앙에 하나의 도시가 존재하고 이 도시는 주변 평야지역으로부터 농산물을 공급받는다는 가정 아래 이 평야의 각 지점에서 이뤄져야 할 가장 합리적인 농업 경영방식이 무엇인지를 입지지대(立地地代)의 개념에 기초하여 모식적으로 파악하고 있다. 그에 따르면, 가장 합리적인 경영방식은 도시를 중심으로 동심원 형태로 배치되며, 도시에 가까울수록 단위 면적당 수확량이 많은 농산물부터 재배하고 대부분의 경우 집약적 경영방식을 활용한다고 지적한다. 다시 말해, 도시로부터 거리에 따라 동심원을 상정하여 각 원에 적합한 농업부문을 배치하는데, 제1지대에서는 채소나 감자 등과 같은 운송비가 비싼 농작물이 집약적으로 경작되는 원예농업이, 제2지대에서는 연료 및 목재용의 임업이 경영되고, 제3지대에서는 윤재식 곡물농업이, 제4지대에서는 목축의 곡초식 농업이 이뤄지고, 제5지대에서는 삼포식 농업이 행해지며, 그리고 마지막 제6지대에서는 방목이 행해진다고 한다.

으며, 다양한 형태의 농업생산이 보여주는 공간분포에서 이를 지배하는 경제법칙이 과연 무엇인지에 대해 해답을 모색하고 있다. 이와 관련하여 그가 전개한 고립화의 방법론과 함께 고립화한 요소들을 수학적으로 다루는 일[40]은 모든 경제이론적 연구에서 필수불가결한 것으로서 자리잡아 가고 있다. 튀넨의 이론을 자신의 《일반경제 및 교통지리학》[41]에서 설명하는 자퍼(Sapper)와 《일반지리학》[42]에서 자세히 서술하는 라우텐자흐(Lautensach)의 모범적인 경우를 제외하면, 경제지리학적으로 이처럼 중요한 업적이 지리학 문헌에서 좀처럼 언급되지 않고 있다는 점은 기이하기조차 하다. '공간경제적' 용어와 개념의 적용을 개관하고 있다는 파이퍼(Pfeifer)의 논문[43]에서도 튀넨은 아주 간략하고도 거의 부차적으로만 언급되고 있다. 더구나 헤르만 바그너(Hermann Wagner)의 널리 알려진 대학교재[44]에서는 튀넨이 언급조차 되어 있지 않다. 반면에 슈미트[45]는 경제지리학 이론의 이 고전적 학자의 중요성을 자세히 논평하고 있다.

알프레트 베버[46]는 튀넨의 이론을 기초로 삼는 한편, 자신의 이론을 보

---

40) 〔역주〕 여기서 고립화(*Isolierung*)라는 용어는 복잡한 현실을 가정이나 특정한 전제조건 아래 단순화시켜 설명하는 접근방법을 말한다. 오늘날 지리학 사조에서 이론과 모델을 지향하는 논리실증주의의 과학적 분석방법과 유사하다.

41) Karl Sapper: *Allgemeine Wirtschafts-und Verkehrsgeographie*. Berlin 1925, S. 159ff.

42) Hermann Lautensach: *Allgemeine Geographie*, a. a. O., 317ff.

43) Gottfried Pfeifer: "Über raumwirtschaftliche Begriffe und Vorstellungen und ihre bisherige Anwendung in der Geographie und Wirtschaftswissenschaft." In: *Geographische Zeitschrift*, 34 Jahrg. Leipzig und Berlin 1928, S. 321.

44) 〔역주〕 다음의 저서를 말한다. Hermann Wagner: *Lehrbuch der Geographie*, 1. Bd. *Allgemeine Erdkunde*. 9. Aufl. Hannover und Leipzig 1912.

45) P. H. Schmidt: *Wirtschaftsforschung und Geographie*, a. a. O., S. 68ff.

완하여 공업입지론을 전개하고 있다. 이를 통해 우리는 결국 오랜 시간적 단절을 겪은 후 순수한 공간관계가 다시 경제이론에 도입되고 있음을 확인할 수 있다.[47] 즉, 경제학자도 경제지리학자도 새롭게 조성된 이러한 토대 위에서 학문적 논리를 구축해 나가고 있다는 것이다. 그러나 앵글랜더(Engländer)만이 경제이론의 모든 부분을 공간과 연계시키는 데까지 나가고 있다. 특히 그는 경제이론의 요체인 가격이 시장거리와 기타 공간요인에 어떻게 의존하는지를 검토하고 있다.[48]

이러한 세 학자의 연구를 제외하면 경제이론에서 공간이 지닌 중요성을 논의한 굵직굵직한 연구는 찾아보기 힘든 실정이며, 기타 몇몇 소소한 연구들만이 존재할 뿐이다. 폰 푸를란(von Furlan)의 항구의 배후지에 관한 연구[49]와 정기간행물인 〈기술과 경제〉에 '교통경제와 경제지리학'이라는

---

46) 〔역주〕 알프레트 베버(Alfred Weber, 1868～1958)는 독일의 저명한 사회과학자인 막스 베버(Max Weber)의 네 살 아래 동생으로 본과 베를린에서 경제학과 법학을 수학한 뒤 베를린대학과 하이델베르크대학의 교수를 역임했다. 제 2차 세계대전중 나치에 의해 국외로 추방되었으나 전후 하이델베르크대학으로 복귀하여 독일 사회학의 발전에 기여했다. 초기에는 (국민)경제학 연구에, 나중에는 사회학에 큰 관심을 쏟았으며, 국민경제학에 관한 그 주요 업적이 《공업입지론》(제 1판, 1909; 제 2판, 1923)이다. 이 책은 튀넨의 농업입지론을 기초로 하여 공업입지에 관한 일반이론을 전개한 저서로, 경제지리학의 입지론 연구에 지대한 영향을 미쳤다. 사회학분야에서는 형식사회학을 비판하고 문화사회학을 제창하였다.

47) 위의 주 25를 보라. 이뿐만 아니라 Alfred Weber: "Die industrielle Standortlehre. Allgemeine und kapitalistische Theorie des Standortes." In: *Grundriß der Sozialökonomik*. 6. Abteil., S. 54ff. Tübingen 1914를 참조하라.

48) Oskar Engländer: *Theorie der Volkswirtschaft*. 1. Teil. *Preisbildung und Preisaufbau*. Wien 1914; Oskar Engländer: *Theorie des Güterverkehrs und der Frachtsätze*. Jena 1924; Oskar Engländer: "Volkswirtschaftliche Theorie des Personenverkehrs." In: *Archiv für Sozialwissenschaften und Sozialpolitik*, 50 Bd. Tübingen 1923, S. 653ff.

총괄제목 아래 실린 쉴링(Schilling)과 크렙스(P. Krebs), 폰 도벨러(von Dobbeler), 그리고 슈나이더(Schneider)[50]의 비교적 특수한 문제에 관한 몇몇 귀중한 논문들이 그것이다. 여러 측면에서 작스(Sax)의 "국민과 국가 경제에서의 교통수단"[51]도 이와 결부된 문제를 다루고 있다.

마지막으로 공간관계에 깊은 관심을 두는 오펜하이머(Oppenheimer)의 《사회학의 체계》[52]를 언급하지 않을 수 없다. 오펜하이머는 시장과 조합 등과 같은 개념들을 특히 구체적이고 공간적으로 파악해야 한다고 지적하고 있다. 이 연구는 매우 고무적이긴 하지만, 거기에 설명된 '시장규모의 법칙'과 '흐름의 법칙', '교통장애의 법칙', 그리고 '지리중심적 기본법칙'과 같은 많은 법칙들은 지나치게 일반론적이며, 따라서 명료성이 떨어지기 때문에 이 연구에 원용하기에는 적절하지 않다.

그러므로 경제적 법칙과 규칙이 취락지리학에 미치는 공간적 작용을 논증하려는 이 연구의 목적을 위해 우리는 새로운 길을 모색하지 않을 수 없다. 물론 그 길은 일부나마 이미 튀넨과 알프레트 베버, 그리고 앵글랜더

---

49) V. Furlan: "Die Standortsprobleme in der Volks-und Weltwirtschaftslehre." In: *Weltwirtschaftliches Archiv*, Bd. 2. Jena 1913, S. 1ff.

50) A. Schilling: "Die wirtschaftsgeographischen Grundgesetze des Wettbewerbes in mathematischer Form." In: *Technik und Wirtschaft*, 17. Jahrg., Heft 7. Berlin 1924, S. 145ff.; P. Krebs: "Die Frachtgrenze der deutschen Braunkohle." Ebenda, Heft 9, S. 213ff.; von Dobbeler: "Mathematische Beiträge zur Wirtschaftsgeographie." Ebenda, Heft 9, S. 201ff.; Erich Schneider: "Mathematische Betrachtungen über den nationalen Gütertransport." Ebenda, Heft 9, S. 204ff.

51) Emil Sax: *Die Verkehrsmittel in Volks-und Staatswirtschaft*. 특히 1. Bd. *Allgemeine Verkehrslehre*, Breslau 1918을 참조하라.

52) Franz Oppenheimer: *System der Soziologie*, insbesondere der 3. Bd.: *Theorie der Reinen und Politischen Ökonomie*, 1. Halbband, *Grundlegung*. Jena 1923, S. 272ff. 및 초판 *Theorie der Reinen und Politischen Ökonomie*, Berlin 1910.

에 의해 제시되고 있다고 할 수 있다. 여기서는 이러한 학자들의 논저에 대해 한 번만 언급하고자 하는데, 왜냐하면 여러 번 되풀이해야 할지도 모르는 개별적 인용을 피하기 위함이다. 이 책의 제 1장에 제시될 이론은 '도시적 영업과 시설에 관한 입지론'[53] 으로 일컬어질 수 있으며, 이를 통해 앵글랜더가 일반적 (분석) 틀로 정립해 놓은 튀넨의 농업생산의 입지론과 알프레트 베버의 공업입지론과 나란히 자리매김되는 동시에 이러한 이론들을 보완할 수 있을 것이다.

이 연구에서 이론을 정태적 부분과 동태적 부분으로 나눈 것은 누구보다도 슈투켄(Stucken)의 영향을 받았음을 밝혀 두고자 한다.[54]

---

53) 〔역주〕 크리스탈러는 자신의 이론을 이처럼 평가하는데, 오늘날 중심지이론을 종종 '상업 또는 서비스업의 입지론'이라고 불리는 이유도 부분적으로 이 점에 연유한다고 볼 수 있다.

54) 위에서 언급된 경기이론(위의 주 28)과 더불어 Rudolf Stucken: "Zur Lehre von den Bewegungsvorgängen des Wirtschaftslebens." In: *Zeitschrift für die gesamten Staatwissenschaften*, Bd. 89, 2, Tübingen 1932를 참조하라.

제 1 장

이론편: 도시지리학의 경제이론적 기초

1. 기초개념

1) 배열원리로서 중심(부)

무엇인가에 더불어 속하는 것들이 그 배열에서 보여주는 기본적 형태는 유기체적 성질의 것이든 무기체적 성질의 것이든 하나의 핵심, 하나의 중심을 둘러싼 물질의 배치, 곧 구심적 배치라는 것이다. 이와 같은 배치는 인간의 사유세계에만 존재하며 무엇인가를 배열하려는 인간의 욕망에서 비롯된, 다시 말해 인간의 사고형식에 불과한 것이 아니다. 오히려 그것은 물질의 내재적 법칙성에 따라 현실적으로 성립한 것이다.

이와 같은 구심적 원리는 또한 인간 공동체 생활의 일정 형태이자 특정한 사회학적 구성체라는 조직에서도 지배적 사실이며, 이러한 생활형태는 가시적으로 물상화된 것[1] 중에서도 잘 드러난다. 이와 관련하여 우리는

---

1) 〔역주〕 일반적으로 인간에 의해 창조된 지표공간의 '인공물'(*Artefakt*)이나 '건조환경'(*gebaute Umwelt*)을 지칭한다.

교회와 시청, 법원, 학교와 같은 개별 건물들을 한번 고찰해 볼 수 있다. 이러한 건축물들은 수많은 공동체적 구성체의 구심적 배열의 외적 표식이다. 이러한 것들은 대개 구심적 성격을 띠지 않는 가족이라는 〔단위〕조직의 표현형태인 산재해 있는 개별 가옥들의 중심(점)에 자리잡고 있는 위치로 말미암아, 그리고 또한 독특한 건축양식과 첨탑과 주현관, 그리고 무엇보다도 그 규모와 높이로 말미암아 취락을 구성하는 〔수많은〕 건물 중에서도 특별한 위상을 지니고 있다. 이러한 공동체적 건물의 구심적 특성이 외형적 위치와 형태, 그리고 규모에서 엄정하고 순수하게 표현되면 될수록, 〔그것에 대해〕 사람들이 느끼는 미학적 희열은 그만큼 더 강렬해진다. 왜냐하면 사람들은 〔어떤〕 목적과 감각이 외적 형태 및 배열질서와 조응하는 것을 논리적으로 정합적인 것으로 생각하고, 따라서 아름다운 것으로 인식하기 때문이다.

그러므로 중세도시를 그려 놓은 그림을 감상할 때, 우리는 크나큰 즐거움을 느끼고 심지어 만족감까지 얻는다. 이러한 그림들을 살펴보면, 대개 취락의 중앙에 위치한 시장에 약포와 여관, 상점, 의원, 그리고 세무서와 같은 비교적 중요하고도 대표적인 건물들이 자리잡고 있음을 알 수 있다. 광장의 가장 중요한 정면이나 정중앙에는 시청이 당당히 서 있고, 번잡한 상점가로부터 약간 떨어진 곳에는 웅장하고 복종을 강요하는 듯한 첨탑을 가진 교회의 본당이 자리잡고 있음을 관찰할 수 있다. 주변으로 가면 갈수록 점점 작고 눈에도 잘 띄지 않는 가옥들과 도시의 외곽에 입지한 텃밭과 단촐한 병원과 수도원, 그리고 넓은 공터가 있는 길쭉한 모양의 창고들이 나타나는데, 이 모든 것들은 외적으로 분명히 드러나는 공동체의 구심적 배열을 상징한다.

그리고 좀더 주의 깊게 관찰해 보면, 이러한 전체 구성체가 성벽으로 에워싸여 있음을 알 수 있다. 사실 성벽은 매우 독특하고도 중요하며 독자적인 것, 전체적으로 보아 다시금 하나의 중심, 즉 지역공동체의 중심점을 둘러싸고 있음을 보여 준다. 반면에 그 바깥으로는 다양한 형태의 농장과 작은 부락과 촌락들을 관찰할 수 있으며, 또한 장기판의 병졸처럼 거주지에 흩어져 사는 농부들을 엿볼 수 있다. 농부들은 토지에 밀착한 채 매우 강력히 뿌리내리고 있는데, 이러한 모습은 분명히 높은 경지에 도달한 인간정신을 보여주기보다는 오히려 식물과 다름없는 생활상을 보여준다.[2)]

다른 한편으로 역사가 오래되지 않은 근대도시를 접할 때, 우리는 유감스럽게도 명확한 배열질서가 존재하지 않는다는 점을 아쉬워한다. 이러한 도시들은 이따금 우리에게 혼란스럽고도 무감각하게 여겨지며, 따라서 아름답게 느껴지지 않는다. 공동체의 구심적 배열질서가 더 이상 존재하지 않는다면, 순수한 원자적 원리와 이질적 분자들의 우연한 조합이 이를 대신하고 있는가? 질서가 여전히 우세하긴 하지만, 중심에 대한 지향성은 부분적으로 한층 강렬하게 또는 부분적으로 한층 미약하게 드러난다. 생활공동체의 형태는 변화를 거듭했으며, 새로운 측면이 더해지는 것과 더불어 여타 측면들은 그 중요성을 상실했다. 그렇지만 도시의 조직은 보통 구심적인 것으로 유지되고 있다.

그런데 중요한 새로운 사실은 이와 같은 구심적 배열이 중세도시처럼 분명하고도 단순하게 가시적으로 드러나지 않는다는 점에 있다. 오히려

---

2) 오토 마울(Otto Maull)이 그의 저서 "*Politische Geographie*"(Berlin 1925)에서 국가라는 조직체에서 도시와 촌락의 이처럼 전혀 다른 위상을 전혀 고려하고 있지 않다는 점은 기이하기조차 하다. 그는 〔생물학적으로 유추하여〕 593쪽에서 취락과 교통로, 그리고 식료공급 지역을 '문화공간적 기관'(*Organ*)으로, 그리고 112쪽에서 주거세포나 식량기관, 방어기관(국경) 및 교통로를 국가의 '공간적 기관'으로 설명하고 있다. 하지만 핵심(부), 중심(부), 도시가 국가의 가장 중요한 '공간적 기관' 중 하나이며, 그 기능에서 촌락과 전혀 다른 것임에 틀림없다.

〔역주〕 본문에서 서술하는 것은 자연으로부터 해방되지 못하고 토지에 의지하여 살아가는 농민들은 자연에 의해 주어진 자원상태와 토지조건에 따라 수동적으로 적응하여 분산적으로 살아가고 있으며, 따라서 자연의 구속에서 벗어나 발전한 인간문명의 한 표상인 취락의 구심적 배열양상과는 정반대의 양상을 보여주고 있다는 점을 은유적으로 표현하고 있다.

이러한 구심적 배열은 외적으로 거의 표현되지 않는다. 그렇지만 확실히 근대 대도시에서 거리의 혼잡함과 도심의 조명, 그리고 상점들[3]을 관찰해 보면, 우리는 이 경우에도 구심적 원리가 여전히 유효함을 인식할 수 있다. 더구나 작은 도시들도 주민들의 생활이라는 측면에서 농촌과 크게 다른 임무를 수행하고 있음을 보여 준다. 그렇지만 오늘날에는 도시와 지역의 중심점이라는 외적 상징이 결여되어 있거나 아니면 이를 파악하기란 그다지 쉽지 않다.

이 연구에서 우리의 관점은 현상적으로 드러나는 구심적 배열의 표현형태에 있는 것은 아니기 때문에, 우리의 고찰에서는 중세적 핵심을 지닌 도시도 근대적 도시나 촌락으로 간주되는 모든 취락도 전적으로 동일한 것으로 인식하고자 한다. 왜냐하면 이런저런 도시를 불문하고 구심적 배열의 중심적 기관(器官)이라는 점이 중요하기 때문이다. 우리는 도시의 현상형태가 아니라 인간 공동체 생활에서 도시가 수행하는 기능을 고찰하고자 한다.[4]

---

3) 〔역주〕 (대)도시의 중심부를 형성하는 번화가를 지칭한다.

4) 아루소(M. Aurousseau)는 다음과 같이 언급하고 있다("Recent Contributions to Urban Geography." In: *Geographical Review*, Vol. XIV. New York 1924, S. 444). "도시는 물질의 덩어리로서 기술되어야 할 뿐만 아니라 사회집단의 유기적 일부로서 해석되어야 할 것이다." 이 연구는 전자의 과제에 국한된다. 그리고 여기서는 슐뤼터의 영향을 받은 칼베르크(Carlberg)의 다음과 같은 협의의 견해를 기각하고자 한다. 지리학자의 "진정한" 임무는 "도시의 물리적 외형을 연구하는 것"이다("Berthold Carlberg: Stadtgeographie." In: *Geograph. Anzeiger*, 27. Jahrg. Gotha 1926, S. 153).

2) 중심지

그러므로 이 연구에서 우리는 '도시'라는 총체적 현상이 아니라 도시의 개념과 취락지리학에서 결정적으로 중요한 일정한 특징만을 고찰하려고 한다. 이는 그라트만이 도시의 '주요 직무'라고 불렀던 것, 다시 말해 "주변 농촌의 중심점이며 외부 세계와 연결하는 국지적 교통의 매개체"를 일컫는 것이다.[5]

이 논지는 사람들이 우선적으로 생각할 수 있는 것처럼, 실제로 주변 농촌지역의 유일한 중심점인 작은 농촌도시에도, 그리고 비교적 큰 도시에도 함께 해당한다. 이러한 비교적 큰 도시들은 가장 인접해 있는 주변부와 관련해서 뿐만 아니라 수많은 소규모 지역의 체계와 관련해서도 중심점이 된다. 그런데 이 모든 소규모 지역들은 '비교적 가까운' 장소에 중심점을 갖고 있으나, 전체적으로는 좀더 멀리 떨어져 있는 '고차'의 중심점을 오히려 동일한 유형의 비교적 큰 도시에서 찾는다. 이러한 도시에서는 작은 도시가 충족시킬 수 없는, 즉 농촌과 소도시의 욕구들이 충족된다. 그래서 우리는 위에서 원용한 그라트만의 명제를 확장하고 일반화시켜 도시의 주요 직무 또는 주된 특징이란 곧 한 지역의 중심점이라는 점[6]으로 정리할 수 있다.

이러한 주된 특징은 우리가 흔히 '도시'로 일컫는 취락에만 해당하는 것이 아니다. 이 점은 예를 들어 대다수의 장터에도 해당한다. 그러나 또 한편으로 이러한 특징을 전혀 보여주지 않거나 일부는 사라진 듯 미미하게만 보여주는 도시들도 존재하기 때문에, 우리는 탁월하게 어느 한 지역의 중

5) Robert Gradmann: "Schwäbische Städte." In: *Zeitschrift der Gesellschaft für Erdkunde*. Berlin 1916, S. 427.

6) 〔역주〕 대단히 중요한 언급으로 판단되며, 이는 곧 "중심적이라는 것은 중심점이 된다는 속성을 지칭하는 것"(Günter Heinritz: *Zentralität und zentrale Orte*. Stuttgart 1979, S. 13)을 뜻한다.

심점이 되는 취락을 중심취락이라고 부르고자 한다.[7] 중심이라는 것은 상대적 개념이다. 그것은 어느 한 지역과 관련하여, 좀더 정확히 말하면 일정한 지역에 흩어져 분포하는 취락들과 연관된 개념이다.[8]

---

7) 이 표현은 예를 들어 광산지역에 원료를 공급하고 또한 채굴된 광물을 수집하는 것을 주선해야 한다는, 폴 비달 드 라 블라슈(Vidal de la Blache)가 '중추기관'으로 지칭한 것과 크게 다를 바 없지만, 여기서는 보다 일반적이고 공간적인 관점에서 파악되어야 한다. 이 '중추기관'이 예를 들어 공업지역의 경우에는 가능한 중심(부)에 자리잡아야 한다(Paul Vidal de la Blache: *La France de l'Est -Lorraine-Alsace*. Paris 1920). 우리가 말하는 중심취락의 개념은 마리넬리(Marinelli)가 대규모 중심지로 지칭하고 있듯이 '완전도시'와 보다 일치한다. 우리와 거의 같은 입장에서 그는 다음과 같이 지적하고 있다. 즉, 주민들의 활동을 고찰할 때 농업도시, 어업도시, 광업도시 혹은 공업도시를 과연 도시로 부를 수 있는지의 의구심을 가질 수 있다. 오히려 특수한 상업도시와 행정도시를 실질적인 도시로 간주할 수 있을 것이다. 따라서 마리넬리가 말하는 '완전도시'는 특화된 도시가 아니다. 지리학자로서 우리는 내용에 초점을 맞춘 개념보다는 공간에 초점을 맞춘 개념을 선호하며, 따라서 '중심취락'이라는 용어를 사용한다(Olinto Marinelli: "Dei tipi economici dei centri abitati, a proposito di alcune citta italiane ed americane." In: *Rivista Geografica Italiana*, Vol. XXII, Florenz 1916, S. 413ff., 이 중 430쪽을 인용함).

8) 파사르게(Passarge)는 어떤 취락을 다른 취락과의 위치관계에 의거하여 분류하고 있으나, 이 분류방법은 단독입지, 군집입지, 대열(隊列)입지, 교외입지 등과 같은 외적 특성에 기초하고 있다. 그는 법칙적 관련성을 인식하는 데 가장 중요한 입지, 즉 중심입지를 전혀 언급하지 않고 있다(Siegfried Passarge: *Die Grundlagen der Landschaftskunde*. Hamburg 1919. Bd. 1 *Beschreibende Landschaftskunde*. S. 15). 이와 마찬가지로 "*Die Erde und ihr Wirtschaftsleben*"(II. Teil, S. 164. Hamburg und Berlin o. J. 〔1926〕)에서 제시하는 '취락구조'(취락의 분포유형을 말한다)에 대한 분류도 별다른 내용이 없는데, 파사르게는 ① 중심구조(단일중심, 다중심)와 ② 별자리 구조로 나누고 있다. 이뿐만 아니라 확산적 배열과 구름 모양의 배열로 나누고, 전자를 〔다시〕 응집형, 대상(帶狀)형, 방사형 등으로 세분하고 있다.

이러한 중심취락과 대조를 이루는 것이 분산취락이며, 중심점이 아닌 〔나머지〕 모든 취락들을 일컫는다.[9] 이러한 취락들은 ① 면의 모양으로 결합된 취락들, 즉 주민들이 면상(面狀)으로 규정되는 농업으로 살아가는 취락들과, ② 점의 모양으로 결합된 취락들, 곧 주민들이 점상(點狀)으로 출현하는 사상(事象)에 의지하여 생업을 영위하는 취락들이다. 그런데 후자의 경우에는 한편으로 농업적 토지이용의 가능성에 비해 공간이 극히 제한되어 있고 대체로 점의 형태로 발굴되는 광물자원과 결부되어 있으며, 다른 한편으로 지표면의 특정 지점, 다시 말해 다리나 여울, 고개, 항구와 같은 절대적 지점(중심취락처럼 상대적 지점과 관련된 것이 아니다)과 결부된 취락들이 해당한다. 이러한 유형의 장소, 특히 마지막에 언급한 장소는 동시에 매우 빈번히 중심취락이 되며, 이 정도는 아니지만 탄광이나 온천지구도 중심취락으로서 기능하는 경우가 있다. 그럼에도 불구하고 우리는 점적으로 결합된 분산적 장소라는 개념을 중심지와 엄격히 구별할 필요가 있다.

끝으로 그 어떤 중심적 지점과도, 그리고 평면이나 절대적 지점과도 결부되지 않는 입지와 무관한 제 3의 취락이 존재함을 지적해 두고자 한다. 이 경우에 해당하는 것으로서는 이를테면 수도원 취락(보통 어떤 기적의 장소와 연결되는 성지는 제외된다)을 들 수 있으며, 또한 가내공업에 종사하는 노동자들의 거주취락과 다양한 유형의 공업이 집적해 있는 대규모 산업취락들도 거론할 수 있다. 물론 이러한 산업취락들의 입지는 교통로나 노동력의 저수지와 같이 대개의 경우 경제적 이점(利點)에 의해 점적으로 결

---

9) 중심취락과 분산취락의 구분은 지역 전체와 관련하여 고찰한 것이며, 따라서 하싱거(Hassinger)가 말하듯이 구심적 취락(주민들의 경제적 이해관계가 주로 그 취락의 중심점을 지향하고 있기 때문에 이 도시는 구심적 취락이 된다)과 원심적 취락(주민의 경제활동 영역이 주변에 있기 때문에 이 촌락은 원심적 취락이 된다)이라는 구분과는 다소 차이가 있다(Hugo Hassinger: "Über Aufgaben der Städtekunde." In: *Petermanns Mitteil.*, 56. Jahrg., 2. Bd. Gotha 1910, S. 292).

정된다.[10] 주로 대도시에 인접해 있는 경관상으로 탁월한 입지를 지닌 순수한 거주취락들은 이러한 예에 해당하지 않는다. 왜냐하면 이러한 취락들은 한편으로 점의 형태로 나타나는 경관미에 의해 절대적으로, 그리고 또 한편으로 도시와의 접근성에 의해 상대적으로 규정되기 때문이다.

그러므로 우리가 앞으로 중심취락을 설명할 때, 이상과 같은 관점에 의거하여 이를테면 새로운 도시개념[11]을 도입하는 일을 삼가야 할 것이다. 왜냐하면 새로운 도시개념으로 말미암아 상당한 혼란이 야기될 수도 있기 때문이다. 더욱이 우리는 한 걸음 더 나아가 표현의 함축성을 심화시키기

---

10) 이에 관해서는 다음과 같은 기본적 이론을 참조하라. 알프레트 베버의 공업입지론과 함께 Werner Sombart: *Der moderne Kapitalismus*, II, 2. München und Leipzig 1917, S. 800ff. 및 901ff.; Andreas Predöhl: "Das Standortproblem in der Wirtschaftstheorie." In: *Weltwirtschaftliches Archiv*, 21. Bd. (1925, I), Jena 1925, S. 294ff.; Nikolaus Creutzburg: "Das Lokalisationsphänomen der Industrien. Am Beispiel des nordwestlichen Thüringer Waldes." In: *Forschungen zur deutschen Landes- und Volkskunde*, 23. Bd., Heft 4. Stuttgart 1925를 보라.

11) 한스 되리스(Hans Dörries)가 다음의 전망 논문에서 인용하는 도시 개념에 관한 수많은 문헌들을 참조하라("Der gegenwärtige Stand der Stadtgeographie." In: *Hermann Wagner Gedächtnisschrift*. Gotha 1930, S. 314ff.). 이밖에도 Werner Sombart: "Städtische Siedlungen, Stadt," im *Hdwb. d. Soziologie*, herausg. von Alfred Vierkandt. Stuttgart 1931, S. 527ff. 및 "Der Begriff der Stadt und das Wesen der Städtebildung." In: *Archiv für Sozialwissenschaften und Sozialpolitik*, Bd. 25. Berlin 1907, S. 4ff.에 나타나는 비지리학적 도시 개념에 대한 출판물들도 참조하라. 라첼의 도시 개념은 우리의 목적에 도움이 되지 않는데, 왜냐하면 도시의 독특한 성격과 발생, 그리고 기능에 대해 아무 언급도 없기 때문이다. 즉, 도시에 대한 지리학적 개념은 "상당한 정도의 토지공간을 차지하면서 한층 빈번히 교통로의 중심점에 자리잡고 있는 인간 및 인간 거주지가 지속적으로 조밀하게 되는 것"이다(Friedrich Ratzel: "Die geographische Lage der großen Städte." In: *Die Großstadt, Jahrbuch der Gehestiftung*, 9. Bd. Dresden 1903. S. 37).

위해 '취락'[12] 이라는 용어도 다른 용어로 대체하고자 한다. 취락이라는 말은 확실히 다양한 뜻을 지니고 있으며, 특히 도로와 가옥, 그리고 (첨) 탑과 같은 구체적 현상형태를 환기시켜 주지만, 이 현상형태는 우리에게 중요한 사실을 내포하는 하나의 의의를 은폐할 수도 있다. 왜냐하면 여기서 우리가 고찰해야 하는 것은 '취락'이라는 다의적 현상이 아니라 중심점이라는 기능의 입지, 곧 취락의 기하학적 장소이기 때문이다. 그러므로 우리는 앞으로 중심지 (*zentrale Orte*)[13] 라는 용어를 사용하고자 한다. 또한 우리의 고찰에서는 취락단위도 정치적 공동체도, 그리고 경제적 단위도 중요하지 않기 때문에 구체적으로 '지점' (*Ort*) 이라는 표현이 훨씬 정확한 것이라고 설명할 수 있다. 따라서 이러한 '지점'은 그 주민들이 도시적 영업 혹은 우리의 논의와 관련하여 보다 적절하다고 볼 수 있는 중심적 영업을 행하는 만큼 오히려 주변의 취락까지 포함한다.[14] 그러므로 이 '지점'은 취락단위나 공동체보다 클 수도 있고 작을 수도 있다.[15]

---

12) 〔역주〕 우리는 독일어의 'Siedlung'을 우리말로 보통 '취락'으로 옮기고 있다. 이는 '인류가 지표에 정착하고 그곳을 점거한 양식'이라는 뜻을 지니고 있다. '취락'은 한자어로 원래 촌락이라는 뜻으로 사용되었으며, 우리말의 '마을'을 일컫는다. 영어의 'settlement'는 토착 및 정주라는 뜻과 함께 '정주하는 생활장소'라는 뜻을 지니고 있다. 따라서 취락이라는 용어는 인간이 한 지역을 점거하는 과정에서 세운 건조물로서 인류의 공동생활의 단위인 가옥의 모임을 총칭하는 것이다.

13) "*Grimms Wörterbuch*" 제 7권에 따르면, '오르트' (*Ort*) 는 공간상의 고정된 지점과 입지점, 그리고 장소의 개념을 지니고 있다. 제 4항에는 "사람들이 찾고 이용하는 장소, 공공적 통행이 이뤄지는 장소"라고 적고 있다. 또한 Peter Heinrich Schmidt: "Raum und Ort als geographische Grundgriffe." In: *Geograph. Zeitschrift*, 36 Jahrg. Leipzig and Berlin 1930, S. 357ff. 를 참조하라.

14) 이는 원칙적으로 Hugo Hassinger: "Beiträge zur Siedlungs- und Verkehrsgeographie von Wien." In: *Mitteilungen der geograph. Gesellschaft*. Wien 1910 혹은 E. Hanslik: *Balia – eine deutsche Stadt in Galizien*, Leipzig 1909, 그리고 여러 많은 최근 학자들의 견해와 일치한다.

어느 한 지점이 다른 중심지가 별로 중요한 의의를 갖지 못하는 비교적 넓은 지역에서 중심기능을 수행할 경우, 우리는 이 지점을 '고차 중심지'(*zentrale Orte höherer Ordnung*) 라고 부를 수 있다. 반면에 이와 유사하게 비교적 가까운, 그리고 가장 가까운 주변지역에 대해 국지적으로만 중심적 의의를 갖는 지점들을 '저차 중심지' 및 '최저차 중심지'라고 부를 수 있다. 특히 아무런 중심적 의의를 지니고 있지 않거나 미미한 중심기능만을 수행하는 비교적 작은 지점들을 우리는 '보조 중심지'(*hilfszentrale Orte*) 라고 부를 수 있다.

3) 의미와 중심성

모든 지점은 일반적으로, 그렇지만 정확하다고는 할 수 없는 그 지점의 '규모'로 일컬어지는 일정 정도의 의미(*Bedeutung*)[16]를 지니고 있다. 어떤 도시의 규모는 면적과 수직 고도로 살펴 본 공간적 넓이로 파악된다. 우리

---

15) '지점'(*Ort*)의 개념은 에른스트 하제(Ernst Hasse)가 정치적 공동체(제 1권역)에 "제 1권역과 함께 거주 및 정주 단위를 구성하는 교외인구"(제 2권역)와 교통지역(거주인구와 노동인구의 교환으로부터 발생하는 것 〔즉, 통근지역을 말함〕)을 결합할 때 생각한 것과 거의 일치한다. 이때 제 1권역과 제 2권역은 공히 벨기에의 예에 따르면 '집적지'(*Agglomeration* 〔즉, 대도시〕)를 형성하게 된다("Die Intensität großstädtischer Menschenanhäufungen." In: *Allg. stat. Archiv*, 2. Jahrg. Tübingen 1892, S. 615f). 지그문트 쇼트(Sigmund Schott)는 이 개념을 바탕으로 하여 기계적으로 10 ㎞의 권역을 도입하고 있다(*Die großstädtischen Agglomerationen des Deutschen Reichs 1871~1910*. Heft 1 *der Schriften des Verb. deutscher Städtestatistiker*. Breslau 1912).

16) 〔역주〕 우리말로 적절하게 옮기기에 대단히 어려운 용어로 'Bedeutung'은 의미, 의의, 중요, 가치, 효력, 세력, 명성 등의 뜻을 지니고 있다. 이 책의 내용상 중심지의 '의미'는 다름 아닌 중심지가 지닌 '중요성'(*importance*) 혹은 '중요도'를 말한다.

는 통계학적 개념에 의거하여 주민수를 도시의 규모를 나타내는 지표로 사용하는 데 매우 익숙해 있다. 그러나 면적과 인구 둘 다는 〔여기서 설명하는〕 '도시의 의미'라는 개념과 꼭 맞아떨어지지 않는다. 헤르만 바그너는 "같은 인구를 가진 장소는 같은 가치를 갖는다"는 널리 알려진 견해에 당연하게도 동의하지 않고 있다.[17] '의미'는 주민수의 합이나 좀더 정확히 말해 '가중치가 부여된' 인구수의 합과 같은 수학적 크기를 말하는 것이 아니다. 물론 여기서 말하는 가중치가 부여된 인구란 모든 주민들을 그들의 경제활동의 의의에 따라 가중치가 부여된 일정 수치로 평가하는 것을 뜻하며, 이때 가중치는 이를테면 소득의 크기를 평가의 기준으로 하여 계산한 뒤 개개인에게 할당되는 값이다. '의미'는 결코 합이 아니라 경제활동에 참여하는 주민들의 공동노력의 소산이다. 이러한 '노력'은 강도를 표현하는 것이며, 이를테면 개별적인 경제적 성과의 단순한 합과는 전혀 다르다. 우리가 '의미'로 일컬을 수 있는 이러한 공동노력은 도시가 '활력있다', '번창한다' 혹은 '중요하다'고 언급할 때 고려하는 것이다.

이와 같은 도시의 '활력', 즉 그 의미는 주민수와 반드시 비례하지 않는데, 이는 의미의 잉여가 어느 정도 존재할 수 있기 때문이다. 무엇보다도 중심지는 이러한 잉여를 지니고 있다. 그렇다면 이와 같은 잉여는 어디에서 연유하는 것인가? 그것은 다름 아닌 분산지점에서 연유하며, 분산지점들은 의미의 결핍을 보여준다. 우리는 그 이유를 예를 들어 인근에 대규모 노동자 거주지가 자리잡고 있는 도시에서 분명히 파악할 수 있다. 이 도시에는 아마도 많은 사람들이 살지 않더라도 〔중심지로서〕 높은 의미를 지니고 있으며, 노동자 거주지는 많은 사람들이 살고 있더라도 우리가 고찰하려는 의미를 거의 지니지 않기 때문이다. '공동노력'이 발생하는 장소는 촌락이 아니라 도시이다. 그런데 우리가 의미를 규모로 파악한다면 의미의 일부는 인구의 집적지인 도시 자체에 기인하는 것이라고 할 수 있지만, 그

---

17) Hermann Wagner: *Lehrbuch der Geographie*, 1. Bd. *Allgemeine Erdkunde*. 9. Aufl. Hannover und Leipzig 1912, S. 885.

일부는 또한 그 도시가 중심지라는 사실에 기인한다. 간단한 계산으로 — 정확하진 않지만 예시적으로 설명하여 — 다음과 같이 설명할 수 있다. 즉, 한 도시가 B라는 전체 의미를 지니고 있다면, 그 중 Bz는 도시 자체의 인구에 귀속되고 그 차인 B－Bz, 다시 말해 의미의 잉여는 주변지역에 귀속된다고 할 수 있다. 우리는 전체 의미를 도시의 절대적 의미라고 부르고, 의미의 잉여(분)를 상대적 의미 — 의미가 결핍된 지역과 관련하여 상대적이라는 것이다 — 라고 부를 수 있다. 그리고 의미의 잉여(분)는 도시가 얼마나 중심적인지를 나타내는 것이며, 이로부터 우리는 도시에 의해 〔재화와 서비스를〕 공급받는 지역의 규모를 추정할 수 있다. 이러한 맥락에서 우리는 한 장소의 **'중심성'**(*Zentralität*)에 관해 간단히 언급하고, 이를 주변지역과 관련하여 한 지점이 지닌 상대적 의미, 다시 말해 도시가 중심기능을 수행하는 정도로 파악하고자 한다. 따라서 우리는 어느 한 장소의 높고 낮은, 그리고 증가하고 감소하는 중심성을 언급할 수 있다.

4) 중심재와 중심서비스

그렇지만 장소 혹은 취락 자체가 중심적인 것은 아니다. 중요한 것은 단순히 공간적으로 살펴 본 중심적 위치가 아니라 오히려 여러 번 전용된 뜻으로 말하는 중심기능이다. 어느 한 지역 내에서 대단히 평범한 분산적인 지점도 분명 기하학적 중심이 될 수 있으며, 그리고 현실적으로도 그러한 경우가 종종 있다. 왜냐하면 인구는 보통 이 지역 내에서 불균등하게 분포하며 인구의 무게중심이 중심지가 되기 때문이다. 즉, 지역의 모든 주민들이 어떤 지점에 도달하기 위해 행하는 통행거리의 합이 최소가 되는 지점을 곧 중심지라고 할 수 있다. 하지만 우리가 생각하는 것은 어떤 장소가 실제로 이러한 〔중심〕기능을 수행할 경우에만 그 지점을 비로소 중심적이라고 지칭할 수 있다는 점이다. 바꿔 말해 주민들이 중심기능을 수행할 때, 즉 중심적 위치와 필연적으로 결부되어 있는 영업을 행할 때, 그 지점은 당연히 중심적인 것이 된다.

이러한 영업을 **중심적 영업**(*zentrale Gewerbe*)이라고 불러야 할 것이며, 이 중심지에서 그리고 또한 중심적이기 때문에 생산되는 재화와 이 중심지로부터 공급되는 서비스를 **중심재**(*zentrale Güter*)와 **중심서비스**(*zentrale Dienste*)로 지칭해야 할 것이다. 이와 마찬가지로 재화와 서비스가 필연적으로 분산적 장소에서 생산되거나 공급되는 경우에 우리는 이를 분산재(*disperse Güter*)와 분산서비스라고 부르고, 이러한 재화와 서비스를 생산 또는 공급하는 입지가 반드시 중심적이거나 반드시 분산적일 필요가 없을 경우에 우리는 이러한 재화와 서비스를 중립재(*indifferentierte Güter*)와 중립서비스[18] 라고 부를 것이다. 앵글랜더를 비롯하여 많은 경제학자들과 지리학자들은 일반적 용어에 따라 농촌재에 대비되는 도시재라는 용어를 사용하고 있다.[19] 그런데 우리는 이러한 표현을 삼가고자 하는데, 왜냐하면 우선 이러한 대립어로서는 모든 가능한 경우를 논의할 수 없으며, 또한 이 대립어는 〔개념적으로도〕 명확하지 않기 때문이다.

이렇듯 우리는 중심재의 개념을 다음과 같이 정의할 수 있다. 즉, 중심재와 중심서비스는 몇몇 소수의 지점에서, 그리고 특히 반드시 중심적 지점에서 생산되거나 공급되며, 다수의 산재해 있는 지점에서 소비된다. 반면에 분산재나 분산서비스는 반드시 다수의 산재해 있는 지점(또는 소수의, 하지만 그 어떤 경우라도 반드시 중심적 지점이 아닌 지점을 말한다)에서 생산되거나 공급되며 무엇보다도 몇몇 소수의 지점에서 소비된다. 더구나 이를테면 대부분의 공산품처럼 어떤 재화가 중심적으로 생산되지 않지만 중심적으로 공급되는 경우가 종종 있으며, 반드시 어느 한 중심지에서 제작되지만 임의의 지점에서 판매되는 신문처럼 재화가 중심적으로 생산되지만 분산적으로 공급되는 경우도 있다. 전자의 경우에는 공급이 중심적이며, 후자의 경우에는 생산이 중심적이다. 이 둘의 경우에 대해서도 우리는

18) 〔역주〕 '무차별재' 또는 '무차별적 서비스'라는 표현도 가능하다.

19) Oskar Engländer: *Theorie der Volkswirtschaft*, 1. Teil, a. a. O., S. 114ff.

중심재라는 용어를 사용하며, 따라서 전자의 경우에는 공급과 관련하여, 그리고 후자의 경우에는 생산과 관련하여 설명한다. 나아가 우리는 고차 중심지에서만 생산되고 공급되는 고차 중심재와 저차 중심지에서만(그렇지만 또한 고차의 모든 지점에서도) 생산되고 공급되는 저차 중심재를 구별할 수 있다. 비록 고차재라는 용어가 경제학 이론에서 이미 생산수단과 원료를 지칭하는 데 사용되고 있으나,[20] 우리는 여기서 이 용어를 '중심적' 재화와 관련해서만 사용할 것이므로 별다른 혼란은 발생하지 않을 것이다.

생산과 관련해서는 중심재, 바꿔 말해 중심지에서 가장 큰 이점을 갖고서 생산되는 중심재는 비교적 드문 편인데, 그 이유는 중심적 생산이점 — 무엇보다도 분산적으로 거주하거나 중심적으로 거주하는 개별 구매자까지의 운임의 합이 최소로 된다 — 이 대개 중심지의 높은 임금과 지가와 같이 높은 비용이 소요되는 생산이라는 불이익에 의해 상쇄되기 때문이다. 베버의 용어에 따르면, 우선 '소비지향적' 생산이 주로 이 경우에 해당한다(거의 모든 촌락에 존재하는 것을 제외하고). 그리고 산재해 있는 취락을 통해 형성되는 소비지(비교적 큰 지역일 수도 있다) 내에서는, 다시 말해 그 지역의 중심점에서는 비교적 협소한 입지가 생산에 이용된다. 그러나 중심지향적 생산도 원료나 반제품의 분산적 생산분포에 의해 규정될 수 있으므로, 이 경우에는 집하(集荷)와 재가공이 중심(지)에서 행해진다. 중심지향적 생산의 전형적 예로서는 한편으로 다양한 수공업과 여러 가지 생필품공업, 그리고 맥주 양조업을, 다른 한편으로 낙농업과 제당업과 각종 저장가공업을 들 수 있다. 이때 전자는 이와 동시에 소비지향적이며, 후자는 원료지향적이다. 신문업도 이와 마찬가지의 경우라고 할 수 있지만, 반드시 소비지향적일 필요는 없으며 그 입지는 조직구조에 의해 결정된다.[21]

---

20) 이 표현은 칼 멩거(Karl Menger: *Grundsätze der Volkswirtschaftslehre*. Wien 1871. 2. Aufl. Wien und Leipzig 1923)의 예에 따라 한계효용학파가 도입하고 있듯이 재화의 질서체계에서 발견된다.

21) 〔역주〕 예를 들어, 신문업의 경우 신문사라는 조직의 규모나 복잡성, 권한

그렇지만 여기서 중요한 것은 생산이 아니라 중심적 장소와 결부되어 있는 재화와 서비스의 공급이다. 경제(학)적 관점에서는 서비스의 공급을 재화의 공급과 동일하게 다룰 수 있기 때문에, 경제이론에서는 〔학술적〕 논의를 간편하게 진행시키기 위해 재화와 서비스가 아니라 종종 재화에 대해서만 언급한다. 물론 여기서 재화는 서비스까지 함축하고 있다.[22] 이러한 중심서비스에는 무엇보다도 상업이 속하며, 상업은 거의 예외 없이 중심지향적이다(예외로서는 행상을 들 수 있다). 다음으로 은행업과 다양한 수공업(수리공장), 국가의 행정활동, 교회나 학교, 그리고 극장과 같은 각종 문화재 혹은 정신재[23]의 제공, 직업과 경제조직, 교통운송업, 보건위생시설 등도 이에 속한다.[24]

이러한 재화와 서비스가 중심적으로, 곧 도시나 기타 중심지에서 공급되는 것은 오늘날 우리가 살아가는 현대 경제체제에서는 하나의 규범으로 자리잡고 있으며, 이는 경제(학)적 관점에서 살펴보더라도 가장 유리하기 때문이다. 하지만 이 현상은 보편적인 것, 다시 말해 시대나 민족과 상관없이 타당한 것이 아니라 하나의 역사적 형태에 지나지 않는다. 사실 우리

의 집중 및 분산 정도, 그리고 신문제작에 필요한 각종 설비의 활용여부 등에 의해 결정적으로 규정된다고 할 수 있다.

22) *"Hdbw. der Staatswissenschaften."* Jena 1927, 4. Bd., S. 1277ff. 에 한스 마이어(Hans Mayer)가 집필한 'Gut' 항목을 참조하라.

23) 〔역주〕 인간의 정신적 만족이나 의식활동의 고양 등과 결부된 재화를 말한다.

24) 우리는 열거한 것으로부터 중심재에는 경제재와 경제서비스뿐만 아니라 경제 외적인 문화, 보건, 정치 등의 것들도 포함되고 있음을 알 수 있다. 이러한 것들을 공급하고 소비하는 것은 경제법칙에 의거하여 행해지는데, 왜냐하면 이것들을 손에 넣는 데에는 수고와 비용이 들고, 이것들을 공급하는 데에는 돈과 노력이 필요하기 때문이다. 그 목표가 문화적, 보건·위생적, 정치적 욕구를 충족시키는 데 있음에도 불구하고 이 목표를 어느 정도의 비용으로 달성하는지는 매우 중요한 문제이다. 즉, 가장 적은 비용을 유발하는 방법이 보다 많은 비용을 유발하는 방법보다 항상 우선시된다는 것이다.

는 이러한 서비스가 오늘날에도 여전히 집중적으로 공급되지 않는 경우가 대단히 많다는 사실을 잘 알고 있다.[25] 재화를 소비자에게 배분하는 데에는 두 가지의 주요 방식이 존재한다. 즉, 사람들이 재화를 중심지에 공급하고 소비자들은 이곳으로 나와 구매하는 것과 사람들이 재화를 갖고 다니면서 흩어져 거주하는 소비자들에게 공급하는 것이다. 전자의 방식에서는 필연적으로 중심지, 다시 말해 시장이 발전하게 되지만, 후자의 방식에서는 중심지가 필요하지 않다. 공급자가 이동하는 방식은 오늘날보다 과거에 훨씬 널리 펴져 있었다. 행상인과 땜장이, 중세 초기의 유랑 악사, 순회 설교자가 이 경우에 해당하며, 중세 국가의 행정활동조차도 여러모로 중심지향적 성격을 띠지 못하고 사자[26]에 의해 수행되었다. 중심재의 비

---

25) 공업의 분포와 관련하여 모니에(Maunier)는 흥미로운 논문을 저술하였는데, 이 논문에서 우리의 특별한 주제에 관해서도 무언가를 배울 수 있다(René Maunier: "La distribution géographique des industries." In: *Revue internationale de Sociologie*, 16. Annee. Paris 1908, S. 481ff.). 그는 공업의 분산과 집중을 역사적 경제단계에 따라 끊임없이 변하는 것으로 인식하고 있다. 즉, 촌락경제에서는 집중하고 장원경제에서는 분산하며, 중세 도시경제에서는 집중하고 가내공업 시대에는 분산하고, 국민경제 시대에는 집중하고 오늘날 우리는 다시금 분산의 시대를 맞이하고 있다는 것이다. 따라서 모니에는 "집중과 분산의 리듬"에 대해 언급하고 있으며(433쪽), 이러한 리듬에서는 유리한 생산입지와 판매시장으로 공업이 이동하는지 아니면 유리한 노동시장(거주지에 의한 분포)으로 이동하는지가 지배적 문제가 되고 있다. 그는 결론적으로 "대체적으로 지리적 조건이 점점 더 중요해지고 있다"고 지적한다(511쪽). 다시 말해, 미발전한 경제발전 단계하에 있는 공업이 지리적·물리적 사상〔즉, 요인〕에 보다 강력히 의존한다는 생각은 잘못된 것이며, 오히려 현실은 이와는 정반대로 경쟁이 심화됨으로써 지리적 특성의 미소한 이점 또는 우위를 활용하려고 하기 때문에 지리적·물리적 사상은 근대공업에서 한층 더 큰 역할을 하고 있다고 한다.

26) 〔역주〕 지방의 각종 행정업무가 중앙정부에서 파견한 순회관리, 즉 지사나 관찰사 등의 사자(使者)에 의해 처리되거나 감시, 통제되는 것을 말한다. 이러한 통치방식은 특히 동서양을 막론하고 중앙집권체제에 의거한 지

(非)중심적 공급이 현대에 와서 다시금 증가하는 것 같다. 즉, 통신판매업[27]의 증가는 이에 대한 명백한 징후의 하나이다. 그러나 이 두 가지 방식 중 어느 것이 주도적으로 행해지는지, 시기에 따라 어느 것이 경제적으로 보다 큰 이익을 가져다주는지, 그리고 어느 한 방식이 다른 방식보다 우위에 있거나 발전한 것인지 등은 선험적으로 판단할 수 있는 사안이 아니다.

오늘날 중심재가 주로 중심적으로, 즉 '행상'에 의해서가 아니라 '시장'을 통해 공급되는 이유는 생산뿐만 아니라 공급도 — 예전보다 훨씬 많은 물품을 판매하고 한층 복잡해진 회계와 기업조직 등으로 인하여 — 특히 막대한 자본투자를 필요로 한다는 사실에 바탕을 두고 있으며, 이러한 투자도 여러 가지 측면에서 고정자본의 형태로 이뤄지며, 그래서 확고한 입지가 요구되기 때문이다. 여기서 이러한 확대된 자본투자는 또한 고객 위주의 생산에서 익명의 시장을 위한 생산[28]으로의 전환을 통해, 즉 자유로운 교환경제로의 이행을 통해서만 비로소 가능하다고 한다.

방행정조직이 완비되지 않은 근세 이전에 일반적이었다.

27) 〔역주〕 신문광고나 인쇄된 카탈로그를 배포하고 전화 등을 이용하여 소비자들이 주문한 상품을 우편 등을 통해 배달, 판매하는 업태를 말한다. 현재에는 홈쇼핑이나 인터넷쇼핑이 과거의 통신판매업을 점점 대체해 가고 있다.

28) 〔역주〕 이미 잘 알려져 있는 특정 고객을 위한 생산이나 이들의 주문생산에서 불특정 시장, 즉 보이지 않는 손이 작동하는 시장을 대상으로 한 생산으로의 전환을 뜻하며, 자본주의의 발전과정에서 필연적으로 거치는 단계라고 할 수 있다.

5) 보완지역

어떤 중심지가 어느 한 지역의 중심점이 되는 경우, 우리는 그 지역을 이 중심지의 보완지역(*Ergänzungsgebiet*)이라고 부르고자 한다.[29] 여기서 우리는 시장권이나 세력권 혹은 판매권과 같은 일상적 용어들을 사용하지 않으려고 한다. 왜냐하면 이러한 용어들은 많은 경우 상업을 너무나도 일면적으로 고찰하고 또한 불명료한 개념을 연상시키기 때문이다. 더구나 보완지역이라는 용어는 도시에서 농촌이라는 방향과 농촌에서 도시라는 방향을 모두 함축하고 있으며, 따라서 상호관계를 보다 명확히 표현해 주기 때문이다.[30]

우리는 고차 중심지의 보완지역을 간단히 고차 보완지역으로, 그리고 저차 중심지의 보완지역을 저차 보완지역으로 일컬을 수 있다. 우리는 또한 이따금 오해가 없는 한 간략히 '중심지권'이라는 용어를 사용하고자 하는데, 이는 곧 보완지역을 뜻한다. 많은 경우에 중심지의 보완지역을 명확히 구획하기란 쉽지 않다. 왜냐하면 보완지역은 일반적으로 재화의 종류에 따라 그 규모가 다르고, 시간적으로, 즉 종종 계절에 따라 〔확대되거나 축소되는〕 변동을 보이며, 게다가 주변부에서는 보통 인접한 중심지의 보

---

29) 이 '보완지역'은 보벡이 제시한 다음과 같은 정의와 거의 일치한다. "일반적으로 도시의(다시 말해 전형적인 도시적 노동부문의) 영향권은 그것이 인위적으로 설정되지 않는 한(정치적 행정구역 등) 도시와의 교역비용이 바로 이러한 도시적 중심점이 제공하는 이점을 넘어서지 않는 한도까지 확대된다"(Hans Bobek: "Innsbruck. Eine Gebirgsstadt, ihr Lebensraum und ihre Erscheinung." In: *Forschungen zur deutschen Landes- und Volkskunde*, 25. Bd. Stuttgart 1928, S. 222)고 한다.

30) 독일 경제의 생산 및 판매조건에 관한 조사위원회(Enquete-Ausschuß)의 보고서인 "Das Wirtschaftsleben der Städe, Landkreise und Landgemeinden," 1. Bd., Berlin 1930을 살펴보면, 1쪽에 도시와 이를 둘러싼 농촌지역 간의 '능동적, 그리고 수동적 결합관계'를 언급하고 있으며, 이는 〔본문에서 논의하는〕 이러한 상호관계를 정확히 표현해 준다.

완지역과 중첩되기도 하기 때문이다. 그럼에도 불구하고 그 범위는 비교적 일정하게 유지된다. 왜냐하면 그것은 인접한 동일한 계차(階次) 또는 고차의 중심지가 어느 정도 떨어져 있는지에 의해 크게 결정되기 때문이다.[31] 하지만 그 범위가 전혀 변하지 않는 것은 아니다. '중심성'의 개념을 상기해 볼 때, 우리는 보완지역이 의미의 결핍이 존재하는 지역이며, 이 의미의 결핍은 중심지에서 의미의 잉여로 상쇄됨을 알 수 있다. 결국 (보완)지역과 중심지는 더불어 하나의 전체를 형성하는 것이다.

6) 경제적 거리와 재화의 도달범위

특수한 공간적 기관, 즉 중심지를 형성시켜 온 경제적 과정과 관계에서는 거리가 매우 중요한 역할을 한다. 사실 경제체제가 정교하게 발전하면 할수록, 그리고 그 체제가 순수한 교환경제에 의존하면 할수록 거리의 요인은 그만큼 더 결정적 역할을 하게 된다. 이때 미터나 킬로미터와 같이 수학적으로 표현되는 거리는 오히려 부차적인 것이며, 경제적으로 표현되는 거리만이 거리의 경제적 의미에 부합한다. 이러한 '경제적 거리'[32]는 운임과 보험료, 창고료, 소요시간, 운송중에 발생할 수도 있는 중량이나 용적의 감소 여부 등에 의해, 그리고 여객운송의 경우에는 특히 여비와 여행시간, 편리성에 의해 규정된다.[33] 죄플(Zöpfl)의 정의를 인용하면, "경

---

31) 그라트만(Gradmann : *Schwabische Städte*, a. a. O., S. 456)은 '변하지 않는 시장지역의 규모'에 대해 언급하고 있다. 이 점은 여러 지역, 특히 자연조건에 의해 불가피하게 격리된 외딴지역에 잘 들어맞지만, 많은 경우에는 '단기'적으로, 다시 말해 상대적으로만 들어맞을 뿐이다. 반면에 농촌의 시장지역이 뚜렷한 항상성을 지니고 있다는 것은 영업의 자유와 이동의 자유를 바탕으로 한 경제체제에서 경제법칙의 작용과 일치하지 않는 것으로 여겨지며, 이는 경제학자들의 관심을 끄는 사실이다.

32) Kurt Hassert : *Allgemeine Verkehrsgeographie*. 2. Aufl. Berlin and Leipzig 1931, 1. Bd., S. 63을 참조하라.

제적 거리란 운임과 기타 경제적으로 중요한 교통상의 이점 또는 부담으로서 수치로 환산된 지리적 거리"[34]를 말한다. 여기서 '수치'는 '화폐가치'라는 말로 바꾸는 것이 한층 더 적절할 것 같다.

이 경제적 거리는 **재화의 도달범위**(*Reichweite eines Gutes*)[35]를 규정하는 데 매우 중요한 계기가 된다. 그리고 재화의 도달범위는 분산적으로 거주하는 주민들이 어느 한 장소, 즉 중심지에서 공급되는 재화를 구입하기 위해 기꺼이 이동하고자 하는 가장 먼 거리로 파악될 수 있다. 거리가 일정한도를 넘어서면 주민들은 이 재화를 더 이상 구입하지 않으려고 할 것인데, 왜냐하면 재화가 주민들에게 너무 비싸지기 때문이다. 이렇게 하지 않을 경우에는 해당 주민들이 재화를 보다 값싸게 구입할 수 있는 또 다른 중심지에서 재화를 손에 넣으려고 할 것이다. 하지만 재화의 도달범위는 이밖에도 어느 한 중심지에서 이 재화의 가격이 얼마인지에 의해서도 지대한 영향을 받는데, 특히 이 재화가 다른 중심지에서 다소 비싸거나 값싸게 팔릴 경우에 그러하다. 더구나 도달범위는 중심지에 집적해 있는 인구수와 분산적으로 거주하는 인구의 밀도와 분포, 이 인구의 소득상황과 사회구조,[36] 다른 중심지와 가까이에 있는지 아니면 멀리 떨어져 있는지의 원

---

33) 페르디난트 폰 리히트호펜(Ferdinand von Richthofen)은 이러한 요인들을 '시간과 노동'이라는 집합개념하에서 요약하고 있다(*Vorlesungen über allgemeine Siedlungs- und Verkehrsgeographie*, bearb. und herausg. von Otto Schlüter, Berlin 1908, S. 210). 경제이론은 이를 단순히 '비용'이라는 개념으로 바꿔 사용하고 있으며, 이때 비용은 반드시 화폐가치에 바탕을 둔 것도 아니며, 화폐가치로 직접 표현될 수 있는 것도 아니다.

34) Kurt Hassert의 앞의 책 63쪽에 의거하여 인용한 것이다.

35) 오스카 앵글랜더(Oskar Engländer)는 '판매범위'라는 표현을 사용하고 있다. 그러나 국가의 행정활동과 같은 중심서비스에서는 '판매'라는 말은 어울리지 않기 때문에 '도달범위'라는 보다 일반적인 표현을 우선하게 된다(Oskar Engländer: *Theorie des Güterverkehrs usw.*, a. a. O., S. 3). 판매범위에 대한 앵글랜더의 정식은 우리의 연구목적에 여러 가지 측면에서 충분하지 않다.

근관계, 그리고 기타 수많은 요인들에 의해 결정된다. 이를 통해 우리가 이미 알 수 있는 것은 모든 재화가 특유의 각기 고유한 도달범위를 갖고 있으며, 이러한 도달범위는 구체적인 개별 상황에서 다시 말해 중심지마다, 그리고 시점에 따라 달라질 수 있다는 점이다.

여기에는 확실히 단순한 개념이나 공식으로 결코 풀 수 없는 매우 복잡한 과정이 연관되어 있다. 그러므로 우리는 이러한 개념들을 한층 더 발전시켜 나가는 문제를 아래에서 설명하고자 한다.

---

36) 이 모든 것이 앵글랜더의 저서에서는 구매자의 '가격지불의지'(*Preiswilligkeit*)라는 개념 속에 포괄되고 있다. 이 간결한 표현은 매우 적절한데, 이것은 일정한 인구 또는 인구계층이 그들이 희구하는 재화를 얻기 위해 최악의 경우 아무리 높은 가격일지라도 기꺼이 지불하려는 의지를 말한다. 이 가격지불의지는 인구의 구조와 구성에 따라 서로 다른 수준을 보여준다(Oskar Engländer: *Theorie der Volkswirtschaft*, a. a. O., S. 29ff.).

2. 정태적 관계

1) 도입 : 중심재의 소비와 중심지의 발전

중심재의 소비와 중심지의 발전 사이에는 매우 밀접한 관련성이 성립한다. 이렇듯 주민들이 중심재를 판매하여 생활을 영위해야 하는 중심지는 중심재의 소비가 적은 중심지보다 훨씬 뚜렷한 발전을 보여준다. 이때 '중심지의 발전'은 매우 일반적 의미로 파악되어야 할 것이며, 특히 이것은 이러한 발전이 하나의 장소에 집중되는지 아니면 여러 장소로 분산되는지에 관해서는 아무것도 말해주지 않는다. 그러므로 두 번째 질문은 중심재의 공급이 어디에서 행해지는가? 다시 말해, 한 곳에서 행해지는지 아니면 여러 곳에서 행해지는지 이다.

그렇지만 중심재의 소비는 인구분포, 무엇보다도 중심지 자체에서 〔인구의〕 집적 정도에 달려 있다. 이뿐만 아니라 중심재의 소비는 일차적으로 중심재에 대한 욕구에 달려 있으며, 이 욕구는 다시 인구의 직업적, 사회적 구조와 이 인구집단의 생활수준 혹은 소득상황에 의해 결정된다. 또한 소비는 해당 재화의 종류와 그 현재의 수량,[37] 수급관계, 무엇보다도 중심지에서 재화의 가격에 좌우된다. 이는 또 다시 지대(임대료)와 이자율, 임금, 세금과 같은 여러 가지 상황조건에 의해 함께 규정된다. 마지막으로 중심재의 수요는 보완지역의 규모와 지리적 형태[38]에 의해서도 결정된다. 위에서 언급한 요인들은 재화의 도달범위 속에서 공동으로 작용하며, 이 경우에 결국 교통관계의 독특한 형태가 중요한 역할을 하게 된다.

이상에서 우리는 중심재의 소비량과 공급입지의 문제가 위에서 언급한 여러 가지 사실과 어떤 의존관계에 있는지에 대해 해답을 제시했다면, 중

---

37) 〔역주〕 재고량 또는 당장 공급이 가능한 재화의 양을 말한다.

38) 〔역주〕 여기서는 특히 평야지대인지 또는 산지 및 산악지방인지 등의 지형적 조건을 말한다.

심지의 규모와 입지와 수에 관한 문제에 대해서도 적어도 일반론적 차원에서 이미 그 해답을 제시하고 있다고 볼 수 있다.

하지만 방금 언급한 내용을 다소 수정할 필요가 있다. 그것은 다름 아닌 중심지의 발전에 결정적인 것은 중심재의 소비 자체가 아니라 중심재의 판매로부터 얻는 수익, 바꿔 말해 중심지의 주민들이 벌어들이는 순수익(총수입에서 생산비와 기타 비용을 뺀 것과 같다)이라는 것이다. 만약 순수익이 높다면, 많은 사람들은 이로부터 생활을 영위할 수 있고 개개인은 경제적으로 윤택하게 되고 결국 중심지는 번창하게 될 것이다. 이와 반대로 수익이 낮다면, 소수의 사람들만이 얼마 안 되는 소득을 얻고 결국 중심지는 정체하거나 쇠퇴하게 될 것이다.

2) 인구분포와 중심지

우리는 우선 인구분포와 중심재의 소비 사이에 어떤 관계가 성립하는지를 고찰하고자 한다.

약 80㎢ 규모의 지역에 4천 명의 주민들이 거주하는데, 이들이 이 지역에 균등하게 분포하고 있으며, 따라서 어느 한곳에 현저히 집중되어 있지 않다고 상정해 보자 — 이것이 사례 1이다. 한 명의 의사가 자신의 중심서비스[39]를 제공하기 위해 이 지역에 정착한다고 가정해 보자. 이 의사는 두말할 나위도 없이 지역의 중앙(부)에 정착할 것이다. 의료서비스에 대한 수요는 기본적으로 전체 주민들 사이에 동일하다고 가정한다. 즉, 개인들이 동일한 빈도로 질병에 걸린다는 것이다. 이뿐만 아니라 이 지역의 모든 사람들이 같은 소득을 갖고 있으며, 이 소득으로 1인당 연간 6마르크(Mk.)를 의료비로 사용할 수 있다고 가정해 보자. 물론 이 지출 때문에 식료나 의복, 그리고 주거에 대한 기타 필수적 수요는 침해받지 않는다. 1회 진료비는 3마르크로 상정한다.

39) 〔역주〕 곧, 진료서비스를 일컫는다.

그런데 모든 주민들이 〔1년에〕 평균 2회씩 의사의 진료를 받고, 그래서 4천 × 6 마르크=2만 4천 마르크가 의사의 수입이 된다고 보는 것은 잘못된 계산이다. 왜냐하면 상대적으로 멀리 떨어진 곳에 거주하는 사람들은 의사에게 지불해야 하는 사례금 이외에 왕복에 한두 시간을 소모하고, 그래서 그만큼 노동시간을 상실하며 장거리 통행에 따른 수고와 불편을 감수해야 한다는 사실을 계산에 포함시키지 않을 수 없기 때문이다. 그렇지만 이들은 질병이 발생할 경우에도 전체적으로 6 마르크만을 쓸 수 있을 뿐이다. 이처럼 의사 가까이에 거주하는 사람들 — 우리는 15분 이내의 거리에 거주하는 것으로 상정할 수 있다 — 만이 실제로 1년에 2회에 달하는 의사의 진료를 받는다. 그 다음으로 의사 가까이에 살고 있는, 즉 15분에서 30분 거리의 제 1권역[40]에 거주하는 사람들은 장거리 통행으로 평균 1시간가량의 노동시간을 상실하며 그 비용이 약 70 페니히(Pfg.)로 평가되며, 따라서 이들이 한 번의 진료를 받는 데 드는 비용은 실제로 3.70 마르크가 된다. 이밖에도 위에서 언급한 통행에 따른 수고와 불편이 추가되며, 이 또한 '교통저항'[41]으로 환산될 수 있다. 그러므로 제 1권역에 거주하는 사람들은 6 마르크로 1년에 1.5회, 따라서 2년에 3회의 진료를 받을 수 있다. 이보다 멀리 떨어져 있는 제 2권역에 거주하는 사람들은 왕복에 평균 2시간의 노동시간을 소모하게 된다. 더구나 이들은 비교적 오랜 시간 동안 집을 떠나 있어야 하기 때문에 음식점에서 식사해야 하고, 이때 약 60 페니히를 지출하게 된다. 따라서 이들은 1회의 진료에 3+1.40+0.60 마르크, 즉 총 5 마르크를 사용하게 된다. 이 경우 교통저항은 한층 더 강력하며, 결국 이들은 1년에 단 1회의 진료를 받을 수 있을 뿐이다. 이보다 더

---

40) 〔역주〕 보다 정확하게는 단순히 원이 아니라, 핵심부를 둘러싼 일정한 넓이를 가진 동심원상의 권역 또는 지대(*Ring*)를 말한다.

41) 오펜하이머(F. Oppenheimer: *Theorie der reinen und politischen Ökonomie*, a.a.O., S.109)는 전체 '교통비'를 '교통저항'으로 파악하고, '교통저항의 법칙'에 관해 언급하고 있다.

멀리 떨어진 곳에 거주하는 사람들은 이에 따라 1년에 고작 0.5회의 진료만을 받을 수 있을 뿐이다.

만약 의사가 있는 근린권(15분 거리 이내에 있는 약 5㎢의 지역) 내에 1㎢당 50명의 비율로 인구밀도가 균등하다고 가정하면, 〔전체적으로 이 지역에서는〕 250명이 거주한다고 볼 수 있다. 제 1권역, 즉 15분 이내의 핵심부를 제외한 30분 이내의 지역(약 15㎢)에는 750명이, 제 2권역, 곧 의사와 30분에서 1시간 사이의 〔시간〕거리로 떨어져 있는 지역(60㎢)에서는 3천 명이 거주하게 된다. 그러나 우리는 이 지역이 완벽한 원형을 갖추고 있지 않으며(현실에서 완벽한 원형이 아니라는 점은 거의 일반적이다), 다만 50㎢의 면적이 1시간 거리의 권역 내에, 그리고 10㎢의 면적은 권역 밖에 있으며, 이에 따라 권역 내에는 2천 5백 명이, 그리고 권역 밖에는 5백 명이 거주한다고 상정할 수 있다. 따라서 의사로부터 받는 진료횟수는 다음과 같다.

구 분	인구수	1인당 진료횟수	총 진료횟수
핵심부	250명	2회	500회
제 1권역	750명	1½회	1,125회
제 2권역	2,500명	1회	2,500회
제 3권역	500명	½회	250회
합 계	4,000명	-	4,375회

즉, 1회의 진료에 3 마르크가 소요된다고 계산하면, 의사의 연간 총소득은 피상적으로 고찰한 2만 4천 마르크가 아니라 13,125 마르크가 된다.

그러므로 우리는 재화의 소비가 모든 곳에서 거의 동일한 수요와 소득에도 불구하고 특정 지역 내의 장소에 따라 달라질 수 있다고 일반화하여 말할 수 있다. 재화의 소비가 중심재가 공급되는 장소에 인접한 곳에서는 높고 중심재가 공급되는 장소로부터 멀어짐에 따라 점차 감소하다가, 마침내 주변부에 이르게 되면 재화의 소비가 더 이상 발생하지 않는다는 것이다.

그런데 우리는 이렇게 구성한 사례를 고찰하는 데 그치지 않으려고 한다. 오히려 현실상황에 좀더 다가서서 일정한 중심지의 망(*Netz*)이 이미 존재한다는 점을 고려하고자 한다.

인구는 지역 내에서 불균등하게 분포하고 있지만, 전체 인구수는 위에서 언급한 사례 1의 지역[42]과 마찬가지로 동일하며, 이 지역의 중앙(부)에는 인구 천 명이 거주하는 도시가 존재한다고 가정해 보자. 또한 제1권역(도시로부터 30분 거리 이내의 권역)의 상주인구가 750명(인구밀도는 1㎢당 50명이다)이고 제2권역(1시간 거리 이내의 권역)에는 2천 명(인구밀도는 1㎢당 40명이다)이 거주하며, 그리고 제3권역에는 250명(인구밀도는 1㎢당 25명이다)이 거주한다고 가정해 보자—이것이 사례 2이다. 즉, 하나의 소규모 중심지가 존재하는 지역을 상정해 보자는 것이다. 이 경우에 진료횟수는 다음과 같이 계산된다.

구 분	인구수	1인당 진료횟수	총 진료횟수
핵심부	1,000명	2회	2,000회
제1권역	750명	1½회	1,125회
제2권역	2,000명	1회	2,000회
제3권역	250명	½회	125회
합 계	4,000명	-	5,250회

결국 이 경우에는 의사가 자신의 노동영역 내에 사례 1의 경우와 동일한 인구수를 갖고 있음에도 불구하고, 연간 소득은 15,750 마르크에 달하게 된다.

42) 〔역주〕 면적이 약 80㎢이고 상주인구가 4천 명인 지역을 말한다.

그렇다면 이제 지역 내의 도시가 2천 명의 인구를 거느리고 있고, 제 1권역에 5백 명(인구밀도 : 1 ㎢당 33⅓ 명), 제 2권역에 1,250 명(인구밀도 : 1 ㎢당 25 명), 그리고 제 3권역에 250 명(인구밀도 : 1 ㎢당 25 명)이 거주한다고 가정해 보자 — 이것이 사례 3이다. 즉, **대규모 중심지가 존재하는 지역**의 경우로 지칭하기로 하는데, 이 경우에 진료횟수는 다음과 같이 바뀌게 된다.

구 분	인구수	1인당 진료횟수	총 진료횟수
핵심부	2,000명	2회	4,000회
제 1권역	500명	1½회	750회
제 2권역	1,250명	1회	1,250회
제 3권역	250명	½회	125회
합 계	4,000명	-	6,125회

따라서 사례 3의 경우 총 진료횟수는 사례 2의 5,250 회와 사례 1의 4,375 회보다 훨씬 많은 6,125 회가 된다.

만약 면적이 80 ㎢인 지역에 두 개의 중심지가 입지해 있다면, 다시 말해 면적이 각각 40 ㎢인 두 개의 권역으로 나눠져 있고 각 지역에 인구 천 명의 중심지가 존재하며 나머지 인구들은 사례 3과 같이 분포해 있다면, 두 개의 중심지가 존재하는 지역인 사례 4의 경우에 총 진료횟수는 다음과 같이 계산된다.

구 분	인구수	1인당 진료횟수	총 진료횟수
2개의 핵심부	각 1,000명 = 2,000명	2회	4,000회
2개의 제 1권역	각 500명 = 1,000명	1½회	1,500회
제 2권역	1,000명	1회	1,000회
합 계	4,000명	-	6,500회

이 경우 총 진료횟수는 사례 3의 6,125 회와 달리 6,500 회가 된다. 따라서 전체 인구수가 같고 또한 중심지의 상주인구가 동일함에도 불구하고 두 개의 중심지가 존재하는 지역은 하나의 중심지가 존재하는 권역보다 중심재의 소비가 훨씬 많다.

하지만 여기서 우리가 주목해야 할 점은 이상에서 가정한 사례 중 어느 것이 기타의 모든 발생가능한 상황에서도 유효한지 이다. 이 점과 관련해서는 중심지가 두 개인 지역이 한층 유리한 것처럼 여겨진다. 왜냐하면 이런 경우에는 중심재가 보다 많이 소비되기 때문이다. 〔특정 시점에〕 눈에 띄는 보다 유리한 상황이 개별 경제주체의 경제행동에 영향을 미치므로 수많은 중심지가 형성되는 경향이 있다고 볼 수 있다. 우리는 이러한 경향을 실제로도 관찰할 수 있다. 하지만 이러한 경향과 반대되는 보다 중요한 경향이 존재한다. 다시 말해, 중심재의 판매자는 그 판매로부터 무엇인가를 벌어들어야 한다는 점이다.[43] 우리는 이 점을 특별한 사례를 통해 설명하고자 한다. 가장 '유리한' 상황, 바꿔 말해 진료횟수가 가장 많은 경우는 결국 다음과 같은 상황에서 발생한다. 즉, 어느 한 지역 내의 모든 마을에 한 명의 의사가 거주할 때, 그 지역 내의 4천 명에 달하는 전체 주민들은 1년에 2회의 진료를 효과적으로 받을 수 있다. 왜냐하면 진료비 이외에 그 어떤 추가비용도 부담할 필요가 없기 때문이다. 이에 따라 총 8천 회의 진료가 행해지고 의사의 총 소득은 2만 4천 마르크가 된다. 만약 이 권역에 10개의 마을이 존재한다면, 10명의 의사가 있어야 하고 모든 의사들은 평균 2천 4백 마르크의 총 소득을 얻게 된다. 그러나 이 소득으로는 그 어떤 의사도 생활할 수 없다. 오히려 이 지역에서는 많아야 두 명의 의사가 아마도 두 개의 서로 다른 중심지에서 의료서비스를 제공할 것이다. 이처럼 각각의 의사는 6천 5백 × 3 마르크의 절반(사례 4에 따른 것이다), 즉 9,750 마르크를 벌게 될 것이다. 여기서 우리는 한 명의 의사가 가외(加外)비용

43) 〔역주〕 판매를 통해 매상을 얻고, 이를 통해 생활을 영위해 나갈 수 있어야 한다는 것이다.

을 모두 충당한 뒤 생계를 유지하며 병원 개업에 투자한 자본 — 수련, 의료기기와 장비, 건물(임대나 건축 등)에 들어간 비용 — 에 대한 이자를 물고 대출금액을 상환할 수 있기 위해서는 연간 총 수입이 8천 마르크는 되어야 한다고 상정한다. 따라서 가장 유리한 상황은 모든 수요가 충족되는 지점과 그 어떤 수요도 충족되지 않는 지점 사이의 어디인가에 놓여 있다고 할 수 있다. 그리고 이러한 상황은 가능한 많은 수요가 충족되는 동시에 중심재의 공급자에게 가능한 높은 소득을 가져다주는 지점에서 발생한다고 볼 수 있다.

만약 의사가 개업하는 중심지가 중심지권과 그 안에서 분산적으로 거주하는 인구분포의 중심점에 자리잡고 있지 않고 오히려 그 중심에서 벗어나 자리잡고 있다면, 중심재의 소비와 이에 상응하는 의사의 소득은 다시금 불리한 상황에 처하게 된다. 왜냐하면 이 경우에는 상대적으로 많은 사람들이 〔병원으로부터〕 멀리 떨어져서 거주하게 되며, 따라서 중심재의 구입 빈도가 감소하기 때문이다.[44]

이상에서 논의한 결과를 요약하면 다음과 같다. 전체 인구(수)가 같을 경우 중심의 발전이 미약한 지역에서 중심재의 총 소비는 중심이 잘 발전한 지역에 비해 적지만, 그 어떤 중심도 갖고 있지 않는 지역에 비해서는 많다. 만약 중심에 거주하는 인구가 두 개의 중심지로 나눠져 분포한다면, 이 경우 중심재의 소비는 일정한 전제 아래 이들 인구가 단 하나의 중심지에 거주하는 경우보다 많다. 중심지의 위치가 중심에서 벗어나 있을 경우에는 중심재의 소비가 감소한다.

그런데 한 지역의 인구분포를 설명함에서는 인구가 중심을 둘러싸고 집중하는지 아니면 분산하는지의 양자택일적 상황만을 고려해서는 안 된다. 분산해 있는 인구는 대규모 취락 — 집촌 — 혹은 소규모 취락 — 소촌 — 혹은 고립장택(孤立莊宅)에서 거주할 수 있다.[45] 그리고 이 모든 유형은 중

44) 〔역주〕 다시 말해 주민들이 의사의 진찰을 받기 위해, 그들의 소득에서 더 많은 부분을 교통비와 기타 부대비용으로 지출해야 하기 때문이다.

심재의 소비와 관련하여 특유의 상황조건을 발생시킨다.

여기서 우리는 그 가능성을 지닌 경우로서 두 가지 측면, 즉 오직 외딴 농장만이 존재하는 지역과 비교적 큰 촌락이 존재하는 지역을 대비시켜 살펴보고자 한다. 지역의 전체 상주 인구수와 중심지의 상주 인구수뿐만 아니라 두 지역의 규모도 동일하다고 가정해 보자. 그런데 우선적으로 우리가 확인할 수 있는 점은 외딴 지역에 분산적으로 거주하는 주민들이 최저차 중심재를 충분히 손에 넣는 것이 매우 어렵다는 사실이다. 빵집과 정육점, 각종 식료품점이 이런 지역에서는 상대적으로 드물다.[46] 왜냐하면 상인들은 모르긴 해도 빵 3개나 ¼파운드의 소시지를 구입하기에는 너무 먼 2, 3㎞의 노정(路程)으로 말미암아 그들이 제공하는 상품에 대한 구매자들을 찾을 수 없기 때문이다. 주민들은 2㎞의 길을 나서기보다는 5㎞의 길을 나설 것이며, 도시나 시장에서 상대적으로 많은 양의 물품을 구입할 것이다. 결과적으로 고차 중심지들이 최저차 중심재를 제공하는 중심지의 희생을 통해 혹은 바로 그러한 중심지들이 존재하지 않는다는 사실을 통해 상대적으로 양호하게 발전한다. 집촌으로 형성된 지역에서는 이 때문에 큰 촌락이 도시로부터 그 기능의 일부, 다시 말해 이상에서 언급한 최저차 중심재의 제공과 관련된 기능을 흡수한다. 이러한 경향은 분명히 존재한

---

45) M. Aurousseau("The Arrangement of Rural Population." In: *Geographical Review*, New York 1920, S. 223ff.)는 공동거주의 형태를 기준으로 세 가지의 일반적 취락유형을 다음과 같이 제시하고 있다. ① 집합형태〔소도시(*small town*), 집촌(*village*)〕, ② 부분적 집합형태〔부락(*village communities*), 소촌(*hamlet*)〕, ③ 분산형태 등이다.

46) 슐뤼터(Schlüter)도 "촌락에서 공동으로 거주한다는 단순한 사실이 늘 존재하는 비농업 인구의 낮은 비율을 높이는 계기를 제공한다"고 결론짓고 있다. 따라서 그는 중심적 직업의 존재여부에 비춰 외딴 농장이 있는 지역과 촌락을 가진 지역 사이의 구분을 분명히 하고 있다(Otto Schlüter: "Beiträge zur Bevölkerungs-und Siedlungsgeographie Deutschlands." In: *Petermanns Mitteilungen*, 56. Jahrg. II. Gotha 1910, S. 65).

다. 하지만 이보다 훨씬 중요한 사실은, 일반적으로 외딴 지역에서는 촌락지역에서 중심적으로 생산되고 공급되는 많은 재화들이 분산하여 거주하는 소비자 자신들의 작업장에서 조달되며, 따라서 고차 중심지도 이와 관련된 기능을 떠맡고 있지 않다는 점이다. 집에서 빵을 굽고 가축을 도살하며, 게다가 옷감을 짜고 수레를 수리하는 일도 집에서 행해진다. 일반적으로 외딴 지역에 거주하는 주민들은 상대적으로 자립심이 강하고 타인에게 의탁하거나 사회적 교류를 행할 가능성이 비교적 적으며, 따라서 사회적 교류에 대한 요구 또한 비교적 낮은 편이다. 중심재는 때때로 이러한 사회적 속성을 지니고 있기 때문에 재화의 소비는 도리어 감소한다. 집촌지역에서는 사정이 이와 다르다. 이곳에서는 시간이 들고 성가신 빵굽는 일을 집에서 직접 행하는 것이 빵을 빵집에서 구입할 때보다 훨씬 많은 비용을 요구하고, 또한 서로간의 접촉이 비교적 긴밀하게 이뤄지며, 따라서 중심재에 대한 욕구는 〔주민들이〕 분산하여 거주하는 경우보다 훨씬 높다.

그렇지만 이와 더불어 세 번째의, 전적으로 객관적 사정이 〔이에〕 부가되어야 할 것이다. 다시 말해 외딴 농장에서 중심지에 도달하는 길은 일반적으로 우선 농장에서 가장 가까운 도로에 이르는 일부 열악한 길로 구성되어 있다는 점이다. 가장 가까운 이 도로는 몇 개의 농장으로부터 도달하는 길과 이어지고, 나중에 가서야 비로소 포장된 차도와 연결된다. 그러나 집촌지역에서는 보통 촌락에서 도시까지 양호한 도로가 존재한다. 그 결과 외딴 농장에서 도시에 이르는 길의 경우에는 같은 거리라고 할지라도 촌락에서 도시에 이르는 길과 비교하여 불편하고 더 많은 시간이 소요될 뿐만 아니라 때로는 직접적 교통비용도 훨씬 높다. 그러므로 외딴 지역에 거주하는 주민들에게는 중심재의 가격이 평균보다 비싸지게 되며, 따라서 주민들은 자신들의 〔일정한〕 소득으로 중심재를 한층 적게 구입한다. 이에 따라 외딴 지역에서는 보통 중심지의 발전이 집촌지역에 비해 저조한데, 특히 저차 중심지의 발전이 저조하다. 반면에 고차 중심지들은 위에서 언급한 이유로 — 하지만 또한 나중에 언급할 이유, 즉 일반적으로 외딴 지역에서 소득상황이 양호하다는 점 때문에 — 상대적으로 유리하게 발전할 수도 있다.

3) 인구밀도와 인구구조

인구가 밀집한 지역에서는 일반적으로 중심재의 소비가 많다. 인접하여 함께 거주한다는 사실로 말미암아 서로간의 접촉도 한층 빈번히 발생한다. 이러한 접촉 때문에 중심재 — 이는 종종 집합적 성격을 띤다 — 는 주관적으로 높은 평가를 받으며 보다 많이 소비된다. 객관적으로는 인구가 상대적으로 조밀하기 때문에 분업이 발생할 개연성이 높으며, 이에 따라 보통 분산적으로, 이를테면 가정에서 생산할 수 있는 많은 재화들이 오늘날 중심적으로 생산된다. 그리고 세 번째로 인구가 조밀하기 때문에 중심재의 생산에 필요한 자본의 활용도 고도로 이뤄질 수 있으며, 이로 말미암아 생산물의 가격은 떨어지고 저렴한 재화의 소비가 보다 확대될 수 있다. 이때 우리가 앞에서 설명한 것처럼, 조밀한 인구가 지역 내에 균등하게 분포하는지 그렇지 않은지, 또한 인구가 개별 지점에 모여 있는지 그렇지 않은지, 농촌지역에서 오히려 근소한지 그렇지 않은지는 중심재의 소비수준과 결코 무관하지 않다.

인구구조 자체와 관련해서는 문화수준이 높은 사람들이 〔그렇지 않은 사람들에 비해〕 중심재를 보다 많이 소비한다는 사실은 두말할 나위도 없이 자명하다. 왜냐하면 대다수의 중심재는 사실 문화적 속성을 띠고 있기 때문이다. 이와 마찬가지로 자영업자들은 비자영 노동자들에 비해 — 이미 자신들의 업체를 〔직접〕 운영하고 있다는 이유로 — 훨씬 많은 것을 소비하는 것도 분명하다. 마지막으로 공업인구, 이를테면 지방의 공업노동자 계층이 농민들보다 중심재를 많이 소비하는 것은 확실하다. 즉, 노동자들은 자신들의 생필품을 대부분 상점에서 구입하는 — 따라서 중심서비스를 요구한다 — 반면, 농민들을 이러한 생필품을 대부분 손수 재배하여 조달하며, 따라서 이러한 중심서비스를 단념할 수 있다는 점을 생각해 보더라도 위에서 언급한 사실을 잘 알 수 있다.

소득수준과 그 공간적 분포는 특별한 의의를 지니고 있지만, 그 의의가 그렇게 현저한 것은 아니다. 바로 앵글렌더의 이론이 이 의의를 특별히 강조하는데, 여기서 이에 관해 자세히 논의할 필요는 없다고 생각된다. 우선 소득수준에 대해 개관해 보자. A지역의 소득이 균등하게 2천 마르크이고 B지역의 소득이 2천 4백 마르크라고 가정해 보자. 따라서 모든 재화가 A지역보다 B지역에서 — 재화의 가격이 같다고 전제하면 — 20% 정도 더 소비될 것이라고 추정한다면 이는 오류라고 할 수 있다. 오히려 2천 마르크로 의식주와 관련된 가장 절실한 욕구를 우선적으로 충족시키고 그 다음에 비로소 이보다 덜 절실한 문화적 또는 사회적 가치를 지닌 것들에 대한 욕구를 충족시키게 된다. 이러한 가장 절실한 욕구에서는 보통 분산적으로 공급되는 재화 또는 중심적으로 공급되는 재화 중에서도 최저차 중심재(매일 필요로 하는 재화)가 고차 중심재보다 한층 더 중요한 역할을 한다. 이에 B지역에서의 4백 마르크의 추가소득은 절실한 욕구에 더 이상 사용되지 않고, 오히려 상대적으로 덜 절실한 욕구에 사용된다. 이러한 상대적으로 덜 절실한 욕구 중에는 고차의 중심재가 특히 큰 부분을 차지한다. 이 점으로부터 우리는 일반적으로 소득수준이 높은 지역에서는 소득수준이 낮은 지역에 비해 중심재의 소비가 — 중심재의 가격이 두 지역에서 동일하다고 전제하면 — 훨씬 많으며, 따라서 중심지의 발전에도 한층 더 유리하다는 결론을 도출할 수 있다.

동일한 지역의 소득이 서로 다르고 불균등하게 분포한다면, 이상에서 언급한 관계도 다소 상이하게 평가될 수 있다. A지역에 4만 2천 마르크의 소득을 가진 사람들이 10명, 그리고 2천 마르크의 소득을 가진 사람들이 990명이 존재한다면, 전체적으로 이 천 명의 소득은 240만 마르크가 된다. 반면 B지역에 천 명이 각각 2천 4백 마르크의 소득을 갖고 있다면, 이 경우 역시 총 소득은 240만 마르크가 된다. 이 두 지역 사이에는 소득이 있는 사람들의 수가 같고 또한 소득의 총액도 동일하므로 평균소득 역시 같다. 그럼에도 불구하고 B지역에서 중심재의 소비는 A지역에 비해 훨씬 많다. 왜냐하면 B지역의 주민 천 명이 각각 4백 마르크를 주로 중심재를 소비하는 데 지출하고, 따라서 전체적으로 약 40만 마르크를 지출하기 때문이다. A지역에서는 각각 2천 마르크의 소득을 가진 990명이 중심재의 소비를 생각할 겨를이 없다. 상대적으로 높은 소득을 가진 10명은 중심재의 소비에 전체 40만 마르크가 아니라 아마도 4만 마르크 이상을 지출하지 않을 것이며,[47] 이들은 나머지를 다른 용도(여행, 주택, 저축과 같은 것)에 사용할 것이다. 따라서 **중간수준의 소득을 가진 사람들이 많은 것**이 중심재의 소비에 결정적 의의를 지니며, 따라서 중심지의 발전에 결정적 중요성을 띤다. 이것은 우리가 '일반적 복지수준'이라고 일컫는 상태를 말한다. 공간분포와 관련해서는 중심지 자체에서의 높은 소득이 분산적 장소의 높은 소득보다 중심재의 소비를 한층 더 강력히 촉진한다는 점을 주목할 필요가 있다. 왜냐하면 후자의 경우에는 교통비를 공제하지 않을 수 없으며, 그 잔액만이 중심지에서 지출되기 때문이다.

4) 중심재

우리는 중심재의 소비가 중심지의 발전에 결정적이라는 점에서 논의를 시작했다. 그런데 재화의 소비가 재화에 대한 욕구와 똑같은 것은 아니다. 욕구는 일반적으로 실제의 소비보다 훨씬 크며, 욕구는 사실 거의 무한정 큰 것이라고 말할 수 있다. 욕구에 대한 첫 번째 제한은 욕구를 충족시키

---

47) 〔역주〕 이를 좀더 자세히 정리해 보면, A지역의 경우에는 (990명×2천 마르크)+(10명×4만 2천 마르크)=240만 마르크가 되고, B지역의 경우에는 천 명×2천 4백 마르크=240만 마르크가 된다. 개개인이 소득의 ⅙ 정도를 지출한다면, A지역의 경우에는 (990명×250마르크)+(10명×5천 4백 마르크)=301,500마르크이고, B지역의 경우에는 천 명×4백 마르크=40만 마르크가 된다.

는 데 비용이 들고, 어느 누구도 무한정한 욕구를 충족시킬 수 있을 만큼 무한정한 돈을 갖고 있지 않다는 사실이다. 그러므로 **소비자의 소득**에 의해 그 첫 번째 제한이 가해진다. 우리는 방금 이러한 제한의 의의를 고찰했다.

두 번째의 제한은 현존하는 재화의 수량에 의해 설정되며, 더구나 이때 본질적으로 두 가지의 경우가 고려된다. 첫째는 재화의 수량이 어떤 주어진 장소에 한정되고 〔그 수량을〕 쉽게 늘릴 수 없는 경우이며, 둘째는 공급되거나 생산가능한 재화의 수량이 한정되지 않고 〔그 수량을〕 임의로 늘릴 수 있는 경우이다. 이에 따라 경제이론은 처분가능한 수량과 관련하여 두 가지 종류의 주요 재화를 구분하고 있다. 다시 말해 **수량이 주어져 있는 재화**와 **수량을 임의로 늘릴 수 있는 재화**가 그것이다. 이 두 가지 종류의 재화는 가격과 관련하여 서로간에 크게 다른 반응을 보여 준다. 수량이 주어져 있는 재화인 경우에는 가격이 주로 그 재화가 희소성을 지니고 있는지, 다시 말해 그것이 부족한 것인지 그렇지 않은 것인지에 의해 규정된다. 반면에 임의로 수량을 늘릴 수 있는 재화인 경우에는 가격이 주로 이러한 재화들의 생산비에 의해 결정되며, 이 때문에 이러한 재화는 비용재로 일컬어진다.

재화의 소비에 설정되는 세 번째의 제한은 **재화의 가격**인데, 재화의 가격은 현존하는 재화의 수량 — 공급량 — 과 재화에 대한 욕구 — 수요량 — 와 밀접히 관련되어 있다. 하지만 이러한 두 가지 요인만이 아니라 기타의 사실에 의해서도 결정된다. 그래서 재화의 가격은 종종 상대적으로 독자적인 전개를 보여 준다. 이에 따라 가격과 관련하여 결정적인 것은 이 재화들의 가격이 애초부터 분명히 확정되어 있는 **독점가격** 혹은 요금의 성격을 지닌 가격(예를 들어, 철도요금)인지 아니면 가변적인 것, 다시 말해 변동하는 **시장가격**인지 이다.

이렇듯 재화의 수량과 가격의 의존관계를 조합하여 우리는 재화를 다음과 같이 네 가지의 주요 종류로 나눠볼 수 있다. 즉,

① 확정가격에 수량이 주어져 있는 재화
② 시장가격에 수량이 주어져 있는 재화
③ 확정가격에 임의로 수량을 늘릴 수 있는 재화
④ 시장가격에 임의로 수량을 늘릴 수 있는 재화 등이다.

그런데 재화의 소비에서 작동하는 메커니즘은 이러한 네 종류의 주요 재화에 대해 서로 다르기 때문에 그 메커니즘은 개별적으로 설명되어야만 한다. 이렇게 하지 않고서는 중심지의 의미를 완전히 인식할 수 없다.

확정가격에 수량이 주어져 있는 중심재에 해당하는 것으로서는 이를테면 다음과 같은 것들을 들 수 있다. 우선 의사의 (의료) 서비스가 여기에 해당하는데, 왜냐하면 이 서비스의 수량은—적어도 또 다른 의사가 공급서비스의 수량을 늘리지 않는 한—의사의 한정된 노동력에 의해 주어지는 것이며, 이 서비스는 또한 일반적으로 의사의 요금규정에 따라 확정된 가격 아래 제공되기 때문이다. 다음으로 병원도 이에 해당한다. 병원의 서비스 공급(수용력)은 적어도 수요의 증가에 따라 〔병원의〕 증설이 이뤄질 때까지는 병원의 가용 침상수에 의해 제한받는다. 이 경우에는 문제가 비교적 간단한데, 즉 이러한 종류의 중심재에 대한 수요가 공급보다 크다면, 수요의 일부는 충족되지 않을 수도 있다. 이 수요를 감안하지 못한 사람들은 욕구충족을 단념하거나 아니면 인접지역의 중심지에서 이 재화를 구입하지 않으면 안될 것이다. 인접지역의 중심지에서는 수요가 공급을 초과하지 않는 한, 아마도 이 재화는 남아 돌 것이다. 이렇게 할 경우에는 (통행) 거리가 늘어나기 때문에 사람들은 당연히 통행이나 교통 등에 소요되는 높은 추가비용을 감안하지 않으면 안 된다. 사람들은 또한 한정된 소득으로 이전보다 자주 중심서비스를 향유할 수 없을 뿐만 아니라 이전보다 많은 수량의 중심재를 조달할 수도 없다.

그러므로 수요가 공급보다 큰 지역에서는 수요 전체가 충족될 수 있는 지역에 비해 중심재가 적게 소비되며, 따라서 중심지의 발전도 상대적으로 불리하게 나타난다. 수요가 너무 적기 때문에 공급되는 중심재가 모두 처분될 수 없는 경우에도 똑같은 논리가 적용된다. 따라서 현존하는 재화의 총량이 전체 수요를 충족시키는 중심지가 가장 유리한 상황에 놓여 있다. 또는 의사를 예로 이 점을 구체적으로 살펴볼 수 있다. 즉, 어떤 지역에 의사가 너무 적은 경우(공급이 너무 적은 경우)나 의사가 너무 많은 경우(공급이 너무 많고, 따라서 소득이 너무 낮은 경우)에는 욕구에 부응하는 의사가 존재하는 경우보다 중심지의 발전이 저조하다. 병원의 예에서 이 점은 아마도 한층 더 명료해 질 것이다. 만약 병원의 규모가 너무 작다면 수용할 수 없는 환자들은 인접 도시의 병원으로 이송되거나 집에서(그러므로 분산적으로) 간호를 받아야만 할 것이다. 병원이 자리잡고 있는 도시에 비해 병원이 너무 크다면, 〔병원이 부담해야 할〕 이자와 행정비용이 매우 높고, 이는 〔진료비 등의〕 요금으로 충당될 수 없을 것이다. 이 두 가지의 경우에도 상황은 중심지가 지닌 의미의 감소를 뜻한다. 첫 번째 예에서는 이에 상응하여 인접도시가 의미를 얻게 된다. 두 번째 예에서는 병원의 적자가 지방세의 인상을 통해 충당되어야 하며, 이로 말미암아 도시의 산업활동이 피해를 입는다.[48]

여기서 중요한 것은 충족되지 않는 수요가 인접지역의 중심지로 **유출되는 문제**이다. 재화의 가격이 정해져 있고 두 중심지에서 동일한 수준이라고 가정하면, 우리는 유출의 가능성을 어렵지 않게 상정할 수 있다. 유출의 가능성은, 〔중심 재화나 서비스를 제공받기 위해 인접도시로 이동함으로써〕 늘어난 교통비가 욕구를 충족시키기 위해 사람들이 지출하고자 하는 전체 액수를 흡수하지 못할 경우에 한하여 발생한다. 소비의 유출은 사실 인접 중심지의 보다 유리한 발전을 가져다준다. 그렇지만 소비의 유출은 비교적 큰 지역에 자리잡고 있는 모든 중심지의 전체적 발전에는 항상 불리하게 작용한다. 왜냐하면 보다 많은 것이 교통비로 지출되어야 하기 때

48) 〔역주〕 여기서는 (종합)병원을 공공기관에서 운영하는 경우로 상정하여 설명하고 있다.

문이다.

시장가격 또는 가변가격에 수량이 주어져 있는 재화의 경우에도 비슷한 결과가 나타나지만 그 메커니즘은 사뭇 다르다. 이러한 종류에 속하는 재화의 예로서는 영화관을 들 수 있다. 그 공급량은 이용가능한 좌석수로 제한되지만 입장료는 인상될 수도 인하될 수도 있다. 또 다른 예로 들 수 있는 것이 시장에서 판매되는 농산물이다. 그 공급량은 출하(량)의 크기(출하는 이를테면 오랫동안 계속된 서리로 말미암아 감소할 수 있다)에 의해 정해지고, 가격은 (대체로) 판매자의 생각에 따라 달라진다. 우리는 영화관을 예로 이러한 관련성을 다음과 같이 설명하고자 한다.

매일 저녁 좌석이 매진됨에 따라 영화관을 찾은 많은 사람들이 어쩔 수 없이 〔영화를 관람하지 못하고 집으로〕 되돌아갈 수밖에 없다면, 3백 석 규모의 영화관 소유주는 입장료를 인상할 수 있을 것이다. 예를 들어, 1 마르크에서 1.20 마르크로 인상하는 것이다. 만약 관람객이 자신의 가처분소득 중 일부인 12 마르크로 이제까지 1년에 12회가량 영화를 관람할 수 있었다면, 이제는 10회만을 관람할 수 있을 뿐이다. 따라서 입장료가 20% 상승하는 경우에는 수요가 20% 감소한다. 영화관 소유주의 소득이 예전에는 매일 저녁 300×1 마르크=3백 마르크였지만, 가격을 인상한 후에는 300×1.20 마르크=360 마르크가 된다. 하지만 이것이 말하는 것은 가격이 인상된 후에 중심지가 더욱더 발전한다는 점이다. 왜냐하면 확실히 이제는 중심재가 3백 마르크가 아니라 360 마르크에 판매되기 때문이며, 이것은 매일 저녁 원가로 280 마르크를 지출하는 영화관 소유주에게 순이익이 20 마르크가 아니라 80 마르크라는 것을 뜻한다. 영화 관람객들이 인접지역의 중심지로 이동하는 것은 20 페니히의 입장료 인상이 인접장소로 가는데 소요되는 통행비용의 증가분보다 클 경우에만 고려될 수 있다. 그런데 또한 극장의 관람객이 감소할 경우의 가격하락은 가격상승의 경우와 비슷하게 작용한다. 즉, 영화 관람객이 12 마르크의 가처분소득을 갖고 있을 경우에는 1.20 마르크의 가격으로 10회의 영화를 관람할 수 있다. 그래서 영화에 관심이 있는 사람들이 주어져 있을 때 가령 180석만이 채워진다면, 이 180석은 영화관 소유주에게 216 마르크의 소득을 가져다준다. 그러나 가격이 80 페니히로 떨어질 경우에는 이제까지의 관람객들은 10회가 아니라 15회의 영화를 관람할 수 있다. 따라서 전체적으로 매일 저녁 270석을 채울 수 있을 뿐만 아니라 이제까지 통행비용 때문에 상대적으로 비싼 영화관람보다는 분산재, 이를테면 책을 선호했던, 특히 지역의 주변부에 거주하는 사람들이 새롭게 영화에 관심을 갖게 된다. 그러므로 이제는 아마도 3백 석이 모두 채워질 것이며, 이 점에서 입장료가 80 페니히로 되면 영화관 소유주의 소득은 240 마르크가 되고, 이는 입장료가 1.20 마르크일 때보다 더 많은 소득을 가져다준다는 것을 뜻한다.

중심재의 소비와 이를 통해 얻는 매상고는 분산재의 소비가 감소함에 따라 증가한다. 결과적으로 중심지는 중심재의 단위가격이 낮음에도 불구하고 한층 양호하게 발전한다. 만약 수량이 주어져 있는 재화의 가격이 그 전량을 판매하고 모든 수요를 충족시킬 수 있을 정도의 수준에 있다면, 중심지는 일반적으로 보다 유리하게 발전한다. 가격이 너무 높거나 너무 낮은 경우에는 수요의 일부가 충족될 수 없거나 전량이 판매되지 않으며, 결과적으로 중심지의 발전에는 불리하게 작용한다.

이 경우 수요의 유출문제는 확정가격에 수량이 주어져 있는 재화의 경우와 다른 성질을 갖는다. 충족되지 못한 수요가 A지역에서 C지역으로 몰리는 것은 C지역에서 가격을 상승시키는 효과를 가져 올 수 있으며, 결과적으로 쇄도한 사람들의 일부가 다시금 A지역으로 되돌아가게 된다. 더구나 수요자의 유출이 반드시 발생하지 않을 수도 있는데, 왜냐하면 A지역에서 가격이 상승할 경우 그렇게 절실하지 않는 모든 수요는 이미 걸러지고 배제되며, 이에 따라 전체 수요를 충족시킬 수 있기 때문이다.

이에 반해 세 번째의 유형, 즉 **확정가격에 수량을 임의로 늘릴 수 있는 재화**의 경우에는 사정이 보다 간단하다. 이에 해당하는 것으로서는 이를테면 교통시설을 들 수 있다. 공급되는 좌석수는—실제로—수요에 대응하여 예비해 놓은 별도의 차량을 연결하는 것을 통해 임의로 늘릴 수 있으나 운임은 요금표로 정해져 있다. 우체국도 이와 마찬가지인데, 이 경우에도—의사와 달리—수요가 증가하면 보조인력을 추가로 손쉽게 배치할 수 있다. 이에 해당하는 또 하나의 예로서는 약국을 들 수 있으며, 〔약국은〕 가격표에 따라 확정가격을 받는다. 그 밖에도 약국의 약품처럼 독점가격, 다시 말해 확정가격이나 정해진[49] 소매가격으로 판매되는 상표상품을 또 하나의 예로 들 수 있다. 어떤 지역에서 이러한 약품에 대한 수요가 상대적으로 크다면, 이 수요는 약사가 이에 부응하여 미리 내다보고 내린 적절한 조치로 언제나 완전히 충족될 수 있다. 왜냐하면 공급을 원하는 만큼 임의로 증가시킬 수 있기 때문이다. 그런데 소비가 많으면 많을수록 약사의 수입은 그만큼 많아진다. 소비가 적은 지역에서는 이에 따라 소득도 적다. 전자, 즉 소비가 많은 지역에서는 소비가 적은 지역에 비해 중심지의 발전이 한결 양호하다. 인접지역으로 수요의 유출은 별로 문제되지 않는다. 그러므로 소비수준이 중심지의 발전을 결정하는 것은 명백하다.

무엇보다도 국가의 행정활동이나 학교와 같은 문화시설 등도 확정가격에 수량을 임의로 늘릴 수 있는 재화의 범주에 속한다. **주(州)나 도, 군 등의 소재지**에 해당하는 도시들은 특별히 위에서 언급한 관련성으로부터 큰 영향을 받는다. 이러한 도시들은 그 어떤 경쟁(소비자들이 인접 중심지로 유출되는 것)도 걱정할 필요가 없는데, 왜냐하면 이 도시들의 의미는 행정구역의 규모와 인구수, 그리고 국가적 행정활동의 범위에 따라 대체적으로 결정되기 때문이다.

마지막 네 번째의 경우, 바꿔 말해 **가변가격에 수량을 임의로 늘릴 수 있는 재화**(비용재)에 관해 살펴볼 필요가 있다. 특히 이 경우에 해당하는 것이 〔무역과 도·소매업 등을 포함한〕 상업의 중심서비스들인데, 이러한 서비스들이 가격에 구애받지 않고 대량의 재고를 바탕으로 하는 한 이 유

---

49) 〔역주〕 미리 '예시된 가격'이라는 뜻으로 이해할 수 있다.

형의 재화에 해당한다. 재화의 공급량은 원하는 만큼 임의로 늘어날 수 있다. 상인이 부담하는 '비용'은 본질적으로 재화를 구입하는 가격에 의해 결정되며, 판매가격은 임의로 결정될 수 있다. 만약 매출이 많다면 상인은 높은 판매가격에 적은 매출을 올리는 경우와 비교하여 낮은 판매가격으로도 동일한 수준 혹은 그 이상의 수익을 올릴 수 있다.[50] 여기에 작동하는 메커니즘도 비교적 복잡하기 때문에 이를 설명하기 위해서 다음과 같은 사례를 들고자 한다.

A지역의 중심지에 9 마르크에 신발을 구입해서 12 마르크에 되팔아 신발 한 켤레당 3 마르크를 버는 신발가게가 있다고 가정해 보자. 이 지역의 매출량이 연간 2천 켤레라고 한다면, 신발가게는 총 6천 마르크를 벌어들이게 되며, 이로써 이 신발가게는 존립할 수 있다. 인접한 B지역의 중심지에도 지역을 대상으로 하여 2천 켤레를 판매할 수 있는 신발가게가 있을 수 있다. 구입가격과 판매가격이 〔A지역의 경우와〕 같다면, 이 신발가게 역시 6천 마르크의 소득을 올릴 수 있을 것이다. 그런데 B라는 신발가게가 이 지역에서 지금까지 매년 총 매출이 2만 4천 마르크였으나 이제 한 켤레당 11.50 마르크의 판매가격으로 2천 백 켤레를 판매하여 이전과 마찬가지로 총 2만 4천 마르크를 벌어들인다고 가정해 보자. 그리고 또한 A지역의 일부 주민들, 특히 B지역 가까이에 거주하는 사람들이 신발가격이 저렴한 B에서 신발을 구입하고, 그 수량이 4백 켤레에 달한다고 가정해 보자. 이럴 경우에 A에서의 전체 매출량은 천 6백 켤레가 되고 신발가게 주인은 4천 8백 마르크의 순소득을 올릴 것이며, B에서는 2천 5백 켤레를 판매하고 한 켤레당 2.50 마르크의 이윤을 올려 6,250 마르크를 벌게 될 것이다. 다시 말해, 일정한 품질의 특정 비용재를 다른 중심지보다 저렴하게 공급하는 중심지는 인접 중심지들이 포섭하는 지역을 잠식하며 자신의 판매지역을 확대시켜 나간다. 물론 이 중심지가 이에 상응하여 유리한 지위

---

50) 〔역주〕 현실에서도 흔히 관찰할 수 있는 박리다매(薄利多賣)를 말한다.

를 차지하는지 그렇지 않은지는 전적으로 이 점에 의해서만 결정되는 것이 아니다. 이상의 사례에서는 B지역의 중심지가 분명 유리하다. 왜냐하면 B지역의 신발가게는 예전에 〔12 마르크라는〕 비교적 높은 판매가격으로 벌 수 있었던 6천 마르크 대신에 이제 6,250 마르크를 벌 수 있기 때문이다. 그런데 가격을 인하한 후에도 A지역으로부터는 2백 켤레의 수요만이 발생하고, 따라서 B지역에서 한 켤레당 2.50 마르크의 이윤으로 2천 3백 켤레만을 판매한다면 소득은 5,750 마르크에 불과할 것이며 6천 마르크보다 적게 된다. 이 경우 가게 주인은 옛 가격을 고수하고 자기 지역의 고객을 만족시키는 것이 훨씬 나았을 것이다. 그러므로 가격이 변하는 상황에서는 단순히 매출이 가장 많은 중심지가 가장 유리한 지위를 차지하는 것이 아니라, 일정한 가격수준과 이에 상응하는 매출규모로 최대의 순수익을 얻을 수 있는 중심지가 가장 유리한 지위를 차지한다.

무엇보다도 거의 대부분의 상품들은 시장가격에 임의로 수량을 늘릴 수 있는 재화에 해당하기 때문에 전형적 상업도시들은 자연히 이상에서 언급한 관련성으로부터 무엇보다도 큰 영향을 받는다. 상품을 많이 판매하는 것은 저렴한 가격과 이로 인한 작은 판매이윤의 폭[51]을 극복할 수 있는 가장 중요한 전제조건이며, 이와 동시에 저렴한 가격은 한 도시가 다른 도시와의 경쟁에서 우위를 확보하는 데 결정적으로 작용한다. 따라서 인근에 인구가 특별히 조밀하고 또한 (가격) 지불능력[52]도 갖추고 있기 때문에 매출이 높은 도시는 이러한 인구를 갖지 못한 인접도시들을 능가하게 된다. 물론 또 다른 규정요인들도 관건이 된다. 그러므로 전형적 상업도시인 경우에는 경쟁원리가 완벽하게 작동한다.

중심재의 소비에 미치는 가격의 영향에 관해서는 몇 가지 더 논의할 것이 있다. 가격이 어떻게 규정되며, 어떤 요인에 의해 결정되는지는 여기서 별로 중요하지 않다. 높은 가격이 중심재를 판매하는 사람들에게는 단순

---

51) 〔역주〕 매매차익, 즉 '마진'(*profit margin*)을 말한다.

52) 〔역주〕 가처분소득이 높은 인구집단을 일컫는다.

히 이에 상응한 높은 이윤을 뜻하지 않는다. 왜냐하면 높은 가격에서는 구매가 떨어지고 너무 높은 가격에서는 결국 구매가 전혀 이뤄지지 않을 것이기 때문이다. 그렇지만 어떤 재화를 취득하는 것이 절박하고 생활에 필수적인 욕구라면, 사람들은 이 재화를 높은 가격에도 불구하고 구입할 것이다. 이러한 관련성을 좀더 자세히 살펴볼 필요가 있다.

앞서 다룬 사례에서는 의사의 〔진료에 따른〕 사례비가 3 마르크였다. 사례 2를 갖고서 살펴보면, 이에 따라 의사는 연간 15,750 마르크의 소득을 올린다. 같은 규모에 같은 인구수와 분포패턴을 가진 또 다른 지역 B에서는 의사의 사례비가 4 마르크라고 가정해 보자. B지역에서도 개개주민들이 의사의 진료를 받는 데 6 마르크를 지불할 용의가 있다면, 중심지의 주민들이 이 6 마르크로는 1½회의 진료를 받을 수 있다. 제 1권역의 주민들은 의사의 사례비로 5 마르크를 계산해야 하며(앞의 사례보다 1마르크가 많다), 제 2권역의 주민들은 6+1=7 마르크를, 그리고 제 3권역의 주민들은 12+1=13 마르크를 계산해야 할 것이다. 따라서 진료횟수의 총계는 다음과 같다.

구 분	인구수	1인당 진료횟수	총 진료횟수
핵심부	1,000명	1½회	1,500회
제 1권역	750명	1⅕ 회	900회
제 2권역	2,000명	6/7 회	1,714회
제 3권역	250명	6/13회	116회
합 계	4,000명	-	4,230회

그러므로 1회당 4 마르크로 하여 4,230 회의 진료를 행할 경우에 의사의 소득은 16,920 마르크가 된다. 이처럼 중요한 중심적 욕구가 문제될 때에는 이를 충족시키기 위해 그 어떤 경우든 소득 중 6 마르크를 지출하고,

따라서 지역 전체에 4천 명의 주민이 거주한다면 2만 4천 마르크를 지출해야 할 것이다. 이때 이러한 중심재의 가격이 상대적으로 높다면, 재화 자체에 대한 보상으로서 사용되는 6 마르크 혹은 〔총계〕 2만 4천 마르크의 비용은 중심지까지의 통행에 소요되는 비용보다 상대적으로 높다. 왜냐하면 진료횟수가 적을 경우에는 통행도 빈번히 발생하지 않기 때문이다. 그러므로 중심재의 판매자는 〔중심적 욕구를 충족시키는 데 할당된〕 이 6 마르크로부터 상대적으로 높은 수익을 얻는다. 따라서 이렇게 해서 얻는 이윤으로 보다 많은 사람들이 중심지에서 살아갈 수 있으며, 이 중심지는 중심재가 저렴한 중심지보다 한층 더 성장하게 된다(나중에 우리는 이 경우에도 반작용을 확인할 수 있지만, 우선은 위에서 언급한 논점을 원칙적으로 타당한 것으로 받아들이고자 한다).

그러나 우리가 주목해야 할 점은 이러한 사실이 중심적으로 생산되거나 공급될 수 있는 중요한 중심재에만 적용된다는 것이다. 즉, 별로 중요하지 않는 재화의 경우에는 가격이 지나치게 높을 때 사람들은 이 재화를 구입하는 것을 단념한다. 왜냐하면 사람들은 6 마르크를 갖고서 더 큰 만족과 즐거움을 주는 한층 많은 양의 다른 유사재화, 이를테면 〔중심지에서 생산할 필요가 없는〕 분산재를 구입할 수 있기 때문이다. 예를 들어, 영화 관람료가 너무 비싸서 12 마르크를 갖고서 1회 1 마르크로 12회를 관람하는 대신에 1회 2 마르크로 6회만을 관람할 수 있다면, 사람들은 아마도 1회 2 마르크에 2회의 영화관람에 만족하고 나머지 8 마르크는 (여기서 분산재로 간주되는) 책을 구입하는 데 사용할 것이다. 결과적으로 중심재의 가격이 너무 비싼 경우에는 도시가 그다지 발전하지 못한다. 또는 동일한 재화가 중심적 생산에서 분산적 생산으로 전환하게 된다. 만약 낙농장의 버터가 너무 비싸서 (제 1차 세계대전 동안에 그러했던 것처럼) 사람들이 우유로 버터를 손수 만들 정도가 된다면, 낙농장이 있는 중심지는 소멸하거나 그 발전은 더디게 될 것이다.

이제 우리는 중심재의 가격이 중심지의 발전에 어떤 영향을 미치는지의 문제에 해답을 제시하려고 하는데, 다음과 같이 언급할 수 있다. 중심재에 대한 절실하고 비탄력적이며 대체할 수 없는 요구[53]가 관건이 되며 상대적으로 저렴한 가격을 지닌 지점으로 이동하여 욕구를 충족시킬 수 있는 가능성이 전혀 존재하지 않는다면, 높은 가격은 중심지에 유리하게 작용한다. 그러나 덜 절실하고 탄력적이며 비교적 손쉽게 대체할 수 있는 요구가 관건인 경우에는—이러한 것이 훨씬 빈번한 예에 해당한다—너무 높은 가격이 중심재의 소비에, 따라서 중심지 주민들의 소득상황에 불리하게 작용한다. 그런데 비용을 전혀 충당할 수 없을 정도의 너무 낮은 가격도 비슷한 결과를 가져온다. 여기서 결정적 사실은 중심재의 가격과 분산재의 가격 사이의 경쟁, 즉 비교적 저렴한 분산재가 값비싼 중심재를 대체하거나 혹은 오늘날 비교적 빈번히 발생하는 경우인 비교적 저렴한 비슷한 종류의 중심재가 상대적으로 값비싼 분산재를 대체하는 것이다.

지금까지 우리는 한 종류의 재화만을 개별적으로 고찰했으나, 이제부터는 어떤 중심지에서 여러 가지 종류의 중심재가 공급되는 경우를 다루고자 한다. 예를 들어, A지역의 중심지에 한 명의 의사와 하나의 약국이 있고, B라는 다른 지역의 중심지에는 단 한 명의 의사만이 있다고 가정해 보자. 모든 주민들이 약을 구입하는 데 자신들의 소득 중 3 마르크를 지출한다고 가정해 보자. 그리고 의사에 대한 욕구도 약국에 대한 욕구처럼 어느 곳에서나 동일하다고 가정해 보자. B지역에서는 약사에 대한 욕구를 50 페니히의 수수료를 부담하는 배달부를 통해 지역 밖에 있는 약국에서 약을 구입하는 방식으로 충족시킬 수 있다. 계산결과는 A지역에 대해 의사의 중심서비스에 관한 이제까지 살펴 본 사례 2와 마찬가지로 5,250 회의 진료가 이뤄지고 의사의 총 수입은 15,750 마르크가 된다. 이 경우 약국의 약은 의사에게 진료를 받으러 가는 도중에 구입할 수 있으므로 별도의 교통비는 들지 않는다. 약을 구입하는 데 3 마르크 전액, 따라서 전체 지역에

53) 〔역주〕 수요라는 일반적 개념으로 포괄될 수 있는 용어를 원문의 용례에 따라 수요(*Nachfrage*), 욕구(*Bedürfnis*), 요구(*Bedarf*)로 구별하여 옮겼다.

서 1만 2천 마르크를 지출할 수 있기 때문에 결과적으로 A지역에서 중심재를 27,750 마르크에 판매할 수 있다. 이와 마찬가지로 B지역에서도 의사에게 15,750 마르크가 지출된다. 하지만 약국에 대해서는 모든 주민들이 3 마르크에서 배달료 50 페니히를 뺀 것, 곧 2.50 마르크만을 지출하며, 따라서 총 4천 × 2.50=1만 마르크가 지출된다. B지역에서 중심재에 대한 소비는 총 25,750 마르크에 달하게 된다. 바꿔 말해, 이것은 여러 종류의 중심재가 공급되는 지역에서의 중심재 소비는 하나 혹은 몇몇 종류의 중심재만이 공급되는 지역에서의 중심재 소비보다 많다는 것을 뜻한다. 여러 가지 종류의 중심재가 공급되는 중심지는 비교적 중요한 중심지이므로, 상대적으로 중요한 중심지를 갖고 있는 지역에서는 별로 중요하지 않는 중심지가 입지해 있는 지역보다 중심재가 상대적으로 많이 소비된다고 할 수 있다.

만약 B지역의 약에 대한 욕구가 A지역의 약국을 통해 충족된다면, 이에 따라 A지역의 중심지는 1만 마르크의 추가적 수입을 올리게 되며 이 액수만큼 중심지의 의미도 상승한다. 그러므로 고차 중심지나 비교적 계차가 높은 중심지는 한편으로 자체 지역에서 중심재의 소비가 비교적 높다는 이유로, 그리고 다른 한편으로 인접지역의 수요도 충족시켜야 한다는 이유로 상대적으로 높은 의미를 지닌다. 여기서 이와 함께 그 의미를 제고시키는 제3의 요소를 추가할 수 있다. 즉, 약국에서 무엇인가를 구입하지 않을 수 없는 많은 사람들은 같은 통행에서, 따라서 이미 지불한 교통비로 약국이 입지한 곳에 〔자리잡고〕 있는 의사의 진료를 받는다는 것이다.[54] 그리고 사람들은 비록 훨씬 가까운 곳에 있지만 별도의 교통비를 지출해야 도달할 수 있는 곳에 자리잡고 있는 의사의 진료를 받지 않는다는 것이다. 따라서 고차 중심지는 직접 저차 중심지의 고객을 빼앗게 된다. 이 모든 점은 고차 중심지가 우위에 있다는 사실을 입증해 주며, 대도시가 소도시

---

54) 〔역주〕 일종의 다목적 통행행태를 지칭하는 것이다.

에 비해 한층 유리하게 발전한다는 것과 대도시 주변지역에 저차 중심지가 종종 나타나지 않는다는 사실의 이유가 무엇인지를 잘 설명해 준다.

재화의 가격은 특히 비용재의 경우, 재화의 **생산비 또는 원가**에 의존하는 정도가 높다. 이 생산비 혹은 원가는 무엇보다도 이자율과 지대, 임금, 세금과 공과금, 그리고 경제조직 등으로 규정되며, 결국 일반적인 현재의 화폐량에 의해 결정된다. 이러한 관계들은 아래의 동태이론의 틀 안에서 다루고자 한다.

5) 지 역

중심지의 의미와 그 보완지역의 특성 사이에 어떤 관련성이 존재하는가? 여기서 말하는 보완지역의 특성은 우선 규모, 즉 수학적 면적으로서, 다음으로 지형과 교통여건, 자원, 다시 말해 토양의 비옥도와 지하자원으로서, 그리고 마지막으로 중심지에 지역 전체가 속하는지 아니면 일부만 속하는지 등으로서 파악될 수 있다.

우선 **지역의 규모**에 관해 살펴보자. 이 경우에도 그 출발점은 중심재의 소비가 많다는 것이 중심지의 의미도 그만큼 크다는 것을 뜻한다는 사실이다. 인구밀도가 동일하고 소득 등과 관련된 인구구조가 동일하더라도 규모가 큰 지역에서는 규모가 작은 지역보다 중심재가 많이 판매된다는 점과 따라서 규모가 작은 지역보다 규모가 큰 지역에서 큰 중심지가 출현할 것이라는 점은 의심할 여지가 없다. 그러나 이때 주의해야 할 점은 두 배의 인구를 가진 두 배나 큰 지역이 작은 지역보다 두 배나 큰 중심지를 갖는 것이 아니라, 아마도 한 배 반가량의 큰 중심지를 가질 것이라는 사실이다. 왜냐하면 규모가 큰 지역에서는 중심재를 구득하는 데 사용할 수 있는 소득에서 상대적으로 큰 부분이 교통비 등으로 지출되기 때문이다. 더구나 장거리 통행으로 말미암아 중심재의 구입에 대한 '장애'[55]는 훨씬 크다. 그러므로 비교적 많은 수량의 분산재는 작은 지역보다 주변(부)에서 소비된다. 이를 (구체적) 수치를 통해 다시 한번 설명하면 다음과 같다.

A지역은 80㎢의 규모에 50명의 인구밀도를 갖고 있으며 총 4천 명의 인구가 전체 지역에 걸쳐 아주 균등하게 분포해 있다고 가정해 보자—이는 앞에서 살펴본 사례 1에 해당하며, 이 경우 4,375회의 진료가 이뤄진다. B지역은 160㎢의 크기에 위와 동일한 인구밀도와 인구분포를 보여주고 있으며 8천 명의 인구를 갖고 있다고 가정해 보자. 그 핵심부는 25분 거리의 등시간선[56]으로 규정되고, 제1권역은 30분 거리의 등시간선으로, 제2권역은 1시간 거리의 등시간선으로, 그리고 제3권역은 1시간 30분 거리의 등시간선으로 규정된다. 계산결과는 다음과 같다.

구 분	규모(면적)	인구수	1인당 진료횟수	총 진료횟수
핵심부	5㎢	250명	2회	500회
제1권역	15㎢	750명	1½회	1,125회
제2권역	60㎢	3,000명	1회	3,000회
제3권역	80㎢	4,000명	½회	2,000회
합 계	160㎢	8,000명		6,625회

따라서 두 배의 인구를 갖고 있는 규모가 두 배인 지역에서는 이를테면 한 배 반 정도의 중심재가 판매될 뿐이다. 이처럼 중심지는 규모가 절반인 지역의 중심지보다 두 배 정도 발전하는 것이 아니라 한 배 반 정도만 발전한다.

그러나 만약 규모가 큰 B지역이 규모가 작은 A지역과 동일한 인구를 갖

---

55) 〔역주〕 임계수준을 넘어선 장거리 통행에 따른 불편함과 피로 등이 가져다주는 장애, 혹은 구매를 저지하거나 방해하는 거리의 저항 또는 알력을 말한다.

56) 〔역주〕 등시간선(*Isochrone*)은 중심지 주위에 그려져 있는 연결선으로, 이 선 위의 모든 점들은 중심지로부터 동일한 시간거리에 있다.

고 있다면, 바꿔 말해 두 지역의 인구밀도가 상이하다면, 인구밀도가 중심지의 발전에 미치는 영향에 관해서는 앞서 언급한 논점이 함께 고려되어야 할 것이다. 즉, 중심재의 소비는 인구가 상내적으로 밀십한 지역보다 인구가 희박한 지역에서 훨씬 적다는 점을 고려하지 않으면 안 된다. 따라서 두 가지의 상황조건, 곧 낮은 인구밀도와 작은 지역규모가 동시적으로 중심지의 저조한 발전에 작용하는 것이다. 수치로 살펴보면, 인구의 절대수가 같은 경우에는 B지역의 진료횟수가 A지역의 4,375 회와 대비되는 3천 회에 지나지 않는다.

이에 따라 어느 한 지역에 속한 중심지의 규모는 그 지역의 규모 하나로 또는 지역의 인구 하나로가 아니라 오히려 이러한 두 가지 요인의 결합을 통해서만 추정될 수 있다. 이 점은 한편에서 중심지의 규모와 다른 한편에서 보완지역의 규모와 인구규모 사이에 일정한 함수관계가 성립하기 때문이다. 이제까지 수치로 살펴 본 사례를 활용하면, 다음과 같은 관계가 성립할 때 진료횟수는 4,375 회에 달하게 됨을 알 수 있다.

지역 규모	인구수	인구밀도
80 ㎢	4,000명	50.0
100 ㎢	4,270명	42.7
120 ㎢	4,668명	38.9
160 ㎢	5,312명	33.2

이를 계산하기 위한 공식은 다음과 같다.

$$Z = D(2a + 1\tfrac{1}{2}b + 1c + \tfrac{1}{2}d)$$

이때 Z는 소비된 중심재의 전체수, 다시 말해 총수로서 곧 중심지의 의미를 말한다. D는 인구밀도를 뜻하며, a, b, c, d는 지역의 개별 권역에 해당하는 ㎢를, 그리고 그 옆에 붙어 있는 숫자는 각 권역에서 주민 1인당 소비되는 중심재의 단위수를 말한다. 따라서 이 공식을 통해 우리가 파악할 수 있는 것은 규모가 작지만 높은 인구밀도를 가진 지역이나 규모가 크지만 낮은 인구밀도를 가진 지역이 동일한 의미를 지닌 중심지에 속한다는 사실이다. 단, 이때 전체 인구수는 작은 지역보다 큰 지역에서 훨씬 많아야만 한다. 만약 인구가 불균등하게 분포한다면 위의 공식은 이에 따라 적절하게 수정되어야 할 것이다.

이제 **교통이 원활한 지역과 불편한 지역**이 중심지의 발전에 미치는 영향에 관해 고찰하고자 한다. 우리의 논의목적에 비춰볼 때, 어느 한 지역의 지형은 통행가능성[57] 이라는 개념으로 환원될 수 있다. 앞서 설명한 바에 따르면 그 관계는 명확하다. 즉, 인구밀도가 동일하더라도 교통이 불편한 지역의 중심지는 교통이 원활한 지역의 중심지에 비해 상대적으로 그 발전이 저조하다는 것이다. 왜냐하면 중심재를 구입하려고 예비해 놓은 소득 중 상대적으로 많은 부분이 교통비로 지출되어야 하기 때문이다.

한 지역의 **자연적 구비조건**, 즉 토지의 비옥도와 지하자원 등은 중심지의 발전에 직접적으로 그 어떤 영향도 미치지 않는다. 다만 그것이 인구의 밀도와 분포, 그리고 소득상황을 결정적으로 규정할 때, 비로소 그러한 영향력을 행사하게 된다. 그런데 이러한 관련성에 대해서는 인구분포와 인구밀도, 인구구조에 관한 절에서 이미 설명한 바 있다. 그런데 여기서 우리가 주목해야 할 점은 **토지의 비옥도**와 인구밀도 혹은 주민의 복지수준이 순수하게 동일 선상에 놓여 있는 현상이 아니며, 오히려 토지의 경영형태

57) 〔역주〕 여기서 말하는 통행가능성(*Wegsamkeit*)이라는 개념은 저자인 크리스탈러가 한 지역의 교통여건 또는 교통사정을 표현하기 위한 조어이다. 다시 말해, 특정 지역이 얼마나 양호한 교통체계를 지니고 있는지 그렇지 않은지의 여부를 표현하기 위한 용어로서, 일반적으로 가항하천, 평원 등은 통행가능성이 양호한 반면, 늪이나 수심이 얕은 하천, 산맥 등은 통행가능성이 열악하다고 할 수 있다.

와 재배작물, 상속관행, 역사적 발전, 주민의 문화수준, 판매상황 등이 지역의 인구밀도와 소득상황에 중요한 역할을 한다는 사실이다. 지하자원과 관련하여 간과해서는 안될 점은 그 채굴이 대개 점의 형태로 이뤄지며, 따라서 특정 지점을 중심으로 하여 인구의 조밀화가 발생한다는 것이다. 이처럼 인구가 밀집한 장소들은 이미 인구가 집중했다는 사실만으로도 중심재와 중심서비스에 대한 높은 요구를 갖고 있기 때문에 중심지로 빈번히 발전한다. 이러한 이유로 말미암아 광산지역에서는 지하자원의 채굴이 행해지지 않는 지역에 비해 대개 중심지의 수가 훨씬 많다.[58] 잘 알려져 있듯이 이러한 중심지의 예로서는 산악도시, 아니 더 적절한 예로서는 광산도시를 들 수 있으며, 이러한 도시들은 종종 배후지도 없이 존재하며, 따라서 보완지역을 전혀 갖고 있지 않다.

세관지점과 교역지점, 항구 등으로서 한 국가의 경계 위에 성립하는 중심지도 매우 빈번히 관찰할 수 있는 현상이다. 국경을 넘어 재화를 통과시키는 데에는 어려움이 뒤따르고 적지 않는 비용이 소요되기 때문에, 국경 너머에 있는 지역은 일반적으로 해당 중심지의 보완지역에 속하지 않는다. 다시 말해 대단히 많은 종류의 중심재에 대해 더 이상 보완지역으로서 기능하지 않는다는 것이다. 따라서 보완지역은 개념상 반원의 형태를 띤다. 이처럼 관세가 부과되고 국경 너머에서도 유사한 품질의 것으로서 비슷한 가격으로 구입할 수 있는 대부분의 재화들은 국경을 넘어 공급되지 않는다. 또 다른 중심재, 이를테면 극장공연의 경우에는 국경이 아무 역할

---

58) 되리스(Dörries)는 북서부 독일과 관련하여 평야지역과 대조적으로 산악지역에 도시와 소도읍들이 "이상할 정도로 뚜렷한 집적"을 이루고 있다는 점에 주목하고 있다. 남부독일의 상황은 대부분 이와 정반대이다. 그러므로 이를테면 이러한 집적양상을 지형을 통해 일면적으로 설명하는 것이 얼마나 잘못된 것인지를 우리는 잘 알 수 있다(Hans Dörries: "Entstehung und Formenbildung der niedersächsischen Stadt, eine vergleichende Städtegeographie." In: *Forschungen zur deutschen Landes- und Volkskunde*, 27. Bd. Stuttgart 1929, S. 18).

을 하지 못하며, 따라서 이 경우에 보완지역은 완전한 원형의 형태를 띤다. 국가간에 뚜렷한 '문화적 차이'가 존재한다면, 다시 말해 한 국가의 중심재의 품질과 가격이 인접 국가의 그것보다 높고 중심재의 종류도 인접 국가보다 다양하다면, 이러한 한결같이 문화적 성질을 띤 중심재와 관련된 보완지역은 인접 국가로까지 아주 멀리 확장될 수 있다. 비록 국경지역에 자리잡은 지점은 작은 보완지역을 갖고 있거나 아니면 보완지역을 전혀 갖고 있지 않지만, 위에서 언급한 국경지점에서 이뤄지는 모든 대외관계는 국경에서 교역활동의 증대와 재화의 보관 및 관세의 납부, 그리고 이로부터 발생하는 이윤과 함께 국경지점의 의미를 강화시킨다. 이 경우에 세계 경제적 성격을 띤 과정도 관여하지만, 이 연구에서는 이 과정을 고찰하지 않으려고 한다. 그러므로 여기서는 이 국경지점이 예외적 지위를 차지하고 있다는 점을 지적하는 것만으로도 충분하다고 할 수 있다.[59]

우리는 인접하여 나란히 입지해 있는 두 개의 중심지가 중심기능을 분할하여 갖고 있는 경우를 종종 확인할 수 있다. 이 경우에 이 두 중심지로 (보완)지역을 나누는 일은 쉽지 않다. 이 중심지들은 오히려 **공통의 보완지역**을 갖고 있으며, 이중도시[60]로 일컬어질 수 있다. 그런데 이중도시라는 사실이 〔중심지의 발전에〕 어떤 결과를 초래하는가? 이중도시가 하나의 지점에 결합되어 있다면 분리되어 있는 경우보다 훨씬 큰 의미를 지니는가? 우선 한 지역에 중심지의 수가 많다는 것은 중심재의 소비가 많다는 것을 뜻하며, 따라서 전체적 발전이 촉진된다는 것을 함축한다. 그렇지만 이는 저차 중심재에만 타당할 뿐이다. 고차 중심재와 관련해서는 정반대의 경우가 발생한다. 즉, 이러한 고차 중심재가 두 지점에서 동시에 공급된다면, 구매자의 범위가 너무 협소하기 때문에 생산 또는 공급은 매우 비싸지게 된다. 고차 중심재가 한 지점에서만 공급된다면, 그 지점의 주민들

59) 이 점에 관해서는 무엇보다도 이미 인용된 콜(Kohl)과 푸를란(Furlan)의 연구를 참조하라.

60) 〔역주〕 여기서 말하는 이중도시(*Doppelstadt*)란 곧 '자매도시'로 볼 수 있다.

은 최대한도로 재화를 구입하고 인접한 또 다른 지점의 주민들은 교통비 때문에 최대한도보다 적게 구입할 것이다. 만약 규모가 두 배인 단 하나의 중심지가 성립한다면, 모든 주민들은 최대한도로 재화를 구입할 것이다. 그러므로 고차의 중심적 의미가 서로 인접해 있는 두 개의 중심지로 분할된다는 것은 〔이 두 중심지가 갖는〕 전체 의미가 감소한다는 것을 뜻한다.

6) 교 통

여기서는 **교통체계**가 중심지의 발전에 어떤 의의를 지니는지에 대해 살펴보고자 한다. 다만 지금까지 이에 대해 〔학술적으로〕 아무 언급이 없었다는 점은 분명 놀라운 일이 아닐 수 없다. 그렇기는 해도 많은 논자들은 도시의 규모와 분포를 고찰하면서 교통체계의 중요성을 강조하고 있으며, 더구나 교통이 도시를 발생시킨다는 견해까지 제시하고 있다(Kohl,[61] Ratzel,[62] Schrader,[63] von Richthofen[64]). 이러한 견해에 대해 그라트만[65]과 최근의 취락지리학파[66]는 명백히 반박하고 있다.

교통이 독립적 경제요인이 되는 것은 작은 부분에 지나지 않는다는 것이다. 즉, 교통은 대개 경제관계나 그 과정의 가시적 표현 이상이 아니라

61) 콜이 저술한 책의 제목은 이미 그의 기본적 입장을 나타내 주고 있다. 앞의 주를 참조하라.

62) 라첼은 다름 아닌 "도시를 만들어내는 교통의 힘"을 일컫고 있다(*Anthropogeographie*, 2. Aufl. Stuttgart 1912, 2. Bd., S. 302~323).

63) E. Schrader: "Die Städte Hessens." In: *Jahresbericht des Frankfurter Vereins für Geographie und Statistik*, Frankfurt 1922.

64) Ferdinand von Richthofen: *Vorlesungen über allgemeine Siedlungs- und Verkehrsgeographie*, bearb. und herausg. von Otto Schlüter. Berlin 1908, S. 150ff.

65) Robert Gradmann: "Die Städt. Siedlungen usw.," a. a. O., S. 150f.

66) 무엇보다도 Fridrich Metz: *Die ländl. Siedlungen Badens. I. Unterland.* (*Bad. geograph. Abhandlungen*, I. Heft.) Karlsruhe 1926.

는 것이다. 이러한 갖가지 경제관계와 과정들이 본질적이고 결정적인 것이며, 취락과 생산지의 망을 우선적으로 형성한다. 교통은 다만 매개자의 역할을 수행할 뿐이며, 교통은 교환에 대한 욕구가 존재하는 한 교환을 가능케 한다.[67] 교통의 범위와 교통시설의 분포 및 그 운행노선은 교환욕구의 수량과 방향에 따라 확정된다. 이때 교통시설은 일반적으로 교통에 대한 잠재적 욕구를 유효교통이 되도록 하며, 따라서 〔교통에 대한〕 욕구를 쫓아간다. 교통시설이 욕구를 앞서 유발하는 예는 꽤나 드물지만, 이러한 예가 이따금 특별하게 부각되기도 한다. 이러한 유형의 예는 특히 근대기업을 중심으로 하여 운영되는 경제와 관계 있는 반면, 중세의 주문생산경제는 먼저 교통시설을 조성하고 나서 그것에 욕구를 맞추도록 하는 것이 불가능했다. 이와 달리 한번 새로운 교통시설이 조성된 경우에는 일반적으로 재화에 대한 욕구와 소비의 증대를 기대할 수 있다. 그런데 이 책에서 고찰하는 틀 안에서는 교통은 주로 교통비의 과다와 '교통상의 저항', 그리고 이에 따라 무엇보다도 중심재의 도달범위를 규정하는 직접적 의의를 지니고 있다.

하지만 교통은 분업의 정도에 영향을 미치는 것으로 인하여 간접적 의의를 지니고 있으며, 물론 그 의의는 앞의 경우보다 크다고 할 수 없으며 적어도 비슷한 정도라고 할 수 있다. 교통의 가능성이 낮을 경우에는 분업이 좁은 범위에서 가능할 뿐이지만, 교통이 고도로 발전한 경우에는 분업의 정도가 높아진다. 그런데 분업이 진전되면 될수록, 중심재는 — 수량에서나 종류에서나 — 그만큼 더 많이 생겨날 뿐만 아니라 교환을 위한 중심지도 그만큼 더 필요로 하게 되고, 중심지는 그만큼 더 발전할 것이다.

양호한 교통상황은 곧 경제적 거리의 축소, 다시 말해 유효비용의 감소와 아울러 시간손실의 감소와 심리적 장애의 감소를 뜻한다. 특히 열악한

---

67) 쇼이(Scheu)도 다음과 같이 언급하고 있다. "여기서 교통수단은 … 공간을 극복하기 위한 봉사자에 불과하다"(Edwin Scheu: *Deutschlands wirschaftsgeograph. Harmonie*. Breslau 1924, S. 3).

교통상황하에서는 불편하고 위험하며 때로는 통행을 어렵게 하는 노정이 중심재의 한층 더 빈번한 취득을 상쇄시키는 심리적 장애를 불러일으킨다. 우리가 지금까지 살펴본 사례에서 이를테면 잘 정비된 도로를 통해 분산되어 있는 거주지에서 중심지까지 도보에 의한 노정은 경제적 거리의 평가에 바탕을 둔 것이었다. 여기서 원칙적인 관련성, 다시 말해 중심지 가까이에 위치한 작은 지역에서 이러한 관련성을 인식하는 것이 중요하기 때문에, 도보교통과 대조를 이루는 것은 장거리인 경우에 비로소 중요한 의의를 얻게 되는 철도교통이 아니라 잘 정비된 가로와 교통수단으로서 자전거이다.

사례 A의 경우에는 교통(통행)의 가능성이 낮고 앞에서 언급한 사례 2의 경우에 따라 도보통행이 이뤄지는데, 지역의 면적이 80㎢이고 중심지의 인구수가 천 명이며 산재해 거주하는 인구수가 3천 명이다. 이때 중심지의 의미는 5,250 회의 진료에 상응한다. 사례 B의 경우에는 자전거를 이용함으로써 통행가능성이 보다 양호하나, 그 밖의 모든 점은 A의 경우와 동일하다. 여기서 제 1권역으로부터의 왕복은 A의 경우처럼 전체적으로 한 시간이 소요되는 것이 아니라 20분이 소요될 뿐이며, 자신의 노동에 대한 손실 임금도 25 페니히에 지나지 않는다. 그 대신에 자전거의 마모와(감가) 상각은 1 ㎞당 2 페니히 정도로 계산할 수 있으며, 따라서 위에서 언급한 거리에 대해서는 10 페니히가 소요된다. 그러므로 5 ㎞의 노정에 소요되는 시간과 비용으로서는 35 페니히가 필요하며, 이는 도보로 통행할 때 드는 비용의 절반에 해당한다. 도보로 통행할 때 불편 등으로 발생하는 장애는 30 페니히로 평가되는데, 이 경우의 그것은 이를테면 앞의 것의 ⅔ 정도로 계산될 수 있다. 그래서 제 1권역의 주민들이 1회의 진료를 받는데 소요되는 비용은 3+0.20+0.35 마르크, 즉 약 3.60 마르크로 계산될 수 있다. 가처분소득이 6 마르크일 경우에는 제 1권역의 주민들은 연간 6 : 3.6회 또는 1.67회의 진료를 받을 수 있다. 제 2권역에 거주하는 사람들의 경우에는 1회 진료비가 3+0.70+0.70 마르크(이 경우에 아침식사는 제외될 수 있다), 즉 4.40 마르크로 계산되고 연간 6 : 4.4=1.35회의 진료를 받을 수 있다. 그리고 제 3권역의 주민들은 8 마르크(앞의 경우에는 12 마르크)로 계산되는 진료비에 연간 6 : 8=0.75회의 진료를 받을 수 있다. 전체 진료 횟수는 다음과 같다.

구 분	인구수	1인당 진료횟수	총 진료횟수
핵심부	1,000명	2.00회	2,000회
제 1권역	750명	1.67회	1,250회
제 2권역	2,000명	1.35회	2,700회
제 3권역	250명	0.75회	188회
합 계	4,000명	-	6,138회

결과적으로 교통상황이 양호한 경우에는, 다시 말해 경제적 거리가 감소한다는 뜻에서 중심지가 교통상황이 상대적으로 열악한 지역보다 클 수 있다.

이러한 결과는 사실 예상된 것이었지만, 여전히 〔우리에게〕 필요로 하는 것은 양자 사이의 관련성, 다시 말해 양호한 교통상황이 중심지의 의미를 강화시키는 이유를 설명하는 것이 아닌지 하는 점이다.

우리는 화물운송에서도 원칙적으로 이와 동일한 과정을 관찰할 수 있다. 이 경우에 특히 주목해야 할 점은 교통이 저렴한 가격에 신속하게 행해짐에 따라 많은 화물들이 경제적 측면에서 비로소 '운송할 수 있게' 된다는 것이다. 석탄이나 철광석, 곡물 등과 같은 대량 화물의 운송에서는 운송비가 저렴하기만 하면 이윤이 발생하고, 과일이나 생선, 그리고 우유와 같이 부패하기 쉬운 물품의 운송에서는 그 운송이 신속하게 이뤄지면 이윤이 발생한다. 이 점은 중심재에 대해서도 유효하다. 따라서 운송이 저렴한 가격에 신속하게 이뤄질 경우 그만큼 많은 종류의 재화가 모든 지역에서 중심적으로 공급되며, 또한 이전에 비교적 큰 도시에서 국지적으로 공급되었거나 분산적으로만 공급되었던 재화들도 중심적으로 공급된다. 이는 다름 아닌 중심지가 지닌 의미가 강화됨을 뜻한다. 물론 교통이 〔비용상으로〕 저렴해지고 신속하게 이뤄지는 동일한 사정이, 동시에 이전에는 중심적으로만 생산되었던 많은 재화들이 이제는 유리한 생산조건을 갖춘 중립적 지점에서 생산되고 공급만이 중심적으로 행해지는 결과를 가져오거나 혹은 중심재가 분산적으로 공급되는 결과(통신판매업)를 가져오기도 한다. 그렇지만 앞서 언급한 경향이 우세하다.[68]

7) 중심재의 도달범위

우리가 중심재의 도달범위라고 부르는 것에는 지금까지 고찰한 모든 요인의 동시적 공간효과가 표현되어 있다. 여기서 도달범위란 분산적으로 거주하는 주민들이 중심지에서 공급되는 재화 중 적어도 하나 이상을 구입할 수 있는 한계적 거리를 말한다.

우선 이 도달범위는 **인구분포**로부터 영향을 받는다. 앞에서 언급한 가정에 따라, 한 명의 의사가 생계를 유지하기 위해서 적어도 1년에 2,667회를 진료해야 하고 1년에 최대로 8천 회를 진료할 수 있다면, 모든 주민들이 각각 2회의 진료를 받는 인구 4천 명의 도시에서는 이러한 중심서비스의 도달범위가 이 도시에 분명히 한정된다. 중심지가 매우 작은 경우에는 도달범위가 적어도 2,667회의 진료를 행할 정도로 확대되어야 하며, 최대일 경우에는 8천 회의 진료에 대한 희망을 충족시킬 정도까지 확대되어야 할 것이다. 그렇지만 이러한 결과는 수량이 주어져 있는 재화인 경우에만 타당하다. 임의로 수량을 늘릴 수 있는 재화인 경우에는 인구분포는 정반대의 효과를 지니고 있다. 즉, 비교적 큰 중심지에서 공급되는 중심재는 비교적 작은 중심지에서 공급되는 동일한 재화에 비해 일반적으로 보다

68) 이뿐만 아니라 다음을 참조하라. Oskar Engländer: *Theorie des Güterverkehrs*, usw.

큰 도달범위를 갖고 있으며, 이는 큰 중심지와 작은 중심지에서 가격의 구성방식이 서로 다르기 때문이다. 그런데 이 점은 나중에 가격이 도달범위에 미치는 영향과 관련하여 다뤄질 것이다. 인구밀도 역시 비슷하게 작용하는데, 이 점에 관해서도 나중에 고찰하게 될 것이다.

저차 중심지에 비해 고차 중심지에서 보다 많은 종류의 중심재가 공급되고, 따라서 한 번의 통행과 한 차례 지불하는 여비로 동시에 훨씬 많은 종류의 중심재를 구입할 수 있는 한, 중심지가 큰지 아니면 작은지는 중심재의 도달범위에 직접적으로 영향을 미친다. 이는 대도시에서 공급되는 중심재의 가격이 일반적으로 저렴한 것과 똑같은 효과를 지니고 있다. 이 때문에 나중에 가격에 관한 절에서 제시하듯이, 상대적으로 큰 중심지에서 공급되는 재화의 도달범위는 그것이 작은 중심지에서 공급될 때보다 한층 확대된다.

인구의 소득상황과 사회적, 직업적, 문화적 구조, 그리고 생활관습과 생활의 요구 등으로 이해되는 **인구구조**는 주민들이 특정한 중심재를 구입하기 위해 기꺼이 지출하고자 하는 소득부분, 다시 말해 소비자의 가격지불의지가 어느 정도인지에 영향을 미친다. 특히 공업노동자들이 많은 지역에서는 한 사람이 1년에 영화관람에 10 마르크를 지출하려고 하고 농업인구가 우세한 지역에서는 〔공업노동자들이 많이 거주하는 지역과〕 동일한 소득수준임에도 불구하고 영화관람에 2 마르크만을 지출한다면, 이 두 지역에서 입장료가 1 마르크이고 인구가 4천 명인 경우 공업지역에서는 4만 매의 입장권이 요구되고 농업지역에서는 8천 매의 입장권만이 요구될 것이다. 3 ㎞의 노정을 왕복하는 데 드는 비용(화폐의 지출과 시간의 소비 등)이 1 마르크라고 한다면, 중심재인 영화의 도달범위가 농업지역에서는 3 ㎞(입장료 1 마르크+여비 1 마르크)이고 공업지역에서는 20 ㎞(입장료 1 마르크+여비 9 마르크)가 될 것이다. 물론 이 경우에 노동자들은 자신들의 돈을 한층 적은 통행비용으로도 손에 넣을 수 있는 중심재나 분산재에 지출하는 또 다른 방법을 선택할 수도 있다. 노동자들이 여비를 포함하여 영화에 최대한 5 마르크를 지출한다면, 영화(관)의 도달범위는 실제로 약 10 ㎞에 지나지 않는다. 만약 영화관의 입장료가 2 마르크라고 한다면, 공업지역에서도 아마도 1만 6천 매의 입장권만이, 그리고 농업지역에서도 아마도 2천 매의 입장권만이 필요로 할 것이며, 이는 개인들이 전체적으로 비교적 값비싼 중심재보다는 저렴한 중심재에 더 많은 돈을 지출하기 때문이다.[69)]

그런데 여기서 우리는 다음과 같은 점도 고려해야 한다. 즉, 공업노동자들은 영화관에 가기 위한 3 ㎞의 노정을 50 페니히로 평가할 수 있으나, 농민들은 1 마르크로 평가할 수 있다는 사실이다. 이 경우 공업지역의 도달범위는 농업지역의 3 ㎞에 비해 상당히 넓으며, 그것은 아마도 약 20 ㎞ 또는 30 ㎞가 될 것이다. 노동자와 농민에게서 동일한 객관적인 비용, 시간손실, 수고를 수반하는 동일한 노정에 대해 이러한 서로 다른 평가가 왜 나타나는지는 다음과 같이 설명할 수 있다. 즉, 공업노동자들은 자신들의 정해진 노동시간 이외의 시간을 거의 영(0)과 같은 것으로 평가하며, 그것이 공업노동자들에게는 실제로 '자유로운' 시간이 된다. 이에 반해 일정하게 정해진 노동시간을 갖고 있지 않는 농민들에게는 통행에 소비되는 시간이 언제나 임의로 선택할 수 있는 노동시간이 된다. 농민들은 이 시간을 자신들의 노동에 활용할 것인지 아니면 자신의 오락활동에 활용할 것인지를 결정해야 하며, 이 시간이 지닌 가치는 이 시간 동안에 행할 수 있는 노동량의 가치에 의해 결정된다. 그러므로 노동자와 농민의 가격에 대한 서로 다른 지불의지는 중심재 자체에만 관련되는 것이 아니라 교통비와도 관련되어 있다. 그리고 통행에 대한 가격지불의지도 통행이 중심재인 영화관에 들리기 위한 것인지 아니면 중심재인 치과진료를 받기 위한 것인지

---

69) 경험에 비춰보면, 2천 명의 주민들이 있는 노동자 거주지에는 기껏해야 한 개의 영화관이 있을 뿐이고, 2천 명의 주민들이 있는 농업적 촌락에는 영화관이 없다. 독일 헤센(Hessen) 주 〔주〕통계청의 보고서에 정기적으로 발표되는 영화관에 대한 통계를 참조하라(*Mitteilungen des Hess. Landesstatistischen Amtes*, Darmstadt 1928ff.).

에 따라 달라지며, '유쾌한' 통행은 '불쾌한' 통행보다 낮게 평가된다. 이처럼 거리가 중심재의 도달범위에 미치는 영향을 고찰함에서 우리는 지극히 주관적인 요소를 고려하지 않으면 안 된다.

중심재의 도달범위를 규정하는 가장 중요한 요인 중 하나는 항상 분산적으로 거주하는 주민들과 중심재의 공급지 사이의 거리이다. 이때 킬로미터로 측정되는 거리 자체는 경제적으로 별로 중요하지 않다. 유·불리를 저울질하고 이를 바탕으로 하여 경제적 행위를 전개할 경우에는 시간—비용—거리만이 규정요인이 될 수 있으며, 이러한 이유로 이 거리는 **경제적 거리**로 일컬어진다. 그러므로 경제적 거리는 운송비와 시간손실, 안전성, 편리성 등과 관련하여 화폐가치로 표현되거나 또는 일반적으로 사유상의 갖가지 가치와 결합되는 교통상의 이점을 말한다. 하지만 이러한 '이점'은 객관적 요소와 더불어 주관적 요소들도 포함하고 (일정한 사실관계가 주관적 측면에서 어떤 사람에게는 다른 사람보다 한층 유리한 것처럼 간주된다) 있기 때문에, 엄밀히 판단하여 도달범위에 대한 우리의 고찰에서 기초로 삼아야 할 것은 주관적인 경제적 거리, 즉 일정한 경제적 또는 기타 이점에 대해 주관적으로 평가된 거리이다. 이러한 견해에 따르면, 중심지까지의 거리가 공업노동자에게는 상대적으로 가깝게 여겨지고 공업노동자들은 이 거리를 주관적으로 보다 가깝게 평가하는 반면, 농민들은 이 거리를 비교적 먼 것으로 평가한다. 더구나 분산하여 거주하는 주민들은 특정한 중심재라고 할 수 있는 영화를 보기 위한 통행에 다른 중심재, 이를테면 치과치료를 받기 위한 통행보다 많은 금액을 지출하려고 할 것이다.

경제적 거리와 관련해서 다음으로 거론할 요소들은 두말할 나위도 없이 객관적 요소들이며, 무엇보다도 화물과 여객의 운임이 중요한 요소이지만 보험료와 창고료, 장거리 수송에 따른 중량손실과 손상가능성 등도 중요한 요소가 된다. 앵글랜더는 이러한 요소들을 아주 자세히 연구하고 있다.[70] 여기서 우리에게 중요한 점은 일반적으로 운임이 높으면 중심재의 도달범위가 축소되고, 이와 반대로 운임이 낮으면 도달범위가 확대된다는 연구결과와 이러한 현상이 중량에 비해 고가인 재화보다는 저가인 재화의 경우에서 뚜렷이 확인될 수 있다는 연구결과이다. 특히 운임의 차이는 비교적 저렴한 하천운송이 상대적으로 비싼 철도운송과 나란히 경쟁할 경우나 〔트럭을 포함한〕 자동차운송이 철도의 집배자[71] 로서의 기능을 수행하는 경우 또는 자동차와 철도, 전차와 철도가 서로 경쟁하는 경우에 잘 드러난다. 이미 튀넨은 특정 종류의 농작물이 취득되는 도달범위를 나타내는 그의 〔고립국〕체계에서 말하는 〔동심〕원 모양의 권역이 하천 부근에서 바깥으로 구부러져 돌출하는 형태를 취한다는 점을 지적하고 있다.[72] 왜냐하면 하천운송이 육상운송보다 저렴하고, 따라서 동일한 운송비선(*Isodapanes*)이 하천을 따라 멀리까지 확장되기 때문이라는 것이다.

여객운송과 관련해서는 저렴한 운임 이외에 교통연계의 신속성과 빈도도 중요하다. 즉, 빠르고 짧은 시간간격으로 운행되는 교외철도는 경제적 거리를 단축시키는데, 이는 객관적 측면에서 운송 및 대기시간의 절감을 통해서 뿐만 아니라 주관적 측면에서도 연계가 편리한 경우는 같은 거리라고 하더라도 번잡하고 불편한 경우보다 한층 손쉽게 받아들일 수 있다는 사실 때문이다.

중심재의 도달범위에 영향을 미치는 또 하나의 중요한 요인이 있는데, 물론 이는 너무 자주 간과되거나 무시되기도 한다. 그것은 다름 아닌 **중심재의 종류**이다. 요구가 절실하지 않고, 따라서 탄력적이며 다른 유사한 중심재나 분산재를 통해 손쉽게 대체될 수 있는 중심재는 필수불가결하고 대체하기가 곤란하며 절실하게 요구되는 재화에 비해 원초적으로 좁은 도달범위를 갖고 있다. 앞서 이미 확인했듯이, 영화나 연극공연에 대한 요구는

---

70) 이미 언급된 Oskar Engländer의 연구, 즉 "*Theorie des Frachtsätze*"와 "*Theorie des Personenverkehrs*"를 참조하라.

71) 〔역주〕 집배자(*Zubringer*)란 철도노선 체계를 중심으로 자동차가 재화를 집산(集散)하는 중개기능을 수행하는 것을 말한다.

72) 튀넨의 "*Isolierte staat*"의 개략적 기술을 참조하라.

중심지로부터 조금만 떨어진 거리에서도 금방 소멸하게 되는 반면, 의사의 진료에 대한 요구는 훨씬 멀리까지 〔영향을〕 미친다. 비록 교통비가 객관적으로 보아 동일하고 이러한 중심서비스에 대한 가격도 크게 다르지 않을지라도 이와 같은 일이 발생한다. 더구나 수량이 주어져 있는 재화는 임의로 수량을 늘릴 수 있는 재화와 다른 상황에 놓여 있으며, 어디에서나 동일한 확정가격은 시간과 공간에 따라 차이가 있을 수 있는 가변적 시장가격과는 다른 효과를 지니고 있다는 점도 위에서 확인했다. 수량이 주어져 있는 재화의 경우에는 확정가격일 경우 그 도달범위가 오로지 현존하는 재화의 수량에 의해서만 결정된다고 할 수 있다(우리가 이 장의 서론부분에서 서술했듯이). 하지만 가변가격일 경우에는 도달범위가 중심지에서의 가격에 따라 결정된다. 확정가격에 임의로 수량을 늘릴 수 있는 재화인 경우에는 그 도달범위가 거리에 따른 비용으로 결정되며, 이와 달리 가변가격에 임의로 수량을 늘릴 수 있는 재화인 경우에는 다시금 중심지에서의 가격이 도달범위에 중요한 영향을 미친다.

여기서 이러한 가격이 지닌 의의를 좀더 자세히 고찰해 보자. A지역의 중심지에서 중심재가 2 마르크에 공급되고, B지역의 중심지에서는 2.50 마르크에 공급된다고 가정해 보자. 분산하여 거주하는 주민들은 재화 자체와 〔이를 구입하기 위한〕 통행에 소요되는 비용을 합한 금액의 최대한도가 4 마르크를 넘지 않을 경우에만 이 재화를 구입한다고 가정해 보자. 이 경우 1㎞를 왕복하는 데 약 30 페니히가 든다고 가정하면, A지역으로부터 재화의 도달범위는 7㎞가량이 되고 B지역으로부터의 재화의 도달범위는 역시 1㎞에 대한 동일한 소요비용에서 5㎞에 불과하게 된다.

일반적으로 동일한 중심재일지라도 소도시보다는 대도시에서 상대적으로 저렴하게 생산되거나 공급될 수 있다. 왜냐하면 대량생산은 〔규모의 경제에 의거한 생산성의 향상으로 소량생산보다〕 상대적으로 저렴할 수 있으며, 판매에서도 대량거래가 제품의 단위가격을 낮출 수 있기 때문이다. 그러므로 상대적으로 큰 중심지에서 생산되거나 공급되는 재화는 규모가 작은 중심지에서 생산되거나 공급되는 동일한 재화보다 큰 도달범위를 갖고 있다고 할 수 있다. 이뿐만 아니라 높은 인구밀도도 낮은 인구밀도에 비해 비슷한 함의를 지니고 있다. 인구밀도가 높으면 생산이 보다 저렴하게 이뤄질 수 있으며, 이를 통해 중심재의 도달범위가 확대될 수 있다.

지금까지 살펴본 내용들을 요약하면, 원칙적으로 각종 재화는 비록 질적 측면에서 미세한 차이가 있다고 하더라도 각각 특유의 도달범위를 지니고 있다고 할 수 있다. 동일한 재화에 대해서도 각 중심지마다 그 도달범위는 서로 다르며, 이 도달범위도 중심지를 둘러싸고 균등하게 펼쳐져 있지 않다. 다시 말해 중심재의 도달범위는 원형이 아니라 객관적인, 그리고 주관적인 경제적 거리에 따라 각기 다양한 모습으로 펼쳐져 있는데, 다름 아닌 불규칙한 별 모양을 하고 있다. 끝으로 도달범위는 가격변화나 인구추이 등에 의해 시간적으로 지속적인 변동을 겪고 있다. 이와 더불어 특정한 중심재의 도달범위는 기본적으로 첫째 중심지의 규모와 의미, 그리고 인구분포, 둘째 구매자의 가격 지불의지, 셋째 주관적인 경제적 거리, 넷째 중심지에서의 재화의 종류와 수량과 가격 등에 의해 결정된다고 할 수 있다.

이러한 도달범위를 자세히 고찰하면, 그것은 공간적 관점에서 중심지를 둘러싼 선이 아니라 오히려 원형의 권역임을 알 수 있다. 그러므로 도달범위는 외측 한계(또는 상한)와 내측 한계(또는 하한)를 갖고 있다. 우리는 이 점을 다음과 같이 이해할 수 있다. 즉, 상한(*obere Grenze*)은 중심지에서 바깥으로 가장 멀리 떨어진 거리로 규정되며, 이를 넘어서서는 해당 중심재가 더 이상 이 중심지로부터 구입되지 않는다. 사실상 이 재화는 그 한계를 넘어서서는 더 이상 전혀 구입되지 않거나 다른 중심지에서 구입된다. 전자의 경우에는 절대적 한계(이상적 도달범위)에 이른 것이고, 후자의 경우에는 상대적 한계(실질적 도달범위)에 이른 것이다. 그런데 우리는 지금까지 이러한 도달범위의 상한을 물론 부정확한 것이었지만 간단히 도달범위로 일컬어 왔다.

도달범위의 하한(*untere Grenze*)은 본질적으로 다른 성질의 것이며, 원칙적으로 상이하게 규정된다. 여기서 극장의 공연을 중심재로 상정해 보자. 극장 하나를 설립하여 설비를 갖추고 유지하는 등 전체 시설을 운영하기 위해서는 매년 10만 좌석(1년에 2백 회의 공연이 벌어지고, 1회 공연에 적어도 5백 매의 입장권이 판매되어야 한다)을 판매해야 한다고 생각해 보자. 이러한 중심재인 극장의 공연이 보여주는 도달범위의 상한은 40 ㎞에 달하는데, 바꿔 말해 40 ㎞의 권역 밖에 거주하는 사람들은 극장방문을 전혀 고려하지 않는다. 그러므로 극장 방문객들이 모여드는 지역의 면적은 약 5천 ㎢가 된다. 인구밀도가 1 ㎢당 80 명일 경우 이 지역에는 40만 명이 거주하게 된다. 만약 2만 명의 주민들이 이 지역의 주요 지점에 거주하고 나머지 38만 명의 주민들은 소도시와 촌락에 거주하는 식으로 분포해 있다면, 사실 극장을 운영하기 위해서 필요한 최소 10만 매라는 입장권을 판매하기란 분명 불가능하다. 왜냐하면 2만 명의 주민을 가진 도시 자체가 너무 작고, 이 지역의 나머지 주민들 중에서도 기본적으로 소수의, 지역의 외곽으로 갈수록 점점 더 줄어드는 일부의 사람들만이 극장 방문을 고려하기 때문이다. 그러므로 중심재의 도달범위가 보여주는 하한은 중심재의 생산이나 공급이 이윤을 남기기 위해[73] 필요로 하는 중심재의 최소한의 소비량에 의해 결정된다. 그렇기는 하지만 이 소비는 주지하다시피 지역에서의 인구수와 인구분포, 인구의 소득수준, 중심재에 대한 욕구, 중심재의 수량과 가격 등에 달려 있다.

바로 위에서 언급한 사례에서 8만 명의 주민들이 지역의 주요 지점에 거주한다고 가정해 보자. 더구나 이 주요 지점이 이를테면 주도(州都)이거나 대학도시인 경우에는 극장공연에 대한 높은 욕구를 갖고 있으며 또한 이러한 욕구를 충족시키기 위한 충분한 소득도 있다고 할 수 있는데, 상황은 전혀 달라진다. 이 경우에는 이미 주요 도시 자체의 인구만으로도 매년 최

73) 〔역주〕 중심재나 중심서비스를 생산하고 공급하는 데 드는 제반 비용을 빼고 수지타산을 맞출 수 있는 이른바 '손익분기점'을 말한다.

소한 10만 매의 입장권을 판매하는 데 충분할 것이다. 그렇지만 이 인구만으로는 10만 매의 입장권을 소진시키기에는 여전히 불충분하며 도시를 둘러싼 10 ㎞ 범위에 있는 주민들까지도 연극관람에 참여해야 한다고 가정하면, 10 ㎞가 이 구체적 사례에서는 도달범위의 하한이 된다.

그런데 인구 8만 명이 거주하는 주요 도시 이외에 인구 6만 명의 공업도시가 이 지역에 입지해 있는 경우도 생각해 볼 수 있다. 이러한 제 2의 도시에 대해서는 극장공연이라는 중심재가 보여주는 도달범위의 하한이 30 ㎞라고 가정해 보자. 따라서 이 공업도시는 그 자체의 주민수가 적고 주민들의 소득도 상대적으로 낮기 때문에 극장을 위해서는 주변 농촌에 거주하는 관객들에게 크게 의존하지 않을 수 없다. 여기서는 두 가지의 경우가 가능하다. 그 하나는 두 도시가 인접하여 자리잡고 있어서 제 2의 도시(즉, 공업도시)의 30 ㎞의 권역이 이미 제 1의 도시의 10 ㎞ 권역에 대부분 포함되고 있으며, 따라서 제 2의 도시는 자체 극장의 부족한 관객을 메우기 위해 보다 먼 거리에 거주하는 주민들을 끌어들어야만 한다는 것이다. 그런데 만약 이 거리가 40 ㎞라는 도달범위의 상한을 넘어 선다면, 제 2의 도시에서는 극장이 존립할 수 없다. 또 하나의 경우는 두 도시가 서로 상당히 멀리 떨어져 입지하고 있다는 것이다. 이에 따라 두 도시가 각각 자체 극장의 관객을 40 ㎞의 권역 내에서 충분히 확보한다면 두 극장은 존립할 수 있으며, 중심재인 극장의 공연도 40 ㎞ 지역 내의 두 개의 중심지에서 제공될 수 있다. 단, 이렇게 되기 위해서는 두 극장의 공연이 가격과 질적 수준에서 같아야 한다는 전제가 필요하다. 이 전제가 충족될 수 없다면, 보다 양호하거나 값싼 극장으로의 관객 유출이 발생할 수 있으며, 결국 이 경쟁에서 패배한 극장은 더 이상 존립할 수 없다.

이 점에 관해 좀더 고찰해 보고자 한다. 왜냐하면 도시규모가 지닌 의의를 이해하는 것은 확실히 매우 중요하기 때문이다. 인구가 8만 명에 달하는 하나의 도시가 이 지역에 존재하는 경우, 이 도시를 둘러싼 10 ㎞와 40 ㎞ 사이의 권역은 매우 특별한 의의를 지닌다. 이 권역이야말로 극장운영이 도시 또는 그 주민들(극장 소유주)에게 도대체 이윤을 가져다주는지 그렇지 않은지, 그리고 가져다준다면 얼마나 가져다주는지를 실질적으로 결정한다. 이 도시와 10 ㎞에 이르는 권역 내에 거주하는 사람들만이 극장을 찾는다면, 극장의 수입은 지출과 정확히 같아져서 어떤 잉여도, 그리고 어떤 이윤도 발생하지 않는다. 이윤은 10 ㎞에서 40 ㎞ 사이의 권역에서 온 주민들에 의해 비로소 창출된다. 이 권역은 어떤 측면에서 원가와 판매를 통해 얻는 매상고 사이의 차이로부터 성립하는 기업가의 이윤의 폭이 공간적으로 투사된 것이라고 할 수 있다. 중심재의 도달범위가 나타내는 상한과 하한 사이에 자리잡고 있는 이 중요한 권역에서 인구의 사회적, 직업적, 소득적 상황들이 특정 중심재의 판매를 통해 중심지에서 얻는 잉여의 규모에 지대한 영향을 미치는 것은 명약관화하다. 그런데 이러한 잉여야말로 중심지의 발전과 번성에 결정적이다. 이 점으로부터 중심지의 발전에 보완지역이 얼마나 중요한 의의를 지니는지가 명백해 진다.

또한 이러한 도달범위의 하한은 어느 한 지역에서 특정 계층의 하나 혹은 여러 개의 중심지가 존재할 수 있는지 그렇지 않은지를 부분적으로 규정한다. 이 점에 관해서는 〔후술할〕 동태이론에서 다시 한번 언급할 것이다. 여기서는 예를 들어 우선 도달범위의 상한이 각각 40 ㎞인 경우를 가정하여 도식적으로 구성하는 데 만족하고자 한다. 즉,

① 도달범위의 하한이 매우 낮은 중요한 중심지 : 중심재가 다음으로 중요한 중심지에서 공급될 확률이 있다.
② 도달범위의 하한이 10 ㎞인 중요한 중심지 : 중심재가 다른 중심지에서 공급될 수 있는지 그렇지 않은지는 확실하지 않다(이는 다른 중심지의 인구분포와 위치, 그리고 규모에 달려 있다).
③ 도달범위의 하한이 30 ㎞인 중요한 중심지 : 중심재가 이 유일한 중심지에서 공급된다.
④ 도달범위의 하한이 50 ㎞인 중요한 중심지 : 중심재가 이 중심지에서 공급되지 않을 수도 있다.

어떤 지역의 주요 지점이 별다른 의미를 지니고 있지 않는 중심지라면, 해당 중심재를 공급하는 또 다른 중심지가 존재할 가능성은 그만큼 커지는데, 특히 사례 1과 2의 경우에 그럴 수 있다. 도달범위의 하한이 20 ㎞에 불과할지라도 일반적으로 중심재가 이 지역의 또 다른 중심지에서 제공될 가능성은 존재한다.

그러므로 우리는 각 유형의 중심재가 그 자체의 전형적 도달범위를 갖고 있음을 확인할 수 있다. 상한과 아울러 하한도 또한 높다면, 재화는 고차 중심지로부터 공급되고 상대적으로 큰 지역에서 판매될 것이다. 따라서 이러한 재화는 **고차 중심재**로 일컬어진다. 그렇지만 도달범위의 상한과 하한이 낮다면, 중심재는 한 지역에 균등하게 제공되어야 하기 때문에 다수의 작은 중심지로부터 공급되어야만 할 것이다. 그래서 이러한 유형의 재화는 **저차 중심재**로 일컬어진다. 도달범위의 상한이 높고 하한이 낮다면, 중심재는 많은 중심지로부터 공급될 수 있다. 그런데 이러한 중심지들은 중심재와 관련하여 판매지역을 둘러싼 격렬한 경쟁을 벌이게 되지만, 이러한 재화가 많은 중심지에서 판매될 수 있는 것은 아니다. 이러한 재화는 저차 중심지에서 공급될 수도 있기 때문에 저차 중심재에 포함될 수 있다. 만약 도달범위의 하한이 높고 상한이 낮다면 중심재는 고차 중심지에서만 공급될 수 있으며, 물론 이것은 보완지역이 잘 발전해 있는 경우에 한정된다. 왜냐하면 이 경우에는 중심재의 판매를 통해 얻는 이윤을 결정하는 '임계권역'이 매우 좁기 때문이다.

지금까지 우리는 하나의 고립된 중심지에서 공급되는 중심재의 도달범위에 관해 고찰했다. 하지만 이러한 중심지에 크거나 작은 중심지가 인접하여 자리잡고 있다면, 어느 한 중심지의 보완지역이 도달범위의 가장 외측한계와 완전히 일치하는 경우는 드물다. 오히려 보완지역은 현실적으로 보통 재화의 도달범위 자체보다 작다. 이에 따라 우리는 이상적 도달범위와 실질적 도달범위를 구분할 수 있다. 전자는 고립적인(이상적으로 고찰한) 중심지로부터 중심재가 보여주는 도달범위의 가장 외측한계에까지 이르고 있는 반면, 후자는 중심재를 인접한 중심지로부터 보다 유리하게 손에 넣을 수 있는 정도까지만 확대될 것이다. 고립적인 중심지의 원이나 등거리선 모양을 취하는 이상적 보완지역으로부터 어디에서나 절편(*Segment*)[74] 이 나눠질 수 있는데, 이 절편은 이미 인접한 중심지의 보완지역에 속하는 것이다. 우리는 이와 같은 보완지역의 분할현상을 두 개의 중심지가 서로 경쟁할 때 발생한다고 달리 이해할 수도 있다. 이 도달범위와 관련해서는 상대적으로 큰 이점을 제공하는 중심지가 다른 중심지의 희생 위에 자신의 보완지역을 확대시켜 나가고 있다고 말할 수 있다. 우리는 이 점을 비교적 중요한 두 가지의 사례를 통해서 논의하고자 한다.

비교적 큰 지역 내에 하나의 지점은 가항(可航)하천에 접해 있고, 다른 지점은 이 하천으로부터 멀리 떨어져 입지해 있다고 가정해 보자. 하천을 이용한 저렴한 운송비로 말미암아 많은 재화가 적어도 완제품이나 원료의 형태로 먼 곳으로부터 운반되어 오는 한, 〔이 재화들은〕 하천에서 멀리 떨어져 입지한 중심지보다 하천에 접해 있는 중심지에서 보다 저렴하게 공급된다. 따라서 하천에 인접한 지점으로부터 공급되는 중심재의 도달범위는 내륙에 자리잡고 있는 지점으로부터 공급되는 중심재의 도달범위보다 크다. 이에 따라 하천에 인접한 지점의 보완지역이 훨씬 크고, 이 지점 자체도 한층 유리하게 발전한다. 그러나 〔하천에 인접한 중심지의〕 이러한 상대적으로 큰 보완지역이 모든 방면으로 균등하게 확장되는 것은 아니다. 오히려 그 최대 연장은 하천에 수직방향을 취하는데, 왜냐하면 하천에 인접한 중심지도 실제로 하천의 운임이 저렴하다는 이점을 동일한 정도로 누리기 때문이다. 그러므로 이웃한 하천도시의 방향으로는 보완지역이 확장되지 않는다. 이런 이유로 앞서 지적했듯이 하천도시의 보완지역이 하천을

---

74) 〔역주〕 중심지들 사이에 보완지역(배후지)을 둘러싼 경쟁이 발생할 때, 어느 한 중심지에도 포섭되지 않는 불안정한 중첩구역(*Überschneidungsberech*)으로서 원 모양을 하는 시장권의 가장자리에 활 모양(弓形)을 취하는 부분을 말한다. 아래서 이것은 단편(*Abschnitt*)으로 표현되기도 한다.

따라 돌출한다는 튀넨이 제기한 주장[75]은 고립적 중심지가 존재하는 경우에만 타당할 뿐이며, 실제로 중심지의 망이 성립하는 원칙적 경우에는 타당하지 않다. 따라서 보완지역은 하천이 장축이 되는 타원형이 아니라 하천이 단축이 되는 타원형이 된다. 오히려 많은 경우에 도시들은 하천 부근에서 실에 꿰인 진주처럼 서로 밀집하여 입지해 있으며, 이러한 양상은 바로 그 보완지역이 앞서 언급한 대로 타원형을 이루고 있다는 점에 기인한다. 이 때문에 도시들은 하천연안에 조밀하게 서로 잇달아 자리잡을 수 있다. 그렇기는 하지만 각 지역은 중심재의 생산과 공급이 수지타산을 맞출 정도의 규모와 인구수에 도달하게 된다.

두 중심지가 경쟁하는 또 하나의 중요한 경우는 가격형성 부분에서 찾아볼 수 있다. 어떤 중심재가 8 ㎞라는 이상적 도달범위를 갖고 있으며, 이 재화가 A지점에서는 2 마르크에, 그리고 A에서 10 ㎞ 떨어진 또 하나의 지점인 B에서도 마찬가지로 2 마르크에 공급된다면, A와 B 사이의 간격을 나타내는 직선거리로 측정된 그 실질적 도달범위는 두 지점에서 각각 5 ㎞가 된다. 따라서 이 경우 양쪽 보완지역의 경계는 이 간격의 직선을 수직이등분한 선 위에 놓이게 된다. 그러나 이 재화가 B지점에서 2.50 마르크에 공급되고 통행비가 1 ㎞당 30 페니히로 추산된다면, 그 실질적 도달범위는 다음과 같은 공식에 따라 A와 B 사이의 간격에 의거하여 산정될 수 있다. 여기서 X는 킬로미터로 표시된 A에 대한 〔실질적〕 도달범위를 말한다.

$$X \cdot 0.30 + 2.00 = (10 - X) \cdot 0.30 + 2.50$$

계산 결과는 X=5.8 ㎞이다.

75) 본질적으로 중심도시와 결부되어 있는 경영방식으로서 ‘자유농업’, 임업, 그리고 윤작농업의 튀넨의 동심원상의 지대를 단순히 그 도시의 보완지역으로 간주할 때, 이 점을 파악할 수 있다. 튀넨의 “*Isolierter Staat*” 신판, 387쪽의 〈그림 II〉를 참조하라.

따라서 A에 대한 실질적 도달범위는 약 6㎞이고 B의 경우는 약 4㎞가 되며, A는 B의 보완지역 일부를 잠식함으로써 보다 큰 보완지역을 갖는다. 특히 이러한 예는 휴양지나 온천지에서 종종 찾아볼 수 있다. 이러한 곳에서는 일반적으로 물가가 지나치리만큼 높은 실정인데(이는 한편으로 높은 세금과 임대료로 인한 높은 생산비 때문이며, 다른 한편으로 부유한 휴양객들의 가격에 대한 높은 지불의지 때문이다), 그러므로 이러한 곳에서 공급되는 재화의 도달범위는 협소하다. 인접해 있는 일반적 중심지는 정상적 가격으로 넉넉히 꾸려갈 수 있으며, 따라서 공급되는 재화의 도달범위는 한층 넓다. 휴양지는 이따금 그 자체의 보완지역을 전혀 갖고 있지 않는 경우도 있다.

8) 중심지 체계

우리는 이제 이 연구의 주요 문제들을 다룰 차례에 이르렀다. 우리는 개개의 구체적 사례에서 중심지의 규모와 수, 그리고 분포를 설명하는 데 도움을 주는 여러 관계들을 밝히는 데 만족하려는 것이 아니라 법칙을 살펴보려고 한다. 우리는 외견상 자의적인 것으로 여겨지는 여러 중심지의 분포와 외견상 우연적인 것으로서 생각되는 중심지의 수, 그리고 피상적으로 보아 개별 조건을 따르는 것과 같은 중심지의 규모에 질서를 부여하는 법칙을 고찰하려고 한다.

첫째, 우리는 항상 많은 수의 저차 중심지, 즉 별다른 의미를 지니고 있지 않고 대개의 경우 규모도 작은 중심지를 살펴볼 수 있다. 이와 나란히 우리는 다소의 의미를 지닌 본질적으로 소수인 중심지와 한층 소수인 고차 중심지, 그리고 대단히 드물게만 존재하는 최고차 중심지를 찾아볼 수 있다. 바꿔 말해 일반적이고 개괄적으로 표현하면, 다수의 소규모 또는 최소규모의 도시와 장터, 그리고 이와 나란히 소수의 상대적으로 큰 도시들이 존재한다는 것이다. 도시의 규모가 크면 클수록, 이에 해당하는 범주의 도시 빈도수는 그만큼 떨어진다. 이러한 현상으로부터 이미 전혀 믿기 어려운 '법칙'이라는 것이 도출되었다.[76] 그런데 우리는 이 법칙을 과연 설명할 수 있으며, 〔설명할 수 있다면〕 어떻게 설명할 수 있는가? 규모를 나타내는 각 범주에 해당하는 도시의 수가 다른 범주에 속하는 도시의 수와 일정한 관계를 맺고 있음을 보여주는 법칙이 과연 존재하는가?

둘째, 우리는 어떤 지역에서는 많은 인구를 가진 도시들이 집중해 있고, 다른 지역에서는 그러한 도시들이 대단히 드물다는 사실을 파악할 수 있다. 특정 규모에 속하는 중심지의 분포는 임의적인 것인가? 아니면 이 분포는 개별적으로만 설명될 수 있는가? 이것도 아니라면, 이 경우에도 분포의 법칙성이 지배하는가?

셋째, 가장 작은 장터나 철도역 취락으로부터 가장 큰 도시, 즉 〔한 국가의〕 수도와 세계도시에 이르기까지 중심지의 규모를 나타내는 수치의 척도는 지극히 다양하다. 도시를 다양한 규모의 등급으로 일괄하고 통계학자들이 언급하고 있듯이 군집화하는 것은 필요하다. 이 점은 이를테면 한편으로 소도시와 다른 한편으로 대도시에 대해 일정한 현상의 빈도를 비교하는 경우처럼 통계학적 목적을 위해서 뿐만 아니라 지극히 다양한 연구목적을 위해서도 필요하다. 예를 들어 《독일통계연감》은 도시를 아래와 같이 분류하고 있다.

---

76) 이른바 '아우에르바흐의 법칙'(*Das Auerbachsche Gesetz*)을 말하는 것이다. 하지만 이 법칙은 숫자 놀음에 지나지 않는다(Felix Auerbach: "Das Gesetz der Bevölkerungskonzentration." In: *Pet. Mitt.*, 59 Jahrg. Gotha 1913, S. 73ff.). 또한 한스 마우러(Hans Maurer)와 루드비히 바이제(Ludwig Weise)의 비판(ebenda S. 229ff.)을 참조하라.
〔역주〕 여기서 말하는 아우에르바흐의 법칙은 도시지리학에 광범위하게 인용되는 도시 순위규모 법칙과 유사한 것으로서 '중심지의 규모는 가장 큰 도시의 규모를 중심지의 순위로 나눈 것'을 말한다.

지방도시	2,000~5,000명
소도시	5,000~20,000명
중도시	20,000~100,000명
대도시	100,000~1,000,000명
세계도시	1,000,000명 이상

그라트만은 이 분류를 지리학적으로 유의미한 다음과 같은 분류로 〔부분적으로〕 대체하고 있다.[77]

왜소도시	2,000명 이하
소도시	2,000~50,000명

주 : 기타의 경우는 위의 표와 동일함.

확실히 분류체계만을 위해 구성된 군집이 아니라 어느 정도 본질에 근거하여 구분된, 따라서 도시의 진정한 규모의 유형이 존재한다는 점[78]은 논란의 여지가 없다. 즉, 대도시는 그 본질상 소도시와 어느 정도 상이한 특성을 지니고 있다. 이 점에서 독일어의 용례는 이를테면 경직적이고 관료적인 색채를 풍기고 있으나 정교하게 고안된 중국어의 용례(京都, 府都, 州都, 懸都)만큼이나 깊은 의의를 지닌다. 그런데 규모에 따라 분류된 유형의 본질적 특징은 단순히 인구수로만 표현될 수 있는 것이 아니다. 더구나 두 유형 사이의 경계가 간단히 인구 2만 명이나 10만 명과 같은 대략적 수치로 표시되어서도 안 된다. 오히려 우선적으로 규모에 따라 정리된, 모

77) Robert Gradmann: *Süddeutschland*. Stuttgart 1931, Bd. I, S.159f.
78) 이 점에 관해서는 또한 Max Weber: "Wirtschaft und Gesellschaft." In: *Grundriß der Sozialökonomie*, III, 2. 2 Aufl. Tübingen 1925의 'die Stadt'라는 장과 그의 *Allgemeine Wirtschaftsgeschichte*. München und Leipzig 1923을 참조하라.

든 도시를 빠짐없이 포함하는 일련의 순서를 구성해야 할 것이다. 그러고 나서 우리는 이러한 통계적 순서 내에서 — 이를 그래프로 표시할 경우 — 도시들이 많이 집적되어 있는 부분에서 규모를 나타내는 전형적 수치를 얻을 수 있다. 그리고 도시들이 이 순서 내에서 특히 희박하게 분포하는 곳에서 규모에 따른 군집 사이의 전형적 경계를 찾아 낼 수 있다.[79] 그렇다면 이러한 규모에 따라 군집화한 (도시의) 유형을 인식하는 것이 가능하며, 또한 이러한 유형의 구성은 어떻게 설명될 수 있는가?

중심재의 도달범위에 관한 앞 절의 논의를 다시 한번 살펴보자. 즉, 모든 중심재는 특유의 도달범위를 갖고 있으며 이 도달범위는 각각의 구체적인 경우에서 (인구의 분포와 구조에 따라, 그리고 구체적 교통상황에 따라) 정도의 차이가 있지만 중심재의 전형적이고 특유의 도달범위(이것은 무엇보다도 국민경제의 일반적으로 동일한 조건, 따라서 수요와 가격과 화폐제도, 조세제도 등과 관련된 동일한 조건에 의해 규정되고 있다)로부터 다소 벗어난다. 이 도달범위의 상한 — 또는 공간적으로 살펴 본 외측한계 — 은 중심지로부터의 거리에 따라 규정되고, 이 거리를 넘어서게 되면 해당 중심재는 이 중심지에서 더 이상 구입될 수 없다. 이처럼 재화를 손에 넣을 수 없다는 것은 그것이 더 이상 전혀 구입되지 않거나 — 해당 지점이 이 중심재와 관련하여 어느 한 중심지의 작용범위 밖에 놓여 있을 경우 —, 이 재화가 보다 가까이에 자리잡고 있거나 보다 저렴한 다른 중심지에서 상대적으로 유리하게 구입될 수 있는 경우이다. 후자의 경우에서 우리는 도달범위의 실질적(상대적) 한계를 언급할 수 있고, 전자의 경우에서 우리는 도달범위의 이상적(절대적) 한계를 얻을 수 있다. 도달범위의 하한 — 또는 공간적으로 중심지에서 살펴 본 내측 한계 — 은 (중심재의) 공급이 정확히 수지타산을 맞추기 위해 판매되어야만 하는 최소량의 중심재에 의해 결정

79) 본질에 따른 유형을 규정하는 이러한 방법은 이 책의 제 2장에서 적용된다. 물론 이는 순전히 통계학적 방법이며, 따라서 그 적용에 전혀 이의가 없는 것은 아니다.

된다. 이 최소량은 바로 이 경계 내에서 판매될 수 있다. 해당 중심재가 특정 지역의 도달범위의 외측한계 내에서 하나의 중심지로부터 아니면 여러 개의 중심지로부터 공급되는지의 여부는 이 하한에 의해 결정된다. 더구나 도달범위의 하한은 도달범위의 외측한계와 함께 어떤 중심재가 과연 한 지역의 어떤 중심지로부터 성공적으로 공급될 수 있는지 그렇지 않은지도 결정한다. 따라서 도달범위의 하한은 한 지역의 중심지에서 중심재가 공급되기 위해 최소한으로 존재해야만 하는 지역(의 범위)을 포괄하는 반면, 상한은 중심재의 판매가 전반적으로 가능한 지역(의 범위)을 포괄한다. 그러므로 이 두 가지의 한계는 특정 중심재와 관련하여 중심지가 지닌 보완지역의 최소 면적과 최대 면적을 규정한다. 이때 이 경계는 정도의 차이가 있지만 원형에 가까운 폐곡선을 하고 있으며, 곧 등치선(*Isolinie*)을 말하는 것이다.

〈그림 1-1〉은 아래의 설명에서 참조될 수 있을 것이다.

21번이라는 중심재가 보여주는 도달범위의 외측한계가 일정한 구체적 상황에서 B라는 중심지로부터 21㎞ 되는 거리에 입지해 있다고 가정해 보자(그림을 보듯이 손쉽게 생각할 수 있도록 하기 위해서 이 중심지의 주민은 1만 명인 것으로 상정한다). 반경이 21㎞인, 따라서 면적이 1,400㎢인 지역(〈그림 1-1〉에서 빗금 친 부분)은 전적으로 B로부터 21번 재화를 공급받는다. 그렇지만 도달범위의 하한도 일정한 구체적 상황에서는 중심재가 이 지역 내의 단 하나의 중심지, 말하자면 B로부터만 공급받을 수 있는 거리에 입지할 수 있다고 가정해 보자. 동일한 구체적 상황에서 20㎞의 도달범위를 갖고 있는 20번이라는 또 하나의 중심재가 존재한다면, 이 지역의 가장자리에는 이 중심재를 더 이상 B로부터 공급받을 수 없는 폭 1㎞ 원형의 권역이 분명히 남아 있게 된다. 이 원형의 권역에 속하는 지점에 재화를 공급하기 위해서는 적어도 세 개의 중심지가 필요하다. 이 중심지들은 서로 같은 간격으로 입지해 있어야 하며, 그렇지 않을 경우에는 B를 둘러싼 반경 1㎞의 핵심부분을 제외한 이 지역의 임의의 지점에 입지할

〈그림 1-1〉 보급[80] 원리에 따른 중심지체계

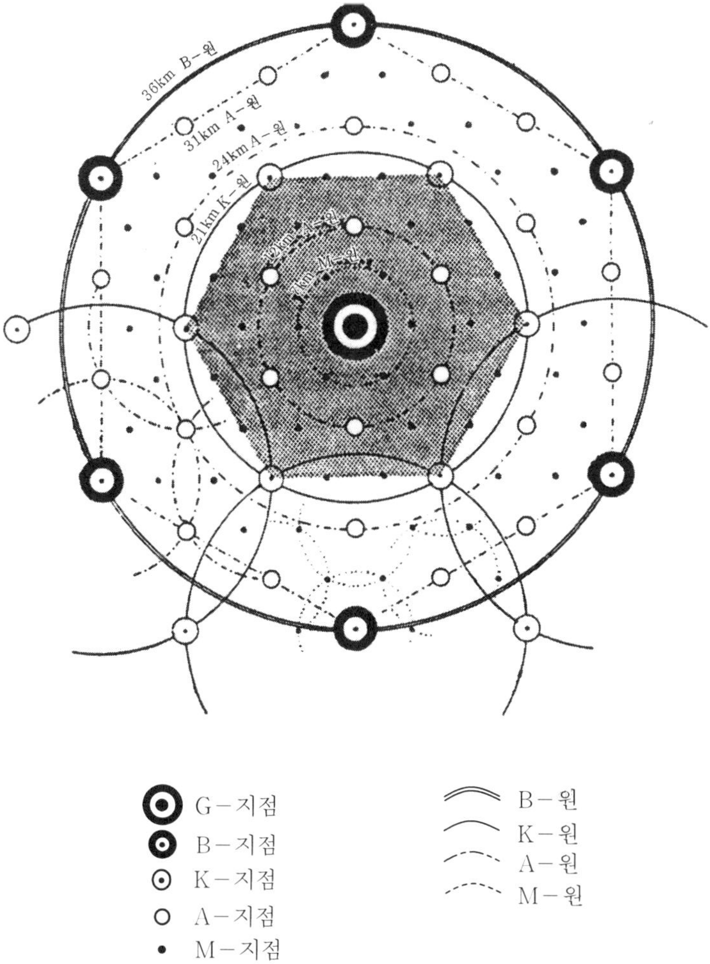

80) 〔역주〕 여기서 보급(*Versorgung*, 補給)이라는 용어는 재화와 서비스의 공급 또는 제공을 뜻하는 것으로서, 다소 생소하지만 원어의 뜻을 최대한 반영한 적절한 조어라고 할 수 있다.

수 있다. 단, 이 경우에도 도달범위의 하한이 또 다른 세 개의 중심지가 성립하는 것을 허용한다고 가정한다.

그런데 우리는 고립된 지역이 아니라 이 지역의 외부에 B와 유사한 규모의 여타 중심지 — 우리는 이를 B1, B2, B3 등으로 지칭하고자 한다 — 가 존재하며, 여섯 개의 중심지가 B를 둘러싼 36 ㎞의 원 위에 균등하게 분포해 있다(여기서 가정한 수와 거리에 대해서는 나중에 설명할 것이다) 고 상정해 보자. 이에 따라 〔재화가 공급되지 않고〕 남아 있는 원형의 권역에 20 번의 재화를 공급해야 할 지점들이 동시에 B1, B2, B3 등을 둘러싸고 남아 있는 원형의 권역에도 20 번의 중심재를 공급할 수 있도록 입지하는 것은 보다 합리적이다. 이 경우에 도달범위의 하한은 한층 탄력적이며, 따라서 예를 들어 덜 협소한 것으로 생각할 수 있기 때문에 훨씬 많은 종류의 재화를 추가적인 중심지로부터 공급받을 수 있다. 이에 따라 B, B1, B2 등을 둘러싸고 남아 있는 부분 지역에 20 번의 재화를 공급하기 위해서는 인접한 B-지점으로부터 가장 멀리 떨어져 있는 지점,[81] 말하자면 세 개의 인접한 B-지점으로 규정되는 삼각형의 중심에 또 다른 중심지가 입지해야만 한다. 우리는 이 중심지를 K-지점이라고 부르고자 한다. 계속하여 도달범위가 19 ㎞인 19 번의 중심재가 존재한다면, 전체 지역은 역시 K-지점과 B-지점으로부터 이 중심재를 공급받을 수 있다.

각각의 도달범위가 18, 17, 16 ㎞ 등인 18, 17, 16, 15, 14, 13, 12 번의 중심지의 경우도 이상과 같다. 그러나 도달범위가 11 ㎞인 11 번 중심재는 언급한 중심지로부터 전체 지역에 더 이상 빠짐없이 공급받을 수 없는데, 이 경우에도 K-지점과 B-지점을 둘러싼 지역의 가장자리에 폭 1 ㎞ 원형

---

81) 베버(Adna Ferrin Weber)는 물론 또 다른 견지에서, 그리고 역사적 고찰에 근거하여 이 경우에도 적당한 명제를 언급하고 있다. 즉, "경계석(*boundary stone*)은 시장의 십자가(*market-cross*)의 전임자였다"(A. F. Weber: *The Growth of Cities in the Nineteenth Century*. New York and London 1899, S. 171).

의 권역은 (적어도 부분적으로) 제대로 공급받지 못한다. 그런데 서로 인접한 세 개의 K-지점 또는 B-지점으로부터 동일한 간격으로 떨어진 지점에 다시금 우리가 A-지점이라고 부르고자 하는 중심지가 입지한다면, 이때 비로소 전체 지역은 다시 11 번 중심재를 빠짐없이 공급받을 수 있다. 도달범위가 각각 10, 9 ㎞ 등인 10, 9, 8, 7 번의 중심재도 이상과 같다. 그렇지만 도달범위가 6 ㎞인 6 번 중심재와 관련해서는 기존의 중심지가 전체 지역에 중심재를 빠짐없이 공급하기에는 더 이상 충분하지 않다. 그래서 이 재화를 전혀 공급받지 못하는 일부 지역 — 도시로부터 일정 거리를 두고 떨어져 있는 곳에서 매우 빈번히 나타나는 원격지 농촌이나 사람들이 거주하지 않는 산림지대 — 이 남아 있거나 아니면 이러한 틈새지역에 6 번 중심재를 공급하는 또 다른 지점이 이용되지 않으면 안 된다. 우리가 M-지점이라고 부르고자 하는 이러한 추가적 중심지의 입지는 이제까지의 경우와 마찬가지로 세 개의 인접해 있는 A-, K-, B-지점으로부터 가장 멀리 떨어진 곳에 자리잡게 된다. 이렇게 하여 전체 지역은 다시 A-, K-, B-지점과 연합한 M-지점으로부터 6 번 중심재를 공급받게 된다.

도달범위가 각각 5, 4 ㎞인 5 번과 4 번 중심재에 대해서도 이상과 같다. 우리가 3 번 중심재로 지칭하는 3 ㎞의 협소한 도달범위를 갖고 있는 중심재는 이미 상당히 국지적 성격을 띠고 있다. 이 재화로서는 M-, A-, K-, B-지점으로부터 전체 지역이 더 이상 공급받을 수 없다. 오히려 우리가 H-지점이라고 부르고자 하는 별도의 지점이 공급지로서 이용되지 않으면 안 되며, 이 지점들은 또한 인접한 중심지로 구성되는 삼각형의 중심에 자리잡는다. 우리는 이 H-지점들을 더 이상 본래적인 뜻의 중심지에 포함시키기보다는 오히려 제 1장 제 1절 2에 나와 있는 용어에 의거하여 보조 중심지로서 고찰하고자 한다. 3 ㎞보다 작은 도달범위를 지닌 재화, 이를테면 2 ㎞의 도달범위를 지닌 재화가 존재하긴 하지만, 이러한 재화들은 전반적으로 국지적 성격을 띠고 있기 때문에 우리는 이러한 재화들을 더 이상 중심재로 지칭할 수 없다. 여기서 문제가 되는 재화들은 여느 마을에서도 구입할 수 있는 것들로서, 이를테면 생필품과 가정에서 매일 필요로 하는 가정용품 또는 초등학교가 제공하는 서비스[82] 등이다. 그렇지만 최소의 도달범위를 보여주는 재화도 벽지에서는 중요한 의의를 지닌다. 왜냐하면 이런 곳에서는 도달범위의 하한이 2, 3㎞에 불과한 경우가 아주 비일비재하며, 그래서 이러한 재화들은 종종 전혀 공급되지 않을 수도 있기 때문이다.

그런데 중심에 자리잡고 있는 주요 지점에 따라 우리가 B-체계로 지칭할 수 있는 바로 위에서 전개한 **중심지체계**(*System von zentralen Orten*)는 상위방향으로 계속하여 전개될 수 있다. 이에 도달범위가 22, 23, 24㎞ 등인 중심재는 B-지점으로부터 모두 공급받을 수 있으며, 이 지점으로부터 전체 지역의 수요가 충족될 수 있다. 다만 여기서는 해당 중심재가 지역의 단 하나의 지점, 곧 가장 유리한 위치에 자리잡고 있으면서 이미 자체적으로 이 재화의 대부분을 소비하는 지점에서만 공급될 수 있도록 그 도달범위의 하한이 설정되어 있다는 점을 언제나 전제로 한다. 결국 한층 큰 도달범위를 가진 중심재가 등장하며, 그 도달범위가 너무 크기 때문에 이 중심재를 한 지역에 보급하기 위해서는 모든 B-지점을 더 이상 이용할 필요가 없으며, 오히려 하나의 지점, 즉 그림[83]에서 중앙에 가장 유리하게 입지한 B-지점만으로도 충분하다. 이 도달범위가 이 사례에서는 36㎞로 설정되어 있다. 이러한 도달범위를 지닌 중심재는 그림에서 B1, B2, B3 등의 지점에서도 B로부터 공급받을 수 있다. 도달범위의 하한이 매우 커서 단 하나의 지점, 말하자면 B가 공급을 위해 고려된다면, 이러한 재화는 B로부터 공급받아야만 한다. 그래서 B는 통상적인 B-지점, 즉 B1, B2 등보다 높은 의미를 부여받을 수 있으므로 B는 G로 불릴 수 있다.

또한 이제 그림에 제시된 지역을 넘어서는 전체 지역이 G로부터 한층 큰 도달범위, 다시 말해 37, 38㎞ 등에서 62㎞에 이르는 도달범위를 가진

82) 〔역주〕 초등학교가 제공하는 교육서비스를 말한다.

83) 〔역주〕 〈그림 1-1〉을 말한다.

모든 중심재를 공급받을 수 있다(단, 그 범위는 어느 한 유형의 중심지에서 차상위 유형의 중심지로의 이행, 예를 들어 B-형에서 도달범위가 36 ㎞인 G-형으로의 이행을 가능케 하는 차하위 '한계도달범위'의 $\sqrt{3}$배 또는 1.73배가 된다). 도달범위가 62 ㎞인 이 중심재의 경우에는 다시 새로운 유형의 중심지, 즉 P-지점이 등장하고 도달범위가 108 ㎞인 경우에는 L-지점이 등장하게 되며, 이하에서는 같은 방식으로 계속하여 이어진다.[84]

여기서 여섯 개의 B-지점이 B를 둘러싼 36 ㎞의 원 위에 입지하는 이유를 설명하는 것이 필요할 것 같다. 이를 간단히 설명하면 다음과 같다. 어느 한 지역이 완벽하게 균등한 중심지망을 통해 서비스를 제공받고, 그래서 이러한 종류의 중심지가 너무 많지도 적지도 않으며 더구나 서비스를 제공받지 못하는 지역도 남아 있지 않는다면, 인접한 중심지들은 서로 동일한 간격을 취하고 있어야만 할 것이다. 이 조건은 이러한 중심지들이 정삼각형의 꼭지점에 자리잡고 있으며, 이 정삼각형들이 모여 아무 문제없이 육각형을 형성할 때 충족될 수 있다. 따라서 중심지의 분포는,

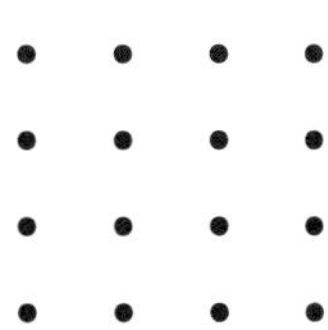

와 같은 것이 아니라

와 같으며, 이는 〔중심지가〕 가장 균등하게 분포하는 방식이다. 예를 들어, 특정 유형의 중심지로부터 36 ㎞의 간격으로 동일하게 일정 유형의 중심지가 발전해야 한다면, 이러한 중심지들도 분명 36 ㎞의 간격으로 떨어져 있어야 하고, 따라서 여섯 개의 중심지가 제 1 중심지의 원호 위에 분포해야 할 것이다. 물론 구체적 현실에서는 종종 편차가 발생하고 있으며, 편차에는 해명할 수 있는 그 어떤 이유가 항상 존재한다.

84) 중심지의 유형을 표시하는 문자에 대해서는 제 2장에서 설명되어 있다.

그러나 우리가 본래적인 뜻의 중심지에 더 이상 포함시킬 수 없는 최하위 유형, 즉 H-지점에서는 도달범위가 3㎞(더 정확히 말하면, 도달범위는 4㎞ 이하이다)인 재화들만이 공급될 것이다. 여기서 도달범위가 낮은 10 종류의 재화가 존재한다고 가정해 보자. 모든 마을에서 판매되는 비중심재는 어디에서나 판매되며, 따라서 어느 한 지점[85]을 중심지로 만드는 데 기여하지 못하므로 계산에 포함시키지 않으려고 한다. M-유형의 중심지에서는 우선 H에서도 공급되는 10 종류의 재화가 판매되며, 더구나 도달범위가 4~7㎞(정확히 말하면 6.9㎞이다)에 달하는 모든 중심재가 판매된다. 만약 이 유형에 30 종류의 중심재가 포함된다면, M에서는 총 40 종류의 재화가 판매된다. A-지점에서는 도달범위가 7~12㎞인 중심재가 추가로 공급된다. 이러한 도달범위를 지닌 재화로 50 종류가 있다면, A에는 40+50=90 종류의 재화가 거래된다. K-지점에서는 도달범위가 12~21㎞(정확히 말하면 20.7㎞이다)인 재화가 추가되고 이러한 재화로 90 종류가 있다면, K-지점에서는 90+90=180 종류의 재화가 거래된다. 더구나 B-지점에서는 모르긴 해도 150 종류의 재화가 추가되므로 이곳에서는 330 종류의 재화가 거래되고, G-지점에서는 아마도 총 600 종류의 재화가 거래되는 것으로 고찰할 수 있다. 정확히 계산하면, 얼마나 많은 종류의 재화가 각각의 구체적인 중심지에서 거래되는지를 경험적으로 확인할 수 있으며, 그리고 이를테면 K-지점과 같이 어느 한 유형의 중심지에서 판매되는 재화의 종류를 제시할 수 있다. 하지만 이는 결코 보상이 뒤따르지 않는 엄청난 노력만을 요구하는 작업이다. 여기서 우리는 다만 차상위 중심지에서는 차하위 중심지에 비해 훨씬 많은 종류의 재화가 공급되며, 그 수열이 끝없이 이어진다는 점을 제시하는 것으로 논의를 마무리 짓고자 한다. 이에 따라 예시적으로 든 수열,

85) 〔역주〕 하나의 촌락을 말한다.

H : M : A : K : B : G = 10 : 40 : 90 : 180 : 330 : 600

은 거의 현실상황(남부독일의 상황)과 일치한다. 그렇지만 어느 한 중심지에서 공급되는 중심재의 종류는 — 매출량과 판매가격 등과 같은 기타의 사실과 함께 — 본질적으로 해당 중심지의 규모와 의미에 영향을 미친다. 그래서 우리는 곧 거래되는 재화의 종류와 해당 중심지의 의미를 동일시할 수 있다. 비록 정확하지는 않지만, 각종 재화를 간단히 식료품상, 신발상, 약사, 숙박업자, 의사, 경찰관 등과 같은 직업활동가와 동일시할 경우에 우리는 모르긴 해도 현상을 보다 훌륭히 파악할 수 있을 것이다. 그래서 중심직업에 종사하는 사람들이 40 명이라면, 이 중심지는 같은 직업에 종사하는 사람이 90 명 또는 180 명인 경우보다 덜 중요한 것은 분명하다. 우리가 주목해야 할 점은 〔공급되는 재화의 종류에 따라〕 중심지의 일정한 의미의 유형(*Bedeutungstyp*)이 필연적으로 존재한다는 사실을 제시하는 것이다. 즉, 도달범위가 7 ㎞에 미치지 못하는 40 종류의 재화가 존재한다면, 이 재화들은 M-지점으로부터 공급된다. 그러나 도달범위가 8 ㎞인 재화의 종류는 A-지점으로부터 비로소 공급되며, 더구나 이 A-지점에서는 동시에 전형적인 A-형의 도달범위(7~12 ㎞)를 가진 50 종류의 모든 재화가 성공적으로 판매될 수 있을 것이라는 기대 속에서 공급될 수 있다. 따라서 중간수치의 중심지, 이를테면 단지 60 종류의 중심재를 거래하는 중심지는 특별한 경우에 해당한다 — 이러한 중심지는 아마도 인구가 희박하기 때문에 재화의 공급에 틈새가 발생하거나 이를테면 인구가 조밀한 상황에서 여러 개의 중심지들이 이 지역에 대한 중심재의 공급을 분담할 경우, 다시 말해 이 중심지들이 도달범위의 하한에 의해 규정될 경우에 발생한다. 이렇게 해서 우리는 법칙적으로 규정되는 진정한 전형적인 중심지의 규모를 파악할 수 있다.

우리는 〈그림 1-1〉에서 각 의미의 유형에 속하는 중심지의 수를 파악할 수 있다. 빗금을 친 B-지역에는 한 개의 B-지점과 B-지점을 둘러싼 21 ㎞

의 원 위에 있는 여섯 개의 K-지점, B-지점을 둘러싼 12㎞의 원 위에 자리잡고 있는 여섯 개의 A-지점, 그리고 B-지점을 둘러싸고 있는 24개의 M-지점, 즉 7㎞의 원 위에 여섯 개, 14㎞의 원 위에 여섯 개, 18㎞의 원 위에 12개 등을 찾아볼 수 있다. 그러나 모든 K-지점이 각각 인접한 지점인 B1, B2 등의 두 체계에도 동시에 속한다는 점을 고려하면, 우리는 계산상 한 개의 B-지점에 단 두 개의 K-지점만이 해당하는 것으로 생각할 수 있다. 동일한 방식으로 B-지점을 둘러싼 18㎞의 원 위에 입지해 있는 12개의 M-지점은 각각 하나씩 인접해 있는 B1, B2 등의 체계에 동시에 속하며, 우리는 이 지점들을 계산상 절반으로 나눈 B-체계에 포함시킬 수 있다. 그래서 우리는 한 개의 B-지점 위에 두 개의 K-지점, 여섯 개의 A-지점, 그리고 18개의 M-지점이 입지해 있음을 알 수 있다. 동일한 방식으로 순서를 상위방향으로 계속하여 전개시킬 수 있으며, 결국 다음과 같이 파악할 수 있다.

1 L－2 P－6 G－18 B－54 K－162 A－486 M

이것은 유형에 따라 배열된 중심지의 이론적 수(치)라고 할 수 있으며, L-체계에서는 총 729개의 중심지가 존재함을 알 수 있다.

더구나 모든 중심지는 각각 하나의 보완지역을 갖고 있다. 즉, M-지점은 4㎞ 반경의 보완지역을 갖고 있으며, A-지점은 M-형의 도달범위(4~7㎞)를 나타내는 중심재와 관련된 반경 4㎞의 보완지역과 A-형의 도달범위(7~12㎞)를 나타내는 중심재와 관련된 반경 7㎞(정확히 말하면 6.9㎞이다)의 보완지역을 갖고 있다. K-지점은 ① 반경 4㎞의 M-지역과, ② 반경 7㎞의 A-지역, 그리고 ③ 도달범위가 12~21㎞인 중심재와 관련하여 이 지점의 전형을 이루는 반경 12㎞의 지역, 곧 K-지역을 갖고 있다. B-지점은 ① 반경 4㎞의 M-지역과, ② 반경 7㎞의 A-지역, ③ 반경 12㎞의 K-지역, 그리고 ④ 도달범위가 21~36㎞인 중심재와 관련하여 반경 21㎞

의 B-지역을 갖고 있다. G-지점은 ① M-지역과, ② A-지역, ③ K-지역, ④ B-지역, 그리고 도달범위가 36~62 ㎞인 중심재와 관련하여 반경 36 ㎞의 G-지역을 갖고 있으며, 이하에서도 같은 방식으로 계속하여 전개된다. 〈그림 1-2〉에는 이러한 보완지역 또는 시장지역이 도식적으로 표현되어 있다. 따라서 이러한 보완지역들은 각각 육각형을 취하고 있으며, 그러므로 그 면적은 원의 면적에서 여섯 개의 절편부분을 뺀 것과 같다. 이에 따라 계산해 보면, M-지역(반경 4 ㎞)은 약 45 ㎢, A-지역(반경 6.9㎞)은 133 ㎢, 그리고 K-지역(반경 12 ㎞)은 약 400 ㎢가 된다.

유형	지점의 수	보완지역의 수	보완지역의 반경 (㎞)	보완지역의 면적 (㎢)	공급 재화의 종류	지점의 전형적 인구수	보완지역의 전형적 인구수
M	486	729	4.0	44	40	1,000	3,500
A	162	243	6.9	133	90	2,000	1,100
K	54	81	12.0	400	180	4,000	35,000
B	18	27	20.7	1,200	330	10,000	100,000
G	6	9	36.0	3,600	600	30,000	350,000
P	2	3	62.1	10,800	1,000	100,000	1,000,000
L	1	1	108.0	32,400	2,000	500,000	3,500,000
전체	729	-	-	-	-	-	-

위의 표는 이러한 사실관계를 요약하고 L-유형까지 수치의 범위를 확장시켜 나타내고 있으므로, 완전한 정상적 L-체계를 파악할 수 있도록 해준다. 마지막 두 개의 열에는 유형의 규모에 구체적이고 손쉽게 생각할 수 있는 개념을 부여하기 위해 남부독일의 평균적 인구수가 제시되어 있다. 그렇지만 이 수치는 농업이 우세한 지역에 대한 개략적 추정치에 지나지 않는다.

〈그림 1-2〉 중심지체계에서 보완지역

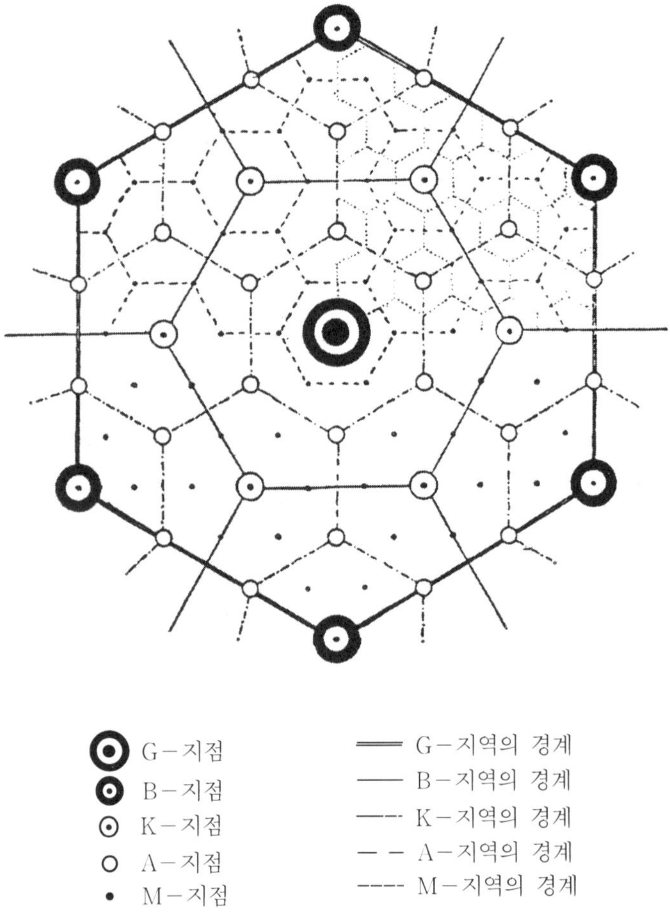

이러한 이론적 고찰의 결과는 놀라운 것이긴 하지만, 아주 명명백백하다. 첫째, 중심지는 일정한 법칙에 따라 지역에 분포해 있으며, 더구나 상대적으로 큰 지점(이를테면 B-형) 주위를 가장 작은 지점(M-형)들이 화환(*Kranz*) 모양으로 둘러싸고 있다. 그 위에 작은 지점(A-형)들이 역시 화환 모양으로 둘러싸고 있으며, 이 지점에서 주변으로 갈수록 가장 작은 지점(M-형)들이 제 2, 제 3의 화환 모양으로 자리잡고 있으며, 주변부 자체에서는 K-형의 중간규모의 지점들이 자리잡고 있다. 이러한 법칙성은 상위 방향으로 계속하여 나아가면서도 똑같이 적용된다. 둘째, 중심지뿐만 아니라 보완지역에 대해서도 경제법칙에 따라 필연적으로 발생하는 일정 규모의 유형이 존재하며, 이는 계차의 등급이 아니라 본질의 유형을 지칭한다. 셋째, 각각의 유형에 편입되는 중심지와 보완지역의 수는 최고(차) 유형에서 최저(차) 유형으로 나아가면서 기하급수적으로 증가한다.

이제까지는 도식을 전개함에서 단순히 '도달범위'에 관해서만 논의하고 이와 더불어 도달범위의 상한에 대한 수치는 언제나 도달범위에 해당하는 것으로 살펴보았다. 이 점은 전적으로 옳은 것이 아니다. 그렇다면 도달범위의 하한은 〔중심지〕체계에서 도대체 어떤 역할을 하는가? 지금까지는 문제의 재화가 그 도달범위의 외측한계에 의해 포괄되는 지역에서 단 하나의 중심지에서 공급되는 것으로 전제했다. 그러나 이는 확실히 특수한 상황에, 그리고 특정 중심재에 적용되는 것이다. 도달범위의 하한이 매우 낮다면, 주지하다시피 중심재는 지역의 또 다른 중심지에서 공급받을 수 있는 개연성이 존재한다. 그런데 이러한 경우는 중심지 자체에서 중심재에 대한 소비가 상당 정도 이뤄지고 이미 그 소비만으로도 중심재의 공급이 '수지타산을 맞출' 때나 중심재의 생산이나 공급에 소규모의 '장비', 즉 적은 자본투자와 생산자의 적은 예비교육 등을 필요로 할 뿐이며, 따라서 비교적 적게 소비되더라도 재화를 공급하고 생산하는 것이 수지타산을 맞출 때이다. 그러나 이 경우의 또 다른 추가적인 중심지는 우리가 이미 인지하는 중심지, 즉 차하위 유형의 중심지와 다르지 않다. 그런데 도달범위의 하한이 매우 높고, 그리고 상한보다도 높다면 해당 중심재는 우리가 앞서 자세히 설명했듯이 지역으로부터 전혀 공급되지 않을 것이다.

따라서 중심재가 보여주는 도달범위의 하한을 고려할 경우에도 중심지의 망에 새로운 양상이 발생하는 것은 결코 아니다. 다만, 유형의 규모에서 다소의 변화가 나타날 뿐이다. 그러므로 어떤 지역에서 특정 중심재가 지닌 도달범위의 하한이 정규적인 경우보다 높다면 중심지의 발전은 일반적으로 미미할 수 있다. 이는 그러한 중심재의 공급이 종종 이뤄지지 않을 수도 있기 때문이다. 도달범위의 하한이 낮다면, 일반적인 경우에는 이 지역의 유일한 중심지, 이를테면 B-지점으로부터 공급되는 중심재가 이밖에 K-지점으로부터도 공급될 수 있다. 결국 도달범위의 하한이 낮은 지역의 중심지는 일반적으로 한층 더 뚜렷이 발전하며, 경우에 따라서는 B-지점이 G-지점으로, 그리고 K-지점이 B-지점 등으로 발전할 수도 있다. 그렇지만 도달범위의 하한이 보여주는 규모는 무엇보다도 인구수와 인구분포, 인구의 사회적, 문화적, 직업적 구성과 아울러 소득상황에 의해 결정되며, 더구나 이러한 맥락에서 조밀하게 분포하고 문화적 수준이 높고 부유한 인구는 도달범위의 하한을 낮추고 그 반대의 경우는 높이기 때문에, 결국 인구가 조밀하며 부유하고 문화적 수준이 높은 공업지역에서는 이와 정반대의 특성을 지닌 지역과 비교하여 보다 많은 고차 중심지를 찾아 볼 수 있다는 결론이 도출될 수 있다. 그렇지만 어쨌든 중심지체계에 따른 상호간의 위치관계는 유지된다.

위에서 전개한 엄밀한 수학적 도식은 여러 가지 측면에서 불완전하며, 더구나 이러한 엄밀성에 견주어보더라도 적절하지 않다. 이 때문에 이 도식의 근본적 변화에 영향을 미치는 요인들을 고찰해야 하며, 이 도식을 현실에 좀더 근접시키지 않으면 안될 것이다. 그러나 이러한 요인들은 지금까지 이미 자세히 살펴본 것들과 〔크게〕 다르지 않다. 즉, 현실에서는 인구분포가 〔공간적으로〕 상이하다는 것이 오히려 규칙에 가깝다는 점과 토지상황과 공업입지 등으로 말미암아 인구밀도가 다르다는 점이 어떤 곳에서는 보완지역의 확대를, 다른 곳에서는 보완지역의 축소를 야기하며, 결국 〔중심지체계의 일반적〕 유형으로부터의 편차를 초래한다. 다시 말해 큰 중심지는 작은 중심지보다 한층 큰 M-지역과 A-지역을 갖고 있다. (중심지) 체계에서 상대적으로 부유한 지구는 그물코가 한층 촘촘한 중심지망을 갖고 있지만, 빈곤한 지구는 그물코가 한층 너른 중심지망을 갖고 있는 것이다. 교통여건과 한 지역의 이주역사가 오래되었는지 아니면 오래되지 않았는지(이 점에 관해서는 제 1장 제 3절 8에서 언급할 것이다)의 사실도 일정한 역할을 하며, 또한 중심재의 가격차(이를테면 K-지점보다 B-지점에서 저렴하다)도 중심재가 비교적 저렴하게 생산되는 지역을 확장시키는 데 영향을 미친다는 점도 주목할 필요가 있다. 예를 들어, B-지점으로서의 의미가 분할되어 두 개의 보다 작은 지점인 Ba와 Bb에 귀속되거나, 예를 들어 A-지점이 존재하지 않아(인구가 희박한 넓은 불모지가 존재하기 때문에) 인접한 A-지점과 M-지점이 이를 대신하여 현저히 발전하는 경우도 있을 수 있다. 그렇지만 이러한 양상은 국지적 교란에 지나지 않을 수도 있다. H-지점은 특수한 예로 들 수 있는데, 이는 '보조적 지점'이며 이곳에서는 가장 작은 지역을 위해 도달범위가 가장 작은 중심재가 공급된다. 이 H-지점은 종종 전혀 존재하지 않을 수도 있다. 이 지점이 이 경우에는 한 측면이 산림지대와 접하고 거주하는 사람이 거의 없는 접경지역에 위치하고, 지역을 '분할'할 때 이곳이 오지이기 때문에 어느 누구로부터도 〔영토로서〕 요구의 대상이 되지 못해 남아 있거나 적대적인 인접지역에 대한 방어벽으로서 의도적으로 방치된 것이다. 이 점과 관련해서 우리는 곳곳에서 그 구체적 예들을 찾아볼 수 있다.

우리가 살펴 본 B-체계의 예는 M-지점에서 공급되는 중심재의 도달범위로서 일정한 '전형적' 거리에 바탕을 두고 있으며, 특히 4 ㎞의 거리라는 것이 반드시 임의적인 것만은 아니다. M-지점의 이러한 반경은 분명 평균적인 것이라고 할 수 있으며, 이를 연역적으로 규정하는 것은 이론적으로 가능하다. 그런데 이때 가격과 인구수, 복지수준 등과 관련된 모든 요인들을 주의 깊게 조사하여 고찰해야 하므로 결코 쉬운 일은 아니다. 그렇기는 하지만 이 반경은 경험적으로 '전형적인' 것으로서 간주할 수 있으며, 보다 자세한 내용은 제 2장에서 살펴보고자 한다. 만약 4 ㎞라는 반경이 남부독일의 '정규적인' 지역에 적정한 것이라면, 상대적으로 작은 반경은 소도시를 끼고 있는 인구가 조밀하고 부유한 개방적인 지역 — 예를 들어 네카지방(Neckarland)과 팔츠(Pfalz) — 에, 그리고 상대적으로 큰 반경은 이와 정반대의 특성을 지닌 지역 — 알프스지방(Alpenländer)과 오버팔츠(Oberpfalz)[86] — 에 유효할 것이다. 이러한 도달범위의 반경에 따라 전자의 경우에는 상위체계를 포함한 B-체계 전체가 축소되고, 후자의 경우에는 B-체계 전체가 확대된다.

그렇지만 우리가 무엇보다도 고려해야 하고 또한 오해를 피하기 위해서도 늘 강조해야 할 점은, 여기서 하나의 도식, 즉 일반 경제이론의 합리적 도식[87]을 설명할 뿐이라는 사실이다. 또한 그림을 보듯이 생생한 것이지만 상대적으로 명확성이 떨어지는 일상적 언어로 표현된 가장 유리한 상태를 설명할 뿐이라는 점으로, 이때 '가장 유리하다'는 말은 가치평가의 맥락에서가 아니라 최소의 가치손실로 최대의 합리성을 얻는다는 맥락에서 가장 유리한 상태에 놓여 있음을 지적하는 것으로서 이해될 수 있다. 하여튼 가장 합리적임을 보여주는 현실의 수치는 인구수와 생활습관, 그리고 기술 등의 변화로 끊임없이 뒤바뀐다. 예전에는 도시가 〔도시를 배포권으로

---

86) 〔역주〕 지명과 관련하여 독일어의 '오버'(*Ober*)라는 표현은 상부 또는 상류(하천의 경우)를 '니더'(*Nieder*) 또는 '운터'(*Unter*)는 하부 또는 하류를 가리킨다.

87) 좀바르트(Sombart)의 분류에 따르면, 여기서는 '의제(擬制) 법칙', 다시 말해 '목적과 수단의 관계'와 관련되고 '합리적 도식'에 의해 표현되는 법칙을 논의하는 것이다 — 이러한 합리적 도식이 여기서 전개되는 것이다. 그렇지만 동시에 '부분과 전체의 관계'와 관련된 '수학적 법칙성'도 역시 문제된다(Werner Sombart: *Die drei Nationalökonomien*, a. a. O., S. 258ff. bzw. S. 253ff.).

삼은) 자체 신문을 갖는다는 것은 매우 희귀한 일이었으나 근래에 들어와서는 어느 정도의 〔중심적〕 의미를 지닌 거의 모든 중심지들은 하나 정도의 (지역) 신문을 갖게 되었다. 그런데 최근에는 무엇보다도 합리화의 경향 또는 라디오로 말미암아 다시금 후퇴하는 양상이 발생하고 있다. 이 점에 대해서는 동태이론에서 자세히 논의할 것이다.

앞서 언급한 결과를 수학적 공식으로 표현하는 일은 필요할 것 같지 않다. 수학적 해법은 물론 가능하고 어렵지도 않다. 그렇지만 경제학과 인문지리학, 그리고 전체 인문과학분야에서는 소수의 요인들만이 정확한 수치로 표현될 수 있다. 대부분의 요인들은 전적으로 막연한 추정이나 비교를 통해서만 수량적으로 표현될 수 있는 욕구와 행동, 평가, 비교 등과 같은 측정 불가능한 강도의 것들이며, 이러한 여건하에서는 처음부터 그 어떤 관계를 수학적으로 표현하기 위한 엄격한 근거가 결여되어 있다. 공식이라는 것은 기껏해야 상징에 지나지 않을 수 있다. 그런데 일반적으로 공식은 독자들에 의해 정확하고 가차 없는 것으로서 간주되며, 결국 〔책이나 논문의〕 저자들조차도 종종 법칙성을 표현하려는 목적을 지닌 것이라고 하는 수치적 상징을 진정한 수학적 공식과 혼동하고 있다.[88] 나는 이 점에서 좀바르트와 같은 생각을 갖고 있다. 그는 알프레트 베버의 입지론에 대해, 특히 그 부록에 실려 있는 수학에 대해 애교스러우면서도 조소적인 말투로 다음과 같이 지적하고 있다.

> "그는 개인적으로 수학적 작도(作圖)[89]를 필요로 하지 않았을 수도 있으며, 이러한 작도는 종종 문제를 불필요하게 복잡하게 할 뿐이지

---

88) 튀넨이 적정한 임금을 표현하기 위해 제시한 공식 $\sqrt{a \cdot p}$를 참조하라. 여기서 a는 네 사람으로 구성된 노동자 가족의 요구를, p는 이 4인 가족의 노동생산물을 나타낸다(*Isolierter Staat*. II Teil, S. 549 신판).

89) 〔역주〕 베버의 《공업입지론》 제 2판 부록에 그의 이론을 수학적으로 풀이하고 설명한 것을 지칭한다.

만 그것이 저자에게 즐거움이 된다면, 그 또한 별로 문제되지 않을 것이다."[90]

보르트키에비치(Bortkiewicz)도 이와 마찬가지로 베버가 제시한 대부분의 공식과 기하학적 작도가 불필요한 것임을 자세히 논증하고 있다.[91]

사람들은 중심지의 분포와 규모가 교통체계와 밀접히 결부되어 있다고 생각하는 데 익숙하다. 우리는 한편으로 교통의 강도와 다른 한편으로 중심지의 규모와 빈도 사이에 뚜렷한 병존관계가 존재한다는 점을 고찰하고, 한편의 현상을 다른 한편의 현상으로 설명할 수 있다고 믿는다. 이때 많은 사람들이 교통을 중심지 규모로 설명하기보다는 오히려 정반대로 중심지 규모를 교통으로 설명하는 특이한 점을 발견할 수 있으며, 이는 특히 지리학자들에게서 그러하다. 그러나 앞서 언급했듯이 이 두 가지 현상은 제3의 순수한 경제(학)적 현상으로서 설명되지 않으면 안 되는데, 즉 중심적으로 생산되고 공급되는 재화와 분산적으로 생산되고 공급되는 재화를 구별하는 것으로서 설명되어야 한다. 이렇게 함으로써 중심지에 위치한 취락과 분산지에 위치한 취락이 구별되고 교환을 위해 교통이 필요하게 된다. 콜의 오류는 거의 모든 지리학자들과 마찬가지로 다름 아닌 교통현상에서 출발하고 있을 뿐, 교통의 경제학적 원인을 설명하는 데서 출발하지 않고 있다는 점에 있다.

알프레트 베버가 공업의 발전이 도시의 규모에 중대한 영향을 미치고 있음을 인정한 점은 옳다. 하지만 이 점에서 그는 도시의 '규모'를 일반적인 경우처럼 주민수로 파악하고 있을 뿐이다. 그래서 대도시가 소도시보

---

90) Werner Sombart: "Einige Anmerkungen zur Lehre vom Standort der Industrien." In: *Archiv für Sozialwissenschaften und Sozialpolitik*, 30. Bd. Tübingen 1910, S. 752.

91) Ludwig von Bortkiewicz: "Eine geometrische Fundierung der Lehre vom Standort der Industrien." *Ebenda*, S. 775.

다 빠르게 성장하는 이유를 베버는 주로 대도시가 한층 양호한 노동시장을 제공한다는 점으로 설명하고 있다. 그는, "단순히 사회생활에서 주로 중심적 위치를 차시하며, 이를 바탕으로 하여 일차적 규모를 갖춘다는 사실로부터 그 발전 견인력을 얻고 있는[92]" "주요 도시" 시장은, 곧 이러한 견인력 덕분에 노동력을 끌어들이고 이렇게 함으로써 지속적으로 성장한다고 지적한다. 베버는 이러한 고찰로부터 19세기에 걸쳐 발생한 대규모 인구 집중을 적절하게 설명하고 있다. 그러나 여기서 우리가 지향하는 바는 오히려 이러한 '일차적 규모'의 성립 자체를 설명하는 데에 있다. 왜냐하면 이 일차적 규모의 성립이야말로 도시 규모의 증가에 실마리[93]가 되며, 이것이 맨 먼저 구직자의 전입을 유도하기 때문이다. 공업발전도 교통과 마찬가지로 우리가 이미 전개했듯이 중심지체계에 큰 영향을 미치지 못하는데, 왜냐하면 사실 양자가 기존 중심지망이 처음으로 제공하는 실마리를 필요로 하기 때문이다.

중심지의 규모와 수, 그리고 분포와 관련된 도식에서 기본적 요소는 중심재의 도달범위이다. 그런데 도달범위 자체가 결코 독립변수일 수 없으며, 특히 중심지의 일정한 분포와 규모 등 여러 가지 요인들에 달려 있다는 비판이 제기될 여지가 있다. 그렇다면, 중심지의 분포와 규모를 설명하는 데 도달범위에 핵심적 위상을 부여할 수 있는 맥락은 무엇인가? 우리는 원인과 결과의 순환론을 더듬어 가고 있기 때문에, 어쨌든 미지의 것은 여전히 남아 있는 것이 아닌가? 결코 그렇지는 않다. 전체 경제이론에서도 이 점은 다르지 않다. 예를 들어, 재화의 가격을 살펴보자. 이것은 수요와 공급, 생산비, 재화의 희소성, 구매자의 소득 및 기타 등의 사정에 달려 있다. 또 한편으로 수요와 공급도, 게다가 생산비와 재화의 상대적 희소성도, 그리고 결국에는 구매자의 가격지불의지까지도 본질적으로 재화의 가격에 의해 결정된다. 이 경우 시작과 끝은 도대체 어디에서 발견되는가?

---

92) Alfred Weber: "Industr. Standortlehre," *G. d. S.*, a. a. O., S. 78.
93) 〔역주〕 주요 동인을 말한다.

그 해결의 비밀은 이러한 메커니즘이 전적으로 구체적 시간 속에서 전개되고, 그것이 동시적으로 진행되지 않으며, 어느 한 순간에 특정한 경제상황의 결과로 보이는 것이 동시에 바로 다음 상황의 원인이 된다는 사실에 있다. 이러한 과정을 그림으로 표현해 본다면, 그것은 시작과 끝이 없는 원으로 묘사되는 것이 아니다. 오히려 그것은 지나간 시간을 함께 서술할 때(제 3의 차원으로서) 우리에게 이른바 '경제곡선'으로 잘 알려져 있는 것처럼 정도의 차이가 있을지라도 뚜렷이 벌어진 나선형으로 표현될 것이다.

그러나 여기서 이제까지 이론적으로 제시한 내용들은 세 가지 측면에서 불완전하고 기본적으로 그 타당성이 떨어지며, 따라서 수정이 요구된다. 첫째, 개별 요인은 가변적이며 변화될 수 있다는 단적인 사실을 고려해야 하며, 따라서 어느 정도까지는 시간의 요소를 추상적 형식으로 도입해야 한다는 점이다. 이렇게 함으로써 우리는 동태적 고찰에 이르게 된다. 둘째, 현실의 구체적 시간, 즉 이론적으로 접근할 수 없고 계량화할 수 없는 규정 및 현실과 더불어 역사적 경과를 고려해야 한다는 점이다. 그리고 이와 마찬가지로 셋째로 특수한 지리적 조건을 내포하는 현실의, 지표면의 일정 부분으로서 서술되는 구체적 공간을 도입해야 한다는 점이다. 이렇게 할 때 우리는 비로소 현실적 관련성의 완전한 표상을 얻을 수 있다.

한 국가의 모든 부분이 우리가 생각할 수 있는 모든 중심재를 공급받으며, 더구나 이러한 기능을 수행하는 가능한 소수의 중심지로부터 공급받는 것을 목표로 하여, 중심지체계는 중심재의 도달범위로부터 발전했다. 그러므로 우리는 이러한 중심지체계가 발전하는 데 전적으로 근거가 되는 원리를 **보급원리**(*Versorgungsprinzip*) **또는 시장원리**(*Marktprinzip*) 라고 부를 수 있다.

물론 중심지의 분포와 수와 규모에 영향을 미치는 중심재의 보급 이외의 조건과 관련되어 있는 또 다른 원리도 존재한다. 그것은 주로 교통에 기인하는 원칙과 인간의 공동생활에 기인하는 원칙이다. 우선 먼저 **교통과 관련한 원칙**에 관해 살펴보자.[94]

시장원리에 바탕을 둔 도식을 고찰해 보면, 그러한 중심지체계에서 교통로를 만족스러운 방식으로 설정한다는 것이 얼마나 어려운지를 알 수 있다. 우리는 노선설성이라는 기본적 문제에 직면한다.[95] 비교적 중요한 중심지들 — 즉 A-지점, K-지점, B-지점 — 은 단순히 몇몇 소수의 노선에 가지런히 접속하며 자리잡고 있는 것이 아니라 각각 방향을 바꿔가며 자리잡고 있다. 장거리 교통로를 건설하려는 경향이 강력하면, 간선으로서 G-지점에서 또 다른 G-지점으로 향하는 연결로가 유리할 것이고, 이것은 가능한 직선으로 처리될 것이다. 그러나 이 노선은 G-체계 내에서 각각 한 개의 K-지점과 세 개의 M-중심지에 접속될 뿐이며, 이에 반해 G-지점을 지향하는 상대적으로 큰 의미를 지닌 지점, 즉 B-지점은 이 장거리 노선과 연결되지 않는다. 이 B-지점에 대해서는 G에서 시작되는 독자의 지선들이 건설되어야 하며, 이 지선들 역시 직선으로 건설된다면, 이것은 한 개의 B-지점 이외에 두 개의 A-지점을 G와 연결시킨다. 하나의 간선(장거리 노선)과 하나의 지선 사이에는 한 개의 A-지점과 세 개의 M-지점이 존재하며, 이 지점들은 두 노선 중 어느 하나와 멀리 떨어져 있지 않는 경우에는 지선으로 연결될 것이고, 그렇지 않는 경우에는 연결되지 않은 채로 남아 있을 것이다. 이럴 경우 이 지점들은 철도역 지점으로 등장한다(예에서는 이것이 M-지점으로부터 각각 3½ ㎞ 떨어져 있다).

그런데 가능한 인접해 있는 중심지, 따라서 원래의 시장지역을 G와 연결시키고 이 지역의 가능한 여러 중요한 지점과 연결되는 노선을 간선으로 건설하는 경향이 강력한 경우도 있다. 이 경우 특히 B-지점은 두 개의 A-지점과 세 개의 M-지점을 지그재그 모양으로 연결하고, 계속해서 외부의

---

94) 다음의 〈그림 1-3〉을 참조하라.

95) 이와 같은 문제는 빌헬름 라운하르트의 저서(Wilhelm Launhardt: *Theorie des Trassierens*, Heft 1, Hannover 1887)에서 언급됐다. 그러나 이 저자는 이론적 기초가 부족하기 때문에 경제학적 이론에서만 정확히 정식화할 수 있는 문제를 분명히 인식하지 못하고 있다.

〈그림 1-3〉 중심지체계에서 교통로

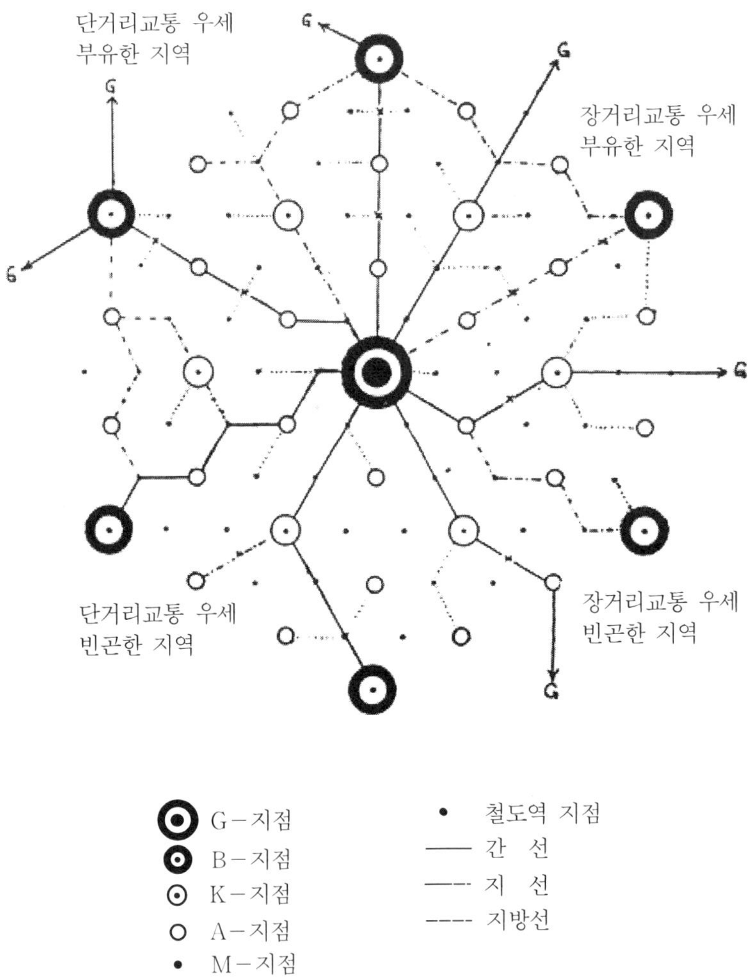

A-지점과 그 체계를 연결하는 간선 교통로인 G-B노선과 연결될 것이다. 반면에 상대적으로 중요성이 떨어지는 K-지점은 계속 연장되면서 갈래를 치며 외부의 A-지점과 연결되는 지선을 통해 G와 연결된다. 이러한 교통망에 아직까지 편입되지 않은 M-지점은 보조선을 활용한다.

그러나 여기서 우리가 추구하는 것은 교통지리학이 아니라 취락지리학이므로, 이러한 매우 흥미로운 문제를 계속하여 다루지 않으려고 한다. 시장원리에 입각하여 구축된 (중심지) 체계에서 교통문제를 간단명료하며 만족스럽게 해결하기란 쉽지 않다는 점을 제시할 수 있었다면 그것만으로도 충분하다. 어쨌든 이론적으로 다음과 같이 고찰할 수 있다. 즉, 시장원리에 입각한 중심지체계에서는 필연적으로 큰 장거리 교통을 고려하여 놓여진 노선이 상당히 중요한 의미를 띠는 지점을 경유하지 않지만, 단거리 교통을 감안하여 놓여진 노선이 우회로를 통해서만 장거리 교통의 큰 중심지에 도달할 수 있으며, 종종 뚜렷한 지그재그식의 노선[96]을 취한다.

하지만 이밖에도 독자적 교통원리(*Verkehrsprinzip*)가 존재한다. 콜은 실제로 그의 주요 논저를 통해 이 문제를 설명했다.[97] 이에 그는 정확한 여러 가지 고찰에 근거하고 있으나, 이러한 고찰내용을 그 당시에 벌써 상당히 발전한 경제학의 이론구조에 자리매김하거나 그로부터 지침을 유도하는 점에는 소홀히 하고 있으며, 그래서 그의 결론은 빈번히 왜곡되고 있다. 교통에서 관건이 되는 것은 경제적 원리일 뿐이며, 콜이 근거하는 발생적 원리는 결코 아니다. 여기서 말하는 경제학적 교통원리란 최소의 비용(교통로의 건설과 관련해서 뿐만 아니라 교통체계 자체의 운용에서도)으로 교통과 관련된 가능한 많은 욕구를 충족시키는 것이다. 또한 주민의 (교

---

96) 그라트만은 이러한 노선들을 "(조각들을) 잇대어 놓은 장거리 노선"이라고 부르고 있다(Robert Gradmann: *Süddeutschland*, a. a. O., Bd. 1, S. 185).

97) Johan Georg Kohl: 이미 언급한 저서 "*Der Verkehr und die Ansiedlungen usw.*"

통) 욕구와 교통비, 그리고 투자자본의 비용 등도 교통로의 형성에 결정적 영향을 미친다. 그렇지만 이 점은 예를 들어, 중세의 도로건설이나 정비에서도 그러한 합리적 고찰이 이뤄졌다는 것을 반드시 말하지 않는다. 물론 그러했더라면 도로망의 계획적 완비가 이뤄졌을 것이다. 오히려 경제에서 최고의 합리성을 추구한다는 원리가 여기서 교통원리로서 특수한 경우와 관련하여 정식화되고 있으며, 실제의 행동이 이에 따라 이뤄지고 있듯이 선험적으로 주어진 것이 아니라 선택적 원리로서 작용한다. 예를 들어, 교통비가 너무 비싼 노선은 외면당하고 보다 유리한 노선이 모색되고, 이를 통해 도로가 더욱더 건설된다. 전래의 교통로는 방치되고 새로운 교통로가 이용되는 일은 언제나 발생하며, 이와 함께 경제적 관점에 비춰본 가장 유리한 노선은 유지·존속되는 반면, 상대적으로 불리한 노선은 소멸하게 된다. 따라서 이러한 합리적 도식에 의거하여 현재의 교통망을 분석하고 이를 통해 가능한 범위에서 설명하기 위해서는 — 이 연구에서 우리가 보급망에 대해 행한 것처럼 —, 경제학적 원리에 입각한 가장 유리한 교통망을 연역적으로 전개할 필요가 있다. 그렇기는 하지만 이는 이론 교통지리학의 과제에 해당한다.[98]

여기서는 다소 정확성이 떨어지는 형식이긴 하지만 다음과 같은 논점을 상정하고자 한다. 교통원리에 따르면 중요한 의미를 지닌 두 도시 사이에 가능한 직선으로, 그리고 저렴하게 개설된 교통로에 가능한 여러 중요한 지점들이 연결되는 한편, 중요하지 않는 지점들은 제외될 수도 있는 중심지의 분포가 가장 유리하다는 것이다. 그러므로 교통원리가 지배하는 경

98) 이러한 맥락에서 가치 있는 공헌을 한 것이 헬무트 하우페의 연구이다 (Helmut Haufe: *Die geographische Struktur des deutschen Eisenbahnverkehrs*. Veröffentlichungen des geograph. Sem. der Universität Leipzig, Heft 2, Langensalza 1931). 유감스럽게도 이 연구에서는 '이론'이 너무 간략하게 다뤄지고 있다. 그렇기는 하지만 그의 논의가 이론에 기초하고 있다는 사실과 제시되는 이론적 기본사고는 충분히 평가되어야 할 것이다.

우에는 중심지가 상대적으로 중요한 지점으로부터 방사상으로 뻗어나가는 직선의 교통로 위에 가지런히 연결되고, 더구나 이 노선 위에 중심지들은 동일한 간격으로 입지할 것이다 — 슈라더(Schrader)의 거짐체세.[99] 이 경우 — 콜이 가정하듯이[100] — 네 개 또는 여덟 개의 방사선이 이론적으로 타당한 것인지 그렇지 않은지는 그다지 명백하지 않은 것으로 생각된다. 하우페는 여섯 개의 주요 방사선을 이론적으로 최선의 해결책으로 언급하는데,[101] 이 또한 반드시 틀렸다고 말할 수 없다.

교통원리의 작용하에 있는 중심지의 분포가 어떤 예외를 보여주는지는 〈그림 1-4〉에 묘사되어 있으며, 이 경우는 철도교통을 가정한 것이다. G에서 G1, G2 등으로 향하는 간선 위에는 각 체계별로 한 개의 B-지점과 한 개의 K-지점, 두 개의 A-지점, 네 개의 M-지점이 거점으로서, 그리고 이와 동시에 시장원리에 의거한 중심지로서 차례로 배열되어 있다. 이 지역의 어떤 부채꼴 모양의 부분에 존재하는 기타 중심지 중 한 개의 K-지점과 한 개의 A-지점, 두 개의 M-지점은 지선을 통해, 그리고 네 개의 M-지점은 보조선을 통해 또 다른 교통로와 연결되고 있다. 중심지의 보완지역 — M-지역만이 나타나고 있다 — 은 가장 합리적인 벌집모양의 육각형 형태를 보여주지 않으며, 오히려 상당히 불규칙한 형태를 취하고 있다. 보

---

99) 에리히 슈라더(Erich Schrader: a. a. O., S. 19)는 직선거리로 21 ㎞의 일정한 간격을 찾아내고 있다.
〔역주〕 여기서 말하는 거점(*Etappenorte*)은 교통로나 통신로에 자리잡고 있는 장소로서, 원래 군인이나 초병이 일시적으로 주둔하는 장소, 즉 하루 동안 진군해서 도달하는 장소에서 유래한 용어이다. 따라서 크리스탈러는 슈라더와 마찬가지로 거점을 대략 하루 정도의 통행거리로 떨어져 있는 직선의 노선 위에 있는 중심지로 간주하고 있다.

100) 콜은 지면의 분할이 아니라 지면의 경계설정에서 출발하고 있으며, 따라서 예를 들어 정사각형의 지역에 네 개의 간선을 육각형의 지역에서는 여섯 개의 간선을 부여하는 오류를 범하고 있다(a. a. O., S. 104ff.).

101) Helmut Haufe: a. a. O., S. 15.

〈그림 1-4〉 교통원리로부터 발전한 중심지체계

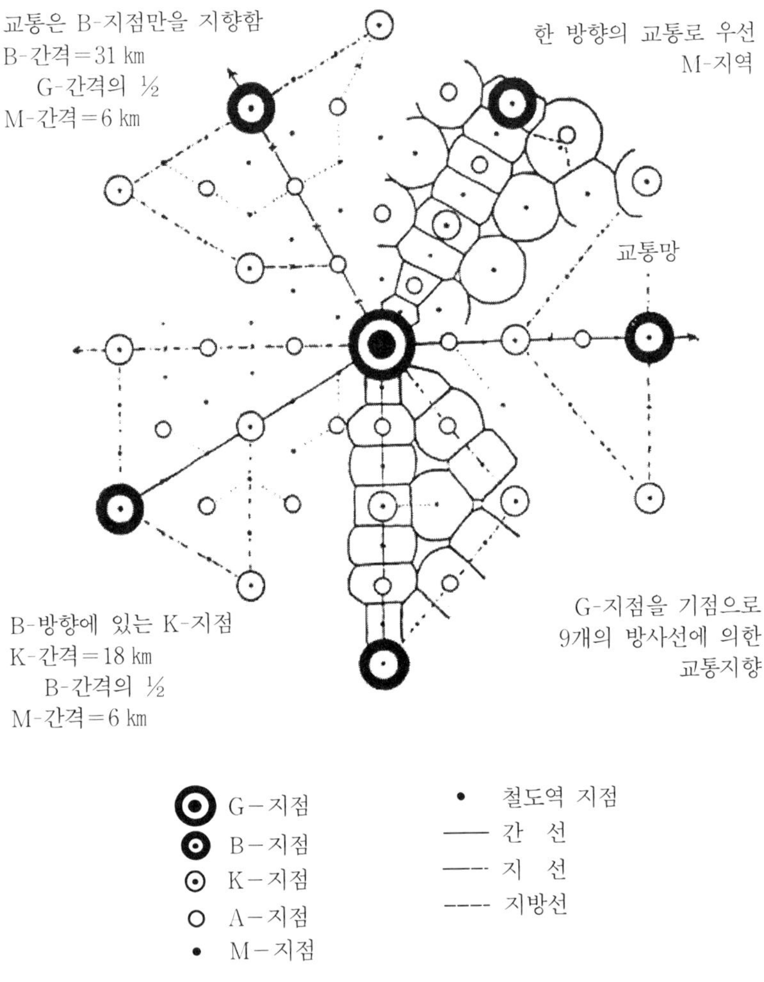

완지역이 간선 교통로를 따라 깊이는 얕으나 측면으로 크게 확장되어 있으며, 간선을 벗어나서는 비교적 규칙적이고 그 규모가 커지고 있다. 이 점에서 우리가 즉각적으로 파악할 수 있는 것은 만약 중심지들이 교통원리에 의거하여 분포한다면, 이에 부합하는 도달범위를 가진 중심재를 일정 지역에 공급하기 위해서는 각 규모의 유형에 알맞은 상당히 많은 수의 중심지들을 필요로 할 것이라는 점이다 — 따라서 이것은 가능한 소수의 중심지로 〔중심지 체계를〕 꾸려나가려는 보급원리와 모순된다. 이 두 가지 원리는 이론적으로 '타당하다'고 할 수 있는데, 왜냐하면 양자가 어떤 측면에서 가장 합리적이기 때문이다. 그러나 전체 경제영역에서 최고의 합리성과 관련해서는 단 하나의 가능성만이 존재할 뿐이다. 그러므로 교통원리의 이점이 보급원리가 제공하는 이점을 능가하는 한 교통원리가 중요하고, 이와 반대인 경우에는 보급원리가 중요하며, 그리고 마지막 세 번째로는 이 두 원리의 결합, 즉 절충을 통해 가장 유리한 상태에 도달할 수 있는데, 이 중 어느 것이 작용하는지는 구체적 상황조건에 따라 달라진다.

지역편[102]에서 우리는 어디에서는 어떤 원리가 지배적이고 어디에서는 또 다른 원리가 지배적이며, 그리고 어디에서는 〔두 원리의〕 절충이 이뤄지는지를 고찰하게 될 것이다. 그렇지만 여기서 우리는 어떤 조건하에서 양자 중 어느 원리가 지배할 것인지를 추론하는 문제를 이론적으로 논의할 수 있다. 우선 장거리 교통에 대한 욕구가 우세한지, 아니면 단거리 교통, 예를 들어 일주일 단위로 열리는 시장을 방문하기 위한 교통욕구가 우세한지의 여부가 중요하다. 전형적인 중간지역 또는 〔철도 등의〕 통과지역에서는 전자가 한층 빈번히 나타나며, 오지 또는 경제적으로 현저히 폐쇄적인 (자급자족적인) 지역에서는 후자가 한층 빈번히 나타난다. 더구나 문화수준이 높고 주로 공업인구로 구성된 인구가 조밀하고 부유한 지역만이 상대적으로 많은 중심지들을 지지할 수 있다 — 따라서 이러한 경우에는 오히

102) 〔역주〕 이 책의 제 3장 지역편을 말한다.

려 교통원리가 우위를 차지할 가능성이 있다. 반면에 인구가 희박하고 빈곤한 농업지역에서는 중심재의 소비가 전반적으로 저조하고, 이로부터 상대적으로 소수의 중심지들만이 존립할 수 있을 뿐이다. 따라서 가능한 적은 수의 중심지가 상대적으로 합리적인 것이 되며, 보급원리가 지배할 수 있다. 끝으로 지역의 지형도 또한 교통원리하에서 성립하는 것과 동일한 상태를 가져올 수 있다. 즉, 계곡이 선호되는 입지로 말미암아 도시를 견인하거나 높은 산악지대에서처럼 오로지 계곡만이 도시의 입지로 문제시될 경우에 결과적으로 도시가 계곡을 따라 길게 열을 지은 모양으로 차례로 자리잡는 경우가 이에 해당한다. 인구가 조밀하고 부유하다는 등의 조건을 갖춘 일부 지역에서는 이러한 배열양상이 보급의 관점에서 보더라도 가능하지만, 인구가 희박하고 상대적으로 빈곤한 지역에서는 계곡을 따라 도시가 늘어서는 것은 불리한 것으로 파악된다. 이 경우 계곡 양편의 대부분의 고지가 중심지의 보급영역 밖에 위치할 수 있으며, 따라서 주민들은 생활에 필수적이기도 한 다수의 중심재를 단념하거나 높은 비용으로 그러한 중심재를 구입해야만 한다. 따라서 중심지가 계곡에서 조밀하게 나란히 열을 지어 입지하는 경우에는 중심지가 유리하게 발전할 수 없다.

교통원리와 보급원리 사이의 근본적 차이점은, 전자가 선의 형태로, 그리고 후자가 면의 형태로 작용한다는 사실이다. 이 점에서도 순수한 형식적 관점에서 살펴 본 이러한 두 원리의 근본적 불일치가 드러난다.

제3의, 즉 정치사회적 원리는 이와 전혀 다른 성질을 지니고 있다. 이것은 인간 공동체의 격리(*Absonderung*)라는 원리에 바탕을 두고 있으며, 이를 통해 공동체는 한층 더 강력하게 결속되고 낯선 공동체의 적대적 영향력으로부터 보호받을 수 있다.[103] 공간적으로 표현된 이러한 공동체의 이상은 핵심부에 수도(고차의 중심지로서)가 자리잡고, 이를 에워싸고 위성도시들과 관청 소재지들이 화환 모양으로 입지하며, 지역의 가장자리에

---

103) 특히 이 점에 관해서는 특히 켈렌(Rudolf Kjellén: *Der Staat als Lebensform*, 1. Aufl. Leipzig 1917)을 참조하라(예를 들어, 70쪽을 보라).

는 인구가 희박하거나 전혀 거주하지 않는 지방이 위치하는 것이다. 이 경우 공동체의 이상, 특히 개인들을 중앙집권적으로 질서짓는 이상뿐만 아니라 방어와 보호라는 현상도 일정한 역할을 한다. 따라서 이러한 정치사회적 격리원리는 특히 정세가 불안한 지역과 아울러 공동체의 이상이 크게 강조되는 지역에서 드러난다. 예를 들어, 과거 게르만 민족의 마르크공동체[104] 가 이러한 연합체의 하나인데, 오늘날에도 이따금 그러한 공간적 영향력이 나타난다. 즉, 한편으로 중심지가 어느 한 지방의 중심이 되는 위치에 자리잡고 있다는 점과 종종 이와 동시에 방어를 담보하는 지형적 위치에 자리잡고 있다는 측면에서, 다른 한편으로 대규모의 연속적인 산림지대가 이러한 공간적 공동체의 경계에 접하고 있으며, 확실히 방어라는 목적을 위해(벌목이 금지된 삼림지대) 의도적으로 사람들의 이주와 분리를 금지하고 있다는 측면에서 그러한 공간적 영향력을 파악할 수 있다.

여기서 이러한 격리원리가 보급원리에 바탕을 둔 체계와 어떻게 조화 또는 모순되는지를 살펴보자. 현대적 입장에서 보면, 격리원리는 행정원리(*Verwaltungsprinzip*)와 동일시 될 수 있다. 행정목적에서 사실 아무 경계를 갖고 있지 않은 전체 지역이 개개의 행정구역으로 구획된다. 예전에 통합적인 공동체 연합이 뚜렷한 공간적 형상을 띠고 존재하는 한, 이 연합체가 종종 근대의 분석적 행정구분에 그대로 수용된다(예를 들어, 과거의 백작령, 가우[105] 등). 행정구분의 주된 이념은 가능한 온전한 행정구역, 즉 가능한 동일한 면적과 동일한 인구를 가진 행정구역을 창출하는 데 있다. 물론 그 중심에는 가장 중요한 지점이 자리잡고 있는 반면, (행정)경계는 인구가 희박한 지역에 놓이게 되고 자연적 경계나 장벽과 접해야 할 것이다.[106] 하여튼 이러한 이상은 보급원리에 따른 중심지체계에서 부분적으

104) 〔역주〕 마르크공동체(*Markgenossenschaft*)의 '마르크'는 중세 독일에서 백작(*Graf*)이 통치하던 변경지역의 행정구역을 말한다.

105) 〔역주〕 가우(*Gau*)는 경관이나 주민의 특성에 동질성을 지닌 게르만 민족의 옛 행정구역을 말한다.

로 실현되고 있다. 그렇기는 하지만 이 체계에서는 세 개의 중심지가 보여주는 보완지역의 한계점에 차하위 계층의 중심지가 자리잡고 있다는 점에 비춰볼 때, 이러한 이상은 결코 실현되지 않는다. 이 저차 중심지는 어떤 지역에 할당되는가? 이것이 어느 한 지역에 할당된다면, 이 지역은 이상적 원형에서 벗어나지만 그 경계지점 자체는 세 부분으로 나눠지지 않는다.

어쨌든 이 경계지점의 상대적으로 협소한 보완지역은 고차 계층의 중심지가 가진 세 개의 보완지역으로 분할되지만, 이 또한 불리한 것이 된다. 〈그림 1-5〉에서는 이와 관련하여 발생하는 문제점들을 잘 보여준다. 그러므로 유기적 보완지역은 항상 경계선으로 분단되며, 중요한 지점들은 행정구역의 주변부에 자리잡게 된다. 이에 반해 행정구분은 중심지의 유형에 따른 서열에 손쉽게 맞춰지는 경향이 있다. 즉, 두 개의 A-지점이 한 개의 상위계층의 지점과 이에 해당하는 〔보완〕지역과 더불어 하위 행정구역을 형성하고, 두 개의 차상위 지점, 즉 K-지점은 한 개의 B-지점과 함께 차하위 계층의 행정구역을 형성하며, 두 개의 B-지점은 한 개의 G-지점과 함께 중위의 행정구역을 형성하는 것 등이다. 사실 저차의 세 단위가 모여 하나의 고차 단위를 구성하는 이러한 원리를 행정구분에서 우리는 매우 종종 관찰할 수 있다. 특히 우리는 이 원리를 하나의 도(*Departement*)가 보통 세 개의 군(*Arrongdissement*)으로, 그리고 하나의 군이 세 개의 선거

---

106) 이와 관련하여 헤르만 그루버(Herman Gruber: "Kreise und Kreisgrenzen Preußens, vornehmlich die Ost-Preußens, geographish betrachtet." Diss. Königsberg 1912)를 참조하라. 특히 이 책에는 이와 관련된 내각 명령의 사본이 게재되어 있다. 이밖에도 프리드리히 뉘쓸레(Friedrich Nüßle: "Die administrative Einteilung des unteren und mittleren württembergischen Neckargebietes. Ein Beitrag zur wirtschafts- und politisch-geographischen Landeskunde von Württemberg." Diss. Stuttgart 1930)를 참조하라. 뉘쓸레는 '양호한' 행정구역의 중요한 기준으로서 뚜렷한 특성을 보여주는 중심적 지형경관, 관청도시로서의 탁월한 중심지, 유리한 경계의 발전 등을 들고 있다(S. 229f.).

〈그림 1-5〉 중심지체계에서 행정구분

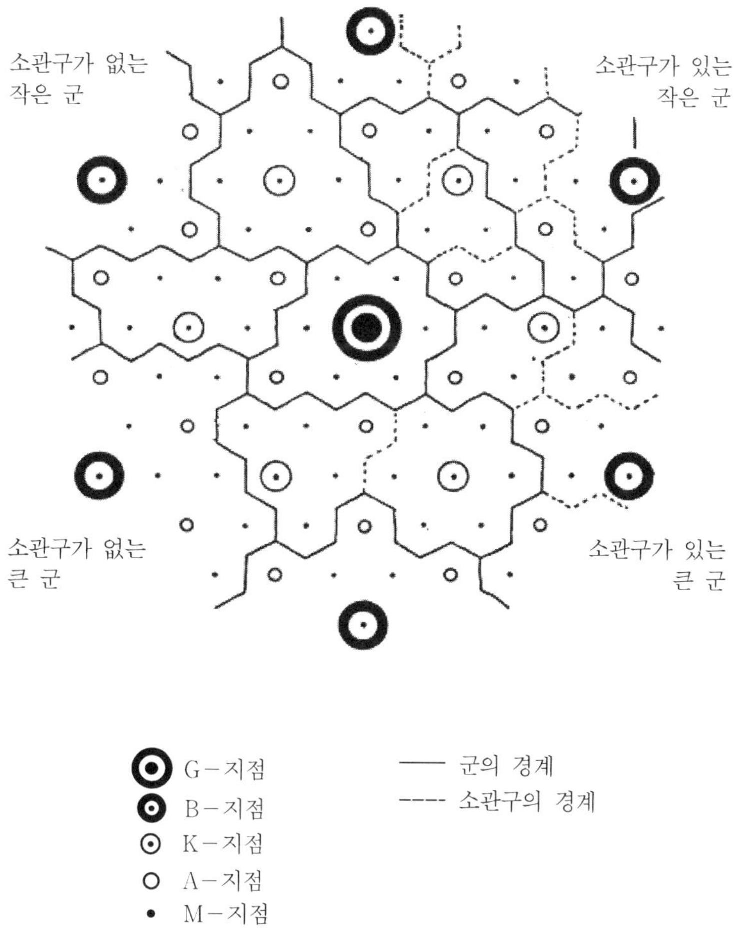

구(*Kantone*)로 구성되는 프랑스와 세 개의 주행정관구(*Regierungsbezirk*)가 하나의 주(*Provinz*)로 편성되고 세 개의 소관구(*Amtsgerichtsbezirk*)가 하나의 군(*Kreis*)으로 편성되는 프로이센(Preußen)에서 가장 명백히 관찰할 수 있다.

중심지체계의 구성에 대한 엄밀한 법칙성을 격리원리에 입각하여 전개하는 것은 이론 정치지리학의 과제이다.[107] 그렇지만 여기서는 어느 한 지역이 격리(행정)원리에 의해 어떻게 구성되는지에 대해 아이디어만을 개괄적으로 제시하려고 한다(〈그림 1-6〉 참조). 이 경우에도 교통원리가 지배하는 경우와 마찬가지로 지역에 중심재를 공급하기 위해 필요로 하는 중심지의 수가 급격히 증가하고, 이와 동시에 전혀 다른 유형이 형성된다는 점은 분명하다. 한 개의 G-지점에는 두 개의 B-지점이 아니라 여섯 개의 차하위 계층의 지점들이 입지하며, 물론 이 중 세 개만이 B-지점으로서의 의미를 지닌다면 충분하다. 세(또는 3×3) 개의 저차 단위가 하나의 고차 단위를 형성하는 것이 아니라 오히려 여섯 개 또는 일곱 개의 저차 단위가 하나의 고차 단위를 형성하는 것이다. 우리는 이 숫자를 행정구분에서 자주 관찰할 수 있다—헤센주 슈타르켄부르크(Starkenburg)와 오버헤센(Oberhessen)의 군의 수, 바덴(Baden)주 칼스루에(Karlsruhe) 지방관구(*Landeskommissariatsbezirk*)에 속하는 소관구(*Amtsbezirk*)의 수, 작센(Sachsen)주 산하 4개 군(*Kreishauptmannschaft*)에 속하는 지구(*Amtshauptmannschaft*)의 수.

하지만 종종 12~14개(또는 18~21개)의 하위관구가 하나의 중위관구를 구성하기도 하는데, 이렇듯 31개의 프로이센 행정관구—베를린(Berlin)과

---

107) '이론' 정치지리학에서는 권력에 의한 행위의 규정성에 비해 한층 손쉽고 '정교하게' 연구할 수 있는 행위의 합리성이 오히려 등한시되고 있지만, 그럼에도 불구하고 이론 정치지리학도 이론 경제지리학과 마찬가지로 가능하며 이와 동일한 정도로 '정교'화시킬 수 있다. 그러나 이 경우에는 '이해론적 방법'에 의거하여 법칙, 합리적 도식, 경향 등을 밝혀낼 수 있다.

〈그림 1-6〉 격리원리에 따른 중심지체계

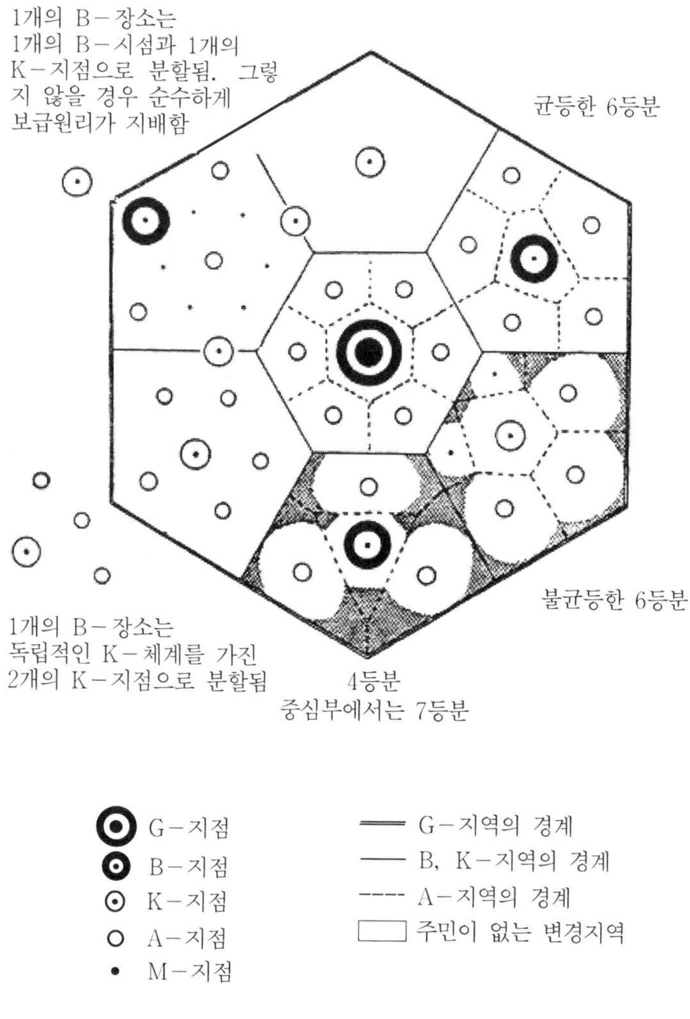

호엔촐레른(Hohenzollern)은 제외된다 — 중 12개만이 12~14개의 군을 갖고 있는 반면, 바이에른(Bayern)에서는 많으면 약 20개 소관구가 하나의 군에 통합된다. 따라서 행정원리에 따라 각각 여섯 개에서 일곱 개의 구역으로 이뤄지는 두 개 또는 세 개의 (중심지)'체계'가 존재한다.

따라서 격리원리가 다른 두 원리, 즉 교통원리와 시장원리에 부가된다. 그러므로 이 세 가지 원리는 각각 독자적 법칙성에 입각하여 중심지체계를 규정한다. 이 중 두 원리는 경제적 성격을 띠고 있는 반면, 제3의 원리는 정치적 성격을 띠고 있다. 이 공동체원리 내지 지배원리는 경제원리처럼 이성의 권위로 뒷받침되지 않지만, 국가 및 지배권력의 권위로 뒷받침된다. 어떤 전제조건하에서 이 세 가지 원리 중 어느 것이 중심지의 분포에 결정적인지에 대해서는 이미 언급했다. 그렇지만 많은 경우 이 원리들은 서로 우위를 점하기 위해 경쟁하지 않을 수 없을 것이다. 동태이론에서는 이와 관련된 몇 가지 원칙을 전개해야 할 것이며, 이와 함께 제3장 지역편에서는 현실에서 도출한 예들을 살펴 볼 것이다.

3. 동태적 과정

1) 도입 : 동태적 고찰방법

이제까지 우리는 상태의 관계들, 즉 정태로 일컬을 수 있는 관계들을 비록 충분하지는 않았지만 나름대로 서술했다. 하지만 이러한 정지상태 — 예를 들어, 어느 한곳에서는 인구가 조밀하고 다른 곳에서는 희박한 지역의 상태 — 는 찰나의 고찰, 즉 끊임없이 변화하는 세계에 대한 순간포착에 지나지 않는다. 정지상태는 허구에 불과한 것이며, 현실은 이와 달리 곧 운동이다. 중심지가 지닌 의미에 영향을 미치는 모든 요인, 즉 지역, 인구, 중심재의 수요와 공급, 재화의 가격, 교통상황, 중심지의 규모, 재화의 중심적 생산과 분산적 생산 사이의 경쟁 등은 끊임없는 변화 속에 놓여 있다. 개개의 요인들은 이러한 변화를 그 자체로부터 독자의 법칙에 의거하여 만들어 내거나 — 이 변화는 내생적이다, 아니면 다른 요소들에 의한 강제의 결과로서 변화〔를 강요〕받는다 — 이 변화는 외생적이다. 변화하는 요소들이 서로간에 미치는 영향은 일반적으로 이러한 요소들이 정지상태에 있을 때와 전혀 다르다. 예를 들어, 물리학자는 흐르는 물이 토양과 생물에 미치는 영향은 정지하는 물의 그것과는 전혀 다르다는 사실이나, 증가하는 압력은 언제나 변함없는 〔일정한〕 압력과는 상이하게 작용한다는 사실을 잘 알고 있다. 경제적 관계, 더구나 문화영역에 속하는 관계에서도 사정은 이와 다르지 않다. 등락을 거듭하는 통화는 안정된 통화와 전혀 다른 경제현상을 초래한다는 점과 급속히 하락하는 통화는 완만하게 하락하는 통화와 전혀 다른 〔경제적〕 효력을 지니고 있다는 점도 의심할 여지없이 누구에게나 잘 알려져 있는 사실이다. 그런데 우리는 변화하는 요소들이 서로간에 관계를 맺고 있을 때 이를 과정이라는 용어로 표현하는 것이 적절할 것 같다 — 하지만 이 과정은 역사적이고 구체적인 과정이 아니라 개개의 구체적 경과로부터 추상화된 '일반적이고' 전형적인 과정을 말하며, 이때 시간은 추상개념으로 표현된다. 따라서 이러한 과정은 순수한 정태적 관계보다 현실에 한 걸음 더 다가서 있다. 이 과정은 보다 현실적인 이론적 고찰의 한 부분을 형성하며, 그 일부는 동태이론으로 정리된다.

2) 인 구

우리는 인구로부터 논의를 시작하려고 한다. 인구가 증가한다고 가정해 보자. 이제까지 80㎢의 지역에 인구는 4천 명에 달하고 이 중 2천 명이 중심지에 거주한다고 했다(사례 3). 이 경우에 우리는 의사가 6,125회의 진료에 18,375 마르크의 수입을 얻는다고 가정했다. 그런데 인구가 도시에서와 같이 전체 지역에 걸쳐 동일하게 20%가량 증가한다고 가정하면, 진료는 6,125+20%=7,350회가 이뤄진다고 볼 수 있다. 따라서 중심지의 의미는 인구에 비례하여 증가한다. 인구가 20% 더 늘어난다면 진료횟수는 8,575회가 된다. 그런데 기본적 사정은 다소 변한다. 말하자면 우리는 의사가 자신의 생활을 위해 연간 8천 마르크의 소득을 필요로 하지만, 다른 한편으로 그가 1년에 8천 회 이상의 진료를 행하는 것은 순수하게 육체적으로 보더라도 불가능하다는 점을 전제로 한다. 그러므로 의사의 진찰을 요청하는 575명의 희망은 전적으로 무시되거나 아니면 이 희망은 인접한 중심지에서 충족되어야 하거나, 이것도 아니라면 〔이 희망을 충족시키기 위해〕 제2의 의사가 개업해야만 할 것이다. 이에 따라 우리의 과제에서 결정적 문제는 제2의 의사가 과연 어디에, 다시 말해 중심지 또는 지역의 분산된 어떤 지점에서 개업해야 하는지 이다. 따라서 기존의 중심이 강화되는가 아니면 새로운 추가적인 중심이 형성되는가? 만약 새로운 의사가 도시에 입지한다면, 이 의사는 명백히 무시되는 575명의 진료에 대한 희망을 인수해야 할 것이다. 그가 이 이상의 환자를 제1의 의사에게서 빼앗아 올 수 있는지 그렇지 않은지는 주로 개인적인 여러 사정에 달려 있으며, 여기서 이 점에 대해서는 논외로 하고자 한다. 오히려 이 의사가 이 이상의 환자를 받지 못한다는 한계적인 경우를 상정해 보자. 그런데 575 회의 진료나 1,725 마르크로는 제 2의 의사가 도저히 살아갈 수 없다.

제 1, 제 2의 의사가 행하는 각각의 진료횟수

구 분	면 적	인구수	1인당 진료횟수	총 진료횟수
핵심부	5 ㎢	2,800명	2회	5,600회
제 1권역	15 ㎢	700명	1½회	1,035회
제 2권역	39 ㎢	1,365명	1회	1,365회
합 계	-	4,865명	-	8,000회

인접지역에서도 역시 똑같은 비율로 인구가 증가하고 이곳에서도 의사가 한 명뿐이라면, 새로운 제 3의 의사가 두 중심지 사이에 있는 어떤 중간지점 또는 더 정확히 말해 두 중심지의 수직 이등분선 위의 어떤 지점에서 개업할 수 있다. 그래서 이 계산은 이를테면 다음과 같다.

제 3의 의사가 행하는 진료횟수

구 분	면 적	인구수	1인당 진료횟수	총 진료횟수
중간입지	5 ㎢	175명	2회	350회
제 1권역	15 ㎢	525명	1½회	7871½회
제 2권역	22 ㎢	770명	1회	770회
합 계	-	1,470명	-	1,907½회

제 3의 의사는 이러한 약 1천 9백 회의 진료로 5천 7백 마르크의 소득을 얻지만, 이 정도의 소득으로는 생계를 지속할 수 없다. 그런데 동일한 성격의 제 3의 지역이 추가되고 새로운 의사가 세 지역의 교차점에 개업한다면, 이때는 약 2,850 회의 진료에 8,550 마르크의 소득을 얻을 수 있다. 따라서 그는 이 지점에 개업하고 거기에서는 '보조' 중심지가 발생하게 된다.

이 경우에는 다음과 같은 결과가 함께 발생한다. 즉, 세 지역에서 의사가 3명인 경우에는 연간 3×8,575=25,725 회의 진료가 행해지지만, 의사가 4명인 경우에는 예전부터 거주해 온 의사는 3×8천=2만 4천 회의 진료를, 새로 이주해 온 의사는 2,850 회의 진료를 행하게 되며, 따라서 세 지역에서 전체 26,850 회의 진료가 행해진다. 이러한 사실은 의사가 3명인 이전의 경우보다 한층 많은 진료가 행해진다는 것을 뜻한다. 이는 이제까지 의사를 찾아가는 길이 너무 멀어서 1.5회, 1회 또는 0.5회의 진료밖에 받을 수 없었던 주민들이 이제 그들과 가까이에 자리잡은 새로 이주해 온 의사에게서 2회 또는 1.5회 정도의 진료를 받을 수 있기 때문이다—즉, 중심지 수의 증가가 중심재의 소비증가를 초래하는 것이다.

인구가 전체 지역에 걸쳐 균등하게 증가하는 것이 아니라 위에서 살펴본 사례에서 40%의 증가가 모두 중심지의 인구에 추가된다면, 그 결과는 동일하다. 그러므로 지역에는 원래 4천 명의 주민이 거주하고 중심지에는 2천 명이 거주했다. 40% 증가한 인구 천 6백 명이 전부 중심지에 추가된다면, 이제 중심지의 인구는 3천 6백 명이 된다. 〔이러한 경우 진료횟수에 대한〕 계산은 다음과 같다.

구 분	인구수	1인당 진료횟수	총 진료횟수
핵심부	3,600명	2회	7,200회
제 1권역	500명	1½회	750회
제 2권역	1,250명	1회	1,250회
제 3권역	250명	½회	125회회
합 계	5,600명	-	9,325회

이 중 제 1의 의사가 8천 회의 진료를 행하지만 1,325회의 진료는 무시된다. 하지만 제 2의 의사는 이 정도의 진료로는 생계를 꾸려나갈 수 없다. 이전과 마찬가지로 이 의사가 두 지역의 공통의 경계지점에 개업한다

면, 그는 다음과 같은 진료횟수를 얻게 된다.

구 분	면 적	인구수	1인당 진료횟수	총 진료횟수
새로운 핵심부	5 ㎢	125명	2회	250회
제 1권역	15 ㎢	375명	1½회	562½회
제 2권역	40 ㎢	1,000명	1회	1,000회
제 3권역	60 ㎢	1,500명	½회	750회
합 계	-	3,000명	-	2,562½회

이로써 이 의사는 7,687.50 마르크의 소득을 얻지만 이 정도로는 생계를 유지하는 데 여전히 불충분하다. 그렇지만 그가 지속적 인구증가를 기대하면서 당분간 이 소득을 감수할 수 있다면, 그는 두 지역의 연결선상에 병원을 개업할 것이며, 새로운 중심지는 교통원리에 따라 발생하게 된다. 그런데 인구가 서서히 증가한다면, 새로 이주해 온 의사는 세 지역의 교차점에 병원을 개업할 것이며, 따라서 새로운 중심지는 보급원리에 부합하는 장소에서 발생하게 된다.

중심지의 주민수가 예전부터 3천 명이고 그 주변지역에 분산해 있는 인구수가 2천 명이라면, 우리는 전혀 다른 결과를 얻을 수 있다. 이 경우 중심지 인구의 6천 회에 달하는 진료와 분산적으로 거주하는 인구의 예전과 같은 2,125회의 진료를 합쳐 총 8,125회의 진료가 필요하다. 따라서 125회의 진료가 무시되며, 이는 인접해 있는 의사에게 유리하게 작용한다. 이 지역의 인구가 40% 증가하고 2천 명에 달하는 모든 인구 증가분이 중심지에 귀속된다면, 이 중심지에서만 1만 회의 진료와 이에 더한 분산적으로 거주하는 인구의 2,125 회의 진료로 합계 12,125 회의 진료가 행해질 수 있다. 이 중 8천 회의 진료는 제 1의 의사가 행하고 4,125 회의 진료는 새로운 의사가 인수한다. 따라서 중심지에 제 2의 의사가 개업하고 새로운 중심지는 성립할 수 없다. 이에 반해 예전부터 상대적으로 중요한 기능을 수행해 온 중심지의 의미는 지속적으로 상승한다. 이때 인구증가가 서서히 진행되는지 아니면 급속히 진행되는지는 별다른 역할을 하지 못한다.

일반적으로 이러한 고찰의 결과는 다음과 같다. 즉, 한 지역의 인구가 도시와 농촌에 상관없이 균등하게 증가하거나 아니면 전체 인구증가를 흡수하는 소도시가 원래부터 존재한다면, 전자의 경우에는 새로운 보조 중심지가 발전할 가능성이 농후하며 후자의 경우에도 새로운 보조 중심지가 발전할 개연성이 있다. 더구나 보조 중심지는 종래의 중심지로부터 가장 멀리 떨어진 지점에서 발전할 것이다. 그러므로 종래의 중심지가 지닌 중심적 의미는 인구증가에도 불구하고 상승하지 않거나 근소하게만 상승할 것이다. 그러나 애초부터 비교적 큰 도시가 존재하거나 이 도시가 인구 증가분을 모두 흡수한다면, 새로운 중심지는 형성되지 않고 오히려 유일한 중심지의 의미는 그만큼 더 상승할 것이다.

그런데 인구가 물론 한꺼번에 40% 정도 증가하는 것이 아니라 50년에 걸쳐 증가하는 경우가 있을 수 있다. 그렇다고 해서 어떤 경우에는 성장하는 큰 지점이, 다른 경우에는 가장 멀리 떨어져 있는 분산적인 지점이 미래의 (발전)기회를 갖게 되며, 따라서 예상적 행동을 전개할 때 선택의 방법을 규정한다는 사실은 기본적으로 변하지 않는다. 이와 달리 매우 급속한 인구증가가 특히 중심지에서 발생할 경우에는 새로운 중심지의 입지가 교통원리에 의해 규정될 것이다. 그러나 완만하게 증가할 경우에는 보급원리에 의한 입지만이 문제된다.

인구구조가 변할 때, 이를테면 주민들이 농업활동에서 공업활동으로 전환할 때, 더구나 이러한 현상은 일반적으로 농업 인구수가 거의 일정하게 유지되어도 공업부문에서 인구의 조밀화와 함께 나타나곤 하는데, 이 경우에도 메커니즘은 전적으로 동일하게 작용한다. 혹은 모두 다 종종 관찰할 수 있는 예로서 인구, 특히 중심부에 거주하는 인구의 소득상황이 개선되는 반면에 분산적으로 거주하는 인구의 소득상황이 도리어 악화되는 경우에도 사정은 동일하다. 또한 주민들이 지닌 욕구의 척도, 즉 소비자가 충족의 절박성과 관련하여 욕구를 배열하는 우선순위가 변하고 이로써 중심재에 대한 욕구가 분산재에 대한 욕구보다 한층 더 절실한 것으로 간주되며, 따라서 분산재의 소비를 희생시켜 가며 중심재의 소비를 늘리게 되는 경우에도 사정은 동일하다. 이 경우에 우리는 도시화, 바꿔 말해 분산하여 거주하는 인구에게서도 도시적 욕구가 익숙해진다는 점108) 을 언급할 수 있다. 그러므로 여기서는 주민수가 늘어나는 경우와 동일한 현상이 나타난다. 그렇기는 해도 소득이 상승할 때, 특히 중심재를 추가적으로 구입할 경우에는 분산재의 구입이 이보다는 적다는 점과 소득이 떨어지면 이에 상응하여 〔재화의〕 구입방식도 변한다는 점을 주목할 필요가 있다.

인구밀도가 하락할 경우에는 어떤 일이 발생하는가? 인구가 도시나 농촌이나 할 것 없이 균등하게 감소하고 중심재의 전체 소비량도 역시 감소한다고 가정해 보자. 물론 이러한 일이 실제로는 발생할 수 없다. 왜냐하면 이러한 감소경향이 인구는 감소하지만 소득은 증대되는 경우나 나중에 서술할 현상으로 중심재의 소비증가라는 반대되는 경향에 의해 상쇄될 수 있기 때문이며, 더구나 이것이 일반적인 경우일 것이다. 그렇지만 여기서 우리는 중심재의 소비가 실제로 인구감소와 똑같이 감소한다는 점을 가정한다. 따라서 이 지역의 중심지가 — 또는 중심지들이 — 지닌 의미의 감소는 분명히 이 현상과 더불어 발생할 것이다. 이때 특히 우리의 관심을 끄는 문제는 다음과 같다. 즉, 의미의 감소가 우선 보조 중심지에서 — 이러한 중심지가 형성되어 있다면 — 나타나는지 아니면 본래의 중심지에서 나타나는지 이다. 그러므로 중심지의 수가 감소할지라도 기타 중심지들은 그 중심적 의미를 예전의 수준으로 유지하는가 아니면 모든 중심지들이 그

108) 〔역주〕 도시화는 도시의 물리적 확대와 도시에 거주하는 인구의 증가를 말하지만 도시적 생활양식의 확산을 말하기도 있다. 후자의 도시화 개념에 비춰 그 구체적인 하나의 양상으로서 이른바 '도시재'에 대한 욕구 증가와 소비확대가 지적되고 있다.

의미를 상실하는가? 그런데 또 다른 가능성이 존재할 수도 있다. 즉, 인구의 감소가 나타나지 않는 지역에 자리잡고 있는 인접 중심지를 향하여 중심적 욕구를 충족시키기 위한 수요의 유출이 발생하는지 이다.

이러한 논점들은 다시금 의사를 예로 하여 분명히 설명될 수 있다. 세 지역이 존재하고 그 교차점에 하나의 보조 중심지가 입지해 있다고 가정해 보자. 앞의 경우와 마찬가지로 중심지에서 8천 회의 진료가, 그리고 보조 중심지에서는 2,850 회의 진료가 행해진다고 가정하자. 인구가 도시나 농촌이나 할 것 없이 균등하게 이를테면 약 20% 정도 감소한다면, 이제 각 중심지에서는 겨우 6천 4백 회의 진료가, 그리고 보조 중심지에서는 2,280 회의 진료가 이뤄질 뿐이다. 2,280×3 마르크=6천 4백 마르크로서는 보조 중심지의 의사는 생활을 영위할 수 없으며 폐업하지 않을 수 없다. 따라서 보조 중심지는 소멸하게 된다. 이제 보조지역에서 요구되는 2,280 회의 진료는 세 개의 중심지로 나뉜다. 물론 각 중심지가 정확히 그 ⅓을 〔나눠〕 갖는 것은 아니다. 왜냐하면 이전의 보조 중심지의 보완지역으로부터 통행의 노정이 훨씬 길어지기 때문에 중심지에서 상대적으로 적은 중심재가 소비되기 때문이다. 그래서 각 중심지가 흡수하는 진료는 자체의 6천 4백 회에 아마도 380 회를 더한 전체 6,780 회에 지나지 않을 것이다. 다시 말해 어느 한 지역의 인구가 전반적으로 감소할 때 어차피 취약한 보조 중심지는 소멸할 것이며, 기타 중심지의 의미는 인구와 같은 비율로 감소하는 것이 아니라 〔보다〕 낮은 비율로 감소할 것이다. 더구나 중심지의 의미는 보조 중심지가 소멸한 뒤 어디에도 귀속되지 않는 중심재에 대한 수요를 흡수함으로써 경우에 따라서는 처음으로 상승할 수도 있다. 인구가 분산되어 있어 주변지역에서 현저히 감소하고 중심지에서는 적게 또는 전혀 감소하지 않을 경우에는 위에서 서술한 과정과 동일하거나 한층 심화된 양상을 띠게 된다. 중심지에서의 인구감소가 상대적으로 미미한 후자의 경우가 오히려 일반적 사례일 수 있다. 왜냐하면 중심지들은 어디에도 귀속되지 않은 자유롭게 된 수요를 흡수하는 것을 통해 대개 그 의미를 확보할 수 있기 때문이다.

가변가격에 임의로 수량을 늘릴 수 있는 중심재—이전의 사례에서는 신발가세의 경우—를 살펴 볼 경우 인구감소에 따라 수요가 감소할 때에는 신발가격이 하락하는데, 이는 판매자가 가격의 인하를 통해 소비의 감소를 저지하려고 하기 때문이다. 이러한 저렴한 가격으로 인접지역으로부터 구매자들이 모여 들어 〔신발을〕 구입할 수도 있다. 따라서 '쇠퇴해 가는' 지역의 중심지가 지닌 의미는 다소 상승할 수도 있다. 하지만 이것은 단지 과도기적 현상, 즉 일종의 투매현상에 지나지 않을 수도 있다. 오히려 이와 정반대로 중심재에 대한 수요가 인구수가 증가하는 인접지역의 중심지로 유출되는 경향을 관찰할 수 있다. 왜냐하면 인접지역의 중심지가 생산을 늘리고 이에 따라 가격을 인하할 수 있기 때문이다. 인구감소에 대한 첫 반응은 가격의 저하이며, 인구증가에 대한 첫 반응은 가격의 상승이다. 하지만 지속적 반응은 인구감소 이후에 나타나는 생산비의 상승과 인구증가 이후에 나타나는 생산비의 하락이다—이러한 다양한 조건에 따른 가격형성에 부응하여 성장하는 중심지의 보완지역은 쇠퇴해 가는 중심지의 보완지역을 희생시켜 가며 그 범위를 확장시켜 나간다. 이뿐만 아니라 여기서는 인구변화가 신속하게 일어나는지 아니면 완만하게 일어나는지가 중요한 의의를 지니며, 이 점에 대해서는 나중에 자세히 살펴보고자 한다.

3) 중심재

위에서 언급한 과정들은 중심재에 대한 **수요변화**에서도 표현된다. 여기서 이러한 변화의 효과를 재차 논의할 필요는 없다. 물론 수요의 변화는 재화의 가격이 변함에 따라 발생할 수도 있다. 이에 대해서는 후술할 것이다.

그러나 새로운 점은 중심재의 **공급변화**가 중심지의 발전에 미치는 영향을 고찰하는 것이다. 우리는 학술연구의 확장[109]—사회적, 그리고 경제적 현상—을 통해 서비스를 제공하는 의사수가 실제로 중심재로 간주할 수 있는 이들의 서비스에 대한 욕구보다 훨씬 크게 증가하는 경우를 상정해 볼 수 있다. 이뿐만 아니라 대학 졸업생의 대부분이 '중심적' 직업에 취업하고, 따라서 일반적으로 중심서비스의 공급이 증가한다고 가정해 보자. 즉, 변호사와 경영관리자, 고위 공무원, 교사, 목사 등이 이에 해당한다—이 모두가 중심적 직업들이다. 중심재의 공급증가는 의심할 여지없이 수요증가를 가져온다. 이러한 수요증가는 이제까지 중심재의 공급이 직접적으로 이뤄지지 않은, 따라서 수요도 상대적으로 낮았던 지점 또는 지역에 중심재가 새롭게 공급됨으로써 유발될 수도 있고 혹은 중심적 직업으로의 쇄도뿐만 아니라 중심재에 대한 동일한 정도의 수요증가에서 표현되듯이 일반적으로 중심재에 대한 평가가 높다는 점으로 인하여 발생할 수도 있다. 그렇지만 무엇보다도 수요증가는 공급증가로 중심재가 저렴해지거나(판매자의 염가입찰—경쟁의 격화—이나 가격이 높아 이제까지 구입할 수 없었던 새로운 구매계층을 확보하기 위해 일반적으로 가격을 인하함에 따라) 광고를 통해 구매 대중들에게 다가서는 것에 의해 발생한다. 따라서 중심재의 공급증가는 그 어떤 경우라도 소비증가를 유발하는데, 이때 그 다양한 가능성을 다음과 같이 구분할 수 있다. ① 중심재의 판매량이 증가해도 재화는 그에 따라 저렴하게 판매되기 때문에 총수익이 변하지 않는 경우이다. 따라서 (한계)생산비가 일정하다면, 중심재를 판매하는 사람들의 순수익은 감소한다. ② 총수익은 같고 생산비가 이에 상응하여 감소하고, 순수익은 이전과 같은 수준을 유지하는 경우이다. ③ 총수익이 (분산재의 소비를 희생시킴으로써) 증가하고 순수익이 일반적으로 상승하는 경우이다. 그러므로 ①의 경우에는 공급이 증가하고 중심지의 의미는 하락한다. ②의 경우에는 중심지의 의미가 변하지 않으며, 그리고 ③의 경우에는 그 의미가 상승한다. 공급의 증가에 이전의 공급이 적었을 때보다 훨씬 많은 사람들이 참여한다면—학술연구의 증가로 공급이 증가하는 경우처

109) 〔역주〕 의과대학의 신설이나 증설을 통한 의사의 배출이 늘어나는 것을 일컫는다.

럼 —, 총수익은 분명히 증가할 것이지만 중심재를 공급하는 개개인들에게는 훨씬 낮은 수익이 돌아갈 수 있다. 그렇지만 이는 중심지에서 중간 또는 상위의 소득을 가진 사람들의 수가 감소하고 저소득자의 수가 증가한다는 것을 뜻하며, 이를 통해 중심지의 의미는 하락한다. 왜냐하면 바로 중간 소득자들이 중심재의 소비에 큰 영향을 미치기 때문이다.

그런데 공급이 증가한 상황에서 어떤 경우에 중심지의 의미가 약화되고 어떤 경우에 강화되는지는 일반적으로 답변할 수 있는 문제가 아니다. 오히려 이 문제도 공급되는 재화의 종류와 관련이 있다. 즉, 어떤 종류의 재화에 대한 수요가 매우 탄력적이라면(예를 들어, 영화), 증가한 공급은 곧 뚜렷한 수요증가를 뜻하며, 이 수요는 아마도 유사한 분산재(책)를 포기할 정도까지 증가할 것이다. 그럼에도 불구하고 이는 〔결과적으로〕 중심지의 강화를 가져온다. 그러나 어떤 종류의 중심재에 대한 수요가 비탄력적이라면(예를 들어, 의사), 공급증가가 같은 정도의 수요증가를 가져오지 않을 것이다. 따라서 중심지의 의미가 이러한 종류의 재화의 공급에 의존하는 정도만큼 중심지는 약화될 것이다.

따라서 중심재의 공급증가뿐만 아니라 수요증가도 중심지의 발전에 유리하게 작용할 수 있지만, 중심지의 발전방식과 관련해서는 서로 달리 작용한다. 즉, 수요의 증가는 실제로 대부분의 경우 기존 중심지의 강화를 초래하지만, 이와 정반대로 공급의 증가는 주로 중심지수의 증가, 따라서 중심지의 신설 혹은 '소멸한' 중심지의 부활을 초래한다는 것이다. 왜냐하면 공급이 상승할 때, 공급된 중심재는 이제까지 중심지가 아니었던 지점에서 가장 신속하게 처분될 수 있기 때문이다. 결국 수요증가에 따른 효과와 정반대로 공급증가가 중심지의 의미를 하락시키는 경우가 있다.

중심재에 대한 **수요감소**도 인구나 소득 등의 감소와 비슷한 영향을 미치며, 따라서 그 어떤 문제도 새롭게 제기되지 않는다.

중심재의 **공급감소**는 또 다시 매우 다양한 영향을 미친다. 이때 절실하고 비탄력적인 수요를 지닌 재화가 문제라면, 수요는 상대적으로 일정할 것이며 수요가 공급을 초과할 것이다. 수량이 주어져 있는 재화의 경우에는 이미 서술한 현상들이 나타난다. 즉, 가격이 고정되어 있을 경우에는 인접 지점으로의 소비 유출이, 가격이 가변적일 경우에는 가격의 상승이 발생한다. 이에 따라 수요가 위축되고, 따라서 공급의 감소에 의해서도 수요는 충분히 충족될 수 있다. 이때 이러한 중심재에 의해 순수익은 상승하는데, 경우에 따라서는 순수익이 예전보다 전체적으로 증가하는 경우까지 상승한다. 이는 중심지의 활성화를 뜻한다. 하지만 중심재의 공급이 감소하더라도 우리가 〔제 1차〕 세계대전 동안 빈번히 체험했던 것처럼 중심적 생산에서 분산적 생산으로의 이행이 발생하고, 그래서 중심지의 의미가 감소할 수 있다.

절실한 것은 아니지만 탄력적 수요를 지닌 재화의 경우에는 이와 다른 과정이 전개된다. 여기서 공급의 감소가 확정가격에 수량이 주어져 있는 재화일 경우에는 단순히 소비의 감소를, 가변가격에 수량이 주어져 있는 재화일 경우에는 가격의 상승을 초래할 것이지만, 그 정도는 비교적 미미하다. 이 경우에도 공급은 수요를 만족시키기에 충분하다. 이때 구매에 관심이 있는 많은 사람들은 부족하지만 절실하지 않은 재화 대신에 다른 유사한 중심재 또는 분산재를 손에 넣으려고 하며, 따라서 중심지의 의미는 감소할 가능성이 있다.

가격의 의의에 대해서는 이미 대부분을 설명했으며, 여기서는 몇 가지 논점에 관해서만 보충하고자 한다. 정태적 고찰에서는 다음과 같이 논의했다. 즉, 상대적으로 저렴한 가격에 재화를 공급하는 중심지는 높은 가격에 재화를 공급하는 중심지에 비해 그 중심재와 관련한 한층 큰 도달범위를 갖고 있으며, 따라서 보다 큰 보완지역을 갖고 있으며, 전자의 중심지는 후자의 중심지보다 양호하게 발전한다는 것이었다. 동태이론에서의 문제제기는 다음과 같다. 즉, 중심재 가격의 상승 또는 하락이 — 또다시 일반적으로 말하여 — 중심지의 발전에 어떤 영향을 미치는지 이다. 우리는 우선 가격변동이라는 사실을 자세히 파악할 필요가 있다. 물론 그 원인은 다양할 수 있지만, 이것은 우리의 관심사가 아니다. 그러나 〔가격〕변동현상의 지속성은 우리의 고찰에서 본질적 문제가 된다.

이 점에서는 우선 단기적 변동과 계절적 변동이 존재한다. 이 변동들은 실제로 중심지의 발전에 별로 중대한 의의를 갖지 못하는데, 아마도 중심지가 중심재의 가격과 아울러 소비의 변동에 대해 일반적으로 적응하지 않으면 안 되는 상황에서만 그러한 의의를 지닐 것이기 때문이다. 그리고 그러한 경우에는 중심시설이 비교적 탄력적이고 상대적으로 큰 수요를 충족시키며 불황기에서도 이윤을 낼 수 있어야 한다. 그렇지만 이는 예외 없이 모든 중심지에 해당하며, 따라서 여기서는 크게 중요하지 않다.

그런데 보통 이러한 계절적 가격변동으로부터 인접 지점보다 한층 강력한 영향을 받는 중심지는 특수한 경우에 속한다. 이 경우에는 부근에 계절적 생산이 이뤄지는 지점, 즉 일종의 '농번기'가 있는 지점으로, 따라서 무엇보다도 농업생산(예를 들어, 사탕무)과 넓은 지역에 걸쳐 행해지는 채집업(예를 들어, 어업, 벌목 등)을 가까이에 두고 있는 지점들이 해당하며, 주요 관광지 — 알프스나 슈바르츠발트(Schwarzwald),[110] 호수 — 에 있는 중심지들도 이에 해당한다. 어느 한 계절 동안 인구가 증가하거나 이 시기에 소득이 많은 인구에 의해 중심재에 대한 수요가 증가하면, 가격은 상승한다. 그러므로 이러한 중심지는 가격상승 때문에 혹은 가격상승에 바탕을 둔 사실관계 때문에 계절과 무관한 중심지보다 뚜렷한 발전을 보여준다. 이 경우 보조 중심지의 발전에 관해서 앞서 언급한 점이 유효하며, 경우에 따라서는 훨씬 심화된 양상을 띠게 된다. 이러한 지역의 중심지는 일반적으로 그 자체로 소규모이고 중심재에 대한 소비증가도 대개 지역의 분산되어 있는 지점에서 발생하기 때문에, 추가적인 보조 중심지는 종종 '떠돌이' 식으로, 다시 말해 특정 계절 동안에만 개설된다.[111] 주변의 그리고

110) 〔역주〕 독일어의 발트(*Wald*)는 산림지대를 가리킨다.

111) 〔역주〕 특정 시기에 개설되는 시장처럼 비상설적인 것을 말하며, 우리나라의 경우 과거 서해안 지방에 특정 성어기에 일시적으로 형성된 '파시'

계절에 따른 영향을 받는 지역 밖에 자리잡고 있는 중심지도 이와 같은 유리한 발전에 관여한다. 왜냐하면 이러한 중심지들은 〔특정〕계절 동안에 가격이 저렴한 지점으로 소비가 이동하기 때문에 추가적 수량의 중심재를 판매할 수 있기 때문이다. 그러므로 이러한 계절적 요인의 경기파동은 공간적으로 보아 두 개의 지역, 즉 내부의 직접적으로 영향받는 지역과 외부의 간접적으로 영향받는 지역에 작용한다. 계절적 요인에 따른 경기의 (최)저점도 존재하는데, 이는 이에 상응하는 영향을 미친다. 즉, 국지적 가격의 하락이 나타나고 경기파동의 지배를 받지 않는 인접지역으로부터 소비가 유입된다. 그리고 이를 통해 어느 정도 균등화가 이뤄진다.

변동기간의 지속과 관련하여 가격변동의 두 번째 유형은 본래적인 뜻의 경기변동이다. 이때 부각되는 문제점에 대해서는 별도의 절에서 다뤄질 것이다.

가격변동의 세 번째 유형은 역사적으로 중심지에 중요한 영향을 미치는 것으로서, 이는 곧 비교적 오랜 시간에 걸쳐 발생하는 가격변동이다. 과거 공업이 발전하던 시기, 이를테면 19세기 동안 농산물과 원료의 가격이 전반적으로 상승하고 이와 동시에 노동력에 대한 가격도 상승했으나 공산품의 가격이 현저히 하락한 것은 이와 관련된 하나의 예가 된다. 반면에 19세기 말 이래 적어도 농산물과 원료와 관련된 전반적 가격변화는 확실히 반대방향으로 진행되었다. 바로 먼저 서술한 공업의 도약기에는 농산물의 가격상승과 함께 중심지의 두드러진 증가를 살펴볼 수 있으며, 농업지역에서 상대적으로 국지적 의미를 지닌 중심지의 부활도 관찰할 수 있다. 그렇지만 공산품 가격의 하락, 공업노동자 계층의 증가, 그리고 이들의 임금상승 등이 한층 큰 영향을 미치고 있다. 즉, 이러한 현상들은 특히 고차 중심지의 의미를 엄청나게 제고시켰다. 현 시대와 관련해서는 그 어떤 평가를 내리는 것이 아직은 어렵다. 왜냐하면 가격의 전개가 어느 정도까지

(波市)와 같은 것을 예로 들 수 있다.

영속적 원인에 소급되며 어느 정도까지 경기적 원인에 소급되는지를 구분하는 것이, 이 경우에는 상대적으로 짧은 기간으로 말미암아 전혀 가능하지 않기 때문이다. 더구나 이러한 가격변동은 그 단기직 효과 때문에 중심지의 발전에 미미한 영향을 미친다고 할 수 있다. 하여튼 19세기에서 20세기로 전환112) 될 무렵에 농산물 가격의 하락은 저차 중심지의 의미를 다시 한번 하락시켰으며, 다른 한편으로 이는 상대적으로 높은 의미를 지닌 중심지와 전반적으로 공업지역에 자리잡고 있는 중심지의 의미 증대를 가져왔다. 왜냐하면 비농업인구가 이때부터 자기 소득의 비교적 작은 부분을 농산물, 다시 말해 주로 분산재에 사용하고 비교적 큰 부분을 무엇보다도 중심재를 구입하는 데 남겨 놓을 수 있게 되었기 때문이다.

중심지에서 생산되거나 공급되는 **중심재의 종류**가 변할 때, 즉 늘어나거나 줄어 들 때 그에 따른 효과는 무엇인가? 어떤 중심지가 이제까지 A와 B라는 두 개의 중심재를 갖고 있었다. 지역의 주민들은 그들의 소득으로 A에 대해 연간 2만 마르크를, 그리고 B에 대해서도 연간 2만 마르크를 사용하여 합계 4만 마르크를 사용할 수 있다고 생각해 보자. 이 중 5천 마르크는 교통비(손실 노동시간, 사정에 따라서는 운임, 수고에 대한 평가 등)로 생각하고, 따라서 3만 5천 마르크가 남게 되며, 이는 중심재 자체에 지출되고 중심지에 귀속된다. 더 정확히 말해 A에도 B에도 각각 17,500 마르크가 지출되는 것이다. 어떤 이유에서 중심지가 B재를 더 이상 제공할 수 없을 때(이를테면 우체국의 폐쇄, 낙농장의 폐업 등), 주민들은 A중심재만을 위해 2만-5천(교통비)=1만 5천 마르크를 남겨 놓게 되고, 이제 멀리

112) 슈트라코쉬(Strakosch)는 1880년대를 전환점으로 제시하고 있다. 그는 농민들이 "시장경제의 번창을 구가하는 것을 터득하고", "언제나 구입할 준비가 되어 있고 지불능력을 갖춘 구매계층을 발견한" 바로 그때 변혁이 발생했으며, 이 변혁은 (제 1차) 세계대전으로 말미암아 단기간에 단절을 겪게 되었다고 지적하고 있다(Siegfried Strakosch: *Das Agrarproblem in neuen Europa*. Berlin 1930, S. 30).

떨어진 중심지에서 이를 조달해야 하며, 이때 교통비가 1만 마르크가 드는 B중심재를 위해서는 2만−1만=1만 마르크만을 남겨 놓을 수 있다. 따라서 중심지는 B재를 위한 17,500 마르크뿐만 아니라 A재를 위한 2천 5백 마르크까지 잃게 된다. 반면에 멀리 떨어진 중심지는 B재와 관련하여 17,500 마르크가 아니라 1만 마르크를 얻게 된다. 그러므로 멀리 떨어진 지점이 A재도 공급할 수 있고 B재를 구입하려는 사람들이 이제 '통행 도중에' A재도 멀리 떨어진 중심지에서 구입할 경우, 가까이에 있는 중심지의 손실은 상대적으로 클 수 있다.

동일한 고찰에 따라, 어떤 새로운 종류의 중심재를 공급하는 중심지는 새로운 중심재만으로 발생하는 경우보다 한층 많은 재화의 판매증가를 경험할 수 있다. 이는 한편으로 분산해 있는 주민들의 교통비를 절감할 수 있는 것과 다른 한편으로 예전부터 존재해 온 특정 종류의 중심재에 대한 수요가 인접지역으로부터 발생하는 것 때문이다.

우리는 이상에서 서술한 과정으로부터 다음과 같은 결론을 내릴 수 있다. 첫째, 수세기 이래 특히 지난 100년 동안 관찰할 수 있었던 사실로서 중심재의 종류가 전반적으로 증가하는 상황에서 도시는 의미를 얻고 있는 반면, 농촌은 정체하거나 쇠퇴한다는 사실이다. 둘째, 중심재의 공급을 상실한다는 것이 그 영향을 받는 중심지에게는 일반적으로 생각할 수 있는 것 이상으로 심각한 불이익을 가져다준다는 점이다. 특히 소도시가 관청의 이전이나 폐쇄에 격렬히 저항하는 이유를 우리는 이를 통해서도 이해할 수 있다.

4) 생산비와 기술진보

이제 여기서 우리는 특히 입지론에서 중요한 역할을 하는 관계와 과정들을 다루고자 한다. 물론 입지론에서는 이러한 관계와 과정들이 공업의 입지와 관련되는 반면, 우리에게서는 중심지의 규모와 분포에 미치는 영향이라는 특수한 문제가 중요하다.

이미 살펴본 것처럼, 중심재의 가격은 중심지와 그 보완지역의 개별적 규모에 매우 결정적인 영향을 미친다. 그런데 가격의 성립은 희소재(수량이 주어져 있는 재화)인지 아니면 임의로 수량을 늘릴 수 있는 재화(비용재)인지에 따라 서로 다르다. 후자의 경우에는 비용, 다시 말해 **생산비**가 가격형성에 결정적이며, 전자의 경우에는 생산비가 가격의 하한이 되는 드문 경우에 결정적이다. 그러므로 중심재의 가격과 중심지의 의미에 생산비가 어떤 영향을 미치는지를 자세히 고찰할 필요가 있다.

통상적으로 재화의 생산비는 자본비용과 임금, 지대, 기타 비용으로 나뉜다. 여기서 우리는 이러한 분류방법에 따르고자 한다.

우선 **자본비용**에 관해 살펴보자. '자본'은 차용한 자본과 기타 현금뿐만 아니라 건물과 기계, 차량, 재고 등을 말한다. 이러한 자본에 대한 비용은 지급이자와 보험료, 그리고 감가상각비 등이며, 한 (국민)경제 내에서는 상당히 통일적이어서 국지적 또는 지역적으로도 큰 차이가 없다. 다만 이자 속에 포함되어 있는 위험부담금은 뚜렷한 차이를 보여준다. 국지적으로 고정된 투자에서 이러한 불확실성의 요인은 예를 들어 국경지역에서, 특히 이 지역이 분쟁의 소지를 안고 있거나 기타 〔외국으로부터 안보상의〕 위협을 받는 경우(예를 들어, 동프로이센)에는 국가의 내부지역보다 훨씬 높게 책정되며, 이 때문에 이러한 지역에서는 이자가 높을 수 있다. 그런데 높은 자본이자는 생산비의 상승을 뜻하며, 따라서 생산된 재화가격의 상승(비용재인 경우) 또는 수익의 감소(확정가격의 재화인 경우)를 뜻한다. 이에 따라 국경지역에 자리잡은 중심지는 이 중심재를 비싸게 판매하지 않을 수 없으며, 이는 일반적으로 인접한, 한 국가의 내부에 자리잡고 있는, 재화의 가격이 상대적으로 저렴한 지점으로 소비의 유출을 야기한다. 그러므로 불안정한 국경 근처에서는 중심지가 상대적으로 작은 보완지역을 갖고서 저조한 발전을 보여주는 반면, 안정된 국경 근처에서는 융성한 발전을 보여주는데, 이는 이곳에서 국경교통이 촉진적으로 작용하기 때문이다. 이와 동일한 영향은 보험료의 수준이나 감가상각비의 수준에서 보다 뚜렷이 작용한다. 그러나 특히 후자의 측면은 아무런 주목을 받지 못한다. 이자율의 변동은 대개 전체 (국민) 경제에 걸쳐 균등하게 작용하며, 따라서 이는 중심지의 상대적 발전에는 영향을 미치지 못한다. 하지만 이자에 포함된 위험부담금과 보험비용, 필수적 감가상각비 등의 변화는 중심지의 상대적 발전에 영향을 미칠 수 있다. 왜냐하면 이러한 비용들은 지역적으로, 그리고 국지적으로 대단히 불균등하게 변하기 때문이다.

자본비용은 무엇보다도 도달범위의 하한을 규정하는 정도에 따라 중심지의 형성에 큰 의의를 지닌다. 이러한 경우에 해당하는 재화는 다름 아닌 특히 자본비용이 전체 비용에서 큰 부분을 차지하는 재화들이다. 일반적으로 생산비용에서 자본비용의 비중이 상대적으로 높은 중심재는 필연적으로 폭넓은 도달범위와 광범위한 소비자 집단을 가진 고차 중심재이다. 따라서 높은 자본투자는 고도의 생산 혹은 공급의 집중화를 가져온다. 그래서 자연히 동태적 과정, 따라서 이 경우에 말하는 자본에 대한 비용의 상승 또는 경감은 자본이 별로 필요하지 않는 저차 중심재보다 자본집약적인 고차 중심재의 경우에서 한층 명백히 감지될 수 있다. 그 결과는 고차 중심재가 저차 중심재에 비해 의미의 변동을 훨씬 현저히 겪는다는 것이며, 저차 중심재의 의미는 상대적으로 안정적이며 일정하게 유지된다.

생산비의 한 요인인 노동이 공업입지에 어떻게 작용하는지는 알프레트 베버가 대단히 탁월한 방식으로 설명하고 있다. 우리에게 그 요인은 주로 두 가지 측면에서 중요하다. 즉, 그 하나는 **노동시장**이 형성된다는 측면이고, 다른 하나는 노동에 대한 보상수준, 즉 **임금수준**이라는 측면에서 중요하다. 그리고 두말할 나위도 없이 노동자 계층이 가장 중요한 소비자 계층의 하나라는 사실로부터 발생하는 상황들이 여기에 부가된다. 이러한 상황에 대해서는 인구에 관한 절에서 벌써 다뤘다. 지금 우리가 논의할 것은 공업입지에 관한 문제가 아니라 중심지의 발전에 관한 문제이다.

그렇다면 노동시장이란 도대체 무엇인가? 우리는 노동에 대한 수요가 상대적으로 크거나 공급이 상대적으로 크기 때문에 수요와 공급의 교환이 발생하는 장소를 노동시장이라고 부른다. 전자의 경우에는 풍부한 노동기회를 가진 지점, 무엇보다도 공업지역이 문제가 되고 후자의 경우에는 인구가 많은 지역이 문제가 된다. 이 점을 미뤄 살펴볼 때 우리가 이미 파악할 수 있는 점은 공업지역이나 인구가 많은 지역이 동시에 중심지일 수 있으나, 한편으로 공급과 다른 한편으로 수요는 우선 **중심지**와 아무 관련이 없다는 사실이다. 교환만이 중심기능이며, 이 때문에도 우리는 노동'시장'이라는 용어를 사용한다. 그런데 이 노동'시장'이 수요지점에서 성립하는지 공급지점에서 성립하는지, 아니면 제 3의 지점에서 성립하는지는 다양한 상황에 달려 있다. 실업이 일반적으로 또는 지역적으로 지배적이고, 따라서 노동의 수요를 초과할 경우, 시장은 수요지점, 곧 공업지역에서 형성된다. 이에 반해 노동자의 부족이 지배적일 경우에는 공급지점에서 형성된다. 직업소개가 조직적으로 이뤄지는 경우에는 시장이 위에서 언급한 지점 이외의 중심지에서 형성될 수 있다. 바꿔 말해, 실업이 심각할 경우에는 공업지역의 중심기능이 확대되고 노동자의 부족이 심각할 경우에는 인구가 많은 지역의 중심기능이 확대될 것이며, 직업소개가 조직적으로 이뤄지는 경우에는 행정관청의 소재지, 즉 일반적 중심지의 중심기능이 확대된다.

노동의 공급이 풍부한 지점에서는 노동자의 부족이 큰 지역에 비해 임금이 낮으며, 이 점은 특히 이러한 양상이 빠르게 지나쳐 가는, 이를테면 계절에나 경기변동에 의해 발생하는 것이 아니라 비교적 지속적인, 어느 정도는 만성적인 경우에서 양호하게 파악될 수 있다. 그렇지만 또한 임금은 어떤 지점이나 지역에서 다른 지역에 비해 노동자에 대한 수요가 적거나 생계비용이 저렴하다는 점 때문에 낮을 수도 있다. 여기서 그 원인이 무엇인지는 우리의 관심사가 아니다. 우리에게 충분한 것은 어떤 장소에서 임금이 일반적으로 낮고 어떤 장소에서 임금이 일반적으로 높은지를 확인하는 것이다. 통상적으로 임금은 상대적으로 규모가 작은 지점에서 낮고 큰 지점에서 높지만, 노동기회가 빈약한 인구가 많은 지점에서도 낮다. 저임금 지점에서는 공업의 생산비용이 상대적으로 저렴하기 때문에, 베버의 용어에서 지칭하는 일종의 노동지향적 공업이 문제가 되는 한 공업은 이러한 지점을 입지로서 우선하게 된다. 특별히 중심적 성격을 지닌 공업과 관련하여 저임금은 자연히 낮은 생산비와 중심재 가격의 하락을 뜻하며, 이 때문에 그러한 지점은 고임금 지점의 희생 속에 자신의 보완지역을 확장시켜 나갈 수 있다. 이 점은 무엇보다도 여행자의 왕래가 빈번한 지역에서 손쉽게 관찰할 수 있다. 본래적인 뜻의 여행지 밖에 자리잡은 중심지는 그 발전에서 유리한 상황인 것은 관광지에 비해 저렴한 임금 때문에 그 생산물과 관련하여 상대적으로 큰 도달범위를 갖고 있으며, 따라서 상대적으로 큰 보완지역을 갖기 때문이다. 이 점은 온천지역에서 뚜렷이 드러나는데, 온천지역 근처에 번성하는 중심지가 있을 수 있기 때문이다. 전체적으로 규모가 작거나 〔입지적으로〕 별로 유리한 조건을 갖추지 못한 지점에서 임금이 낮다는 사실은, 이보다 규모가 큰 중심지를 일방적으로 유리하게 하는 중요한 요인에 대항하는 작용을 한다.

임금수준의 변동은 일반적으로, 그리고 지역적으로 자본비용의 변동과 똑같은 결과를 수반한다. 하지만 여기서 부가할 점은 임금이 변할 경우 특정 지역의 소비도 변한다는 것이며, 이에 대해서는 이미 인구에 관한 절에서 논의했다.

우리가 생산비 요인들을 공간적, 지리적으로 고찰할 때, 토지와 관련된 요인이 눈에 가장 잘 띈다. 토지라는 요인은 민간 경제적 측면에서 볼 때 자본, 다시 말해 기계, 화폐, 신용 등과 다르지 않다. 하지만 토지는 늘릴 수 있는 것도 아니고 운반할 수 있는 것도 아니라는 사정 때문에 특별한 위상을 부여받고 있다. 증식할 수 없다는 사실로부터 일반적 지대가 발생하고, 운반할 수 없다는 사실(지역적으로 증식할 수 없다는 사실)로부터 특수한 입지지대가 발생한다. 이 두 종류의 지대는 지가로 표현된다. 높은 지대를 가져다주는 유리한 토지는 높은 가격을 지닌다. 하지만 토지의 가격이 높은 곳에서는 생산비가 높은데, 이는 생산설비가 건설되는 토지가 상대적으로 비싸기 때문만이 아니라 주택이 건설되어 있는 토지도 비싸고, 따라서 높은 임대료를 요구하며, 이로 말미암아 노동자의 임금도 높을 수밖에 없기 때문이다.

일반적으로 고차 중심지의 지가는 저차 중심지보다 높다. 높은 지가는 동시에 높은 중심성의 결과이며, 이는 고차 중심재의 생산에는 추가적 토지를 필요로 하기 때문이다. 그러므로 고차 중심재의 생산과 공급에서는 처음부터 높은 지대와 상대적으로 높은 생산비를 계산하지 않을 수 없다. 그런데 높은 생산비는 이미 고찰했듯이 이러한 생산의 높은 자본집약도와 상반되는 맥락에서 국지화[113]에 영향을 미친다. 즉, 높은 지대는 임금비용과 마찬가지로 대도시에 고차 중심재가 과도하게 집중되는 것을 막는 동시에 높은 자본투자라는 맥락에서 토지를 이에 상응하여 집약적으로 이용하는 것을 통해, 다시 말해 중심시설을 가능한 대규모로 만들고 이와 함께 중심재의 공급을 확대하는 것을 통해 생산된 개별 재화에 할당되는 높은 토지비용의 비율을 가능한 낮추는 데에도 영향을 미친다. 어떤 경향이 결정적인지는 일반적으로 판단할 수 없다. 하지만 아주 개괄적으로 말하면, 지대는 과도한 집중화에 제동장치로서 작동하며, 따라서 분산화를 가져온다고 할 수 있다.

물론 우리의 관심을 끄는 특수한 사례가 존재한다. 80㎢의 작은 지역을 가진 A중심지는 독특한 지형적 입지 때문에 그 어떤 확장의 여지도 없는 지점으로서, 상대적으로 높은 지대를 보여준다고 가정해 보자. 이로부터 약 10㎞ 떨어져 있는 인접한 지역의 B중심지는 낮은 지대를 갖고 있다고 상정해 보자. 우리가 15㎞의 도달범위를 지닌 중심재를 갖고 있다면, 이 중심재는 어느 한 중심지로부터 이 두 지역 모두에 공급되기에 충분하다.

---

113) 〔역주〕 여기서 말하는 국지화는 광의로 해석할 필요가 있다. 문맥상 국지적 군집화 혹은 집적, 또는 특정한 기능과 활동들의 지역적 집중현상인 지역화(*regionalization*)를 뜻한다.

따라서 이 중심재를 높은 지대를 보여주는 A지점에서 생산하거나 공급할 것인지 아니면 저렴한 지대를 보여주는 B지점에서 생산하거나 공급할 것인지의 선택이 필요하다. B지점에서는 생산비가 상대적으로 저렴하기 때문에 이를 방해하는 별다른 이유가 없다면 B지점이 선택될 것이다. 그러므로 낮은 지대를 가진 지점이 높은 지대를 가진 지점보다 그 발전에서 유리하며 높은 지점을 능가하게 된다. 하지만 이 때문에 중심성이 상승하는 동시에 지대도 상승하며, 결국 두 중심지가 동일한 높은 지대를 갖게 되는 경우가 발생할 수 있다. 그럼에도 불구하고 B는 이제 고차 중심지로서 스스로 계속 발전할 수 있는 이점을 얻게 된다. 따라서 지대가 높은 것은 높은 중심성의 결과가 아니라 오히려 특수한 자연적, 그리고 기타 사정의 결과일 경우에는 중심지는 일반적으로 중심지로서의 발전에서 뒤쳐질 수 있다. 더구나 높은 지대를 가진 중심지 부근에 새로운 중심지가 발전하는 경우도 발생할 수 있다. 물론 이러한 현상은 새로운 중심지가 교통로라는 시설에 의해 유리한 입지조건을 갖추게 될 경우—예를 들어 바덴-바덴(Baden-Baden) 부근의 오스(Oos)처럼 철도의 교차점이 인근에 설치되어 있을 경우—에 나타난다.

보통 거론되는 생산비의 세 가지 주요 요인, 말하자면 자본과 임금과 지대[114]는 중심지의 발전에 의의를 가질 뿐만 아니라 국가 및 지방자치단체의 공과금이나 세금과 같은 기타 비용요인과 협력(조직)의 이점 등도 상당히 중요한 의의를 지니고 있다. 이러한 요인들은, 이를테면 국경 근처의 어떤 중심지에서 세금과 공과금이 인접한 원래의 중심지에 비해 낮을 때, 이 중심지가 중심기능을 흡수할 수 있다는 맥락에서 종종 가시적 영향을 미친다. 이에 관한 예로 들 수 있는 것이 프랑크푸르트(Frankfurt)-오펜바흐(Offenbach), 만하임(Mannheim)-루드비히스하펜(Ludwigshafen), 그리고 바젤(Basel)-뢰라흐(Lörrach) 등이다. 이에 의해 일반적 규칙에 따라

114) 〔역주〕 여기서는 생산비라는 관점에서 살펴 본 것으로서 임금은 노동을, 지대는 토지를 지칭한다.

하나의 중심지에 귀속되는 중심성이 분할되고 인접한 두 개 또는 여러 개의 지점으로 할당된다. 이러한 분할이 개별적인 경우에는 이점을 가져다 주지만, 전체적으로 보면 내내 비경제적이다. 협력의 이점은 무엇보다도 대도시에서 식료품상과 우유협동조합이 공동으로 행하는 대량구매 등을 통해 파악될 수 있다.[115]

경제적 상호관련성을 동태적으로 고찰할 때, 우리는 엄격하게 구분할 수 없는 다양한 형태의 그 무엇과 마주치게 되는데, 이를 무시한다면 모든 사유는 그 근거를 상실하게 된다. 그 무엇인가는 바로 '기술진보'로 일컬어지는 것이며, 이 표현 역시 명확하지 않고 규정되어 있지 않은 것이다. 개별적인 경우에 이는 본래의 기술적 관점뿐만 아니라 조직적 관점에서도 인식할 수 있는 모든 미미한 기술적 혁신과 개선을 말하지만, 크게 보면 이는 인간생활을 한층 편리하게 영위하며 자연을 보다 적절히 이용하고 지배하기 위한 수단이 점차 완성되어 나가는 과정으로서, 인류역사 전체에 걸쳐 추적할 수 있는 사실이다. 따라서 기술진보는 인간이 무엇을 할 수 있는 역량의 범위를 지속적으로 확장시키고 있다. 이 기술진보를 그림으로 묘사해 보면, 그것은 연속적으로 위로 움직이는 곡선으로 표현될 수 있다. 비록 아주 드물고 보통 국지적으로 제한된 범위에서 나타나긴 하지만, 이 곡선이 하강할 수도 있다. 즉, 이는 이를테면 중부유럽의 민족 이동과정에서 고도로 발전한 로마의 기술이 거의 모두 소실된 것처럼 기술적 역량이 망각되는 것을 말한다. 그렇지만 곡선의 기울기가 때에 따라 가파를 수도, 그리고 때에 따라 완만할 수도 있다. 기술진보가 경제과정의 진행에 미치는 영향은 동태적 고찰방법의 가장 중요한 주제 중 하나이며, 이는 특히

115) 오펜하이머는 특히 이 점을 중시하고 다음과 같이 단도직입적으로 지적한다. 즉, 협력의 이점이 결여되어 있어 상대적으로 높은 원가로 생산물에 대한 가능한 이윤획득을 기대할 수 없는 경우에는 '제 2의 도시', 다시 말해 독립적 조합을 가진 지점이 등장한다는 것이다(Franz Oppenheimer: *Theorie usw.*, a. a. O., S. 513).

관계를 단순히 정태적으로 고찰하는 데 만족하는 것이 얼마나 잘못된 것인지를 인상 깊게 보여 준다.

우리에게 기술진보는 주로 점차 증가하는 전문화의 방향에서 말하는 분업과 노동의 세분화의 진전으로 표현된다. 즉, 기술진보는 인간과 동물의 부족한 노동력을 한층 더 능률적인 기계의 역학적 작업능력이 점차 대체하고, 이와 관련하여 생산에서 자본비중의 강화와 노동비중의 축소라는 맥락에서 자본과 노동 사이의 관계가 점차 바뀌어나가는 데서 드러난다. 결과적으로 생산량이 폭발적으로 증가하는 동시에 생산물의 가격이 현저히 하락하고 실천적 지식과 능력이 증가하며, 관습과 한층 본능적이라고 할 수 있는 형성력[116]에 대한 이성의 지배가 확대되는 것으로 나타난다. 요약하고 일반화하여 말하면, 기술진보는 경제와 (인간의) 외적 생활영역이 기술화되고 합리화되는 것을 말한다 — 이와 함께 정신적, 그리고 문화적 생활의 황폐화가 필연적으로 〔뒤따라〕 발생하는 것은 결코 아니다.

이러한 기술진보와 병행하여, 이것과 동일한 심리적 태도와 동일한 정신적 노력과 평가로부터 생겨난 것으로서 생활에 대한 요구의 증가, 재화의 소유에 대한 욕망의 증대, 욕구의 확대와 분화, 외적 생활수준과 아울러 지적 수준의 향상 등이 발생한다.

이러한 발전이 공급 측면에서는 생산과 관련하여 많은 경우 개인적이고 수공업적인 분산재의 생산이 집단적이고 기계적인 중심재의 생산으로 이행하는 것과, 공급 자체와 관련하여 분산적(고객에 맞춘) 공급보다 중심적(시장에 맞춘) 공급을 우선하는 것을 뜻한다. 수요 측면에서 이러한 발전은 분산재보다는 중심재를 선호한다는 맥락에서 욕구와 취향의 변화를 함축하고 있다. 따라서 공급도 수요도 중심지를 우선하고 전반적 도시화가 발생하며, 이는 도시에 거주하는 사람들이 뚜렷이 증가하고 농촌에 거주하는 사람들이 미미하게 증가하거나 오히려 감소한다는 데서 통계적으로

116) 〔역주〕 이성과 반대되는 인간의 감성이나 감정적 행동을 말한다.

잘 표현되고 있다. 물론 기술진보가 향후 수십 년 또는 수백 년 사이에 전혀 다른 방향으로 전개될 가능성을 보여주는 일정한 경향도 나타나고 있다(자동차, 라디오, 전화 등).

이러한 발전이 중심지에서 어떻게 표현되는가? 발전은 모든 중심지에 한결같이 도움을 주는가? 아니면 발전은 대도시, 즉 고차 중심지에 한층 유리하게 작용하는가? 이것도 아니라면, 발전은 지속적으로 상승하는 중심재에 대한 필요를 충족시키기 위해 옛 중심지 곁에 새로운 중심지를 발생시키는가? 기술진보가 공급의 증가를 초래하는 한, 이러한 논점에 대해 이미 설명한 점을 되풀이 할 수 있다. 즉, 발전은 일반적으로 모든 중심지에 한결같이 유용하며, 특히 증가한 공급을 처리하기 위해 새로운 중심지를 발생시킨다는 것이다. 이와 달리 중심재에 대한 수요증가는 기존의 상대적으로 큰 중심지를 우선하는데, 지금까지 발전이 저조한 지역에서도 새로운 중심지가 성립할 수 있다.

그러나 다음과 같은 점을 고찰할 필요가 있다. 즉, 기술진보가 특히 운송비의 인하와 재화의 종류에서 점차 증가하는 전문화, 대량생산에 따른 생산비의 저렴화를 통해 중심재의 도달범위를 확대시키는 효과를 지니고 있다는 점이다. 그 결과, 고차 중심지에서 공급되는 고차에 해당하는 재화의 종류가 지속적으로 늘어나고, 저차 중심재의 고차 중심재로의 전환도 늘어난다. 첫 번째 경우의 예는 새로 등장하는 모든 〔재화의〕 '품목'에서 항상 파악할 수 있으며, 두 번째 경우의 예로서는 이를테면 백화점을 들 수 있다. 백화점의 상품은 고차 중심재이며 넓은 지역에 걸쳐 멀리서도 구입되는 반면, 보통의 소매점에서 공급되는 저차 중심재로서 동일한 상품은 〔백화점에서〕 점점 밀려난다. 의료체계에서 증가하는 전문화도 이러한 예에 속한다. 즉, 전문의가 이제까지 저차 서비스로 일반의가 공급하던 (의료)서비스를 고차 서비스로 제공하는 것이다. 그런데 이러한 사실은 고차 중심지가 저차 중심지에 비해 명백히 우선된다는 점을 뜻하며, 이 점은 주지하다시피 대도시에서의 뚜렷한 인구증가와 소도시에서의 상대적 정체 혹은 감소에서 잘 드러난다.

5) 지 역

어떤 중심지의 보완지역은 개념적으로, 그리고 원칙적으로 이 중심지에서 중심재의 도달범위에 의해 규정된다. 그런데 구체적 예에서는 이러한 '이상적' 보완지역은 현저히 잘려나가 축소된다. 한편으로 전체 지역에 중심재를 보급할 정도로 중심지 상호간의 거리가 정확히 떨어져 있는 매우 유리한 경우에도 인근 중심지의 위치로 말미암아 이상적 원형의 보완지역으로부터 절편은 잘려나간다. 그 결과 중심지체계에서 이상적 형태의 보완지역은 육각형이 된다. 현실의 개별적인 경우에는 이 절편이 종종 보다 넓을 수도 있다. 다른 한편으로 이상적으로 구성된 보완지역은 지표면의 형태와 통행가능성으로 말미암아 근본적으로 수정된다. 그렇지만 이러한 수정은 '도달범위'의 개념 속에서 이미 고려되어 있다. 왜냐하면 도달범위에서 관건이 되는 것은 수학적 거리가 아니라 경제적 거리이기 때문이다.

문제가 되는 중심재의 도달범위가 변하면, **보완지역의 규모**도 변한다는 점은 의심할 여지가 없이 명백하다. 하지만 이러한 경우는 도달범위의 변화에 관한 절에서 논의할 문제이며, 지역의 변화는 결과적 현상[117]에 지나지 않는다. 이와 마찬가지로 중심지의 수가 증가하거나 중심지의 규모와 관련한 유형에 변화가 있을 경우에도 지역의 변화는 결과적 현상에 불과하다. 여기서는 보완지역의 규모가 보여주는 독자적 변화와 이 변화가 가져오는 결과가 무엇인지를 고찰해야 할 것이다. 이 경우 우리는 이를테면 국경조정을 둘러싼 협정과 인접 국가로의 지역 할양 등에 주목하고자 한다.

도시의 판매지역이 새롭게 설정된 경계로 말미암아 축소될 경우, 그 도

---

117) 〔역주〕 여기서 결과적 현상이란 후속현상이나 수반현상을 일컫는다.

시는 심각한 경제적 위기에 봉착할 수 있다는 점은 잘 알려져 있는 사실이다. 중심재를 생산하고 준비하는 데 소용되는 중심지의 전체 장치는 예전과 다름없이 존재한다. 즉, 법인과 회사, 중심재의 생산과 공급에 종사하는 노동력, 토지와 건물(부동산), 기계, 각종 시설 및 재고 등이 그것이다. 그렇지만 수요는 현저히 감소한다. 중심지에서의 자본가치와 소득이 하락하고 중심재의 가격이 떨어지며 중심지는 위기를 겪는다. 특별한 경우에는 국경도시의 중심적 의미가 전부 폐기될 수도 있다.

다른 한편으로 기존의 중심지가 추가된 지역의 일부에 중심재를 공급해야 하는 경우에는 어떤 일이 발생하는가? 이렇게 분할된 일부 지역의 주민들은 이제 통행을 위해 예전보다 훨씬 많은 비용을 지출해야 할 것이며, 따라서 주민들은 중심재를 이전보다 많이 구입할 수 없다. 경계의 한쪽에서 중심지의 약화가 다른 쪽에서 중심지의 강화로 균등화될 수 없으며, 전체적으로 보면 그 어떤 경우라도 중심재의 소비감소가 발생한다. 분할된 지역의 일부에서 보조 중심지가 발전할 확률이 높으며, 이를 통해 중심재의 소비가 다시 늘어난다. 그렇지만 보조 중심지는 결코 유리한 조건을 지니고 있는 것이 아닌데, 왜냐하면 그 (보완)지역이 보조 중심지를 전혀 지지할 수 없기 때문이다.

다음으로 어느 한 지역의 **통행가능성의 변화**가 중심지의 발전에 미치는 영향을 고찰함에서 전적으로 새로운 교통수단이나 기술적으로 완벽한 교통설비가 〔교통여건 또는 상황의〕 개선을 가져오는 경우에 대해서는 고려하지 않으려고 한다. 이 경우 운임문제 등도 함께 관련되어 있기 때문에, 이러한 논제들은 교통의 의의와 관련하여[118] 다루고자 한다. 오히려 동일한 교통수단, 말하자면 도보를 기본으로 하여 지금까지 통행할 수 없었던 어떤 지역에서 습지를 배수 조치하고 도로를 내고 다리를 건설함으로써 이제는 통행할 수 있게 되었다고 상정해 보자. 우리가 앞서 거론한 사례에 따

---

118) 〔역주〕 다음 절의 교통에 관한 부분을 참조하라.

라 이제까지 통행할 수 없었던 지역에서 중심재의 소비가 매년 3,875 회의 진료로 계산되었다면, 통행이 가능하게 됨으로써 그 소비가 5,250 회의 진료로 늘어나게 되었다. 이러한 증가분은 누구에게 유용한가? 이제까지의 중심지에 유용한가 아니면 새로운 보조 중심지에 유용한가?

통행이 불가능한 지역에서는 보조 중심지가 형성되는 경향이 있는데, 개개의 분산적 지점이 현저히 고립되어 있고, 따라서 우리의 사례에서는 분산적으로 거주하는 주민들이 각자 1년에 평균 0.625 회(1,875 회의 진료를 3천 명의 주민으로 나눈 값이다)의 진료만을 받을 수 있다. 반면에 중심지에 거주하는 사람들이 받을 수 있는 진료는 〔연간〕 2회이다. 그런데 그 차이는 상당히 크기 때문에, 어떤 분산적 지점에 중심재를 공급하는 것은 수지타산이 맞는 일이 될 수 있다. 왜냐하면 이 지점에서는 중심재의 소비가 3배 이상이나 갑작스럽게 늘어나고, 그 결과 소비가 재화를 생산하거나 제공하는 일에 존립의 가능성을 부여하기에 충분하기 때문이다. 그러나 이러한 지역이 통행할 수 있게 되면, 각각의 분산적으로 거주하는 주민들에게는 연간 약 1.1회(3,250 회의 진료를 3천 명의 주민으로 나눈 값이다)의 진료가 행해질 수 있으며, 보조 중심지의 형성은 더 이상 〔예전과 같은〕 동일한 성공을 거둘 수 없다. 이는 이 지점에서의 소비가 1.1회에서 2회의 진료로 증가하는 데 그치기 때문이다. 그러므로 통행이 가능한 지역에서는 통행이 불가능한 지역에 비해 보조 중심지를 형성하는 경향이 일반적으로 한층 낮다—주민들의 복지수준은 동일한 것으로 전제한다. 통행이 가능할 경우 두말할 나위도 없이 이 지역의 중심지는 이미 애초부터 2천 회의 진료라는 자신의 소비량을 갖고 있기 때문에 이점을 지니고 있다. 이 중심지는 매출이 높기 때문에 어차피 중심재를 저렴하게 공급할 수 있다면(시장가격을 가진 비용재인 경우에 한하여), 이와 관련하여 다른 지점이 대두하는 것은 불가능하다. 일반적으로 예전에 다소 발전한 보조 중심지도 고사하게 된다. 왜냐하면 저렴하게 공급하는 중심지가 통행가능성이 개선된 상황에서 보조 중심지의 값비싼 공급을 배제하기 때문이다.

한 지역의 자연적 구비조건은 그 자체로 다양한 변화를 겪을 수 있다. 즉, 토지의 비옥도는 과도한 경작이나 관리의 실패로 소모되며, 지하자원의 지층도 고갈될 수 있다. 이는 주민의 빈곤화와 인구유출과 아울러 중심지의 발전에 대해 앞서(인구에 관한 절) 서술한 것과 동일한 결과를 초래할 수 있다. 하지만 한 지역의 자연적 구비조건에 대한 평가의 변화도 이와 비슷한 의미의 〔변화에〕 영향을 미친다. 어떤 지역이 인구를 끌어들이는지 그렇지 않은지에 결정적인 것은 결코 자연적 구비조건 자체가 아니라 경제적으로 유리하게 이용할 수 있는지 그렇지 않은지의 관점에서 본 토지와 지하자원에 대한 평가[119]이다. 예를 들어, 인간이 석탄의 유용성을 알지 못하는 한 석탄은 아무런 가치가 없으며, 따라서 사람들을 유인할 수 없다. 한편으로 기술진보가 새로운 이용기법을 가능케 하고, 그래서 예를 들어 이제까지 아무런 가치가 없었던 토지가 갑작스럽게 큰 가치를 지니게 되거나 사람들이 고산지대의 경관을 인식하고 이를 방문하는 방향으로 이를테면 취향의 변화가 발생할 경우에는 이를 통해 자연자원에 대한 평가는 제고될 수 있다. 그러나 다른 한편으로 그 평가가 하락할 수도 있는데, 이를테면 연료로서 석탄과 건축재료로서 철과 콘크리트가 우선적으로 사용됨으로써 산림에 대한 평가는 하락한다. 이러한 사실은 이미 지적한 결과적 현상과 더불어 한편으로 주민의 증가와 부유화를, 다른 한편으로 주민의 감소와 빈곤화를 초래한다. 하지만 이러한 결과가 구체적 예에서 무조건적으로 나타나는 것은 아니다. 왜냐하면 예를 들어 빈곤화로 지역에 낮은 임금을 요구하는 유리한 노동시장이 발전하고, 이로 말미암아 다른 산업이 유인될 수 있기 때문이다. 또는 지역의 자연적 구비조건에 대한 높은 평가는 지대를 종종 투기적일 정도로 앙등시키고, 이로 말미암아 주민 전체가 부유하게 되는 것을 방해한다. 그리고 인구유입으로 말미암아 주민의 증가가 급격하여 부유화가 나타나는 것이 아니라, 오히려 임금하락의

119) 〔역주〕 자연적 조건이나 여건 자체보다는 경제성과 사회적 가치규범, 그리고 문화 등이 관건이 된다는 것이다.

압력이 발생하기도 한다. 또한 고갈되고 평가절하된 토지임에도 불구하고 인구유출이 격심하여 소수의 잔류하는 주민들은 부유하게 남아 있을 수도 있다.

6) 교 통

여기서는 중심지의 발전에서 교통이 지닌 의의를 동태적 관점에서 고찰하고자 한다. 우선 일반적으로 다음과 같이 말할 수 있다. 즉, 교통(비)의 저렴화는 특정 종류의 재화를 조달하는 데 가용할 수 있는 소득 중 재화 자체에 지출할 수 있는 비중이 (예전보다) 높아지고 운송비 등에 배분할 수 있는 비중은 떨어진다는 것을 뜻한다. 또한 교통의 안정성과 편리성이 제고되면, 극복해야 할 거리와 이에 따른 불편 때문에 이러한 재화들을 상대적으로 빈번히 구입하려는 점과 관련하여 발생하는 〔심리적〕 저항은 감소한다. 더 많은 중심재를 조달하게 되는 이러한 이중적 경향은 기술진보에 의해 한층 강화되는데, 왜냐하면 기술진보는 재화를 저렴하게 생산할 수 있도록 하기 때문이다. 그런데 이것은 중심재와 관련하여 이제까지 이미 중심적으로 생산되거나 공급된 재화의 소비를 증가시킬 뿐만 아니라 이제까지 분산적으로 생산된 재화를 금후에 큰 이점을 갖고서 중심적으로 생산하거나 공급할 수 있는 결과를 초래한다. 따라서 같은 종류의 중심재의 양이 증가할 뿐만 아니라 중심재의 종류도 증가하며, 이는 상당한 정도로 도시를 우선시하고 중심지가 성장하는 것을 뜻한다. 동시에 이는 인구분포의 변화에 따라 중심지에서 인구의 조밀화와 분산지에서 인구의 정체 또는 감소를 초래하며(분산적 생산에서 중심적 생산으로의 이행으로 농촌의 노동력이 이출한다), 이를 통해 중심지의 발전은 한층 제고된다.

이러한 점은 교통체계에서 〔기술 등의〕 진보에 따른 영향과 관련하여 일반적으로 언급할 수 있는 사실이다. 그런데 이 경우 특수한 문제가 존재한다. 80㎢의 지역에 예전의 도로교통에 유리했고 따라서 예전의 〔정치사회적으로] 큰 불안상태에서 유리했던 입지, 다시 말해 고지대의 위치와 산록 또는 산꼭대기의 위치, 그리고 계곡이 사행하기 때문에 이를 피해 조성되는 육로에 접하고 큰 계곡 가까이에 있는 고지대에 중심지가 자리잡고 있다고 가정해 보자. 평지나 계곡에 철도가 건설되면, 이러한 중심지를 위한 철도역은 아마도 이로부터 3~4 시간 정도 떨어진 곳에 설치될 것이다. 이 사실이 중심지에 어떤 영향을 미치는가?

철도역은 그 자체로서 이미 중심시설이다. 이 근처에 여관이 개업할 것이며, 아마도 우체국도 들어서고 농업협동조합의 창고와 같은 것도 분명히 자리잡게 될 것이다. 우리는 이런 방식으로 이미 서너 종류의 중심재를 갖게 되는데, 이러한 재화는 간단히 철도역 지점에서 공급되는 것이지 중심지에서 공급되는 것은 아니다. 우리는 철도역 지점을 이미 보조 중심지로서 간주할 수 있다. 중심지 자체에 거주할 필요성이 그다지 절실하지 않는 수의사도 이곳으로 이주할 것이다. 왜냐하면 수의사는 도시주민들을 고객으로 삼지 않기 때문이다.[120] 더구나 건축 자재상과 석탄상, 운송업자들도 이에 가세할 것이며, 아울러 철도 공무원의 주택과 부속점포도 뒤따를 것이다. 이 지점은 결국 이러한 방식으로 중심지가 될 수 있다. 그렇다면, 이제까지의 중심지에서는 무슨 일이 발생하는가? 기존의 중심지에서는 종래의 중심시설, 즉 상점, 의원, 세무서, 파출소 등이 유지될 것이다. 왜냐하면 이러한 시설들의 고객층은 대부분 중심지 자체에 거주하며, 이러한 시설들은 철도교통, 특히 화물운송에 별로 의존하지 않기 때문이다. 하지만 중심시설의 증가는 특별한 경우에만 나타나는데, 말하자면 그러한 새로운 시설을 이용하는 고객층이 주로 도시에 거주할 경우이다. 이밖의 경우에는 철도역 지점이 대개 우위를 점한다. 그렇지만 이와 전혀 다른 사실이 결정적 의의를 지니고 있는 듯하다. 철도역 주변에 자리잡고 있는 모든 분산적 지점은 철도를 통해 연결되기 때문에 철도로부터 너무 멀

120) [역주] 오늘날과 전혀 다른 당시의 상황을 말하고 있다.

리 떨어지지 않은 곳에 자리잡은 고차의 중심지에서 〔재화를〕 구입할 가능성을 갖고 있으며, 이는 많은 경우 이전보다 유리하다. 이러한 중심지에 이르는 노정이 킬로미터로 표시할 경우에는 상당히 멀지만 저렴하고 편리한 철도를 이용할 경우에는 경제적으로 '한층 더 가까운' 것이 된다. 특히 이러한 고차의 중심지에서는 중심재의 가격이 상대적으로 저렴하고 재화의 종류도 많으며, 따라서 한 번의 통행에 드는 비용으로도 다양한 종류의 재화를 동시에 구입할 수 있다는 점을 고려한다면, 중심지는 가까이에 존재하는 것이 된다.

따라서 저차 중심지를 직접 경유하지 않는 철도연계는 저차 중심지를 이중적으로 약화시키는 것을 뜻한다. 말하자면, 이는 철도역 부근에 보조 중심지를 발생시키는 것과 중심재의 소비를 인접한 고차 중심지로 유출시키는 것을 통해서이다. 이러한 철도연계가 철도역 지점과 관련해서는 이를 보조 중심지로 발전시키거나 지금까지의 중심지와 공동의 보완지역을 갖는 중심지로 발전시키게 된다. 이는 결국 인접한 대도시를 보다 강화하는 것이 된다. 따라서 이 경우에도 이미 다른 관련성에서 확인했듯이, 소도시의 희생을 바탕으로 한 대도시의 우위를 엄정한 경제적 고찰을 통해서도 다시 한번 확인할 수 있다.

자동차 교통의 융성은 또 하나의 흥미로운 예이다. 그 의의는 자동차 교통이 낮은 밀도의 철도노선과는 상이한 종류의 교통기관으로서, 재화의 적환이 행해지는 어느 정도의 간격을 두고 있을 뿐인 정류장으로부터 교통을 해방시킨다는 사실에 있다. 그러므로 자동차 교통은 보다 기동적이고 일반적이며 여러 가지 측면에서 저렴하다. 사람들은 자동차 교통이 〔무엇인가를〕 분산시키는 효과를 갖고 있다고 말하는데, 이는 중심지들을 필연적으로 우선하며 따라서 중심지가 의미를 얻도록 하는 철도교통과는 중요한 대조를 이룬다는 점에서 틀리지 않는 지적이다.

우리는 자동차 교통의 분산화 경향을 어떻게 이해할 수 있으며, 이 경향은 어떻게 작용하는가? 이와 관련하여 주로 두 계열의 과정을 구별할 수 있다. 즉, 고객의 서비스에 자동차를 활용하는 것과 중심시설이 존재하는 지점에 집배자로서 자동차를 활용하는 것이다. 이 두 계열은 서로 상이한 작용을 갖고 있다. 배달용 차량으로서 자동차는 상대적으로 유리한 시장, 다시 말해 일반적으로 큰 중심지에 이점을 가져다주는 반면, 상대적으로 작은 시장에는 불리하게 작용한다. 왜냐하면 자동차를 통한 〔배달의〕 신속성과 간편함은 큰 중심지로부터 공급되는 재화의 경제적 도달범위를 제고시키기 때문이다. 하지만 소비가 적은 작은 중심지에서는 자동차의 활용이 전혀 수지타산을 맞출 수 없다. 그러나 배달하는 창고는 결코 소비가 최대인 지점에 입지할 필요가 없으며, 그 입지는 유리한 생산조건이 운송비의 증가를 능가하는 분산적으로 자리잡은 생산지일 수도 있다(배달이 공장에서 직접 행해지고, 도시의 물류창고에서 행해지지 않는 경우). 따라서 이제까지 중심적으로 공급되었던 어떤 종류의 재화가 배달용 자동차를 통해 점점 폭넓게 분산적으로 공급된다. 바꿔 말해 중심지, 특히 저차 및 최저차 중심지가 전반적으로 감소하는데, 이 점은 이러한 중심지들을 필요로 하지 않기 때문이다(예를 들어, 빵은 대형 빵공장으로부터 멀리 떨어진 지역까지 공급되며, 이 공장이 반드시 중심적으로 위치하는 것은 아니다).

또 다른 계열의 과정은 자동차의 집배용 서비스이다. 자동차는 대도시의 중심적 작업장, 행정기관, 유흥지로 노동자들과 방문객들을 편안하게 데려다 준다. 분산적 지점에 거주하는 것보다 중심지에 거주하는 것이 지닌 이점은 감소한다. 이로 말미암아 도시는 서서히 일정 정도까지 해체될 수 있으며, 적어도 그 집중도는 완화될 수 있다. 하지만 일상적 필요를 충족시켜 주는 대부분의 저차 중심재는 노동장소가 아니라 거주지에서 조달된다 — 재화가 배달용 자동차로 운반되지 않는 한 그러하다. 이에 반해 고차 중심재는 한층 광범위한 사람들에 의해 요구되며, 따라서 이를 공급하기 위한 중심지의 의미는 제고된다. 따라서 이러한 경향 때문에 주로 고차 중심지가 고차의 재화와 관련해서 유리하게 발전하고 저차의 중심재와 관련해서는 불리하게 된다.

7) 중심재의 도달범위

이미 정태이론에서 〔어느 한〕 중심지로부터 공급되는 중심재의 도달범위가 부단히 변할 수 있음을 지적했다. 도달범위를 규정하는 요인, 따라서 무엇보다도 네 가지 주요 요인, 즉 중심지의 규모와 의미, 구매자의 가격지불의지, 주관적인 경제적 거리, 그리고 재화의 종류와 수량과 가격 등의 변화는 도달범위의 변화에 영향을 미친다. 적어도 이상적 도달범위(고립적으로 파악되는 중심지에서 살펴 본)의 변화는 언제나 발생하는 반면, 실질적 도달범위(다수의 중심지가 서로 경쟁하는 상황에서 형성되는)는 언제나 즉각적 변화를 반드시 겪지 않는다.

이제까지 설명한 바에 따라 중심지가 지닌 의미의 변화가능성에 대해 확실히 충분한 이해를 얻었을 것으로 생각된다. 오히려 지나칠 정도가 아닌지 싶다. 다시 말해 급속하거나 근본적인 의미의 변화에 대응하는 장애가 때로는 대단히 강력하며, 이 때문에 때로는 변화가 전혀 발생하지 않는 경우도 있다. 특히 이러한 경우는 이러한 변화를 조건짓는 과정이 일시적인 것에 지나지 않을 때이다. 이 경우 일시적인 국지적 경제불황 또는 호황만이 중심지에서 관찰된다. 이로 말미암아 중심적 영업이 사라지는 결과는 직접적으로 발생하지 않는다. 오히려 이 영업은 그 지점에 머물면서 침체를 겪고 운영에 제한받으면서 불황기를 이겨내게 된다. 이와 마찬가지로 호황기에도 새로운 영업자들이 즉각 대량으로 유입되는 것은 아니다. 그렇지만 또 다른 과정들이 대체로 완만하게 진행되며, 따라서 이러한 과정들은 종종 관찰되지 않으며, 역사적으로 되돌아 볼 때 비로소 그 작용이 분명히 드러나게 된다. 위에서 언급한 어떤 사실이 거침없는 영향력을 행사하는 현상을 저지하는 장애로서 작용하는 것은 때로는 보다 부정적인 성질의 것일 수도 때로는 보다 긍정적인 성질의 것일 수도 있다. 다시 말해, 어떤 경우에 이는 고도의 합리성이 관철되는 것을 방해할 수도 있고, 어떤 경우에 이는 보다 일시적인 변동이 파국적이거나 아니면 급격한 영향을 불러일으키는 것을 저지할 수도 있다는 것이다. 전자의 유형에 해당하는 장애로서는 이를테면 합리적인 최선의 조직과 생산형태에 대한 무지, 생산과 취향에서의 전통, 그리고 경제의 합리적 조절을 가격메커니즘만으로 행하거나 이 메커니즘이 제대로 작동하지 않을 때 이를 대체하는 것을 고안한다는 자본주의적 경제체제의 수단으로서 광고와 기업합동, 독점계약 등이 있다. 후자의 유형에 해당하는 장애로서는 영업상의, 그리고 기타 경제적 연계관계를 유지하도록 하는 어떤 관행, 개인적 적응력, 기업의 독창성과 조직력, 그리고 경제상황의 변화에 대한 주민들의 적응력과 부분적으로 앞서 언급한 각종 현상 등이다.

중심지가 지닌 의미의 변화는 직접적으로 중심재가 보여주는 도달범위의 변화에 영향을 미치지만, 그 영향도 원래 우리가 살펴 본 것처럼 갖가지 종류의 중심재가 '일시적으로', 다시 말해 통행비용을 단 한번 지출하는 것을 통해 얻을 수 있는 것으로부터 발생한다. 그렇지 않으면 중심지의 의미변화는 언제나 구매자의 가격지불의지의 변화와 거리(주관적인 경제적 거리)에 대한 평가의 변화로서 또는 중심재의 가격변화로서 표현된다. 그렇지만 중심지에서 공급되는 재화의 종류가 늘어나거나 감소함에 따라 나타나는 결과는 곧 중심지가 지닌 의미의 증감을 뜻한다. 이에 따라 중심지에서 공급되는 모든 재화의 도달범위도 확대되거나 축소된다. 이렇기 때문에 중심지의 의미는 재화의 종류가 증가하거나 감소하는 경우의 소비량만큼이 아니라 이보다 훨씬 상승하거나 하락한다.

중심재의 도달범위에 영향을 미치는 제 2의 요인은 **구매자의 가격지불의지**이다. 이 가격지불의지, 다시 말해 특정한 중심재에 대해 일정한 최고가격을 지불하려는 소비자의 성향은 부단히 변한다. 왜냐하면 이것은 한편으로 중심재를 손에 넣기 위해 전체적으로 지출하는 화폐량에 좌우되지만, 다른 한편으로 중심재 자체에 지출되는 화폐량의 일부와 통행을 위해 지출되는 화폐량의 일부에 각각 의존하기 때문이다. 특히 후자의 경우에는 중심재 자체에 대한 평가와 통행에 대한 평가가 개인적으로나 지역적으로나 다를 수 있다. 왜냐하면 이 두 가지 측면에 대한 평가는 반드시 같은 동기에 기반을 두는 것이 아니기 때문이다. 무엇보다도 통행에 대한 평가는 종종 화폐가치로 명확히 표현되지 않으며, 이 경우에는 불편함과 피곤함 등이 중요한 역할을 하기 때문이다. 구매자의 가격지불의지가 미치는 영향과 관련된 개별적 논점에 대해서는 아래에서 주관적인 경제적 거리의 효과를 서술할 때 자세히 살펴보고자 한다. 일반적으로 가격지불의지의 상승은 도달범위를 확대시키고, 그 저하는 도달범위를 축소시킨다고 말할 수 있다.

다음으로 중심재의 도달범위에 영향을 미치는 제3의 요인은 **주관적인 경제적 거리**이다. 이 요인의 변화를 우리는 다음과 같이 구분할 수 있다. 즉, ① 객관적 사실의 변화, 즉 화물과 여객의 운임(일반적 또는 지역적 변화가 있으며, 후자의 경우에는 특히 새로운 교통시설의 건설에 따라 변화가 나타난다), 교통의 안전성과 이에 따른 보험료(한 국가 전역에 걸친 일반적 안전성 또는 교통수단 특유의 기술적 안전성), 화물의 적환방식(이를 통해 예를 들어 적환이 신속하게 이뤄지고 창고료의 절감이 발생한다), 신속성(시간절감)과 기타 기술적 장비(냉동차의 도입)의 변화와, ② 주관적 사실의 변화, 다시 말해 지향하는 기호의 변화(새롭게 출현한 중심재의 종류는 다른 종류보다 선호되고, 소비자들에게 '한층 친근한' 것이 된다)와 소득상황의 변화(소득수준의 일반적 변화 또는 소득분포의, 이를테면 균등화나 현저한 분화라는 맥락에서의 변화), 직업의 변화(이를테면 농업에 종사하는 인구의 감소와 상업 및 공업에 종사하는 인구의 증가 또는 전체 인구에서 연금생활자가 차지하는 상대적 비중의 증가), 세계관의 변화(유물론인가 아니면 관념론인가) 또는 시대에 대한 평가의 변화(이를테면 러시아 또는 중동의 유럽화가 진전됨에 따라 이러한 국가들에서는 그와 같은 시대를 높이 평가하고 있다)로 구분된다.

객관적 사실은 운송비로, 다시 말해 화폐가치로 표현된 운송 이점으로서 분명히 파악된다. 운송비가 하락하면 재화의 도달범위가 확대되고, 운송비가 상승하면 재화의 도달범위가 축소된다. 주관적 사실은 이만큼 명백하게 인식되지 않지만, 이것도 중심재가 보여주는 도달범위의 확대와 축소에 질적으로 동일한 방향으로 작용한다. 하지만 도달범위가 확대되면, 결과적으로 이제까지 전체 지역에 〔재화를〕 공급하기 위해 아마도 모든 저차 중심지로부터 공급되어야만 했던 해당 중심재가 보다 대량으로 공급할 수 있는 상대적으로 중요한 중심지로부터 공급될 수 있다. 이 경우에는 상대적으로 큰 지역이 도달범위 내에 자리잡게 된다. 그렇지만 생산 또는 공급의 집중이 더욱더 진행됨에 따라 일반적으로 가격의 하락이 나타나고, 이는 재화와 관련하여 저차 중심지에 대한 고차 중심지의 우위를 초래하며, 따라서 상대적으로 작은 시장들은 소멸한다. 역으로 도달범위의 축소는 전체 지역이 이제까지의 공급지에 의해 더 이상 중심재를 공급받지 못하고, 그래서 추가적인 공급지가 순위상으로 점점 저차를 향해 설치되어야 하는 가능성을 뜻하며, 이는 다름 아닌 저차 중심지의 강화 또는 새로운 중심지나 보조 중심지의 발생을 함축하고 있다.

위에서 언급한 것은 이상적 도달범위의 변화와 관련된 것으로서, 그 변화는 일정한 전제하에서만, 예를 들어 일정한 중심재의 공급에서 이제까지의 중심지가 탈락하거나 새롭게 참여하는 경우에서만 동시적으로 실질적 도달범위의 변화를 가져온다. 하지만 두 개의 기존 중심지가 한 지역에 대한 공급을 둘러싸고 서로 경쟁할 경우에는 중심지의 수가 변하지 않아도 실질적 도달범위가 변할 수 있다. 이때 경제적 거리의 변화라는 객관적 원인은 별로 중요한 역할을 하지 못한다. 왜냐하면 두 개의 서로 경쟁하는 중심지는 일반적으로 이러한 원인들의 영향을 균등하게 받기 때문이다. 예외는 새로운 교통로와 교통시설의 건설, 국지적 특별요금(예를 들어, 항만요금)의 설정, 국지적 적환 및 창고상황의 개선, 우회 또는 거리의 단축을 뜻하는 정치적 경계의 이동 등이다. 이에 반해 종종 주관적 원인이 국지적으로, 따라서 특정한 중심지에 유리하거나 불리하게 작용하는데, 이를테면 소득상황의 변화(예를 들어, 섬유공업지역의 양호한 발전)나 인구구조의 변화(이제까지의 농업지역이 공업화되는 것)가 이에 해당한다. 이에 따라 거리에 대한 평가가 국지적으로 달라진다. 거리에 따른 비용과 수고가 상대적으로 낮게 평가되는 때에는 특히 대도시의 인근지역인 경우 중심재가 한층 큰 도달범위를 갖게 되며, 결과적으로 고차 중심지의 발전에 유리하게 작용한다. 따라서 이러한 발전이 진행되면, 고차 중심지에 인접한 상대적으로 그 의미가 떨어지는 중심지는 중심적 지위를 점차 상실하고, 결국에는 전체적으로 중요한 지점에 의해 밀려나거나 흡수될 수도 있다.

중심재의 도달범위를 규정하는 네 번째 요인은 생산지 또는 중심적 공급지에서 중심재의 가격이다. 이와 관련하여 두 가지의 경우로 구분할 수 있다. 그 하나는 가격이 전국에 걸쳐 균등하게 변하는 경우이다. 이를테면 기계적 생산으로 말미암아 이제까지 수공업적으로 생산된 제품의 생산비가 하락하거나 조세정책으로 생산비가 상승하거나 아니면 대량실업의 결과로 수요가 감소하는 경우이다. 이 경우 가격변화에 직면한 재화의 도달범위는 이에 따라 변하게 된다. 물론 수요가 탄력적인 경우(절실하게 필요로 하지 않는 재화)에는 수요가 비탄력적인 경우(절실하게 필요로 하는 재화)보다 그 변화의 정도가 크다. 경우에 따라서는 중심적 생산이 분산적 생산으로 이행되거나 또는 그 반대의 양상이 발생함으로써 도달범위가 변하게 된다. 더구나 고차 중심재가 저차 중심재로 변하거나 아니면 그 반대의 양상이 발생할 수도 있다. 하여튼 이때 가격변화와 아무 관련이 없는 다른 종류의 재화가 지닌 도달범위도 함께 영향을 받는데, 왜냐하면 공급되는 재화의 종류가 변하기 때문이다. 또 하나는 가격이 전국에 걸쳐 변하는 것이 아니라 지역적으로 또는 국지적으로만 변하는 경우이다. 이때는 도달범위가 거의 예외 없이 변하고, 이에 따라 상대적으로 높은 가격을 가진 지점의 희생 속에 저렴한 가격을 가진 중심지가 유리하게 발전한다.

또한 중심지에서 공급되는 재화의 수량이 변하고, 이에 따라 중심재의 도달범위가 변할 수도 있다. 수량이 주어져 있는 재화, 즉 희소재인 경우에 수량의 변화가 이러한 재화의 도달범위에 결정적 영향을 미친다. 가변가격을 지닌 희소재인 경우에는 수량의 변화는 가격의 변화로 즉각적으로 표현되며, 따라서 이 경우에는 그 어떤 새로운 일도 발생하지 않는다. 그렇지만 확정가격을 지닌 희소재인 경우에는 공급의 증대가 도달범위의 확대를, 그리고 공급의 감소가 도달범위의 축소를 야기한다. 즉, 지역의 경계지대에서 구매자의 유입과 유출이 발생하는 것이다.

도달범위의 상한 — 우리가 도달범위에 관해 언급할 때 이제까지 주목했다 — 이 끊임없이 변하듯이, 도달범위의 하한도 변한다. 그러나 하한은 어떤 중심지에서 중심재를 생산하거나 공급하는 것이 수지타산을 맞추기 위해 최소한으로 필요로 하는 중심재의 소비량에 의해 결정된다. 그런데 소비는 인구분포, 인구의 소득상황과 욕구, 중심재의 가격 등에 좌우된다. 이러한 요인들 중 어느 하나가 변하면 실질적 소비가 변하고 도달범위의 하한도 이에 상응하여 변한다. 그렇지만 어떤 중심지에서 도달범위의 하한이 축소되면 문제의 재화가 인접한 다른 중심지에서 공급될 가능성이 발생하고 새로운 중심지가 형성될 수도 있다. 이것이 아니라면 기존 중심지의 의미는 상승한다. 도달범위의 하한이 확대되면 인접의 취약한 중심지가 소멸하거나 적어도 그 의미는 약화된다. 여러 개의 중심지가 서로 경쟁하는 경우에는 — 우선 특정 종류의 중심재와 관련하여 — 도달범위의 하한이 가장 낮은 중심지가 승리한다. 그렇지만 이후로는 일반적으로 이곳에서 공급되는 다른 종류의 중심재에서도 하한이 후퇴한다. 왜냐하면 이러한 중심재의 의미는 상승하지만, 한 지점의 성장은 그 도달범위의 하한을 축소시키기 때문이다.

8) 동태적으로 살펴 본 중심지체계

정태이론에서 전개한 중심지 도식은 유난히도 엄격하고 완전히 고정된 것처럼 여겨진다. 즉, 중심지의 입지와 수가 거의 결정되어 있고 중심지의 전형적 규모는 너무나도 명백하여 중간단계가 전혀 있을 수 없으며, 그리고 중심지 상호간의 간격도 이 중심지체계의 몇몇 고정점 또는 윤곽이 주어졌을 경우에는 언제나 동일하다는 것이다. 이러한 도식이 변한다는 것이 도대체 가능한 일인가? 이러한 경제적 사실도 지속적으로 변할 수 있는가? 이럴 경우 어디에 〔새로운〕 발전의 여지가 존재하는가?

중심지체계는 오직 저차에서 고차에 이르는 수많은 종류의 중심재가 존재하며 각각의 중심재가 특유의 도달범위를 갖고 있다는 점에 입각하고 있다. 중심재 특유의 도달범위는 시간적으로, 그리고 장소적으로 상이하며, 앞 절에서 살펴 본 것처럼 도달범위를 규정하는 요인 중 어느 하나가 변하면, 이에 따라 끊임없이 변한다. 개인이 태어나고 죽고 직업을 바꾸는 것도 유행이 변하는 것도 특정 재화에 대한 개인의 일회적 희망도 모든 발명도 모든 새로운 세금 등도 비록 그 정도는 미미할지라도 중심재가 지닌 도달범위의 크기에 영향을 미친다. 그리고 어떤 지점에서 어느 한 중심재의 도달범위가 변하면, 중심지체계 내에서 변화가 나타나는 것도 틀림없는 사실이다. 물론 중심지체계의 합리적 도식 자체가 변하는 것이 아니라 중심지체계에서 기준이 되는 크기만 변한다. 이때 한편으로 중심지 상호간의 간격이 관건이 되지만, 다른 한편으로 중심지의 전형적 규모도 문제가 되며, 이밖에도 중심지의 입지와 수의 변화도 문제가 된다.

이하에서는 방법론적으로 이제까지와 상이한 방법을 추구하고자 한다. 말하자면 이제까지 우리의 이론은 단순하고 정도의 차이가 있으나 〔개개의〕 고립적 사실, 즉 인구, 중심재의 종류와 수 등을 고찰의 출발점으로 삼고 정태이론에서 그 상호관계를 논의하고 동태이론에서는 단순한 〔어느 한〕 사실이 변할 때 중심지에서 나타나는 중요한 결과를 전개하는 등 종합적 방법을 추구했다면, 이제부터는 구체적 현실로 옮겨가기 위해 우선 복합적 현상에서 출발하여 이를 설명하는 데 도움을 주는 요인과 과정들에 대해 문제를 제기하려고 한다. 따라서 우선 분석적 방법을 적용하고자 한다 — 하지만 이 경우에도 '이론'이 요구된다. 다시 말해 이상적이긴 하나 현실에서 종종 복합적 현상을 가정하고, 따라서 가설적으로 설정하며 그런 연후에 이러한 현상을 유발하는 요인들을 도출하고자 한다.

우리는 중심지체계를 하나의 규범으로 전제한다. 중심지의 입지가 어떤 경우에, 그리고 무엇에 의해 도식에서 말하는 입지와 달라지는가? 어떤 사정이 도식에 부응하는 입지와 〔다른〕 편차를 발생시키며, 도식에 따른 그러한 입지에 이르는 것을 방해하는가? 도식으로부터의 편차를 야기하는 순수한 지리적 요인들, 이를테면 지형, 지질, 식생, 기후 등은 순수한 역사적, 정치적, 민족적, 개인적 이유 등과 마찬가지로 우리의 고찰에서 제외된다. 여기서는 경제학적 이론으로 설명할 수 있는, 따라서 순수하게 또는 우선적으로 경제적으로 조건지워진 변화만을 고려한다. 반면 〔다음에 살펴 볼〕 지역편에서는 이론적 도식이 구체적인 경우에서 실현되지 않을 수도 있다는 점을 보여줄 필요가 있을 때, 그 어떤 것이든 경제 외적 요인들에 관해서도 언급할 것이다.

중심지의 위치가 도식 위에 주어진 지점에서 미약하게나마 벗어나는 것은 인구의 불균등한 분포로 발생할 수 있으며, 따라서 예를 들어 산간 계곡의 하부에 주민들이 많이 거주하고 상부에는 주민들이 적게 거주하거나 전혀 거주하지 않을 때 중심에서 벗어난 중심지의 위치가 유리한 것이 된다. 이는 분명 기하학적 중심지의 위치라기보다는 인구의 무게중심, 더 정확히 말해 인구가 많고 적은 상태를 기준으로 한 무게중심에 해당하는 위치이며, 경제학적 관점에서 보더라도 중심에 한층 가까운 위치이다. 게다가 다음으로 고려할 점은 도식에서 기초로 삼는 거리가 실제로 수학적 거리가 아니라 경제적 거리라는 것이며, 이것도 단순히 시간비용에 따른 노정이 아니라 주관적으로 평가된 시간비용의 노정이라는 점이다. 이에 따라 경제학적 도식은 순수한 기하학적 도식과 연역적으로 손쉽게 확인할 수 없는 편차를 보여주지만 전체적으로 상당한 왜곡이 드러난다. 이러한 왜곡은 고대 또는 중세의 지도에서 찾아 볼 수 있는데, 이러한 지도는 도보 행진 또는 항해시대를 통해 확인된 노정의 망에 바탕을 두고 있다. 이 경우에는 종종 '피곤한'(단조롭고 눈이 많이 내리고 모래가 있는) 경관에서 하루의 도보행진이 '활기찬' 경관에서의 도보행진보다 주관적으로 훨씬 멀리 느껴질 수 있다. 그렇지만 우리는 객관적인 경제적 척도, 즉 길이와 면적의 척도(후자의 경우에는 인구수에 의해 함께 규정된다)를 도식의 기초로 삼는데, 이때 우리는 단순화를 위해 수학적 척도를 원용한다(12, 21, 36㎞ 등의 원과 400, 1,200, 3,600㎢ 등의 큰 지역). 이에 따라 발생하는 편차는 개별적 사례에 의거하여 고찰하게 된다.

그러나 중심지의 분포를 규정하는 세 가지 원칙이 경쟁하는 데서 발생하는 중심지의 입지적 편차는 대단히 중요하다. 이 경우 주지하다시피 교통원리는 보급원리와 근본적으로 다른 중심지의 입지를 초래한다. 여기서 상당히 폐쇄적 상태의 자급자족적인 어떤 국가에서 중심지망이 순수하게 보급원리에 따라, 즉 〈그림 1-1〉의 도식에 따라 구성되어 있다고 가정해 보자. 이 국가가 국제무역에 발을 들여놓고, 이에 따라 원격교통에 관여하고 이 국가의 대도시가 장거리 철도를 통해 서로 연결되며, 국외의 대도시들과도 장거리 철도로 연결되어 있다고 상정해 보자. 이 철도는 정태이론에서 시사한 것처럼 중간규모의 도시들과 연결되지 않은 채 필연적으로 그 옆을 지나치게 된다. 이 중간규모의 도시들은 이제까지 중심지가 지닌 의미의 순위에서 2위에 해당하는 도시들이었지만 교통상으로 불리한 상황에, 그리고 이제까지 중요하지 않았던 도시들은 장거리 노선 위에 놓이게 됨으로써 유리한 상황에 처하게 된다. 이에 따라 어떤 일이 발생하는가? 우리는 이 과정을 개개의 시간적 단계로 적절히 나눠 살펴보고자 한다.

제1단계에서는 우선 상대적으로 대규모의 장거리 노선, 이를테면 이 (중심지) 체계의 G-지점을 연결하는 노선이 부설된다 — 이 과정이 역사적으로도 첫 번째 단계인지 그렇지 않은지는 중요하지 않으며, 오히려 여기서는 하나의 사례에 지나지 않는다. K-지점이 중요한 거점이 되고, 이제까지 중간규모의 도시, 즉 B-지점으로부터 공급받은 많은 재화들은 이후로 이보다 작은 K-지점에서 한층 유리하게 판매된다. 따라서 K-지점은 발전하고 B-지점은 정체하거나 쇠퇴하게 된다.

제 2단계에서는 철도망이 조밀해지고 B-지점도 지선을 통해 G-지점과 연결되며, 비록 K-지점만큼 유리하지는 않지만 비교적 유리한 상황에 놓이게 된다. 그런데 제 1, 2단계 사이에 놓여 있는 시간간격이 상당히 긴 경우에는 K-지점이 교통상의 독자적 위치로 말미암아 이 국가에 중심재를 대부분 보급하는 일 — 따라서 특히 철도를 통해 반입되고 중심지로부터 배분되는 그러한 재화들을 보급하는 일 — 을 떠맡게 되며, 이렇듯 B-지점의 운명이 결정된다. B-지점은 우선 B-지점 자체에서 생산되지만 외부로부터 반입되지 않는 원료를 필요로 하는 중심재를 갖게 된다. 제 1, 2 단계 사이의 시간간격이 대단히 긴 경우에는, 그래서 그 사이에 인구가 늘어나고 복지수준이 높아진 K-지점은 이제까지 B-지점에서 행해지던 재화의 일부를 생산하는 일을 떠맡게 된다. 왜냐하면 생산을 새로운 인구 중점에서 행하는 것이 매우 유리하기 때문이다. 이에 반해 제 1, 2 단계 사이의 시간간격이 길지 않을 경우에는 교통망의 건설이 급속히 진행되고 이렇듯 B-중심재의 공급을 K-중심재의 공급으로 전환시키기에는 시간이 충분하지 않다. B-지점은 그 의미를 유지하거나 확대시키는(보통 상대적으로 큰 지점이 경쟁에서 이기는 원칙에 따라) 반면, K-지점은 보다 발전하지만 B-지점과 어깨를 겨룰 정도까지는 발전하지 못한다.

이 점에서 우리가 알 수 있듯이, 교통체계의 발전은 서서히 진행되고 장거리 노선이 우선시될 경우에는 중심지체계가 교통원리라는 원칙에 의해 개편될 수 있다. 그 발전이 급속히 진행되거나 지선이 우선시될 경우에는 보급원리의 도식에 아무 변화도 나타나지 않는다.

더구나 우리는 분명 드물기는 하지만 오늘날에도 의의가 없는 것이 아닌 정반대의 방식을 제시할 수 있다. 즉, 중심지체계가 보급원리에 따라 발전하고 교통망은 그 의의를 상실하고(무역이 감소하거나 철도교통이 자동차교통으로 대체되는 것이다) 이와 동시에 어느 정도 빈곤화가 발생하며, 결과적으로 중심재의 판매가 감소하고 이제까지 보급과정과 관련된 일련의 중심지가 탈락할 수밖에 없다는 것이다. 이러한 퇴행적 발전에 의해서는 교통원리에 견주어 '적정하게' 자리잡고 있으나 보급원리에 견주어 '잘못' 자리잡고 있는 지점이 한층 더 강력한 영향을 받는가? 아니면 모든 지점이 균등하게 영향을 받는가? 정태이론에서 이미 제시했듯이, 교통원리가 지배하는 경우에는 보급원리가 지배하는 경우에 비해 한 국가에 중심재를 균등하게 공급하기 위해 훨씬 많은 수의 중심지를 필요로 한다. 그러므로 일반적으로 중심재에 대한 수요가 감소하는 경우에는 교통원리에 의해 구축된 중심지체계에서 우선 보급원리와 가장 모순되는 입지에 위치하는 중심지가 피해를 보지 않을 수 없으며, 보급원리에 비춰 적정하게 자리잡은 중심지가 이보다는 적은 피해를 받는다. 이러한 퇴행적 움직임이 오랫동안 지속되면, 결국 중심지체계는 전적으로 보급원리에 의거하여 개편되고, 따라서 교통로에서 벗어나 있는 비교적 양호한 국지적 시장입지를 지닌 중심지가 유력하게 발전하는 반면, 교통상의 유리한 〔기존의〕 지점은 소멸한다. 이러한 현상이 단기적으로 지속될 경우에는 전환을 위한 시간이 충분하지 않기 때문에, 종래의 상태는 유지되거나 다시 재건된다.

로마인들이 독일에 건설한 중심지망은 전적으로 교통원리를 따른 것이라고 할 수 있다. 민족이동이 진행되면서 교통은 두절되고 로마인들이 세운 도시들은 거의 몰락하고 전국이 황폐화된 후 정치적, 그리고 경제적 관계가 〔비로소 다시〕 공고화되면서 새롭게 등장한 중심지는 보급원리에 적합한 중심지체계하에서 발전할 수 있었다. '단절'이 특히 격심했고 오랫동안 지속된 경우에는 이러한 이행이 완전히 이뤄졌을 것이다. 그러나 단절이 이처럼 심하지 않은 경우에는 로마인들이 교통원리에 따라 건설된 중심지망이 후대에 전해졌을 것이다—비록 로마인들이 건설한 도시가 대부분 소멸한 후에도 적어도 일정 장소에 대한 기억과 명칭[121]은 유지되고, 그 후 미래 도시의 입지를 규정했다.

그러나 보급원리와 교통원리 이외에도 〔이와〕 경쟁하는 제3의 원리, 즉

---

121) 〔역주〕 지명을 일컫는다.

격리원리가 존재한다. 분명한 것은 이 원리가 중앙집권적인 프랑스나 러시아에 비해 분권적인 독일에서 보다 더 중요한 의의를 얻을 수 있다는 사실이다. 더구나 이 원리는 공간이 협소한 중부독일의 산악지형에 의해 촉진되는 경우에 그럴 가능성이 크다. 이 경우 체계를 변화시키는 과정은 다음과 같다. 즉, 보급원리를 바탕으로 한 중심지체계에서 G-지점을 둘러싼 하나의 영역이 성립하고 그 경계가 약 36 ㎞의 원에 해당한다면, 이 원 위에 있는 두 개의 지점은 이 영역에 편입될 수 있다. B-지점이 이 영역 밖에 있는 체계의 또 다른 네 개의 꼭지점에서는 인근의 A-지점이 이 B-지점들의 대체지점으로서 발전하는데, 왜냐하면 이 영역에 속하는 지역은 외부에 있는 지점으로부터 중심재를 공급받아야 하기 때문이다—이는 관세장벽, 금지령 등에 의해 발생할 수도 있다. 더구나 경쟁적 지점이 성립할 수도 있다. 예전의 B-지점은 자연히 그 의미를 상실하거나 아마도 K-지점의 의미만큼 상실하고, 대체지점 자체는 모르긴 해도 K-지점의 의미만큼 상승할 것이다. 따라서 이제까지 한 개의 B-지점을 대신하여 두 개의 K-지점이 존재하며, 체계 속의 B-지점의 지위는 두 개의 K-지점으로 분할되거나 이 체계에서 세 개의 영역이 교차할 경우에는 이들은 세 개의 K-지점으로 나눠지게 된다. 새로운 K-지점이 현저히 발전하지 않고, 이 때문에 이제까지의 B-지점이 B-지점으로서의 의미를 유지한다면, 우리는 이 새로운 K-지점을 다른 영역에 있는 B-지점의 대체지점으로서 간주할 수 있다. 이러한 예는 지역편에서 제시하는 것처럼 매우 빈번히 나타나고 있다.

이와 마찬가지로 처음부터 격리원리에 부응하여 세 개의 체계에 공통적인 경계지점이라는 것이 존재하는 것이 아니라 각 체계에 하나의 대체지점이 존재하는 정반대의 예도 종종 나타난다. 격리원리가 제공하는 이점은 이를테면 여러 개의 영역이 하나의 큰 국가로 통합될 때 소멸한다. 따라서 보급원리에 비춰보아 '가장 적정한' 위치를 잡고 있는 지점이 우위를 얻게 되고 결국 체계에서 그 지위에 상응하는 의미를 얻게 되는 반면, 다른 두 지점은 그대로 존속하거나 오히려 후퇴하게 된다.

세 원리가 경쟁하는 경우에는 어느 한 원리에 유리하게 명확한 결정을 내리는 것은 조건적으로만 가능하다. 그래서 교통원리와 보급원리가 서로 경쟁하는 경우에도 중심지로서의 기능이 분리될 수 있고, 이 때문에 이 경우에도 예를 들어, 중심지체계에서 B-지점이 차지하는 지위가 교통로 위에 자리잡고 있으며 적정한 시장 위치에 자리잡고 있는 K-지점으로 나뉜다. 결과적으로 Ka-지점은 어떤 재화의 일부를 B-지점의 도달범위에, Kb-지점은 이 재화의 또 다른 일부를 공급하게 되며, 이렇듯 B-지점의 재화를 제공하는 두 개의 K-지점이 발생한다. 이러한 예도 종종 관찰된다. 하지만 중심지의 위치 자체는 절충적 위치, 즉 이론상의 시장입지와 교통입지 중간에 존재한다. 이때 교통노선의 체계는 이러한 절충에 함께 관여한다. 이처럼 모든 가능한 입지의 추이를 살펴 볼 수 있으며, 따라서 구체적 현실의 분석이 이따금씩 그 어떤 명확한 결과로 연결되지 않을 수도 있다. 그렇지만 이러한 문제는 지역편에서 해결될 수 있다.

어떤 경우에 중심지의 수가 도식에 의거하여 예상할 수 있는 수와 다를 수 있는가? 우선 보급원리를 대신하여 교통원리 또는 격리원리가 우세할 경우에는 이러한 결과가 나타난다고 할 수 있다. 이 때문에 상대적으로 빈곤한 지역에서는 일반적으로 중심지, 특히 저차 중심지에 속하는 유형의 발전이 저조하다(왜냐하면 이 지역의 많은 부분이 중심재의 공급권 밖에 놓여 있기 때문이다). 반면 상대적으로 부유한 지역에서는 중심지의 수가 증가할 수 있다.

후자의 경우에는 보급원리에 기초한 중심지체계에서도 많은 수의 중심지가 존재할 수 있는데, 말하자면 중심재에 대한 소비가 상대적으로 많은 경우이다. 소득상황이 양호하고 특히 중간소득이 많으며 공업생산이 우세하여 중심재의 생산비 또는 가격이 낮고(반면 이윤의 마진은 높아야 한다), 교통사정이 유리하고 교통요금이 저렴한 경우에 많은 소비가 발생한다. 따라서 우리는 이러한 전제조건을 다음과 같이 정리할 수 있다. 즉, 중심재가 지닌 도달범위의 하한이 낮고, 따라서 중심지 자체에서 중심재의 소비가 상당히 많기 때문에 이러한 지점들에서의 생산 또는 공급은 수지타산을 맞출 수 있다. 이처럼 위에서 서술한 전제가 들어맞는 '우선'지역에서는, 특히 이와 함께 교통원리 또는 격리원리가 중심지체계의 구성에 상당한 정도로 관여할 경우에는 상대적으로 매우 많은 수의 중심지를 찾아 볼 수 있다. 많은 수의 중심지가 모든 규모의 유형에 걸쳐 균등하게 분포하는지 또는 저차 규모의 유형에 아니면 고차 규모의 유형에 특히 뚜렷이 분포하는지에 대해서는 나중에 설명하고자 한다.

그리고 이상에서 언급한 전제조건이 변하여 중심재가 보여주는 도달범위의 하한이 축소될 경우에는 중심지의 수가 증가할 가능성이 있다. 더구나 중심지체계가 교통원리 또는 격리원리 중 어느 것에 적합한지에 따라 그 수가 증가할 수도 있다 — 어느 원리에 적합한지는 곧 어느 것에 관심을 두고 있는지에 따라 결정된다. 중세에 부가 증가하고 수공업 활동과 교육이 확대될 때에는 이와 동시에 격리원리가 유력한 동인이 되었다. 그렇지만 그 당시 영토국가는 정비되고 이전보다 더 폐쇄적으로 변했다. 따라서 그 당시 추가적으로 요구된 중심지는 주로 격리원리에 의거하여 구축된 중심지체계에 따라 분포했다. 19세기 공업의 도약기에는 이와 다른 양상이 나타났다. 이 시기에는 정치적으로 조건지워진 (행정)구역의 통합에 의한 격리원리는 그 가치를 크게 상실한 반면, 교통원리는 철도의 등장으로 전면에 등장했다. 그러므로 이 시기에는 교통원리의 부상을 관찰할 수 있으며, 이는 특히 새롭게 등장한 중심지가 우선적으로 보급원리에 따라 정비된 점에서 잘 알 수 있다.

그러나 이와는 정반대의 발전을 보여준 시기도 있다. 이 시기의 발전은 중심재가 지닌 도달범위의 하한이 — 이것은 생산에서 자본의 내포화가 증가하고 주민들의 빈곤화에 따른 결과이다 — 확대되는 방향으로 작용하고 있다. 이 경우 중심재의 생산 또는 공급을 위해 필요한 장비를 설치하는데 소요되는 비용을 〔충분히〕 보상받기 위해 상대적으로 큰 지역이 요구된다. 그러므로 많은 중심지들은 인접한 중심지의 구역이 이미 확대되기 시작했기 때문에 도달범위의 하한을 더 이상 확대할 수 없는 한 이러한 요구를 동시에 충족시킬 수 없다. 이러한 중심지는 소멸하고 중심지의 전체 수는 감소한다. 여기서 퇴행적 발전의 시대에 보급원리, 교통원리 또는 격리원리 중 어느 것이 우세한지에 따라 '적정하게' 자리잡고 있는 중심지는 오히려 존속할 수 있으나 다른 중심지들은 쇠퇴한다. 따라서 이러한 도태과정도 각 시기에 성립한 (중심지)체계를 또 다른 원리에 입각한 (중심지)체계로 전환시키는 데 작용할 수 있다.

그러므로 각각 가장 유리한 장소가 요구되거나 유지되고, 가장 불리한 장소는 방치된다 — 이에 해당하는 중심지는 분산적 지점이 된다 — 는 맥락에서 중심지 수의 증가와 감소는 어느 정도 (중심지)체계의 재구성을 수반한다. 부의 증식과 공업화 등의 현상은 종종 지역적으로 국한되기 때문에, 우리는 중심지의 지역적 집적을 파악할 수 있다. 집적의 발생과 중심지 수의 증가 및 감소가 어떤 역사적 시대에 해당하는지에 따라 중심지의 분포는 보급원리와 교통원리 또는 격리원리 중 어느 하나에 근접하는 것이 된다.

중심지체계의 기초가 되는 것으로서, 어느 한 중심지와 이와 인접한 중심지와의 간격은 어떤 경우에 변하는가? 간격의 변화는 새로운 지점이 중심적 의미를 얻거나 기존의 중심지가 중심적 의미를 포기해야만 할 때 항상 발생할 수 있다. 그렇지만 새로운 중심지들은 기존의 중심지와 가장 멀리 떨어진 곳에 성립하는 경향을 지극히 강력하게 보여준다. 예를 들어, 이제까지 중심지가 서로 12㎞의 간격으로 떨어져 있었다면, 인접한 세 개의 중심지는 12㎞의 변을 가진 정삼각형의 꼭지점을 형성한다. 이 지점으로부터 가장 멀리 떨어져 있는 지점, 다시 말해 삼각형의 중심점과 삼각형의 꼭지점간의 간격은 $\frac{12}{\sqrt{3}}$, 즉 6.94 또는 약 7㎞가 된다. 역으로 중심지간의 간격이 7㎞에 달하고 일부 지점이 중심지로서의 속성을 상실하고 탈락한다면, 잔류하는 중심지들은 서로간에 12㎞의 간격을 갖는다. 보급원리만이 결정적이라고 전제한다면 이상과 같을 수 있으며, 교통원리 또는 격리원리가 유력한 경우에도 역시 마찬가지이다.

그러므로 확실히 어떤 기준이 있어야만 할 것이다. 하지만 그 기준은 본질적으로 인간이 거리를 극복해 온 각 시대에 따라 달리 주어진다.[122] 〔사람들이〕 이주를 시작하는 식민지가 존재한다고 생각해 보자.[123] 이 지역의 어떤 탁월한 지점, 다시 말해 천혜의 만, 하도의 돌출된 지점, 비옥한 토양을 가진 산림지대의 공지 등에 이주의 거점이 발생할 것이다. 이 거점에서 하루 안에 도달할 수 있는 지점은 어떤 뜻에서 이 지점의 영역에 속한다. 최대 35~40㎞ 밖에 놓여 있는 지점이 이에 해당한다. 사람들이 하루 동안 방문할 수 있고 더구나 같은 날 되돌아 올 수 있는 여타 지점들도 특별한 위상을 갖는데, 이러한 지점들은 거점으로부터 약 20㎞ 떨어져 있다.[124] 이 두 개의 원 위에 우선 보조 중심지가 성립하고 이러한 지점들로부터 지역의 분산해 있는 지점들은 〔재화와 서비스를〕 공급받게 된다. 이 지역의 인구가 점점 증가하고 중심재에 대한 필요가 상승하면, 우선 이러한 보조 중심지들은 완전 중심지가 되고 새로운 보조 중심지들이 형성되는

---

122) 하우페(Haufe: a. a. O., S. 7)도 '시간단위', 예를 들어 하루 동안의 여정을 "교통거리의 원초적 척도"로 보고 있다는 점에서 이러한 결론에 도달하고 있다.

123) 〔역주〕 이와 관련하여 관문도시의 성장과 배후지의 성장과정에 관한 다음과 같은 최근의 교통지리학적 연구를 참조할 수 있다. J. Vance: *The Merchant's World: the Geography of Wholesaling*. Englewood Cliffs 1970; J. Vance. *Capturing the Horizon: The Historical Geography of Transportation since the Transportation Revolution of the Sixteenth Century*. New York 1986; P. Rimmer: "A Conceptual Framework for Examing Urban and Regional Transport Needs in South-East Asia." In: *Pacific Viewpoint* 18. pp. 133~148.

124) 하세르트(Hassert: a. a. O., S. 85)도 "하루에 도달가능한 거리의 선"으로 둘러싸인 지역이 도시에 특히 중요한 의의를 지닌다는 점을 인식하고 있다. 그렇지만 이 '하루에 도달가능한 거리의 선'이라는 표현은 명확하지 않다. 하세르트는 이를 도시에서의 몇 시간의 체류를 포함하여 하루 동안의 왕복 노정으로 이해하고 있다.

데, 가장 유리한 위치는 도식에 의해 미리 규정되어 있다. 이렇듯 이러한 지점들은 이제까지 성립한 중심지로부터 12 ㎞의 간격을 갖는다. 두 개의 당초 이주거점이 서로 90 ㎞ 떨어져 있다면, 새로 성립하는 중심지에서는 딜레마가 발생한다. 보급원리에 따르면, 당초 거점으로부터 이러한 지점들까지의 가장 유리한 간격은 $\frac{90}{\sqrt{3}}$ =52 ㎞(최단 연결선으로부터 벗어나 있다)가 되며, 교통원리에 따르면 45 ㎞(최단 연결선의 중간지점에 놓여 있다)가 된다. 하지만 실제로 채택될 수 있는 기준거리는 35~40㎞이다. 따라서 두 개의 거점 각각으로부터 이 정도의 간격에서는 하나의 보조 중심지가 성립할 수도 있다. 이때 이 보조 중심지의 일부는 어느 한 거점의 체계에 속하고, 다른 일부는 또 다른 거점의 체계에 속한다. 그래서 이후의 (중심지) 체계의 발전은 정상적으로 진행된다. 그런데 〔중심지체계의〕 발전이 진척되면서 최초의 거점에서 90 ㎞ 떨어진 거점은 최초 거점의 L-체계에 속할 수 있다. 이 때문에 이 거점은 오히려 중심지로서 쇠퇴할 운명을 안고 있을 수도 있다. 왜냐하면 이 거점이 최초지점의 체계에서 잘못 자리잡았을 수도 있기 때문이다. 이 거점은 새롭지만 한층 적정하게 자리잡고 있는 지점, 예를 들어 장래의 P-지점으로서 108 ㎞ 떨어진 지점에 의해 능가될 수 있다. 이처럼 식민지에서는 종종 가장 오래된 정주지가 소규모로 남아 있는데, 왜냐하면 이 지점은 결국 통합된 중심지체계에서 잘못 자리잡고 있기 때문이다 — 다시 말해 알려진 도태과정이 발생하는 것이다.

시간척도 — 이를테면 하루의 여정 — 가 중심지체계에서 간격을 규정하는 것이라면, 이 지역이 자유롭게 통행할 수 있는지 아니면 곤란한지는 결코 아무 상관없는 일이라고 할 수 없다. 전자의 경우에는 수학적 거리가 상대적으로 멀 것이고(스텝지방, 평야), 후자의 경우는 상대적으로 짧을 것이다.[125] 그렇지만 또한 매우 중요한 점은 주민들이 하루의 여정을 실

125) 폰 리히트호펜(von Richthofen: a. a. O., S. 210)은 중국에서 100리=10시간=하루의 노정이 평지에서 55 ㎞로 평가되고, 산지로 올라가면 이에 상응하여 이보다는 짧게, 아래로 내려가면 이보다 길게 평가된다고 지적

제로 얼마나 높게 평가하는지이다. 나태한 민족은 아마도 이를 25㎞ 정도로 평가할 것이고, 활동적 민족은 이를 45㎞ 정도로 평가할 것이다. 그리고 세 번째로는 거리를 극복하기 위해 활용하는 수단이 중요하다. 운송수단이, 이를테면 넓은 지역의 말(馬)처럼 애초부터 비교적 신속한 것이라면 중심지망의 간격은 상당히 클 수 있다. 이것이 자동차와 결합된 도로를 이용하는 것이라면 그 간격은 한층 더 클 수 있다. 그러므로 중심지체계가 어느 시기에 처음으로 발전하기 시작했는지와 아무 관련이 없는 것은 아니다. 어떤 시대에는 애초의 간격이 크고, 다른 시대에는 상대적으로 작을 수 있다. 사실 역으로 바로 중심지체계의 기준으로부터 이 체계가 형성되기 시작한 시대를 추정할 수 있다. 이를테면, 우리는 중심지의 최초 거점을 기마민족이 규정했는지 아니면 도보로 유랑하는 민족이 규정했는지를 추정할 수 있다.

이렇듯 어떤 체계는 원래 약 20㎞의 표준거리를 가진 도보통행을 바탕으로 하여 구성될 수 있다. 그런 연후에 가장 중요한 교통수단에 근본적 변동이 발생할 수 있는데, 예를 들어 (아프리카에서처럼) 자동차로의 이행이 발생하는 것이다. 그리고 20㎞라는 이제까지의 기준이 주민들의 사유세계에 상당히 강력하게 뿌리내리고 있기 때문에—이러한 기반 위에 발전한 중심지체계가 이미 오랫동안 존속한 경우에—이 거리는 지속적으로 '타당한' 것이 된다. 단, 이 경우에는 네 시간의 노정 대신에 반시간의 자동차 주행거리가 적용된다. 그러나 이 체계가 역사적으로 오래되지 않고 불안정하며, 20㎞의 거리가 주민들의 사유세계에 그다지 확고히 뿌리내리지 못하고 있을 때에는 이 체계가 자동차에 의해 창출된 새로운 시간척도에 의해 개편되기 때문에, 40㎞라는 자동차의 주행시간이 새로운 기준으로 관철되는 경우도 있다. 이렇듯 새로운 교통수단은 상대적으로 역사가 오래되지 않은 이주지역에서는 중심지체계의 변화를 초래하지만, 비교적

한다. 길이의 척도로서 스위스의 '우레'(*Ure*)도 같은 뜻을 지니고 있다.

오래된 이주지역에서는 중심지체계의 변화를 불러일으키지 못한다 — 이를테면 아메리카, 특히 북아메리카 서부 및 아르헨티나 북서부와 유럽이 서로 비교된다.

이 경우 교통원리와 격리원리가 또 다시 영향력을 행사한다. 그렇지만 사정이 너무 복잡하며, 따라서 이때 어떤 힘이 어떤 경우에 작용하고 어떤 과정이 어떤 특정한 결과를 가져왔는지는 구체적 사실관계로부터 해명하는 것이 상책이다.

중심지가 보여주는 **규모의 유형**과 관련해서는 지점의 규모, 다시 말해 그 의미가 먼저 공급되는 중심재의 종류에 의해 우선 규정된다. 이러한 조건의 중요성에 대해서는 이미 여러 차례 언급했다. 그런데 도달범위의 상한이 낮은 종류의 재화들, 즉 무엇보다도 상대적으로 가치가 떨어지고 어느 곳에서나 생산되고 중량이 많이 나가는 재화, 이를테면 맥주나 생고기 등이 우세한 경우가 있을 수 있다. 이 경우 도달범위의 하한도 아울러 낮다면 저차 중심지가 적당하고 정상적으로 발전하지만, 이와 동시에 고차 중심지는 상대적으로 충분히 발전하지 못한다. 이러한 일은 근대문명과 별로 접촉하지 못한, 하지만 주로 부유한 농업국가에서 발생한다. 그러나 도달범위의 하한이 높고 따라서 주민들이 가난과 무욕 등의 이유 때문에 중심재를 적게 소비하고 이와 동시에 도달범위의 상한이 낮은 경우(교통망의 발전이 저조하고 그 비용이 높은 경우), 저차 중심지인지 아니면 고차 중심지인지와 상관없이 모든 중심지는 크게 발전하지 못한다. 이에 해당하는 것은 주로 가난한 농업국가이다.

도달범위의 상한이 높은 재화의 종류가 우세한 경우 — 교통체계가 양호하고 저렴하며 재화의 가치는 높고 그 중량이 가벼운 경우 — 에도 다음과 같이 서로 다른 경우를 구별할 수 있다. 하한도 높고 따라서 공급을 위해 자본에 대한 요구가 높은 경우(실제로 가치가 높은 중심재의 소비가 우세하기 때문에 하한이 높은 것과는 다른 이유, 즉 부유 정도가 낮다는 점은 여기서 문제되지 않는다)에는, 고차 중심지가 강력히 발전하는 반면 저차 중심지는 별로 발전하지 못한다. 결국 하한이 낮을 경우 — 부유하고 주민들이 조밀하게 거주하는 경우 — 에는 상대적으로 큰 중심지뿐만 아니라 상대적으로 작은 중심지도 발전한다. 어느 정도까지는 전체 중심지체계가 한 단계 상승한다. 이에 M-지점은 A-지점의 의미를, 그리고 A-지점은 K-지점의 의미를 갖게 된다. 이 경우에 우리는 전체 중심지체계가 한층 높은 수준으로 상승한다는 표현을 사용하고자 한다.

이상에서 설명한 관계들을 다시 한번 도식적으로 정리해 보면, 다음과 같다.

① 하한이 낮고 상한도 낮은 재화의 종류가 우세한 경우: 작은 지점들의 발전에는 유리하고, 큰 지점들의 발전에는 불리하다.
② 하한이 낮고 상한은 높은 재화의 종류가 우세한 경우: 모든 지점의 발전이 양호하다.
③ 하한이 높고 상한은 낮은 재화의 종류가 우세한 경우: 모든 지점의 발전이 미약하다.
④ 하한이 높고 상한도 높은 재화의 종류가 우세한 경우: 큰 지점들의 발전에는 유리하고, 작은 지점들의 발전에는 불리하다.

어떤 변화가 나타나고 다른 범주에 속하는 재화의 종류가 우세한 경우에는 — 예를 들어 가치가 낮고 중량이 많이 나가는 중심재를 대신하여 가치가 높고 중량이 가벼운 재화가 중요하게 될 경우, 즉 제 1범주가 제 4범주로 이행할 경우 — 이에 상응하여 개별 중심지의 유형이 발전할 수 있는 기회도 변한다. 이 예에서는 상대적으로 작은 중심지의 의미가 하락하고, 상대적으로 큰 중심지의 의미가 상승한다. 그러나 유사한 종류의 재화가 우세하지만 이들의 도달범위가 변할 경우에는 유사한 현상이 발생할 수도 있다. 이를테면 기계적 대량생산으로의 이행으로 말미암아 도달범위의 하한이 확대되고, 이와 동시에 제품 값이 저렴해짐에 따라 도달범위의 상한은 확대된다. 이 경우에도 고차 중심지의 의미는 상승하고 저차 중심지의 의미는 하락한다.

그런데 이러한 과정에서도 교통원리 또는 격리원리가 또 다시 관여한다. 특정 유형의 중심지가 발전하는 데 있어 어떤 갑작스러운 변화가 발생하는 순간, 예를 들어 이제까지 비교적 불리한 상황에 놓여 있던 고차 중심지가 자신에게 유리한 '경기상황'에 처하게 되는 순간, 이러한 유리한 기회를 인지하는 것은 다름 아닌 교통원리에 따른 적정한 입지의 장점을 향유하는 중심지이다. 따라서 이러한 지점들은 우위에 서고 이러한 방식으로 고차의 의미를 얻게 된다. 반면에 이제까지의 고차 중심지는 아무 의미도 얻지 못한 채 끝난다. 이러한 발전의 결과는 중심지체계가 교통원리에 의해 개편되는 것일 수 있다. 그러므로 다양한 과정이 동시에 진행되고 중복되지 않을 수 없다. 즉, 중심재가 지닌 도달범위의 하한과 상한이 — 생산이 기계화되고 저렴해짐에 따라 — 확대되고, 교통체계가 — 역마차에서 철도로 — 바뀌고 이와 동시에 소득이 증가한다. 그리고 이제까지 교통원리를 지향하던 체계에서 교통상의 유리한 위치를 잡고 있던 중심지는 고차 중심지가 되지만, 이제까지의 고차 중심지는 그 위상을 상실하고, 중심지체계는 교통원리의 요구에 부합하는 방향으로 개편된다.

중심지체계의 구체적 내용을 이를테면 남부독일에서 경험한 역사적 발전에 비춰 서술하는 것은 흥미로운 일이다. 그렇지만 이는 이 연구에 부여된 과제의 범위를 뛰어넘는 것이다. 단, 우리는 보다 근본적인 중요성을 갖는 몇 가지 논점에 대해서만 언급하고자 한다.

지표상의 어느 한 지점(정확히 말해 두 개의 지점 중 한 지점)을 중심지로서, 수도로서 또는 기타 중요한 지점으로서 확정한다는 것은 이와 동시에 이미 전체 중심지체계를 규정하는 것이 된다. 왜냐하면 중심지체계는 한편으로 밑으로부터, 즉 최소단위로부터 위를 향하여 규모라는 피라미드의 정점을 향해 전개되지만, 다른 한편으로 이러한 수도를 통해 그 고정점이 규정되기 때문이다. 이렇듯 남부독일의 옛 로마 도시들은 — 취락이 폐허로 남아 있거나 소멸했음에도 불구하고 종종 장소성이라는 기능을 유지하는 중심지로서 — 이러한 고정점으로서 작용하고 있다. 고정점들은 중세에 부분적으로 그 의미와 관련하여 다른 도시에 — 예를 들어 마인츠(Mainz)는 프랑크푸르트에 — 밀려나고, 근세에 들어와서도 또 다른 도시들에 — 예를 들어 보름스(Worms)와 하이델베르크(Heidelberg)가 만하임에 — 밀려났다. 하지만 이 새로운 도시들의 입지는 그 자체로서 로마 도시의 고정점에 의해 확정되었는데, 왜냐하면 이러한 도시들은 임의의 장소에서 발전한 것이 아니라 로마나 기타 옛 도시들의 입지를 통해 확립된 체계의 중요한 장소에서만 발전할 수 있었기 때문이다. 그러므로 이전의 어느 시기에 한번 확립된 중심지체계는 후세의 다른 경제적 법칙과 조건하에서 다른 종류의 중심재와 이러한 중심재들이 보여주는 상이한 도달범위를 바탕으로 하여 형성되는 새로운 체계를 항상 규정한다.[126)]

우리는 도시 또는 장터로 일컬어지고 옛 시대, 즉 중세와 근세 초기에 당시의 경제적 조건과 가치평가, 관념의 결과로 볼 수 있는 매우 집적된 지점들을 특정 지방 — 뷔르템베르크(Württemberg)의 네카지방, 운터프랑켄(Unterfranken), 오버라인(Oberrhein) 저지의 주변부, 헤센 — 에서 관찰할 수 있는 반면, 다른 지방에서는 그 수가 매우 적다 — 훈스뤼크(Hunsrück), 하르트(Hardt), 오버바이에른(Oberbayern)과 니더바이에른(Niederbayern). 따라서 우리는 일반적으로 새롭게 사람들이 정착한 산악지방에 비해 과거부터 정착해 온 지역에서 도시의 밀도가 훨씬 높다는 사실을 알 수 있다.[127)] 이는 확실히 당시의 욕구에 부응한 것이었다. 즉, 중심재는 전반적으로 비교적 협소한 도달범위를 갖고 있었으며, 이 때문에 발전한 지역

---

126) 그러므로 헤트너는 취락의 위치관계는 부분적으로만 현재(의 시각)에서, 다른 부분에 대해서는 과거(의 시각)에서 '판단'하지 않으면 안 된다고 말하는데, 이는 전적으로 옳은 지적이다(Alfred Hettner: "Die Lage der menschlichen Ansiedlungen." In: *Geographische Zeitschrift*, I, Leipzig 1985).

127) 로버트 그라트만(Robert Gradmann: *Süddeutschland*, a. a. O., Band I, S. 166)을 참조하라.

에서는 중심지가 아주 밀집하고 서로 인접하여 입지하고 있었다. 반면에 정주 시기가 오래되지 않았기 때문에 별로 발전하지 못한 상대적으로 빈곤한 지역에서는 중심재, 따라서 중심지에 대한 욕구는 비교적 낮았다.

도시라는 명칭을 달고 있는 취락의 분포와 관련하여 새롭게 사람들이 정주한 지역과 예로부터 정주해온 지역에서 여실히 드러나듯이, 가까이에서 서로 인접해 있는 지방들의 발전 정도가 서로 뚜렷이 다르다는 점은 취락이 조밀해지고 교통이 개선되며 기술이 진보하고 평화가 지속되는 것 등의 영향으로 말미암아 오늘날 거의 사라졌다. 따라서 광범위한 균등화 현상이 발생했는데, 이 균등화는 도시의 밀도가 높은 지역에서는 수많은 도시와 시장들이 중심지로서 그 기능을 상실한 반면, 도시의 밀도가 낮은 지역에서는 많은 촌락들이 중심적 기능을 획득하는 방식으로 나타났다. 이러한 사실이 지리학에서는 거의 주목받지 못하고 있다. 왜냐하면 지리학은 현재의 중심지를 인식하기 위해 손쉽게 접근할 수 있는 명확한 방법론을 갖지 않기 때문에, 그래서 오로지 역사적 형태의 중심지, 즉 도시와 시장만을 고집하기 때문이다. 이로 말미암아 취락지리학자들은 폭넓은 인식영역을 확보하지 못하고 있으며, 취락지리학자들은 도시라는 현상형태만을 고려할 뿐 지역과 그 중심지 사이의 기능적 관련성, 다시 말해 기능형태를 고려하지 않고 있다. 그렇지만 우리가 '중심지'로 언급한 이 기능형태는 경제지리학적으로 대단히 중요하다.

국가와 결속된 어떤 민족의 경제, 다시 말해 구체적 의미의 국민경제 또는 영토 내에서는 재화의 도달범위를 규정하는 개별 요인들이 처해 있는 조건들이 지극히 유사하고 많은 경우 통일적이다. 예를 들어, 인구구조를 살펴보더라도(비슷한 소득상황과 비슷한 생활수준, 비슷한 관습과 비슷한 욕구척도), 거리에 수반한 비용을 살펴보더라도(동일한 운임, 통일적 교통체계), 그리고 생산비(이는 같은 체계의 조세, 공과금, 비슷한 임금 등에 의해 본질적으로 규정된다)에 의해 결정되는 가격을 살펴보더라도, 우리는 이상과 같은 사실을 손쉽게 파악할 수 있다.[128] 그러므로 중심재의 도달범위에서 어떤 변화로 말미암아 발생하는 중심지체계 및 그 규모의 유형과 관련된 변화는 지극히 유사하고 통일적이다. 그렇지만 사람들이 국가와 결속된 국민경제를 넘어서서 다른 국민경제하에 있는 영토에 들어설 때에는 즉각적으로 중대한 차이를 발견할 수 있다. 이 경계의 양쪽에 같은 민족이 거주할 경우에는 그 변화가 그다지 결정적이지 않다. 왜냐하면 인구구조가 상당히 유사하고 따라서 주민들의 가격지불의지도 비슷하기 때문이다. 그러나 정치적 경계가 동시에 민족의 경계가 되는 경우에는 인구구조와 더불어 욕구의 수준도 변한다. 그러므로 경계를 넘어서서는 정도의 차이가 있기는 하지만 중심재의 도달범위를 규정하는 요인들이 처해 있는 조건들이 상이하다는 점을 확인할 수 있다. 이에 따라 다른 나라에서는 이미 경계를 바로 넘어서서도 중심지체계의 기초가 되는 수치가 경계의 이편과 비교하여 정도의 차이가 있지만 다를 수 있다. 따라서 중심지 사이의 간격도, 중심지의 규모에 따른 유형도, 그리고 그 계층도 상이한 기준을 갖고 있는 것이다.

그렇지만 〔이상과 같은〕 서로 다른 발전양상이 남부독일의 중심지체계에 관한 연구라는 관점에서는 별다른 관심을 끌지 못한다. 다만 우리가 생각해 볼 점은 이 남부독일도 사실 〔과거에〕 개별국가로 구성되어 있었다는 사실이다. 이러한 국가들은 시간적으로 살펴 볼 때, 이를테면 중상주의 시대, 제국의 통일을 상실하고 더구나 절대주의 통치하의 영방(領邦) 국가가 절정에 달한 시대에는 서로 전혀 다른 유형의 경제조건 아래 놓여 있었다(관세, 조세, 공업부문의 지원과 관련된 조건에서). 또한 생각해 볼 점은 이러한 국가들이 국가의 수도라는 형태로 중심지체계의 고유한 고정점을 발전시키려고 노력했다는 사실이다. 이 때문에 중심지체계에서 현재의 구체

128) 〔역주〕 근대 국민국가는 다양한 성격을 지니고 있는데, 이 경우 영토주권에서 비롯되는 용기(*container*)로서의 특성이 말하고 있다. 이밖에 오늘날 국가는 규제자(*regulator*)나 경쟁자(*competitor*), 그리고 협력자(*collaborator*) 등의 성격을 지니고 있다.

적 양상은 특히 남서부 독일 및 중부독일에서 상당한 영향을 받고 있다 — 라인-마인(Rhein-Main)을 옛 바이에른과 비교해 보더라도 우리는 이 점을 잘 알 수 있다. 1805년에 독립한 지역의 대부분이 폐지된 이후, 더구나 관세동맹[129]과 이보다 나중의 일인 1871년 제국의 건설에 의한 독일의 통일이 이뤄진 이후, 제반조건은 이전보다 한층 통일적으로 되었다. 이런 까닭에 균등화가 점점 더 진행되고, 중심지체계는 점점 더 순수한 합리적 형태로 관철될 수 있었다.

그렇지만 우리가 엘자스(Elsaß)[130]와 로트링겐(Lothringen)[131]의 분리를 통해, 독일 북부와 동부의 영토상실을 통해, 그리고 가장 두드러지게는 과거 도나우(Donau) 국가[132]의 분열을 통해 특히 헝가리와 관련하여 관찰할 수 있듯이, 새로운 경계의 변경은 종종 중심지체계의 근본적 개편을 가져온다. 이러한 개편은 심대한 물적 손실을 초래한다. 왜냐하면 다수의 저차, 고차, 최고차 중심지가 새롭게 형성되고 기존 중심지의 계층이 변하고 이제까지의 수많은 중심지들이 중심지로서의 기능을 전적으로 포기해야만

---

129) 〔역주〕 독일의 관세동맹은 프로이센이 1818년에 내국 관세를 철폐하고 도시와 농촌 간의 차이를 제거해 단일한 경제단위를 창출하면서 시작되었다. 프로이센은 서부지역과 동부지역이 다른 국가들에 의해 분리되어 있거나 프로이센 내부에 독립적 소국이 존재하고 있어서 물자와 상품을 수송하는 데 어려움이 많았다. 프로이센은 우선 이런 나라들과 관세동맹을 체결하였다. 한편 바이에른과 뷔르템베르크는 1828년에 독자적 관세동맹을 체결했고, 작센, 하노버, 브라운슈바이크 등은 중부독일관세동맹을 조직했다. 이때만 하더라도 관세동맹은 가입 국가들의 영토에 통일적 관세를 도입한 것이 아니라, 그 지역을 통과하는 상품에 대해서 관세를 부과하지 않는다는 소극적 동맹이었다. 결국 1834년 1월 1일에 프로이센의 주도 아래 전체 인구가 2천 3백만 명에 달하는 18개 나라가 참여하는 확대된 동맹을 조직하게 되는데, 이것이 독일관세동맹이다.

130) 〔역주〕 프랑스의 알자스(Alsace)를 말한다.

131) 〔역주〕 프랑스의 로렌(Lorraine)을 말한다.

132) 〔역주〕 과거 합스부르크(Habsburg) 제국에 속한 국가들을 일컫는다.

하기 때문이다. 중부유럽 및 남부유럽, 특히 오스트리아와 헝가리가 직면하는 현재적 위기의 본질적인 부분은 새로운 경계구분에 따른 중심지체계의 강력하고도 갑자스러운 교란에 기인한다. 이러한 교란은 부분적으로 수습이 불가능할 정도로 기존의 중심시설의 평가절하를 가져오고, 또 한편으로 새로운 중심시설, 즉 국가적 시설뿐만 아니라 민간의 문화적, 상업적, 공업적 시설까지도 새롭게 건설해야 하는 압력으로 작용하고 있다. 이 위에 가격, 운임, 욕구 등의 일반적 재평가가 더해지고 있으며, 이러한 재평가는 눈에 현저히 띄는 중심시설의 재구축보다도 아마도 더 중요한 것이라고 할 수 있다.

우리는 이제 적어도 원리적으로 국가의 경제정책이라는 조치를 통해 현실을 합리화하고 국민경제를 진흥시키는 방향에서 중심지체계에 어느 정도까지 계획적으로 영향력을 행사할 수 있는지의 문제를 제기할 수 있다. 사실 중심지의 발전에는 어떤 방향이 있고 그 발전이 막연한 것이 아니라 경제적 법칙과 원리에 따라 유도된다는 점을 인식한 이상, 그 발전을 적극적이고 계획적으로 장려하거나 그에 대한 영향력을 행사할 개연성은 성립한다.

중심지의 분포와 규모의 유형에 관한 도식은 하나의 합리적 도식인데, 다시 말해 그것은 경제에서 최고의 합리성, 중심시설의 가장 효율적인 이용과 최소한의 가치상실을 함축하는 도식이다. 따라서 최고의 합리성이라는 원리가 관철되는 경우, 그리고 그런 한에서는 경제활동의 경향이 실현하려는 도식이다. 사실 중심재의 개별 생산자나 구매자는 자신의 영업상의 이해관계에서 가장 유리한 생산조건 또는 시장조건을 탐색하며, 이에 따라 생산입지 또는 판매입지를 선정한다. 중심재의 소비자도 자신에게 가장 유리한 조건을 활용할 수 있을 때까지 활용하려고 한다. 다만 무지, 태만, 각종 힘의 작동(예를 들어, 독점자 등의 영향), 정치적 영향 등이 공급자뿐만 아니라 수요자에 대해서도 종종, 그리고 상당 정도로 가장 유리한 조건을 실현하려는 것을 방해한다.

현대의 사회(정책)적 국가는 이러한 장애를 제거하고 생산자와 소비자의 경제를 경제정책적 조치를 통해 진흥하는 것을 그 임무로 삼고 있다.[133] 따라서 이러한 경제정책적 조치의 목적은 현재의 중심지 규모와 분포를 우리가 이론적으로 전개한 것처럼 최고의 합리성을 지닌 도식에 가능한 접근하도록 하는 방향에서 그 영향력을 행사하는 데 맞춰지고 있다고 할 수 있다. 왜냐하면 이를 통해 개별경제도 전체 경제도 최고의 효력을 보장받을 수 있기 때문이다. 이 경우 이를테면 보급을 지향하는 입지가 제공하는 이점을 교통 또는 격리를 지향하는 입지가 제공하는 이점과 비교할 수 있다. 이때 우리는 최고의 일반적 이점을 보장한다는 원리에 우선권을 부여하지 않을 수 없다 — 이와 동시에 헬란더에 따르면, 국가 자체에서도 특별한 이점을 보증하지 않으면 안 된다고 할 수 있다.

그런데 이러한 목적을 달성하기 위한 수단으로서는 우선 다음과 같은 경제정책적 조치들이 관건이 된다.

① 상위, 중위, 하위 관청의 소재지가 중심지 도식에 부합하는 지점

133) 스벤 헬란더(Sven Helander)는 '경제정책의 합리적 기초'에 대해 대단히 주목할 만한 학술적 연설에서 다음과 같이 자세히 설명했다. 즉, 경제정책은 "자유 시장경제를 보완하는 것이며, 그것은 시장경제가 다양한 이유에서 최적의 경제적 결과를 실현하는 데 적합하지 않는 경우에 시행될 수 있다." 그러나 국가는 경제정책에 "또한 독자적 원칙"을 부여해야 하는데, 왜냐하면 국가는 국가로서의 국토와 국민을 필요로 하기 때문이며, 이에 따라 국가는 "토지와 인간노동에 대해 시장관계로부터 독립하는 독자성을 부여하는 것이다." 경제적 가치에 부가되는 것으로서 토지와 인간노동의 그러한 경제 외적 가치를 인정하고, 이 두 가지 국가의 기초가 그 순수한 경제적 가치에 따라 경제과정에서 기능하는 것을 어느 정도 저지하는 것이 "국가적" 경제정책의 독자원리이다(Sven Helander: "Akademische Nachrichten der Studentenschaft der Hochschule für Wirtschafts- und Sozialwissenschaften 〔Handelshochschule〕 Nürnberg," 2. Jahrgang, Nr. 10, Nürnberg 1932, S. 5에 실린 발췌본에서 인용함).

에 배치되도록 행정조직을 편성하고 행정구역이 〔중심지의〕 분포 도식에 적합하도록 행정구역의 경계를 획정하는 것이 중요하다. 이를 통해 힘의 분산을 피하고, 도식상에서 상대적으로 높은 의미를 부여받는 중심지를 진흥시키는 것이다.

② 도식의 이상적 중심에 해당하는 지점이 적정한 계차의 중심지로 발전하는 것을 방해할 것이 아니라 오히려 필요에 따라 최적의 상태로 개편될 수 있도록 적극적으로 진흥시키기 위해 (이를테면 영업세와 토지세와 관련한 감세를 통한) 세금과 공과금제도를 마련하는 것이 중요하다.

③ 〔위와〕 같은 맥락에서 교통당국의 요금대책과 (도로) 신설계획을 조정하고, 무엇보다도 이에 부응하는 방향에서 도로체계를 정비하는 것이 중요하다.

이러한 것들은 가장 중요한 경제정책적 조치들이지만, 당연하게도 이것에는 이를테면 지역계획[134] 과 일반 취락계획을 말하는 토지 및 취락 정책적 조치들과 게마인데 (*Gemeinde*)[135] 의 통합정책,[136] 끝으로 국가의 (행정

---

134) 이 점에 대하여 판슈미트(Pfannschmidt)가 생각하는 것처럼 "현실에 알맞게 경제지역을 획정하는 것", 다시 말해 정도의 차이가 있을지라도 등질지역을 획정하는 것만으로는 지역계획에 충분하지 않다. 오히려 보완지역, 즉 시장지역을 현실에 알맞게 획정하고 그것을 적당한 기존의 또는 발전하는 중심부에 배분하는 것이 훨씬 중요한 과제이다. Martin Pfannschmidt: "Geographische und volkswirtschaftliche Grundlagen von Landeskunde und Landesplanung." In: *Mitt. der Sächs.-Thür. Ver. f. Erdkunde* 52. Jahrg., Halle 1929, S. 104를 참조하라. 이뿐만 아니라 볼프강 슈메를러(Wolfgang Schmerler: "Die Landesplanung in Deutschland." In: *Zeitschr. f. Kommunalwirtschaft*. XXII. Jahrg., Berlin 1932, Sp. 885~984)를 참조하라.

135) 〔역주〕 독일의 기초자치단체로서 흔히 우리의 읍·면·동에 해당한다.

136) 로이쉬(Reuscher: "Das Vorortproblem, usw. Verwaltungsarchiv." In: *Zeitschr. f. Verwaltungsrecht u. Verwaltungsgerichtsbarkeit*. Bd. 35, Berlin 1930, S. 138ff.)를 참조하라.

구역) 개편 문제도 추가된다. 특히 행정구역개편 문제는 여기서 논의되는 경제진흥을 위한 조치들 중에서도 결정적 역할을 부여받고 있다. 독일에서 행정구역개편 계획 또는 국토를 경제지역으로 구분하는 계획(프랑스와 잉글랜드의 지역주의, 소비에트연방의 행정구역획정 문제)의 정밀한 이론적 기초는 아직까지 전혀 나오고 있지 않다. 이러한 계획과 접근을 위한 구상들은 많은 경우 정도의 차이가 있으나 그때그때 〔임시방편으로〕 생각해 낸 것들이며, 이 경우 감정이나 '지리학적 감각'이 이론적 기초를 대신하지 않을 수 없었다. 하지만 무엇보다도 이러한 조치를 추구함에서는 무엇을 목표로 설정할 것인지가 종종 불명확했다. 주도원리[137]에서 양극단적 대립이 존재한다는 것이 이 점을 분명히 대변한다. 한편으로 경제의 형평성, 다시 말해 특정 공업부문의 우세가 이러한 편성원리의 일면을 보여주는 것이라면,[138] 또 한편으로 경제의 상호보완, 구획된 지역 내에서의 경제적 조화, 상대적 자립[139]이 이 원리의 또 다른 일면을 제시하고 있다. 세메노프(Semenow)는 아주 함축적으로 때로는 '특별지역'을, 때로는 '통합지역'[140]을 말하고 있다. 이때 국가영토를 지역화하기 위한 국가의 수단은 두 가지 목표를 동시에 지향해야만 한다고 지적한다. 그 첫 번째 목표는

137) 이 점에 대해서는 오토 하우스라이터(Otto Haußleiter)가 주목하고 있다("Verwaltungsgliederung und Reichsreform." In: *Zeitschr. f. d. ges. Staatswissenschaftn.*, 92. Bd., Tüb. 1932, S. 212ff.).

138) 이렇듯 에어빈 쇼이(Erwin Scheu)는 독일을 22개의 경제구를 가진 아홉개의 경제주로 편성하고 있다(*Wirtschaftsprovinzen und Wirtschaftsbezirke*. Weltpol. Bücherei, Bd. 2, Bln. 1928).

139) 이러한 원칙은 〔구〕소련을 21개의 경제지역으로 새롭게 편성하는 데 기초가 되고 있다(Hans von Eckerardt: *Rußland*. Leipzig 1930, S. 391ff. 를 참조하라). 발터 포겔(Walther Vogel: *Polit. Geographie*. A. N. u. G. Leipzig 1930, S. 391ff.)은 이러한 원칙에 따라 구성된 지역을 경제와 조화를 이루는 목적지역이라고 부르고 있다.

140) J. Semenow: "Die Revolution und die inneren Grenzen Rußlands." In: *Zeitschr. f. Geopolitik*. Berlin 1927, S. 970.

최고의 경제적 합리성 — 경제정책을 매개로 하여 — 을 유도해야 한다는 것, 다시 말해 순수한 [비용-편익의] 계산문제를 경제이론을 원용하여 풀어내야 한다는 것이며, 두 번째 목표는 국가를 강화해야 한다는 것이다 — 이 경우 계산과 수치로 비교하는 것은 결코 쉬운 일이 아니다. 왜냐하면 독자적인 '국가'학이 아직까지 정밀한 이론적 방법론을 활용하는 데까지 발전하지 못하고 있기 때문이다. 이러한 목표가 특수지역에 적합한 것인지 아니면 통합지역에 적합한 것인지는 단연 정밀하게 검증할 수 있다. 이때 이 책에서 제시되는 이론도 매우 유용할 것이다. (구)소련에서는 이러한 목표를 인식하고 이에 따라 정책적으로 실행하는 것으로 사료된다.

두말할 나위도 없이 식민지나 저발전지역에서는 계획이 일련의 또 다른 조치로 확대될 수 있다. 왜냐하면 이러한 지역에서는 중심지체계는 아직 유동적이고 완전하지 않으며, 그래서 이 경우에는 중심지의 분포와 관련된 이론적 최적조건에 관한 지식은 최고의 실천적 의의를 갖기 때문이다.

9) 경기순환의 문제

중심지 발전의 경제적 원인에 관한 동태이론은 경제학에서 경기변동으로 요약되는 사실에 입각하여 논의되어야 한다.141) 경기변동의 문제에 대해서는 오늘날 이론경제학이 큰 관심을 기울이고 있는데, 왜냐하면 개별 경제적 요인과 과정의 종합적 작용이 경기변동에 어느 정도까지는 법칙적으로 집약되기 때문이다. 따라서 경기변동의 해명은 일반적으로 경제이론의 귀결이 되고 있다.142) 여기서는 경제이론으로부터 보다 실용적이고 구체적인 과제에 적합한 부분을 발췌하기 위한 것이기 때문에 경기변동의 문

---

141) 24쪽에 언급된 카셀과 슈투켄의 연구를 참조하라.

142) Eugen von Böhm-Bawerk: "Besprechung von E. von Bergmanns 'Geschichte der nationalökonomischen Krisentheorien'." In: *Zeitschr. f. Volkswirtschaft, Sozialpolitik u. Verwaltung*. VII. 1898.

제가 반드시 귀결적 성격을 지니는 것은 아니다. 왜냐하면 경제생활의 경과를 서술하고 설명하는 것이 〔여기서의〕 문제가 아니기 때문이다. 그러나 경기변동의 문제는 실질적 이유에서 모든 본질적인 정태적 관계와 동태적 과정들이 다뤄진 후에 비로소 설명될 수 있을 것이다.

순수한 정태적 이론에 의거하여 고찰할 때, 전체 경제는 균형상태에 있다고 할 수 있다. 왜냐하면 모든 개별적 요인, 즉 수요, 공급, 생산, 가격, 자본형성, 임금 등이 경제이론의 법칙에 부응하여 상호간의 관계를 조절하기 때문이다. 그런데 어떤 새로운 사실이 발생할 때, 이것은 촉진하는 방향으로 작용할 수도 있고 저지하는 방향으로 작용할 수도 있으며, 따라서 개별 요인들은 이에 대해 동태이론의 법칙에 따라 반응한다. 그러므로 작용은 매우 복잡한 수반현상과 함께 반작용을 야기하며, 결국 개별 요인들은 다시 새로운 상황에 적응하고 어떤 균형상태가 또 다른 층위에서 형성된다. 하지만 이러한 동태적 과정은 경기변동과정과 단순히 일치하지 않는다. 작용이 가져오는 충격에 상응하는 운동보다 반작용의 운동이 훨씬 크고 포괄적일 때, 우리는 비로소 경기변동적 과정이라는 용어를 사용할 수 있다. 때에 따라 이러한 반작용의 과잉은 비합리적 계기에 기인한다. 예를 들어, 경제를 활성화시키는 어떤 충격이 존재할 때, 생산자 또는 소비자의 낙관론이 조장되고 그래서 이러한 활성화시키는 계기만이 이유가 되는 경우보다 한층 고도로 생산자 또는 소비자들이 경제활동에 참여하도록 〔유도〕하고 이들의 생산 또는 소비를 한층 진작시킨다. 이때 사람들은 활성화시키는 사실의 진행이 연속적인지 아니면 점진적으로 상승하는지를 부지중에 예상한다. 반면 이 사실이 단지 일회적 사건에 지나지 않는다는 것도 알지 못한다. 그러나 다른 경우에는 반작용의 과잉은 다른 경제요인들이 어떤 작용에 대해 반작용한 것에 의해 야기되기도 한다. 이때 이 다른 요인들은 메아리처럼 다른 모든 요인에 반작용을 전달하고, 이 때문에 개별 요인들은 반작용하는 다른 모든 요인들의 영향을 받으며, 따라서 반작용은 누적된다. 그러나 이 반작용의 누적은 충격의 단순한 총계가 아니라 종합이다 — 여기서 중요한 것은 결코 물리학적 양이 아니라 인간 의지와 행위의 충동이 누적된 것이다.

예를 들어, 어떤 지점에서 — 여기서 그 원인에는 관심을 기울이지 않는다 — 주변보다 노동조건이 유리하고, 이를테면 높은 임금이 주어진다면 구직자의 유입이 발생하고, 이런 까닭에 이 지점에서는 소비재와 거주 및 숙박소 등에 대한 수요가 증가한다. 이로 인하여 이러한 것들이 국지적으로 부족하게 되면 그 가격은 상승한다. 이와 동시에 노동력의 공급이 늘어남에 따라 임금은 떨어진다. 결국 이 발전에서 국지적인 임금이 크게 하락하고 국지적인 〔재화의〕 가격이 크게 상승하기 때문에, 이 지점의 노동조건은 다른 지점보다도 더 이상 유리하지 않고, 인구유입의 〔유리한〕 동기가 더 이상 존재하지 않는 시점이 나타나게 된다. 그럼에도 불구하고 노동력은 계속하여 유입된다. 왜냐하면 이주를 위한 결정은 이제까지 다른 곳에서 거주해 온 노동자에 의해 어쩌면 이미 수 주일 전에 이 지점에서의 노동에 대한 전망이 여전히 유리했던 시점에 내려진 것이기 때문이다. 그 후 이주를 위한 준비를 하지만, 이때 그 결정을 실행하는 시점에, 보다 정확히 말해 새로운 노동장소, 즉 장래의 거주지에 도착하는 시점에 앞서의 전망이 여전히 변치 않고 유지되는지를 검토하는 문제는 전혀 고려되지 않는다. 여기서 지금까지 서술한 과정을 다음과 같은 단계로 나눠 살펴볼 수 있다. 즉, 균형상태 — 새로운 상태(이전보다도 유리한 노동조건을 초래하는 상태) — 긴장상태(다른 지점보다 유리한 노동조건) — 작용(인구유입) — 반작용(임금하락, 가격상승) — 반작용의 과잉(노동조건이 더 이상 다른 곳보다 유리하지 않고, 이로 인하여 임금이 지속적으로 하락하고 가격은 지속적으로 상승함에도 불구하고 인구유입은 계속된다) — 일자리의 부족 등의 단계이다. 결국 이 이후의 불리한 노동조건 때문에 이미 노동력의 유출이 발생하는 시점에 이르러서야 인구유입은 멈추게 된다. 하지만 현저히 떨어진 노임 때문에 다시 생산비가 경감되고 생산을 새롭게 확장할 수 있으며, 따라서 새로운 노동자를 고용하는 등의 현상이 발생한다. 이를 통해 알 수 있듯이, 현실에서 '균형상태'란 논리적으로 어떤 지속성도 가질 수 없는 순간적 통과점에 불과하다. 이것은 '상태'로서 가설적으로만 존재한다. 이 예에서 특유의 경기변동적 경과를 불러일으키는 과정은 구직자가 자신의 노동장소를 바꾸려고 결심하고, 그리고 새로운 노동장소에 도착하기까지의 기간동안에 발생한다. 그 도착시점에는 계산이 맞지 않고, 여기서 '과잉'이 발생한다.

우리는 이상과 같은 예에서 부분적으로 아주 단순화된 형태의 경기순환을 살펴보았다. 전체 경제발전은 끝없이 많은 순환적 발전으로 성립한다. 이상의 예에서 순환의 상승국면에 이주해 온 노동자계층이 그 하강국면에 모두 다시 이주해 가지 않는다면, 최종결과로서 이 지점에서는 인구가 증가하고, 따라서 전체적으로 보아 발전은 상승과정에 있게 된다. 그러나 하강국면에 이전에 유입된 노동력보다 더 많은 노동력이 유출된다면 — 이를테면 하강이 비교적 장기간에 걸쳐 지속되거나 또는 이와 동시에 인접지역에서 호황이 진행될 경우에 이러한 현상이 발생할 수 있다 —, 최종결과는 인구의 감소이며 장기적으로 보아 발전은 후퇴한다. 그러므로 두 가지 운동, 즉 주기적 순환운동과(이를테면 균형상태를 곡선으로 연결할 경우)[143] 일견 연속적으로 보이는 전진적이거나 퇴행적인 운동이 동시에 진행된다. 따라서 이러한 양상은 매우 단순하고 명료한 것으로서 생각된다. 그렇지만 이러한 여러 가지의 순환운동이 동시적으로 존재하기 때문에 복잡다단하다. 이를테면 여기서 서술한 것처럼, 순수한 국지적 성격의 단기적 순환들이 동시에 존재하는 것이다. 이뿐만 아니라 지역적 또는 국민경제적 또는 세계경제적 범위의 장기적 또는 단기적 순환이 동시에 진행될 수도 있다. 그리고 여러 산업부문에서, 이를테면 농업, 섬유산업, 광업 등의 경우처럼 계절적으로 발생하는 특유의 순환도 성립할 수 있다. 이러한 순환은

143) 이러한 일반적 발전을 나타내는 선은 경기변동 이론에서 '추세'로 지칭되며, 이 추세는 수학적 방법(이를테면 최소자승법)에 의거하여 확인 또는 소거될 수 있다.

반드시 동시적으로 정점에 도달하는 것이 아니기 때문에, 결과적으로 어떤 순환곡선의 하강국면이 다른 곡선의 상승국면과 겹칠 수 있으며, 이 때문에 이 두 가지 순환이 경제생활에 미치는 효과는 서로 상쇄될 수 있다. 그러나 이러한 순환들이 다른 곳에서는 동시에 그 정점에 도달할 수 있으며, 이 때문에 그 효과는 증폭된다. 어떤 경우에도 이에 따라 지역적으로도 다양한 상황이 연출되며, 이러한 상황들은 그 이후의 발전에 다시금 영향을 미친다.

이 연구에서도 방금 서술한 경기순환의 문제가 여러 가지 측면에서 중요하다. 우선 경기순환은 어떤 장소에서의 일시적인 경제적 번영 또는 쇠퇴로부터 동일한 의의의 지속적 발전을 추정하는 것을 결코 허용하지 않는다는 점을 우리에게 보여준다. 취락지리학 문헌에서 빈번히 찾아볼 수 있듯이, 특히 개별적 문제에 대한 접근을 허용하는 소지역을 연구할 때 이러한 잘못된 추정을 너무나도 손쉽게 범한다. 그리고 두말할 나위도 없이 경제지리학적으로 우리가 관심을 기울이는 것은 지속적 발전이지 경기순환의 일정 단계에 대한 순간포착이 아니다.

그러나 경기변동 운동이 중심지의 의미와 그 보완지역의 규모에 영향을 미치는 한, 우리는 그것에 적극적 관심을 기울인다. 경기가 상승하는 시기에는 그것이 국지적 범위에 한정되는 것일지라도 생산이 확대되고 사람들의 소득도 개선되고 특히 중심재를 생산하고 공급하는 공업도 활기를 띠며 신규건축 및 확장계획이 마련된다. 이러한 계획을 추진하기 위해서는 은행으로부터 신용자금이 필요하며, 이 계획들이 성숙하여 실현되기까지는 항상 어느 정도의 시간이 경과해야 하며, 따라서 공장건설은 종종 순환이 이미 그 정점을 지난 후에 비로소 착수된다. 새로운 건설이 노동시장에 가져오는 활성화로 말미암아 (경기) 하강이 종종 어느 정도 저지된다. 그렇지만 신용대출과 건축자재에 대한 수요가 갑작스럽게 집중적으로 증가함으로써 신용 및 건축자재의 가격이 상승하기 때문에 건설(사업)은 대개 당초 견적으로 뽑은 것보다 훨씬 많은 비용을 요구한다. 그런데 이 경우에는 공간관계에 별다른 관심을 기울이지 않는 경제이론이 손쉽게 간과하는 중요한 계기가 추가된다. 즉, 문제가 되는 지점에서 경기상승의 결과로 높아진 가격은 이 지점의 중심재가 지닌 도달범위를 축소시키고, 따라서 그 보완지역의 주변에 자리잡고 있는 분산적 지점들은 중심재에 대한 필요를 이 지점보다 멀리 떨어져 있는 다른 지점에서 충족시키게 된다. 그러므로 호경기를 맞고 있는 지점에서는 중심재의 소비가 감소하며, 이 점을 통해 보더라도 우리는 경기가 하강하는 발전양상을 인식할 수 있다. 실제로 판매가 줄어들기 때문에 중심재의 재고는 늘어나며, 신용대출의 이자와 그 밖의 건설비용을 지불하기 위해서는 재고를 적당한 가격에 팔아 '현금화'하지 않을 수 없다. 이와 동시에 생산은 위축되고 실업은 증가하며 노동력의 유출이 발생한다. 그래서 우리는 순환의 종착점으로서 생산설비의 확대, 중심재의 공급에 이용되는 시설(소매점, 카페 등)의 확대, 그리고 가격과 실업의 하락을 관찰할 수 있다. 그런데 이러한 가격의 하락은 다시 이 지점이 지닌 보완지역의 확대로 작용한다. 왜냐하면 생산설비가 완비되기 때문에 여러 가지 측면에서 생산의 원가도 하락할 수 있으며, 따라서 이때 발생하는 균형상태에서는 중심재의 가격이 이전의 균형상태를 이룬 시기와 비교하여 낮을 수 있다. 결과적으로 — 장기적으로 보아 — 이 경우에는 보완지역이 확대되고, 따라서 해당 지점은 결국 유리하게 발전할 수 있다. 하지만 또한 예를 들어 [경제]공황 동안에는 일부 기업들이 지불을 중지하고 경영을 포기할 수 있으며, 따라서 무엇보다도 돈을 대출해 준 사람들과 건설업자들이 손실을 입고, 더구나 공급되는 중심재의 종류도 감소하게 된다. 결국 — 다시 장기적으로 보아 — 중심지의 의미는 약화되고, 따라서 그 보완지역도 축소된다.

그런데 우리에게는 몇 가지 논점이 여전히 중요하다. 즉, 경기가 상승하는 동안에는 어떤 중심지가 신속하게 예를 들어 M-지점의 의미에서 A-지점의 의미를 지닐 수 있다. 왜냐하면 일시적으로 (경기변동에 따른) 유리한 위치를 차지함으로써 A-지점의 재화 공급이 수지타산을 맞출 수 있기 때문이다. 그후 경기전환이 발생해도 이 지점은 A-지점으로서의 의미를 유지할 수 있다(왜냐하면, 고차 중심지는 일반적으로 저차 중심지에 비해 유리한 상황에 놓여 있기 때문이다). 하지만 이와 마찬가지로 중심지는 국지적으로 작용하는 경기가 하강할 때 특별히 피해를 받고 위축될 수도 있으며, 그러므로 경우에 따라서는 일반적으로 중심지로서 몰락하는 운명을 겪을 수도 있다. 이때 마침 지배적 원리, 이를테면 교통원리에 비춰보아 유리한 입지를 보여주는 인접한 중심지가 비로소 그 중심지의 계층을 상승시킬 수도 있다. 이 점으로부터 우리는 두 가지 유형의 중심지에서 중간서열의 중심지가 일반적으로 급격한 변동을 겪을 수 있는 반면, 전형적 규모를 가진 중심지가 고착상태, 즉 균형상태를 보여준다는 사실을 알 수 있다. 여기서 일정 시점에서 중심지의 현황을 조사한다면, 대다수 중심지는 비교적 장기간에 걸쳐 지속되는 고착상태에 놓여 있으며, 소수의 중심지는 비교적 단기적으로 지속되는 과도적 상태와 경쟁관계에 놓여 있다고 할 수 있다.

4. 소결: 일반 경제이론과 특수 경제이론

이론을 종결함에서 우리는 다음과 같은 사실을 지적하고자 한다. 즉, 경제이론은 일반이론과 특수이론으로 나눠질 수 있다는 것이다. 일반이론은 모든 과거 및 미래 시대를 통해, 모든 민족 사이에, 그리고 모든 국가에 존재하고 작용하는 경제적 관계와 과정들을 고찰한다. 따라서 일반이론이 정식화하는 규칙과 법칙은 모든 시대와 장소에서 경제체제의 구체적인 시간적, 그리고 장소적 양상과 관계없이 타당성을 지녀야만 한다. 이러한 규칙과 법칙의 수는 상대적으로 소수이고 그것들은 지극히 일반적으로 표현되기 때문에 인식으로서의 가치는 종종 별로 크지 않다. 특수이론은 이와 다른 성격을 지니고 있다(알프레트 베버는 이것을 '순수'이론, 다시 말해 일반이론과 대비되는 '현실이론'으로 일컫고 있다[144]). 특수이론은 일정한 시대와 문화권에 따라 확정된 경제체제를 전제로 하여 타당성을 지닐 수 있는 규칙과 법칙을 전개한다.[145] 이때 '경제체제'라는 개념은 정도의 차이가 있지만 협의로 파악될 수 있으며, 따라서 특수성이 높은 이론 또는 특수성이 낮은 이론을 얻을 수 있다. 이를테면 우리는 '서양적'이라는 것을 경제체제의 특수한 양상으로 정리할 수 있으며, 또한 보다 특별하게는 '서양적 · 자본주의적'이라는 것, 그러므로 봉건적이고 중세적인 경제형태를 제외한 것을 그 양상으로서 정리하는 경우에 이러한 결과가 나타난다.[146]

---

144) Alfred Weber: "Industrielle Standortlehre," a. a. O., S. 10ff와 여기저기.

145) 이 점에 대해서는 특히 베르너 좀바르트(Werner Sombart: *Die drei Nationalökonomie*, a. a. O., S. 320ff.)를 참조하라.

146) 칼 맑스(Karl Marx)가 특히 그의 "*Kapital*"(1. Auflage 1867)과 "*Zur Kritik der politischen Ökonomie*"(1859)에서 그 당시까지만 해도 일반 경제이론의 범주로 여겨졌던 임금, 가격, 이자 등과 같은 경제학의 많은 범주들이 단순히 역사적 범주에 지나지 않는다는 점, 다시 말해 시대적 경제체제의 요소이며 모든 시대적인 것과 마찬가지로 과도적 경제체제의 요

이 책에서는 이처럼 한편으로 일반이론과 다른 한편으로 특수한 자본주의이론이라는 분류를 행하지 않는다. 왜냐하면 이러한 구분이 이 책의 틀 안에서는 적절하지 않기 때문이다. 사실 여기서 이론은 체계적인 것이 아니라 오히려 기초적인 것으로 볼 수 있으며, 그것은 특수한 목적, 바꿔 말해 남부독일의 중심지의 수와 규모, 그리고 분포라는 특정한 현재의 지리적 현실을 설명하려는 목적을 갖고 있다. 그러므로 일반이론의 요소들 — 최고의 합리성의 원리, 중심적 공급과 분산적 공급의 대립, 재화는 희소하지만 욕구는 제한이 없다는 사실 등 — 은 자본주의적 이론의 요소들 — 공급의 자유, 소비의 자유, 이주의 자유 등 — 과 구별될 수 없다.

자본주의체제가 아니라 다른, 이를테면 사회주의체제가 지배할 경우에 특수이론이 얼마나 다른 방식으로 설명되는지에 대해 기본적 고찰을 시도하는 것은 매우 흥미로운 일임에 틀림없다.147)

어떤 경제체제도 '조절장치' 없이 유지될 수 없다. 이 조절장치는 실제로 제한 없는 인간의 욕망을, 재화가 희소하다는 사실과 재화의 생산이 '비용'을 유발한다는 사실과 조화시킨다. 그런데 이 비용은 노동으로부터 성립하거나 (생산)도구, 건물, 토지, 원료 등과 같은 생산수단을 준비하고 소비하는 데서 성립한다. 이러한 '조절장치'는 본능과 전통, 종교적 계명, 국가적 권위 또는 지배자의 의지일 수 있는데, 자본주의 경제에서 그것은 자유로운 경쟁과 생산, 그리고 자유로운 소비와 관련된 재화와 노동 등의 가격이다. 사회주의 경제에서는 개인 위에 존재하는 기구가 지닌 이성이 이러한 조절장치에 해당하며, 이 기구는 본래(적인 뜻에서) 오늘날 우리가 말하는 국가가 아니라 오히려 '경제위원회', 즉 경제회의로 일컬을 수 있다. 이 최고의 경제회의는 사실상 제한 없는 주민들의 욕구를 제한적으로

소라는 점을 역설한 것은 그의 학문적 업적이다. 그후 이러한 기본적 견해는 무엇보다도 좀바르트와 카셀에 의해 계속적으로 발전됐다.

147) 카셀은 그의 이론이 사회주의 경제에서도 타당한지 그렇지 않은지, 그리고 어느 정도까지 타당한지에 비춰 그의 이론을 끊임없이 검토하고 있다.

만 생산할 수 있는 재화의 수량과 조화시키는 과제를 안고 있다. 이는 욕망에 상응하는 〔재화의 수요〕량이 충족되지 않은 채로 남아 있는 방식으로만 가능하다. 그런데 자본주의 경제에서는 욕망을 충족시켜 준다는 재화에 대해 일정 수준의 가격을 지불하지 않으려고 하거나 지불할 수 없는 사람들의 욕망은 충족되지 않은 채 남는다. 따라서 누가 이러한 한정된 수량의 재화의 일부를 손에 넣고 누가 이를 단념하는지는 가격이 결정한다. 위의 사회주의 경제체제에서 이러한 조절장치의 역할을 수행하는 것이 재화의 가격이 아니라 경제회의의 판단이라고 할 수 있다. 경제회의는 개인이 전체를 위해 성취한 업적에 상응하여 개인에게 제한된 수량의 재화 일부를 배분해주며, 더구나 과학적 기초에 입각한, 그리고 공정, 급부, 욕망, 전체성 등에 대해 법적으로 '규정되어 있는' 일정한 사고규범에 의거하여 이를 수행한다.

경제, 생산, 소비의 조절장치로서 가격이 존재하지 않고 다른 조절장치, 즉 경제단체의 정관과 조직적 이성이 이를 대신할 경우에도 원칙적으로 중심지의 규모와 분포에 관한 도식에 아무 변화가 없다는 사실은 명약관화하다. 왜냐하면 가능한 최소의 지출(가능한 최소의 비용)로 가능한 충분한 욕망의 충족을 성취한다는 이른바 경제원칙은 자본주의 경제체제에서도 사회주의 경제체제에서도 유효하고 결정적이기 때문이다. 결함이 없지 않는 조절장치 — 가격 — 가 역시 또한 결함이 없을 수 없는 다른 조절장치 — 과학적이고 정치적으로 경제를 운용하는 이성 — 에 의해 대체된다고 해도, 그 목표, 다시 말해 무한한 욕망을 희소한 재화와 조화시킨다는 목표는 변하지 않는다. 어떤 조절장치가 다른 조절장치보다 뛰어나며 목적에 한층 부합하여 작동하는지는 사실에 입각하고 과학적으로 해명되어야 할 문제이다. 그런데 어떤 조절장치가 다른 조절장치보다 희소한 재화를 한층 공정하게 배분하기 때문에 이를 선호할 수 있다는 것은 세계관의 문제이며, 따라서 〔이를〕 과학적으로 해명한다는 것은 불가능하다.

그러므로 개별적 논점에서 어떤 경제체제, 이를테면 자본주의 경제체제가 다른 경제체제, 예를 들어 사회주의 경제체제로 이행할 경우에는 중심지의 규모와 분포와 관련하여 변동과 계층전환이 나타나지만, 이것은 도식 자체와 관련된 것이 아니라 도식에 기초가 되는 구제석 변량, 즉 중심지의 수와 중심지 상호간의 간격, 그리고 그 전형적 규모와 관련하여 발생하는 것이다. 하지만 이 문제를 다루는 것은 이 연구의 과제에 해당하지 않는다. 다만, 우리는 여기서 제시한 이론에 적용의 한계가 존재한다는 점을 지적해두고자 한다.

제 2 장

연계편 : 취락지리적 현실에 대한 이론의 적용

1. 도입 : 과제

제 1장 이론편에서 지리적 현실로부터 도출된 예들이 우리의 설명을 아마도 한층 더 명확히 해줄 것이라고 생각했음에도 불구하고, 이러한 예들을 제시하는 일은 가급적 피하려고 했다. 우리는 이론을 오히려 연역적으로, 그리고 순수한 고찰로부터 얻었다. 만약 구체적 예들을 끊임없이 제시했더라면, 이론이 연역적으로 도출되었다는 사실은 은폐되고 부분적으로 이론이 적어도 귀납적으로 성립된 것이 아닌지 하는 인상을 주었을지도 모른다. 현실을 제시하고 이를 이론에 근거하여 설명하는 것은 이 장의 '실제적 부분'(논의대상의 특수하고도 구체적인 부분을 국민경제학에서는 때때로 이렇게 일컫고 있다)이 결국 풀어야 할 과제이다.

그런데 이론을 현실과 대비시키는 것은 그리 간단히 행할 수 있는 일이 아니다. 이론과 현실이라는 양자를 우선 같은 개념도식 위에 올려놓지 않으면 안 된다. 개념도식은 부분적으로 이론적 논의를 진행시키는 과정에서 비로소 개발되는 것이며, 따라서 이론을 앞서 얻게 되었다. 지금부터는 현실이 이론적 개념도식에 부합하듯이 우선 현실을 정선하는 것이 필요하다. 이것이 이 연구의 제2장이 해결해야 할 과제라고 할 수 있다.

우리는 이제 이 책의 서론부분에서 제기한 문제, 다시 말해 오늘날 남부독일에서는 어떤 장소가 중심지에 해당하는지의 문제에 해답을 제시해야만 한다. 따라서 특정 도시가 중심지인지 그렇지 않은지, 또는 특정 촌락이 분산적 지점인지 그렇지 않은지 하는 지극히 구체적인 문제에 해답을 주어야만 한다—혹은 어느 것이 중립적 지점인지 그렇지 않은지 하는 문제도 제기되지만, 이러한 지점은 우리의 연구와 관련시켜 볼 때 단순화로 인하여 부정확하긴 하지만, 분산적 지점, 적어도 '비중심적' 지점으로 파악될 수 있다. 그리고 이에 더해 중심적이라고 인정된 이러한 남부독일의 특정 지점에 중심지 계층에서 고차의 순위가 부여되는지 아니면 저차의 순위가 부여되는지, 따라서 지점이 어떤 규모의 유형에 속하는지 하는 지극히 구체적인 문제에 해답을 제시해야만 한다. 그러므로 이 두 가지 문제에 해답을 제시하는 것이 여기서의 과제이다. 하지만 이 과제는 우선 어떤 지점이 중심적인지 그렇지 않은지, 그것이 어떤 규모의 유형에 속하는지 하는 문제를 해결하는데, 아니 간단히 말해 어떤 지점의 의미를 확인하는 데 도움을 주는 하나의 방법을 찾아내는 데 있다.

2. 중심지의 규정방법

1) 지점의 의미

제1장의 도입부분에서 우리가 제시한 '중심지' 개념의 규정에서 알 수 있듯이, 그것은 도시의 개념과 동일하지 않다. 왜냐하면 중심지의 개념은 근본적으로 중요한 취락의 단 하나의 특성, 다시 말해 중심기능을 지니고 있다는 특성을 고려한다는 점 때문이다. 여기서는 이러한 '중심지'의 개념에 해당하는 남부독일의 모든 지점들을 빠짐없이 찾아내는 것이 중요하다. 왜냐하면 그런 다음에 우리는 이론을 통해 얻은 중심지의 분포에 관한 도식이 현실과 어느 정도 맞아 떨어지는지, 도식의 기초에 어떤 구체적 수치가 주어지는지, 그리고 도식으로부터의 편차가 또 다른 관점에서 설명될 수 있더라도 어떤 점에서 발생하는지 등을 비로소 확인할 수 있기 때문이다. 따라서 우리는 인구 2천 명을 넘어서는 모든 취락단위를 도시취락으로 지칭하는 통계학과 똑같은 방법을 채택할 수 없다. 또한 우리는 행정정책상 도시로 지칭되는 모든 지점들(이를테면 장터를 포함하여)을 '도시' 취락으로 총괄하고, '농촌' 취락과 대비시키는 역사적 취락지리학의 방법을, 비록 그것이 다른 목적에서는 장점을 지니고 있을지라도, 여기서 따를 수 없다.

우선 우리는 하나의 지점이 중심지가 되도록 하는데 어떤 요인들이 그 지점의 '의미'의 내용을 구성하는지를 확인하지 않으면 안 된다. 그런데 이러한 요인들은 중심재와 중심서비스의 교환이라는 모든 사실과 다르지 않다. 이처럼 어느 한 지점에 존재하는 모든 사실을 종합하면, 우리는 그 지점의 의미를 찾아낼 수 있을 것이다.

중심재와 중심서비스가 어떤 지점에서 교환되는지 그렇지 않은지, 따라서 이 지점이 중심기능을 지니고 있는지 그렇지 않은지는 이 지점에 존재하는 중심재의 교환에 이용되는 시설을 통해 가장 양호하게 파악할 수 있다. 그러한 시설의 하나가 예를 들어 중심지의 상징이 되는 시장이라고 할 수 있다—특히 중세에는 더욱더 그러했다. 그러나 근대적인, 아직 역사가 길지 않은 중심지는 이러한 가시적 표현을 지닐 필요가 없다. 언어적으로 '시장'이라는 표현은 사실 재화와 서비스의 교환이 국지화된 것을 지칭하는 용어로 통용되고 있다. 이렇듯 우리는 화폐시장, 노동시장 등의 용어를 사용한다. 만약 우리가—일시적으로—재화와 서비스의 교환을 위한 시설을 중심지의 의미를 나타내는 척도로 선택한다면, 그러한 시설은 원래 지점의 의미를 구성하는 것이 아니라 단지 교환 자체를 구성하는 것에 지나지 않는다는 점에 유의해야 할 것이다.

어느 한 지점이 지닌 의미의 구체적 내용을 구성하는 요인들에 대해 어떤 관념을 얻기 위해서는 중심재와 중심서비스의 교환을 위한 개별적 시설의 종류를 몇 개의 군집으로 묶어 놓은 일람표로 제시하는 것이 실용적이다. 이 표는 이를테면 다음과 같다.

① 행정시설

- 저차의 종류 : 면사무소, 지방경찰서, 시청(라인지방의 경우), 세무지소
- 중차의 종류 : 군(관구) 사무소, 지방법원지소, 세무서
- 고차의 종류 : 지방(군) 관청, 지방법원, 지방노동청
- 최고차의 종류 : 중앙관청, 주(州) 관청

② 문화적 · 종교적 의미를 지닌 시설

- 저차의 종류 : 초등학교 또는 중학교, 시민도서관, 교구관
- 중차의 종류 : 고등학교, 군(관구) 교육청, 대교구관
- 고차 및 최고차의 종류 : 대학, 주립도서관, 박물관, 극장, 주교관

③ 보건상의 의미를 지닌 시설

- 저차의 종류 : 일반의원, 수의진료소, 치과의원

- 중차의 종류: 약국, 군(관구) 진료소, 군(관구) 병원
- 고차의 종류: 전문의원, 연구소, 종합병원, 요양원

④ **사회적** 의미를 지닌 시설
- 저차의 종류: 여관, 영화관, 지역신문사
- 중차의 종류: 위와 비슷하나 보다 큰 의미를 지닌 시설들
- 고차의 종류: 유흥장, 대형 신문사, 대형 경기장, 라디오방송국

⑤ 경제 및 사회생활을 **조직**하기 위한 시설
- 저차의 종류: 동업조합, 노동조합, 지역의 각종 직능단체
- 중차의 종류: 군(관구) 연합체, 법률사무소, 공증사무소
- 고차의 종류: 가우(대관구) 및 주연합체, 상업회의소, 농업회의소, 수공업회의소

⑥ **상업 및 금융**시설
- 저차의 종류: 각종 소매점, 신용금고, 농업창고, 주간시장[1]
- 중차의 종류: 전문점, 균일가격 상점, 소비조합, 군저축금고, 은행 및 은행지점
- 고차의 종류: 백화점, 상대적으로 중요한 도매창고, 무역사무소, 증권거래소, 중앙은행 지점

⑦ **공업**시설
- 저차의 종류: 일반 수공업공장, 수선공장, 양조장, 제분소
- 중차의 종류: 전문 수공업공장, 대형 제빵공장, 도살장, 가스공장, 발전소
- 고차의 종류: 위와 비슷하나 보다 포괄적인 범위를 지닌 시설들

⑧ **노동시장**으로서의 의미

---

1) 〔역주〕 매주 한 번(또는 두서너 번) 열리는 시장을 말한다.

- 기업의 수와 규모, 노동인구의 밀도에 따라 다름

⑨ 교통 · 통신시설
- 저차의 종류 : 철도역, 우편자동차의 발착점, 도로의 교차점, 우체국과 중요한 우편대리점
- 중차의 종류 : 급행열차 정차역, 철도교차점, 중간계층의 우체국, 전화국
- 고차의 종류 : 장거리열차 출발역, 국유철도 관리국, 중앙우체국

엄밀히 말해, 우리는 중심시설이 존재하는 모든 장소를 중심지라고 부를 수 있다. 그렇지만 우리는 이 점에서 벌써 첫 번째 난관에 부딪히게 된다. 예를 들어, 식료품점이 우리가 생각하는 맥락에서 중심시설로 볼 수 있는지 그렇지 않은지, 그리고 학교와 교회 등은 어떠한지 등이다. 어쨌든 우리는 비교적 넓은 지역에 걸쳐 어느 정도의 광범위한 영향력을 행사하는 의미를 지닌 중심시설만을 고려해야 한다. 그렇다면 어떤 점에서 최하한(선)을 그을 수 있는가? 우리는 비교적 큰 식료품점, 중학교 또는 고등학교, 널리 산재해 있는 교구(教區)를 가진 교회를 주목할 만한 중심시설로 간주할 수 있다. 작은 상점, 초등학교, 단촐한 마을교회는 국지적 의미만을 지니고 있기 때문에 중심시설로 고려할 수 없다. 따라서 우리는 어떤 경우에 그러한 시설을 중심적인 것으로, 어떤 경우에 국지적인 것으로 지칭할 수 있는지를 규정하는 데 도움을 주는 어떤 척도를 찾아 내지 않으면 안 된다.

더구나 우리는 두 지점의 중심성을 비교하고, 한 지점을 그 중심성에 의거하여 상대적으로 낮거나 높은 규모의 계층에 편입시킬 수 있을 것으로 생각한다. 그러므로 이를 위해서 우리는 중심성을 어떤 분량을 통해 (혹은 강도의 단계를 나타내는 정도를 통해) 표현할 수 있어야만 한다. 이 목적을 위해서 우리는 간단히 모든 중심시설과 각종 기관을 합치고, 이 합을 수치로 비교와 분류의 기준으로 삼을 수 있는가? 이러한 방법에 아무 문제가

없는 것은 분명 아니다. 대학은 중심시설로서 실업계 고등학교와 전혀 다른 의미를 지니고 있다. 그리고 학생수가 천 명에 달하는 실업계 고등학교는 학생수가 백 명에 불과한 실업계 고등학교와 서로 다른 의미를 지니고 있다. 따라서 모든 중심시설은 각각 그 의미에 의거하여 '계측'되지 않으면 안 된다. 학교는 이를테면 그 계층(대학교, 고등학교, 중학교)과 학생수에 따라, 병원은 그 진료일수에 따라(환자수나 이용가능한 침상수로는 충분하지 않다), 상점은 매출액에 따라, 그리고 철도역은 정차하는 열차수와 판매된 승차권 매수에 따라 그 중요성을 측정해야만 한다.

하지만 이것으로도 충분한 것은 아니다. 어느 한 (중심)지점의 전체적 의미를 표현하기 위해서는 이상과 같은 방법을 통해 얻은 수치를 어떤 방법으로든 조합해야만 한다. 여기서 이러한 수치들이 더해져야 하는지 또는 곱해져야 하는지, 아니면 또 다른 방법으로 조합되어야 하는지의 문제가 발생한다. 어느 한 지점의 의미는 어떤 강도를 나타내는 것이므로, 그 의미를 만들어내는 개별 요소들의 크기를 단순히 합할 경우 그 값은 대개 매우 작고 대단히 부정확한 것이 된다. 왜냐하면 특히 개별적 중심요소의 수가 많은 상대적으로 큰 도시의 경우에는 〔그 값이〕 지나치게 작게 표현되기 때문이다. 우리는 이미 이론편에서 새로운 종류의 중심재가 추가될 경우 중심재의 소비, 다시 말해 중심지의 의미가 새롭게 추가된 종류의 소비량만큼 증가하는 데 그치는 것이 아니라 그보다 훨씬 높은 비율로 증가한다는 사실을 고찰했다. 또한 개개의 중심시설에 대해 얻은 수치가 어떤 중심지의 전체적 의미에 결합되어야 한다면, 무엇보다도 이 수치들은 서로 비교가능한 것이어야만 한다. 그리고 화폐가 여러 가지 경제적, 문화적, 보건위생적 재화와 서비스의 극히 다양한 모든 가치에 대해 동일한 척도인 것과 마찬가지로, 이러한 수치들은 하나의 동일한 척도에 의거하여 구해져야 한다. 그러므로 어떤 경우에는 화폐로 표현된 상점의 매출액을 계산하고 다른 경우에는 병원의 진료일수를 계산하는 것 등으로 해서는 이 모든 것을 어느 한 중심지의 전체적 의미로 집계할 수 없다. 가장 좋은 방법은 중심재가 실제로 판매될 때의 경제적 성과, 따라서 중심재의 공급자가 얻는 순수익을 근거로 삼는 것일 것이다. 그러나 이 경우에도 난관은 존재한다. 왜냐하면 사실 경제적 이윤으로부터 발생하는 화폐로 표현될 수 있는 순수익뿐만 아니라 이를테면 교육기관, 행정시설, 유흥장 등의 관념적 '순수익'도 양적으로 파악하지 않으면 안 되기 때문이다.

따라서 우리는 일정 지점이 중심지이며, 더구나 그것이 〔예를 들어〕 M-지점의 의미를 지닌 유형에 해당한다고 말할 수 있도록 그 지점의 중심적 의미를 정확히 파악하려고 할 때, 얼마나 큰 난관에 직면할 수 있는지를 알 수 있다. 이처럼 총체적 문제는 한 지점의 중심적 의미를 계량화하는 데 있는 것이다.[2]

어느 한 지점의 의미가 지닌 구체적 내용은 다면적이고 언제나 손쉽게 파악될 수 있는 것이 아니며, 그리고 그러한 의미를 계량화하고 게다가 통

---

2) 여기서 한 지점의 의미를 계량화하려는 과거의 시도를 언급해 보자. 한 강연에서(*Geographische Zeitschrift*, 5 Jahrgang, Leipzig 1899, S. 50에 게재) 블린트(Blind) 교수는 한 도시의 '교통상의 의미'를 수치로 표현하려고 했다. 그는 한 도시가 다른 (분산적) 지점에 미치는 영향은 그 도시의 주민수에 비례한다는 (우리가 이미 제시한 것처럼 받아들일 수 없는) 가정에서 출발했다. 하지만 그 영향은 거리와 함께 감소하기 때문에 주민수를 평균적 교통거리로 나눠야 한다고 생각된다. 그래서 도시의 전체적 의미를 파악하기 위해서는 도시가 모든 개별적(분산적) 지점에 대해 갖는 의미를 확인하고, 이 모든 개별수치를 더해야 할 것이다. 이러한 계산이 광범위하고 결코 보상이 없는 계산이라는 점을 별개로 하더라도 이 계산의 요인들은 약분할 수 없고 더 이상 더할 수 없으며 더구나 전제가 잘못되어 있다. 한스 보벡의 방법은 〔이보다〕 훨씬 단순하면서도 논리적으로 결함이 없는데, 그는 '전형적 도시의 노동부문'의 취업자수를 계산한다. 이러한 수의 합계는 (우리가 이 책에서 '중심지의 의미'라고 부르는 것과 거의 비슷한) '지역 교통상의 긴장의 크기'〔일정 지역에서 물자의 이동이나 인구유동에 따라 발생하는 교통량 등의 크기를 말함〕에 상응한다. 그런데 이 경우에는 오차의 원인이 상당히 큰 편이다("Grundfragen der Stadtgeographie," a. a. O., S. 220).

일적 척도에 의거하여 계량화하는 것이 어렵다는 점을 고려할 때, 중심지를 파악하고 그 규모를 서로 비교할 수 있도록 하는 하나의 방법을 찾는 일은 거의 불가능해 보인다. 동상적 한계를 긋는 방법과 계량화의 방법으로 되돌아가는 것, 따라서 어느 한 지점의 '규모'를 표현하는 것으로서 주민수를 채택하고 2천 명이라는 주민수를 한계(치)로 설정하거나 '도시'라는 명칭을 부여하는 방법으로 되돌아가는 것과 이때 발생하는 오류를 또 다른 측면에서 가능한 해소하는 방법이 상당히 바람직스럽게 생각된다.

그러나 〔여기서 이 어려운 과제를〕 포기할 필요는 없는데, 왜냐하면 중심지로서 어느 한 지점의 의미를 수치적으로 확인하기 위한 의외로 간단하면서도 충분히 정확한 방법이 존재하기 때문이다. 즉, 우리는 그 지점의 전화(접속) 대수(*Telefonanschluß*)를 계산하는 것이다. 이 수치는 우리가 한 지점의 의미라고 일컫는 것과 거의 일치한다.

전화대수에 의거한 방법이 유용하다는 점을 우선 연역적으로 증명해 보자. 중심재와 중심서비스의 교환에 이용되는 모든 시설들은 비교적 광범위하게 주로 분산적으로 거주하는 개인들의 집단과 연결되어야 할 필요성을 동일한 정도로 지니고 있다. 오히려 이러한 사정이야말로 이러한 시설들을 중심시설로 만든다. 그런데 이럴 경우 오늘날 전화만큼 필수적이고 특징적인 것은 존재하지 않는다. 전화는 바로 어떤 시설이 실제로 중심적 의미를 지니는지 아니면 국지적 의미를 지니는 것에 불과한지를 나타내는 지표이다. 우리는 전화대수를 통해 어느 정도까지 한 지점의 의미에 기여하는 여러 가지 종류의 요인들을 모두 통분할 수 있는 공통분모를 찾을 수 있다. 이렇게 해서 〔중심지가 지닌〕 의미를 계량화하는 문제는 풀리게 된다. 물론 비교적 큰 도시에서는 때때로 시내통화가 중요하다. 그럼에도 불구하고 대도시의 전화대수당 장거리 통화의 평균 횟수는 상대적으로 작은 지점에 비해 적은 것이 아니라 오히려 많은 실정이다.

그런데 우리가 제시한 방법의 유용성은 귀납적으로도 증명될 수 있다. 즉, 이 연구의 결과는 동시에 이러한 논점을 증명하는 것이 된다. 여기서 인구분포를 나타내는 부록편의 〈지도 1〉(이 지도에서 점 하나는 각각 4백 명의 주민을 표현한다)과 중심시설의 분포를 나타내는 〈지도 2〉(전화대수와 같은 것으로서, 점 하나는 각각 10대의 전화를 표현한다)를 한번 비교해 보자. 〈지도 2〉에 원용된 전화(대수)에 의거한 방법은 주민수에 의거한 방법이 보여주는 것과는 전혀 다른 형태로 실질적 중심지를 보여준다는 점과 이와 동시에 〔중심지가 지닌〕 의미가 매우 뚜렷한 개별적 차이를 지니고 있음을 보여준다는 점이 즉각적으로 드러난다.

이와 더불어 이 두 지도의 기법에 관해 몇 가지를 지적해 두고자 한다. 지도상의 점이 차지하는 면적이 비교적 큰 지점에서만 자연적 상태의 주택이 차지하는 면적보다 크게 될 수 있도록 지도의 축척과 점의 수치를 선택했다. 따라서 비교적 큰 취락을 나타내는 표식은 지도상에서 이 취락이 실제로 차지하는 공간을 넘어서고 있다. 이 때문에 이 표식이 종종 인접한 취락의 표식과 합쳐져서 하나의 단위를 형성하는 경우도 있다. 이 점은 지도의 축척을 확대하거나 점의 수치를 크게 〔표시〕함으로써 해결될 수 있다.[3] 그러나 인접한 취락이 대도시의 영역에 합쳐지는 것은 오히려 표시

---

3) 스텐 드 기어(Sten de Geer: *Befolkningens Fördelning i Sverige.* Stockholm 1919)의 모범에 따라 자주 적용되는 대규모 취락을 구형(球形)으로 표시하는 방법을 제외했는데, 왜냐하면 소규모 취락을 대규모 취락(입체형)과는 다른 원리(평면형)로 표시하는 것은 논리적이지 않기 때문이다. 더구나 이는 평면적인 점에 의한 표시와 입체적인 구형에 의한 표시 사이의 경계선이 어디에서 선택되는지를 자의적으로밖에 결정할 수 없는 문제를 불러일으킬 뿐만 아니라, 지도의 시각적 전체 형상이 이것에 의해 왜곡되고 일정 정도 잘못 묘사되기도 한다. 비슷한 이유에서 그라트만의 방법(예를 들어, R. Gradmann: *Süddeutschland*, a. a. O., Band 1, S. 179, 〈그림 25〉의 제조업체의 분포를 나타내는 지도에 적용된 방법), 즉 소규모 지점인 경우에는 점으로 표시하고 대규모 지점인 경우에서는 권역으로 표시하고 동시에 수치를 기입하는 방법도 적용하지 않았다. 더구나 막스 에케르트의 "지도학"(Max Eckert: *Die Kartenwissenschaft.* 2 Bände. Berlin und Leipzig 1925)과 헤르만 라운텐자흐의 "일반지리학"(Hermann

되어야 한다고 생각한다. 왜냐하면 도시로 규정되는 일정 지역은 주택이 차지하는 범위에 도달할 뿐만 아니라 이를 넘어서기도 하기 때문이다. 비교직 높은 비율의 주민들이 매일 직업 때문에 도시로 통행하고, 더구나 도시를 통해 일상적 욕구를 충족시켜 주는 상품을 공급받는 인접 지점도 도시지역에 속한다. 또한 정원같이 집단적 주말농장으로 이용되고,[4] 근교의 유원지[5]와 마찬가지로 도시와 밀접히 연관되어 있는 지역도 도시지역에 해당한다. 그러므로 지도의 축척이 1 : 1,000,000인 인구밀도 지도에서는 ¼ ㎟의 공간을 차지하는 점 하나는 4백 명의 주민을 표현하는 것이 된다. 따라서 1 ㎢당 주민이 천6백 명인 인구밀도에서 점 하나가 지도에서 차지하는 공간은 바로 한 취락의 주택들이 자연적 상태에서 차지하는 면적과 일치하며, 거주밀도가 상대적으로 높은 경우에는 점의 군집이 취락의 경계를 '넘어서게' 된다. 주민이 4백 명이라는 수치는 또 다른 관점에서도 어떤 의의를 지니고 있다. 즉, 약 4백 명의 주민수를 지닌 촌락은 아주 흔하다. 이 수치는 비교적 작은 것이긴 하지만, 이미 독립적 촌락공동체에서는 전형적인 것이다. 주민수가 2백 명 또는 3백 명 미만일 경우에는 소촌이 나타나기 시작한다. 산재해 있는 여러 개의 취락들이 모여 비로소 4백 명의 주민수에 달하게 되는 경우에는 이러한 산재해 있는 취락인구의 중심이 되는 위치에 점을 표시한다. 그래서 두 개의 점은 전형적 집촌(주민수

Lautensach: *Allgemeine Geographie*. Gotha 1926. S. 262ff.)에 나와 있는 지도의 논리 및 인구밀도 지도와 관련하여 이에 해당하는 논의를 참조하라.

4) 〔역주〕 독일에서 정원을 갖추고 있지 않거나 녹지를 갖고 있지 않은 (대)도시의 연립주택이나 아파트에 거주하는 도시주민들이 (대)도시 외곽의 철도나 간선도로 주변의 부지에 일정 규모의 토지를 지방자치단체로부터 주말농장(*Kleingarten*)으로 분양받아 채소를 가꾸거나 정원으로 활용하는 것을 말한다.

5) 〔역주〕 한 나절 또는 반나절가량이 소요되는 소풍이나 산행의 목적지를 말한다.

6백~천 명)을, 세 개 이상의 점은 산업화된 촌락 아니면 장터와 도시, 그리고 그 밖의 중심지들(주민수 천 명 이상)을 나타낸다. 〔지도에서〕 실제로 취락이 점유하는 면적보다 점의 수가 많은 대도시의 경우에는 여분의 점을 취락이 인접해 있는 거주하지 않는 토지에 대해 정치적으로 또는 경제적으로 가장 강력한 영향을 미치는 곳, 예를 들어 정원이나 농지로 이용되는 지방자치단체의 관할구역에 표시했다.

전화대수의 분포를 나타내는 지도에 대해서는 인구밀도 지도와 동일한 축척을 적용해야 한다. 점의 총수가 두 지도에서 가능한 동일하게 되도록 함으로써 분포의 차이는 잘 드러날 것이다. 이 때문에 〈지도 2〉에서 10대의 전화가 점 하나의 수치로 계산됐다. 왜냐하면 우리가 대상으로 삼고 있는 전체 지역[6]에서 총괄적으로 살펴보면, 주민 40명당 평균 한 대의 전화, 따라서 주민 4백 명당 10대의 전화가 나타나기 때문이다. 그런데 또한 10대의 전화라는 수치는 최저차 중심지들을 특징짓는 수치이기도 하다. 즉, 이 최소한도의 수치가 나타날 경우(교통로로부터 벗어난 지역에서도 이미 여섯 대의 전화를 갖고 있지만), 그 지점들은 원칙적으로 진정한 중심성에 도달하는 것이다. 이 지도에서는 점들이 다소 편중된 방식으로 배분되어 있다. 각 구역마다 전화대수의 총수에 상응하는 만큼의 점들이 표시되어 있으나, 이때 우선 어떤 관구(보통 지방법원지소의 관할구역의 크기를 갖고 있다)의 각 지점에 10대의 전화마다 한 개의 점이 표시되나, 나머지 사용가능한 점은 전화대수가 그 다음으로 작은 수에 이르는 지점에 배분됐다.

전화대수는 전화국의 전화번호부를 통해 집계할 수 있으나 이때 몇 가지 기술적 문제점이 존재한다. 이러한 문제점을 해결하기 위해서 경제적으로 독립적 성격을 지닌 모든 전화대수를 계산하는 방법을 사용했다. 따라서 내선(內線)으로 연결된 전화대수도 이러한 전제조건과 맞아떨어질 경우에는 계산에 포함시켰으며, 이와 마찬가지로 같은 기업체에 전화대수

6) 〔역주〕 크리스탈러가 말하는 전체 지역이란 곧 남부독일을 지칭한다.

가 많은 경우에도 각 전화대수를 개별적으로 계산했다. 공중전화의 대수는 종종 농촌의 거주방식에서 분산 정도에 대한 양상을 보여줄 뿐이므로 계산에 포함시키지 않았다.

그러나 전화대수는 한 지점의 의미와 곧바로 동일시될 수 있는 것이 아니다. 포괄적 비교에 사용할 수 있는 수치를 구하기 전에 — 이때 우리는 이러한 수치를 특수적 의미로 지칭할 수 있다 — 미리 몇 가지 **오차의 뿌리**를 제거하지 않으면 안 된다. 이러한 오차의 뿌리는 다음과 같은 점에서 존재한다.

① 집적 자체가 전화대수의 증가를 가져온다는 점(사적 전화대수가 상대적으로 많아짐에 따라 나타나는 결과이다).
② 지역적으로 통신의 필요성이 상대적으로 높은 곳(이를테면 라인지방), 상대적으로 생활수준이 높은 곳(농작물의 수확량이 많은 농업지역, 무엇보다도 포도재배지역), 특별히 전화를 필요로 하는 기업체가 〔많이〕 분포하는 곳〔슈바르츠발트, 피히텔게비르게(Fichtelgebirge),[7] 그리고 튀링거 발트(Thüringer Wald)의 소규모 공업지대[8]〕에서 전화대수가 상대적으로 많다는 점.
③ 국지적으로 예외가 존재한다는 점〔휴양지, 바이에리쉐 알펜(Bayerische Alpen)[9]과 보덴제(Bodensee)의 주요 관광지, 고급 주택지, 국경〕.

따라서 이러한 오차의 뿌리는 제거되어야 할 것이다. 첫 번째 항목에서 언급된 오차의 뿌리를 제거하기란 쉽지 않지만, 그렇다고 해서 반드시 제

---

7) 〔역주〕 독일어의 '게비르게'(*Gebirge*)는 산지 또는 산악지대를 말하며, 이 책에서는 대표적으로 피히텔 산맥을 가리킨다.

8) 〔역주〕 이러한 지방에서는 소규모 기업체들이 서로 멀리 떨어져 있으므로 원료의 수급이나 제품의 판매 등을 위한 협력과 의사소통이 많이 필요하다고 볼 수 있다.

9) 〔역주〕 바이에른의 알프스지방을 말한다.

거할 필요가 있는 것도 아니다. 비교적 큰 도시에서는 민간인들이 전화를 상당히 많이 갖고 있다. 그 대신에 각각의 중심적 기관들은 그에 따라 대부분 대규모임에도 불구하고 한 대의 전화만을 갖고 있는 것으로 계산한다. 따라서 플러스(+)와 마이너스(−)는 상쇄되어 거의 균형에 이른다.

두 번째 항목에서 언급된 지역적으로 조건지워진 오차의 뿌리는 주민 백 명당 평균 전화대수가 얼마나 되는지를 지역적으로 계산하는 방법을 통해 배제시킬 수 있다. 만약 어느 한 지역에 주민 백 명당 두 대의 전화가 있으나 다른 지역에서는 네 대의 전화가 있다면, 후자의 지역에서는 지역적으로 전화에 대한 욕구가 두 배나 크다고 가정할 수 있다. 만약 이 제 2의 지역에서 전화대수가 ½로 평가된다면, 두 지역의 모든 개별적 지점의 전화대수는 서로 비교가능하다.

세 번째 항목에서 언급된 국지적 오차의 뿌리는 〔이상과〕 같은 방법으로 환산될 수 없다. 왜냐하면 여기서는 두 번째의 경우처럼 어떤 지역적 환산계수를 산정할 수 없기 때문이다. 그렇지만 특별 환산율(예를 들어 휴양지의 환산계수)을 나름대로 산정하여 채택할 수 있다.

이러한 관계를 식으로 표현하면, Bz=Tz 와 같을 것이다.

여기서 Bz는 중심지의 의미를, Tz는 전화대수를 말한다. 이는 〔중심지의〕 일반적 의미 혹은 개략적 의미를 보여주는 식이다. 오차의 뿌리를 없앤 뒤에도 서로 비교할 수 있는 수치를 제공하는 특수적 의미를 구할 수 있다.

$$\mathrm{SBz} = \mathrm{Tz} \cdot \frac{Eg}{40\,Tg}$$

여기서 SBz는 중심지의 특수적 의미를 말하고, Tz는 이 지점에서의 전화대수를 말한다. 그리고 $\frac{Eg}{40\,Tg}$는 환산계수를 나타낸다. 이 환산계수는 $\frac{Eg}{Tg}$의 비율(지역의 주민수인 Eg의 이 지역의 전화대수 Tg에 대한 비율)을 남부독일에서 40 : 1로 추정하고 있듯이, 주민을 전화대수에 대한 표준 비율과 관련시킴으로써 얻어지는 것이다. 따라서 주민 40명당 한 대의 전화대수가 존재하는 표준적 지역에서는 제 1번 지점의 특수적 의미가 그 전화대수와 동일하며, 예를 들어 〔전화가 80대라고 한다면〕 $SB_{Z1}=80$이 된다. 다른 지역에서 이미 주민 20명당 한 대의 전화가 존재하고 문제가 되는 제 2번의 지점도 80대의 전화를 갖고 있다면, 그 특수적 의미는 $SB_{Z2}=80\times\frac{20}{40\times1}=40$이다.

이 책에서는 이상에서 언급한 방법으로 한 지점의 특수적 의미를 계산하지 않으려고 한다. 그 이유는 우리와 관련 있는 것은 지점의 절대적 의미가 아니라 그 의미의 잉여(분), 다시 말해 우리가 지적한 바 있는 지점의 중심성이기 때문이다. 이 점에 관해서는 다음 절에서 논의하고자 한다.

2) 지점의 중심성

어느 한 지점의 중심성은 그 '의미의 잉여'와 같으며, 이 지점이 속한 지역과 관련된 상대적 의미와 같다. 만약 우리가 이 의미를 전화대수와 동일한 것으로서 상정한다면, 우리는 다음과 같이 말할 수 있다. 즉, 주민 4천 명이 거주하는 지역에 1백 대의 전화가 있고, 따라서 주민 40명당 1대의 전화가 있다면, 주민 2천 명이 있는 이 지역의 중심지에는 중심지에 거주하는 주민들의 자체 요구를 충족시키기 위해 50대의 전화가 있어야만 한다. 하지만 만약 이 중심지에 80대의 전화가 있다면, 중심지가 지닌 의미의 잉여는 80－50=30대의 전화로 표시될 것이다. 이 지역의 분산적 지점이 지닌 의미는 (분산하여 거주하는 주민수가 2천 명인 경우) 50대의 전화에 해당할 것이다. 그렇지만 이 분산적 지점에 20대의 전화만이 있다면, 의미의 결핍은 30이 된다. 분산적 지점의 이러한 의미의 결핍은 중심지가 지닌 의미의 잉여로 상쇄된다.

따라서 한 지점의 중심성을 나타내는 식은 다음과 같다.

$$Zz = Tz - Ez \cdot \frac{Tg}{Eg}$$

여기서 Tz는 중심지의 전화대수를, Ez는 중심지의 주민수를 말하며, 그리고 Tg는 이 지역의 전화대수를, Eg는 지역의 주민수를 지칭한다. $Ez \cdot \frac{Tg}{Eg}$ 라는 표시는 기대의 의미로, Tz는 현실의 의미를 가리킬 수 있으며, 그 차이가 의미의 잉여 또는 중심성이다. 이때 분수 $\frac{Tg}{Eg}$ 는 주민수를 바탕으로 하여 계산된 전체 지역의 전화밀도를 나타내는 것이며, 간단히 전화밀도로 일컬어질 수 있다.

그런데 이 책의 부록에 첨부되어 있는 표에서는 주민 또는 전화대수가 아니라 지도상의 점의 수가 제시되어 있다. 이 지도에서 T가 10대의 전화를, 그리고 E가 주민 4백 명을 나타낸다는 점을 제외하면, 위의 식에서는 그 어떤 변화도 발생하지 않는다.

이를 통해 한 지점의 중심성을 보여주는 수치를 얻었을 때, 우리는 그러한 수치들이 한 지점의 중심적 의미를 표현하는 상징에 불과하다는 사실을 늘 기억해야 할 것이다. 전화대수를 통해 〔중심지의〕 의미를 나타내거나 중심성을 계산하는 방법이 수학적 관점에서는 정확하지 않다. 그러나 이러한 방식으로 얻어진 수치는 주민수 또는 이를 개선한 상업, 운송업, 자영업(중심적 직업에 해당한다)에 종사하는 사람들의 수로 한 지점의 중심적 의미를 나타내려는 시도보다 한층 높은 정도로 한 지점의 중심적 의미와 일치한다.

우리는 방금 중심성을 계산하는 식을 제시했는데, 물론 이 식은 전화밀도가 높은 지역에서 너무 높은 값을, 그리고 전화밀도가 낮은 지역에서는 너무 낮은 값을 보여준다. 그러므로 이 '개략적' 중심성을 보여주는 수치는 앞서 언급한 전화를 이용한 방법이 지닌 오차의 뿌리를 감추고 있다. 그렇지만 전화가 많은 지역과 적은 지역(예를 들어, 부유한 지역과 빈곤한 지역) 사이의 상이성도 함께 표현할 수 있는 장점을 지니고 있기 때문에, 우리는 그러한 오차의 뿌리를 제거하려고 시도하지 않는다. 모든 지점에 대해 비교가능한 수치를 나타내는 것이라는 순수 또는 특수적 중심성은 앞서 특수적 의미를 계산할 때와 마찬가지로 개략적 중심성을 일반적인 평균값, 다시 말해 40 : 1이라는 전화밀도와 관련시키는 것을 통해 찾아낸 것이다. 따라서 이 개략적 중심성의 값에 환산지수 $\frac{Eg}{40\,Tg}$을 곱해야 할 것이다. 이렇게 하여 구한 특수적 중심성에 관한 값은 이 경우 중심지가 그것이 속한 지역과 어떤 관계를 맺고 있는지를 정확히 보여준다.

지금까지 우리는 중심지와 '그' 보완지역에 관해 논의했다. 중심지에 속하는 지역들이 존재함은 분명하다. 그러나 우리가 이론을 설명할 때[10] 이미 인식한 것처럼, 이러한 지역을 확정하기란 결코 쉽지 않다. 아마도 한편으로 엄밀히 고찰해 보면, 이러한 보완지역이 여러 가지 종류의 중심재와 관련하여 중심재의 도달범위에 따라 각각 상이하기 때문이다. 하지만 다른 한편으로 주변부에서는 일반적으로 인접한 중심지의 보완지역들이 서로 접하고 그래서 경계가 불안정하며, 중심재의 도달범위를 규정하는 요인들이 변할 경우에는 〔이를 따라〕 바뀌고, 게다가 종종 서로 맞물려 있기 때문이다. 사실 경계지대는 이따금 어느 한 중심지의 보완지역에 속하지만 동시에 또 다른 중심지의 보완지역에 속하기도 한다. 한 지점이 지닌 개략적 의미(전화대수와 같다)를 확정할 경우에는 이 지점의 보완지역을 파악할 필요가 없으나, 개략적 의미를 특수적 의미로 바꿀 경우에는 파악할 필요가 있다. 왜냐하면 환산계수는 보완지역의 전화밀도를 포함하고 있기 때문이다. 또한 어떤 지점의 중심성을 계산해야 할 경우에도 그 지점의 보완지역을 파악할 필요가 있는데, 왜냐하면 이 경우에는 보완지역의 전화밀도를 구해야 하기 때문이다.

위에서 언급한 어려움 때문에 여기서 우리는 중심지의 보완지역을 정확히 규정하지 않으려고 한다.[11] 다만 전화밀도(전화 1대당 지역의 주민수)

---

10) 〔역주〕 제 1장의 제 2절과 제 3절을 참조하라.

11) 특정한 개별적 예에 대해서는, 이를테면 이른바 '경계의 분열에 의한 피해'

를 나타내는 수치를 구하는 것이 중요할 뿐이며, 이러한 전화밀도도 비교적 짧은 거리에서는[12] 그리 큰 차이를 보여주지 않는다. 따라서 이 책에서는 중심지의 보완지역을 추정하는 방법을 활용했다. 이때 최저차 중심지의 보완지역은 그 인접지역만을 포괄하고, 그 어떤 경우라도 여타 중심지를 결코 포괄할 수 없도록 했다. 왜냐하면 다른 중심지들도 그에 상응하는 보완지역을 갖고 있기 때문이다. 중간 차수의 중심지가 갖는 보완지역은 보통 하위 행정구역(군, 소군, 소관구)과 동일한 것으로 간주했다. 하지만 이러한 행정구역 내에서 행정관청의 소재지(또한 휴양지, 공업지)가 보여주듯이 비슷하거나 한층 높은 중심성을 지닌 중심지가 존재할 경우에는 이 중심지들의 전화대수와 인구수를 평균적 전화밀도를 계산하기 전에 제외시켰다. 고차 중심지의 중심성을 계산하는 경우에는, 이 고차 중심지에 경제적으로나 행정적으로나 부속되어 있는 비교적 큰 지역을 이 지역 내에 있는 저차 중심지까지 포함시켜 고찰했다. 따라서 이 원칙은 일반적으로 말해 경제적 보완지역으로서 어떤 중심지에 속하며, 더구나 이 중심지에 공급되는 재화 중 최고의 도달범위를 가진 중심재와 관련하여 이에 속하는 지역을 채택하지 않으면 안 된다는 것이다.

이 연구의 과제가 무엇보다도 일정한 중심지의 **전형적 규모**가 존재한다는 점을 증명하는 데 있다면, 중심지의 규모를 계산하는 일에 특별히 신중을 기하지 않을 수 없다. 더구나 이 장의 제1절에서 설명했듯이 중심지의 의미는 개략적 의미뿐만 아니라 보완지역과 아무 관련이 없는 특수적 의미

를 보여주기 위해 동부독일에서 행해진 것처럼, 중심지의 (보완)지역을 앙케이트를 통해 양호하게 확인할 수 있다. 조사결과는 빌헬름 폴츠(Wilhelm Volz)와 한스 슈벨름(Hans Schwelm)이 정리한 《보고서》(*Die deutsche Ostgrenze, Unterlagen zur Erfassung der Grenzzerreißungsschäden*. Leipzig 1929)에 지도로 기록되어 있다. 이 접근방식은 방법론적으로나 내용적으로나 매우 흥미로운 것이지만, 매우 광범위한 사전작업 때문에 극히 좁은 〔한정된〕 지역에만 적용될 수 있다.

12) 〔역주〕 즉, 거리의 변화가 상대적으로 크지 않는 곳을 말한다.

도 함축하고 있으며, 이것은 여전히 우리가 이러한 전형적 규모에 따른 군집을 식별하는 데 적절한 정식이 되지 못한다. 이러한 '의미'는 사실 두 가지 요소를 포함하고 있다. 즉, ① 예를 들어 휴양지와 광산도시, 그리고 국경도시의 경우에 상당히 현저할 수 있는 그 지점의 '고유 의미'와, ② '의미의 잉여', 따라서 분산적 지점에 중심재를 공급하는 데 소용되는 의미가 그것이다. 그런데 어떤 지역의 중심점이라는 특성의 결과로서 한 지점이 보여주는 전형적 규모는 다만 의미의 잉여로 파악될 수 있다.

그렇다면, 개략적 의미 또는 특수적 의미는 어떤 중심지를 일정한 규모의 계층으로 분류하는 데 결정적으로 작용하는가? 중심지의 규모와 분포에 관해 이론적으로 전개한 도식의 타당성을 증명하기 위해서는 특수적 의미만이 문제될 수 있다. 이론적 고찰을 바탕으로 하여 우리는 중심지에 일정한 전형적 규모가 존재하며 이밖의 규모의 수치는 배제된다는 사실, 그러한 유형에 속하는 중심지의 수는 확정되어 있고 임의적인 것이 아니라는 사실, 그리고 그 분포도 유의미하고 법칙적이며 우연적이거나 역사적 혹은 자연적으로만 조건지워지는 것이 아니라는 점을 확인했다. 이러한 사실은 그 지역이 부유한지 아니면 빈곤한지, 그 지역의 인구가 조밀한지 아니면 희박한지, 그 지역의 통행이 원활한지 아니면 어려운지, 그 지역에 사람들의 이주가 오래된 것인지 아니면 오래되지 않은 것인지 하는 점과는 무관하게 성립한다. 또한 이 지역에서 중심재의 가격이 높은지 아니면 저렴한지, 고정가격의 재화가 지배적인지 아니면 가변가격의 재화가 지배적인지, 운임이 단일화되어 있는지 아닌지, 그리고 높은지 아니면 낮은지 하는 점과도 아무 관련이 없다. 하지만 방금 언급한 이 모든 사정들은 개략적 중심성을 나타내는 수치의 크기에 일정한 역할을 한다. 즉, 개략적 중심성은 예를 들어 빈곤한 지역보다 부유한 지역에서 높다. 우리의 도식, 즉 이 '법칙'이 타당한지를 확인하기 위해서는 농촌지역과 그 인구의 개별적 차이를 무시하고 특수적 중심성을 통해 표현되는 바, 중심지가 그 보완지역과 맺고 있는 관계를 나타내는 수치만을 고려해야 할 것이다.

그러나 지역편을 정리하는 과정에서 이 책의 끝부분에 첨부된 중심지의 일람표와 〔부록의〕 〈지도 3〉과 〈지도 4〉에 기재되어 있듯이, 우리는 개략적 중심성을 구하는 식을 통해 찾아낸 수치들이 개개의 규모의 유형이 나타내는 분포에서 뚜렷한 규칙성을 보여줄 만큼 매우 유용하다는 사실을 인식하게 되었다. 특히 이 점은 농업을 위주로 하는 지역에서 그러하다. 더구나 공업화가 비교적 뚜렷이 진행된 지역에서는 많은 경우 온갖 유형들이 수없이 등장하고 있으므로, 개별적 규모의 범주에 속하는 〔중심지의〕 (점유)빈도수가 제시하는 상호비율은 도식과 정확히 일치한다. 이에 덧붙여 우리는 특수적 중심성을 바탕으로 하여 나타낼 수 있는 유형들을, 전화밀도가 낮은 지역에서는 그 개략적 중심성에 따른 유형의 값을 낮추고 전화밀도가 높은 지역에서는 이 값을 높여 줌으로써 손쉽게 추정할 수 있다. 문제가 되는 전화밀도는 일람표의 여섯 번째 열에 제시되어 있다. 하지만 이를 통해[13] 특수적 중심성을 계산할 경우 추가될 수 있는 엄청난 수고를 줄일 수 있다. 이와 동시에 개략적 중심성의 수치를 사용할 때, 지도의 그림도 덜 추상적이고 현실에 한층 더 다가서게 된다.

---

13) 〔역주〕 개략적 중심성을 원용하는 것을 말한다.

3. 첫 번째 결과

1) 중심지

우리는 지금까지 중심지의 분포와 규모, 그리고 수를 경제(학)적으로 규정하는 것과 관련된 이론을 전개하고 현실을 분석하기 위한 유의미한 방법을 모색했다. 최종적으로 제3장, 즉 지역에 관한 분석적이고 구체적인 장으로 넘어가기 전에 지역적 고찰을 보다 명확히 정리하여 구성하고, 거기서 되풀이하는 일을 피하기 위해 기존의 분석에서 도출된 최초의 몇 가지 결과들을 앞당겨 언급하고자 한다.

이를테면 −0.5에서 +0.5까지의 중심성(개략적 중심성의 식 : $Zz = Tz - Ez \cdot \frac{Tg}{Eg}$, 여기서 T는 10대를 단위로 한 전화대수를, 그리고 E는 4백 명을 단위로 한 주민수를 말한다)을 가진 모든 지점들, 따라서 그 어떤 언급할 만한 의미의 잉여를 보여주지 않지만, 그 어떤 언급할 만한 의미의 결핍도 보여주지 않는 지점들을 우리는 **'보조' 중심지**로서 고찰할 수 있다. 이러한 지점들은 평균적으로 5~10대에 달하는 전화의 절대 수치를 갖고 있다. 전화밀도가 이보다 높은 지역이나 주민수가 이보다 많은 지점의 경우에는 전화대수가 20 이상인 지점도 보조 중심지의 성격만을 띨 수 있다. 마찬가지로 전화밀도가 이보다 낮은 지역이나 해당 지점의 주민수가 이보다 적은 지점인 경우에는 전화가 5대 미만인 지점도 보조 중심지가 될 수 있다.

따라서 보조 중심지는 특별한 의미의 결핍을 보여주는 순수한 분산적 지점이 아니지만, 그렇다고 해서 특별한 의미의 잉여를 보여주는 순수한 중심지도 아니다. 이러한 보조 중심지의 유형을 발생적으로 고찰하면, 우리는 다음과 같은 세 가지 부류의 지점들이 이에 해당함을 알 수 있다.

첫째로, 역사적으로 비교적 이른 시기에 성립한 중심지이지만, 그 지위가 하락한 지점들이 존재한다. 근대적 경제와 교통과 관련하여 불편하게 자리잡고 있는, 이를테면 산꼭대기나 급경사를 이루고 있는 단구상의 탁월한 방어입지 또는 산록입지[14]를 취하는 장터와 비교적 소규모 도시가 이에 해당한다. 이러한 지점들은 중심지로서의 기능이라는 측면에서 이보다 훨씬 유리한 입지에 자리잡은 '철도역 지점'에 의해 쉽게 밀려나고 있다. 하지만 무수한 장터와 소규모 도시의 대다수는 특히 오래 전부터 거주해 온, 중세에 도시가 건설된 중요한 시기 동안 통일적인 강력한 영방국가적 통치를 받지 않았던 지방에서[15] 자유교역의 근대경제가 발전하고 지방행정의 통일이 이뤄지면서 역시 쓸모없게 되고 점차 분산적 지점으로 쇠퇴를 겪어왔다. 이러한 변화는 현재에도 진행되고 있다. 더구나 지위가 하락한 이러한 중심지의 부류에는 비교적 큰 도시에 인접해 있고 그 경제적 독자성과 고유한 시장권을 점차 상실하는, 따라서 대도시 근교나 도시지구인 지점들도 해당한다. 이런 지점들의 중심적 의미는 인접해 있는 〔상대적으로〕 높고 따라서 〔점점〕 확대되는 대도시의 중심성에 의해 흡수되고 있다. 마지막으로 지위가 하락한 중심지로서는 토지의 황폐화와 국경의 변화 또는 기타 이유로 '시장'을 더 이상 확보할 수 없는 지점들과 교통상황의 개선으로 무용지물이 된 지점들을 들 수 있다.

둘째로, 새롭게 성장하는 중심지가 존재하는데, 이러한 중심지들은 근대적 경제상황에 비춰보아 유리한 입지를 차지하고 있으며, 우리가 동태이론에서 파악한 계기를 통해 어떤 지방에 중심재를 공급하기 위해서 공동으로 필요로 하는 분산적 지점들이다. 따라서 그 부근에서 농업활동에서 공업활동으로의 이행이 현저히 발생한 지점들과 인구수가 증가하거나 부가 증가하는 지역, 무엇보다도 관광지역에 있는 지점들이 문제된다. 단, 이 경우에는 인근에 그 어떤 두드러진 도시가 존재하지 않는다는 점을 전

14) (독일의) 중부 산악지대에서는 산록입지에 자리잡고 있는 도시들이 유난히 많다. 그라트만의 다음 논문(Robert Gradmann: "Städt. Siedlungen usw.," a. a. O., S. 147ff.)을 참조하라.

15) 그라트만의 "남부독일"(Robert Gradmann: *Süddeutschland*, a. a. O., S. 166)을 참조하라.

제로 한다. 나아가 교통망과 교통수단의 변화도 일정한 역할을 하는데, 우리는 대개 고립적인 지점이 지닌 중심성의 상실에 대한 보완으로서 철도역 지점의 중심성이 제고되는 것을 생각해 볼 수 있다. 또한 종교단체의 설립이나 새로운 광산의 개발, 대규모 공장의 신설, 그리고 새로운 경계획정에 따른 통과로가 지닌 중요성의 증가와 같이 아주 특별한 상황도 이제까지 의미가 없었던 취락을 하나의 중심지로 격상시킬 수 있다. 이러한 성장기의 초기단계에는 이러한 지점을 보조 중심지로 간주할 수 있으며, 그 발전방향은 적극적이며 완전한 중심지를 지향하는 경향을 지니고 있다. 반면에 위상이 하락한 지점의 경우에는 발전방향이 소극적이고 분산적인 지점을 지향하는 경향을 갖고 있다. 이 두 가지의 경우에는 보조 중심지의 위상이 일시적 이행단계에 놓여 있다.

셋째로 영속적으로 — 또는 적어도 예측가능한 범위 내에서 영속적으로 — 보조 중심지가 되고 동시에 그렇게 존속하는 것으로서 확정되어 있는 지점, 즉 영속적인 보조 중심지의 경우에는 사정이 다르다. 이 부류에 해당하는 것은 이를테면 자연적 장애 때문에 보완지역을 확대할 수 없고, 나아가 현저한 인구 및 부의 증가를 기대할 수 없는 고립된 산간계곡의 지점들이다. 또한 그라트만이 왜소도시라고 부르듯이,[16] '좌절된' 사색의 지점들도 이에 해당한다. 이러한 지점들은 배후지가 결여되어 있기 때문에 결코 그 이상의 의미를 지닐 수 없었고 그 이상의 발전전망도 갖지 못하며, 그 지역의 면적을 크게 확장시킬 수도 없기 때문에 아마도 분산적 농업생산으로 전향할 가능성도 갖지 못한다고 생각된다. 이 부류에는 행상인 (집단) 거주지나 이따금 농촌의 유대인 취락들도 해당하는데, 이러한 취락의 보완지역은 인근지역이 아니라 행상인들이 도보로 도달할 수 있는 범위를 가진 막연한 지역이다.

이러한 보조 중심지들은 〈지도 3〉에서 십자(+)로 표시되어 있다. 주목

16) Robert Gradmann: "Die städtischen Siedlungen usw.," a. a. O., S. 168.

되는 점은 이러한 지점들이 대부분 완전 중심지에 인접한 구역의 경계, 따라서 최저차의 일정한 중심재와 관련된 도달범위의 한계가 나타나는 지역 또는 고립적인 농촌지역이나 비교적 큰 도시의 인근지역에서 이론적으로 적정한 위치를 잡고 있다는 것이다.

방금 기술한 보조 중심지는 분산적 지점에서 중심지로 이행하는 계층을 구성하고 있다. 우리는 이러한 지점을 H라는 문자로 표시하고, 이에 따라 이를 H-지점으로 일컬을 수 있다. 이론편의 도식에 따르면, 최저차 계층의 것도 포함하여 완전 중심지의 주위에 각기 여섯 개의 H-지점이 화환 모양을 하고 각각의 H-지점이 동시에 세 개의 완전 중심지에 속하며, 따라서 하나의 완전 중심지에 두 개의 보조 중심지가 할당된다. 우리는 당연히 이러한 여섯 개의 지점들을 현실 속에서 규칙적으로 찾아 볼 수 없다. 다만, 이 여섯 개의 지점에 보조 중심지가 발전할 수 있는 가능성이 주어져 있을 뿐이다. 구체적인 경우에 보조 중심지가 존재하는지 그렇지 않은지는, 우리가 특히 동태이론에서 파악한 갖가지 사정에 달려 있다.

완전 중심지 중 최저차 계층에 해당하는 것은 우리가 종종 간단히 '시장'이라고 부르는 지점이다. 우리는 이 표현을 계속 사용하려고 한다. 그런데 역사적으로, 그리고 행정적으로 일종의 취락으로 지칭되는 장터와 혼동하지 않기 위해서 우리는 이것을 M-지점으로 일컫고자 한다. 이 M-지점의 유형은 무엇보다도 주간시장으로 특징되며, 또한 기타 최저차의 중심시설, 즉 면사무소, 지방경찰서, 의원, 그리고 부분적으로 수의진료소와 치과의원, 여관(단순히 식당이 아니다), 때때로 노동조합, 신용금고 또는 지역저축금고의 출장소, 비교적 풍부한 수공업제품의 생산, 비교적 큰 규모의 수리점, 양조장, 제분공장 등으로 특징된다. M-지점은 거의 언제나 철도역과 우체국, 전화국을 갖추고 있으며 중요한 도로 교차점이나 우편자동차의 발착점이다. 전화대수는 10에서 20 사이를 오가며, 선호지역(전화밀도가 높은 지역)이나 주민수가 많은 경우에는 이보다 높을 수도 있다. 전화밀도가 낮거나 주민수가 적은 경우에는 전화가 10대 미만이어도 M-유형에 속한다. 우리가 제시한 식에 따라 계산된 중심성은 0.5에서 2.0 사이에 놓여 있다. 이러한 M-지점 역시 보다 고차인 각각의 중심지 주위에 여섯 개 지점의 화환 모양을 취하며 입지하고 있다.

바로 다음 유형의 중심지는 지방법원지소, 초등학교, 시민도서관, 지역박물관, 약국, 수의진료소, 영화관, 지역신문사, 지방(직능)단체와 지역노동조합, 전문상점, 저축금고 및 신용금고로 특징되며, 때로는 철도의 교차점이라는 특징을 지니고 있다. 이런 유형의 지점은 '지구'(*Amt*)의 소재지라는 사실로 말미암아 관청도시라는 일반적 명칭을 부여받고 있다.[17] 이 표현이 견지되어야 한다고 생각하지만, 독립적 개념의 표현으로서는 A-지점이라는 용어가 적절한 것 같다. 전화대수는 평균 20~50이며 중심성은 2~4이다. 이런 지점의 분포와 수는 또한 A-지점보다 높은 계층의 중심지 주위에 여섯 개소로 이뤄져 있다.

이 뒤를 잇는 유형은 이를테면 프로이센과 헤센의 군(*Kreis*), 바덴의 소관구(*Amtsbezirk*), 뷔르템베르크의 상위지구(*Oberamt*), 바이에른의 소지구(*Bezirkamt*) 등의 주요 지점, 다시 말해 하위 행정관청의 소재지, 즉 군의 소도시에 해당하는 것으로서, 따라서 K-지점이라는 명칭을 선택하고자 한다. 중심시설은 우선 하위 행정관청으로 구성되지만, 여기에는 군(관구) 진료소, 군수의진료소, 군저축금고, 동업조합, 군신문사, 각종 군단위(직능)단체 등이 포함된다. 더구나 여기에는 세무서, 고등학교, 소비조합, 은행지점, 그리고 도살장도 추가된다. 이러한 지점들은 종종 급행열차의 정차지점이 된다. 전화대수는 50~150이며 중심성은 4~12이다. 이 K-지점의 군집은 〔이 책 말미에 첨부된〕 그림을 통해 알 수 있듯이, 확실히 이

17) 쾨츠케(Kötzschke)는 중세의 이와 같은 A-지점을 (당시!) 2천 명 미만의 인구를 지닌 부분적으로 K-지점도 포함하여 '도시적 생활'이 없는 '유사도시'라고 부르고 있다(Rudolf Kötzschke: "Allgemeine Wirtschaftsgeschichte des Mittelalters." In: *Handb. d. Wirtschaftsgesch.*, herausgeg. v. Georg Brodnitz. Jena 1924, S. 574).

론과는 달리 두 개의 하위군집, 즉 중심성이 5~6인 군집과 중심성이 8~10인 제 2의 군집으로 나뉜다. 이는 다음과 관련이 있다. 즉, 이러한 지점들에서는 그것이 하위 행정관청의 소재지라는 사실과 이에 따라 성립한 기타 시설들이 결정적으로 중요하며, 이 때문에 그 중심성이 8~10에 이르게 된다. 반면 경제적으로 살펴 본 엇비슷한 중심적 의미와 주민수를 갖고 있지만, 행정 소재지가 아닌 지점은 5~6의 전형적 중심성을 갖고 있을 뿐이다. 하지만 후자의 하위군집은 A-지점의 군집과 본질적으로 다른 기능을 지니고 있는데, 이는 행정 소재지인 K-유형과 비교적 유사하다. 이런 이유에서 이 지점은 행정 소재지와 함께 하나의 군집으로 묶일 수 있으며, 이는 이론상의 도식에도 적합하다.

바로 다음으로 높은 중심지 유형은 행정상으로 별로 중요하지 않으나 경제적으로 꽤나 중요한 유형을 말한다. 물론 행정구역의 경우 행정제도의 간소화를 위해 소규모 하위관구들을 보다 큰 단위, 즉 대지구[18]로 묶으려는 시도가 있다. 그러나 일반적인 소규모 하위 행정구역을 폐지하는 것은 잘못일 수도 있다. 오히려 상대적으로 좁은 도달범위를 가진 서비스를 제공하는 특정 관청(경찰서, 일반적 군행정관청, 군교육청, 대교구관)을 기존 소재지, 즉 K-지점에 남겨두거나 경우에 따라서는 이런 종류의 새로운 소재지를 설치하는 것이 합목적적일 수 있다. 이에 반해 이를테면 군진료소, 군병원, 군건축사무소, 문화재관리소 등과 같은 보다 넓은 도달범위를 가진 서비스 관청들은 K-지점으로부터 보다 높은 의미를 지닌 이러한 지점들로 이전된다. 부분적으로 이러한 요구는 오늘날 위에서 언급한 관청 등과 관련하여 두 개의 하위 행정구역을 통합하고, 보다 큰 군의 주요 지점에 이러한 관청들의 소재지를 설치함으로써 충족되고 있다. 그 어떤 경우라고 해도 이것은 하위 행정구역의 완전한 폐지를 의미하듯이, 이러한 단호한 조치를 내릴 경우에는 하위 행정관청의 서비스가 이미 언급했

18) 이 점에 대해서는 254쪽 이하를 참조하라.

던 관점에서 모두 동일한 도달범위를 갖고 있는 것은 아니라는 점을 주목해야 한다. 우리는 이러한 유형의 지점을 B-지점이라고 부르는데, 이는 관구의 주요 지점(*Bezirkhauptort*)을 말하는 것이라고 할 수 있다. 행정상으로 위에서 언급한 시설 이외에 지방노동청도 이 경우에 속한다. 이 지점에는 항상 완전한 고등교육기관이 자리잡고 있고, 전문의원과 매일 상연되는 〔상설〕영화관, 특히 전문상점과 전문수공업자가 존재한다. 종종 이미 소형 백화점과 균일가격 상점, 일간신문사, 은행, 중앙은행의 지점, 가스공장, 고차의 우체국 등도 자리잡고 있다. 이러한 B-유형이 비로소 완전한 의미의 '도시'라는 명칭을 얻을 만하며, 반면 K-지점은 '소도시'로 일컬어질 수 있다.[19] B-지점의 전화대수는 150~500에 중심성은 12~30에 달하지만, 차상위 유형에 대한 상한이 언제나 명확한 것은 아니다.

다음의 고차 유형은 G-**지점**으로서, 이는 — 우리가 상정한 — 대관구(*Gaubezirk*)에 따라 명명된 것이다. 대관구의 규모에 대해서는 나중에 언급할 것이며, 여기서는 이러한 지역단위에 있는 주요 지점의 전형적 규모를 확인하는 것이 중요하다. G-지점은 통계에서 말하는 중도시로 적어도 하위군집, 이를테면 인구 7만 명까지의 군집이다. G-지점은 이를테면 바덴의 지방관구(*Landeskommissariatsbezirk*)와 헤센의 지방(*Provinz*)에 해당하는 중위 행정관청 소재지의 성격을 띠고 있다. 이러한 지점들은 일반적으로 지방법원과 상공회의소를 갖추고 있으며, 대부분의 경우 이미 극장과 경제 및 사회생활에서 각종 가우단위의 직능단체를 갖추고 있다. 이는 위원 선거구가 되며 고차의 상점과 백화점을 갖고 있고, 중요한 의미를 지닌

---

19) 헤르만 바거너(Hermann Wagner: *Lehrbuch der Geographie*, 2. Band, 1. Abt. *Allgemeine Länderkunde von Europa*. 6. Auflage, Hannover und Leipzig 1915)는 이와 달리 (125쪽에서) 대부분 유럽국가에서 소도시(인구 5천~2만 명)와 지방도시(인구 2천~5천 명) 사이에 그 어떤 '전형적' 차이가 뚜렷이 드러나지 않는다고 지적한다. 그러나 일반적으로 사람들이 전자를 '도시'(물론 인구 약 1만 명 이상을 가질 경우)로 후자를 '소도시'로 부르고 있는 이상, 비교적 뚜렷한 유형적 차이는 분명 존재한다.

철도의 교차점이다. 종종 이 지점은 대학도시이거나 군사도시이며, 산업 지대의 중심지이기도 하다. 전화대수는 5백~2천 5백이며, 그 중심성은 30 ~150 사이에 놓여 있다.

이를 잇는 것은 주의 주요 지점(*Provinzialhauptort*), 즉 P-**지점**의 범주이다. 이것은 이미 〔비교적〕 높은 고유한 의미를 지니고 있고, 넓은 지역에 걸친 대도시를 뜻한다. 이곳에는 모든 도시적 시설, 즉 시내 전차와 도살장, 가스공장, 경기장, 극장 등이 자리잡고 있으며, 주정부의 소재지이다(프로이센에서는 행정관구의 소재지가, 그리고 바이에른에서는 새롭게 통합된 군의 소재지가 이에 해당한다). 이 지점은 고등상업학교, 높은 의미를 지닌 전문상점, 은행, 부분적으로 증권거래소를 갖추고, 상위 우체국과 국유 철도청의 지방사무소의 소재지이기도 하다. 그 주민수는 7만 명에서 약 40만 명 정도이며 전화대수는 2천 5백~2만 5천, 그리고 중심성은 150~1,200이다. 이 중심지의 G-지점에 대한 하한과 다음 고차 지점에 대한 상한은 아주 명백하다.

이 연구의 틀 안에서 최고차 중심지는 지방중심지(*Landeszentral*)인 L-**지점**이다.[20] 이러한 지점들은 특히 독일에서, 그리고 또한 이탈리아와 스페인에서 뚜렷이 부각되는 유형이다. 인구수는 평균 50만 명 정도이며, 전화는 2만 5천 대 이상, 그리고 그 중심성도 천 2백 이상에 이른다.

이러한 L-지점 위에는 명백한 특성을 지닌 세계도시(*Weltstadt*)라는 군집이 존재하는데, 이는 우리가 R-**지점**으로 부르고자 하는 한 국가의 수도(*Reichshauptstadt*)로서 대부분의 경우 2백만 명 이상의 인구를 갖고 있으나 세계의 저개발국가에서는 이보다 적은 인구를 갖고 있다. 그렇지만 중심

20) 이러한 지점들은 쾨츠케가 거론한 인구 5만 명 이상을 가진 중세의 대도시, 즉 플로렌스, 밀라노, 제노바, 바르셀로나, 쾰른, 런던 등에 해당하는 것이다. 인구 10만 명 이상을 가진 중세의 세계도시〔비잔츠(이스탄불), 베니스, 팔레모, 파리〕는 R-지점이라고 부를 수 있다(R. Kötzschke: a. a. O., S. 574).

지 도식에 따르면 이론적으로 L-지점과 R-지점 사이에는 또 하나의 유형이 존재하는데, 왜냐하면 일정 유형의 두 지점 각각에 하나의 차상위 유형이 할당되어야 하기 때문이다.[21] 만약 독일에 12개 — 모르긴 해도 실제로 이보다 많을 수도 있다 — 의 L-지점이 있고, 그 중 하나인 베를린이 R-지점이라면, 세 개의 L-지점은 이러한 중간 유형에 해당한다고 볼 수 있다 — 예를 들어 함부르크, 기능이 뒤셀도르프와 에센에 의해 분할되는 쾰른, 그리고 뮌헨 등이다. 이러한 지점들은 RT-**지점**으로 지칭될 수 있으며, 이는 곧 이러한 지점들이 한 국가의 일부 지역을 대표한다는 점[22]을 뜻한다. 다른 나라, 이를테면 프랑스의 경우에는 이 RT-유형에 한층 큰 독립성이 부여되는 반면, L-지점에는 한층 낮은 의미가 부여되고 있다. 예를 들어, R-지점인 파리 이외에 RT-지점으로서 보르도(Bordeaux)나 리옹

유형	주민수	전화대수	중심성
H	약 800명	5~10대	−0.5~+0.5
M	약 1,200명	10~20대	0.5~2
A	약 2,000명	20~50대	2~4
K	약 4,000명	50~150대	4~12
B	약 10,000명	150~500대	12~30
G	약 30,000명	500~2,500대	30~150
P	약 100,000명	2,500~25,000대	150~1,200
L	약 500,000명	25,000~60,000대	1,200~3,000
RT	약 1,000,000명	60,000대 이상	3,000 이상
R	약 4,000,000명	?	?

21) 이 책 120쪽의 표에 R-지점과 관련하여 추가되는데, 한 개의 R-지점, 두 개의 RT-지점, 여섯 개의 L-지점 등이 기입될 수 있다.

22) 〔역주〕 이러한 도시들이 수도기능의 일부를 유치, 수행하거나 비슷한 경제사회적 기능을 수행하고 있음을 말한다.

(Lyon) 혹은 마르세유(Marseille)를 들 수 있으며, 이탈리아에서는 R-지점인 로마(Rom) 이외에 RT-지점으로서 밀라노(Mailand)와 나폴리(Neapel)를 들 수 있다. 우리는 영국, 과거의 오스트리아-헝가리, 일본 등에 대해서도 이와 같은 확인작업을 진행할 수 있다.

위의 표로 나타낸 개관은 남부독일에서 중심지의 실제 유형에 대해 우리가 위에서 언급한 내용들을 정리한 것이다.

여기서 **남부독일의 L-지점**에 대해 몇 가지 논점을 앞서 언급해 두고자 하는데, 이는 지역적인 부분들의 구분은 이 L-지점의 체계에 바탕을 두고 있기 때문이다. 과연 어떤 도시들이 L-지점에 해당하는가?

뮌헨과 슈투트가르트(Stuttgart), 프랑크푸르트가 이 경우에 속한다는 것은 아마도 의심할 여지가 없을 것이다. 이러한 도시들은 해당 도시의 중심 기능에 관계되는 인접 지점까지 포함해서 다음과 같은 주민수와 전화대수, 그리고 중심성을 지니고 있다.

도시명	주민수	전화대수	중심성
뮌헨	747,200명	50,290대	2,825
프랑크푸르트	688,000명	42,100대	2,060
슈투트가르트	415,800명	28,530대	1,606

더구나 뉘른베르크(Nürnberg)와 퓌르트(Fürth)의 두 도시를 합친 것을 L-유형의 의미를 지닌 중심지로서 평가하는 것도 타당하다고 볼 수 있다. 즉, 뉘른베르크와 퓌르트의 주민수는 48만 6천 4백 명이고, 전화대수는 26,230대이며, 그리고 그 중심성은 1,346에 달한다.

따라서 남부독일에서 1천 2백 이상의 높은 중심성을 지닌 도시나 도시복합체는 이것이 전부이다. 상당한 간격을 두고서 비로소 그 뒤를 잇는 것이 649의 중심성을 지닌 만하임-루드비히스하펜(Mannheim-Ludwigshafen)과 357의 중심성을 지닌 칼스루에(Karlsruhe)이다. 하지만 이러한 결과는 우리에게 전적으로 만족스러운 것이 아니다. 우리가 다음 장에서 확인하듯이 남부독일에서 L-지점이 보여주는 보완지역의 반경이 약 108 ㎞에 달한다는 점을 감안한다면, 자르지방(Saargebiet)과 라인팔츠(Rheinpfalz) 지방 서부, 그리고 또한 바덴지방의 남부는 인접한 L-유형의 도시인 프랑크푸르트와 슈투트가르트의 영향권 밖에 놓여 있다고 볼 수 있다. 우리가 독일 밖의 L-유형의 의미를 지닌 도시들, 이를테면 낭시(Nancy)와 취리히(Zürich)를 함께 고려한다면, 자르지방은 부분적으로 낭시의 영향권 내에, 그리고 바덴 남부는 취리히의 영향권 내에 놓여 있음을 알 수 있다. 그렇지만 실제로는 L-지점으로서 슈투트가르트의 의미가 란다우(Landau)와 노이슈타트 안 데어 하르트(Neustadt a. d. Hardt), 그리고 슈트라스부르크(Straßburg)[23] 까지는 미치지 못하며, L-지점으로서 취리히의 의미는 프라이부르크(Freiburg)와 오펜부르크(Offenburg)까지, L-지점으로서 낭시의 의미는 팔츠의 홈부르크(Homburg)와 슈트라스부르크, 그리고 뮐하우젠(Müllhausen)[24] 까지는 미치지 못한다. 오히려 지형적으로 독자의 개성을 분명히 드러내는 오버라인지방 — 메츠(Metz)가 오버라인지방이라고 부른 지방[25] — 은 완전히 독자적인 L-지역이며, 포게젠(Vogesen)과 스위스의 쥐라(Zura), 그리고 슈바르츠발트 건너편에 있는 L-지점의 사실상의 영향

23) 〔역주〕 프랑스의 스트라스부르(Strasbourg)를 말한다. 현재 프랑스 동부 알자스지방의 중심지이며 바랭 주의 주도이다. 독일 국경에서 3 ㎞ 정도 떨어진 일 강 연안에 있다. 라인강, 론 강, 마른 강을 연결하는 운하의 합류점으로서 하항이 있고 도로와 철도교통의 요충지이다. 중세에는 쾰른, 마인츠와 더불어 라인의 3대 도시의 하나였다. 1870년 프로이센과 프랑스의 전쟁에서 독일군에게 점령되어 1918년까지 독일령이었다.

24) 〔역주〕 프랑스의 뮐루즈(Mulhouse)를 말한다. 현재는 독일어 지명으로 'Mülhausen'으로 표기한다.

25) Fredrich Metz: *Die Oberrheinlande*. Breslau 1925. 그는 서문에서 "오버라인지방(Oberrheinland)은 중부유럽에서 가장 폐쇄적인 자연적, 문화적, 민족적 단위이다"라고 지적하고 있다.

권에 전혀 속하지 않는다. 이 L-지역에는 명백히 L-유형의 의미를 지닌 대도시가 존재하지 않는다. 메츠도 특별히 강조했듯이 이 지역의 자연적 중심, 즉 슈트라스부르크에 이러한 역할이 부여된다는 것[26]은 크게 틀린 말이 아니다. 물론 이러한 고찰은 오늘날의 현실과 맞지 않으며, 오히려 하나의 과거사로 설정될 수 있다. 그것은 여기서 서술한 이론의 논리에 대응할 수 있는 과제로서 정치적 저항을 제거한다면,[27] 곧바로 취락지리학적 법칙성에 의해 충족될 수 있다. 슈트라스부르크의 이러한 잠재적 L-기능을 더 이상 설명할 필요가 없기 때문에, 우리는 지역편에서 슈트라스부르크를 남부독일의 제5의 L-지점으로 확정했다.[28]

2) 체계의 기타 요소들

중심지의 유형을 규모와 의미에 의거하여 기술한 뒤, 여기에서 제기되는 문제는 중심지의 전형적 규모에 상응하는 보완지역의 규모가 어떠한지이다. 이와 관련하여 우리는 전화대수에 의거한 방법을 사용하여 확인한 남부독일의 중심지를 근거로 중심지의 유형에 따른 규모를 확정한 경우와 마찬가지로 귀납적 방법을 적용한다. 이러한 중심지들을 지도 위에 그려보면, 우리는 놀랍게도 마치 규칙적인 중심지망이 지도 위에 드러나는 것을 알 수 있다. 이제까지 도시가 존재하지 않는다고 본 지역들 — 알트바이에른(Altbayern), 오버팔츠 남부, 오버슈바벤(Oberschwaben) — 이 다른 유사지역들과 마찬가지로 중심지를 지니고 있음이 드러나고, 특별히 도시가 많다고 생각한 지역들 — 네카지방, 오버라인 저지, 바르(Baar), 마인지방 중부 — 은 더 이상 그렇게 두드러지지 않는다.[29] 더욱더 놀라운 점은 두

---

26) F. Metz: *Die Oberrheinlande*, a. a. O., S. 269~272.

27) 〔역주〕 정치적 변동에 의해 슈트라스부르크가 독일 영토에 또 다시 편입된다고 하는 가정을 전제로 한 것이다.

28) 이 점에 관한 보다 자세한 것은 지역편을 참조하라.

중심지 사이의 평균 거리가 일반적으로 약 7~9 ㎞에 달하고, 그래서 최저차 보완지역의 반경이 4~5 ㎞이며, 이 수치는 결코 아무런 의의가 없는 계수가 아니라는 것을 확인할 경우이다. 즉, 이 거리는 노정이 시간이 인접지역의 규모를 규정하는 기준이 된다는 점을 말해 준다. 이 점은 다음과 같이 설명될 수 있는데, 곧 '도시'로 가는 노정이 한 시간을 넘어설 때 그 노정이 갑작스럽게 상대적으로 먼 것으로 여겨지고 사람들은 도시를 빈번히 방문하는 것을 꺼리게 된다는 것이다. 따라서 '1시간'이라는 도달범위를 가진 중심재는 분명히 매우 많으며, 이런 이유 때문에 주로 '1시간 미만'의 도달범위를 가진 재화로 구성되는 중심재를 제공하는 명백한 M-유형의 중심지가 형성될 수 있었다. 이 점에서 우리는 순수한 시간척도가 기본적으로 중심지의 수와 분포를 규정한다는 점에서 중요한 지리적 작용을 지니고 있음을 대단히 명백하게 인식할 수 있다.[30]

이 사실은 우리가 다루는 지역에서 매우 일반적인 현상이며, 그래서 〔부록의〕〈지도 3〉에서 중심지의 인접지역을 그리는데, 중심지를 둘러싼 5 ㎞ 반경의 원 — 보다 정확히 말하면 1시간의 노정을 반경으로 하는 원 — 을 그려 넣고, 이를 통해 1시간의 등시간선으로 구획된 지역을 구하는 매

29) 이 책 부록편의 〈지도 4〉와 그라트만의 "남부독일"(*Süddeutschland*)의 〈지도 8〉을 비교해 보라.

30) 하싱거(Hassinger)는 1시간이라는 척도 자체가 정상적인 농촌의 M-지역에서 지배하는 것과는 전혀 다른 교통상황과 시간평가하에서 기본적 의의를 갖고 있다는 점을 지적한다. 그는 빈(Wien)의 경우 직장이나 오락장 등에 오가기 위해 이 대도시주민들이 약 60분을 최대치로 사용한다는 사실을 경험적으로 확인했다. 이 1시간이라는 등시간선을 넘어서면, 빈과 이에 근접한 지역은 단절된다. 런던의 경우에도 이 1시간이라는 등시간선이 타당하지만, 여기서는 1시간에 상응하는 반경은 교통수단의 속도가 훨씬 빠르기 때문에 24 ㎞에 달한다고 한다(Hugo Hassinger: "Beiträge zur Siedlungs- und Verkehrsgeographie von Wien." In: *Mitt. d. K. K. Geographischen Gesellschaft in Wien*, 53. Band, Wien 1910, S. 34 및 S. 51의 주 1).

우 간단한 방법을 활용할 수 있었다. 그리고 인접 중심지가 아주 근접하여 입지해 있을 경우에는 언제나 약간의 수정을 가할 필요가 있었다. 반면에 이 지도에서 1시간의 등시간선 밖에 있는 지역을 보완지역에 포함시키는 것을 피했다. 이 때문에 M-지점에 의해 〔중심재를〕 충분히 또는 전혀 보급받지 못하는 지역의 일부가 분명히 드러난다. 이러한 지역들은 대부분 인구가 희박하고 그 발전이 미약한 지역들이며, 이러한 지역에서는 M-지점의 작용이 충분하지 않은 점을 보완하여 H-지점이 매우 빈번히 발전했다. 이것이 아니라면, 전혀 사람들이 거주하지 않는 산림지역과 암석지역, 그리고 습지도 이에 해당한다. 이에 따라 본래의 전형적인 M-지역은 40~60㎢의 규모를 가진 것으로 추정할 수 있다. 인접한 M-지역이 밀착해 있지 않은 경우에는 그 규모가 80㎢이며, 중심지가 아주 근접하여 나란히 자리잡고 있는 경우에는 그 규모가 종종 40㎢ 미만이다. 때때로 두서너 개의 중심지가 아주 인접해 있는 것을 관찰할 수 있으며, 따라서 우리는 이를 '공동의' M-지역이라고 부를 수 있다. 이러한 중심지들이 이만큼 근접하여 나란히 자리잡고 있지 않을 경우에는 이 중심지들의 보완지역은 '연결되어' 있을 수 있다. 이런 지역의 전형적인 주민수는 — 그 중심부가 정상적인 M-지점이라면 — 3천 명 또는 4천 명이다(M-지점에서의 농업인구와 중심적 직종에 종사하는 사람들을 포함시킨 것이다).

중심지의 M-지역은 특별히 높은 경제적 의미를 지니고 있는 반면, 행정적으로는 별다른 의미를 지니고 있지 못하다(이를테면 라인지방의 연합자치단체 또는 이따금 알프스지방의 정치적 자치단체에 해당한다). 하지만 〈지도 3〉의 표기가 이 지역을 바탕으로 하는 것은 이러한 이유에 의해서만이 아니다. 이 지역이 그외 모든 지역의 기준이 되고 있기 때문이기도 하다. 이론상의 도식에 따르면, 두 개의 M-지점에 이보다 고차인 하나의 지점이 할당되는데, 우선 그 하나가 A-지점에 할당된다. 따라서 세 개의 M-지역은 함께 하나의 A-지역을 형성하고, 이에 따라 A-지역의 규모는 평균 133㎢가 된다. 세 개의 A-지역은 400㎢에 상당하는 K-지역을 만들고, 세 개의 K-지역은 1,200 ㎢인 B-지역을 만드는 식이다. 이러한 지역의 규모와 아울러 반경 역시 결정된다. 우리는 경험적으로 찾아 낸 이러한 수치를 연역의 합리적 도식에서 — 거기에서는 설명을 위해 예로 들었을 뿐이었다 — 열거했다. 그러므로 우리는 여기서 간단히 120쪽의 표를 언급할 수 있다.

중심지의 이러한 지역들은 그 본질상 전형적 지역이고, 세계 어느 곳에서도 발견된다.31) 우리는 이미 M-지역이 라인지방의 연합자치단체와 유사하다는 점을 언급했다.32) 이와 마찬가지로 A-지역은 '지방법원지소'(*Amtsgericht*)의 관할구역과 유사하다 — 이는 곧 지구를 말하는데, 이로부터 뷔르템베르크에서 차상위 관청을 포괄하는 단위를 나타내는 '상위지구'(*Oberamt*)라는 명칭이 생겨났다.33) 이것은 사실 법원 관할구역으로서 기

---

31) 헤트너는 "지리적 지역의 다양한 규모를 나타내는 다양한 표현을 사용함에서 통일을 기할 수 있다면 이보다 더 바람직한 것이 없다"라고 지적하고 있다(Alfred Hettner: *Die Geographie. ihre Geschichte, ihr Wesen und ihre Methoden*. Breslau 1927, S. 281). 순수하게 지리적으로 구획된 지역의 경우에는 이 점이 쉽지 않다. 왜냐하면 그것은 상당히 자의적일 정도로 재량에 맡겨져 있기 때문이다. 하지만 이와 다른 인문지리학적 관점의 경우 지역의 규모는 본질적으로 규정되고 있다. 이 때문에 실제로 언어가 종종 이러한 표현을 만들어왔듯이 규모의 유형은 특별한 표현을 가져야만 한다. 여기서 우리는 학문적으로 보다 정확하고 합리적으로 개발된 표현들을 선택한다.

32) 헤르만 바거너(Herman Wagner: a. a. O., S. 833)는 정치적 자치단체의 규모를 나타내는 수치를 M-지역에 가까운 것으로 설명하고 있다. 즉, 이탈리아에서는 34 ㎢가, 뮌스터지방(Münsterland)과 네덜란드에서는 대개 30 ㎢ 이상이, 미국의 도시에서는 93 ㎢(평균값을 말함)가 된다고 한다. 이 M-유형의 연한은 매우 중요하다. 오토 마울(Otto Maull: a. a. O., S. 579)이 언급했듯이 게르만족의 백가촌(*Hundertschaft*)의 경계와 후세의 목사관구의 경계 사이에는 대체로 관련성이 확인되는데, 이 목사관구가 이를테면 오늘날의 M-유형에 부합한다.

33) 뷔르템베르크에서 평균 132 ㎢마다 하나의 도시(역사적 개념으로서 도시)가 나타나고 있다는 점은 흥미롭다(Robert Gradmann: "Städt. Siedlungen usw.," a. a. O., S. 13). 그러므로 이 상위지구는 정확히 133 ㎢인 우

능을 지니고 있었던 중세 초기의 백작령이 유지되어 내려온 것이다—그 뒤에 필요에 따라 나눠지거나 통합된 것이다. 하지만 일반적으로는 벨로브(Below)가 이에 대해 언급하는 바, "옛 법원의 경계는 아주 빈번히 유지되었다"[34]는 점은 유효하다. K-지역은 오늘날의 하위 행정구역, 즉 종종 기존의 단위에 의거하여 대부분 19세기 초에 비로소 발전한 하나의 유형에 해당한다.[35] B-지역은 확실히 이보다는 최근의 것이다. 이것은 경제조직과 시장관계에서 이미 뚜렷한 특징을 보여주며, 행정적 관점에서 보더라도 제도화된 것으로 고찰된다.[36] 이 유형이 프랑스에서는 군(*Arrongdisse-*

리가 말하는 A-지역에 부합한다.

34) Georg von Below: "Vom Mittelalter zur Neuzeit." In: *Wissenschaft und Bildung* Nr. 198. Leipzig 1924, S. 35.

35) 이와 관련해서는 다음의 연구를 참조하라. Herman Gruber: "Kreise und Kreis-Grenzen Preußens, vornehmlich die Ostpreußens." Diss. Königsberg 1912; Friedrich Nüßle: "Die administrative Einteilung des unteren und mittleren württembergischen Neckargebiets." Diss. Stuttgart 1930; 헤르만 바그너는 이 지구를 전혀 적절치 않은 '향토지구'라고 부르고 있다(a. a. O., S. 833).

36) 이를테면 헤르만 로쉬(Hermann Losch)의 논문을 참조하라(Hermann Losch: "Über die Neueinteilung Württembergs." In: *Mitt. des Württembg. Stat. Landesamts*, Stuttgart 1927, S. 192); 또는 로이숴(Reuscher)의 다음 논문을 참조하라(Reuscher: "Das Vorortproblem mit besonderer Berücksichtung der kommunalrechtlichen Stellung der großstädtischen Vorortgemeinden." In: *Verwaltungsarchiv, Zeitschrift für Verwaltungsrecht und Verwaltungsgerichtsbarkeit.* Band 35, Berlin 1930, S. 138). 이밖에 《시연합회보고서》(*Der Städtetag*, 23. Jahrg. Berlin 1929, S. 144ff)에 실려 있는 1929년 2월 9일자 프로이센의 시연합회 의장단 회의록을 보라. 여기에는 "필요에 따라 군을 통합하는 것을 통해" 농촌군의 건전한 발전과 충분한 능률성을 가질 수 있도록 충분한 공간을 조성하지 않으면 안 된다고 적고 있다. 마지막으로 같은 보고서(*Der Städtetag* a. a. O. S. 1119ff.)에 실려 있는 "전국, 지방, 기초자치단체 사이의 관할(구역)의 경계설정을 위한 제안"을 참조하라.

ment)으로 대표된다. 이와 달리 G-지역은 오늘날 행정체계에 잘 맞지 않는 유형이긴 하지만, 아주 오래된 것이다. 포겔(Vogel)에 따르면, 게르만 민족의 고대 가우는 5~10,000 ㎢의 규모를 갖고 있었으며, 갈리아의 로마령에 있었던 시비타스(civitates)는 11,000 ㎢의 규모로 로마의 파구스(pagus)에 상당했다고 한다.[37] 최근 들어 가우에 따른 구획이 특히 스포츠 조직에서 채택되고 있으나, 그 면적은 대부분 〔옛 가우보다〕 훨씬 크게 설정되고 있다. 그렇지만 프랑스의 도(*Departement*)는 거의 이 유형에 해당한다. P-지역은 분명 프로이센의 행정관구(*Regierungsbezirk*)인 반면, 프로이센의 주(*Provinz*)나 러시아의 지방(*Gounvernement*)은 대부분 전형적인 L-지역이다. L-지역은 이미 상당한 규모를 갖추고 있기 때문에, 그것은 독립적인 강력한 국가를 이룰 수 있다. 네덜란드와 벨기에, 덴마크, 스위스, 그리고 발트해 연안국가들이 그 예이다. 이 규모의 유형이 특히 경제적으로 얼마나 중요한지는, 이러한 유형이 오늘날 전적으로 결여된 프랑스가 제 1차 세계대전 중에 〔전 국토를〕 20개의 광역도(*Region*), 즉 '경제활동협의회'로 분할하고자 계획했다는 점으로도 입증된다. 이와 관련하여 프랑스에서는 구시대의 지역을 다시 부활시키려는 운동, 이른바 '지역주의' 운동이 대두하고 있다.[38] 영국에서도 '권한이양'이라는 모토 아래 주에 해당하는 관청을 구성하려는 시도가 이뤄지고 있다.[39]

전형적 중심지의 수와 입지로부터 이러한 지점들 사이의 전형적 간격이 드러난다. 우리는 M-지역의 평균반경을 이미 알고 있는데, 그것은 4~5 ㎞이다. 이로부터 어떤 M-지점과 다른 M-지점 또는 이보다 높은 계층의 지점과의 평균 간격이 보급원리에 바탕을 둔 체계에서는 7~9 ㎞에 달한다

---

37) Walter Vogel: *Politische Geographie.* (Aus Natur und Geisteswelt.) Leipzig und Berlin 1922, S. 60.

38) Arnold Bergsträßer: "Staat und Wirtschaft Frankreichs." In: *Frankreich*, 2. Band. Berlin und Leipzig 1930, S. 62f.

39) Wilhelm Dibelius: *England.* Leipzig und Berlin 1929. 1. Band, S. 366.

는 점을 알 수 있다. 교통원리에 의거한 체계에서는 교통노선을 따라 단축된 간격이 5~6 ㎞이지만, 교통노선과 수직방향으로 연장한 간격은 보통 약 10 ㎞가 된다.

우리가 전형적인 M-간격(더구나 비교적 인구가 조밀한 지역에서는 9 ㎞에 달할 수 있다[40])이라고 부르고자 하는 7 ㎞의 기본간격으로부터 중심지의 이론적 체계에 맞춰 다른 간격들도 계산해 낼 수 있다. 왜냐하면 다음으로 먼 간격은 각각 이것에 앞선 간격의 $\sqrt{3}$배를 이루고 있기 때문이다. 이렇듯 우리는 전형적인 A-간격이 12 ㎞(또는 15 ㎞까지),[41] K-간격이 21 ㎞(또는 27 ㎞까지),[42] B-간격이 36 ㎞(또는 45 ㎞까지),[43] G-간격이 62 ㎞(또는 80 ㎞까지), P-간격이 108 ㎞(또는 135 ㎞까지), 그리고 L-간격이 185 ㎞(또는 240 ㎞까지)라는 사실을 알 수 있다. 이상에서 언급한 유형이 보여주는 실제의 전형적 간격은 사람들이 매우 조밀하게 거주하는 지역에서는

40) 지다리츠(M. Sidaritsch: "Die steirischen Städte und Märkte in vergleichend geographischer Darstellung." In: *Sieger-Festschrift*. Wien 1924)는 〔오스트리아의 한 지방인〕 슈타이의 중부지대에 있는 마르크의 경우 그 간격이 8 ㎞에 달한다고 확인하고 있다.

41) 뷔르템베르크지방에서는 (Gradmann: "Städt. Siedlungen," a. a. O., S. 13에 따르면) 두 도시 사이의 평균 간격이 11.5 ㎞이다.

42) 라첼(Ratzel: a. a. O., II. 2. Aufl. Stuttgart 1912, S. 280)은 우편(마차)노선을 따라 소도시와 대규모 촌락이 "항상 각각 2~3마일(14.8~22.3 ㎞)로 서로 떨어져 자리잡고 있다"라고 지적한다; 슈라더(Schrader: a. a. O., S. 19)는 21 ㎞를 거점의 간격으로 말하고 있다. 이 두 진술은 이 전형적인 K-간격과 뚜렷이 일치한다.

43) 이 B-간격과 관련해서는 쾰른시에 대한 쿠스케(Kuske)의 흥미로운 설명을 언급할 수 있다. "30~40 ㎞의 범위 내에 있는 이 대도시는 부분적으로 의도하지 않은 채 부분적으로 명백한 정치적, 군사적 대응수단을 갖고서 타도시의 발전을 가로막았음에 틀림없다. 그렇지 않았을 경우에 오래된 독일 도시들의 인접 도시와의 간격은 대개 약 20~25 ㎞에 달한다"(Bruno Kuske: *Die Großstadt Köln als wirtschaftlicher und sozialer Körper*. Köln 1928, S. 13).

자연히 훨씬 짧게 나타난다.

위와 아래로의 편차 — 일반적으로 편차가 발생하는 이유는 지역에 주민들이 희박하게 거주하는지 아니면 조밀하게 거주하는지에 달려 있다 — 를 확인하기 위한 확고한 기준을 구하기 위해서 〈지도 4〉에서는 $\sqrt{3}$을 공비로 하는 등비수열, 즉

$$4-4\sqrt{3}-4\times3-12\sqrt{3}-12\times3-36\sqrt{3}-36\times3-108\sqrt{3}$$

에 상응하는 간격이 기초가 되고 있다. 이 지도는 G-지점(예외적으로 또한 B-지점)의 체계만을 표현하고 있기 때문에, G-지점(또는 B-지점)과 관련된 간격만이 표시되어 있다. 따라서 다음의 분석에서 중요한 이러한 체계들에서의 간격과 관련해서는 다음과 같은 논점들이 엿보인다.

첫째, G-지점(두말할 것도 없이 또한 고차 계층의 지점)을 둘러싸고 내측의 12 ㎞의 간격을 가진 A-원.

이 원은 이론적으로 모든 K-지점과 B-지점과 관련해서도 존재하며, 실제로 어느 곳에서도 관찰할 수 있다. 그렇지만 무한정 분석하는 것을 피하기 위해 K-지점을 이 점에서 분석하는 것을 생략하고, B-체계를 이 점에서 분석하는 것도 대부분의 경우 생략했다.

둘째, G-지점(역시 또한 B-지점, P-지점, L-지점)을 둘러싸고 있는 21 ㎞의 K-원.

셋째, G-지점 또는 P-지점과 L-지점을 둘러싸고 있는 24 ㎞의 간격을 가진 제 1의 외측 A-원과 32 ㎞의 제 2의 외측 A-원.

후자의 원 위에는 두 개의 인접한 B-지점을 연결하는 선 위에 자리잡고 있는 A-지점이 입지해 있다.

넷째, G-체계를 완성하는 G-지점, P-지점, L-지점을 둘러싸고 있는 36 ㎞의 B-원.

중심지의 실제적인 지리적 입지는 다소 차이가 있지만, 중심지 도식의

이론적 적정입지에 부합한다. 이 이론적 입지로부터 편차가 발생하는 경우에는 이에 관한 설명이 필요하다. 왜냐하면 편차는 특수한 경제적, 역사적 또는 자연적 상황에 의해서만 야기될 수 있기 때문이다. 정상적 입지로부터 이러한 편차는 두 가지 관점에서 검토되어야 한다. 첫 번째는 위에서 살펴 본 것처럼 정상적 간격으로부터의 편차에 대해 검토하는 것이고, 두 번째는 중심지가 인접한 체계와 관련하여 취하는 방향에 비춰 편차를 검토하는 것이다. 특히 두 번째 유형의 편차로부터 우리는 중심지체계를 구성할 때 보급원리가 결정적인지 아니면 교통원리가 결정적인지를 파악할 수 있다. 이와 동시에 특정 시대 혹은 특정 국가에서는 어느 한 원리가 지배적일 수 있기 때문에, 역사적 취락지리학에도 이로부터 〔도출된〕 새로운 분석도구를 제공할 수 있다.

우리는 보급원리 또는 교통원리에 관한 설명에서 상기할 수 있듯이—격리원리는 이런 관점에서 볼 때 아무 관련성이 없다—보급원리를 바탕으로 한 중심지체계에서는 중심지가 잡고 있는 방향은 각각 〔어느 한쪽으로〕 치우쳐 있다. 다시 말해 예를 들어 G-체계에서는 K-지점들이 각 B—G—B의 이등분선 위에 각각 놓여 있거나, 여기서 우리의 용어로 표현하여 K-지점은 B-사이의 방향에 놓여 있다고 할 수 있다. 보급원리라는 점에서 B-지점의 적정입지는 G-사이의 방향에, G-지점의 적정입지는 P-사이의 방향에 놓여 있는 것 등도 이와 마찬가지이다. 치우치지 않는 방향, 즉 K-지점은 B-방향에, B-지점은 G-방향에 자리잡고 있는 등의 방식으로 방향을 잡고 있는 것은 썩 좋은 표현이 아니지만 간략히 말해 B-사이의 방향이나 G-사이의 방향과 대비되는 B-지향 방향 또는 G-지향 방향으로 지칭할 수 있으며, 이런 방식의 방향은 여기서 교통원리가 중심지체계의 형성을 결정적으로 규정한다는 점을 시사한다.

그런데 이러한 방향—〔부록의〕 〈지도 4〉에서는 L-방향만 표시되어 있다—이 실제 교통로와 혼동되어서는 안 된다. 이것은 기본적으로 교통로와 무관하다. 이러한 방향은 기입되어 있는 원(圓)과 마찬가지로 한 지점의 이론상 적정입지가 어디이며, 중심지망에서 그 '장소'가 어디인지를 확인하기 위한 기하학적 방편에 지나지 않는다.

정상적인 경우에는 각 중심지로부터 뻗어나가는 여섯 개의 각 지점을 지향하는 방향과 여섯 개의 각 지점 사이를 통과하는 방향이 존재한다. 하지만 때때로 인접한 중심지의 수나 특별히 거대하고 광범위한 지형적 장애로 말미암아 방향이 다섯 개로 구성되는 것도 있고, 아주 드물지만 네 개로 구성되는 것도 있다. 경우에 따라서는 또한 일곱 개에서 여덟 개에 달하는 것도 있을 수 있다. 주지하다시피 정상적인 경우에는 각 중심지를 둘러싸고 여섯 개의 저차 중심지로 이뤄진 화환이 존재한다. 이러한 지점들이 중심지체계의 중심으로부터 너무 멀리 떨어져 있다면 그 수는 종종 여섯 개 이상이 되고, 너무 가까이에 있다면 그 수는 여섯 개 이하가 된다. 이 지점들이 자리잡고 있는 원호는 보통 전형적 간격(정규적 반경)에 의해 나눠지고, 따라서 큰 원호는 정규적인 여섯 개보다 많은 단편(*Abschnitt*)을 갖고 있고, 작은 원호는 이보다 작은 단편을 갖고 있다. 이뿐만 아니라 이 점에 관해서는 어느 정도 지역을 분석하면서 설명할 필요가 있다.

3) 체계들

'중심지체계'는 일정한 규칙에 따라 하나의 중심지, 즉 체계를 형성하는 중심지를 둘러싸고 군집을 이루고 있는 중심지의 집합을 말한다. 이러한 규칙들은 경제법칙 또는 사회·정치적 원리 중 어느 하나에 의해 혹은 둘 다를 동시에 고려하는 것을 통해 규정될 수 있다. 중심지가 보급원리 또는 교통원리에 따라 분포할 경우에는 그 규칙이 경제적으로 규정된다는 사실을 우리는 알 수 있다. 그 어떤 경우든 경제원리가 표현되는데, 이는 가능한 적은 요소를 투입하여 가능한 높은 '효과', 다시 말해 순수 경제학의 입장에 비춰보아 가능한 '유리한' 결과를 얻을 수 있도록 개개의 경제요인들을 서로 조정하고 이동시키는 것을 말한다. 중심지체계가 기초로 하는 규칙이 사회정치적으로 규정된다는 것은 격리원리가 (중심지) 체계의 구성에서 표현되고, 더구나 주로 보급원리에 의거한 도식의 일정 장소가 다수의 지점에 의해 점유될 때, 따라서 이 장소를 분리하는 방식으로서 격리원리가 나타날 때 파악될 수 있다.

우리가 이미 살펴보았듯이, 중심지체계의 요소들은 ① 체계를 형성하는 중심지, ② 이를 중심으로 군집을 이루는 중심지들, ③ 간격, 그리고 ④ 중심지들이 체계를 형성하는 중심지와 기타 중심지들과 관련하여 취하는 방향 등이다. 하나의 체계가 차지하는 공간은 체계를 형성하는 중심지의 지역(즉, 더 정확히 말해 이 체계에서의 전형적 중심재와 관련된 지역)이다.

체계를 형성하는 중심지가 전형적인 B-지점이 보여주는 규모의 관계를 지닌 체계를 형성할 때, 즉 이 중심지 자체가 B-지점의 하나이며, 그 체계가 전형적인 21 ㎞의 원을 가진 중심지에 이르게 될 때, 우리는 그것을 B-체계라고 부른다. 똑같은 방식으로 우리는 G-체계, P-체계, 그리고 L-체계를 지칭하고, 또한 K-체계 등도 일컫는다.

이러한 체계들은 — 체계를 경계 짓는 원의 지점들이 이 체계에만 속하고 동시에 다른 체계에는 속하지 않는 경우처럼 — 고립되어 있는 것일 수도 있고, — 체계를 경계 짓는 화환의 지점들이 모두 동시에 같은 종류의 인접한 체계와 경계를 이루는 원 위에 자리잡고 있는 경우처럼 — 정규적인 것일 수도 있다. 또한 이러한 체계들은 — 체계가 부분적으로만 독자적으로 발전하는 것에 불과한 경우처럼 — 다른 체계에 의존하는 것일 수 있거나 다른 체계와 결합되어 있는 것일 수 있는 것 등 어느 한쪽에 해당한다.

정상적인 경우 예를 들어 21 ㎞의 원을 가진 B-체계는 체계를 형성하는 중심지로서 한 개의 B-지점과 경계짓는 지점으로서 여섯 개의 K-지점 등을 갖고 있다. 하지만 B-체계의 체계를 형성하는 중심지의 하나가 G-지점이고 경계짓는 지점들이 B-지점이라면, 그 전체 체계는 이 중심지들의 전형적 규모와 관련하여 차상위 수준으로 상승할 것이다. 이와 반대로 체계의 모든 중심지들이 이보다 낮은 규모의 유형에 속한다면, 전체 체계는 차하위 수준으로 하락할 것이다. 전자는 인구가 아주 조밀하고 부유한 지역에서, 그리고 후자는 인구가 희박하고 빈곤한 지역에서 잘 나타난다.

중심지체계는 결코 영속적 상태에 놓여 있지 않다. 주요 도시의 이전, 교통체계의 근본적 변화, 그리고 이와 유사한 결정적 계기로 말미암아 이제까지의 체계가 교란을 일으키거나 파괴될 수 있으며, 그 후에 — 아주 완만하게 — 새로운 체계가 탁월한 중심점을 둘러싸고 형성된다. 그래서 우리는 이를테면 역사적으로 과거로부터 유래하는 체계의 흔적을 그 위에 새롭게 중첩되는 최근 시대의 체계와 병행하여 파악할 수 있다. 우리는 '새롭게 등장하는' 체계와 '소멸하는' 체계를 확인할 수 있는 것이다. 또한 어떤 체계가 인접 체계를 희생시켜가며 성장할 수도 있고, 고립된 체계가 인접 체계에 병합될 수도 있다.

어떤 체계가 차상위 체계와 어느 정도로 접촉하는지에 따라 우리는 특정 체계를 그러한 고차 체계에 분할하여 '가산'(加算) 할 수 있다. 이론상 정규적 도식에 따르면, 어디에 가산하는 것은 불가능하거나 자의적이다. 하지만 구체적 현실에서는 자연지리적 조건뿐만 아니라 사회정치적 격리원리도 정규적 체계로부터 편차를 발생시킨다는 점에서 효력을 지니고 있다. 따라서 이 경우에는 하나의 체계가 차상위 체계에 필연적으로 가산된다(전자의 경우에는 지리적 논리를 바탕으로 하여 가산된다면, 후자의 경우에는 정치적 의도를 바탕으로 하여 가산된다).

지금까지 서술한 모든 현상은 남부독일에서 중심지의 분포를 분석하는 과정에서 드러나게 될 것이다. 그 분석은 중심지체계를 형성하는 중심지를 확인한 후, 다음과 같은 문제를 제기해야 할 것이다.

① 이 체계의 경계는 어떻게 되는가? 이론에 따르면, 이 경계는 차하위 중심지를 통과해야 한다고 하는데, 어떤 편차가 나타나고 이 편차는 무엇을 통해 설명될 수 있는가?

② 인접체계와 맺는 접촉 정도와 관련하여 고립적 체계, 정규적 체계,

종속적 체계 또는 공통적 체계 중 어느 것이 등장하는가?

③ 체계의 토대가 되는 간격과 관련하여 체계가 좁은가, 정규적인가 아니면 넓은가?

④ 지점 사이의 방향이 나타나는가 아니면 지점을 지향하는 방향이 나타나는가? 전자의 경우에는 시장원리가 지배적이라면, 후자의 경우에는 교통원리가 지배적이다.

⑤ 정상적 체계에서 특정한 규모의 유형을 지닌 중심지가 차지하는 장소가 하나의 중심지, 두 개의 중심지, 세 개의 — 일반적으로 저차 규모의 유형에 속하는 — 중심지에 의해 점유되는가? 그 장소가 하나 이상의 중심지에 의해 점유된다면, 이는 많은 경우 격리원리의 효과에 따른 것이다.

⑥ 체계의 정규적 수준이 나타나는가? 또는 상승하는가? 아니면 하락하는가?

⑦ 분석해야 할 체계는 어떤 고차 체계에 포함되는가?

⑧ 정규체계에서 어떤 국지적 성질을 지닌 편차가 관찰되는가?

모든 준비를 끝낸 뒤인 지금, 우리는 남부독일에서 중심지의 분포와 수와 규모에 관해 지리적 사실을 분석하고, 이를 통해 이러한 지리적 사실을 규정하는 어떤 이유를 상정해야 한다는 점을 분명히 확인할 수 있다.

제 3 장

지역편 : 남부독일에서의 중심지의 수와 분포, 그리고 규모

1. 뮌헨 L-체계

1) 기초적 사실

(1) L-중심부

우리는 남부독일의 중심지에 관한 분석을 뮌헨 L-체계로부터 시작하려고 한다. 우리가 작성한 표에 따르면, 뮌헨은 2,825의 중심성을 지니고 있으며, 따라서 남부독일의 도시 중 수위를 차지하고 있다. 뮌헨 바로 다음의 도시는 2,060의 중심성을 지닌 프랑크푸르트이며, 이 점은 어쨌든 뮌헨의 우위가 상당함을 보여준다. 그 이유는 뮌헨이 베를린이나 프라하(Prag)와 마찬가지로 L-지역의 모든 고차 중심기능들을 통합하고 있기 때문이다. 그 결과 인접해 있는 아우크스부르크(Augsburg)는 뷔르츠부르크(Würzburg), 다름슈타트(Darmstadt), 하이델베르크 또는 프라이부르크에 비해 두 배나 많은 인구를 갖고 있음에도 불구하고 224라는 수치의 중심적 의미만을 지니고 있으며, 이는 방금 거론한 모든 도시들의 수치보다도 낮은 것이다.

우리가 뮌헨의 중심성이 높은 원인을 찾는다면, 우선 이미 언급한 뮌헨에 모든 중심시설들이 극도로 집중되어 있다는 사실 이외에 뮌헨의 영향권이 남부독일에서 그 어떤 도시의 영향권도 능가하는 크기를 갖고 있다는 점을 고려해야 할 것이다. 광의로 그 영향권은 멀리 떨어져 있는 라인팔츠를 포함한 바이에른주 전역뿐만 아니라 부분적으로 뷔르템베르크와 무엇보다 티롤(Tirol)과 잘츠부르크(Salzburg)까지도 포괄하고 있다. 이렇듯 뉘른베르크의 중심성의 수치가 1,346으로 현저히 낮고, 더구나 슈투트가르트가 뮌헨과 마찬가지로 전체 지역의 중심기능을 고도로 집중시키고 있다고 할지라도 그 중심성의 수치가 1,606으로 상대적으로 낮다는 점은 이를 통해 설명될 수 있다. 이뿐만 아니라 우리는 뮌헨이 L-유형의 중심적 의미를 지니고 있는 네 개의 남부독일 도시 중 가장 많은 인구를 갖고 있으며, 인구구성에서도 대규모 공업에 취업하는 인구의 비중이 상대적으로 낮은 편이라는 사실에 주목해야 할 것이다. 이 두 가지 요인의 작용은 뮌헨의 높은 수치의 중심성으로 표현되고 있다. 마지막으로 도시 자체가 부근의 알프스지방과 마찬가지로 관광 및 거주지역으로서 선호되고 있다는 점도 적극적 요인으로 거론할 수 있다.

뮌헨이 L-지점으로서 유난히도 높은 중심성과 정규 L-지역을 능가하는 정치적, 사회적, 그리고 경제적 영향권을 갖고 있다는 점에 비춰볼 때, 우리는 뮌헨을—〔공간적으로〕 비교적 협소한 남부독일(이를테면 바이에른, 뷔르템베르크, 티롤의 두 지방, 그리고 잘츠부르크로 구성되어 있는)에서—RT-지점으로서 파악할 수 있다. L-지점으로서 뮌헨의 고유한 영향권은 당연히 위에서 구분한 권역보다 넓지 않다. 우리는 분석을 진행시켜 나가면서 그 경계를 확인할 수 있을 것이다.

(2) L-방향

뮌헨의 L-체계에 접해 있는 L-체계로서는 우선 나중에 다루게 될 슈투트가르트 체계와 뉘른베르크 체계를 고려할 수 있다. 뉘른베르크는 〔뮌헨의〕 거의 북쪽으로 자리잡고 있는 L-지점이며, 우리의 도식에서는 L1로 표시될 수 있다.[1] 프라하는 L2로, 빈은 L3으로, 베네치아는 L4로, 취리히는 L5로, 그리고 마지막으로 슈투트가르트는 L6으로 간주할 수 있다. 수치를 붙여 놓은 우리의 도식에 따르면, 인접한 (이러한) L-지점들은 뮌헨을 둘러싸고 186㎞의 원 위에 놓여 있어야만 한다. 이 점은 슈투트가르트의 경우에만 맞아떨어지며, 물론 이곳에서는 아주 명백히 확인된다. 뉘른베르크는 150㎞를 떨어져 있을 뿐이지만,[2] 물론 그 교통거리가 철도인 경우에는 199㎞, 그리고 도로인 경우에는 178㎞로 정규적이다. 그러나 다른 네 개의 L-지점은 정규적 거리보다 훨씬 멀리 떨어져 있다. 취리히가 240㎞, 프라하가 300㎞, 베네치아가 310㎞, 그리고 빈이 360㎞에 달한다. 이러한 사정의 이유가 지형과 부분적으로 낮은 인구밀도에 있음은 분명하다.

이러한 여섯 개의 L-지점에 의해 뮌헨을 지향하는 여섯 개의 L-방향이 규정된다. 이러한 방향선은 도식과 거의 부합하는 위치에 있는데, 슈투트가르트-뮌헨-뉘른베르크, 뉘른베르크-뮌헨-프라하, 프라하-뮌헨-빈, 그리고 베네치아-뮌헨-취리히가 이루는 각도는 각각 거의 정확히 60°이기 때문이다. 다만 취리히-뮌헨-슈투트가르트가 이루는 각도는 뚜

---

1) 우리는 다음과 같이 번호를 붙인다. 즉, 북쪽에서 시작하는 것을 1번으로, 시계방향으로 진행하면서 북동쪽은 2번, 남동쪽은 3번, 남쪽은 4번, 남서쪽은 5번 그리고 북서쪽은 6번으로 한다.

2) 체계에서 간격을 나타내는 것은 항상 직선거리로 주어진다. 왜냐하면 우리에게 관건은 선이나 선분이 아니라 면을 분할하는 요소이기 때문이다. 현실의 교통거리는 이러한 기하학적 간격에 수정을 가한 것이고 규범〔정규조건〕에 맞지 않는 거리를 설명하는 데 활용될 수 있다.

렷한 예각을 보여준다. 바로 이 방향에 있는 지역이 뮌헨 L-체계에서 가장 높은 인구밀도를 나타내고 있다 — 한편의 사실이 다른 한편의 사실을 가능케 하거나 제한하고 있다. 또한 빈-뮌헨-베네치아가 이루는 각도는 거의 직각에 가깝다. 이 경우에 비교적 둔각을 하고 있다는 점은 여기에 포괄되는 지역의 인구밀도가 낮다는 사실과 부합한다. 이 두 가지의 편차는 주로 알프스 산맥에 의해 발생하고 있다.

(3) P-지점

우리의 도식에 따르면, P-지점은 L-지점을 둘러싸고 보통 108 ㎞의 반경을 가진 원호 위에 자리잡게 된다. 그래서 우리는 뮌헨-뉘른베르크-프라하가 이루는 L-삼각형의 중앙에서 P1-지점인 레겐스부르크(Regensburg, 217)[3]를 발견할 수 있으며, 이는 정확히 108 ㎞ 반경 위에 자리잡고 있다. 뮌헨-프라하-빈 사이의 P2의 장소는 기하학적으로 살펴보아 뵈머발트(Böhmerwald) 남쪽에 위치해 있으며, 바이에른과 뵈멘(Böhmen),[4] 그리고 오스트리아의 국경이 함께 만나는 지점과 거의 정확히 일치한다. 이 지역에 P-유형의 의미를 지닌 중심지가 존재하지 않는다는 점은 손쉽게 이해될 수 있으며, 따라서 이러한 지점은 격리원리에 따라 분리되었음에 틀림없다. 더구나 우리는 P-지점에 해당하는 장소를 차지하는 대표적인 세 개의 지점을 분명히 확인할 수 있다. 즉, 바이에른의 파사우(Passau)가 그 하나로서 62의 중심성을 지니고 있으며, 이는 또 하나의 지점인 뵈멘의 부트바이스(Budweis)[5]와 같이 G-유형의 의미를 지니고 있으며, 그리고 오스트리아의 린츠(Linz)가 또 하나이다. P-기능의 주된 부분은 린츠에 속하며, 뮌헨-빈-

3) 지명 뒤의 괄호 안에 있는 숫자는 이 책의 끝에 수록된 표의 중심성에 관한 것이다.

4) 〔역주〕 체코 서부의 보헤미아 지역을 말한다.

5) 〔역주〕 체코의 체스케부데요비체(Ceskebudějevice)를 말한다.

베네치아가 이루는 삼각형 내에 두드러진 P-지점이 존재하지 않는다는 사실로 말미암아 그 의미가 강화되고 있다. 린츠는 뮌헨-빈의 방향 위에 자리잡고 있기 때문에, 두 개의 삼각형에도 P-계층의 중심재를 제공한다. 이 경우 파사우와 린츠는 각각 소속된 L-지점인 뮌헨과 빈으로부터 150 ㎞가량 떨어져 입지해 있고 부트바이스는 프라하로부터 125 ㎞가량 떨어져 있으며, 그래서 모든 거리가 정규 거리인 108 ㎞보다 다소 먼 편이다.

P3의 기하학적 위치는 잘츠부르크와 슈타이어마르크(Steiermark), 그리고 케른텐(Kärnten)의 경계가 서로 만나는 점, 말하자면 뮌헨-빈-베네치아가 이루는 삼각형의 중앙에 해당한다. 이 P-지점에 해당하는 장소는 알프스의 산등성이로 분리되는데, 뮌헨 L-체계에 해당하며 뮌헨으로부터 정확히 108 ㎞의 원 위에 자리잡고 있는 잘츠부르크(단지 보다 발전한 G-중심지)와 빈 L-체계에서는 케른텐의 주요 도시인 필라흐(Villach)와 클라겐푸르트(Klagenfurt), 그리고 베네치아 L-체계에서는 프리아울(Friaul)[6]의 수도인 우디네(Udine)가 이에 해당한다. 베네치아와 취리히 사이의 방향에 있는 P4는 단 두 개의 P-지점으로 대표된다. 즉, 알프스 산등성이의 북쪽에서는 잘 발전한 P-지점인 인스브루크(Innsbruck)로, 그리고 알프스 산등성이의 남쪽에서는 P-지점인 베로나(Verona)로 대표된다. 베로나는 육상교통상 알프스 북쪽의 뮌헨과 비슷한 의미를 지니고 있기 때문에 심지어 L-지점인 베네치아와 경쟁하고 있다. 인스브루크는 정확히 뮌헨을 둘러싸고 있는 108 ㎞ 원 위에 자리잡고 있는 장점을 갖고 있으며, 베로나는 베네치아를 둘러싸고 있는 108 ㎞ 원 위에 자리잡고 있다.

도식에 따를 경우, 다시 말해 인접한 P-지점이나 L-지점으로부터 108 ㎞의 간격에 있는 경우 켐프텐(Kempten)은 P5가 되지 않을 수 없다. 하지만 이 지점은 G-유형의 기능만을 지니고 있을 뿐이다. 이 경우 자연과 교통상의 이점 때문에 P5가 보덴제에 자리잡을 것으로 예상할 수 있다. 이를

6) 〔역주〕 이탈리아의 프리울리(Friuli)를 말한다.

테면 교통원리(L-방향을 지향하는)를 따르는 다섯 개의 P에 해당하는 장소가 격리원리의 지배하에 있는 다섯 개의 보덴제 지점, 즉 바덴의 콘스탄츠(Konstanz, 67), 뷔르템베르크의 프리드리히스하펜(Friedrichshafen, 19), 바이에른의 린다우(Lindau, 29), 오스트리아의 브레겐츠(Bregenz), 그리고 스위스의 로르샤흐(Rorschach) ― 중심성은 전부 합쳐 족히 165에 달한다 ― 로 분할된다고 할 수 있다. 그러나 이러한 설명은 부분적으로만 타당성을 지니고 있을 뿐이다. 다시 말해, 이러한 지점으로부터 벗어나 보덴제가 아니라 자연적으로 형성된 주요 교통로에 접하는 입지를 피하고, 도식에서 말하는 보급원리를 따르는 매우 잘 발전한 하나의 P-지점이 존재하는데, 그것은 다름 아닌 생 갈렌(St. Gallen)이다. 도식에 따라 슈투트가르트와 뉘른베르크 사이의 방향에 위치해야 할 여섯 번째의 P-지점은 슈투트가르트 L-방향으로 이동해 있다. 그러므로 이 지점은 뮌헨-인스브루크-생 갈렌-슈투트가르트-뉘른베르크로 이뤄지는 오각형의 중앙에 유리하게 자리잡고 있다. 놀라운 점은 이 P-지점에 해당하는 장소가 뮌헨-슈투트가르트 사이의 간격이 정규적임에도 불구하고 분할되어 있으며, 울름(Ulm)과 아우크스부르크라는 두 도시가 이를 차지하고 있다는 것이다.

중세의 역사적인 아우크스부르크 L-체계가 오늘날에까지 그 역할을 수행하는 점은 분명하며, 이를 통해 여섯 번째 지점에 해당하는 P-장소가 두 개의 지점에 의해 점유되고 있다는 사실을 아주 손쉽게 이해할 수 있다. 더구나 이 장소는 생명력을 지니고 있다. 왜냐하면 그것은 격리원리에 따라 한편으로 바이에른의 지점으로, 다른 한편으로 뷔르템베르크의 지점으로 분할되어 있기 때문이다. 울름은 거의 정확히 뮌헨을 둘러싸고 있는 108㎞의 원 위에 자리잡고 있어서 '적정한' 반면, 아우크스부르크는 도식에서 G-지점의 위치에 해당하는 62㎞ 원 위에 위치하고 있어서 처음부터 G-지점의 장소를 차지하고 있다. L-체계에서 이 두 지점의 입지는 오히려 교통원리에 부합한다. 보급원리로 살펴 본 '적정' 입지는 한편으로 비베라흐(Biberach)와 다른 한편으로 뇌르틀링겐(Nördlingen)의 입지에 해당할 것이다.

그렇다면 이러한 P-지점들 중 어떤 것이 뮌헨 L-체계에 포함되고, 어떤 것이 다른 체계에 포함되는가? 이 점이 분리된 P-지점의 장소인 경우에는 명백하다. 파사우, 잘츠부르크, 인스브루크, 켐프텐, 그리고 아우크스부르크는 뮌헨 체계에 속하는 데 반하여, 린츠와 필라흐-클라겐푸르트는 빈 체계에, 우디네와 베로나는 베네치아 체계에, 생 갈렌은 취리히 체계에, 그리고 울름은 슈투트가르트 체계에 속한다. 의구심이 드는 것은 레겐스부르크와 관련해서 뿐이다. 하나의 P-지점만을 형성한다면, 두 L-체계 사이의 이론적 경계는 양 체계에 공통인 P-지점의 중앙을 통과한다. 그러나 레겐스부르크가 뉘른베르크에 비교적 근접하여 입지해 있고(뮌헨까지가 105 ㎞인데 비해, 뉘른베르크까지는 90 ㎞이다) 그 배후지가 주로 북쪽으로 펼쳐져 있기 때문에, 레겐스부르크는 뉘른베르크 L-체계에 포함된다고 할 수 있다. 이에 따라 우리는 두 개의 완전한 P-지점인 아우크스부르크와 인스브루크를 뮌헨 체계에 편입시킬 수 있는 한편, 파사우와 잘츠부르크, 그리고 켐프텐은 G-지점의 의미를 갖고서 P-지점의 장소를 차지하는 것으로 파악할 수 있다.

(4) G-지점

우리는 이제 G-지점을 확정하는 단계로 넘어가려고 한다. 도식에 따르면, G-지점은 이보다 고차인 모든 지점, 즉 모든 P-지점과 L-지점을 둘러싼 62 ㎞의 원 위에 자리잡고 수적으로는 각각 여섯 개의 지점으로 구성되며, 더구나 P-지점 사이의 방향(즉, L-지점을 지향하는 방향)을 취한다.

우리는 우선 뮌헨을 둘러싸고 있는 62 ㎞ 원 위에 있는 G-지점을 탐색하고자 한다. 아우크스부르크와 레겐스부르크의 P-지점 사이의 방향에 있는 G1-지점은 인골슈타트(Ingolstadt, 34)이며, 레겐스부르크와 파사우의 P-지점 사이의 방향에 있는 G2-지점은 란츠후트(Landshut, 51)이다. 파사우와 잘츠부르크의 P-지점 사이의 방향에 있는 G3-지점은 G-지점으로서 존재하지 않으며, 이 장소는 B-지점인 뮐도르프(Mühldorf, 17)가 차지하고 있다. 뮐도르프는 인근에 있는 K-지점인 알트외팅(Altötting)과 노이외팅(Neuötting) — 합쳐서 11의 중심성을 지니고 있다 — 과 함께 28의 중심성을 지니고 있으며, 따라서 특히 뮌헨 동쪽에 있는 지역이 농업적 특성을 뚜렷이 보여주고 있다는 점을 고려한다면, B-지점의 기능에 상당히 근접해 있다.

다소 불명확한 방향에 놓인 G4-지점은 로젠하임(Rosenheim, 31)이다. 인스부르크와 켐프텐의 P-지점 사이의 방향에 있는 G5-지점은 존재하지 않는데, 란츠베르크(Landsberg, 11)도 바일하임(Weilheim, 14)도 B-기능을 넘어서지 못하고 있으며, 26의 중심성을 지닌 가르미쉬-파르텐키르헨(Garmisch-Partenkirchen)은 너무 고립적이고 주변부에 자리잡고 있다.

마지막으로 G6-지점은 P-지점인 아우크스부르크로 대표된다. 그러므로 세 개의 지점은 완전히 G-지점으로 구성되고 하나의 지점은 P-지점으로 구성되며, 또 하나의 지점은 G-지점의 의미에 매우 근접하고 있으며, 또 하나의 지점은 존재하지 않는다. 모든 지점은 62㎞의 원 위에 매우 정확히 자리잡고 있기도 하고(란츠후트, 아우크스부르크) 가까이에 근접하여 자리잡고 있기도 하다(잉골슈타트, 뮐도르프, 로젠하임). 뮌헨에 중심기능들이 강력히 집중되고 있다는 점을 고려하면, 아우크스부르크와 란츠후트를 제외한 모든 지점이 G-유형의 하한에 근접하거나 이 한계에도 전혀 도달하지 못하고 있다는 사실은 크게 놀라운 일이 아니다. 이러한 지점들로 형성된 모든 G-체계는 P-지점인 아우크스부르크 체계를 예외로 하고 의심할 여지없이 뮌헨의 P-체계에 속하지만, 이와 함께 확실히 L-유형의 중심부가 그 주위의 G-체계에 미치는 영향은 언제나 우세하다. 그러므로 다소 멀리 떨어져 있어도 잉골슈타트도 뮌헨 P-체계에 포함된다고 할 수 있다.

아우크스부르크 P-체계를 둘러싸고 있는 G-지점의 화환은 다음과 같은 지점들로 표시된다. 즉, ① G-지점인 잉골슈타트, ② L-지점인 뮌헨, ③

G-지점에 해당하는 지점은 존재하지 않음, ④ G-지점인 켐프텐(62), ⑤ 〔아우크스부르크와〕 자매관계에 있는 P-지점인 울름, 그리고 ⑥ 울름과 뉘른베르크의 P-지점 사이의 방향에 놓여 있는 미발전한 G-체계의 지점 등이다. 물론 중심성이 19인 뇌르틀링겐은 이 미발전한 체계의 중심으로 고찰될 수 있다 — 과거에는 뇌르틀링겐이 두말할 나위도 없이 G-유형의 기능을 지니고 있었다. 이러한 G-체계들 중 켐프텐 체계만이 어떤 의미에서 이견 없이 아우크스부르크 P-체계에 포함될 수 있다. 위에서 언급한 모든 지점들은 이 경우에도 켐프텐을 유일하게 예외로 하고 명백히 아우크스부르크를 둘러싼 62 ㎞ 원 위에 자리 잡고 있다.

인스브루크를 둘러싸고 있는 G-지점의 화환은 자연지리적 조건과 함께 티롤의 낮은 인구밀도에 비춰볼 때 완전히 검증될 수 없다. 자매관계를 맺고 있는 한 쌍의 P-지점인 인스브루크와 베로나 사이에는 G-유형의 의미를 지닌 두 개의 지점, 즉 보첸(Bozen)[7]과 트리엔트(Trient)[8]가 존재한다. 이 중 보첸은 인스브루크 P-체계에 속하고 인스브루크를 둘러싼 62 ㎞의 원 위에 놓여 있다. 반면에 트리엔트는 베로나를 둘러싼 62 ㎞의 원에 근접해 있다. 보첸은 인스브루크 P-체계에 속하기 때문에 뮌헨 L-체계에도 포함될 수 있는 데 비해, 트리엔트는 베네치아 L-체계에 보다 근접해 있다. 이에 따라 뮌헨 L-체계의 남쪽 경계가 주지하다시피 독일과 이탈리아의 언어 경계선이 지나고 있는 잘루른(Salurn) 부근에 있다고 해도 크게 잘못된 지적은 아닐 것이다.[9]

---

7) 〔역주〕 이탈리아의 볼차노(Volzano)를 말한다.

8) 〔역주〕 이탈리아의 트렌토(Trento)를 말한다.

9) 요한 죌히(Johann Sölch: "Die Brennergrenze eine 'natürliche' Grenze?" In: *Tiroler Heinat*, IV. Innsbruck 1924, S. 58)는 루돌프 지거(Rudolph Sieger: "Die neuen Grenzen in den Alpen." In: *Zeitschr. d. Deutsch-Oesterr. Alpenvereins*, 1923, S. 89)와 마찬가지로 다른 관점에서 출발하고 있으나 우리와 같은 결론에 도달하고 있다. 우리가 제시하는 체계의 경계는 이를테면 이 두 논자가 말하는 '유기적' 경계와 일치한다.

잘츠부르크가 P-유형의 중심성을 갖고 있는지에 대해서는 의구심이 없지 않으나, 이는 로젠하임으로부터도, 그리고 뮐도르프와 문덴(Gmunden) — G-지점인가 아니면 B-지점인가? — 으로부터도 62 ㎞가량 떨어져 있다. 전자의 두 지점은 뮌헨 P-체계에, 후자는 린츠 P-체계에 포함된다고 할 수 있다.

파사우(62)도 P-지점인 린츠로부터 정확히 62 ㎞ 떨어져 있으며, 독자적인 P-체계를 형성하지 못하고 다만 '고립된' G-체계를 갖고 있다.

잉골슈타트(34)와 란츠후트(51), 그리고 슈트라우빙(Straubing, 46)의 G-지점 체계들과 함(Cham, 17)의 고립된 B-체계, 그리고 서로 결합된 바이덴-안베르크(Weiden-Anberg)의 G-체계는 레겐스부르크 P-체계에 속한다. 이 중 잉골슈타트와 란츠후트는 의심할 여지없이 뮌헨 L-체계에 포함될 수 있으며, 슈트라우빙의 경우에는 이 점에서 다소 의구심이 제기된다. 그러나 레겐스부르크 주변에 있는 대부분의 다른 G-체계는 분명히 뉘른베르크 L-체계에 속한다. 거리와 관련해서 살펴보면, 잉골슈타트는 레겐스부르크를 중심으로 둘러싸고 있는 62 ㎞ 원 위에 정확히 자리잡고 있으나, 슈트라우빙은 상당히 근접해 있다. 이를테면 35 ㎞에 달하는 B-지점의 원 위에 자리잡고 있는 것이다. 후자의 도시, 즉 슈트라우빙은 옛 바이에른지방에서 레겐스부르크를 대신한 지점이었다는 인상을 주고 있다.

기하학적으로 보아 이견이 없는 장소를 차지하는 것은 데겐도르프(Deggendorf)로 생각되며, 따라서 이는 18의 중심성을 지니고 있는 꽤나 잘 발전한 B-지점이다. 인골슈타트의 입지는 보급지향적이며, 슈트라우빙의 입지는 교통지향적이다(파사우 방향에 있다).

2) 개별 G-체계에 관한 분석

(1) 뮌헨 P-체계

중심지 도식은 개별 G-체계의 분석에서도 이론적으로 예상되는 미세한 조정과 함께 명백히 표현되고 있다. G-지점의 전형적 중심재는 36 ㎞에서 62 ㎞에 이르는 도달범위를 갖고 있으며, 따라서 G-지점 상호간의 간격은 62 ㎞에 달한다. 그런데 36 ㎞의 반경 내에 있는 모든 지점은 G-지점의 보완지역에 속한다. 여객교통을 시간비용의 척도로 표현하면, G-지점으로부터 철도로 1시간 거리(출발 및 도착 시간을 포함시킬 경우에는 1시간 30분이 소요된다) 내에 있는 모든 지점은 이 보완지역에 속한다. 이때 왕복을 위한 현금지출은 3 마르크를 한도로 한다. G-체계에서 차하위 지점은 수적으로 여섯 개인 G-지점 사이의 방향에 있는 36 ㎞ 원 위에 자리잡고 있어야 하는 B-지점이다.

B-지점들이 자리잡고 있는 뮌헨 G-체계의 원은 뮌헨으로부터 거의 정확히 36 ㎞ 떨어져 있다. 다만 이 원은 남쪽으로 45 ㎞이며, 이 거리는 뮌헨에서 알프스 산맥에 이르는 전체 거리의 거의 절반 정도에 해당한다. 잉골슈타트와 란츠후트의 G-지점 사이의 방향에 있는 B1-지점은 프라이징(Freising, 17)으로, 이는 도식에서 말하는 위치에 아주 정확히 자리잡고 있고 잘 발전했다. 란츠후트와 뮐도르프의 G-지점 사이의 방향에 있는 B2-지점은 에어딩(Erding, 12)이며, 교통로에서 벗어나고 프라이징에 너무 근접했기 때문에 썩 발전하지는 않다. 뮐도르프와 로젠하임의 G-지점 사이의 방향에 있는 B3-지점은 마르크트그라핑-에버스베르크(Marktgrafing-Ebersberg)에서 관찰할 수 있으며, 이 두 지점은 인접해 있는 키르히제온(Kirchseeon)과 함께 11의 중심성, 즉 대략 B-기능을 지니고 있다. 인스브루크 G-지점을 지향하는 방향에 있는 B4-지점도 매우 두드러지고 있는데, 바트 퇼츠(Bad Tölz, 16)가 이에 해당한다. 인스부르크와 켐프텐의 G-지

점 사이의 방향에 있는 B5-지점은 바일하임(14)이며, 뮌헨 G-체계에 부속되어 있지만 어느 정도 독자적인 B-체계를 형성하고 있다. 마지막으로 B6-지점은 존재하지 않는다. 두 개의 고차 중심지에 아주 근접해 있기 때문에 — 뮌헨과 아우크스부르크는 서로 62 ㎞ 떨어져 있을 뿐이다 —, B-지점이 입지할 가능성이 결여되어 있다.

이제 뮌헨 G-체계의 기타 중심지에 대해 개관하려고 한다. 자세한 점은 표[10]의 주를 참조할 것이다. 우선 언급할 것은 반경 21 ㎞의 K-원 위에 있는 지점들이다. K-지점으로 구성되는 것은 다하우(Dachau, 11)와 마르크트슈바벤(Marktschwaben, 4), 그리고 퓌르스텐펠트브루크(Fürstenfeld-bruck, 11)이다. B-지점으로서는 슈타른베르거제(Starnberger See)의 고급 주택지역의 중심으로서 잘 발전할 수 있었던 슈타른베르크(Starnberg)가 존재한다. K-지점인 볼프라츠하우젠(Wolfratshausen, 7)과 홀츠키르헨(Holzkirchen, 6)은 뮌헨 남쪽의 거대한 산림지대 때문에 이보다 다소 먼 30 ㎞가량 떨어져 있다. 이상에서 언급한 지점 중 네 개는 G-지점 사이의 방향을, 그리고 두 개는 G-지점을 지향하는 방향을 취하고 있다. K-원의 이러한 여섯 개의 K-지점 이외에도 두 개의 K-지점, 즉 헤르슁(Herr-sching, 5)과 디센(Diessen, 5)이 뮌헨 G-체계에 속하며, 이 두 지점도 암머제(Ammersee) 주변에 자리잡고 있다. 내측 12 ㎞ 원의 A-지점은 뮌헨의 큰 견인력 때문에 자연히 전혀 형성될 수 없었다. 첫 번째의 외측(24 ㎞ 의) A-원의 지점(수적으로는 여섯 개여야 한다)이자 동시에 A-지점으로 구성된 것으로서는 마르크트-인더스도르프(Markt-Indersdorf)와 글론(Glonn), 그리고 투칭(Tutzing)이 중요하며, K-지점인 헤르슁도 이에 포함될 수 있다. 두 번째의 외측 (32 ㎞의) A-원(수적으로는 12개여야 한다)으로서는 A-지점인 이젠(Isen)과 A-지점인 펜츠베르크(Penzberg)를 들 수 있으며, 기타 지점들은 부분적으로만 M-지점으로 구성되어 있다 — 예를 들면, 알러스하

---

10) 〔역주〕 부록편의 남부독일 중심지에 관한 일람표를 말한다.

우젠(Allershausen)과 제스하우프트(Seeshaupt), 그리고 오델츠하우젠(Odelzhausen) 등이다. 일부는 넓은 산림지대나 습지 때문에 전혀 발전하지 못했다. 특히 이자(Isar)강변이 계곡과 암미제 사이의 호소(湖沼)지역에 중심지가 밀집해 있다는 점을 지적할 수 있다. 그 이유는 자명한데, 순수한 주택지로 선호되는 아름다운 풍광을 지닌 지역에서는 중심재에 대한 수요가 상대적으로 높다는 것이다. 반면에 이 체계의 북서쪽에서는 중심지가 현저히 감소하고 있다는 점은 순수 농업인구가 많고, 이에 더해 주민들이 반드시 부유한 것은 아니라는 점에 기인한다.

다음으로 고찰해야 할 **잉골슈타트** G-체계는 공간적으로 매우 협소하다. B-지점이 규칙적으로 이미 구성하고 있거나 적어도 잘 발전한 K-지점이 구성하는 원은 잉골슈타트를 둘러싸고 평균 29㎞ 떨어져 존재한다. G-지점이 비교적 작은 G-체계를 갖고 있는 반면, 인접한 P-지점과 L-지점이 비교적 큰 G-체계를 갖는 이러한 현상은 종종 발견된다. 이러한 작은 G-체계에 부응하여 우리는 이 체계에 속하는 단 두 개의 B-지점을 찾아 볼 수 있다. 즉, 뉘른베르크와 뇌르틀링겐 G-지점 사이의 방향에 있는 아이히슈테트(Eichstätt, 12)와 뇌르틀링겐과 아우크스부르크 G-지점 사이의 방향에 있는 노이부르크 안 데어 도나우(Neuburg a. d. D., 13)가 그것이다. 이런 만큼 이 B-원 위에는 K-지점이 비교적 많으며, 대부분이 엇비슷한 시장지향적 성격을 보여주고 있다. 바일른그리스(Beilngries, 5)와 리덴부르크(Riedenburg, 4)가 그 예이다.[11] 그리고 아벤스베르크(Abensberg, 6)도 이와 마찬가지인데, 이는 아주 가까이에 있는 노이슈타트와 지겐부르크(Siegenburg)의 A-지점과 함께 12의 중심성을 지니고 있으며, 따라서 확실히 〔제 4의〕 B-지점의 장소를 대표한다. 제 5의 B-지점의 장소는 잉골슈타트－란츠후트－뮌헨으로 이뤄지는 삼각형의 중심에 있고, 프라이징이 〔이 자리를〕 차지한다. 잉골슈타트 체계 내에서는 아우-할러타우(Au-

---

11) 〔역주〕 이는 제 3의 B-지점의 장소를 차지한다.

Hallertau)로 대표된다. 마지막으로 제 6의 B-지점의 장소는 양분되어 G-지점을 지향하는 방향으로 이동해 있다. 파펜호펜(Pfaffenhofen, 9)과 슈로벤하우젠(Schrobenhausen, 9)이 이에 해당하며, 이러한 양분으로 이 두 지점들은 K-지점의 의미를 지니고 있을 뿐이지만, 그 의미는 비교적 잘 발전해 있다.

잉골슈타트 G-체계에서는 그 협소함 때문에 21㎞의 원 위에 그 어떤 K-지점의 화환도 발전할 수 없었음은 명백하다. 이 화환은 이를테면 L-지점인 볼른차흐(Wolnzach, 5)와 B-지점인 노이부르크와 아이히슈테트에 의해서만 그 윤곽이 드러나고 있다. 중심지, 특히 A-지점과 K-지점의 밀도가 비교적 높은 것은 할러타우의 경우 호프재배가 집약적으로 행해지고 있기 때문으로 파악된다. 주의할 점은 B-지점인 노이부르크 안 데어 도나우가 잉골슈타트에 상당히 근접해 있다는 사실이다. 잉골슈타트－아우크스부르크－뇌르틀링겐의 G-지점의 삼각형에 의해 주어지는 B-지점의 장소는 둘 다 B-지점인 도나우뵈르트(Donauwörth)와 노이부르크에 의해 공동으로 대표된다. 이 두 지점이 B-유형의 의미를 지니고 있고 B-지점의 한 장소가 분할됨에 따라 기대할 수 있는 것과 달리, K-유형의 의미를 지니고 있다는 것은 인접해 있는 G-지점이 지닌 의미가 감소함에 따라 비로소 발생할 수 있었다. 그러므로 한편으로 도나우뵈르트에 의해 잉골슈타트의 의미가 하락하고, 다른 한편으로 도나우뵈르트에 의해 뇌르틀링겐의 의미가 하락하며, 뇌르틀링겐의 경우에는 심지어 B-유형의 의미로 하락하고 있다.

란츠후트의 G-체계는 비록 그다지 협소하진 않지만, 완전히 펼쳐져 있는 것도 아니다. B-원은 G-지점으로부터 정규적인 36㎞ 대신에 평균 약 30㎞ 정도 떨어져 있다. 남동쪽의 부채꼴 모양의 부분은 명확히 결여되어 있다. (잉골슈타트와 레겐스부르크 사이의 방향에 있는) B1-지점은 K-지점인 아벤스베르크로 대표되며, B2-지점은 레겐스부르크와 슈트라우빙이 아주 근접해 있기 때문에 형성되지 않고 있다—단, 그 조짐을 M-지점인 말러스도르프(Mallersdorf)와 A-지점인 노이파른(Neufahrn)을 통해 파악할 수 있다. B3-지점은 란츠후트와 파사우 사이의 먼 거리로 분할되어 있고, 딩골핑(Dingolfing, 6)과 란다우 안 데어 이자(Landau an der Isar, 8)로 표현된다. B4-지점도 같은 이유로 마싱-강코펜(Massing-Gangkofen)과 에겐펠덴(Eggenfelden), 그리고 파르키르헨(Pfarrkirchen)으로 분할되어 있다. 이밖에도 B5-지점인 에어딩은 K-지점인 도르펜(Dorfen, 5)에 하나의 분기점을 갖고 있다. 마지막으로 B6-지점은 프라이징이다. 란츠후트를 둘러싸고 있는 K-원은 매우 양호하게 파악될 수 있으며, 더구나 상당히 정확한 21㎞의 정규적 거리에 자리잡고 있다. 이 원은 모스부르크(Moosburg, 8)와 필스비부르크(Vilsbiburg, 7)라는 두 개의 K-지점에 의해 그 윤곽이 드러난다. 네 개의 또 다른 K-지점의 장소는 A-지점인 로텐부르크(Rottenburg)-파펜하우젠(Pfaffenhausen)과 A-지점인 에어골츠바흐(Ergoldsbach), 서로 결합하여 M-지점이 되는 뵈르트 안 데어 이자(Wörth an der Isar)-포스타우(Postau)-니더피바흐(Niederviehbach), 그리고 M-지점인 타우프키르헨(Taufkirchen)으로 대표된다. 내측 A-원은 A-지점인 가이젠하우젠(Geisenhausen)에 의해서만 그 윤곽이 드러날 뿐이며, 외측 24㎞의 원은 A-지점인 노이파른과 프론텐하우젠(Frontenhausen), 펠덴(Velden), 그리고 K-지점인 마인부르크(Mainburg, 7)로 표현된다.

미발전한 뮐도르프 G-체계에서는 핵심이 존재하지 않는다. 뮐도르프는 17의 중심성을 지닌 B-지점에 불과하며, 알트외팅과 노이외팅의 수치를 합하더라도 28의 중심성을 지니고 있을 뿐이다. 그러므로 우리는 고립된 B-체계를 갖게 되며, 그 K-원은 중심부에서 26㎞의 거리에서 아주 명백히 구성되어 있다. 그것은 K-지점인 필스비부르크(7)와 에겐펠덴(10), 부르크하우젠(Burghausen, 6), 트로스트베르크(Trostberg, 6), 바서부르크(Wasserburg, 8), 하크(Haag, 4), 그리고 도르펜(5)에 의해 규정되고 있다. 따라서 K-지점이 일곱 개나 되며(중심에서 K-원까지의 간격은 상당히 크다!), 이러한 지점들은 거의 모두가 인접해 있는 G-지점을 지향하는 방향에 자리잡고 있다(K-지점의 시장지향성 때문이다). 36㎞의 B-원은 훨씬 멀리 떨어져 있는 파사우를 향해 나타나며, B-지점인 파르키르헨과 브라우나우(Braunau)-짐바흐 암 인(Simbach am Inn)에 의해 정확히 규정되고 있다. 내측 12㎞의 A-원 위에 있는 A-지점으로서는 노이마르크와 K-지점인 알트외팅과 노이외팅, 크라이부르크(Kraiburg), 그리고 M-지점인 가르힝(Garching)과 암핑(Ampfing)을 들 수 있다.

이 뮌헨 동쪽에서는 어떻게 해서 지금까지 그 어떤 G-지점도 발전하지 못했는가? 부분적으로 그 이유는 주민들이 최근까지 오로지 농업적 성격만을 보여주었다는 데 있다. 이 점 때문에 G-지점에서 공급될 수 있는 중심재에 대한 욕구가 별로 강하지 않았다. 하지만 또한 그 이유의 일부는 상대적으로 중요한 지점들이 여러 개 존재한다는 사실에도 있다. 즉, 뮐도르프를 비롯하여 순례지인 알트외팅, 오래된 잘차흐(Salzach) 강변의 옛 도시인 부르크하우젠, 그리고 같은 모습의 옛 도시로 간주할 수 있는 오스트리아의 브라우나우가 있다. 인(Inn) 강과 잘차흐 강 지방의 특히 풍부한 수력으로부터 값싼 전기를 얻을 수 있었던 결과 이 지방의 공업화가 진전되고, 따라서 이것이 G-계층의 중심재에 대한 욕구를 상당한 정도로 상승시켰을 것이라는 사실은 의심할 여지가 없다. 위에서 언급한 지점들 중 하나는 결국 이 지방의 G-지점이 될 수 있다.

다음을 잇는 G-체계인 **로젠하임**은 꽤나 잘 형성되어 있다. B-원은 약 33㎞의 평균 반경을 갖고 있으며, 뮌헨 방향으로 좀더 가깝게, 그리고 잘츠부르크 방향으로 좀더 멀리 떨어져 자리잡고 있다. 이 사실은 이 두 도시의 로젠하임으로부터의 거리로 살펴보더라도 예상할 수 있다. 이 체계의 여섯 개에 달하는 꼭지점 중 네 개는 확실히 세 개의 B-지점인 테게른제(Tegernsee, 13)와 쿠프슈타인(Kufstein), 트라운슈타인(Traunstein, 18), 그리고 B-지점의 장소를 차지하는 마르크트그라핑-에버스베르크로 확정된다. 이밖의 두 개의 꼭지점은 K-지점인 바서부르크(8)와 트로스트베르크(6)가 차지하고 있다. K-원은 K-지점인 슐리어제(Schliersee, 중심성이 4

이며 미약한 K-유형의 의미를 지니고 있다)와 미스바흐(Miesbach, 5), 그리고 프리엔(Prien, 10)으로 그 윤곽이 드러난다. 그 어떤 경우라도 보급원리를 지향하지 않는데, 이 점은 중심지들이 좁은 계곡보다는 산록에서 발전하고 있다는 사실 때문이다. 촌락인 테게른제가 B-유형의 기능을 지니고 있다는 점이 주목되며, 이는 이 지점이 선호되는 거주지이며 관광의 중심점이라는 사실로 설명될 수 있다. 그렇지 않다면, 인근의 바트 톨츠와 나란히 또 하나의 B-지점이 존재하는 것은 필요하지 않을 것이다. K-지점인 바트 아이블링(Bad Aibling, 8)은 진기한 장소를 차지하는데, 다시 말해 G-지점인 로젠하임에 아주 근접해 있다. 이러한 사정은 아이블링이 온천지이자 동시에 이 지역의 거점이라는 사실을 통해 부분적으로 설명될 수 있다. 이 체계의 A-지점인 문트(Gmund)와 브루크뮐(Bruckmühl), 브란넨부르크(Brannenburg), 오버아우도르프(Oberaudorf), 니더아샤우(Niederaschau), 엔도르프(Endorf), 오빙(Obing), 그리고 루폴딩(Ruhpolding)은 별다른 특색 없이 위치하고 있으며, 이러한 지점들의 입지는 부분적으로 지형에 의해 강력히 규정받고 있다. 하지만 여느 때나 마찬가지로 전형적인 12 ㎞의 간격이 대개의 경우 지켜지고 있다. 슐리어제와 테게른제 주위에 상대적으로 중요한 지점들이 집중하는 것 — 바이리쉬첼(Bayrischzell)도 거의 A-유형의 기능을 지니고 있다 — 은 관광과 많은 은퇴 인구들로 설명될 수 있으며, 이 때문에 중심재에 대한 수요가 상승하고 있다.

뮌헨 서남쪽으로는 뮌헨과 켐프텐, 그리고 인스부르크 G-체계 사이에 독자적 G-체계를 떠받칠 만큼 충분히 큰 지역이 놓여 있다. 그러나 인구수는 중심재의 소비에 유리한 구조임에도 불구하고 G-지점을 전혀 지지할 수 없다. 예를 들어, 주요 지점들의 인구를 포함하여 가르미쉬(Garmisch) 지역은 1 ㎢당 29.02명의 인구밀도를, 툌츠(Tölz)지역은 29.29명의 인구밀도를 보여주고 있다. 더구나 농촌에 거주하는 인구의 상당 부분도 비로소 최근 들어 도시, 특히 뮌헨으로부터 이주했으며, 어느 정도 부유한 경우에는 뮌헨의 중심재를 비록 먼 거리로 말미암아 그 가격이 비쌀지라도 능히 구입할 수 있다. 이처럼 우리는 이곳에서 하나의 미완성 체계를 관찰할 수 있으며, 이 체계는 엄밀히 구성된 것으로서 네 개에 달하는 B-유형의 꼭지점, 즉 란츠베르크와 바트 툴츠, 가르미쉬-파르텐키르헨, 그리고 카우프보이렌(Kaufbeuren)을 보여주고 있다. 이것에 다섯 번째 꼭지점으로서 퓌센(Füssen, 7)이 더해지며, 이 지점은 오스트리아의 로이테(Reutte)에 인접해 있기 때문에 K-지점으로서 유지되고 있다. 여섯 번째 꼭지점은 바일하임이나 슈타른베르크이며, 둘 중 어느 것을 선택하는지는 자의적이다. 숑가우(Schongau, 5)가 이 체계의 중심은 될 수 있지만, 이 지점의 중심성은 파이팅(Peiting)을 합치더라도 8에 불과하다. 혹은 K-지점인 무르나우(Murnau, 9)도 중심이 될 수 있다. 하지만 14의 중심성을 지닌 바일하임이 가장 타당하다고 볼 수 있다. 그런데 이 지역의 가장 중요한 지점은 26이라는 상당한 중심성을 지닌 가르미쉬-파르텐키르헨이다. 그런데 이 지점이 독자적인 G-지점으로 발전하는 것은 거의 불가능한데, 첫째 인구가 특히 희박한 높은 산지지역에 고립되어 있기 때문이며, 둘째 교통의 연계가 동쪽과 서쪽방향으로 부분적으로 결여되거나 불충분하고, 이것도 아니라면 높은 (교통)비용이 요구되기 때문이며, 그리고 마지막 셋째 관광지의 중앙에 위치한 관계로 중심재의 가격이 상대적으로 비싸기 때문이다. 이 지역의 기타 중심지 중 특징적인 12 ㎞의 간격으로 자리잡고 있는 A-지점들을 언급할 수 있는데, 숑가우에서 슈타인가덴(Steingaden)까지, 무르나우와 가르미쉬에서 오버암머가우(Oberammergau)까지, 가르미쉬에서 미텐발트(Mittenwald)까지, 펜츠베르크와 무르나우에서 코헬(Kochel)까지, 그리고 코헬과 바트 툴츠에서 펜츠베르크까지의 간격이 그것이다. 바일하임과 란츠베르크 사이와 마찬가지로 숑가우와 카우프보이렌 사이의 일부 지역에 중심지가 명백히 결여되어 있는 것, 심지어 M-유형의 기능을 지닌 중심지조차 결여되어 있다는 것은 주로 거주자가 없는 큰 산림지대이기 때문이다. 파이센베르크(Peissenberg)는 주민수가 많음에도 불구하고 M-유형의 의미만을 지니고 있으며, 그 이유는 한편으로 인구의 대부분이 광산

노동자들로 구성되어 있고 다른 한편으로 B-지점인 바일하임에 인접해 있다는 데 있다.

(2) 아우크스부르크 P-체계

우리는 P-지점인 아우크스부르크 G-체계로 논의를 시작하고자 한다. 이 체계는 공간적으로 클 것으로 기대되는데, 왜냐하면 중요한 중심지일수록 실제로 보다 큰 보완지역을 가질 것이기 때문이다. 이러한 기대는 모든 점에서 확인된다. B-지점의 36 ㎞ 원 위에 B1-지점(뇌르틀링겐과 잉골슈타트 사이를 지향하는 방향에 있는)으로서는 두 개의 B-지점인 도나우뵈르트(13)와 노이부르크 안 데어 도나우(13)가 놓여 있다. B2-지점으로서는 K-지점인 슈로벤하우젠(9)을 생각할 수 있다. 뮌헨과 켐프텐 사이를 지향하는 방향에는 란츠베르크 암 레히(Landsberg am Lech, 11)가 명백한 B3-지점으로서 구성되어 있다. 오늘날에는 그 중심성이 유난히도 낮으나 과거에는 분명히 이보다 높았다. 그런데 철도의 지선에 접해 있는 입지를 갖고 있다는 점, 인접한 부흐로에(Buchloe)가 교통상으로 한층 더 선호된다는 점, 그리고 뮌헨에서 암머제까지의 지역이 넓다는 점 등이 그 의미를 감소시키고 있다. 켐프텐을 지향하는 방향 가까이에는 B4-지점으로서 민델하임(Mindelheim, 13)이 자리잡고 있다. 켐프텐과 울름 사이를 지향하는 방향에는 B5-지점으로서 K-지점인 크룸바흐(Krumbach, 10)가 있는데, 인접한 K-지점인 탄하우젠(Thannhausen)과 함께 이 B-지점의 장소에 14의 중심성을 발생시키고 있다. 끝으로 울름과 뇌르틀링겐 사이를 지향하는 방향에는 세 개의 K-지점인 딜링겐(Dillingen, 8)과 라우잉겐(Lauingen, 6), 그리고 군델핑겐(Gundelfingen, 5)이 아주 인접하여 나란히 자리잡고 있다. 그래서 이 지점들은 19의 중심성을 지닌 B6-지점으로서 간주될 수 있다. 우리는 이 지점들을 울름 체계에 포함시킨다.

또한 아우크스부르크를 둘러싸고 있는 21 ㎞의 K-원도 꽤나 잘 발전해 있다. 이론적으로 적절한 B-지점 사이를 지향하는 방향에는 A-지점인 메링(Mering, 중심성이 4이며 아우크스부르크에 너무 가까이 인접해 있다)과 슈밥뮌헨(Schwabmünchen, 7), 그리고 베르팅겐(Wertingen, 4)이 있고, 더구나 A-지점으로 머물고 있는 추스마르스하우젠(Zusmarshausen, 현재는 지역사무소가 폐쇄되었다)이 있다. 이뿐만 아니라 B-지점을 지향하는 방향으로 이동해 있는 K-지점인 아이하흐(Aichach, 8)가 있고, 이와 나란히 이를테면 지금은 A-지점인 마이팅겐(Meitingen)과 M-지점인 비베라흐 — 양자를 합하여 3의 중심성을 지니고 있다 — 를 여기서 거론할 수 있다. 내측 12 ㎞의 A-원 위에는 A-지점인 피쉬바흐(Fischbach)와 보빙겐(Bobingen), 그리고 프리트베르크(Friedberg)가 놓여 있다. 외측 제 1의 24 ㎞ A-원에서는 이미 언급한 베르팅겐과 푀트메스(Pöttmes), 알트뮌스터(Altmünster)를 들 수 있다. 제 2의 32 ㎞ A-원(도식에 따르면, 두 개의 인접한 B-지점을 연결하는 선 위에 각각 두 개의 A-지점이 입지해야만 한다)의 경우, 도나우뵈르트와 노이부르크 사이에는 라인(Rain)과 부르크하임(Burgheim) — 단, 전자는 6의 중심성을 지니고서 K-지점의 의미를 지니고 있다 — 이, 란츠베르크와 민델하임 사이에는 부흐로에(중심성이 6으로 K-지점의 의미를 지니고 비교적 중요한 철도 교차점으로서)와 튀르크하임(Türkheim)이, 민델하임과 크룸바흐-탄하우젠 사이에는 파펜하우젠과 키르히하임이 자리잡고 있다. 크룸바흐와 딜링겐 사이에는 유일한 A-지점인 부르가우(Burgau)가 있고, 마지막으로 딜링겐과 도나우뵈르트 사이에도 역시 유일한 A-지점인 회흐슈테트(Höchstätt)가 자리 잡고 있다.

그러므로 우리는 아우크스부르크 G-체계가 놀라울 정도로 규칙성을 따르고 있음을 알 수 있다. 단, 편차를 보여주는 것은 역사적으로만 설명될 수 있는 것으로서, 여섯 번째의 B-지점의 장소가 세 개의 K-지점, 즉 딜링겐과 라우잉겐, 그리고 군델핑겐으로 분할되고 있다는 것과, 세 개의 B-지점인 란츠베르크와 민델하임, 그리고 카우프보이렌이 남쪽에 집중하고, 더구나 두 개의 K-지점인 부흐로에와 바트 뵈리스호펜(Bad Wörrishofen,

중심성이 5이며 온천지로서 예외적인 지위를 누리고 있다), 그리고 하나의 A-지점인 튀르크하임이 이에 부가되어 있다는 사실이다. 이러한 집중은 아마도 뮌헨 남서쪽 G-체계의 부재에 대한 대응 또는 원인 — 으로서 고찰될 수 있다.

뮌헨 P-체계에 속하지 않는 최초의 G-체계는 **켐프텐** 체계이다. 이 체계는 그 대신에 아우크스부르크 P-체계에 속하며, 울름 P-체계에도 일부 속하지만 생 갈렌 P-체계에는 속하지 않는다. 왜냐하면 생 갈렌의 경우에는 체계의 틀 속에 편입되지 않은 지역, 즉 브렌겐처 발트(Bregenzer Wald)가 그 사이에 놓여 있기 때문이다. 켐프텐의 G-지역은 산지가 많고 통행이 어려운 지역적 특성에도 불구하고 인구가 꽤나 조밀하고 경제적으로도 잘 발전해 있다 — 알고이(Algau)의 낙농업. 이 때문에 일부 지역에서는 B-원의 간격이 예를 들어 동쪽과 서쪽을 향해 협소한 편이다. B-원 위에는 다음과 같은 B-지점들이 놓여 있다. 즉, B1-지점으로서는 아우크스부르크 G-지점을 지향하는 방향에 있는 민델하임(13), B2-지점으로서는 아우크스부르크 체계에 속하는 란츠베르크 이외에 아우크스부르크와 뮌헨 사이를 지향하는 방향에 있는 카우프보이렌(13), 그리고 B3-지점으로서는 인스부르크를 지향하는 G-지점의 방향에 있으며, 오스트리아의 보이테와 함께 B-지점의 장소를 나눠 갖고 있는 K-지점인 퓌센(7)을 들 수 있다. B4-지점으로서는 인스브루크와 생 갈렌 사이를 지향하는 방향에 있는 기하학적으로 보아 K-지점인 오버스트도르프(Oberstdorf, 7)가 문제될 수 있으나, 실제로는 이 지점이 동떨어져 있기 때문에 K-지점인 임멘슈타드(Immenstadt, 7)와 존트호펜(Sonthofen, 7)이 이를 대신하고 있으며, 이 두 지점은 합쳐서 14의 중심성을 지닌 대단히 높은 B-지점의 의미를 지니고 있다. B5-지점으로서는 방향이 불명료하지만 본래 K-지점인 이스니(Isny, 8)를 거론할 수 있으나 실제로는 B-지점인 로이트키르히(Leutkirch)가 그 자리를 차지하고 있다. 마지막으로 B6-지점으로서는 울름을 지향하는 방향에 놀라울 정도로 잘 발전한 거의 G-지점의 의미를 지닌 멤밍겐

(Memmingen)이 자리잡고 있으며, 이 지점은 31의 중심성을 지니고 있다. 하지만 이 지점은 울름과 아우크스부르크에 매우 인접해 있기 때문에 켐프텐의 G-체계를 대체하거나 또는 이 체계와 병행하며 G-체계를 구성하는 데까지는 발전하지 못했다. 비록 비베라흐와 로이트키르히, 켐프텐, 카우프보이렌, 민델하임, 그리고 일러티센(Illertissen)으로 형성되는 이러한 B-지점의 화환은 분명히 확인되나, 이 모든 B-지점에 대해 이것들이 멤밍겐에 의존하고 있다고는 할 수 없다.

켐프텐을 둘러싼 21 ㎞의 K-원 위에는 개략적으로 K-지점으로서 오버귄츠부르크(Obergünzburg, 5)와 마르크트 오버도르프(Markt Oberdorf, 5), 이미 언급한 지점인 존트호펜과 임멘슈타트, 이스니(8)가 있고, A-지점으로서 그뢰넨바흐(Grönenbach) 또는 A-지점인 레가우(Legau), 그리고 마지막으로 오토보이렌(Ottobeuren, 6)이 있다. 모두가 B-원의 지점 사이를 지향하는 방향에 놓여 있다. 여섯 번째의 K-지점에 해당하는 장소는 두 개의 A-지점, 즉 네셀방(Nesselwang)과 프로텐(Pfronten)의 차지가 되고 있다. 따라서 K-원의 구성에서도 뚜렷한 규칙성이 지배한다. 반면에 A-지점의 경우에는 규칙성이 이보다 떨어진다.

알고이지방은 황무지 취락의 전형적 지역이다. 우리는 이 지방의 바이에른에 속하는 부분과 뷔르템베르크에 속하는 부분에서 A-지점과 K-지점이 상당히 집중되어 있음을 발견할 수 있다. M-지점의 수는 상대적으로 적고, H-지점은 아우크스부르크 체계의 약 35개와 비교되는 약 15개에 불과하다. 따라서 농촌취락의 분산도와 도시취락의 수 및 규모 사이에 관련성이 있다는, 이미 이론에서 전개한 명제는 이 지방에서 실제로 증명되고 있다.

(3) 알프스 체계

아우크스부르크와 켐프텐의 G-체계와 함께 서쪽으로 뮌헨 L-체계의 영역이 자리잡고 있다. 뮌헨 남쪽에는 인스브루크 G-체계가 위치해 있다. 이 체계는 정치적으로 오스트리아에 귀속됨에도 불구하고 의심할 여지없이 뮌헨 L-체계에 포함될 수 있다. 물론 석회암으로 구성된[12] 알프스 북부의 산맥으로 인하여 이 체계의 북쪽에 자리잡고 있는 체계들과의 직접적 접촉은 이뤄지지 않고 있다. 인스브루크는 7만 명의 주민을 가진 명백한 P-지점이며, 이와 동시에 G-체계를 형성하는 티롤 북쪽의 유일한 지점이다. 만약 북부 티롤의 전역에 G-유형의 도달범위(36 ㎞에서 62 ㎞에 이른다)를 가진 중심재를 공급해야 한다면, 두 개의 G-지점 이를테면 임스트(Imst)와 옌바흐(Jenbach)가 존재해야 할 것이다. 그런데 고정점인 인스브루크는 자연적으로, 그리고 역사적으로 주어져 있고 이와 동시에 교통원리와 아울러 보급원리를 충족시키는 데 비해, 북부 티롤의 희박한 인구는 G-유형의 의미를 지닌 세 개의 중심지를 지지할 수 없기 때문에 고차의 중심적 기능은 모두 인스브루크에 통합되어 있다.

높은 산지와 계곡이라는 자연적 조건의 지배적 영향 때문에 인스브루크 G-체계는 엄밀하게 말하여 충분히 발전할 수 없었다. 이 때문에 우리는 인스브루크 체계에서도 B-지점 상호간 또는 B-지점과 G-지점 또는 P-지점 사이의 정규적 간격이 대체로 36 ㎞에 달한다는 점을 확인하는 것으로 만족하고자 한다. 즉, 인스브루크와 슈바츠(Schwaz, 이 지역은 상대적으로 인구가 많기 때문에 그 간격이 다소 단축되고 있다) 사이와 슈바츠와 쿠퍼슈타인(Kufstein) 사이, 쿠퍼슈타인과 로젠하임 사이, 그리고 쿠퍼슈타인과 키츠뷔엘(Kitzbühel) 사이의 간격이 이에 해당한다. 서쪽으로는 인스브루크에서 란데크(Landeck)까지의 거리가 36 ㎞의 두 배가 되며, 따라서 이론적으로 외츠(Ötz) 계곡의 입구에 있을 것으로 예상되는 B-지점은 존재하

---

12) 〔역주〕 주로 중생대 백악기에 형성된 지역을 말한다.

지 않는다. 계곡에 있는 체계를 문제로 삼는 한, 인스브루크를 둘러싼 21㎞의 원을 확인할 수 있으며, 이는 텔프스(Telfs)와 마트라이(Matrei)로 그 윤곽이 드러난다.

브렌너(Brenner) 남쪽의 사정은 사실 이 연구의 범위에 속하지 않을지라도 이에 대해 간략히 언급해 두고자 한다. 이 지방에서는 인스브루크 P-체계에 포함되는 G-지점인 보첸(Bozen)이 독자적인 G-체계를 갖고 있으나, 고산지대라는 특성 때문에 그다지 명백히 형성되지 않고 있다. 36㎞의 B-원 위에서 우리는 B-지점인 메란(Meran)[13]과 브릭센(Brixen),[14] 그리고 이와 더불어 브릭센과 슈테르칭(Sterzing) 사이, 브릭센과 브루네크(Bruneck) 사이, 브루네크와 인니헨(Innichen) 사이, 그리고 인니헨과 리엔츠(Lienz) 사이에서 전형적인 B-유형의 간격을 관찰할 수 있다.

잘츠부르크 G-체계를 분석하는 데에는 역시 독일에 속하지 않는 부분이 개략적으로만 다뤄진다는 사실을 고려해야 할 것이다. 36㎞의 B-원의 경우 우리는 독일에 속하는 영토에서 B-지점인 트라운슈타인(18)을, 그리고 남쪽의 오스트리아에 속하는 영토에서 B-지점인 비숍스호펜(Bischofshofen)을 찾아 볼 수 있다. 북쪽으로 B-지점인 브라우나우는 여전히 잘츠부르크 B-유형의 원 위에 놓여 있는 것으로 볼 수 있다. 동쪽으로 B-지점인 바트 이슐(Bad Ischl)은 일단 잘츠부르크 체계에 포함시킬 수 있으나, 이 지점에서 인접한 B-체계와의 관계는 분명히 단절되어 있다. 왜냐하면 B-지점으로서 평가되는 문덴과 경우에 따라서는 푀클라브루크(Vöcklabruck)도 더 이상 잘츠부르크 B-체계와 관계없기 때문이다. 그러므로 잘츠부르크의 B-원은 네 개의 B-지점과 아울러 이를테면 K-지점인 부르크하우젠과 로퍼(Lofer), 그리고 잘펠덴(Saalfelden)으로 그 윤곽이 드러난다. 21㎞의 원은 꽤나 잘 구성되어 있으며, 더 정확히 말해 선호되는 여행지로서 B-유형의 의미를 지니게 된 지점인 베르히테스가덴(Berchtesgaden, 17)과 K-지점인

---

13) 〔역주〕 이탈리아의 메라노(Merano)를 말한다.

14) 〔역주〕 이탈리아의 브레사논(Bressanone)을 말한다.

바트 라이헨할(Bad Reichenhall, 10), 자매관계에 있는 A-지점에서 공동으로 K-유형의 기능을 수행하는 라운펜(Laufen, 4)과 오베른도르프(Oberndorf), 그리고 동쪽으로 K-지점으로 간주되는 노이마르크트(Neumarkt)와 생 길겐(St. Gilgen) 등으로 구성되어 있다. 제 6의 K-지점에 해당하는 장소는 21 ㎞ 선에서 다소 벗어나 있는 B-지점인 할라인(Hallein)과 A-지점인 골링(Golling)이 차지하고 있다. K-지점인 프라이라싱(Freilassing)-잘츠부르크호펜(Salzburghofen)은 G-지점과 P-지점으로, 잘츠부르크 체계의 독일 영토에 속하는 대표적인 지점으로 고찰될 수 있다. 전체 잘츠부르크 G-체계를 특징짓는 것은 사실상 독일의 국경을 완전히 무시하고 있으며, 높은 산지가 허용하는 한 이쪽저쪽 모두 동일한 정도의 규칙성을 갖고서 구성되어 있다는 점이다.

잘츠부르크 G-체계의 남쪽에는 고유한 G-체계가 전혀 존재하지 않는다. 인구밀도가 낮고 산지에 의한 장애가 크다는 점을 감안할 때, 우리는 이 점을 이해할 수 있다. 그러나 우리는 B-지점의 특징적인 36 ㎞의 간격이 견지되고 있다는 점을 살펴볼 수 있다. 즉, 키츠뷔엘과 첼 암 제(Zell am See) 사이, 첼 암 제와 비숍스호펜 사이, 첼 암 제와 바트(Bad) 및 호프 가슈타인(Hof Gastein) 사이, 첼 암 제와 베르히테스가덴 사이, 비숍스호펜과 슐라트밍(Schladming) 사이의 간격이 이를 잘 보여준다. 그 어떤 경우라도 전체 지역은 광의로 잘츠부르크 체계에 속하며, 따라서 뮌헨의 L-체계에 속하고 있다.

(4) 동부 G-체계

여기서는 두 개의 G-체계, 즉 파사우와 슈트라우빙 체계에 관해 좀더 서술하려고 한다. 이 두 체계는 교통상으로 뮌헨과 거의 연결되지 않고, 뮌헨과는 G-체계인 란츠후트와 뮐도르프-외팅에 의해 단절되어 있다. 이처럼 뮌헨 L-체계에서 이 두 체계의 위치는 상당히 고립적이다.

파사우 G-체계에 관한 한, 멀리까지 뻗어나간 B-원이 눈에 띄며, 그 평균 반경은 36 ㎞가 아니라 약 47 ㎞의 크기를 보여주고 있다. 그러나 만약 우리가 이 원 위에 있는 두 개의 가장 중요한 B-지점인 데겐도르프(18)와 브라우나우의 지리적 입지와 파사우 자체의 입지를 감안하면 — 세 지점 모두가 하구에 자리잡고 있다 — 이러한 편차를 이해할 수 있다. B-원의 기타 지점으로서는 다음과 같은 것들을 들 수 있다. 즉, 인접해 있는 거의 동등한 데겐도르프에 의해 그 의미가 축소되고 있으며 B-유형의 기능을 겨우 수행하는 파르키르헨(10)과 란다우 안 데어 이자-아이헨도르프(Eichendorf) — 그런데 란다우는 완전히 파사우 체계 밖에 자리잡고 있다 —, 확실히 B-유형의 의미를 지니고 있는 오스트리아 영토에 속하는 리트(Ried), 그리고 오히려 린츠의 B-체계에 해당하는 하슬라흐(Haslach) 등이다. 마지막으로 파사우 북쪽에서는 B-지점의 장소가 K-지점인 그라페나우(Grafenau, 5)에 의해서만 대표된다. 왜냐하면 이 산지지역은 산림으로 뒤덮여 있고 거의 개발되지 않았기 때문이다. 이곳에서는 시장지향적 경향이 우세하다.

파사우 체계의 B-원이 비정규적 간격을 갖고서 구성되어 있다면, K-원은 21 ㎞의 거리로 그만큼 더 법칙적으로 발전해 있다. 이 원 위에는 지점 사이를 지향하는 방향에 있는 K-지점인 필스호펜(Vilshofen, 10)과 K-지점인 그리스바흐(Griesbach, 4), 브라우나우를 지향하는 방향에 있는 M-지점인 루스토르프(Ruhstorf)와 더불어 A-유형의 기능을 수행하는 A-지점인 포킹(Pocking, 3, 브라우나우와 리트 사이의 방향에는 중심지가 존재하지 않는다), 또한 지점 사이를 지향하는 방향에 있는 오스트리아의 엥겔하르츠첼(Engelhartszell) — 이 지점은 아마도 A-지점으로서 간주될 수 있으며, 독일 영토에는 이와 나란히 A-지점인 벡사이트(Wegscheid)가 있다 — 과 지점 사이를 지향하는 방향에 있는 K-지점인 발트키르헨(Waldkirchen, 5), 그리고 마지막으로 그라페나우를 지향하는 방향에 있는 A-지점인 티틀링(Tittling, 퓌르스텐슈타인과 합하여 중심성은 4가 된다)을 찾아 볼 수 있다.

내측 12 ㎞의 A-원은 쉐르딩(Schärding)과 그 옆에 자리잡고 있는 노이하우스(Neuhaus)-줄츠바흐(Sulzbach), 그리고 또한 퓌르스텐첼(Fürstenzell), 하운첸베르크(Haunzenberg), M-지점인 후트후름(Hutthurm)이 차지하고 있다.

다음으로 우리는 뮌헨 L-체계에 포함되는 마지막 G-체계, 즉 슈트라우빙 체계를 살펴보고자 한다. 이것은 부차체계라는 유형을 지니고 있으며, 특히 이보다 큰 레겐스부르크 체계에 부속되어 있다. 이에 따라 이 체계는 부분적으로만, 즉 남쪽과 동쪽으로만 발전해 있다. 이 체계에서 우리는 농촌지역이 부유하기 때문에 평균 30 ㎞의 간격으로 떨어져 있는 B-원을 찾아 볼 수 있다. 또한 란츠후트와 파사우 사이를 지향하는 방향에 있는 두 개의 K-지점, 즉 딩골핑과 란다우로 대표되는 B-지점의 한 장소와 그 다음 부분에서는 파사우 북쪽에 잘 발전한 데겐도르프(18)를 찾아 볼 수 있다. 이밖에 B-지점에 해당하는 장소는 모르긴 해도 K-지점인 피히타흐(Viechtach, 6)가 놓여 있는 곳에서 찾아 볼 수 있다. 그러나 이곳에서는 한편으로 산지와 하계망의 자연조건에 의해, 또 한편으로 가까이에 있는 뵈멘의 경계에 의해 B-지점들이 상이한 분포를 보여주고 있다. 이러한 지역들은 사실 도나우 강변에 중심을 갖고 있는 G-체계 밖에 놓여 있다. 이 때문에 독자적 중심을 가져야 하지만, 이 중심은 지역의 확장가능성이 낮기 때문에 B-유형의 의미만을 가질 수 있다. B-지점인 함의 존립은 이렇게 설명될 수 있으며, 두 번째의 고립된 B-지점의 장소를 차지하는 츠비젤(Zwiesel, 8)의 존립도 이렇게 설명될 수 있다. 만약 츠비젤이 그 중심적 입지에 걸맞게 레겐(Regen) 대신에 그 소관구의 소재지에 있다면, 이 지점은 B-유형의 의미를 획득할 수 있다. 이러한 츠비젤 B-체계를 둘러싸고 12 ㎞의 원이 있으며, 그 위에는 K-지점인 레겐(6)과 A-지점인 보덴마이스(Bodenmais), K-지점인 뵈멘의 아이젠슈타인(Eisenstein)과 결합되어 있는 A-지점인 바이에른의 아이젠슈타인, M-지점인 슈피겔라우(Spiegelau), 그리고 M-지점인 키르히베르크(Kirchberg)가 자리잡고 있다. 이밖에도 12

㎞의 K-원에는 K-지점인 그라페나우와 A-지점인 루만스펠덴(Ruhmanns-felden)이 포진해 있다. 슈트라우빙 G-체계로 되돌아가 보면, 또 다른 원을 거론할 수 있는 여지가 있다. 21㎞의 K-원에는 K-지점들이 전혀 보이지 않는데, 왜냐하면 슈트라우빙은 중간 및 고차의 중심기능을 오로지 그 자체의 틀 안에 집중시키는 고도의 역량을 갖고 있기 때문이다. 그러므로 이 K-원은 사실상 소수의 A-지점에 의해서만 그 윤곽이 드러나고 있다. 12㎞의 A-원 위에는 관구의 주요 지점인 보겐(Bogen)이 있으며, 이 지점은 슈트라우빙에 인접해 있기 때문에 A-지점의 의미만을 지니고 있다. K-지점인 플라틀링(Plattling, 7)은 간선 교통로와 접하는 B-지점인 데겐도르프의 분기점으로 간주될 수 있다.

3) 결 과

이상에서 논의한 결과를 간략히 요약해 보면 다음과 같다. 뮌헨 L-체계의 구성에는 완전하게 발전한 네 개의 P-체계, 즉 뮌헨, 아우크스부르크, 인스브루크, 그리고 레겐스부르크가 관계하고 있다. L-지점인 뮌헨은 약 2천 8백에 달하는 중심성을 지니고 있으며, 세 개의 P-지점은 각각 약 220(인스브루크의 경우는 추정치이다)의 중심성을 지니고 있다. 이뿐만 아니라 고립되어 있기 때문에 부분적으로 P-지점의 기능을 수행해야만 하는 고립된 세 개의 G-체계가 관계하고 있다. 즉, 잘츠부르크와 파사우, 그리고 켐프텐이 그것이며, 이 중 후자의 두 지점은 약 60의 중심성을 지니고 있는 반면, 잘츠부르크의 경우에는 중심성이 아마도 약 90에 이를 것이다. 보첸의 G-체계도 역시 거의 고립되어 있으며, 그 중심성도 90 정도로 추정된다. 이상에서 언급한 지점들의 G-체계는 모두가 완전히 발전해 있고, 그 규칙성은 높은 산지지역에서만 상당 정도로 왜곡되고 있다. 뮌헨을 둘러싼 화환에는 이밖에 세 개의 G-체계가 크게 발전하지 않았는데, 이것은 한편으로 높은 산지로 말미암아 방해받고 있으며(로젠하임), 다른 한편으로 한층 더 중요한 지점들의 G-체계에 인접해 있기 때문이다(잉골슈타트, 란츠후트). 이와 동일한 논점은 레겐스부르크 P-체계에 있는 슈트라우빙에도 유효하다. 이러한 네 개의 G-지점의 중심성은 평균 40(정확히는 31에서 51 사이에 놓여 있다)이다. 끝으로 그 어떤 G-체계에도 속하지 않는 다섯 개의 대규모 지역이 존재한다. 즉, 첫째 뮐도르프와 알트외팅, 그리고 노이외팅을 중심으로 하는 뮌헨 동쪽지역, 둘째 가르미쉬-파르텐키르헨이라는 가장 중요한 지점을 갖고 있는 뮌헨의 남서쪽지역, 셋째 잘츠부르크 지방의 남쪽지역, 넷째 북부 티롤의 동쪽과 서쪽의 주변지역, 그리고 다섯째 츠비젤을 중심으로 한 바이에리쉬 발트(Bayerischer Wald)가 이에 해당한다. 이 모든 지역들 중 뮐도르프를 둘러싸고 있는 지역은 독자적인 G-체계를 형성하는 경향을 보여주고 있으나, 기타 지역의 경우에는 이 점을 기대할 수 없다. 이에 따라 뮌헨 L-체계는 독자적인 도시적 재화, 즉 G-지점 또는 이보다 고차 유형의 지점으로부터만 공급되는 중심재를 보급한다는 관점에서 16개의 지역으로 나뉠 수 있다. 그 중 11개 지역이 이러한 재화의 보급에 관계하지만, 다섯 개 지역은 관계하지 않는다. 뮌헨 L-체계의 모든 G-지점들은 나중에 논의하게 될 L-체계들과는 달리, 고유한 G-체계들을 형성하고 있다. 이러한 11개 지역들의 순서를 그 규모와 의미에 따라 배열하면, 다음과 같다. ① 뮌헨, ② 아우크스부르크, ③ 파사우, ④ 인스브루크, ⑤ 잘츠부르크, ⑥ 보첸, ⑦ 켐프텐, ⑧ 로젠하임, ⑨ 란츠후트, ⑩ 슈트라우빙, 그리고 ⑪ 잉골슈타트 순이다. 다음으로는 G-유형의 중심부가 없는 다섯 개의 지역이 뒤따른다. 이러한 지역들의 순서도 중심지가 지닌 의미의 순서와 거의 정확히 일치하며, 이 점은 중심지의 규모와 지역의 규모 및 발전 정도가 서로 조건짓고 있다는 사실을 여실히 보여준다. 그러므로 이 점에서 전체적으로 보아 이론적 도식의 타당성이 매우 양호하게 입증된다. 주요 편차는 이론에 의해 벌써 예상된 것인데, 한편으로 알프스 산맥의 열악한 통행조건과 낮은 인구밀도에 기인하고, 다른 한편으로 뮌헨 L-중심지의 높은 견인력에 기인한다.

전체적으로 살펴 볼 때, 개별적인 G-체계의 범위에는 독일에 속하는 지역과 관련해서는 20개의 B-지점이 있고, 인접해 있는 K-지점에 결속되어 있는 세 개의 지점도 이에 포함될 수 있다(임멘슈타트-존트호펜, 딜링겐-라우잉겐-군델핑겐, 아벤스베르크-노이슈타트-지겐부르크). 23개 지점에 달하는 이 전체 수에서 세 개의 지점은 제외되어야만 할 것인데, 왜냐하면 이 세 개의 지점들은 슈투트가르트 또는 뉘른베르크의 L-체계에도 포함될 수 있기 때문이다. 이에 해당하는 세 개의 지점은 로이트키르히와 딜링겐, 그리고 아이히슈테트이다. 그러므로 뮌헨 L-체계는 B-유형의 기능을 지닌 20개의 지점을 포괄하고 있다. 더구나 세 개의 지점, 즉 슈타른베르크와 베르히테스가덴, 그리고 테게른제도 B형의 의미를 지니고 있는 것은 특별한 사정에 근거하고 있기 때문에 역시 제외되어야만 한다. 마지막으로 두 개의 또 다른 중심지인 란츠베르크와 파르키르헨도 제외되어야 하는데, 이 지점들은 중심성이 12 이하이며, 따라서 B-유형의 기능을 지니고 있다고 보기 힘들다. 이처럼 우리는 15개의 정상적인 B-지점을 관찰할 수 있다. 그런데 이 수치는 하나의 L-체계에서 이론상의 도식에 부합하는 18이라는 수치보다도 여전히 많은 것이 된다. 왜냐하면 티롤과 잘츠부르크 체계에서 일련의 B-지점이 더해진다는 점을 고려해야 하기 때문이다. 만약 우리가 특별한 경우인 멤밍겐(31)과 가르미쉬-파르텐키르헨(26)을 논외로 한다면, 이 B-지점들의 중심성은 12에서 18 사이에 있으며, 전형적 수치는 13과 17 근처에 자리잡고 있다. 23개의 B-지점 중 18개는 G-체계의 B-원 위에 놓여 있다(예외는 슈타른베르크, 베르히테스가덴, 임멘슈타트, 존트호펜, 그리고 노이부르크 안 데 도나우 등이고, 이 지점들의 원은 모두 21 ㎞에 불과하며 뮐도르프도 예외에 해당한다). 다섯 개의 완전히 발전한 B-체계인 뮌헨과 아우크스부르크, 켐르텐, 파사우, 그리고 레겐스부르크의 36 ㎞ 원 위에 있는 B-지점은 16개이다. G-체계로 전혀 발전할 수 없었던 두 지역인 뮌헨 남서부와 뮐도르프의 중심부 및 주변부에는 일곱 개의 B-지점이 자리잡고 있다. 반경 36 ㎞ 이하의 협소하거나 기타 장애를 갖고 있는 네 개의 G-체계, 즉 잉골슈타트와 란츠후트, 슈트라우빙, 그리고 로젠하임에도 여덟 개의 B-지점만이 존재한다. 그런데 이 중 동시에 앞서 언급한 군집에 속하는 것은 단 하나(데게른제) 뿐이다. 따라서 B-지섬의 경우 가장 유리하게 발전할 가능성은 L-지점, P-지점, 그리고 한층 더 중요한 G-지점으로부터 36㎞의 거리에 있는 장소나 완전히 G-체계 밖에 있는 지역에서 주어진다. B-지점의 입지인 15개에는 보급원리가 작용하고, 교통원리가 작용하는 것은 단 네 개에 지나지 않는다. 나머지 네 개의 경우에는 그 입지가 불명료한데, 그 이유의 일부는 교통원리와 시장원리 사이의 절충에 기인하며, 또 다른 일부는 지형적 요인에 기인한다.

이 책의 부록에 수록된 〈지도 4〉에서 쇄선으로 구획된 뮌헨 L-체계에서 자세히 표현된 독일 영토에 속하는 부분에는 4에서 11에 이르는 중심성을 지닌 59개의 K-지점이 존재한다. 만약 우리가 그래프의 1[15]을 고찰해 보면, 중심성이 6과 10인 두 개의 전형적 수치를 발견할 수 있다. 이 59개의 K-지점 중 32개는 체계를 형성하는 G-지점 또는 B-지점을 둘러싸고 있는 전형적인 K-원 위에 놓여 있고, 나머지 27개 지점의 일부는 미발전한 또는 분할된 B-지점으로서 B-원 위에 자리잡고 있으며, 또 다른 일부는 잘 발전한 A-지점과 이동하여 장소가 바뀐 K-지점에 자리잡고 있다. 38개의 지점은 보급원리를, 그리고 14개의 지점은 교통원리를 지향하며, 일곱 개는 정해지지 않은 입지를 취하고 있다.[16]

더구나 3(부분적으로는 2와 4인 경우도 있다)이라는 전형적 중심성을 지닌 81개의 A-지점, 1(부분적으로는 2인 경우도 있다)이라는 중심성을 지닌 180개의 M-지점, 그리고 마지막으로 192개의 H-지점이 존재한다. 따라서 L-지점에서 H-지점에 이르는 수열은 — 뮌헨 L-체계의 독일 영토 내에 있는 부분에 대해서만 계산하여 — 다음과 같다.

---

15) 부록편의 그래프로 표시된 중심지 유형별 빈도(분포) 수의 뮌헨 부분을 지칭한다.

16) 〈지도 5〉를 참조하라.

1 : 1 : 6 : 18 : 59 : 81 : 180 : 192

이에 비해 L-체계의 ⅔에 대한 정규적 수열은 1 : 1 : 4 : 12 : 36 : 108 : 324와 같다. 그러므로 G-유형, B-유형, 그리고 K-유형은 도식에 부합하는 수보다 약 1.5배나 많은 지점에서 대표되고 있다. 반면 A-지점의 수는 이에 따라 훨씬 적고, M-지점과 H-지점의 수를 합친 것은 도식에서 말하는 M-지점의 정규적 수와 거의 일치한다.

G-지점은 놀랍게도 전체 체계에 걸쳐 균등하게 분포하고 있다. B-지점들은 멤밍겐에서 테게른제에 이르는 지대, 다시 말해 슈바벤(Schwaben) 중부와 B-지점이 전혀 형성되지 않고 있는 북부 알프스의 주변부에서 특히 빈번히 관찰된다. K-지점들도 역시 상당히 균등하게 분포하고 있으나, 레겐스부르크와 슈트라우빙, 그리고 란츠후트 사이의 지역에는 분포하지 않는다. 반면에 A-지점들은 오버바이에른보다 슈바벤(알고이지방)과 니더바이에른에서 훨씬 빈번히 관찰되나 뮌헨 주변에서는 발견되는 않는다. M-지점들은 주로 인구밀도가 높은 지역, 무엇보다도 알프스 북부의 주변부(관광지역)에 자리잡고 있다.

중심지의 입지가 뮌헨 L-체계에서는 대부분 보급원리를 지향한다. 알프스의 큰 계곡, 무엇보다도 인 계곡과 잘차흐 계곡, 잘츠부르거 알프스(Salzburger Alpen)의 북부 주변부, 인스브루크–켐프텐–울름으로 이어지는 지역, 그리고 뮌헨과 기타 대도시로부터 방사상으로 뻗어 있는 교통로 주변에서는 교통원리가 지배적이며, 이밖의 경우에는 개별 입지에서 관찰할 수 있을 뿐이다. 이론적으로 기대되는 중심지의 분할은 많은 경우 격리원리에 따른 것인데, 이러한 분할은 무엇보다도 변경지역(잘츠부르크, 밀도르프-외팅-짐바흐, 퓌센, 딜링겐, 아벤스베르크, 슈트라우빙)에서 나타나지만, P-지점의 장소가 분할되어 있는 경우에도 나타난다.

2. 뉘른베르크 L-체계

1) 기초적 사실

(1) L-중심부

뮌헨 북쪽에 있는 L-체계의 중심부, 즉 뉘른베르크-퓌르트는 우리의 표에 따르면 1,346의 중심성을 지니고 있다. 48만 6천 4백 명의 주민수를 이 수치와 비교하고 또한 뉘른베르크가 상당히 중심적 위치를 차지하고 있으며, 그 의미가 인접한 도시들에 의해 별로 제한받지 않는다는 점을 고려하면, 이 수치는 반드시 큰 것이 아니다. 다소 수정하여 바이에른 북부의 L-체계의 복합 중심부에 포함시킬 수 있는 에어랑겐과 슈바바흐(Schwabach)의 수치를 이에 더하더라도, 어쨌든 뮌헨의 2천 8백과 비교되는 기껏해야 천 4백을 넘어서지 않는 수치를 얻을 수 있다.

상대적으로 낮은 중심성은 주로 뉘른베르크가 정치적 수도가 아니라는 점과 따라서 이 지점에는 최상위 지방관청은 물론이고 중위의 지방관청조차도 존재하지 않을 뿐만 아니라 — 이 지점은 군행정의 소재지였던 적도 없었다 —, 이와 함께 이 지점이 바이에른 북부 곳곳에서 수도로서 기타 임무를 수행하는 일도 뮌헨과 분담하지 않을 수 없다는 점, 즉 사회, 경제 조직, 문화 등에 관한 일도 뮌헨과 분담하지 않을 수 없다는 점으로 설명될 수 있다. 더구나 이러한 사정의 결과는 뉘른베르크가 매우 제한된 정도로 이를테면 은퇴한 공무원들에게 휴양지로서 아니면 예술도시로서 고려되고 있을 뿐이라는 것이다. 이러한 L-지점으로서 불완전한 의미는 뉘른베르크 자체뿐만 아니라 바이에른 북부 전체에 대해서도 손실이다. 왜냐하면 보통 지방의 큰 수도가 공급해야 하는 최고차 중심재가 이러한 사정으로 말미암아 뉘른베르크에서는 때때로 결여되어 있고, 따라서 뮌헨을 통해 비로소 제공받게 되는 것도 상당한 먼 거리로 말미암아 그 값이 비싸지며, 결과적으로 이 최고차 중심재는 매우 근소하게만 조달되기 때문이다. 적극적인 측면에서 뉘른베르크의 의미는 무엇보다도 뉘른베르크가 큰 공급지라는 점과 아울러 중요한 상업지라는 점에 있다. 관광은 이에 비해 그다지 뚜렷한 역할을 하지 못하고 있다. 그러나 뉘른베르크가 특유의 잘 조직된 L-체계를 형성하고 있다는 사실은 의심할 여지가 없으며, 약 1,350이라는 중심성도 당연히 L-지점의 중심성에 해당하기 때문이다. 이에 따라 뉘른베르크는 이 지역에서 계층상 차하위 도시, 즉 각각 246과 217의 중심성을 지닌 뷔르츠부르크와 레겐스부르크에 비해 우위를 점하고 있다.

(2) L-방향

뉘른베르크 L-체계와 접하는 것으로서는 — 우리의 도식에 따라 번호를 붙일 때 — 북쪽으로 L1인 라이프치히(Leipzig) L-체계와 L2인 프라하 L-체계가 있으며, 빈 L-체계는 이와 직접 접하고 있지 않으나 L3으로 간주될 수 있으며, L4인 뮌헨 체계, L5인 슈투트가르트 체계, 그리고 L6인 프랑크푸르트 체계가 존재한다. 북서쪽으로는 커다란 공백이 있으며, 여기서는 하노버(Hannover) L-체계가 이 뉘른베르크 체계에 어느 정도 영향을 미치고 있다.

위에서 언급한 L-지점들은 대부분의 경우 도식에 부응하는 L-지점의 간격으로부터 본질적으로 벗어나지 않고 있다. 프랑크푸르트는 정확히 186㎞ 떨어져 있으나 슈투트가르트는 155㎞, 뮌헨은 150㎞ 떨어져 있으며, 이에 반해 라이프치히는 225㎞, 프라하는 245㎞ 떨어져 있다. 그러므로 정규 거리와의 편차는 가장 큰 경우 아래로 20%, 그리고 위로 30%에 달한다. 물론 빈으로부터의 직선거리는 405㎞에 달하며 — 이 경우 260㎞되는 거리에 중요한 P-지점인 린츠가 끼여 있다 —, 하노버로부터의 직선거리는 330㎞에 달한다. 이러한 사실은 P-지점과 G-지점과 관련하여 도식에서 벗어난 큰 편차를 말해 준다.

따라서 우리는 직접적으로 인접한 거의 정규적으로 떨어진 다섯 개의 L-체계와 간접적으로 인접한 상당히 떨어진 두 개의 L-체계가 존재한다고 볼 수 있다. 그리고 뉘른베르크에서 시작되는 L-방향은 이 체계들과 부합한다. 직접적으로 인접한 체계를 지향하는 방향은 제 1차 L-방향이고, 직접적으로 인접하지 않는 체계를 지향하는 방향은 제 2차 L-방향이다. 이렇듯 우리는 또한 뉘른베르크에서 시작되는 일곱 개의 간선철도를 관찰할 수 있으며, 더구나 이것에 슈투트가르트와 뮌헨을 지향하는 L-방향이 이루는 거의 90°에 달하는 각을 이등분하는 간선(P-지점인 울름과 아우크스부르크를 지향하는 것이다)이 추가된다. 이밖의 L-방향이 이루는 각은 상당히 균등하게 45~60°이다.

(3) P-지점

P-지점의 원호 위에는 (L-지점으로부터 108 ㎞ 떨어져 있다) 아주 정확히 네 개의 P-지점, 다시 말해 플라우엔(Plauen)과 레겐스부르크, 아우크스부르크, 그리고 뷔르츠부르크가 자리잡고 있다. 정규 간격과의 편차는 대부분의 경우 20 ㎞를 넘지 않으며, 따라서 오차는 약 ±17%이다. 플라우엔의 경우에는 편차가 30 ㎞에 달하며, 따라서 28%의 편차에 해당한다. 플라우엔은 분명히 라이프치히와 프라하 사이를 지향하는 방향에 놓여 있다. 그 중심성은 주민수 11만 천 명에 공업적 성격을 띠고 있다는 점을 고려할 때, 200을 약간 상회한다. 217의 중심성을 지니고 있는 레겐스부르크는 빈을 지향하는 L-방향에 놓여 있으며, 따라서 확실히 예상과 차이가 있다. 그러나 L-방향은 제 2차 방향(즉, 직접적으로 인접하지 않는 L-체계의 중심부를 지향하는 방향)이기 때문에, 이 입지는 보급원리도 충족시키고 있다. 뷔르츠부르크(246)의 경우에는 사정이 다르며, 이 지점도 위와 마찬가지로 L-방향에 놓여 있으나 제 1차 방향(직접적으로 인접한 L-체계를 지향

하는 방향), 즉 프랑크푸르트를 지향하는 방향에 놓여 있다. 이 입지에 관해서는 나중에 설명할 것이다. 그렇지만 P-지점인 아우크스부르크(224)는 확실히 뮌헨과 슈투트가르트 사이를 지향하는 방향에 놓여 있다. 이 P-지점에 해당하는 장소를 나눠 차지하는 울름도 역시 지점 사이를 지향하는 방향을 취하고 있으며, 뉘른베르크로부터 약 140 ㎞ 떨어져 있다. 나머지 P-지점은 108 ㎞ 원 위에 놓여 있지 않다. 그래서 하노버-뉘른베르크-라이프치히로 이뤄지는 삼각형의 경우에는 에어푸르트(Erfurt)가 P-지점이 되지만, 전적으로 뉘른베르크 L-체계 밖에 자리잡고 있다. 뉘른베르크 체계에서 P-지점의 장소를 대표하는 것은 밤베르크(Bamberg, 144)이며, P1-지점으로 간주될 수 있고 하노버를 지향하는 L-방향에 놓여 있다. 이 지점이 제2차 L-방향에 지나지 않는다는 점을 고려한다면, 그 입지는 정규적인 것이라고 할 수 있다. 그러나 이러한 경우라고 해도 프랑크푸르트의 L-방향에 자리잡고 있는 뷔르츠부르크의 입지도 이해될 수 있다. 정규적인 여섯 개의 P-지점 중 마지막 지점은 필젠(Pilsen)이다. 이것은 프라하를 지향하는 L-방향에 근접해 있는데, 그 이유는 이 방향이 플라우엔-뉘른베르크-레겐스부르크가 이루는 각을 정확히 이등분하고, 따라서 필젠은 플라우엔과 레겐스부르크로부터 같은 간격을 갖고 있기 때문이다. 더구나 프라하도 뉘른베르크로부터 여느 때와 마찬가지로 245 ㎞ 떨어져 있기 때문이다.

P-지점 중 뷔르츠부르크만이 확실히 뉘른베르크 L-체계 내에 놓여 있다. 그렇지만 L-유형의 중심부인 프랑크푸르트의 영향도 나타나고 있는데, 왜냐하면 프랑크푸르트 체계에서는 뷔르츠부르크에 대한 P-지점의 장소를 대표하는 것을 찾을 수 없기 때문이다. 레겐스부르크가 어디에 포함되는지에 대해 의문이 생기는 경우에 우리는 이미 앞에서 그것을 뉘른베르크 L-체계에 포함되는 것이라고 결정했으며, 그러므로 우리는 이에 따라 이 체계 내에 자리잡고 있는 제2의 P-지점을 찾아 낼 수 있었다. 플라우엔은 이미 지형적으로 보더라도 거리가 비교적 짧고 주민이 같은 종족에

속하고 경제적 통합성이 강하다는 점에 비춰보더라도 라이프치히 L-체계에 결정적으로 포함될 수 있다. 그렇지만 고립된 G-지점인 호프(Hof)는 비록 중요하지 않지만 뉘른베르크 체계에서 P-지점의 장소를 대표하는 하나의 중심지로 간주될 수 있다. 이와 마찬가지로 분명한 것은 필젠이 프라하 L-체계에 속한다는 점이다. 특이하게도 이곳에서는 뉘른베르크 체계의 P-지점의 장소를 대표하는 것이 바이덴(Weiden)과 함께 극히 미약한 발전을 보여주고 있다. 이곳에서 비교적 큰 의미를 지닌 지점을 기대할 수 있으나, 이 점은 오버팔츠가 빈곤하다는 특성 때문에 확실히 불가능하다. 그러나 이 지역에서 공업화가 진전됨에 따라 이 점에서도 변화가 나타날 수 있다. 결국 아우크스부르크도 울름도 뉘른베르크 L-체계에 포함될 수 있다는 점은 분명하다. 아우크스부르크와 울름을 대신하는 P-지점의 미소한 징후도 뉘른베르크 체계에서는 찾아 볼 수 없다. 오히려 이 체계에서는 이에 상응하는 G-지점도 관찰할 수 없다. P-지점인 에어푸르트에 관해서는 놀랄 정도로 정확히 필젠의 경우와 동일한 조건이 주어져 있다. 이 두 지점은 뉘른베르크로부터 170㎞ 떨어져 있으며, 그 사이를 잇는 선과 수직을 이루는 산맥으로 분리되어 있다. 그러나 튀링거 발트는 오버팔츠의 산림지대와 달리 경제적으로 잘 발전한 지역이다. 따라서 P-유형을 대표하는 유력한 지점, 즉 밤베르크가 이 산지의 남쪽에 발전하고 이와 더불어 코부르크(Koburg)가 P-유형의 기능을 어느 정도 수용할 수 있었다는 점을 어렵지 않게 이해할 수 있다. 이는 P-유형의 성격을 지닌 중심재에 대한 요구가 오버팔츠의 매우 낮은 요구와 달리, 이 지역에서 아주 높다는 것을 보여주는 하나의 징표이다.

(4) G-지점

여기서 우리는 뉘른베르크 L-체계에서 어떤 지점이 G-지점으로서 문제되고, 어느 곳이 그 입지인지를 확정하고자 한다.

모든 L-지점의 경우와 마찬가지로 뉘른베르크 주변에는 특별히 완전하게 구성된 G-지점의 화환을 예상할 수 있다. 도식에 따르면, 이 지점들은 P-지점(여기서는 뉘른베르크를 P-지점으로 파악한다)을 둘러싼 62㎞의 원 위에 놓여 있으며, 더구나 P-지점 사이를 지향하는 방향에 자리잡고 있는데, 이 방향은 L-지점의 경우 〈지도 4〉에서 표시된 L-방향과 일치한다. 뉘른베르크 P-체계의 G1-지점으로서는 밤베르크(144)를 들 수 있으며, 도식에 부합하는 아주 정확한 위치에 자리잡고 있다. G2-지점으로서는 바이로이트(Bayreuth, 68)를 들 수 있으며, 밤베르크－코부르크－호프－암베르크(Amberg)－뉘른베르크로 이뤄지는 육각형의 정확한 중심점에 놓여 있는 탁월한 보급입지를 갖고 있다 ― 이는 옛 영주의 선견지명을 보여주는 훌륭한 증거이다〔1604년에 영주의 거주지는 쿨름바흐(Kulmbach)에서 바이로이트로 이전됐다〕. 프라하를 지향하는 L-방향에 있는 제3의 G-지점의 장소는 이 경우에도 분할된다. 암베르크(27)가 이를 주로 대표하는 지점으로 간주될 수 있으며, 또한 뉘른베르크를 둘러싼 62㎞의 원 위에 정확히 자리잡고 있다. 이와 병행하여 바이덴(중심성은 똑같이 27이다)이 결정적으로 앞서 나갈 기세를 보이고 있는데, 왜냐하면 이 지점은 양호한 교통입지를 차지하고 있을 뿐만 아니라 독일 영토에 속하는 지역에서 필젠을 대신하여 P-지점의 장소를 대표할 가능성도 지니고 있기 때문이다. 제4의 G-지점에 해당하는 장소는 잉골슈타트(34)가 차지하지만, 이 지점은 이미 뮌헨 L-체계에 포함되어 있다. 그리고 다음으로 흥미로운 것은 제5, 제6의 지점에 해당하는 장소에서의 상황이다. 즉, 공간분할에 의해 이 장소에서 문제가 되는 것은 의심할 여지없이 뇌르틀링겐과 로텐부르크이며, 이 두 지점은 중세시대에 아마 이러한 G-지점으로서의 계층을 갖고 있었다고 생각된다. 그런데 이 두 지점은 오늘날 B-지점의 의미를 지니고 있을 뿐이다. 뷔르템베르크와 바이에른의 경계가 이러한 지점들의 체계를 분리시켰으며, 따라서 슈투트가르트가 L-지점의 계층으로 상승한 이후로는 이 경계의 동서로 두 개의 지점이 뉘른베르크와 슈투트가르트 사이의 L-L-선 위에서 발전할 전망이 어느 정도 존재했다. 그러나 이러한 전환이 프랑켄(Franken) 지방에서만 지방 영주의 영향으로 성공한 반면, 슈바벤지방에서는 실패했다. 뷔르템베르크의 북동쪽 군의 수도인 엘방겐(Ellwangen)은 G-유형의 의미를 획득할 수 없었으나, 29의 중심성을 지닌 안스바흐(Ansbach)는 어쨌든 G-지점의 하한[17]에 도달했다. 그런데 G-지점인 뇌르틀링겐이 배제된 후 뉘른베르크 L-체계의 남서부는 그 어떤 G-체계에도 속하지 않게 되었기 때문에, 오늘날 예전의 중심점이었던 뇌르틀링겐은 중심에서 현저히 벗어난 위치에서 갖고 있는 〔옛〕 체계의 유적에 불과하다고 할 것이다. 하여튼 시대가 지남에 따라 이 지역에서도 새로운 G-체계가 다시 성립할 가능성은 있지만, 뇌르틀링겐이 G-지점으로 되는 것은 어렵고, 오히려 트로이히틀링겐(Treuchtlingen)이 G-지점으로 될 수 있을 것이다 — 이에 우리는 뉘른베르크 주변에서 체계에 포함시킬 수 있는 발전한 네 개의 G-체계를 찾을 수 있으며, 다섯 번째 체계는 외국의 체계에 포함시킬 수 있으며, 여섯 번째 체계는 현재 미발전한 상태에 있다. 이러한 체계들 중 네 개는 정확히 62 ㎞의 원 위에 놓여 있고(밤베르크, 바이로이트, 암베르크, 트로이히틀링겐), 한 개는 63 ㎞보다 더 떨어져 있다(잉골슈타트).

뷔르츠부르크 P-지점을 둘러싼 G-지점의 화환은 본질적으로 이보다 덜 발전해 있다. 엄밀히 말해 뷔르츠부르크에 속하는 G-체계는 — 뷔르츠부르크 자체 체계를 제외하면 — 단 하나뿐인데, 즉 슈바인푸르트(Schweinfurt, 66) 체계이다. 그렇지만 이것은 G-원 위에 놓여 있는 것이 아니라 B-원 위에

17) 〔역주〕 여기서 도달범위의 하한이 아니라 한 지점이 보여주는 의미의 최저 조건을 말한다.

놓여 있다. 밤베르크는 G2-지점으로서, 안스바흐는 G3-지점으로서 간주될 수 있으나, 이 두 체계는 뷔르츠부르크 G-체계와 아무 접촉이 없다. 이 두 체계는 뉘른베르크 P-체계에 포함될 수 있다. 로텐부르크는 논리적으로 볼 때 적절한 G3-지점일 수 있다. G4-지점은 전혀 존재하지 않는 반면, 아샤펜부르크(Aschaffenburg)는 G5-지점으로서 파악될 수 있다. 뷔르츠부르크 P-체계에서 아샤펜부르크가 차지하는 위상은 확실히 바이에른주에 속한다는 점에 의해서도 명시되나, 뷔르츠부르크 G-체계와 아샤펜부르크의 직접적 접촉은 별로 강력하지 않다. 반면 아샤펜부르크시 자체는 프랑크푸르트를 둘러 싼 36㎞ 원 위에 놓여 있으며, 따라서 오히려 프랑크푸르트 G-체계에 속하며 프랑크푸르트 P-체계와 L-체계에 두말할 나위 없이 포함될 수 있다. 끝으로 G6-지점은 뢴(Rhön) 강을 넘어 비로소 등장하는데, 풀다(Fulda)가 이에 해당한다. 체계와의 접촉은 존재하지 않는다.

우리는 레겐스부르크를 둘러싼 G-지점의 화환과 그 지점들의 체계에 대해서는 이미 잘 알고 있다. 이 지점들은 뮌헨 L-체계에 포함되는 잉골슈타트와 란츠후트, 그리고 슈트라우빙이다. 이 중 처음 두 지점은 대체로 63㎞의 원 위에 자리잡고 있는 데 비해, 슈트라우빙은 레겐스부르크 G-체계의 분기점으로서 간주될 수 있다. 뉘른베르크 P-체계와 공통인 G-체계를 갖고 있는 암베르크(27)는 명백히 지점 사이를 지향하는 방향에 놓여 있으며, 어디에 포함되는지 하는 점에서는 문제가 있다. 행정적 측면에서는 이 지점이 확실히 레겐스부르크를 주요 지점으로 하는 오버팔츠에 해당하지만, L-중심부에 대한 경제적 의존도는 P-중심부에 대한 경제적 의존도보다 훨씬 큰 편이다. 마지막으로 북동쪽으로 함(17)을 중심으로 하는 미발전한 G-체계가 파악되는데, 이 체계는 인근 뵈멘의 경계와 아울러 지세로 인하여 공간적으로 매우 협소하다. 그래서 함도 B-지점의 의미만을 지니고 있을 뿐이다. 이 경계의 건너편에서는 이 미발전한 체계에 대응하여 역시 완전한 형태에 이르지 못한 클라타우(Klattau) G-체계가 P-지점인 필젠의 화환에 자리잡고 있다.

뮌헨 L-체계에서와 마찬가지로 뉘른베르크 체계에서도 몇몇 고립된 G-체계가 관찰되는데, 많은 경우 이것들은 비록 미미하기는 하지만 뉘른베르크 L-체계 밖에 있는 P-지점의 P-체계를 대신한다. 이처럼 우리는 G-지점인 바이덴의 특성에 대해 이미 위에서 설명했으며, 이 지점은 27이라는 암베르크와 동일한 중심성을 지니고 있다. 이 두 지점은 서로 36 ㎞ 떨어져 있으며, 따라서 어느 것이든 다른 체계에서는 B-지점에 해당한다. 이 두 체계는 연계체계로 일컬어질 수 있다. 이에 반해 필젠 G-체계와의 접촉은 오버팔츠의 산림지대로 말미암아 차단되고 있다.

이와 마찬가지로 G-지점인 호프(60)도 플라우엔의 P-지점의 장소를 대표하는 것으로 파악될 수 있다. 그러나 이 경우 호프 G-체계와 플라우엔 G-체계 사이의 접촉선이 뻗어 있으며, 따라서 전체 G-체계를 플라우엔 P-체계에 포함시키고 플라우엔 P-체계와 함께 라이프치히 L-체계에 포함시키는 것도 타당할지 모른다—'포그트지방'(Vogtland)이라는 같은 명칭을 갖고 있고 같은 종족에 속하며 같은 경제적 특징(섬유공업)을 보여주고 있다는 것이 이러한 견해를 뒷받침하며, 역시 또한 양자의 지세 사정도 이를 뒷받침한다고 볼 수 있다. 이러한 지극히 적절한 반대논리에도 불구하고 우리는 이 G-체계를 뉘른베르크 L-체계에 포함시키려고 하는데, 이는 바이에른주에 속한다는 이유 때문만이 아니라 호프가 피히텔게비르게의 북쪽과 동쪽에서 G-지점의 의미도 지니고 있기 때문이다. 뵈멘지방에서는 에거(Eger)가 뉘른베르크－라이프치히－프라하로 이뤄지는 L-지점의 삼각형에서 P-지점의 장소를 대표한다. 따라서 이 장소는 플라우엔과 호프, 그리고 에거가 나눠 갖고 있다. 이것은 P-지점의 장소가 각각 격리원리에 의거하여 서로 다른 주에 속하는 세 개의 지점으로 분할되는 것을 보여주는 전형적 예이다.

뉘른베르크 L-체계 내에서 마지막으로 고립되어 있는 G-지점으로서는 서로 인접한 두 도시인 코부르크(88)와 존네베르크(Sonneberg, 37)를 거론할 수 있다. P-지점인 에어푸르트를 둘러 싼 G-지점의 화환에 포함시키는 것은 — 적어도 존네베르크만은 에어푸르트 P-체계와 대체로 일치하는 튀링겐의 개념에 해당하고 이 주에 속한다고 하더라도 — 결코 가능하지 않다. 따라서 코부르크와 존네베르크의 G-체계는 고립되어 있으나 완전히 고립되어 있는 것은 아니다. 오히려 이 두 체계는 부차적인 밤베르크 P-체계에 속하며, 이 부차 체계가 뉘른베르크 체계와 맺는 관계는 아우크스부르크 P-체계가 뮌헨 체계와 맺는 관계와 다르지 않다. 이러한 P-지점인 밤베르크를 둘러싼 G-체계의 화환도 아주 명백히 인식된다. 슈바인푸르트와 코부르크, 그리고 바이로이트가 그 꼭지점이 되지만, 남쪽에서는 이 화환의 규칙성이 뉘른베르크의 비교적 강력한 견인력으로 말미암아 왜곡되고 있다. 원래 코부르크와 존네베르크가 유일한 G-체계를 형성하고 있으며, 존네베르크는 다만 공업으로 말미암아 비교적 높은 의미를 지니고 있다. 하지만 그 의미에 부응하는 것은 현실의 G-지역이 아니라 B-지역에 불과하다. 이에 반해 88에 달하는 코부르크의 중심성은 뉘른베르크 L-체계에서 최대이다 — 이것은 지역의 인구가 조밀하고 주로 공업인구로 구성되어 있다는 점과 아울러 최근까지 영주의 거주지로서의 의미를 유지했고, 이로 인하여 오늘날에도 은퇴자들의 도시라는 특성을 부여받고 있다는 점에 바탕을 두고 있다.

끝으로 우리는 이례적이고 예상과 다른 곳에 자리잡고 있는 G-지점에 대해 언급할 필요가 있다. 다름 아닌 40의 중심성을 지닌 에어랑겐이 그것이다. 이 G-지점은 완전히 하나의 G-체계, 즉 뉘른베르크 G-체계 내에 놓여 있는데, 더 정확히 말해 21 ㎞의 원 위에 정확히 자리잡고 있고, 따라서 K-지점의 장소만을 대표하고 있다. 에어랑겐이 이러한 G-유형의 의미를 지니는 것은 아마도 에어랑겐이 과거 영주의 거주지였고 현재에는 대학도시라는 배경 때문으로 생각된다. 우리는 이와 비슷한 현상을 튀빙겐(Tübingen)의 경우에서 다시 찾아 볼 수 있다. 그렇지만 뉘른베르크의 중심성이 상대적으로 낮은 것도 이에 따른 영향이라고 할 수 있다.

2) 개별 G-체계에 관한 분석

(1) 뉘른베르크 P-체계

뉘른베르크 G-체계는 놀라울 정도로 규칙적으로 구성되어 있다. B-지점이 자리잡고 있는 원의 G-중심부와의 간격은 거의 언제나 36 ㎞의 정규적 간격을 보여주고 있다. 다만 그 어떤 발전한 G-체계를 찾아 볼 수 없는 남서쪽으로는 그 간격이 47 ㎞까지 확장되지 않을 수 없다. 반면 동쪽으로는 그 간격이 프랑키쉐 알프(Fränkische Alb)의 가파르게 높아진 지형 때문에 26 ㎞까지 단축되어 있다. B1-지점인 포르히하임(Forchheim, 14)은 G-지점인 암베르크를 지향하는 방향에 자리잡고 있고, B2-지점인 헤르스브루크(Hersbruck, 12)도 대체로 G-지점인 암베르크를 지향하는 방향에 놓여 있는데, 양자는 지세상황에 의해 조건지워지고 있다. 그러나 B3-지점인 노이마르크트(18)는 암베르크와 잉골슈타트의 G-지점 사이를 지향하는 방향을 취하고, B4-지점인 바이센부르크(Weißenburg, 12)도 이와 마찬가지로 잉골슈타트와 위상이 하락한 G-지점인 뇌르틀링겐 사이의 방향을 취하고 있다. 제 5의 G-지점의 장소는 안스바흐가 차지하고, 이 지점 자체는 G-지점이며 종래의 G-지점이었던 뇌르틀링겐과 로텐부르크와 관련하여 지점 사이의 방향을 취하고 있다. 이와 마찬가지로 B6-지점인 노이슈타트 안 데어 아이쉬(Neustadt an der Aisch, 12)도 정확히 지점 사이의 방향을 취하고 36 ㎞의 원 위에 자리잡고 있으며, 이러한 사정 때문에 빈곤한 순수 농업지역으로서는 비교적 상당히 높은 중심성을 지니고 있다. 따라서 여섯 개의 B-지점에 해당하는 장소가 대부분 이론적으로 확정되어 있는 위치에서 전부 중심지를 차지하고 있다.

21 ㎞의 원은 이상만큼 반드시 명확히 표현되지 않고 있다. G-지점인 에어랑겐(40)은 K1-지점으로 간주될 수 있다. K2-지점은 두 개의 K-지점인 라우프(Lauf, 8)와 슈나이트타흐(Schnaittach, 5)에 의해 대표되며, 슈나

이트타호는 보급원리에 부합하는 비교적 유리한 입지를 갖고 있으며, 이 때문에 라우프와 나란히 K-유형의 의미에 이를 수 있었다. K3-지점인 알트도르프(Altdorf, 5)와 K4-지점인 로트(Roth, 9)도 정확히 21 ㎞ 원 위에 입지해 있으며, 특히 알트도르프는 보급지향적 특성을 보여준다. 이 사실이 이 경우에는 (슈나이트타호의 경우와 마찬가지로) 알트도르프를 향한 철도의 지선으로 표현된다. 주요 교통로에 접하는 포이히트(Feucht)는 현재에 이르기까지 이 지점을 결코 침해할 수 없었다. K5-지점으로서는 하일스브론(Heilsbronn, 4)을 고찰할 수 있는데, 물론 B-지점을 지향하는 방향을 취하고 있다. 반면에 K6-지점인 랑겐첸(Langenzenn)도 지점 사이의 방향에 놓여 있으나, 인접해 있는 빌헤름스도르프(Wilhermsdorf)에 의한 경쟁으로 말미암아 A-유형의 의미에 만족하지 않을 수 없다.

내측 A-원은 예상한 것처럼 불명확한데, 이는 이 원의 많은 지점들이 보여주는 중심기능이 뉘른베르크에 의해 흡수되기 때문이다. 특기할 만한 것은 포이히트와 벤델슈타인(Wendelstein, 공동으로 A-지점의 장소를 관리하고 있다), 더구나 B-유형의 의미를 지닐 정도로 발전한 슈바바흐(16) — 주목할 만한 특별한 예이다 — 그리고 M-지점의 기능을 수행할 뿐인 암머도르프(Ammerdorf) — 카돌츠부르크(Cadolzburg) 옆에 있다 — 이다. 실제로 퓌르트도 단순한 A-지점의 장소를 차지하는 도시로 볼 수 있으며, 헤롤츠베르크(Heroldsberg)와 뢰텐바흐(Röthenbach)는 A-유형의 의미를 지닐 정도까지 발전하지 못하고 있다. 제 1의 외측 A-원은 24 ㎞의 간격을 갖고 있으며, 바이어스도르프(Baiersdorf)와 그래펜베르크(Gräfenberg, 경우에 따라서는 슈나이트타흐), 알러스베르크(Allersberg), 빈츠바흐(Windsbach), 그리고 헤르초겐아우라흐(Herzogenaurach)에 의해 매우 규칙적으로 대표되고 있다 — 이상은 모두 A-지점에 해당하며, 대체로 보급원리를 지향한다. 제 2의 외측 32 ㎞의 원은 한층 불명확하게 구성되어 있으며, 북동쪽과 동쪽으로는 중심지가 전혀 존재하지 않는다(뉘른베르크 B-원과의 간격이 협소하기 때문이다). 다른 방향에서는 탈메싱(Thalmässing)에 의해 대표되며, 바이센부르크와 안스바흐 사이에는 법칙대로 K-지점인 군첸하우젠(Gunzenhausen, 하지만 11에 가까운 B-지점의 의미를 지니고 있다) 및 A-지점인 트리스도르프(Triesdorf)로 대표되고, 나아가 마르크트에를바흐(Markterlbach)와 윌펠트(Ühlfeld), 그리고 K-지점인 회흐슈타트 안 데어 아이쉬로 대표된다. 바이센부르크 주변에는 B-원이 돌출해 있기 때문에, 여전히 세 개의 A-지점, 즉 슈팔트(Spalt)와 게오르겐스뮌트(Georgensgmünd), 그리고 힐폴트슈타인(Hilpoltstein)이 끼여 있다.

전체적으로 보면, 뉘른베르크 G-체계는 다름 아닌 우리가 제시한 이론의 타당성을 보여주는 전형적 예로 제시될 수 있다. 특히 보급원리가 우세하다는 점에 비춰보더라도 이 점은 잘 드러난다.

북쪽으로 접하는 밤베르크 G-체계는 비교적 좁은 공간을 차지하고 있으며, 이를 둘러싼 경계는 대개 28 ㎞의 반경에 의해 주어져 있다. 이 때문에 이 체계의 꼭지점들이 B-유형의 의미에까지 이른 것은 많지 않다. 다만 이 중 B-유형의 의미를 얻을 수 있었던 것은 부유하고 인구밀도가 높은 지역에 한정된다. B1-지점으로서는 뚜렷이 발전한 B-지점인 리히텐펠스(Lichtenfels, 21)를 찾아 볼 수 있는데, 이 지역의 인구밀도가 상당히 높기 때문이다. B2-지점은 A-지점인 홀펠트(Hollfeld, 4)가 해당하며, 이 지점은 물론 K-유형의 의미에 근접하고 있다. B3-지점은 지리적으로 유리한 위치에 자리잡고 있는 포르히하임(14)이며, 이 때문에 이 지점은 부근에 특히 발전한 에어랑겐에도 불구하고 B-유형의 의미를 유지했다. B-원을 계속 추적해 보면, 인구가 희박한 부분에서 K-지점인 회흐슈타트 안 데어 아이쉬를 발견할 수 있고, 다음으로 이보다 발전한 K-지점인 하스푸르트(Haßfurt, 9)를 찾아볼 수 있다. 제 6의 B-지점은 확인되지 않는다. 따라서 인구가 비교적 조밀하고 부유한 부분에서만 꼭지점이 B-지점으로 구성되고, 그렇지 않는 경우에는 K-지점 또는 A-지점으로 구성된다.

밤베르크 체계의 21 ㎞ 원은 B-원에 아주 근접해 있기 때문에 K-원으로서 전혀 발전하지 못하고 있다. 왜냐하면 실제로 A-지점만이 그 위에 자리잡고 있기 때문이다. 엘트만(Eltmann)과 에베른(Ebern), 그리고 슈타펠슈타인(Staffelstein)이 이에 해당한다. 내측 A-원은 미약하지만 정확히 21㎞의 간격으로 A-지점인 슐레스리츠(Schleßlitz)와 히르샤이트(Hirschaid), 그리고 부르게부라흐(Burgebrach)를 갖고 있다.

밤베르크 G-체계에서 특히 눈에 띄는 점은 무엇보다도 인접한 뉘른베르크, 뮌헨, 코부르크, 뷔르츠부르크의 체계와 비교해 볼 때 잘 드러나듯이 일반적으로 중심지들이 드물게 존재하며, 특히 K-지점이 결여되어 있다는 사실이다. 그러므로 이 점은 분명하게도 밤베르크가 지닌 독특한 중심적 의미를 상승시키는 데 기여하고 있다. 오히려 밤베르크의 G-체계는 보다 낮은 수준에 있고, B-지점의 장소는 K-지점이, K-지점의 장소는 A-지점 등이 차지하고 있다고 볼 수 있다.

바이로이트 G-체계는 대부분 오래되지 않은 G-체계처럼 불규칙적이다. 쿨름바흐를 둘러싼 체계는 B-지점의 꼭지점으로서 리히텐펠스(Lichtenfels)와 크로나흐(Kronach), 뮌히베르크(Münchberg), 그리고 바이로이트를 갖고 있고 비교적 잘 표현되고 있다—더구나 이 경우에 비교적 오래된 쿨름바흐 체계가 관찰되는데, 이러한 사정으로 그 주요 지점은 32의 중심성에 이르고, 따라서 거의 G-유형의 의미를 지니고 있다. 이뿐만 아니라 바이로이트를 중심점으로 하는 체계는 피히텔게비르게에 의해 뚜렷이 방해받고 있으며, 이렇듯 분지델(Wunsiedel, 12)과 마르크트레트비츠(Marktredwitz, 12)는 결코 바이로이트 B-원 위에 자리잡고 있는 것으로서 간주될 수 없다. 쿨름바흐와 마르크트레트비츠 이외에 또 다른 B-지점을 찾아보기란 힘들다. 인접해 있는 헬름브레히츠(Helmbrechts, 10)와 함께 충분한 B-유형의 의미를 지니고 있는 뮌히베르크(8)도 B-지점에 포함될 수 있는 반면, 다른 꼭지점들은 A-지점인 홀펠트와 K-지점인 페그니츠(Pegnitz, 6), 그리고 A-지점인 에센바흐(Eschenbach)로만 표현된다.

K-원은 대부분 B-원과 일치한다. K-원은 다만 북쪽과 동쪽으로 A-지점과 함께 드러날 뿐이다. 이밖에 쿨름바흐 자체도 K-원 위에 놓여 있다.

A-원은 거의 확인되지 않는다.

뉘른베르크 P-체계에 속하는 다음의 G-체계는 암베르크 체계이다. 그 36 ㎞의 B-원은 남동쪽으로 향한 부분을 제외하고 정규적 간격을 유지하고 있으며, 이에 따라 B-지점도 적정하게 자리잡고 있다. 우선 G-지점인 바이덴(27)이 존재하는데, 이는 독자적 체계를 형성하고 있다. 이 점에 대해서는 나중에 고찰하게 될 것이다. 다음으로 필젠과 레겐스부르크 사이를 지향하는 방향에는 B-지점인 슈반도르프(Schwandorf, 12)가 있으며, 이뿐만 아니라 B-지점인 노이마르크트(18)와 B-지점인 헤르스브루크(12)가 있다. 반면에 마지막 B-지점의 장소는 분할되고, 세 개의 인접한 A-지점인 에센바흐와 그라펜뵈르(Grafenwöhr), 그리고 프레사트(Pressath)로 그 윤곽이 드러나고 있다. 이 지점들은 합쳐 8의 중심성에 이르고 있으며, 이 지역에서는 꽤나 중요한 수치이다.

암베르크 G-체계의 K-원은 A-지점인 필제크(Vilseck), K-지점인 나프부르크(Nabburg, 4), A-지점인 슈미트뮐렌(Schmidmühlen), 그리고 B-지점인 슈반도르프로 대표되며, 더구나 그 내측 원은 명료하지 않다. 줄츠바흐(5)는 오버팔츠에서 많은 주민수(6천 명)와 인접해 있는 제철소에도 불구하고 암베르크와 매우 인접해 있기 때문에 K-유형의 의미만은 지니고 있을 뿐이다. 외측 A-원은 거의 드러나지 않는다. 전반적으로 암베르크 남쪽 노르트가우(Nordgau)지방에서는 중심지가 유난히도 드물게 입지하고 있다는 점이 눈에 띈다. 이 지방에서 불리한 위치에 있는 순수한 농업인구의 중심재에 대한 낮은 욕구가 그 원인이 되고 있다. 관광진흥과 관련해서 이 지방은 아름다운 풍광에도 불구하고 열악한 교통연계로 말미암아 현재 별다른 관심을 끌지 못하고 있다.

뉘른베르크 B-체계의 남쪽 전역에는 다른 G-체계와의 직접적 접촉이 존재하지 않으며, 체계를 형성하는 보다 큰 도시가 나타나지 않고 있다. 이 점은 이상하게 느껴질 정도인데, 왜냐하면 알트뮐(Altmühl)에는 동서간의 연결선이 존재하기 때문이다. 하지만 이 연결선은 대부분 충분히 이용되지 않고 있는데, 레겐스부르크를 향하여 관통하는 철도노선에 의해서도, 그리고 부분적으로는 주 관할 도로에 의해서조차도 이용되지 않고 있다. 그 이유는 이러한 연결에 대한 욕구가 전혀 존재하지 않는다는 점에 있다. 한때 뇌르틀링겐을 중심으로 딩켈스뷜(Dinkelsbühl)과 군첸하우젠, 바이센부르크, 도나우뵈르트, 딜링겐, 하이덴하임, 알렌(Aalen), 엘방겐으로 구성되는 B-지점의 화환을 가진 G-체계가 존재했을 것으로 추측되지만, 뷔르템베르크와 바이에른의 경계로 분단되고 이와 관련하여 분권적 철도정책으로 말미암아 이 체계는 파괴되었다. 아마도 트로이히틀링겐을 둘러싼 새로운 G-체계에서는 옛 체계의 부활을 관찰할 수 있다.

현재로서는 중심점이 존재하지 않기 때문에, 우리는 특징적인 36㎞의 B-유형의 간격이 유지되는지 그렇지 않은지를 확인하는 데 만족할 수밖에 없다. 사실 이 간격은 대부분의 경우에서 관찰된다. 뇌르틀링겐에서 위에서 언급한 지점들까지 이 간격은 항상 주어져 있는데, 도나우뵈르트와 아이히슈테트 사이와 딩켈스뷜과 군첸하우젠 사이에도 이 간격이 주어지고 있다. 다만 바이센부르크－군첸하우젠과 바이센부르크－아이히슈타트 사이의 간격은 이보다 짧다. 우리가 뉘른베르크 L-체계에 포함시킨 B-지점들은 이 경우 뇌르틀링겐(19)과 아이히슈테트(12), 그리고 바이센부르크(12)이다. K-지점으로서는 상당히 규칙적으로 분포하며, 특이하게도 뇌르틀링겐을 둘러싼 K-원을 피하며 오히려 뇌르틀링겐을 둘러싼 A-원 위에 자리잡고 있는 과거 제국도시(Reichstadt)[18]로서, 그리고 오늘날 여전히 명성을 떨치고 있는 뷔르템베르크의 도핑겐(Dopfingen, 8)을 찾아 볼 수 있다. 군첸하우젠과 아이히슈타트와 함께 트로이히틀링겐을 둘러싼 K-원 위에 아주 정확히 자리잡고 있는 역시 잘 발전한 외팅겐(Öttingen, 6)도 찾아 볼 수 있다. 마지막으로 서로 밀착해 있고 바이센부르크에 인접한 트로이히틀링겐(4)과 파펜하임(Pappenheim, 5)을 찾아 볼 수 있는데, 모두 합할

---

18) 1806년까지 있었던 독일제국의 직할도시를 일컫는다.

경우 아무튼 그 중심성은 9에 이른다(바이센부르크가 12인데 반하여).

흥미로운 것은 바일른그리스에 관한 문제이다. 이 경우 관건은 전적으로 불가피한 것이지만 분할된 B-지점의 장소이다. 단, 바일른그리스는 5의 중심성을 지닌 K-지점의 의미에 도달해 있다. 바일른그리스를 둘러싸고 9 ㎞에 불과한 간격을 갖고 있는 화환에는 네 개의 A-지점, 즉 베르힝(Berching)과 디트푸르트(Dietfurt), 키펜베르크(Kipfenberg), 그리고 그레딩(Greding)이 발견된다. 이 모두를 합칠 경우 중심성은 17이라는 상당히 높은 수치에 이르게 된다. 이 지역은 모든 방면으로 뻗어 있으나 중앙에 합쳐지지 않는 철도의 지선을 통해 독특하게 개발된 것이 중심기능의 집중을 방해하는 방향으로 작용하는 것은 아닌지 하고 생각된다. 최근 들어 철도체계가 이 지역에 부분적으로 집중하는데, 이는 아마도 〔중심지체계의 발전에〕 유리하게 작용할 것이다.

안스바흐 G-체계의 주요 지점은 그 자체로 뉘른베르크 G-체계의 B-지점으로서 평가될 수 있으며, 따라서 이 체계는 '부속'체계에 지나지 않는다. 이 때문에 안스바흐의 중심성은 주로 농업에 종사하고 큰 혜택을 받지 못한 지역이라는 점에 비춰볼 때 낮은 실정이다(중심성이 29에 지나지 않으며, 따라서 본래 G-유형 이하의 의미를 지니고 있을 뿐이다). 철도체계에서 유리하고 바이에른의 군인 미텔프랑켄(Mittelfranken)의 수도라는 점은 그다지 큰 도움이 되지 않는다. 이 체계는 평균 30 ㎞의 간격을 갖고서 B-지점의 화환으로 매우 잘 형성되어 있다. 노이슈타트 안 데어 아이쉬(12)와 로텐부르크 옵 데어 타우버(Rothenburg ob der Tauber, 18), K-지점의 의미만을 지니고 있지만 반드시 불리한 입지가 아닌 딩켈스뷜(19), 그리고 바이센부르크에 인접해 있기 때문에 역시 K-유형의 의미만을 지니고 있을 뿐인 군첸하우젠(11)이 원의 네 개의 꼭지점을 표현하고 있다. 반면 이밖의 두 개의 지점은 뉘른베르크 G-지점이 이 지점들에 개입하고 있기 때문에 형성되지 않고 있다. K-원도 아주 명백히 확인된다. 북쪽으로 오베른첸(Obernzenn)이 철도와 전혀 연결되지 않고 빈츠하임(Windsheim)에 인접해 있음에도 불구하고 A-지점의 의미를 지니고 있다(노이슈타트와 로텐부르크의 명백한 B-지점 사이의 방향에 놓여 있다). 마찬가지로 B-지점 사이의 방향에 K-지점인 포이히트방겐(Feuchtwangen, 6)이 A-지점인 쉴링스퓌르스트(Schillingsfürst)와 나란히 자리잡고 있으며, 또한 B-지점 사이의 방향에 A-지점인 베히호펜(Bechhofen, 3)이 있다. 내측 A-원은 두 개의 지점으로만 그 윤곽이 드러나는 반면, 외측 A-원은 체계의 협소함 때문에 전혀 존재하지 않는다. 다만 로텐부르크와 노이슈타트 사이의 선 위에 K-지점으로서 옛 제국도시인 빈츠하임(6)이 발전해 있다.

안스바흐 G-체계의 북동쪽, G-체계의 영역 밖으로 중심지가 눈에 띌 정도로 희소한 지대를 찾아볼 수 있으며, 이는 교통로가 중심지의 구성에 중대한 영향을 미친다고 생각하는 사람들에게는 놀라운 일이 아닐 수 없다. 그러나 바로 이 점에서 뉘른베르크－뷔르츠부르크 사이의 구간처럼 중요한 교통로에서도 오늘날 그 어떤 도시도 발생할 수 없다는 점이 입증되고 있다. 이 지역에서는 전적으로 고립해 있는 샤인펠트(Scheinfeld, 4에 근접하는 중심성을 지니고 있다)만을 중심지로 볼 수 있으며, 그것도 A-지점의 의미를 지니고 있다. 왜냐하면 빈곤한 지역에서는 이 이상의 의미를 지니는 것이 불가능하며, 이 이상의 의미를 지니는 것도 '쓸모 없기' 때문이다.

(2) 뷔르츠부르크 P-체계

뷔르츠부르크 G-체계의 중심부가 P-유형의 기능을 지니고 있다는 사실에 비춰보더라도 이 체계는 완전히 발전해 있다. 확실히 서쪽의 36㎞의 B-원은 〔안으로〕 다소 밀려 들어가 있으나, 이 점은 전혀 중요하지 않다. 다만 남동쪽을 향하여 불규칙성이 확인된다. 이때 규칙성은 뷔르츠부르크를 둘러싼 G-지점의 화환이 상당히 불완전하게 구성되어 있다는 점에 의해 어느 정도 교란을 받는다.

우선 우리는 제 1의 B-지점의 장소로서 독자적 체계를 형성하고 있으나 뷔르츠부르크 체계에 부속되는 체계를 형성하는 G-지점인 슈바인푸르트(66)를 찾아 볼 수 있다. 이를 뒤이어 두 개의 K 지점, 즉 게롤츠호펜(Gerolzhofen, 8)과 우펜하임(Uffenheim, 9)이 존재한다. 이 B-지점들의 기능은 이들 사이에서 뷔르츠부르크를 둘러싼 K-원 위에 자리잡고 있는 B-지점인 키칭겐(Kitzingen)에 의해 수행되며, 키칭겐은 28이라는 중심성을 지닌 강력한 중심지이다. 이에 대해서는 이 지점이 사실 두 개의 B-지점에 해당하는 장소를 통합하고 있으며 부유한 포도재배지역에 입지해 있다는 사실로 설명할 수 있다. 다음으로 온천지로서 잘 발전한 뷔르템베르크 지방의 메르겐트하임(Mergentheim, 220)이 존재한다. 더구나 3천 6백 명의 적은 인구수에 전화가 2백 대에 지나지 않음에도 불구하고 15의 중심성에 이르고 있는 베르트하임(Wertheim)이 존재하며, 이는 이 지점이 B-유형의 의미를 지니는 필연성을 입증한다. 마지막으로 B6-지점으로서 아샤펜부르크와 풀다의 G-지점 사이의 방향에 로르(Lohr)가 있다. 완전히 발전하지 못한 제 7의 B-지점의 장소로서는 함멜부르크(Hammelburg, 7) — 키싱겐(Kissingen)과 나란히 자리잡고 있다 — 를 확인할 수 있다. 아샤펜부르크 G-지점을 지향하는 방향에 접해 있는 B-지점인 베르트하임과 로르는 도식에 가장 정확히 부합하는 위치에 놓여 있으며, 아샤펜부르크 B-체계도 뷔르츠부르크를 둘러싼 유일하게 정규적으로 자리잡고 있는 체계이다.

21 ㎞의 K-원도 약간은 두드러진 예를 보여주고 있다. 즉, 정확히 이 원 위에서 B-지점 사이의 방향을 취하는 칼슈타트(Karlstadt, 7)의 입지와 거의 동일한 정도로 정확히 자리잡은 마르크트하이덴펠트(Marktheidenfeld, 6), 그리고 이미 언급한 바 있는 B-지점의 의미를 지닌 키칭겐이 그 예이다. 타우버비숍스하임(Tauberbischofsheim, 9)은 베르트하임과 메르겐트하임의 B-지점 사이의 방향에서 K-원의 다소 돌출된 지점으로 파악될 수 있다. 이론적으로 기대되는 K-지점의 입지는 4의 중심성을 지니고 있으며 잘 발전한 A-지점인 아른슈타인(Arnstein)이 차지한다. 방향과 관련한 왜곡은

동쪽에서 나타나며, 이 지역에서 B-지점의 꼭지점을 지향하는 방향으로 두 개의 K-지점, 즉 폴카흐(Volkach, 7)와 옥센푸르트(Ochsenfurt, 7)가 발견된다. 이러한 현상은 확실히 이 두 B-지점에 해당하는 꼭지점 자체가 K-지점으로서만 구성되어 있다는 점이나 반대로 어느 지점도 교통지향성 때문에 상대적으로 조밀하게 나란히 자리잡고 있음으로써 중심지로서의 의미를 부여받지 못하고 있다는 점으로 설명될 수 있다. K-지점인 마르크트브라이트(Marktbreit, 5)는 아주 특이한 장소를 차지하고, 키칭겐과 옥센푸르트와 7 ㎞가량 떨어져 있을 뿐이다 — 그러나 이 부유한 포도재배지역은 실제로 다수의 중심지, 특히 중간계층의 중심지를 보유할 수도 있다.

내측 A-원은 뷔르츠부르크와의 거리(정규적인 경우는 12 ㎞이다)라는 측면에서 살펴 볼 때 대단히 불규칙적이지만, 그 방향(B-지점을 지향하는 방향)은 대체로 적정하게 준수되고 있다. 이에 반해 제 2의 외측 원은 명확하며, B-지점에서 B-지점까지의 선 위에 각각 두 개의 A-지점을 포함하고 있다. 로르와 함멜부르크 사이에는 단 하나의 지점만이 존재하지만, 그 대신에 K-지점의 의미를 지니고 있다. K-지점인 크레글링겐(Creglingen, 5)과 A-지점인 바이커스하임(Weikersheim)이 그것이다. 메르겐트하임과 베르트하임 사이에는 두 개의 K-지점, 즉 라우다(Lauda, 4)와 타우버비숍스하임(9)도 존재하는데, 양자는 다소 인접해 자리잡고 있다. 뷔르츠부르크와 베르트하임 사이에는 중심지망에 커다란 틈새가 존재하는 점이 눈에 띈다. 이 틈새는 도시의 방향을 바꿔놓는 하곡에 의해서 뿐만 아니라 산꼭대기에 분명한 정치적 경계가 설정되어 있다는 사실로도 조건지워지고 있다 — 이는 격리원리의 효과이다.

더구나 이 책에서 자주 언급하지 않을 수 없는 것인지는 모르겠지만, 여기서 일반적으로 다음과 같은 점을 지적해 둘 필요가 있다. 즉, 우리가 인정할 수 있는 것은 지세상황, 특히 하곡과 하구가 도시의 발전에 미치는 영향이 보통 과대평가되고 있다는 점이다. 만약 그러한 유리한 지리적 입지가 그 지역에 중심재를 공급하는 중심지망에서 이론에 의거한 적정한 입지와 일치하지 않는다면, 지리적으로 유리한 입지는 덜 중요한 지점의 차지가 되고 경제적으로 적정한 입지는 상대적으로 중요한 지점의 차지가 된다. 뷔르츠부르크 G-체계에서 예를 들면, 메르겐트하임과 나란히 자리잡고 있는 라우다, 게롤츠호펜과 나란히 자리잡고 있는 폴카흐, 그리고 로르와 나란히 자리잡고 있는 게뮌덴(Gemünden)이 존재한다. 이 두 입지가 베르트하임의 경우에는 일치하며, 이 때문에 베르트하임은 특히 유리한 상황에 놓여 있다.

슈바인푸르트 G-체계는 뷔르츠부르크 체계에 부속되어 있다. 그 이유는 무엇인가? 그 이유가 중심적으로 자리잡은 뮌너슈타트(Münnerstadt)나 노이슈타트 안 데어 잘레(Neustadt an der Saale)가 G-지점으로 성장하지 못한 것 때문인가? 노이슈타트와 쾨닉스호펜(Königshofen), 하스푸르트, 슈바인푸르트, 함멜부르크, 그리고 뢴(Rhön) 사이의 지역은 인접한 뷔르츠부르크와 풀다, 마이닝겐(Meiningen), 코부르크, 그리고 밤베르크의 G-체계 바깥에 머물고 있다. 만약 이러한 지역이 경제적으로 충분히 발전한다면 — 이 점은 비옥한 그라프펠트(Grabfeld)에 적용된다 —, 이곳에 독자적인 G-체계가 형성될 수 있을 것이다. 만약 슈바인푸르트처럼 이 지역의 주변부에 자리잡고 있는 지점일지라도 지리적으로 유리한 입지를 보여주며 전체 지역에 G-유형의 도달범위를 가진 중심재를 제공할 수 있다면, 지리적으로 유리한 입지의 이점은 경우에 따라 지역의 중심적 입지를 차지하는 이점보다 훨씬 클 수 있다. 하지만 거의 언제나 결정적인 것은 상대적으로 큰 이점이다. 이렇듯 우리는 슈바인푸르트가 B-유형의 의미를 지니고 있다는 사실을 이해할 수 있다. 물론 중심적 입지에 자리잡은 노이슈타트 안 데어 잘레도 14의 중심성을 지니고 있고, 주민수에서는 3천 명에 미치지 못하지만 강력히 발전한 B-지점이다. 슈바인푸르트를 둘러싼 B-원의 기타 지점은 모두 K-지점에 머물고 있다. 이 중 함멜부르크(7)와 쾨닉스호펜(6), 그리고 게롤츠호펜(8)은 확실히 모두 G-지점 사이의 방향에 자리잡고 있으나, 하스푸르트(9)만이 밤베르크를 지향한 G-방향에 입지해 있다. B-원은 부분적으로 21㎞의 K-원과 일치한다. 우리는 이 원 위에서 분명한 B-지점 사이의 방향에 있는 온천지인 키싱겐을 찾아볼 수 있으며, 이 지점은 단순한 온천지 이상이기 때문에 23이라는 꽤나 높은 B-유형의 중심성을 지니고 있다 — 이 또한 특별한 예로 이해될 수 있다. 흥미로운 것은 키싱겐에 아주 인접해 있고 더구나 부근의 노이슈타트를 지향하는 방향을 취하고 있으면서 뮌너슈타트(4)와 같은 중심지가 거의 K-유형의 의미를 지니고 있다는 점이다. 이는 온천지에서 K-유형의 중심재가 농촌에 비해 너무 비싸며, 따라서 온천지와 나란히 특히 농민들을 위한 비교적 저렴한 K-지점이 유지되거나 발전할 수 있다 — 오히려 우리는 그러해야만 하는 것으로 설명할 수 있다.

슈바인푸르트 체계에서 내측 A-원은 대단히 미약하게 발전해 있으며, 결과적으로 저차 중심재와 관련하여 슈바인푸르트의 중심적 의미가 강화되고 있다. 이 점은 외측 A-원에 대해서도 똑같이 작용한다.

슈바인푸르트 G-체계의 북쪽에서는 여전히 몇몇 중심지가 발견되는데, 이러한 지점들은 정확히 고찰할 때 마이닝겐 G-체계에 속하는 것들이다. 그러나 이 지점들은 전적으로 노이슈타트 B-체계에 속하기 때문에, 우리는 이러한 지점들을 노이슈타트 B-체계와 아울러 뉘른베르크 L-체계에 포함시킨다. 노이슈타트를 둘러싼 K-원 위에서는 K-지점인 쾨닉스호펜과 B-지점인 바트 키싱겐(Bad Kissingen), 그리고 A-지점인 비숍스하임(14)과 플라둥겐(Fladungen)이, A-원 위에는 특히 K-지점인 멜리히슈타트(Mellrichstadt)가 자리잡고 있다.

(3) 레겐스부르크 P-체계

뉘른베르크 L-체계의 제 2의 P-지점은 **레겐스부르크**이다. 이 경우에도 잘 발전한 G-체계가 나타난다. B-원은 약 34㎞의 반경을 가진 원형을 하고 있으며 지극히 명확히 형성되어 있다. 암베르크와 필젠의 G-지점 사이의 방향에 있는 B1-지점은 슈반도르프(12)이다. 필젠과 파사우 사이의 방향에 있는 제 2의 B-지점의 장소는 로딩(Roding, 5)이 차지하는데, 뵈멘 산림지대에 B-유형의 재화를 공급하는 역할을 수행하는 B-지점인 함에 너무 인접해 있기 때문에 K-지점으로 발전하고 있을 뿐이다. 다음의 B-지점에 해당하는 장소는 물론 파사우를 지향하는 G-지점의 방향을 취하는 것으로서, 슈트라우빙이 차지하고 있다. 란츠후트와 잉골슈타트의 G-지점 사이의 방향에는 K-지점인 아벤스베르크(6)와 A-지점인 노이슈타트 안 데어 도나우(3)로 이뤄진 복합체가 자리잡고 있으며, 여기에 이를테면 A-지점인 지겐부르크(Siegenburg, 3)를 포함시킬 수도 있다. 잉골슈타트와 뉘른베르크의 G-지점 사이의 방향은 레겐스부르크 체계에서 B-지점에 해당하는 장소인 바일른그리스의 대체 지점인 K-지점 리덴부르크가 차지한다. 반면에 제 6의 B-지점의 장소에 해당하는 K-지점인 파르스베르크(Parsberg, 5)는 G-지점인 뉘른베르크와의 거리가 멀기 때문에 뉘른베르크를 지향하는 방향을 취하며 노이마르크트와 대응하고 있다. 레겐스부르크 북쪽지역이 빈곤하다는 특성을 지니고 있고 또한 북서쪽 및 북동쪽으로 가장 가까이에 있는 G-체계와 접촉하지 않고 있으며, 이 때문에 B-지점의 장소가 분할되는 것은 레겐스부르크 체계의 B-원 위에 두 개의 B-지점 또는 G-지점만이 존재하는 것이 아니라 네 개의 K-지점도 존재한다는 사실을 설명해 준다.

K-원도 사정은 같다. 그 입지는 분명 적정하나 실제로는 K-지점인 부르클렝겐펠트(Burglengenfeld, 5)와 켈하임(Kelheim, 6)이 단 두 개의 장소만을 차지하고 있다. 반면 니테나우(Nittenau, 4)와 뵈르트 안 데 도나우(Wörth a. d. D., 3), 랑쿠바이트(Langquaid, 3), 그리고 베라츠하우젠(Beratzhausen, 2)은 A-지점으로 머물고 있다. 하지만 니테나우와 뵈르트와 같은 일부 지점은 K-지점에 가까운 의미를 지니고 있기도 하다. 내측 12㎞의 원에는 A-지점인 레겐스타우프(Regenstauf)와 이밖에도 꽤나 규칙적으로 M-지점 — 압바흐(Abbach), 쾨페링(Köfering)-망골딩(Mangolding) —

이 자리잡고 있다.

레겐스부르크 P-체계의 북동쪽에는 뵈멘의 독일 국경과 산등성이 때문에 미발전한 G-체계를 위한 공간만이 존재한다. 이러한 방해하는 사실들 중 어느 하나만으로는 G-체계가 (예를 들어, 잘츠부르크, 파사우, 바이로이트의 경우처럼) 바깥 지역으로 뻗어나가는 것을 저지하기에는 결코 충분하지 않다. 그러나 이러한 사실들은 서로 결합되기 때문에 아주 중요한 의의를 갖는다. 그래서 이 협소한 지역의 가장 중심적 입지를 차지하는 지점인 함은 가능한 G-유형의 기능을 수행하는 임무를 부여받고 있다. 함이 적은 주민수(3천 6백 명)에도 불구하고 17이라는 B-유형의 중심성을 지니고 있는 것도 이 때문이다. 함을 에워싸고 있는 산지지역의 특성으로 예상할 수 있듯이 단축된 K-원이 아주 명확히 형성되어 있다. 그 꼭지점은 K-지점인 피히타호(6)와 푸르트(Furth, 9), 그리고 발트뮌헨(Waldmünchen, 4)이다.

(4) 기타 G-체계

바이덴 G-체계의 특성에 관해서는 이미 여러 차례 언급했다. 바이덴은 바이에른 영역에서 필젠을 대신하는 P-지점으로서 고찰될 수 있으며, 이러한 사정 때문에 인근에 암베르크가 존재함에도 불구하고 독자의 G-체계를 구축하는 역량을 갖고 있다. 그러므로 그 자체로 빈곤하며 경제적으로 여전히 발전하지 못한 오버팔츠는 두 개의 G-지점을 유지할 수 있으며, 이 두 지점이 27의 중심성에 도달할 뿐이라는 점은 전혀 놀라운 일이 아니다. 바이덴 체계의 B-지점에 해당하는 꼭지점으로서는 예를 들어 마르크트레트비츠(12)와 티르센로이트(Tirschenreuth, 6), 오버피히타호(Oberviechtach, 3), 슈반도르프(12), 그리고 암베르크를 들 수 있으며, 마지막으로 세 개의 A-지점인 에센바흐와 그라펜뵈르(Grafenwöhr), 그리고 프레사트의 복합체(중심성의 합계는 8이다)가 존재한다.

21 ㎞의 K-원은 미약하게 구성되어 있으며, 이 점은 바이덴을 둘러싸고

산림이 울창하며 사람들이 희박하게 거주한다는 사실로 이해될 수 있다. 내측 A-원은 동쪽 절반에 걸쳐서만 존재하며, 이 부분에서 K-원은 존재하지 않는다. 노이슈타트 안 데어 발트(Neustadt a. d. Waldn, 4)은 불규칙하게 바이덴에 아주 인접하여 자리잡고 있으며, 이 때문에 관구의 주요 지점이라는 성격에도 불구하고 A-유형의 의미만을 지니고 있을 뿐이다.

다음으로 고찰할 것은 플라우엔 P-체계에 속하는 두 개의 G-체계인데, 우선 에거에 대해 살펴보고자 한다. 이 도시는 앞서 서술했듯이 뵈멘에서 플라우엔을 대신하는 지점이다. 지세조건보다는 경계에 인접한 입지로 말미암아 에거 G-체계는 독일 영토에서 대체적으로 보아 K-원만을 갖고 있다. 그러나 이 원은 두 개의 관심을 끄는 B-지점과 한 개의 K-지점으로 대표되고 있다. 공업이 주요 산업이고 인구가 조밀하고 국경 부근에 입지해 있다는 점이 이에 대한 설명을 제시해 준다. B-지점인 젤프(Selb, 중심성이 12로 주민수는 1만 3천 2백 명이다)는 호프를 지향하는 G-지점의 방향을 취하며, 마르크트레트비츠(12)도 역시 교통지향적이다. 이 지점에 인접하여 K-지점인 분지델(12)이 자리잡고 있는데, 그 중심성은 마르크트레트비츠의 중심성과 비교하여 늘 크게 미치지 못한다. 이 점은 대체적으로 분지델(철도의 지선에 접하고 있다)이 상당히 불리한 교통입지를 갖고 있는 것에 비해 후자의 도시[19]는 보다 유리한 교통입지를 갖고 있다는 사실(이는 공업의 입지도 규정하고 있다)에 기인한다. 에거를 둘러싼 K-원 또는 B-원 위에 있는 제 3의 장소는 K-지점인 티르센로이트(6)가 차지하고 있다.

이와 마찬가지로 플라우엔 P-체계에 속하는 호프 G-체계는, 우리가 그럼에도 불구하고 뉘른베르크 L-체계에 포함시켜 왔는데, K-지점이 확실히 자리잡고 있는 21 ㎞의 원으로 특징된다. 반면 B-원은 이를테면 분지델과 마르크트레트비츠로 불명료하나마 식별될 수 있다. 우리는 이미 K-원의 한 장소인 젤프를 알고 있으며, 이 지점은 뵈멘에서 K-원의 장소를 대표

19) 마르크트레트비츠를 말한다.

하는 아쉬(Asch)와 마찬가지로 B-유형의 의미를 지니고 있다. 뮌히베르크(8)와 헬름브레히츠(10)를 통합하는 것은 아마도 정당한 것으로 생각되며, 이로부터 B-유형의 의미를 지니게 되는 제 2의 K-지점의 장소가 발생하고 있다. 이때 헬름브레히츠는 비록 간선도로에 연결되지 않지만 보급원리에 의거한 양호한 입지로 인하여 훨씬 중요한 의미를 지니고 있다. 제 3의 K-지점에 해당하는 장소도 A-지점인 젤비츠(Selbitz)와 함께 8의 중심성을 지니고 있는 나일라(Naila, 6)로 구성된다. 우리는 내측 A-원 위에서도 다시 한번 두 개의 K-지점인 슈바르첸바흐 안 데어 잘레(Schwarzenbach a. d. S., 5)와 레하우(Rehau, 8)를 관찰할 수 있으며, 양자는 A-지점이 발전한 것으로서 평가될 수 있다. K-지점이 이처럼 명백히 나타나는 것은 공업화된 지역의 특징이며, 전체 중심지체계의 수준도 비교적 높은 편이다. 우리는 유사한 양상을 존네베르크 주변과 네카지방의 슈투트가르트 주변, 그리고 자르(Saar)지방 등에서 찾아 볼 수 있다.

우리는 마지막 G-체계로서 **코부르크-존네베르크** 체계를 살펴보고자 한다. 이 체계가 완전히 발전하지 않은 밤베르크 P-체계에 속한다는 점에 대해서는 이미 언급했다. 튀링거 발트의 남쪽지역처럼 경제적 관점에서 볼 때 상당히 발전하고 공업에 종사하는 조밀한 인구를 가진 지역이 P-유형의 도달범위, 다시 말해 62 ㎞에서 108 ㎞의 도달범위를 가진 중심재에 대한 요구가 전혀 없다는 것은 생각할 수 없다. 어디에선가 이러한 종류의 중심재가 공급되어야 하는 것은 틀림없으며, 이때 밤베르크만이 문제되는 것이 아니라 이와 나란히 자리잡고 있는 코부르크도 문제된다.

예상컨대 튀링거 발트의 북쪽으로는 두 개의 중심인 잘펠트(Saalfeld)와 루돌슈타트(Rudolstadt)를 가진 G-체계를 찾아 볼 수 있다. 그러나 이 경우 코부르크-존네베르크와 잘펠트-루돌슈타트의 두 체계의 공통적 경계는 정확히 종주로[20] 위를 통과한다 — 이와 더불어 지적해 둘 점은 이처럼 두

20) 〔역주〕 렌슈타이크(*Rennsteig*) 또는 렌슈티크(*Rennstieg*)로 일컬어지는 것으로 주로 고지나 분수계, 산의 능선, 그리고 삼림에 따라 나 있는 길을

개의 G-체계가 산등성이 위에서 긴밀히 〔서로〕 접촉하고 있다는 사실은 이 산등성이 자체에 중심지가 발생할 전제조건이 되지만, 우리가 다루고 있는 남부독일의 평야지대에서는 일반적 현상이 아니다. 따라서 우리는 이 점을 통해 슈타인하이트(Steinheid)와 노이하우스(Neuhaus)-이겔시프(Igelshieb), 슈페히츠브룬(Spechtsbrunn), 그리고 슈타인바흐 암 발트(Steinbach a. W.) 등의 존립가능성을 설명할 수 있다. 코부르크 체계의 B-지점으로서는 마이닝겐을 지향하는 G-지점 방향에 있는 힐트부르크스하우젠(Hildburgshausen, 14), 밤베르크와 바이로이트의 G-지점 사이의 방향에 있는 리히텐펠스(21), 그리고 바이로이트와 호프의 G-지점 사이의 방향에 있는 크로나흐(22)가 존재한다. 이 모든 지점들은 본질적으로 코부르크의 정규적인 36 ㎞ 거리보다 훨씬 가까운 곳에 자리잡고 있으며, 더구나 리히텐펠스는 21 ㎞보다 더 가까운 곳에 있다. 따라서 우리는 실제로 K-원을 갖게 되며, 더구나 그 위에는 존네베르크가 자리잡고 있다. 존네베르크는 공업이 발전하여 37의 중심성을 지니고 있으며, 따라서 G-지점의 의미에 이르고 있다. 사실 이 지점은 코부르크 G-체계의 공업화된 북쪽 및 동쪽에서 G-유형의 중심부로 고찰될 수 있으며, 따라서 이 체계는 부속되어 있는 보조체계로서 파악될 수 있다. 이밖에 K-원의 지점으로서는 K-지점인 아이스펠트(Eisfeld, 12)와 K-지점인 로다흐(Rodach, 5)가 있으며, 양자는 힐트부르크하우젠의 측면 방향에 놓여 있다. 내측 A-원에는 A-지점인 샬카우(Schalkau)와 K-지점인 노이슈타트 바이 코부르크(Neustadt bei Koburg, 12), 그리고 A-지점인 존네펠트(Sonnefeld)가 자리잡고 있다. 노이슈타트의 중심성이 높은 수치를 보여주는 것은 이례적인데, 이

말한다. 명칭은 복합적인 뜻을 지니고 있는데, 보통 레인(*Rain*), 즉 경계 또는 경주로나 파발로를 일컫는 경주(*rennen*)를 말한다. 슈티크(*Stieg*)는 과거에 도보나 동물(말이나 당나귀 등)을 타고 이동할 수 있는 작은 도로를 지칭했다. 이 책에서 언급되는 튀링거 발터, 즉 튀링겐 산림지대에 나 있는 168.3 ㎞에 달하는 종주로가 독일에서 가장 잘 알려져 있다.

를 공업으로만 설명하기에는 충분하지 않다.

더구나 보조적인 존네베르크 G-체계에 대해서도 주목할 필요가 있다. B-원은 두말할 나위도 없이 기대할 수 없는 반면, K-원은 K-지점인 아이스펠트와 그레펜탈(Gräfental), 프롭스트첼라(Probstzella), 그리고 B-지점인 크로나흐로 상당히 잘 구성되어 있다. A-지점인 노르트할벤(Nordhalben)도 언급할 수 있으며, 인구는 많아도 M-유형의 의미만을 지니고 있을 뿐인 노이하우스-이겔시프도 이에 포함시킬 수 있다. 매우 이례적인 것은 두 개의 K-지점인 슈타이나흐(Steinach, 4)와 라우샤(Lauscha)의 입지이다. 그러나 이 두 지점이 이른바 자체적으로 전체 지역을 구체화하고[21] 자율적이며 주변지역으로부터 중심기능을 전용받지 않다는 점을 생각하면, 이 지점들이 현 체계에서 어디에 자리잡고 있는지는 실제로 전혀 중요하지 않은 것으로 보인다. 또한 눈에 띄는 점은 이 체계의 북동쪽에 K-지점이 존재하지 않는다는 것이다. 관구의 주요 지점인 토이슈니츠(Teuschnitz)는 오히려 관구의 주요 지점이 M-유형의 의미조차 지닐 수 없는 유래가 드문 예를 보여주고 있다. 이 경우에 이론은 그 어떤 설명도 제시할 수 없을 것 같다.

3) 결 과

우리는 뉘른베르크 L-체계에 대한 분석결과를 다시 한번 요약하고자 한다. 뉘른베르크 L-체계는 뮌헨 L-체계보다 중심지의 분포와 규모의 법칙성을 한층 명확히 보여준다. 뉘른베르크 L-체계의 형성에는 네 개의 완전히 발전한 P-체계인 뉘른베르크와 뷔르츠부르크, 레겐스부르크, 그리고 플라우엔이 관계하고 있다. 뉘른베르크 L-지점은 약 1,400의 중심성을 지니고 있으며, 각각 약 230(플라우엔의 경우는 추정치이다)인 세 개의 P-지

21) 인구밀도 지도를 참조하라.

점을 갖고 있다. 더구나 반드시 독립적이라고 할 수 없는 밤베르크 P-체계도 고찰할 수 있다. 밤베르크는 거의 150의 중심성을 지니고 있다. 매우 제한된 범위에서 P-지점의 장소를 차지하는 중심지로서 기능하는 바이덴은 30의 중심성에 도달해 있다. 뉘른베르크와 뷔르츠부르크, 그리고 레겐스부르크는 아주 분명한 규칙적인 G-체계를 보여주고 있다. 밤베르크 체계도 분명히 규칙적이지만 공간적으로 협소하다. 이에 반해 나머지 여섯 개의 G-체계는 불완전하다. 그 이유의 일부는 산지의 특성(바이로이트)에 있고, 또 다른 일부는 희박한 인구(암베르크-바이덴)와 상대적으로 중요한 체계와의 인접성(슈바인푸르트, 안스바흐, 호프)에 있다. 중심성은 인구가 조밀한 공업지역에서는 65 내외(바이로이트, 슈바인푸르트, 호프)에, 인구가 희박한 농업지역에서는 30 내외(안스바흐, 암베르크, 바이덴)에 이르고 있다. 코부르크-존네베르크 체계는 밤베르크에 인접해 있다는 점뿐만 아니라 산악지역의 특성 때문에 불리한 조건에 있다. 그러나 이러한 결함은 부분적으로 P-유형의 기능을 인수함으로써, 그리고 조밀하게 거주하는 인구를 통해 보완되고 있으며, 따라서 코부르크는 90의 중심성을 지니고 있다. 근대에 들어와서 발생한, 그리고 아직도 종결되지 않은 체계의 변동은 바이로이트와 에거, 그리고 안스바흐 부근에서 적잖은 교란을 야기하고 있다. 마지막으로 뉘른베르크 L-체계 내에는 뮌헨의 경우에 비해 상당히 작으나 G-체계에는 결코 속하지 않는 두 지역이 존재하는데, 뇌르틀링겐 G-체계의 잔재를 트로이히틀링겐 G-체계의 맹아와 함께 찾아 볼 수 있는 L-체계의 남서부와 고립된 B-체계를 대표하는 뵈멘의 산림지대가 그것이다. 이에 따라 뉘른베르크 L-체계는 13개의 지역으로 나뉠 수 있으며, 그 중 11개 지역은 G-유형의 재화를 보급하는 데 관계하지만 두 개의 지역은 제외된다(뉘른베르크 남서부와 함). 지역의 규모와 경제적 의미에 따라 그 순서를 매겨 보면, ① 뉘른베르크, ② 뷔르츠부르크, ③ 레겐스부르크, ④ 코부르크-존네베르크, ⑤ 밤베르크, ⑥ 바이로이트, ⑦ 호프, ⑧ 슈바인푸르트, ⑨ 암베르크, ⑩ 안스바흐, ⑪ 바이덴 순이다. 그러나 이 같은 순서는 해당 지점의 중심성에 의거한 순서와도 거의 정확히 일치한다. 하나의 G-지점(에어랑겐)이 체계를 형성하지 못하고 있고, 기타 두 개의 지점(존네베르크와 바이덴)이 다른 G-지점과 함께 공통체계 또는 연계체계를 형성하고 있다. 에어랑겐과 존네베르크의 중심성은 약 40이다.

뉘른베르크 L-체계의 영역에서는 23개의 B-지점을 찾아 볼 수 있다. B-유형의 의미에는 도달하지 못하는 뮌히베르크-헬름브레히츠의 복합체도 여기에 포함될 수 있다. 특수한 사정 때문에 B-유형의 의미를 지니고 있는 지점, 즉 바트 키싱겐과 슈바바흐, 그리고 젤프는 제외되지 않을 수 없다. 결과적으로 정규적인 B-지점은 21개이며, 도식에서 말하는 18개보다 다소 많은 편이다. 이 지점들의 중심성은 특수한 예인 쿨름바흐(32)와 키칭겐(28)을 제외할 경우 12에서 23 사이에 있다. 중심성이 하위 12인 군집에는 비정상적일 정도로 많은 지점들이 해당하며, 22의 중심성을 지닌 상위 군집은 다소 적은 편이다. 네 개의 완전히 발전한 G-체계의 B-원에는 10개의 입지가, K-원에는 두 개의 입지가, 그리고 내측 A-원에는 한 개의 입지가 존재한다. 다섯 개의 불완전하게 발전한 G-체계의 B-원에는 여덟 개의 입지가, 그리고 K-원에는 네 개의 입지가 있다. 두 개의 체계가 없는 지역의 내부 또는 주변에는 네 개의 B-지점이 자리잡고 있다. 따라서 이 경우에도 뮌헨 L-체계와 마찬가지로 B-지점에 대한 가장 유리한 존립조건은 완전히 발전한 G-체계의 B-원 위나 G-체계 바깥 지역에서 형성되고 있다. 그렇지만 완전히 발전하지 못한 G-체계의 B-원 또는 K-원도 B-지점의 입지와 관련해서는 뮌헨 L-체계의 경우보다 훨씬 더 적정하다. 더구나 공업에 종사하는 인구가 상대적으로 조밀한 곳에서는 18개가 보급원리에 의한 지향성과 관련되어 있고, 두 개만이 교통원리에 의한 지향성과 관련되어 있으며, 네 개는 그 입지가 무차별적이다(두 원리가 절충된 경우 또는 지세상황으로 말미암아 제한받고 있다).

뉘른베르크 L-체계에는 중심성이 4와 12 사이를 왔다갔다하는 60개의 K-지점을 헤아려 볼 수 있다. 특히 많은 것은 4~5의 중심성이고, 다음으로 8~9의 중심성이 나타난다. 이러한 60개의 지점 중 30개는 독자적 체계를 형성하는 L-지점, P-지점, G-지점, 그리고 B-지점을 둘러싼 전형적 K-원 위에 자리잡고 있다. 이밖에 11개는 B-원 위에, 그리고 마지막으로 12개는 A-원 위에 위치해 있다. 이러한 지점들이 전자인 B-원에 자리잡고 있을 경우에는 대체로 분할되었거나 미발전한 B-지점이며, 후자인 A-원에 자리잡고 있을 경우에는 대체로 현저히 발전한 A-지점이다(예를 들어, 호프의 경우처럼 체계의 수준이 높다). 나머지 일곱 개의 지점은 정해지지 않은 입지를 갖고 있다. 36개의 K-지점은 전형적 보급지향성을, 18개는 전형적 교통지향성을 바탕으로 하며, 여섯 개는 무차별적이다. B-지점 중 75%가 보급지향성을 시사하는 반면, K-지점 중에서는 60%만이 이러한 지향성을 보여주는 것으로 볼 수 있다 — 이 점으로부터 우리가 확실히 추정할 수 있는 사실은 이 경우 보급지향성이 교통지향성보다 B-지점의 발전에 한층 유리한 기회를 제공하고 있다는 점이다.

마지막으로 2~4의, 대개는 3의 중심성을 지닌 A-지점이 105개, 더구나 1(부분적으로는 중심성이 2인 것도 있다)의 중심성을 지닌 M-지점이 222개, H-지점이 240개이다. 이에 따라 L-지점에서 H-지점까지의 지점의 수를 수열로 나타내면, 1 : 2 : 10 : 23 : 60 : 105 : 222 : 240과 같다.

이에 대한 정규수열은 1 : 2 : 6 : 18 : 54 : 162 : 486과 같다.

따라서 각 규모에 따른 유형이 보여주는 실질적 빈도수의 분포는, G-지점과 A-지점을 예외로 하고 M-지점과 H-지점을 합칠 경우 특히 정규도식에 명백히 부응한다.

중심지의 지리적 분포에 관해서는 G-지점이 북동쪽에서 뚜렷하게, 남서쪽에서는 미약하게 나타난다는 점을 지적할 수 있다. B-지점은 대단히 균등하게 분포하고 있다. 다만 공업화된 북동쪽에서는 다소 조밀하게 병립하는 반면, 남동쪽에서는 다소 희박하다. K-지점도 역시 북동쪽 전역에 걸쳐 존재하며, 이와 마찬가지로 타우버(Tauber) 강 중류와 뷔르츠부르크 동쪽의 마인(Main) 강, 그라프펠트지방, 그리고 뵈멘 산림지대에서 비교적 많이 자리잡고 있다. 이에 반해 프랑키쉐 알프와 슈타이거 발트, 그리고 오버팔츠 산림지대의 공업화가 이뤄지지 않은 상대적으로 빈곤한 산악지방 및 밤베르크 주변지방과 바이덴과 바이로이트 사이의 지방에서는 아주 드문 편이다. 한편으로 A-지점은 매우 균등하게 분포하는데, 단 암베르크와 뉘른베르크 사이에서 커다란 틈새가 관찰된다.

중심지의 입지가 뉘른베르크 L-체계에서는 뮌헨 L-체계에 비해 한층 폭넓은 범위에 걸쳐 보급원리를 지향하고 있다. 교통지향성은 주로 피히텔게비르게와 그 주변지역, 튀링거 발트의 일부 계곡, 오버팔츠의 저지, 뷔르츠부르크에서 리히텐펠스에 이르는 마인계곡, 레트니츠(Rednitz) 계곡 및 페그니츠(Pegnitz) 계곡에서 뚜렷이 나타나고 있다 — 따라서 거의 항상 지세로 규정되고 있으며, 어느 정도까지는 유사 교통지향성을 보여주고 있다. 중심지망에서 장소의 분할도 뮌헨 L-체계와 마찬가지로 주로 이 체계의 경계지역인 북동쪽에서 나타나며, 이어서 에센바흐와 바일른그리스에서 나타나며, 이밖의 경우에는 분산적으로 예를 들어, 뉘른베르크 주변에서 나타나고 있다. 이때 격리원리가 어느 정도 관여하는지는 개별적으로 검토되어야만 할 것이다.

3. 슈투트가르트 L-체계

1) 기초적 사실

(1) L-중심부

슈투트가르트 L-체계가 과연 존재해야 하는지는 L-지점인 슈투트가르트의 성립만으로도 우리는 벌써 유추할 수 있다. 이 지점은 그에 속하는 L-체계 없이 생각할 수조차 없다—주(州)의 발전과정이 이 점을 입증해주며, 이때 양자는 서로에게 조건이 되고 있다. 체계의 필연성이 독립적인 주를 가능케 하고 국가는 그 체계를 조장하는 것이다. 하지만 슈투트가르트 L-체계를 분석하고 이를 이론상의 도식과 비교할 경우에는 뮌헨과 뉘른베르크 L-체계처럼 모든 사상이 분명하고 아주 간략한 구조를 갖고 있는 경우에 비해 한층 큰 어려움이 발생한다. 그렇지만 기초적 사실을 가려낸다면, 이 경우에도 우리는 목표에 도달하기 위한 길을 찾을 수 있다. 이때 새로운 많은 사실도 밝혀질 것이다.

우리는 논의를 다시 L-중심부로부터 시작해야 할 것이다. 이 중심부야말로 체계의 핵심이며, 〔위에서 언급한〕 문제들은 이로부터 전개될 수 있다. 슈투트가르트는 오히려 중심부에 속하는 지점들의 복합체라고 할 수 있으며, 41만 5천 6백 명의 주민수에 1,606의 중심성을 지니고 있다. 이 경우 인접한 루드비히스부르크(Ludwigsburg)와 바이블링겐(Waiblingen), 그리고 에스링겐(Eßlingen)과 같은 지점들은 계산에 포함시키기 않았지만, 비교적 작은 아직까지 〔동일한 행정구역에〕 통합되지 않은 교외지역들은 계산에 포함시켰다. 프랑크푸르트와 뉘른베르크, 그리고 뮌헨과 보다 정확히 비교하기 위해서는 위에서 언급한 지점들도 포함시켜야만 한다. 이렇게 할 경우 L-중심부인 슈투트가르트는 약 51만 명의 주민수와 약 1,710의 중심성을 지니게 된다. 그러므로 슈투트가르트는 주민수와 관련해서 뉘른베르크-퓌르트(48만 6천 4백 명)를 근소하게(약 5%) 상회하며, 그리고 중심성과 관련해서 뉘른베르크-퓌르트의 중심성이 1,346이라면 이보다 상당히(약 27%) 상회한다. 하지만 주민수와 관련해서 뿐만 아니라 중심성과 관련해서도 프랑크푸르트나 뮌헨의 그것에는 미치지 못한다. 프랑크푸르트의 주민수는 68만 8천 명으로 슈투트가르트의 해당수치보다 35% 정도 많으나, 중심성은 2,060으로서 슈투트가르트의 해당수치보다 20% 정도 높은 실정이다.

따라서 L-중심부가 동시에 이 지방의 수도인지 그렇지 않은지 하는 사실이 얼마나 중요한가는 대단히 명백하다. 슈투트가르트를 둘러싸고 K-유형과 B-유형, 그리고 G-유형의 의미를 지닌 중심지들이 특히 집적되어 있음에도 불구하고, 이 지점들은 슈투트가르트의 중심성을 언급할 만큼 뚜렷이 하락시키지 못하고 있다. 수 세대를 걸쳐 주정부의 의식적이고 일관된 정책으로 말미암아 모든 도로가 주도를 향하고 모든 중요한 (공공)기관들—대학을 제외하고—이 이곳에 자리잡았으며, 이러한 정책의 결과는 만하임까지, 슈바르츠발트 전역에 걸쳐, 그리고 보덴제까지 영향을 미치는 강력한 도시의 형성뿐만 아니라 순수한 추론에 의거할 경우에도 주의 합리적 지역구조, 즉 우리가 여기서 표현하는 것처럼 하나의 유의미한 L-체계가 성립하지 않을 수 없었다는 것이다.

(2) L-방향

우선 주목해야 할 것이자 슈투트가르트 L-체계의 구조를 고도로 규정하는 것은 이 체계에서 정규적인 경우처럼 여섯 개의 L-체계가 경계를 접하는 점이 아니라 다섯 개의 L-체계만이 경계를 접한다는 사실이다. 이 체계들은 ① 프랑크푸르트, ② 뉘른베르크, ③ 뮌헨, ④ 취리히, 그리고 ⑤ 슈트라스부르크 체계이다. 인접해 있는 L-지점들은 이론적으로 살펴보면, L-중심부를 둘러싼 186㎞의 원 위에서 자리잡아야 할 것이다. 뮌헨 L-체계에서는 대체로 훨씬 넓은 간격이 관찰되며 — 그 결과 P-지점이 이분되거나 삼분되고 있다 —, 뉘른베르크 체계에서는 대체로 정규적 간격이 나타나며, 슈투트가르트 L-체계에서는 대체로 186 ㎞보다 짧은 간격이 성립하고 있다. 다시 말해 슈투트가르트-프랑크푸르트의 간격은 155 ㎞, 슈투트가르트-뉘른베르크는 155 ㎞, 슈투트가르트-뮌헨은 185 ㎞, 슈투트가르트-취리히는 165 ㎞, 그리고 슈투트가르트-슈트라스부르크는 110 ㎞이다.

따라서 슈투트가르트의 경우에는 경계를 접하는 L-체계의 중심부를 향하는 제 1차 L-방향이 다섯 개이다. 두 개의 L-방향이 이루는 각은 두 가지의 예에서 정규적이다. 프랑크푸르트를 지향하는 방향을 하나의 변으로 하는 각은 대단히 크고, 이와 마찬가지로 취리히-슈투트가르트-뮌헨이 이루는 각도 대단히 큰 편이다. 후자의 경우에는 그 방향으로 알프스 산맥이 놓여 있기 때문에 그 각이 상당히 크다는 점을 그럴 수 있는 것으로 고찰할 수 있는 반면, 전자의 경우에는 정규적인 것이 아니다. 이 경우에는 실제로 철도체계에 표현되듯이 두 개의 방향을 확인하는 것이 아마도 타당할 것이다. 그 첫 번째 방향은 L-지점인 프랑크푸르트를 지향하는 방향인데, 이는 경우에 따라 만하임을 경유하는 것으로 볼 수 있다. 이때 이 방향은 쾰른을 지향하는 제 2차 L-방향도 포함한다. 두 번째 방향은 북쪽을 지향하는 제 2차 L-방향으로 원래 그 목표는 정해져 있지 않으며 함부르크와 베를린을 동시에 지향하고 있으며, 이보다 가까운 목표지점으로서는 에어푸르트가 선정될 수 있다.

(3) P-지점

인접한 L-지점이 대체로 슈투트가르트로부터 멀리 떨어져 있지 않다는 사실은 특히 P-지점의 구성에 교란작용을 불러일으키고 있다. L-지점이 이루는 삼각형이 대체로 상당히 작고 따라서 조밀하게 중심재를 고도로 필요로 하는 인구가 이 삼각형 내에 거주하는 경우에만 P-지점은 그 존립가능성을 찾을 수 있다. 예를 들어, 그러한 가능성이 프랑크푸르트-슈투트가르트-뉘른베르크가 이루는 삼각형에는 분명히 존재하지 않는다. 더구나 삼각형이 너무 작고 인구는 충분히 조밀하지 않고 대부분이 농업에 종사하고 있다. 이 경우 P-지점에 해당하는 수학적으로 적절한 장소는 라우다(Lauda) 정도일 것이다. 라다우는 그 자체로서 결코 불리한 장소가 아니다. 그런데 이 장소에 해당하는 P-지점인 뷔르츠부르크(246)는 비교적 큰 확실한 보완지역을 찾을 수 있는 북쪽으로 치우쳐 있다. 이렇듯 우리는 뷔르츠부르크를 P1-지점으로 볼 수 있으며, 이는 프랑크푸르트와 뉘른베르크의 L-지점 사이의 방향에 놓여 있고 108 ㎞의 P-원에 거의 접하며 자리잡고 있다. 남쪽으로는 현저히 발전한 G-지점인 하일브론(Heilbronn, 100)이 어느 정도까지는 P-지점을 대신하는 것으로서 여겨질 수 있다. 우리는 슈투트가르트-뉘른베르크-뮌헨이 이루는 삼각형 또는 슈투트가르트-취리히-뮌헨이 이루는 삼각형에서 제 2, 제 3의 P-지점의 장소를 함께 고찰하고자 한다. 도식에 부합하는 장소는 이를테면 뇌르틀링겐과 비베라흐에서 찾을 수 있다. 그렇지만 실제로는 거의 슈투트가르트-뮌헨을 잇는 L-지점의 연결(선)상에 있는 두 개의 P-지점을 관찰할 수 있는데, 이는 다름 아닌 울름(163)과 아우크스부르크(224)이다. 이러한 편차는 주로 남북으로 뻗어 있는 역사적인 장거리 교통로를 통해 설명될 수 있다. 두 도시가 서로 아주 인접해 있기 때문에(65 ㎞밖에 떨어져 있지 않다), 후대에 뮌헨이 크게 발전할 수 있었다. 뮌헨은 아우크스부르크보다 한층 유리한 보급입지를 차지하고 있다. 흥미로운 것은 오늘날에도 울름과 아우크스부르크의 P-지역이 주로 남북방향으로 확장되고 있다는 점이다. 보덴제 연안에서는 유리한 지형적 조건에도 불구하고 P-지점이 전혀 발견되지 않는다. 확실히 전체 지역에 P-유형의 도달범위를 가진 중심재를 공급하는 데에는 취리히와 울름, 그리고 생 갈렌으로 충분하다. 그렇지만 이 지역이 부유하고 인구가 조밀하다는 점을 고려할 때, 보덴제 자체에 접한 P-지점이 언젠가는 한번 하나 정도로 존재하는 것도 나쁘지 않을 것이다. 하지만 국가의 정치적 상황은 이를 어렵게 하고 있다.

슈투트가르트－슈트라스부르크－취리히로 이뤄지는 작은 삼각형에서도 P-지점을 위한 장소는 존재하지 않는다. 하지만 슈투트가르트－슈트라스부르크－프랑크푸르트가 이루는 삼각형에서는 상황이 다르다. 이 경우에는 P-지점이 적어도 다섯 개에 이르며, 즉 포르츠하임(Pforzheim, 209)과 칼스루에(357), 만하임(699), 하이델베르크(178), 그리고 다름슈타트(290)가 그것들이다. 이에 대해서는 나중에 설명하고자 한다.

따라서 전체적으로 볼 때, 슈투트가르트 L-체계에 속하는 P-지점은 매우 불균등하게 분포하고 있음을 알 수 있다. 많은 부분에서 P-지점이 전혀 존재하지 않지만, 한 부분에서는 오히려 다수의 P-지점이 존재한다. 이 경우에도 정상적인 108 ㎞의 원은 P-지점의 입지에 별다른 영향을 미치지 못한다. 다만 뷔르츠부르크와 L-유형의 의미를 지니는 슈트라스부르크가 거의 이 원 위에 자리잡고 있다. 울름과 아우크스부르크는 엇비슷한 정도로 이 원의 안 또는 바깥으로 치우쳐 있다. 생 갈렌은 뚜렷이 이 원 밖에 자리잡고 있는 반면, 칼스루에와 포르츠하임은 뚜렷이 원 안에 위치하고 있으며, 더구나 후자인 포르츠하임은 36 ㎞의 원 위에 입지하고 있다.

그렇다면 이 P-지점들은 어떤 L-체계에 포함될 수 있는가? 실제로 어떤 중심지가 어디에 귀속되는지와 어디에 포함되는지 하는 점 사이에는 구분이 존재한다. 보통 분할되지 않은 P-지점은 동시에 각각 세 개의 L-체계에 귀속되지만, 사실 그것은 가장 밀접한 관계를 맺는 단 하나의 L-체계에 포함되지 않으면 안 된다. 뷔르츠부르크의 경우에는 어디에 포함시킬 것인지는 의문의 여지가 없다. 뉘른베르크－프랑크푸르트를 잇는 선 위에 자리잡고 있는 한, 이러한 체계들의 하나의 방향만이 문제된다. P-지점에 해당하는 장소가 반으로 나뉠 경우에는 어느 하나의 P-지점은 한쪽의 L-체계에, 그리고 또 다른 P-지점은 다른 쪽의 L-체계에 포함될 수 있다. 다시 말해 울름은 슈투트가르트 체계에, 그리고 아우크스부르크는 뮌헨 체계에 포함될 수 있다. 생 갈렌이 슈투트가르트 L-체계와 아무 관계가 없다면, P-지점을 차지하는 콘스탄츠나 라벤스부르크(Ravensburg)는 모르긴 해도 이와 관련이 있을 것이다. 더구나 〔한〕 쌍을 이루는 P-지점인 칼스루에와 포르츠하임에 관해서는, 비록 정치적 귀속관계와는 정반대일지라도 그 한쪽인 포르츠하임은 슈투트가르트 L-체계에, 다른 한쪽인 칼스루에는 슈트라스부르크 L-체계에 포함될 수 있다. 그럼에도 불구하고 수리·지세적〔엔츠계곡(Enztal)〕으로나 지역·경제적〔엔츠와 나골트(Nagold) 계곡은 주로 포르츠하임의 보완지역에 해당한다〕으로나, 그리고 현실·경제적(만하임과 칼스루에의 중공업 및 대규모 공업과 반대로 포르츠하임은 뷔르템베르크의 여타 지방과 마찬가지로 고부가가치의 정밀공업이 발전해 있다)으로나 포르츠하임은 오히려 슈투트가르트 동쪽과 그 체계를 지향하고 있다.

(4) G-지점

P-지점과 관련해서 우리는 그것이 정규도식과 상당한 편차를 보여주고 있음을 이미 확인했으며, 이 편차의 이유에 대해서도 대부분 설명할 수 있었다. 그러나 G-지점의 분포와 관련해서 슈투트가르트를 둘러싼 화환에 대해서만 특이하고도 유일하게 드러나는 편차를 관찰할 수 있으며, 따라서 바로 이 점에서 특별한 법칙성을 파악하는 것도 나쁘지 않을 것이라고 생각된다. 이 편차는 슈투트가르트를 둘러싼 화환의 거의 모든 G-지점이 정상적인 62㎞의 원 위가 아니라 36㎞의 B-원 위에서 발견된다는 점이다. 안스바흐와 슈바인푸르트, 그리고 슈트라우빙의 경우에서 파악할 수 있었던 것과 마찬가지로, 여기서도 우리는 이 지점들을 전적으로 개별적 예로 파악할 수 있다. 우리는 뷔르츠부르크와 만하임의 P-지점 사이의 방향에 있는 B1-지점의 장소에서 하일브론을 발견할 수 있다. 이 지점은 100의 중심성을 지니고 있으며, 뷔르템베르크에서 뷔르츠부르크를 대신하는 P-지점의 장소로 간주될 수 있다. 다음의 B-지점에 해당하는 장소는 G-

지점이 차지하고 있지 않다. 이에 반해 제 3의 장소에서 G-지점인 괴핑겐(Göppingen, 58)과 그 가까이에 있는 예외적으로 36 ㎞ 이상 떨어져 있는 뮌트(Gmünd, G-유형의 의미에서 하한인 34의 중심성을 지니고 있다)가 발견된다. 제 4의 장소에서도 역시 보급지향성에 따라 서로 밀착하여 자리잡고 있는 두 개의 G-지점인 로이틀링겐(Reutlingen, 92)과 튀빙겐(62)을 정확히 36 ㎞의 원 위에서 찾아볼 수 있다. 그런데 로이틀링겐의 중심성이 비교적 높은 것은 아마도 하일브론과 마찬가지로 P-유형의 기능을 어느 정도 수행하지 않으면 안 되는 사정 때문일 것이다. 제 5, 제 6의 장소는 하나의 지점, 즉 포르츠하임(209)으로 대표되며, 따라서 이 지점은 L-지점 사이의 방향을 가진 P-지점이 된다. 포르츠하임도 36 ㎞의 원 위에 자리잡고 있다.

그렇다면 슈투트가르트를 둘러싼 G-지점의 화환은 왜 G-원 위가 아니라 B-원 위에 자리잡고 있으며, 더구나 이처럼 뚜렷한 법칙성을 보여주는가? 하일브론 대신에 62 ㎞ 원 위에 있는 모스바흐(Mosbach)-네카렐츠(Neckarelz), 괴핑겐 대신에 역시 같은 위치에 있는 알렌, 튀빙겐-로이틀링겐 대신에 발링겐(Balingen) 또는 헤힝겐(Hechingen)이 왜 G-지점으로 발전해 왔는가? 이를 설명하는 데 있어 우리는 가능한 지형과 역사적으로만 이해될 수 있는 현상들의 영향력은 도외시하려고 한다. 그렇다고 해서 이 요인들의 의의를 전적으로 부정하는 것은 아니다. 하지만 만약 이러한 요인들이 중심지의 경제법칙적 분포를 시사하는 논리와 대립적으로 작용한다면, 이들이 도식과 모순되는 장소에 G-지점을 발전시키기 위해서는 아주 강력한 힘과 통일적 강제력을 갖춰야만 할 것이다. 그러나 자연조건과 역사, 그리고 경제적 법칙성이 동일한 의미로 작용할 경우에는 그 결과에 대해 의심할 여지가 없다. 경제이론에 비춰보아 적절한 입지는 두 가지 조건을 충족시킬 필요가 있다. 즉, 중심지는 첫째 그 의미의 유형에 상응하는 원 위(B-지점은 36 ㎞ 원 위, G-지점은 62 ㎞ 원 위 등)와 둘째 보급을 지향하는 방향(B-지점은 G-지점 사이의 방향, G-지점은 P-지점 사이의 방향

등)에 자리잡아야 한다는 점이다. 슈투트가르트를 둘러싼 G-지점의 화환은 두 번째 조건을 충족시키고 있으나 첫 번째 조건을 충족시키지 못하고 있으며, 이 점에 관해서는 설명이 필요하다. 이때 주목해야 할 점은 G-지점이 슈투트가르트로부터 임의의 단축된 간격이 아니라 무엇보다도 정확한 36 ㎞에 달하는 간격을 두고 있다는 사실이다. 이 때문에 이 원 위에는 B-지점이 아니라 〔칼브(Calw)를 제외한〕 G-지점이 존재한다. 이밖에 나중에 슈투트가르트 G-체계를 분석할 때 이해할 수 있듯이 슈투트가르트를 둘러싼 21 ㎞의 K-원에서는 K-지점이 아니라 B-지점이 존재하며, 12 ㎞의 A-원에는 단 하나뿐인 A-지점을 비롯하여 두 개의 B-지점과 한 개의 G-지점이 입지해 있다. 우리는 이 현상을 일부는 공업에 종사하고 일부는 포도재배에 종사하는 인구가 고차의 중심재에 대한 상대적으로 높은 요구를 갖고 있다는 점으로 설명할 수 있다. 이러한 큰 요구를 충족시키기 위해서는 서로 인접해 나란히 자리잡은 G-지점이 기능적으로 분담할 수 있으며, 이때 모든 G-지점은 충분한 존립가능성을 지닌다. 따라서 G-지점은 이처럼 서로 근접하면서도 슈투트가르트를 둘러싸고 입지할 가능성이 있지만, 이것만으로 그 필연성이 성립한다고는 말할 수 없다. 그러나 이러한 현상이 발생하기 위해서 어떤 필연성이 성립한다는 것은 확실히 주민들이 고차(이 경우에는 G-유형) 중심재에 대한 높은 욕구를 갖고 있으면서 이 재화를 얻기 위해 높은 부가비용, 곧 교통비 등을 지불하는 것을 꺼릴 경우, 따라서 교통비에 대한 가격지불의지가 낮을 경우이다. 슈바벤 사람들이 절약하고 낭비적인 지출을 싫어하는 성격을 지니고 있다고 볼 때, 이 점이 규정의 근거가 된다고 생각할 수 있다. 따라서 우리의 표현방식을 사용할 때, 슈투트가르트 G-체계 전체의 수준이 한 단계 상승하고 있음을 언급할 수 있다.

이뿐만 아니라 우리는 한 쌍을 이루고 있는 두 개의 P-지점이 존재한다는 사실을 설명해야 한다. 튀빙겐과 노이틀링겐의 경우에는 기능의 분할이 발생하고 있다고 볼 수 있다. 전자는 이 지방 전체의 대학도시이며, 따라서 에어랑겐과 마찬가지로 특별한 예이다. 반면에 오히려 상공업도시인 노이틀링겐은 본래의 G-유형의 기능을 수행하고 있다. 괴핑겐과 뮌트의 경우에는 사정이 다소 다르다. 괴핑겐은 의심할 여지없이 G 유형의 기능을 수행하고 있다면, 이 점이 뮌트의 경우에는 그 중심성이 상당히 낮기 때문에 그만큼 더 의구심이 생긴다. 이 지점은 명백히 동쪽에 있는 상당히 잘 발전한 B-지점인 알렌(22)과 엘방겐(18)과 함께 슈투트가르트의 동쪽지역에 부여되어야 할 G-유형의 기능을 분담하고 있다. 마지막으로 슈투트가르트 P-체계에 있는 G-지점의 하나인 루드비히스부르크에 대해 언급할 필요가 있다. 이 지점은 영주의 제 2의 거주지라는 특별한 예로서, 54의 중심성을 지니고 있다.

발전한 P-체계로서 **포르츠하임** 체계는 존재하지 않는다. 이는 L-지점인 슈투트가르트와 P-지점인 칼스루에에 인접해 있다는 점으로 이해될 수 있으며, 사실 포르츠하임 자체는 슈투트가르트 P-체계에 속하고 있고 칼스루에 P-체계에도 역시 속하고 있다.

울름 P-체계가 그다지 뚜렷하지 않다는 점은 이상할 정도이다. 울름 G-체계에 인접해 있는 네 개의 완전히 발전한 G-체계 중 울름 P-체계에 포함시킬 수 있는 지점은 단 하나도 존재하지 않는다. 우리는 북쪽으로 우선 미발전한 하나의 G-체계를 관찰할 수 있다 — 예전의 G-체계인 뇌르틀링겐은 더 이상 존재하지 않는다. 행정상으로 엘방겐과 교통상으로 알렌이 그 중심점으로 선정되었지만, 가장 중요한 지점은 주변부에 자리잡고 있는 G-유형의 의미를 지니고 있는 뮌트이다 — 그러므로 이것은 그 어떤 독자적 체계로 간주될 수 없다. P-지점인 아우크스부르크 G-체계는 독립적이며, 켐프텐 G-체계는 울름과 너무 멀리 떨어져 있다. 중심성이 겨우 31에 이르는 B-지점인 울름이 P-체계에서 켐프텐을 대신하여 G-지점의 장소를 차지하고 있다고 볼 수 있다. 독일의 행정구역개편에 관한 '프랑크푸르트 구상'이 소관구 소재지인 멤밍겐을 독일 영토의 라인슈바벤(Rheinschwaben)에 포함시킬 때도 비슷한 생각을 했다.[22] 라벤스부르크(30) G-

체계는 보덴제, 콘스탄츠, 생 갈렌의 체계들과 아주 밀접한 접촉점을 갖고 있다. 로이틀링겐-튀빙겐과 괴핑겐의 G-체계는 슈투트가르트 G-체계에 포함될 수 있다. 따라서 우리는 울름 P-체계에 울름 G-체계만을 포함시킬 수 있다—이는 울름이 가까스로 163에 달하는 중심성을 지니고 있다는 점에 대한 하나의 설명이 된다.

보덴제지방은 생 갈렌 P-체계에 속하지만, 이 체계에서의 관계들은 그다지 명료하지 않고 우리의 도식과 일치시키기도 쉽지 않다. 자연조건—큰 보덴제—이 역사적 발전—과거 콘스탄츠가 지닌 높은 의미는 하락했다—과 〔호수〕 연안이 주에 의해 다섯 지역으로 분할된 사실과 결합됨으로써 순수하게 경제학적으로 뒷받침된 도시의 분포법칙이 충분히 작동할 수 없었다. 생 갈렌 자체는 취리히 G-체계에 포함된다면, 라벤스부르크는 슈투트가르트 L-체계에 포함될 수 있다—이 점이 실제로 주의 발전을 가져왔다. 콘스탄츠 G-체계를 포함시키는 점에 대해서는 의문의 여지가 대단히 많다. 이것은 취리히에 포함될 수도 있고, 생 갈렌을 대신하는 독일 영토 내에서 P-지점의 장소를 대표하는 것으로도 간주될 수 있다.

슈투트가르트 L-체계는 공간적으로 매우 협소하지만, 그럼에도 불구하고 남부독일 전역에 걸쳐 이 체계만큼 미발전한 G-체계가 자주 관찰되는 곳도 없다. 이는 마치 슈투트가르트를 둘러싸고 G-지점이 집적되어 있는 것을 보완하는 것처럼 생각된다. 다시 말해 전체 지역은 제한된 수의 대도시에만 자리를 부여할 수 있고 이러한 도시들도 이미 모두 슈투트가르트 주변에서 출현하고 있기 때문에, 나머지 지역에서는 도시가 존재할 수 없다고 할 수 있다. 북동쪽으로는 두 개의 L-체계가 결여되어 있다. 뉘른베르크 L-체계에 대해 논의하면서 이미 지적한 것처럼, 이 지역에서는 뇌르틀링겐과 로텐부르크가 과거 독자적인 G-체계를 가진 G-지점이었음에 틀림없고, 근대에 들어와서는 국가발전이 이 체계들을 붕괴시켰다고 할 수

22) A. Weitzel: *Deutschlands Neugliederung* (nach dem 'Frankfurter Entwurf'). Frankfurt a. M. o. J. (1931).

있다. 이때 뷔르템베르크지방에서는 새로운 G-지점이 발전할 수 없었다. 뮌트는 이 발전과 관련하여 지나치게 주변부에 자리잡고, 알렌은 남쪽만을, 그리고 할(Hall)은 북쪽만을 움켜쥐고 있다. 엘방겐은 그 중에서 가장 중심적인 위치에 자리잡고 있다. 하지만 거의 수학적인 중심에 해당하며, 무엇보다도 또한 이러한 동쪽체계를 발전시키고자 할 경우 이론상 도식에 부합하는 지점은 오버존트하임(Obersontheim)과 뷜러탄(Bühlertann) 부근에 입지할 것이다. 이 지점은 G-지점에 대응하며 뉘른베르크를 지향하는 방향에 접해 있고 L-유형의 중심부를 둘러싼 62 ㎞의 원 위에 자리잡을 것이다. 그러나 현실에서는 두 개의 고립된 B-체계, 즉 알렌과 할만이 관찰된다.

더구나 남서쪽에서도 이해하기 어려운 양상이 발생하고 있다. 슈투트가르트－취리히－슈트라스부르크가 이루는 삼각형 중에는 P-지점이 하나도 존재하지 않는다. 이곳에서는 적어도 강력히 발전한 G-지점을 찾아 볼 수 있어야 할 것이다. 그렇지만 G-지점은 하나도 발견되지 않고 있으며, 다만 세 개의 잘 발전한 B-지점이 관찰될 뿐이다. 이 B-지점들은 온천지인 뒤르하임(Dürrheim)과 더불어 63의 중심성에 이르고 있다! 그러므로 우리는 이곳에서 P-지점의 장소를 대표하는 기능이 나뉘어 네 개의 지점에 할당되고 있다는 점을 분명히 파악할 수 있다. 영주의 거주지였던 도나우에싱겐(Donaueschingen)과 상업 및 교통 도시인 필링겐(Villingen), 공업도시인 슈벤닝겐(Schwenningen), 그리고 온천지인 뒤르하임이 이에 해당하며, 이때 어느 것이든 격리원리가 함께 작용하고 있다. 물론 두 개의 작은 지역은 그 어떤 G-체계와 관련해서도 그 바깥에 자리잡고 있다. 다름 아닌 프로이덴슈타트(Freudenstadt) 지역과 지그마링겐(Sigmaringen) 지역이다. 이 두 지점은 B-지점에 해당한다. 전자는 28의 중심성을 지니고 G-유형의 의미에 근접하고 있으며, 후자는 겨우 16의 중심성을 지니고 있을 뿐이다. 그러나 양자는 B-체계를 발전시키는 데 그치고 있다. 이뿐만 아니라 또 다른 조합도 성립할 수 있다. 즉, 투틀링겐(Tuttlingen, 24)을 G-지점을 대표하는 것으로 보고, 로트바일(Rottweil)과 발링겐, 에빙겐(Ebingen), 지그마링겐, 징겐(Singen), 도나우에쉬겐, 그리고 필링겐을 B-유형의 꼭지점으로 하는 미발전한 하나의 체계가 이에 해당하는 것처럼 조합될 수 있다는 것이다. 분열된 P-지점의 장소를 차지하는 것으로서 필링겐-슈벤닝겐-도나우에쉬겐을 가정하는 경우에 비해 이 조합이 지닌 장점은 확실히 잘 발전한, 따라서 많이 지점들이 자리잡고 있는 B-원에 입지해 있다는 것이다. 반면 P-지점의 장소가 나눠지는 것을 가정할 경우에는 B-지점은 전혀 존재하지 않는 것이 된다. 확실히 두 조합은 현실과 일치하며, 같은 지역에서 두 개의 미발전한 G-체계가 경쟁하고 있다는 점에서 오늘날에 이르기까지 이 지역에 G-지점이 명백히 성립할 수 없었다는 사실에 대한 이유가 존재한다고 보는 것도 가능하다. 그렇지만 언제인가? 네 개의 지점 중 하나가 — 더구나 제 5의 지점으로서 로트바일(20)도 문제되는데 — 비록 근소할지라도 다른 지점보다 우위에 서게 될 것이다. 그리고 이는 결정을 내리는 데 충분한 이유가 된다. 이때 그 지점은 B-유형의 의미를 신속히 지니게 되고 다른 지점의 의미를 하락시키게 될 것이다.

2) 개별 G-체계에 관한 분석

(1) 슈투트가르트 P-체계

우리는 슈투트가르트 L-체계에 속하는 개별 G-체계에 대한 분석으로 넘어가고자 한다. 이미 언급한 것처럼, 슈투트가르트 G-체계의 36㎞의 B-원 위에는 다섯 개의 G-지점 또는 P-지점이 존재한다. 이 중 두 개, 즉 로이틀링겐과 튀빙겐은 한 쌍을 이루고 단 하나의 B-지점의 장소를 공유하고 있다. 따라서 네 개의 B-지점의 장소를 차지하는 것이 된다. 제 5의 B-지점은 K-지점인 무르하르트(Murrhardt, 8)가 차지하며, 제 6의 장소는 B-지점인 칼브(16)가 차지한다. 36㎞의 원 위에 있는 기타 지점들은 두 개의 B-지점이 이루는 꼭지점을 연결하는 선 위에서 제 2의 외측 A-원에 입지해 있는 지점들로 파악될 수 있다.

K-원은 주로 B-지점들이 차지하며, 따라서 B-원과 마찬가지로 한 단계 높은 수준으로 상승하고 있다. 즉, K1-지점은 B-지점인 바크닝(Backnang, 13), K2-지점은 B-지점인 소른도르프(Schorndorf, 17), K3-지점은 B-지점인 뉘르팅겐(Nürtingen, 18), K4-지점은 B-지점인 뵈블링겐(Böblingen, 16), 끝으로 K5-지점은 K-지점인 파이힝겐 안 데어 엔츠(Vaihingen a. d. Enz, 9), 그리고 K6-지점은 K-지점인 비티히하임(Bietigheim, 8)이다. 이 원의 모든 지점들은 (이를테면 바크낭을 예외로 하고) 36 ㎞ 원 위에 놓여 있는 지점들을 지향하는 방향에 자리잡고 있지 않으며, 따라서 전적으로 보급원리에 부합하고 교통로가 도시발전에 중대한 영향을 미친다는 이론과는 명백히 대립되고 있다.

다음으로 내측 12 ㎞의 원에 관해 살펴보자. 이 원 위에서 우리는 G-지점인 루드비히스부르크를 관찰할 수 있다. 이는 특별한 예이자 근대에 들어와서 건설된 것이다. 이 지점이 차지하는 장소는 동시에 K-지점인 마르바흐(Marbach, 10)에 의해서도 대표되고 있다. 더구나 우리는 이 원 위에서 B-지점인 바이블링겐(19)과 B-지점인 에스링겐(29) ― 후자인 에스링겐은 주로 중공업에 힘입어 주민수가 많음에도 불구하고 영주의 거주지로서 G-유형의 의미를 지니는 루드비히스부르크와 달리 B-지점에 지나지 않는다 ― 그리고 마지막으로 K-지점인 레온베르크(Leonberg, 9)를 찾아 볼 수 있다. 이 A-원의 모든 지점들은 루드비히스부르크처럼 비록 그다지 명백하지 않은 점이 있을지라도 K-원의 지점들과 비교하여 지점 사이의 방향을 취하고 있으며, 이 점은 확실히 놀랄 만한 법칙성을 보여주는 것이다. 제 5의 A-지점의 장소는 M-지점인 에히터딩겐(Echterdingen)이 차지하고 제 6의 장소는 A-지점인 마르크그뢰닝겐(Markgröningen)이 차지하는데, 이 지점들도 역시 이론적으로 적정한 입지에 자리잡고 있다. 제 1의 외측 24 ㎞ A-원의 여섯 개 지점을 추적해 보면, 보급지향성을 보여주는 것 ― B-원의 지점들을 지향하는 것 ― 으로서, 첫째 괴핑겐을 지향하는 방향에 있는 K-지점인 에버스바흐(Ebersbach, 5), 둘째 튀빙겐을 지향하는 방향에 있는 A-지점인 발덴부흐(Waldenbuch, 3), 셋째 칼브를 지향하는 방향에 있는 A-지점인 바일더슈타트(Weilderstadt, 4)를 찾아 볼 수 있다. 제4의 장소는 베지히하임(Besigheim)이 차지하며, 이 지점은 상위지구(Oberamt)의 관청소재 도시이긴 해도 중심성이 3인 A-유형의 의미를 지니고 있을 뿐이다. 반면에 비티히하임은 중요한 철도의 교차점에 입지해 있을 뿐만 아니라 이론도식에 비춰본 중요한 K-원 위에 자리잡고 있으며, 베지히하임처럼 A-원 위에 있지 않기 때문에 8의 중심성을 지니고 있다. 이 원의 제5, 그리고 제6의 지점은 완전히 규정되지 않는다. 제2의 외측 A-원에는 B-지점의 장소에 해당하는 하일브론과 무르하르트 사이에 두 개의 A-지점인 뢰벤슈타인(Löwenstein)과 줄츠바흐가 관찰되며, B-지점의 장소에 해당하는 무르하르트와 괴핑겐 사이에는 두 개의 K-지점인 벨츠하임(Welzheim, 5)과 로르히(Lorch, 5)가 관찰된다. 단, 이 지점들은 K-지점으로서의 높은 의미를 지니고 있지 않다. B-지점의 장소에 해당하는 괴핑겐과 로이틀링겐 사이에는 A-지점인 바일하임과 노이펜(Neuffen)이 발견되고, B-지점의 장소에 해당하는 튀빙겐과 칼브 사이에는 한 개에 불과하지만 그 대신에 상당한 수준의 K-유형의 의미를 지니고 있는 지점인 헤렌베르크(Herrenberg, 9)가 발견된다. B-지점의 장소에 해당하는 칼브와 포르츠하임 사이에는 그 거리가 상대적으로 짧기 때문에 K-지점은 리벤첼(Liebenzell, 6) 하나만 발견되고, 이밖에도 두 개의 잘 발전한 M-지점인 히르사우(Hirsau)와 운터라이헨바흐(Unterreichenbach)가 발견된다. B-지점의 장소에 해당하는 포르츠하임과 하일브론 사이에도 역시 두 개의 K-지점인 뮐아커(Mühlacker, 8)와 브라켄하임(Brackenheim, 4)이 발견된다. 두 개의 외측 A-원의 A-지점이 다른 G-체계에서는 종종 상당히 미약한 발전을 보여주지만 이러한 A-지점조차 거의 빠짐없이 발견되고, 이따금 보다 높은 계층을 차지하고 있으며 거의 모두가 보급원리를 지향하고 있다. A-유형 이상의 의미를 지닌 중심지 중 소수만이 도식과 일치하지 않는 장소에 자리잡고 있다. 이를테면 B-지점인 키르히하임(Kirchheim)과 K-지점인 메칭겐(Metzingen), K-지점인 플로힝겐(Plochingen), K-지점인 빈넨덴(Winnenden) 등과 같은 것이 그러하다.

슈투트가르트에 부속되어 있는 G-체계 중 우리는 우선 하일브론 체계를 살펴보고자 한다. 이 체계는 이러한 종류의 체계 중에서도 가장 발전한 것이다. 하일브론은 사실상 포르츠하임을 제외하면 100에 이르는 최고의 중심성을 지니고 있다. 일반적으로 하일브론을 둘러싼 36㎞의 정규적 간격을 갖고서 (특히 북동쪽을 향하여) 펼쳐져 있는 B-원 위에는 B1-지점으로서 하이델베르크와 뷔르츠부르크 G-지점 사이의 방향에 있는 모스바흐(16)가 관찰되며, 단 이 지점은 하이델베르크 G-체계에 포함될 수도 있다. B2-지점으로서는 뷔르츠부르크와 안스바흐 사이의 방향에 있는 퀸첼자우(Künzelsau, 9)가 관찰되며, 이 지점은 K-유형의 의미만을 지니고 있다. B3-지점으로서는 안스바흐와 알렌 사이의 방향에 있는 슈바벤의 할(Hall, 20)이 관찰된다. 제 4, 제 5의 B-지점의 장소는 슈투트가르트 G-체계에 놓여 있으며, 바크낭과 슈투트가르트 자체(또는 루드비히스부르크)가 차지하고 있다. 마지막으로 제 6의 B-지점의 장소는 브루흐잘(Bruchsal)과 하이델베르크 G-지점 사이의 방향에 있는 K-지점인 진스하임(Sinsheim, 10)에서 관찰된다. 21㎞의 K-원은 다소 불완전하나 K-지점인 뫼크뮬(Möckmuhl, 5)과 놀라울 정도로 잘 발전한 B-지점인 외링겐(Öhringen, 18), K-지점인 비티히하임(8), 그리고 K-지점인 에핑겐(5)이 그 위에 있으며, 이 지점들은 전부 정확히 B-지점 사이의 방향을 취하고 있다.

A-지점에 대해 살펴보면, 내측 A-원 위에는 우선 네 개의 A-지점인 야그스트펠트(Jagstfeld)와 노이엔슈타트(Neuenstadt), 뇌벤슈타인, 그리고 브라켄하임이 부분적으로 상당히 정확한 K-지점 사이의 방향에 자리잡고 있다. 슈바이게른(Schwaigern)만이 교통지향성을 보여준다. 외측 A-원은 대부분의 경우 명료하지 않다.

하일브론과 괴핑겐의 G-체계 사이에는 슈투트가르트 G-체계에 부속되어 있는 체계의 수에서 누락된 부분이 파악된다 — 무르하르트는 G-유형의 의미에 이르지 못하고 있다. 괴핑겐이 마침내 독자의 G-체계를 다시 구축하고 있으나, 이 체계는 불완전한 모습을 보여준다. 36 ㎞의 B-원은 비록 아주 뚜렷이 표현되고 가일도르프(Gaildorf)와 알렌, 하이덴하임, 울름, 블라우보이렌(Blaubeuren), 뮌싱겐(Münsingen), 로이틀링겐, 그리고 슈투트가르트에 의해 그 윤곽이 드러나지만 — 이 모든 지점들이 정확히 36 ㎞ 떨어져 입지하고 있다는 사실은 예상치 못한 것이다 —, 우리는 언급한 지점의 그 어떤 것도 괴핑겐에 대해 일종의 위성도시의 기능을 수행하고 있다고 지적할 수 없다. 괴핑겐 G-체계는 21 ㎞의 K-원과 함께 비로소 시작되고 있다. 이 원 위에 쇼른도르프(Schorndorf)와 뮌트가 입지해 있지만, 이 두 지점 사이의 간격은 다소 짧다고 할 수 있다. 더구나 B-지점인 가이슬링겐(Geislingen, 14)과 K-지점인 라이힝겐(Laichingen, 4)이 있으며, 이 두 지점의 간격은 대단히 먼 편이다. 그리고 로이틀링겐과 슈투트가르트 사이의 탁월한 방향에는 B-지점인 키르히하임 운터 테크(Kirchheim unter Teck, 23)가 있으며, 이 지점의 입지와 의미는 그 방향을 고려할 때 보다 손쉽게 이해될 수 있다. 이 지점은 로이틀링겐–슈투트가르트–괴핑겐이 이루는 삼각형의 중앙에서 B-유형의 기능을 수행하는 장소를 뉘르팅겐과 나눠 차지하고 있다. 따라서 괴핑겐을 둘러싼 K-원은 전반적으로 한층 높은 수준으로 상승하고 있다. 내측 A-원 위에는 아주 정확히 지점 사이의 방향을 따라 K-지점인 로르히(5)와 A-지점인 돈츠도르프(Donzdorf) — 이 지점은 측방계곡[23]의 기점에 자리잡고 있기 때문에 주목할 만한 가치가 있다. 따라서 이 경우에는 다른 많은 경우와 달리 계곡의 종점에 있는 지점(예를 들어, 바이센슈타인)이 아니라 '한층 적정한' 입지를 가진 지점이라는 것이 그만큼 중요한 의미를 띤다 — 가 존재한다. 이밖에 M-지점으로

23) 〔역주〕 하천의 본류가 흐르는 방향을 기준으로 하곡이 형성되어 있을 경우 이에 접속하는 지류가 만들어 놓은 계곡, 즉 지류계곡 또는 횡곡(橫谷)을 말한다.

구성되어 있을 뿐이지만 데깅겐(Deggingen)이 존재하고, 마지막으로 항상 이론적으로 예상할 수 있는 방향에 있는 A-지점인 바일하임과 K-지점인 에버스바흐(5)가 존재한다.

로이틀링겐과 튀빙겐의 G-체계에서는 두 개의 지점이 중심점으로 고찰될 수 있으나 로이틀링겐이 결정적 우위를 점하고 있다. 슈투트가르트 체계에 부속된 것으로서 이 체계는 불완전하게 발전해 있다. 36 ㎞의 B-원 위에는 무엇보다도 슈투트가르트 자체가 자리잡고 있으며, 다음으로 아무런 영향력을 행사하지 못하는 괴핑겐이 존재한다. 제 3의 B-지점의 장소는 K-지점인 뮌싱겐(9)이 아주 적정하게 자리잡고 있으나, 인구가 희박한 알프(Alb) 고산지대로 말미암아 B-유형의 의미를 지니고 있지 않다. 더구나 B-원 위에는 B-지점인 에빙겐(16)과 발링겐(18)이 상당히 인접한 채 발견되며, 이 두 지점은 B-지점의 장소를 공유하고 있다고 볼 수 있다. 다음 B-지점의 장소는 K-지점인 호르프[Horb, 중심성은 9이지만 인접한 중심성이 12인 렉싱겐(Rexingen)과 더불어 거의 B-유형의 의미를 지니고 있다]가 차지하며, 마지막 제 6의 장소는 B-지점인 칼브(16)가 차지하고 있다. 이 지점들의 방향은 대부분 불명료하며, 인접한 G-지점이 주로 결여되어 있다는 사실로부터 우리는 이 점을 이해할 수 있다.

K-원 위에는 K1-지점으로서 한 쌍을 이루고 있는 B-지점인 뉘르팅겐과 키르히하임 운터 테크, K2-지점으로서 이미 B-지점의 장소로서 언급된 K-지점인 뮌싱겐, K3-지점으로서 M-지점인 트로히텔핑겐(Trochtelfingen) — 이 지점으로부터 멀리 떨어지지 않은 곳에 A-지점인 감머팅겐(Gammertingen)이 자리잡고 있기 때문에, 이 지점이 지닌 의미는 상대적으로 높지 않다 —, K4-지점으로서 상당한 수준에 있는 B-지점인 헤힝겐 — 이러한 공업지대에서는 당연하다고 볼 수 있다 —, K5-지점으로서 K-지점인 나골트(10), 그리고 끝으로 K6-지점으로서 B-지점인 뵈블링겐이 확인된다. 따라서 우리는 B-지점 사이의 방향을 거의 언제나 유지하면서 양호하고 안정된 구조를 가진 K-원을 확인할 수 있다(예외는 헤힝겐이다). 내측 12 ㎞

의 A-원 위에서는 K-지점인 우라흐(Urach, 중심성은 11이며, 상위지구의 관청 소재지이자 관광지이다), A-지점인 뫼싱겐(Mössingen), K-지점인 로텐부르크(중심성이 8이며, 주교구의 수도이자 상위지구의 관청 소재지이다), K-지점인 헤렌베르크, A-지점인 발덴부흐가 파악된다. 외측 A-원, 특히 호르프와 칼브의 B-지점을 연결하는 선 위에서는 K-지점인 나골트와 A-지점인 빌트베르크(Wildberg)가 확인되며, 다음으로 K-지점인 하이거로흐(Haigerloch, 5)가 확인된다. G-지점으로부터의 간격과 관련하여 특수한 위상을 차지하는 것은 K-지점인 풀링겐(Pfullingen, 7)과 K-지점인 메칭겐이며, 양자는 아마도 로이틀링겐에서 행해지는 공업활동의 분기점으로서 설명될 수 있을 것이다.

P-지점 **포르츠하임**은 자신보다 우위에 있는 지방의 수도인 슈투트가르트와 칼스루에로부터 멀리 떨어져 있지 않기 때문에 독자의 P-체계를 발전시키지 못했으며, 그 G-체계도 이상하리만큼 공간적으로 제한되어 있다. 슈투트가르트는 B-원 위에 있고, 칼스루에는 거의 K-원 위에 자리잡고 있다—비교적 오래된 두르라흐(Durlach)가 정확히 21 ㎞의 원 위에 있다는 점은 흥미롭다. G-지점인 브루흐잘과 라슈타트〔Rastatt, 그리고 바덴-바덴 혹은 게른스바흐(Gernsbach)〕는 B-원 위에 있다. 하지만 포르츠하임 G-체계에 대한 특유의 귀속관계와 관련해서는 이 원의 포르츠하임 남쪽에 있는 부분만이 문제되며, 이 부분에 B-지점의 장소를 대표하는 나골트(10)가 자리잡고 있다. 그러므로 네 개의 B-지점에 해당하는 장소가 판별되며, 제 5의 장소는 에핑겐(또는 브라켄하임?)에서, 그리고 제 6의 장소는 뵈블링겐에서 역시 분명히 확인된다. K-원은 상당히 뚜렷이 표현되고 있다. 대부분이 적절한 보급지향성을 보여주며, B-지점인 브레텐(Bretten, 12)과 K-지점인 파이힝겐 안 데어 엔츠, A-지점인 바일더슈타트, B-지점인 칼브(16), K-지점인 빌트바트(Wildbad), 그리고 헤렌알프(Herrenalb, 7)가 입지해 있고, 이밖에도 에틀링겐(Ettlingen)과 두르라흐가 있다. 따라서 전체적으로 정규적인 여섯 개의 지점을 대신하여 여덟 개의 지점이 존

재하며, 이는 여러 가지 상황을 통해 설명될 수 있다. 내측 A-원은 세 개의 K-지점, 즉 뮐아커(8)와 바트 리벤첼(6), 그리고 노이엔뷔르크(Neuenbürg, 7)로 그 윤곽이 양호하게 표현되는 반면, 슈투트가르트와 칼스루에를 지향한 방향에서의 분포는 커다란 단절을 겪고 있다. 이 체계에 편입될 수 없는 것은 K-지점인 마울브론(Maulbronn, 5)뿐이지만, 이 지점은 체계 중에서 비교적 유리한 곳에 자리잡고 있으며, 더구나 중요한 철도 교차점으로서 선호되는 뮐아커에 의해 압도당했다. 이밖에도 대부분이 휴양지인 몇몇 A-지점이 존재하며, 마지막으로 그 이유를 쉽게 설명할 수 없는 K-지점인 알텐슈타이크(Altensteig, 7)가 있다. 이는 아마도 베젠펠트(Besenfeld) 부근의 산림지대에 〔입지할 것이라고〕 이론적으로 예상되는 K-지점 또는 B-지점을 대체하는 지점으로 간주될 수 있다.

(2) 울름 P-체계

어떤 방향이든 확대될 수 있는 폭넓은 공간적 여지를 갖고 있음에도 불구하고, 울름의 고유한 P-체계는 존재하지 않는다. 반면에 G-체계는 충분히 발전해 있다. B-원은 약 36㎞의 거리에 있으며, 남쪽으로는 다소 멀리 떨어져, 그리고 괴핑겐 방향으로는 다소 가까이에 자리잡고 있다. 이 원 위에는 괴핑겐과 뇌르틀링겐(이 또한 G-지점의 하나로 고찰할 수 있다)의 G-지점 사이의 방향에 있는 B-지점인 하이덴하임(21)이, 뇌르틀링겐과 아우크스부르크의 G-지점 사이의 방향에 있는 딜링겐과 라우잉겐, 그리고 군델핑겐으로 분할된 B-지점(중심성이 합계 19이다)이, 그리고 아우크스부르크와 켐프텐의 G-지점 사이의 방향에 있는 크룸바흐(10)가 있다. 물론 크룸바흐는 울름-아우크스부르크-켐프텐으로 이뤄지는 삼각형의 중앙을 공동으로 차지하는 뛰어난 B-지점인 멤밍겐(31)과 민델하임(13)이 가까이에 자리잡고 있기 때문에 비교적 낮은 기능, 말하자면 K-유형의 기능만을 지니고 있을 뿐이다. 다음으로 대체로 G-지점을 지향한 방향을 갖고 있으며, 이 원의 가장 근접해 자리잡고 있는 세 개의 B-지점, 즉 비베라흐(라벤스부르크 방향)와 뮌싱겐(9, 로이틀링겐 방향), 그리고 가이슬링겐(14, 괴핑겐 방향)이 존재한다.

B-지점이 이처럼 규칙적으로 분포하는 경우에는 모든 지점이 적정하게 자리잡고 있는 K-원이 예상된다. 그렇지만 북쪽으로는 중심지가 전혀 존재하지 않는다 — 인구가 아주 희박한 알프의 고지대인 이 지역에서는 일반적으로 그 어떤 큰 지점도 등장하지 않으며, 특히 가이슬링겐과 하이덴하임이 K-원에 아주 인접해 자리잡고 있다는 것도 그 원인이 된다. 하지만 여타 지역에서는 뚜렷한 규칙성이 관찰된다. 딜링겐과 크룸바흐의 B-지점 사이의 방향에는 두 개의 K-지점인 귄츠부르크(Günzburg, 9)와 이헨하우젠(Ichenhausen)이 존재한다. 이헨하후젠은 이론상 비교적 적정한 위치에 자리잡고 있으나 교통상으로 불리한 곳에 있으며, 중심성 7을 넉넉히 확보하고 있다. 크룸바흐와 비베라흐의 B-지점 사이의 방향에서는 아주 정확한 위치에 일러티센(Illertissen)이 있으며, 따라서 9의 중심성을 지니는 것은 전적으로 타당하게 여겨진다. 비베라흐와 로이틀링겐의 B-지점 사이의 방향에는 에힝겐(Ehingen, 11)이 놓여 있다. 더구나 K-지점인 블라우보이렌(7)이 있으며, 뮌싱겐을 지향하는 방향에 자리잡고 있다. 뮌싱겐은 원래 로이틀링겐의 K-원 위에 있는 것으로 여겨질 수 있으므로, 그 입지는 전적으로 보급원리에 부합한다. 마지막으로 또한 예상하지 못한 교통지향적 입지가 있는데, 그것은 B-유형의 의미를 지닌 라우프하임(Laupheim, 14, 상인들이 많이 거주한다)으로 비베라흐를 지향하는 방향에 자리잡고 있다.

내측 A-원은 과거에 큰 의미를 지녔던 도시들이 그러했던 것처럼 미미한 발전을 보여준다(아우크스부르크, 뉘른베르크, 뷔르츠부르크, 레겐스부르크를 참조하라). 제 2의 외측 A-원의 동쪽과 남쪽부분은 K-지점인 부르가우(7, 하이덴하임과 딜링겐의 B-지점을 잇는 선 위에 놓여 있다)와 K-지점인 켈뮌츠(Kellmünz), A-지점인 에롤츠하임(Erolzheim), 그리고 K-지점인 옥센하우젠(Ochsenhausen, 6)을 통해 발전하고 있으며, 이 모든 지점들은 바벤하우젠(Babenhausen)과 비베라흐의 B-지점을 연결하는 선 위에 자리잡고 있다.

(3) 보덴제 G-체계

라벤스부르크 G-체계에서는 중심에 있는 원의 정규적 간격이 꽤나 양호하게 실현되고 있지만, 교통지향성이 결정적으로 작용한 경우가 적지 않다. B-원 위에는 우선 울름을 지향하는 G-지점의 방향에 있는 B-지점인 비베라흐가 자리잡고 있으며, 다음으로 켐프텐을 지향하는 G-지점 방향의 양측에 인접해 있는 B-지점인 로이트키르히(14)와 K-지점인 이스니(8)가 자리잡고 있다. 이밖에도 켐프텐과 생 갈렌의 G-지점 사이의 방향에 있는 두 개의 잘 발전한 B-지점, 즉 바이에른의 린다우(29)와 오스트리아의 브레겐츠가 입지하며, 양자는 서로 인접해 있다(격리원리!). 생 갈렌과 콘스탄츠의 G-지점 사이의 방향에는 스위스의 로만쇼른(Romanshorn)이 있다. 제 5의 B-지점의 장소로서는 G-지점인 콘스탄츠 자체가 〔하나의〕 체계를 형성하는 지점이 된다. 보덴제 북쪽 호안에서 이러한 장소를 대표하는 것은 B-지점인 위버링겐(Überlingen, 16)과 K-지점인 메르스부르크(Meersburg, 5)이며, 끝으로 제 6의 장소로서는 K-유형의 의미만 있을 뿐인 풀렌도르프(Pfullendorf, 6)가 있다. 이 지점은 인접한 B-지점인 지그마링겐으로 인하여 결코 이보다 높은 중심성을 지닐 수 없다.

K-원도 역시 방향과 관련하여 빈번히 교통지향성을 보여주며, 그 간격은 상당히 규칙적이다. 이 원의 지점들은 K-지점인 알트스하우젠〔Altshausen, 중심성이 4이고 그 옆에 자리잡은 K-지점인 아울렌도르프(Aulendorf)의 중심성도 5이다〕과 K-지점인 발트제(Waldsee, 11), K-지점인 키스레크(Kißlegg, 6), 뛰어난 B-지점인 방겐(Wangen, 15), 그리고 여전히 상대적으로 중요한 B-지점인 프리드리히스하펜(19) 등이다. 반면에 내측 A-원에

는 중심지가 거의 존재하지 않는다. 라벤스부르크도 과거에 중요했던 도시에 지나지 않는다. 다만 K-지점인 테트낭(Tettnang, 7)이 그 철도연계 지점에 해당하는 A-지점인 메켄보이렌(Meckenbeuren)과 함께 이 원 위에 자리잡고 있다. 제 1의 외측 A-원은 K-지점인 자울가우(Saulgau, 9)와 K-지점인 부르차흐(Wurzach, 4, 정확히 보급원리에 의거한 위치에 자리잡고 있다), A-지점인 헤미히코펜(Hemigkofen), A-지점인 잘렘(Salem)이 차지하며, 제 2의 A-원은 K-지점인 린덴베르크(Lindenberg, 7)와 A-지점인 오스트라흐(Ostrach), 그리고 K-지점인 부하우(Buchau, 8)가 차지하며, 후자의 두 지점은 풀렌도르프와 비베라흐를 연결하는 선 위에 놓여 있다.

라벤스베르크 G-체계에서 고차의 중심지가 많이 존재하는 점이 특별히 눈에 띈다. B-지점 또는 G-지점이 10개(정규적인 경우에는 여섯 개이며, 따라서 67%나 많이 존재한다)이고, 이밖에도 K-지점이 14개(정규적인 경우에는 여섯 개이며, 따라서 133%나 많이 존재한다)인데 비해 A-지점은 여덟 개(정규적인 경우는 24개이며, 따라서 67%나 적게 존재한다), 그리고 M-지점은 약 22개(정규적인 경우는 72개이며, 따라서 70%나 적게 존재한다)에 불과하다. 이러한 사실을 이론적으로 설명하면, 황무지 지역에서는 저차 중심지의 발전이 미약한 반면, 고차 중심지의 발전이 현저하기 때문이라고 할 수 있다.

콘스탄츠 G-체계의 경우에는 모든 관계를 개관하기란 쉽지 않다. 수학적인 36㎞의 원 위에는 두 개의 G-지점인 빈터투르(Winterthur)와 라벤스부르크가 정확히 자리잡고 있으며, 하나의 P-지점 또는 G-지점인 생 갈렌 또는 샤프하우젠(Schaffhausen)도 거의 정확히 입지해 있다. 이 점에 비춰볼 때 콘스탄츠는 과거에 독자적인 고차 체계, 이를테면 P-체계를 형성했던 것으로 생각할 수 있다. 그런데 이 체계는 스위스 연방이 독일제국 연맹에서 탈퇴하고 그 뒤 바덴, 뷔르템베르크, 바이에른, 오스트리아 사이에 경계가 설정됨에 따라 교란을 받게 되었으며, 이 사실은 역사적으로도 입증되고 있다. 이렇듯 우리는 콘스탄츠 체계를 오늘날 그 지위가 하락한

P-체계로 설명할 수 있으며, 이 체계의 과거 B-지점은 이러한 교란을 활용하여 G-유형의 의미를 얻게 되고, 더구나 생 갈렌은 P-유형의 의미를 얻게 되었다.

오늘날의 콘스탄츠 G-체계는 〔공간적으로〕 현저히 제한되고 있으며, 콘스탄츠가 지닌 의미가 하락한 점과 인구가 조밀하게 된 점에 부응하여 B-원은 약 30 ㎞까지 다가오고, 중요한 B-지점인 징겐(28, 샤펜하우젠과 투틀링겐의 G-지점 사이의 방향에 있다)과 라벤스부르크에 의해 그 윤곽이 드러나고 있다. K-원은 K-지점인 라돌프첼(Radolfzell, 9)과 B-지점인 프리드리히스하펜(19), B-지점인 로만쇼른과 B-지점인 빌(Wil)로서는 반드시 완전하지 않다. B-지점인 위버링겐(16)을 여기에 포함시킨다면, 이 원은 완전한 것이 될 것이다. 그렇지만 이 지점을 A-원에 포함시키는 것이 훨씬 타당하다. 그러므로 이 K-원은 한 단계 높은 수준으로 옮겨가고 있으며, 부분적으로 B-원도 이와 같다. 다음으로 내측 A-원 위에는 위버링겐 이외에 K-지점인 메르스부르크(5)와 스위스의 K-지점인 바인펠덴(Weinfelden)이 관찰되며, 라이헤나우(Reichenau)는 M-지점으로 머물고 있다. 더구나 K-지점인 슈톡카흐(Stockach, 10)는 여전히 양호한 보급상의 입지를 갖고 있으나, 두 개의 K-지점인 엥겐(Engen, 9)과 메스키르히(Meßkirch, 9)는 별로 양호한 입지를 갖고 있지 못하다.

(4) L-체계의 서남부

슈투트가르트 L-체계의 핵심부의 서남쪽으로는 넓은 지역에 걸쳐 G-유형의 의미를 지닌 지점들이 전혀 존재하지 않는다. 이러한 현상은 그 주변에 뷔르템베르크의 네카지방과 라인 평원의 주변부, 보덴제를 중심으로 G-지점과 이보다 고차인 지점들이 집적해 있기 때문에 그만큼 더 기이하게 생각된다. 동일한 정도로 넓은 평원에 G-지점이 존재하지 않은 것은 뉘른베르크 L-체계의 서남쪽 변경지역과 알프스지방 및 뵈멘 산림지대에서만 찾아 볼 수 있다. 산악지대라는 자연조건을 그 원인으로만 보는 것은 타당하지 않으며, 우리는 이에 반대되는 수많은 예들을 갖고 있다 — 예를 들어 켐프텐, 바이로이트, 호프, 피르마젠스(Pirmasens), 카이저스라우테른(Kaiserslautern) 등의 경우이다. 이와 반대로 산악지대와 넓은 고지가 오히려 G-지점의 발생을 예정하고 있다. 앞서 우리는 필링겐-슈벤닝겐-도나우에슁겐과 바트 뒤르하임(Bad Dürrheim)에서 슈투트가르트 L-체계와 관련하여 분할된 P-지점의 장소를 관찰할 수 있다는 견해를 피력한 바 있다. 핵심부의 분할과 관련하여 체계의 원들을 탐색하는 것은 무용한 일이 아니며, 우리는 알프스지방의 경우와 마찬가지로 특징적 간격을 확인하는 데 만족하지 않을 수 없다. 36 ㎞의 B-유형의 간격은 B-지점인 로트바일(20)과 B-지점인 프로이덴슈타트 사이에서 발견된다. 더구나 이는 한편으로 B-지점인 투틀링겐(24) 또는 B-지점인 도나우에슁겐(22)과 다른 한편으로 샤펜하우젠 사이, B-지점인 도나우에슁겐과 B-지점인 발츠후트(Waldshut) 사이, 다소 멀리 떨어져 있는 B-지점인 필링겐(21)과 프라이부르크 임 브라이스가우(Freiburg im Breisgau) 사이, B-지점인 필링겐과 B-지점의 장소를 대표하는 K-지점인 볼파흐(Wolfach, 8) 사이, 그리고 끝으로 B-지점인 슈벤닝겐(16)과 B-지점인 발링겐 사이에서도 발견된다. 이로부터 필링겐과 로트바일, 투틀링겐, 그리고 도나우에슁겐으로 경계가 그어지는 체계의 핵심부가 드러나며, 거의 그 중심에 해당하는 것이 곧 슈벤닝겐이다.

이 핵심부의 주변지점에서 특유의 K-유형의 간격인 21 ㎞를 떨어져 있는 지점들이 관찰된다. 즉, 필링겐에서 이 간격에 있는 지점으로서는 K-지점인 슈람베르크(Schramberg, 6)와 프리베르크(Triberg, 12), 푸르트방겐(Furtwangen, 6), 그리고 또한 B-지점인 로트바일을 들 수 있다. 로트바일에서 이 간격에 위치해 있는 지점으로서는 K-지점인 슈람베르크과 술츠 암 네카(Sulz am Neckar, 7), B-지점인 발링겐, 그리고 또한 B-지점인 필링겐이 있다. 투틀링겐에서 이러한 간격에 있는 지점으로서는 K-지점인 메스키르히와 슈톡카우, 그리고 정확하지는 않지만 엥겐과 징겐이 있다.

전자는 너무 가까이에 있고 후자는 너무 멀리 떨어져 있다. 더구나 이와 같은 간격에 있는 지점으로서는 B-지점인 슈벤닝겐과 B-지점인 도나우에쉬겐도 있다. 도나우에쉬겐에서 이 간격에 있는 지점으로서는 K-지점인 엥겐(9)과 본도르프(Bonndorf, 4), 노이슈타트 임 슈바르츠발트(Neustadt im Schwarzwald, 8), 다소 멀리 떨어져 있는 푸르트방겐, 그리고 또한 B-지점인 투틀링겐이 있다. 따라서 결국 K-원이 구성되고 이 K-원은 슈파이힝겐(Spaichingen, 7)과 생 게오르겐(St. Georgen, 5), 그리고 오베른도르프(9)를 제외한 이 지역의 모든 K-지점을 포괄하고 있다. 체계의 핵심부를 형성하는 지점으로부터 특유의 12㎞인 A-유형의 간격을 둔 A-지점으로서는 K-원 위에 있지 않지만 위에서 언급한 K-지점인 오베른도르프와 생 게오르겐, 슈파이힝겐(로트바일과 슈벤닝겐, 그리고 투틀링겐으로부터 매우 정확한 12㎞의 거리에 자리잡고 있다!)이 있고, 엥겐도 여기에 포함된다. 더구나 A-지점인 둔닝겐(Dunningen)과 쾨닉스펠트(Königsfeld), 푀렌바흐(Vöhrenbach), 그리고 뢰핑겐(Löffingen)도 이에 포함된다. 이처럼 이 체계에 배열될 수 없는 A-지점은 많지 않다.

지그마링겐(16)은 고립된 B-체계를 형성하고 있지만, 그 K-원은 B-지점인 에빙겐(16)과 A-지점인 감머팅겐, K-지점인 리들링겐(Riedlingen, 11), K-지점인 자울가우(9), 그리고 K-지점인 풀렌도르프(60)로 그 윤곽이 분명히 드러난다. 제 6의 K-지점의 장소는 존재하지 않는다. 지그마링겐을 둘러싼 내측 12㎞의 A-원 위에 있는 지점으로서는 K-지점인 멩겐(Mengen, 5)과 K-지점인 메스키르히(9), 그리고 슈테텐 암 칼텐 마르크트(Stetten am kalten Markt)를 언급할 수 있는데, 명백한 보급지향성을 보여주며 교통(로)에서 벗어나 있다. 그리고 또한 M-지점으로 머물러 있는 베링겐슈타트(Veringenstadt)도 거론될 수 있다.

끝으로 중심성이 28로서 상당한 의미를 지니고 있는 B-지점인 **프로이덴슈타트**가 독자의 B-체계를 형성하고 있다. 이 K-원 위에는 대부분이 확정되지 않은 방향을 취하고 있지만, K-지점인 알텐슈타이크(7)와 호르프

(9), 슐츠 암 네카(7), 오베른도르프(9), 볼파흐[8, 실제로 호른베르크(Hornberg), 하슬라흐 등과 함께 B-지점의 장소를 차지하고 있다]가 존재하고, 마지막으로 슈바르츠발트 산등성이 건너편에 오페나우(Oppenau, 5)가 있다. 이밖에 A-지점인 쉴타흐(Schiltach)도 언급할 수 있다.

(5) L-체계의 동북부

슈투트가르트 L-체계에서 동북쪽에 대해서는 서술할 것이 여전히 남아 있으나 이미 이따금씩 언급했기 때문에 여기서는 간략히 서술할 수 있다. 로텐부르크 옵 데어 타우버와 뇌르틀링겐의 G-체계는 존재하지 않으나 특유의 A-유형의 간격은 두 말할 나위도 없이 유지되고 있다. 즉, 로텐부르크에서 각각 메르겐트하임(Mergentheim, 22)과 퀸첼자우(Künzelsau, 9), 그리고 크라일스하임(Crailsheim, 17)까지, 노르트링겐에서 각각 엘방겐(18)과 알렌(22), 하이덴하임(21), 그리고 딜링겐까지의 거리가 이에 해당한다. 뮌트와 엘방겐, 그리고 하이덴하임까지의 간격이 각각 21 ㎞에 불과하기 때문에, 알렌은 원래 불필요한 과잉지점이다. 그렇지만 적어도 K-원이 잘 발전된 G-체계를 형성할 전망은 알렌에서 가장 크다. 왜냐하면 위에서 언급한 세 개의 B-지점 혹은 G-지점 이외에 K-지점인 보핑겐(Bopfingen, 8)과 A-지점인 네레스하임(Neresheim)도 21 ㎞의 원 위에 있기 때문이다. 하지만 내측 A-원은 대단히 미약하게 표현되고 있다.

이렇듯 남쪽에서 중심지의 분포는 알렌 B-체계로 설명될 수 있을 것이다. 하지만 북쪽에서도 이러한 설명이 가능하다. 북쪽에서는 두 개의 B-지점이 대립하며, 양자는 K-원을 형성하는 경향을 보여주고 있다. 그러나 둘 다 이러한 경향이 벌써 어떤 방식으로든 질서를 잡고 있는 체계가 영향력을 행사하는 방면에서 나타난다. 즉, 크라일스하임의 K-원 위에는 엘방겐과 딩켈스뷜, 포이히트방겐, 그리고 할이 자리잡고 있다. 이에 반해 슈베비쉬-할(Schwäbisch-Hall)은 퀸첼자우와 외링겐, 무르하르트, 그리고 크라일스하임을 거느리고 있다. 더구나 공동으로 8의 중심성을 지닌 A-지점인 블라우펠덴(Blaufelden)-슈로츠베르크(Schrozberg)-게라브론(Gerabronn)이 차지하는 분열된 K-지점의 장소를 부가하고 그 입지는 다수 벗어나 있으나 K-지점인 가일도르프(Gaildorf, 8)까지 더한다면—이 두 K-지점의 장소는 할과 크라일스하임의 B-체계에 공통으로 속하고 있으나—, 우리는 두 개의 서로 교차된 B-체계를 얻을 수 있으며 각각 여섯 개의 꼭지점을 얻게 된다. 할을 둘러싼 내측 A-원은 부분적으로 드러나지만, 크라일스하임의 그것은 특이하게도 거의 드러나지 않는다.

3) 결 과

슈투트가르트 L-체계에서는 중심지, 특히 고차 중심지의 수와 분포, 그리고 규모의 법칙성이 뮌헨 L-체계와 무엇보다도 뉘른베르크 L-체계의 경우에 비해 불명확하다. 전체 지역의 약 절반은 그 어떤 G-지점으로 파악하더라도 그 영역 밖에 자리잡고 있으며, 따라서 G-유형의 도달범위를 가진 중심재를 포기하지 않을 수 없다. 다른 한편으로 슈투트가르트를 둘러싼 G-지점은 많으며, 따라서 G-지점 사이의 간격은 B-지점 사이의 간격과 일치한다. 슈투트가르트 P-체계에서는—이 체계가 상대적으로 새로운 체계임에도 불구하고—견고하고 매우 규칙적으로 구성된 L-체계의 핵심부가 존재하며, 이 체계는 중심적인 슈투트가르트 G-체계와 그에 부속되어 있는 네 개의 G-체계로 형성되어 있다. 이뿐만 아니라 이러한 체계들은 대부분 의미의 유형으로서 한 단계 높은 수준으로 상승하고 있다. 슈투트가르트 P-체계 이외에도 L-체계의 구성에는 울름과 생 갈렌의 P-체계가 관계하고 있다—인접해 있는 대부분의 P-체계, 다시 말해 프라이부르크와 취리히, 뷔르츠부르크 체계는 전적으로 L-체계 밖에 자리잡고 있거나 대체로 L-체계 밖에 자리잡고 있다. 슈투트가르트 L-지점이 약 1,600의 중심성을 지니고 있다면, 독자적인 P-체계를 형성하는 P-지점인 울름은

160의 중심성을 지니고 있을 뿐이다. 어느 정도 P-지점의 장소를 대표하는 것은 100의 중심성을 지닌 하일브론과 70의 중심성을 지닌 콘스탄츠이다. 슈투트가르트와 울름, 그리고 라벤스부르크의 G-체계만이 완전히 발전해 있다. 하지만 후자의 도시인 라벤스부르크는 40의 중심성에 이르고 있을 뿐이다. 슈투트가르트 G-체계에는 네 개의 부분적으로 상당히 잘 발전한 G-체계, 즉 하일브론과 괴핑겐, 로이틀링겐, 포르츠하임 체계가 부속되어 있다. 이 지점들의 중심성은 아주 제각각인데, 포르츠하임은 210의 중심성을 지니고 있지만 P-지점에 속한다. 하일브론과 로이틀링겐은 각각 100의 중심성을 지니고 있으며, 괴핑겐은 60의 중심성을 지니고 있고 사실 B-체계를 형성하는 데 그치고 있다. 아직까지 체계를 형성하지 못한 G-지점이 세 개나 존재하는데, 튀빙겐과 루드비히스부르크와 뮌트가 그것들이다. 따라서 우리는 여덟 개의 G-체계를 갖게 된다. 여기에 필링겐을 둘러싼 미발전한 체계도 더해진다. 다만, 이 체계는 현재 미발전한 필링겐-슈벤닝겐-도나우에쉰겐의 G-체계와 두 개의 고립된 B-체계인 프로이덴슈타트와 지그마링겐에 의해 대체되고 있다. 역시 또한 북동쪽으로 알렌과 할, 크라일스하임의 둘 또는 세 개의 고립된 B-체계가 관찰된다. 이 B-지점들은 대부분 20~30에 이르는 상당한 중심성을 지니고 있다. 이에 따라 슈투트가르트 L-체계는 10개의 지역으로 나뉠 수 있으며, 그 중 여덟 개는 G-유형의 재화를 공급하는 부분적으로 상당히 협소한 지역들이다. 반면에 아주 넓은 두 개의 지역에는 이 재화가 공급되지 않는다. 여기서 G-지역을 규모와 경제적 의미에 따라 그 순서를 매겨 보면 다음과 같다. ① 슈투트가르트, ② 울름, ③ 하일브론, ④ 로이틀링겐, ⑤ 라벤스부르크, ⑥ 포르츠하임, ⑦ 콘스탄츠, ⑧ 괴핑겐 순이다. 여기에 미발전한 G-체계인 필링겐-도나우에쉰겐-슈벤닝겐과 마지막으로 고립된 B-체계들이 추가된다.

슈투트가르트 L-체계의 영역에는 이상하리만큼 높은 수치인 33개의 B-지점이 존재한다. 체계를 형성하는 G-지점이 다섯 개에 불과하다는 점(하지만 전체적으로 G-지점은 여덟 개이다)을 고려한다고 해도 이 수치는 그렇게 쉽게 이해될 수 있는 것이 아니다. 이 점은 슈투트가르트 L-체계의 대단히 독특한 특징이다. 더구나 딘링겐-라우잉겐-군델핑겐과 호르프-레싱겐도 이에 포함될 수 있기 때문에, 결국 B-지점은 35개에 달한다. 필링겐과 슈벤닝겐, 도나우에싱겐(합쳐서 G-지점의 장소를 차지하고 있다), 그리고 슈투트가르트의 교외지역에 속하는 에스링겐과 바이블링겐은 제외될 수 있으나, 그래도 30개의 B-지점은 여전히 남는다. 이 지점들의 중심성은 13에서 29 사이에서 왔다갔다하며, 이때 그 하한의 값은 (뉘른베르크 L-체계와 가장 뚜렷한 대조를 보여준다) 아주 소수의 지점들이 보여주고 있다. 전형적 중심성의 값은 16과 18 부근에서 파악되며, 다음으로 29 부근에서도 파악된다. 완전히 발전한 체계(슈투트가르트와 울름)의 B-원 위에는 여섯 개, K-원 위에는 다섯 개, 그리고 Λ-원 위에는 두 개의 지점이 존재하고, 잘 발전한 체계(하일브론, 로이틀링겐, 라벤스부르크)의 B-원 위에는 여섯 개, K-원 위에는 다섯 개의 지점이 있고, 미약한 발전을 보여주고 있는 체계(포르츠하임, 괴핑겐, 콘스탄츠)의 B-원 위에는 한 개, K-원 위에는 다섯 개, A-원 위에는 한 개의 지점이 존재한다. 그러나 G-지점을 갖고 있지 않는 지역의 내부와 가장자리에 15개의 B-지점이 놓여 있다. 따라서 모든 종류의 G-체계의 K-원과 B-원은 B-지점의 발전에 대해 거의 균등한 기회를 제공하고 있다. 그렇지만 무엇보다도 G-체계를 갖지 않은 지역들이 B-지점의 존립을 위한 충분한 기회를 제공하고 있다. 23개의 B-지점은 보급지향적이고, 네 개만이 교통지향적이며, 그리고 여섯 개는 무차별적이거나 절충적인 입지에 자리잡고 있다.

슈투트가르트 L-체계에서는 K-지점이 73개에 달하며, 따라서 이 수치 역시 정규체계(K-지점이 54개)의 경우보다 상당히 많은 편이다. 이뿐만 아니라 슈투트가르트 L-체계의 면적이 작다는 점도 고려하지 않으면 안 된다. 이 K-지점들의 중심성은 4에서 13 사이에서 왔다갔다하며, 5와 9의 수치가 전형적 값으로 파악된다. 하지만 다른 수치도 거의 같은 수의 K-

지점에 의해 나타나고 있다. G-체계와 B-체계의 K-원 위에는 34개, B-원 위에는 15개(종종 B-지점의 장소는 분할되거나 미발전해 있다), 그리고 A-원 위에는 25개의 입지가 나타나고 있다. 13개의 입지는 규정되어 있지 않고 대부분 A-지점의 간격보다 짧으며, 따라서 거의 M-지점의 간격에 가깝다. 47개 지점에서 보급지향성을, 그리고 13개 지점에서 교통지향성을 확인할 수 있고, 13개 지점은 무차별적 상태에 있다. 따라서 K-유형의 의미가 발전하는 데 가장 유리한 입지들은 체계의 K-원과 A-원이다. 이때 보급원리에 대한 지향성이 우세하게 작용하고 있으나, 그 정도가 B-지점의 경우와 반드시 같지 않다(B-지점의 70%가 보급지향적인데 반해, K-지점은 65%만이 보급지향적이다).

마지막으로 A-지점은 72개(대부분이 3의 중심성을 지니고 있다)에 달하고, 이밖에도 M-지점이 213개(중심성이 1이며, 이따금씩 2인 경우도 있다), 그리고 H-지점이 262개에 달한다.

중심지의 빈도수를 L-지점으로부터 수열로 나타내면, 다음과 같다.

1 : 2 : 8 : 33 : 73 : 72 : 213 : 262

이에 대해 정규수열로 나타내면, 다음과 같다.

1 : 2 : 6 : 18 : 54 : 162 : 486

따라서 L-지점과 P-지점, 그리고 G-지점의 수는 거의 정규적인데 반해 B-지점은 정규도식에 비해 거의 두 배, 그리고 K-지점은 거의 1½배나 많이 존재한다. 이에 비해 A-지점은 절반에 지나지 않는다. 이 경우에도 M-지점과 H-지점의 합계는 도식의 M-지점의 수와 일치한다.

다음으로 중심지의 지리적 분포와 분포원리에 대해 다시 한번 개관하고자 한다. 고차 중심지(G에서 L에 걸친 지점)는 슈투트가르트를 둘러싼 L-체계의 중심부에 특히 현저히 집적되고 있다. 전체 11개에 달하는 이 종류의 지점 중 세 개만이 그 바깥에 자리잡고 있으며, 바이에른의 L-체계와 커다란 대조를 보여주고 있다. 바이에른 L-체계에서는 오히려 주변 입지가 선호되고 있다. B-지점은 전반적으로 상당히 다수이며, 무엇보다도 이 지방의 산악과 구릉이 많은 지역에서 관찰된다. 그러나 원래의 슈바르츠발트에서는 대단히 드문 실정이며, 이곳에서는 그런 만큼 K-지점이 많다. K-지점이 우세하고 B-지점이 상대적으로 희소한 오버슈바벤(단, 보덴제는 제외된다)도 유사한 양상을 보여주고 있다. 이밖에도 K-지점은 네카지방 전체와 그 측방계곡에서 빈번히 발견되지만, 북동쪽으로는 드문드문 발견된다. 그 대신에 후자의 북동쪽 지역과 하일브론 주변에는 A-지점의 수가 상당히 많다. M-지점은 오버슈바벤에서는 드문 반면, 하일브론과 포르츠하임, 그리고 프로이덴슈타트 주변에서 비교적 빈번히 발견되며, 따라서 오래 전부터 〔사람들이〕 이주해온 지역뿐만 아니라 근래에 들어와서 이주해 온 지역에서도 M-지점은 많이 분포한다. 새로 이주한 지역인 경우에는 이와 동시에 A-지점이 결여되어 있으며, 이 A-지점은 사람들이 오래 전부터 이주해 온 〔지질적으로〕 패각석회암층과 상부 잡색사암층 지역에서 다시 많이 나타난다.

프랑켄의 경우와 마찬가지로 보급지향성이 우세하지만 예외가 없는 것은 아니다. 주목되는 것은 보급원리가 이 지방의 불안정한 상태에 있는 중앙부에서도 아주 우세하다는 사실이다. 교통지향성은 상부 네카지방에서 비교적 빈번히 관찰되며, 엔츠(Enz) 강의 상류처럼 하부 네카지방에서도 관찰되나 그 정도가 그리 큰 편은 아니다. 이와 마찬가지로 교통지향성은 칸슈타트(Cannstatt) 분지에서 시작되는 몇몇 계곡방향에서도 관찰되며, 이는 확실히 많은 경우 유사 교통지향성에 지나지 않는다. 더구나 상당히 평탄한 오버슈바벤에서는 울름–보덴제–콘스탄츠를 연결하는 선을 따라 다시 특유의 방식으로 울름–켐프텐–인스브루크를 잇는 교통지향적 선에 대응하는 양상이 확인된다. 중심지체계에서 중심지의 장소를 분할하는 일이 상당히 빈번히 행해지고 있으나, 이는 많은 경우 격리원리에 의거하고 있다. 이러한 분할은 동부와 남부 중앙에서 가장 드물게 이뤄지고 있다.

4. 슈트라스부르크 L-체계

1) 기초적 사실

(1) 오버라인 L-체계에 관한 분석의 특수한 문제점

우리는 이제까지의 분석에서 L-체계의 구조를 L-중심부에서 출발하여 우선 어떤 지점이 L-유형의 의미를 지니는지의 문제를 제기함으로써 논의를 전개했다. 이렇게 한 뒤 우리는 인접한 L-체계를 구성하는 지점들을 구하고 L-지점을 지향하는 방향을 지도에 기입했다. 이때 L-지점에 의해 형성된 삼각형의 중심, 따라서 세 개의 L-지점 중 어떤 것으로부터도 가장 멀리 떨어진 위치에는 각각 P-지점이 입지해야만 했다. 우리는 사실 어떤 도시가 P-유형의 의미를 지니는지를 사전에 귀납적으로 확인한 후, 도식과의 일치 또는 도식으로부터의 편차를 확인하고 그 이유를 논증할 수 있었다. 그 다음에 우리는 어떤 P-지점이 해당 L-체계에 포함되는지 그렇지 않은지의 문제를 제기했다—도식상에서는 분명 세 개의 서로 다른 L-체계에 포함될 가능성이 전적으로 동일하다고 할 수 있다. 그런데 이 경우 P-지점이 어떤 L-체계에 포함되는지를 결정하는 것은 구체적 사실, 특히 일정한 특성을 지닌 도식으로부터의 편차라는 사실이었다. 그리고 일반적으로 P-체계는 L-지점이 형성한 것을 제외하면, 그 체계 내에서 경계를 접하는 세 개의 L-체계로 배분되고 때때로 각각 하나의 고유한 P-지점 또는 P-지점의 장소를 대표하는 지점을 수반했다. 다음으로 우리는 L-체계의 핵심부에서 P-체계의 핵심부로, P-체계의 핵심부에서 G-체계의 핵심부로 분석을 진행시켜 나가면서 L-체계의 유기적 구조를 밝히고, 결국에는 그 경계도 찾아냈다.

슈트라스부르크 K-체계를 분석하는 데서는 〔이상과〕 동일한 방법을 채택하는 것은 적절하지 않다. 이는 L-체계의 핵심부가 그렇게 통일적으로 명확히 드러나지 않기 때문이다. 슈트라스부르크는 논리상 적정한 지점에 자리잡고 있기 때문에 이 책의 다른 곳에서는 이 지점을 L-중심부로 파악했다. 그러나 지금 우리가 구체적 사실을 분석함에서는 논리직 추론에서 출발하는 것이 불가능하다. 그러므로 우리는 이 경우 현존하는 P-체계에서 출발하고, 마지막에 가서 핵심부에 관한 문제를 비로소 제기할 수밖에 없다.

(2) P-지점

P-체계에 관한 질문도 이를테면 뉘른베르크 L-체계의 경우와 마찬가지로 손쉽게 던질 수 있는 것이 아니다. 원래 뉘른베르크 L-체계의 경우에는 일반적으로 도시들이 성립한 이래 이미 세 개의 도시, 즉 뉘른베르크와 뷔르츠부르크, 그리고 레겐스부르크가 가장 중요한 도시들이었다. 이 때문에 이 도시들은 큰 교란을 받지 않고 각자의 체계를 형성할 수 있었다. 하지만 라인강 상류의 저지에서는 그 사정이 달랐다. 즉, 이 지방에서는 근대에 들어와서 건설된 영주의 거주지인 만하임과 칼스루에가 급속히 융성하여 P-유형의 의미를 지니게 되었기 때문에, 그 이전에 존재했을 것으로 생각되는 체계들은 방해를 받고 무너지게 되었다. 가장 오래된 P-체계는 아마도 로마시대의 도시인 바젤과 슈트라스부르크, 그리고 마인츠에 의해, 부분적으로는 또한 슈파이어(Speyer)와 보름스에 의해 규정되었을 것이다. 그후 거기에 중세의 도시들이 개입하고, 때로는 독자적인 P-체계를 구축했다. 그것이 남쪽에서는 큰 성공을 거둘 수 없었던—프라이부르크의 G-지점으로서의 영향력은 결코 그 G-지역을 넘어설 정도까지 행사하지 못했다—반면, 북쪽에서는 프랑크푸르트가 그만큼 더 큰 성공을 거두었다. 왜냐하면 프랑크푸르트는 논란의 여지가 없이 L-유형의 의미를 얻고, 마인츠와 보름스의 옛 P-체계를 자신의 영역 내에 수용하고 이러한 체계들을 개편했기 때문이다. 그리고 바로 파괴적 방식으로 칼스루에와 만

하임이 이에 개입하고, 결과적으로 〔중심지체계의〕 관계들을 개관하는 것이 대단히 어렵게 되고 새로운 시대의 P-체계와 함께 여전히 과거로부터 연유하는 체계의 잔재가 G-유형의 의미로까지 하락한 그 중심부와 함께 파악될 수 있었다. 그러나 우리는 유난히도 흥미로운 이 문제를 더 이상 자세히 논의할 수 없다. 왜냐하면 여기서 우리는 결코 역사적 취락지리학을 추구하는 것이 아니라 현재의 상황을 분석하려고 하기 때문이다. 물론 필요할 경우에는 역사적 과정을 언급하지 않을 수 없을 것이다.

전화대수에 의거한 방법을 활용하여 경험적으로 확인한 바에 따르면, 오버라인지방의 L-체계에 속한다고 볼 수 있는 P-지점은 10개이며, 이러한 지점들이 지닌 의미의 대체적 순서를 살펴보면, ① 만하임-루드비히스하펜(699), ② 슈트라스부르크(?), ③ 칼스루에(357), ④ 바젤(?), ⑤ 자르브뤼켄(Saarbrücken, 340), ⑥ 메츠(Metz, ?)[24], ⑦ 프라이부르크 임 브라이스가우(292), ⑧ 뮐하우젠(?), ⑨ 포르츠하임(209), 그리고 ⑩ 하이델베르크(178) 순이다. 의심할 여지가 없이 프랑크푸르트 L-체계에 포함될 수 있는 P-지점인 마인츠와 다름슈타트는 고려되지 않는다. 정규 L-체계에서 이러한 P-유형의 의미를 지닌 지점의 수는 10개가 아니라 단 두 개에 불과하고 L-유형의 의미를 지니는 지점도 한 개에 지나지 않으며, 따라서 P-체계는 세 개만이 존재한다. 이 사실만으로도 우리는 이미 P-체계가 결함이 가장 많은 방식으로 구성될 수밖에 없다는 점을 알 수 있다. 그렇지만 또한 이러한 다수의 P-지점이 존재한다는 것은 명백한 L-지점이 존재하지 않는 이유로 설명될 수도 있다. 하지만 그 어떤 경우라도 라인지방에서는 다름 아닌 P-유형의 도달범위를 갖고 있거나 P-유형의 계층을 가진 중심재에 대한 대단히 높은 욕구가 성립하는 것은 틀림없다. 그렇지 않다면 특히 도시의 일부는 이를테면 노동자들이 집중되어 있기 때문에 많은 인구를 가질 뿐이며, 이와 동시에 높은 의미를 지니지는 못할 것이다.

---

24) 〔역주〕 프랑스의 메스를 말한다.

그런데 이 P-지점들 중 어떤 것이 실제로 오버라인 L-체계의 구성에서 문제가 되는가? 바젤을 시작으로 하여 이 점을 살펴보자. 이 지점 가까이에는 또 다른 두 개의 P-지점인 뮐하우젠과 프라이부르크가 존재한다. 이 세 개의 P-지점은 공동으로 이론적 도식에서 말하는 P-지점의 장소를 대표한다고 상정할 수 있다. 이때 가장 오래된, 그리고 오늘날에도 가장 중요한 대표적 지점은 바젤이다. P-지점의 장소는 보통 서로 경계를 접하는 세 개의 L-체계에 동시에 속하기 때문에, P-지점의 장소가 삼등분되는 것은 격리원리로 아주 간단히 이해할 수 있다. 이 원리에 따르면 이 세 개의 L-체계가 서로 다른 통치체제를 보여주는 한, P-지점은 각각 이 세 개의 L-체계 중 어느 하나에 속하게 된다. 그러므로 바젤은 취리히 L-체계에 속하고 이에 따라 스위스에 속하며, 프라이부르크는 북쪽에 자리잡고 있는 L-체계에 속하며, 남쪽에 자리잡고 있는 제 3의 L-체계로서는 이를테면 디종(Dijon)을 둘러싸고 구성되는 체계가 고려된다. 그렇지만 이 체계에서 P-지점인 바젤에 해당하는 장소를 대표하는 지점은 브장송(Besancon)이다. 이때 브장송 자체가 G-원을 가지며, 벨포르트(Belfort)[25]가 이에 속한다. 따라서 뮐하우젠과 벨포르트 사이에서 L-체계간의 특히 명확한 경계가 주어진다. 그런데 제 4의 지점인 뮐하우젠의 존립은 북쪽으로 L-체계에 포함되는 P-지점의 장소를 대표하는 것이 그 자체 다시 둘로 나눠지는 것으로서 설명될 수 있다. 이에 따라 이 장소는 프라이부르크와 뮐하우젠에 의해 동시에 대표되고 있다. 이때 프라이부르크는 바덴에서 P-지점의 장소를 대표하고, 뮐하우젠은 엘자스에서 P-지점의 장소를 대표한다.

P-지점인 슈트라스부르크는 단독으로 성립하지만 분할되지 않는다. 이 사실만으로 우리는 이미 이 지점이 L-체계의 중심부라는 점을 명백히 추론할 수 있다.

슈트라스부르크 북쪽에는 또 다시 한 쌍을 이루는 P-지점, 즉 칼스루에

25) 〔역주〕 프랑스의 벨포르를 말한다.

와 포르츠하임이 존재한다. 우리는 포르츠하임을 슈투트가르트 L-체계에 포함시켰으나, 칼스루에는 오버라인의 L-체계에 포함시켰다.

그러나 한 쌍을 이루는 P-지점인 만하임과 하이델베르크의 경우에는 위와 같은 방식으로 취급할 수 없다. 이 지점들은 바짝 붙어 자리잡고 있으며, 경제적으로나 교통상으로나 서로간에 아주 긴밀한 연계관계를 맺고 있다. 이 때문에 이 두 지점은 어느 하나의 L-체계에 아니면 또 다른 L-체계에 포함될 수 있다. 우리가 레겐스부르크를 뉘른베르크 L-체계에 포함시켰을 때 원용한 원칙이 어쩌면 이 경우에도 도움이 될지 모른다. 다시 말해 어떤 지점의 P-체계의 대부분이 일정한 L-체계에 포함될 수 있을 때, 그 결정은 P-지점에도 적용될 수 있다는 것이다. 만하임 P-체계는 주로 팔츠에 있고, 따라서 만하임과 팔츠는 적어도 동일한 L-체계에 포함될 수 있다. 이미 언급한 독일의 행정구역개편에 관한 '프랑크푸르트 구상'도 만하임과 팔츠를 라인-마인주(Rheinmainisches Reichland)에 편성하고 있다는 점에서 이 점이 고려되고 있다. 이때 이 구상은 프랑켄 방언과 알레만[26] 방언 사이의 경계도 어느 정도 고려하고 있다. 그렇지만 '프랑크푸르트 구상'이 오버라인지방의 L-체계가 존재한다는 점을 간과하고 있다는 사실은 주목되지만, 만약 이 체계가 존재한다면 만하임은 이에 포함되고 이에 따라 이 체계는 완성된다. 이렇듯 자르브뤼켄은 〔행정〕조직상 오버라인과 결합되고, 만하임은 남서부 독일의 항구도시로서 만하임이 보급하는 지역으로부터 분리될 수 없다. 이뿐만 아니라 이로 말미암아 현재의 주의 관계도 한층 더 깊은 고려의 대상이 된다.

다음으로 설명할 필요가 있는 것은 P-지점인 자르브뤼켄과 메츠가 어디에 속하는지 이다. 자르브뤼켄이 차지하는 P-지점의 장소는 세 개의 L-체계, 아니 더 정확히 말해 네 개의 L-체계가 서로 경계를 접하는 것에 의해 설정된다. 즉, 프랑크푸르트를 중심으로 한 라인마인 체계와 오버라인 체

26) 〔역주〕 라인강과 도나우 강 상류에 사는 게르만 민족의 일파들이 사용하는 방언이다.

계, 로트링겐 체계(낭시를 거의 그 L-지점으로 하는 체계), 그리고 니더라인 체계(쾰른)에 의해 설정된다. 낭시는 이 P-지점의 장소를 대표하는 것으로서 메츠를, 그리고 쾰른은 트리어(Trier)를 갖고 있으니, 프랑크푸르트는 이러한 지점을 전혀 필요로 하지 않는다. 왜냐하면 이 방향에 비르켄펠트(Birkenfeld)까지 뻗어 있는 마인츠 P-체계가 자리잡고 있기 때문이다. 따라서 자르브뤼켄은 오버라인 L-체계에 포함될 수 있으며, 이 점은 자르브뤼켄이 만하임과 슈트라스부르크와 같은 이 체계의 대단히 중요한 두 지점으로부터 멀리 떨어져 있지 않다는 점에 의해서도 뒷받침된다. 이에 반해 메츠는 모든 점에서 낭시 L-체계 — 프랑스의 로트링겐이라고 할 수 있다 — 에 포함될 수 있다. 언어의 경계는 이 점을 분명히 입증하고 있다.

(3) G-지점

바젤 P-체계는 그다지 명확하지 않다. 스위스 방면으로 62㎞의 원이 거의 베른(Bern)과 취리히를 통과하고 있으며, 이 두 지점은 그 자체로 P-지점과 L-지점이며, 따라서 이를테면 빌(Biel)과 올텐(Olten) 체계는 공간적으로 매우 축소되지 않을 수 없다. 북쪽으로 이 원은 프라이부르크와 콜마르(Colmar)를 경유한다. 프라이부르크는 독자의 P-체계를 형성하고 있지만, 이 체계는 그 자체의 G-체계로서만 성립한다. 콜마르는 슈트라스부르크 P-체계뿐만 아니라 뮐하우젠의 P-체계에도 속하고, 바젤과는 그 어떤 직접적 연계를 맺고 있지 않다. 뮐하우젠 자체는 본래 바젤 P-체계에 부속되는 G-체계를 형성하고 있을 뿐이며, 뢰라흐(51)는 P-지점인 바젤의 독일 영토의 한 부분으로서 고찰된다. 이밖에 보덴제에 이르기까지의 호흐라인(Hochrhein) 전역도 역시 이 체계에 포함될 수 있다. 끝으로 방향과 관련해서 살펴보면, 위에서 언급한 모든 지점들, 즉 뮐하우젠과 프라이부르크, 빌, 그리고 올텐은 P-지점 사이의 방향에 놓여 있으며, 특히 뮐하우젠과 프라이부르크의 경우에 이 점이 뚜렷하다. 이 지점들에서는 보급지향성이 교통지향성보다 확실히 강하다. 이 때문에 바젤과 슈트라스부르크 사이에는 두 도시를 잇는 직선 위에도 라인강 연안의 대도시가 전혀 성립하지 않고 있다.

G-체계로서 **슈트라스부르크**는 아주 넓은 면적을 차지하고 있으며, 이는 그 21 ㎞의 K-원 위에 있는 오펜부르크(50)를 슈트라스부르크의 기능을 라인강 우측에서 대표하는 지점으로서 고찰할 경우에 그러하다. 더구나 슈트라스부르크 G-체계의 내부 또는 그 주변과 관련하여 아마도 라인강 좌측 지역에서 두 개의 G-지점을 관찰할 수 있을 것이다. 그 하나가 하게나우(Hagenau)[27]이다. 이 지점은 엘자스의 북쪽 경계까지 핵심지역의 기능을 확산시키는 임무를 맡고 있으며, 그 의미는 바로 이를 통해 설명된다. 반면에 슐레트슈타트(Schlettstadt)[28]는 그 중심지적 의미를 엘자스의 포도재배지역의 고차 중심재에 대한 높은 욕구에만 두고 있다. 라르(Lahr)-딩글링겐(Dinglingen, 39)도 모르긴 해도 이와 동일한 것으로 평가할 수 있다. 이 때문에 슈트라스부르크를 둘러싼 G-지점의 화환은 슈투트가르트를 둘러싼 화환과 달리 그다지 통일적이지 않다. 21 ㎞의 원 위에는 오펜부르크와 하게나우가 자리잡고 있고, 36 ㎞의 원 위에는 라르와 슐레트슈타트가 자리잡고 있으며, 이밖에도 라슈타트(Rastatt)와 바덴-바덴, 그리고 또한 고립적인 B-체계를 형성하는 프로이덴슈타트가 자리잡고 있고, 끝으로 62 ㎞의 본래의 G-원 위에 서쪽의 틈새를 메우고 있는 G-지점인 자르부르크(Saarburg)와 북쪽으로 피르마젠스와 란다우, 그리고 칼스루에, 남쪽으로 프라이부르크와 콜마르가 놓여 있다. 그러나 62 ㎞의 원 위에 자리잡은 G-지점들 중 자르부르크는 슈트라스부르크 P-체계에 포함되지 않을 수 없다. 이를 통해 알 수 있듯이, 주민의 산업적, 직업적, 사회적 특성에 따라 고차의 중심재에 대한 비교적 높은 욕구가 존재하는 지역에서는 K-원과 B-원 위에 벌써 G-지점이 발전하고 G-원 위에 종종 P-지

27) 〔역주〕 프랑스의 에그노(Haguenau)를 말한다.

28) 〔역주〕 프랑스의 셀레스타(Selestat)를 말한다.

점까지 발전한다. 인구의 특성이 이처럼 커다란 욕구를 수반하지 않는 지역, 즉 서쪽에서는(순수한 농업이 행해지고 공업은 미약하다) 정규적 상태가 유지되고 G-원 위에 G-지점이 자리잡ㄱ 있다.

슈트라스부르크를 둘러싼 화환에서 G-지점의 방향에 관해 언급하면 다음과 같다. 즉, 오펜부르크는 명확한 P-지점 사이의 방향을 취하는 반면, 라르는 프라이부르크를 지향하는 방향을 취하고 있다. 프라이부르크는 P-지점인 바젤과 관련하여 지점 사이의 방향을 취하고 있으며, 뮐하우젠도 이와 같다. 콜마르는 뮐하우젠과 관련하여 불명확한 교통방향을 지니고 있지만, 슐레트슈타트는 콜마르와 관련하여 뚜렷한 교통방향을 견지하고 있다. P-지점인 칼스루에는 적당한 L-지점 사이의 방향, 피르마젠스는 P-지점 사이의 방향(자르브뤼켄과 만하임)을 갖고 있고, 이 정도는 아니지만 란다우와 하게나우도 같은 방향을 갖고 있다. 자르부르크는 명확히 규정할 수 없으나 그 어떤 경우라도 보급원리에 따른 적정한 위치에 자리잡고 있다. 왜냐하면 이 지점은 슈트라스부르크－콜마르－에피날(Epinal)－낭시－자르브뤼켄－피르마젠스가 이루는 육각형의 중앙에 거의 정확히 자리잡고 있기 때문이다. 라슈타트도 명백한 교통지향적 입지를 갖고 있다.

칼스루에 P-체계는 오래되지 않은 역사를 갖고 있으며, 따라서 공간적으로 아주 협소한 체계를 형성할 수밖에 없었으나 아주 명확하다. 다시 말해 그 K-원 위에는 G-지점인 라슈타트(36)와 브루흐잘(55), 그리고 P-지점인 포르츠하임(209)이 자리잡고 있고, B-원 위에는 오늘날 P-체계인 칼스루에에 결코 포함시킬 수 없는 란다우(60)와 온천지로서 독자적인 G-체계를 형성하지 못하는 바덴-바덴(85)이 자리잡고 있다. 이러한 G-지점 사이에서 칼스루에의 기하학적 장소는 순환적으로 규정되고 있다. 브루흐잘과 란다우는 매우 정확히 P-지점 사이의 방향에 자리잡고 있는 데 비해, 포르츠하임과 라슈타트는 P-지점(또는 L-지점)을 지향하는 방향에 입지해 있다. 우리는 포르츠하임을 슈투트가르트 L-체계에, 란다우를 만하임 P-체계에 포함시킬 수 있다. 라슈타트와 브루흐잘은 칼스루에 체계에 부속되는 G-체계를 형성하고 있으나 그 반경은 21㎞에 지나지 않는다. 따라서 이러한 G-체계들은 오히려 한 단계 높은 수준으로 상승하여 B-체계를 나타내고 있다.

만하임 P-체계도 그 역사가 일천하나 칼스루에 체계보다 훨씬 양호한 조건을 갖추고 있다. 왜냐하면 이 체계는 하이델베르크의 영역을 ―G-체계로서― 그 자신의 G-체계 내에 분명히 포함시키고 노이슈타트-란다우 체계를 부속체계로서 병합시키고, 슈파이어와 보름스도 그 체계에 편입시킬 수 있었기 때문이다. 이를 통해 우리는 다음과 같은 점을 설명할 수 있다. 첫째로 만하임은 칼스루에보다 높은 중심성(357 대 699)을 보여주며, 둘째로 하이델베르크는 비교적 독립적인 포르츠하임보다도 낮은 중심성을 나타내고 있다. 특히 후자의 사실은 하이델베르크가 대학도시이자 관광도시라는 점을 생각할 때, 언제나 그렇듯이 예상과 다른 것이다. 또한 주목되는 점은 인접해 있는 G-지점인 보름스(58)와 하이델베르크, 그리고 슈파이어(35)가 아주 정확히 21㎞의 원 위에 자리잡고 있고, 노이슈타트 안 데어 하르트(67)도 이에 꽤 인접해 자리잡고 있다는 것이다. G-지점인 란다우와 노이슈타트는 공동의 아주 협소한 G-체계를 형성하고 있지만, 이 체계에서는 포도재배를 행하는 주민들이 많고 조밀하게 거주하기 때문에 이 두 도시는 합쳐서 127의 중심성을 가질 수 있다. 이 체계가 중간에 개입하고 있기 때문에 펠처발트(Pfälzerwald)와 카이저스라우테른(99), 그리고 피르마젠스(60)의 원래 G-체계는 50㎞(카이저스라우테른의 경우) 또는 70㎞(피르마젠스의 경우)의 거리에 부합하지 않고 그 이상이 되고, P-지점인 만하임에 의해 일부는 잘려나가고 있다. 우리는 카이저스라우테른 체계를 만하임 P-체계에 포함시키려고 하는데, 카이저스라우테른 체계의 주요 지점은 이미 P-유형의 기능을 어느 정도 수행하고 있다. 그리고 또한 피르마젠스 체계는 비교적 근접해 있다는 점에서 자르브뤼켄 체계에 포함시키려고 한다. 만하임 P-체계에 속하는 G-지점의 방향은 별로 통일적이지 않다. 하이델베르크와 노이슈타트만이 보급지향적 방향을 취하며, 이와 반대로 슈파이어와 보름스는 명확한 교통 지향적 방향을 취하고 있다.

자르브뤼켄 G-체계는 잘 발전해 있고 거의 교란을 받지 않은 G-체계의 화환으로 둘러싸여 있다. 트리어와 메츠, 자르부르크, 피르마젠스, 그리고 카이저스라우테른 체계가 이에 해당한다. 다만 비르켄펠트에서 화환의 일부가 결여되어 있지만, 합계 40의 중심성을 지닌 오버슈타인(Oberstein)-이다르(Idar)에서는 이미 G-지점이 관찰된다. 그러나 이 G-지점이 독자적 체계의 형성이라는 점에서는 아직 충분히 발전해 있지 않다. 이 모든 체계 중 원래 피르마젠스만이 자르브뤼켄 P-체계에 포함될 수 있으나, 부분적으로 자르부르크와 카이저스라우테른, 그리고 미발전한 오버슈타인 체계도 이 체계에 포함된다. 방향과 관련해서는 자르부르크의 경우 P-지점 사이의 방향이 확인되며, 오버슈타인과 카이저스라우테른의 경우도 이와 유사하다.

(4) 인접한 L-체계에 의한 오버라인 L-체계의 규정

오버라인지방의 P-체계와 G-체계에 관한 분석결과로부터 오버라인 L-체계가 존재한다는 점은 분명히 확인된다. 이때 오버라인 L-체계에 인접한 L-체계로서는 북동쪽으로 프랑크푸르트 체계, 동쪽으로 슈투트가르트 체계, 남동쪽으로 취리히 체계, 남서쪽으로 디종 체계, 서쪽으로 낭시 체계, 그리고 북서쪽으로 원래 두 개의 체계인 브뤼셀(Brüssel) 체계와 쾰른 체계가 존재한다. 우리는 오버라인 L-체계의 중앙을 차지하는 지점으로서 슈트라스부르크를 상정하는데, 이 지점에서 위에서 언급한 L-지점까지의 간격은 각각 상당히 다르다. 프랑크푸르트만이 186 ㎞의 정규적 간격을 취하고 있으며, 취리히도 거의 이에 가깝다. 슈투트가르트와 낭시는 각각 약 100 ㎞보다 상당히 짧은 간격, 다시 말해 P-유형의 간격을 취하고 있다. 디종과 쾰른은 약 250 ㎞, 그리고 브뤼셀은 340 ㎞의 간격을 취하고 있다.

다음으로 만약 이 육각형 또는 칠각형에서 기하학적 중심점을 찾는다면, 여기서 우리는 오버라인지방 L-체계의 사실상의 중심점을 파악할 수 있다. 그런데 이 중심점은 슈트라스부르크에 아주 정확히 자리잡고 있다. 따라서 이 도시는 오버라인지방이라는 지역의 중심점일 뿐만 아니라 어떤 L-지점이 인접한 L-지점에 의해 규정됨으로써 성립하지 않을 수 없는 지점에 자리잡고 있다. 전적으로 동일한 맥락에서 또한 오버라인 저지와 그 주변 산지에서 P-체계의 입지와 분포로부터 L-지점인 슈트라스부르크의 성립을 추론할 수 있다. 그러므로 우리는 한 걸음 더 나아가 비록 L-유형의 의미를 지니고 있지 않을지라도 — 필시 역사적 이유와 정치적 오류에 의한 것으로 생각되지만 — 슈트라스부르크를 이 체계의 L-지점으로 간주할 수 있다. 즉, 그 입지는 지리적 관점에서도, 그리고 이론이 말하는 논리에서도 확실히 L-지점에 관한 최적의 것임에 틀림없다.

따라서 우리는 기점과 종점을 알고 있으므로 L-방향을 언급할 수 있다. 즉, 제 1의 L-지점의 방향은 프랑크푸르트를 지향하는 방향이며, 제 2의 L-지점의 방향은 슈투트가르트를 지향하는 방향이고, 제 3의 L-지점의 방향은 취리히를 지향하는 방향이며, 제 4의 L-지점의 방향은 디종을 지향하는 방향〔지도에 표시된 것처럼 한층 정확한 것은 리옹(Lyon)을 지향하는 방향이다〕이고, 제 5의 L-지점의 방향은 낭시(와 파리)를 지향하는 방향이며, 그리고 끝으로 제 6의 L-지점의 방향은 쾰른을 지향하는 방향이다. 방향이 이루는 각도는 35°(프랑크푸르트–슈트라스부르크–쾰른)와 75°(슈투트가르트–슈트라스부르크–취리히) 사이에서 왔다갔다하지만, 그 밖에 많은 경우에는 그 각도가 정확히 60°를 이루고 있다. 전자의 경우(지나치게 예각을 이루고 있는 경우)에는 편차가 별로 중요하지 않는데, 왜냐하면 이 편차가 인구가 조밀하게 거주하고 부유한 지역에서 발생하고 있기 때문이다. 후자의 경우(지나치게 둔각을 이루고 있는 경우)에는 슈투트가르트 L-체계를 설명할 때 언급한 바를 참고할 수 있을 것이다.

여기서 중심부인 슈트라스부르크 체계에서 P-지점의 입지에 관해서도 설명하고자 한다. P-지점의 입지가 이론적 도식과 일치한다면, 이 점은 슈트라스부르크가 L-중심부로서 타당하지 않을 수 없으며, 이미 이러한 중심부로서 작용하고 있거나 작용했다는 사실에 대한 또 하나의 논거가 된다. 우리는 이 체계의 아홉 개에 달하는 P-지점 중—슈트라스부르크를 제외할 경우—단 하나, 즉 만하임만이 명백한 교통지향적 위치에 자리잡고 있음을 알 수 있다. 그렇지만 슈트라스부르크로부터의 간격과 관련해서는 어떠한가? P-지점의 정규간격은 L-지점으로부터 108 ㎞이다. 이 원 위에는 네 개의 P-지점, 다시 말해 만하임과 하이델베르크, 바젤, 그리고 뮐하우젠이 정확히 자리잡고 있다—이밖에도 흥미로운 것은 두 개의 L-지점인 슈투트가르트와 낭시도 이 원 위에 자리잡고 있다는 점이다. 두 개의 또 다른 지점인 메츠와 자르브뤼켄도 이 원 위에 상당히 정확히 자리잡고 있다. 이에 반해 프라이부르크와 칼스루에는 보통 G-지점이 자리잡고 있다고 하는 62 ㎞의 원 위에 아주 분명히 위치하고 있다. 마지막 P-지점인 포르츠하임도 이 원으로부터 거의 벗어나지 않는다. 따라서 간격도 놀랄 정도로 도식과 정확히 일치한다. 칼스루에와 프라이부르크의 경우 108 ㎞의 원이 62 ㎞의 원으로 바뀌는 것은 이 점을 입증하는 것이지 반증하는 것이라고 할 수 없다. 그러므로 오버라인 L-체계의 잠재적인 L-중심부로서 슈트라스부르크의 지위는 다시 한번 강력히 입증되고 있다.

이제까지의 논의로부터 독자적이고 통일적인 오버라인 L-체계가 존재한다는 점은 충분히 밝혀졌다. 예를 들어 '프랑크푸르트 구상'이 독일의 행정구역을 개편하기 위해 바덴을 슈투트가르트와 더불어 라인슈바벤(Rheinschwaben) 지방으로 편성하고 라인강 우측 및 좌측의 팔츠지방과 자르지방을 프랑크푸르트와 함께 라인프랑켄(Rheinfranken) 지방으로 편성하는 한편, 엘자스-로트링겐을 전적으로 무시하는 것을 통해 계획하는 삼등분은 위에서 설명한 사실에 전혀 들어맞지 않는다. L-중심부와 두 개의 P-지점, 그리고 여섯 개의 G-지점 등으로 구성되는 L-체계는 어떤 것일지라도 완전한 유기적 경제 통일체이며, 이 논리가 지나치게 많은 것(프랑크푸르트 구상의 라인슈바벤과 라인프랑켄 지방의 경우처럼)에 의해 훼손되듯이 지나치게 적은 것〔낭시를 둘러싼 프랑스의 로트링겐 체계 또는 디종을 둘러싼 부르군트(Burgund)[29] 체계와 더불어 하나의 유기적 L-체계로 결합될 수 없는 엘자스-로트링겐의 나머지 체계〕에 의해서도 훼손되고 있다. 그러나 '적정한' 정도만이 항상 건실한 번영에 최대한의 기회를 제공한다. 지나치게 많은 것은 중심부의 부담을 가중시키고 L-계층의 중심재를 공급받지 못하는 많은 주변지역들을 남겨놓고, 지나치게 적은 것은 L-계층의 중심재를 제공하기 위한 큰 시설이 수지타산을 맞출 수 없기 때문에 중심부를 위축시키게 된다 — 양자는 모두 그 지방의 경제와 전체 발전에 불리하게 작용한다.

2) 개별 G-체계에 관한 분석

(1) 슈트라스부르크 P-체계

아래에서 개별 G-체계의 분석과 관련하여 현재 독일 국경의 바깥, 다시 말해 실재로 연구된 지역 밖에 존재하는 엘자스-로트링겐 지방에 대해서는 개략적으로 고찰할 필요가 있다.

우리는 **슈트라스부르크** G-체계로부터 논의를 시작하려고 하는데, 이 체계를 오펜부르크의 라인강 우편의 보조체계와 공동으로 고찰하고자 한다. B-원은 상당히 멀리까지 펼쳐져 있지만, 킨치히(Kinzig) 계곡을 올라가는 방향으로만 G-지점인 오펜부르크가 돌출해 있기 때문에, 슈트라스부르크에서 36 ㎞의 정규간격을 넘어서고 있다. 이처럼 공간이 넓은 것은 오랜 전통을 지닌 도시에서는 거의 항상 관찰되는 현상이다. B-지점은 G-지점 사이의 방향을 갖고 있다고 할 수 있다. B1-지점의 장소는 인접한 두 개의 K-지점인 라이히스호펜(Reichshofen)과 뵈르트(Wörth)로 대표되며, 그 방향은 지점 사이의 방향으로 간주될 수 있다. B2-지점의 장소는 교통

29) 〔역주〕 프랑스의 부르고뉴(Bourgogne)를 말한다.

지향성을 띠는 것과 아울러 G-지점인 라슈타트(36) 또는 B-지점인 바덴-바덴에 의해 점유되고 있다. B3-지점으로 고찰될 수 있는 것은 보급지향성을 띠고 있으며, 약 40 ㎞의 거리에 있는 B-지점인 프로이덴슈타트(28)이다. 하지만 이 지점은 슈트라스부르크로부터 먼 거리 때문에 독자의 고립적인 B-체계를 형성한다. 제 4의 B-지점의 장소는 K-지점인 볼파흐(8)가 차지하며, 가까이에 자리잡고 있는 지점인 하슬라흐(6), 하우자흐(Hausach, 4), 그리고 호른베르크(6)와 더불어 상당한 의미(24)를 지니고 있다. 제 5의 B-지점의 장소는 아마도 G-지점인 라르-딩글링겐(39)이 차지하지만, 슈트라스부르크와의 간격은 28 ㎞에 불과하다. B6-지점의 장소는 G-지점으로서 독자적인 G-체계를 발전시키지 못한 슐레트슈타트이며, 그 방향은 라르의 경우와 마찬가지로 분명한 교통지향성을 따르고 있다. 보급원리에 따르면 이 두 지점을 대신하여 라인강 연안에 자리잡고 있는 라인아우(Rheinau)가 B-유형의 의미를 지니게 될 것임에 틀림없다. 끝으로 B-원의 마지막 B-지점은 B-지점인 차베른(Zabern)인데, 적정한 간격을 갖고 있지만 거의 교통지향성을 따르고 있다.

이뿐만 아니라 대부분 평야를 통과하는 K-원은 그 방향과 관련하여 거의 정반대의 결과를 가져오고 있다. 이 경우 예외 없이 보급원리(슈트라스부르크에서 살펴 본 경우)가 관철되고 있다. K-원의 지점들은 L-지점을 지향하는 방향과 일치하는 B-지점 사이의 방향을 취하고 있다. 우리는 이러한 보급지향성을 따르는 것으로서 K-지점인 비쉬바일러(Bischweiler)를 관찰할 수 있으며, 이 지점은 G-지점인 하게나우와 더불어 적정한 위치에 자리잡고 있다. B-지점인 아헤른(Achern, 16)도 관찰되는데, 북쪽으로 G-지점인 오펜부르크에 대응하는 지점이다. 물론 오펜부르크는 중요한 킨치히 계곡의 기점에 자리잡고 있는 유리한 입지로 말미암아 라인강 우측 지역에서 슈트라스부르크를 대표하는 G-지점으로서의 역할을 수행했다. 다음으로 K-지점인 에어슈타인(Erstein)을 찾아 볼 수 있으며, 이 지점은 슐레트슈타트 및 라르와 관련하여 편향된 방향을 갖고 있는 특성을 보여 준다. 그리고 B-지점인 몰스하임(Molsheim)도 관찰되며, 끝으로 K-지점인 호흐펠덴(Hochfelden)도 관찰된다. K-원에서 주목되는 점은 거의 언제나 슈트라스부르크와 21㎞의 간격을 지극히 명확히 유지하고, 더구나 서로 21㎞의 간격이 말하자면 순환을 이루고 있다는 것이다(호흐펠덴－비쉬바일러－아헤른－오펜부르크－에어슈타인 사이의 간격은 각각 정확히 21㎞에 달하며, 몰스하임만이 미소하나마 남동쪽으로 기울어져 있다. 물론 그 편차는 3㎞에 지나지 않는다). 이러한 모든 점들은 당연히 과연 도시의 건설 이전에 고려된 것인지 하는 의문을 갖게 한다. 왜냐하면 이것은 단순히 우연으로 치부될 없기 때문이다. 여기서 제기되는 이론이 우리에게 그 해답을 주는데, 이 이론에 따르면 적정한 입지지점을 발전시키고 잘못된 입지지점을 소멸시키는 중심지의 일정한 경제(학)적 분포법칙이 존재한다는 것이다. 이와 함께 이 원리는 너무나도 간단하기 때문에 확실히 대부분의 도시 건설자들이 의식적이든 무의식적이든 도시의 입지를 선택할 때 이미 처음부터 이 원리를 적용했다고 생각할 수 있다. 다시 말해 도시가 '존재하지 않는' 곳에 하나의 도시가 입지하게 된다는 것이다.

슈트라스부르크를 둘러싼 내측 A-원은 K-지점인 브루마트(Brumath)와 A-지점인 라인비숍스하임(Rheinbischofsheim), A-지점인 알트하임(Altheim), A-지점인 가이스폴스하임(Geispolsheim), 그리고 A-지점인 트루흐터스하임(Truchtersheim)으로 대표되며, 제 6의 A-지점의 장소는 M-지점인 코르크(Kork)가 차지하고 있다. 이 경우에도 모든 지점이 놀랄 정도로 규칙적인 지점 사이의 방향을 취하고 있다. B-지점인 켈(Kehl, 32)은 슈트라스부르크의 교두보로 간주되며, 슈트라스부르크와 함께 중심지로 상정될 수 있다. 슈트라스부르크의 외측 A-원에 대한 설명은 기초적 자료가 충분하지 않기 때문에 생략하고자 한다.

슐레트슈타트 체계에 대해서는 간단히 언급하고자 한다. 이는 부속체계이며 K-원만을 갖추고 있으며, 따라서 B-체계로 평가될 수 있다. 이 K-원에는 K-지점인 에어슈타인과 A-지점인 엔딩겐(Endingen), G-지점인 콜마르, B-지점인 마르키르히(Markirch), 그리고 두 개의 K-지점인 바르(Barr)와 오버엔하임(Oberehnheim)이 존재하고, 특징적인 21 ㎞의 간격을 아주 명확히 유지하고 있다. 내측 A-원도 라폴츠바일러(Rappoltsweiler)와 마르콜스하임(Markolsheim), 벤펠트(Benfeld), 그리고 바일러(Weiler)와 같은 몇몇 대단한 K-지점에 의해 대표되고 있다—포도재배지역에서는 A-원의 지점들이 K-유형의 의미를 지닌다!

오펜부르크의 보조적 G-체계에 대해서는 좀더 자세히 살펴보아야 할 것이다. 이 B-원 위에는 바덴-바덴과 프로이덴슈타트, 볼파흐, 그리고 K-지점인 켄칭겐(Kenzingen)이 자리잡고 있다. 하지만 켄칭겐 대신에 엠멘딩겐(Emmendingen, 23)이 B-유형의 의미를 지니고 있다. 21 ㎞의 K-원은 우선 슈트라스부르크가 차지하고, 다음으로 B-지점인 아헤른이 차지하며, 그리고 짧은 간격을 두고서 K-지점인 오페나우(Oppenau, 5), K-지점인 하슬라흐(6) 및 G-지점인 라르-딩글링겐(39)과 나란히 자리잡고 있는 K-지점인 첼하머스바흐(Zellharmersbach, 5)가 차지하고 있다. 내측 A-원은 아주 명백하게 M-지점인 코르크와 A-지점인 렌헨(Renchen), K-지점인 오버키르히(Oberkirch), K-지점인 게겐바흐(Gegenbach, 5), A-지점인 프리젠하임(Friesenheim), 그리고 A-지점인 알텐하임(Altenheim)으로—이는 정확히 여섯 개의 지점이다—파악될 수 있다. 전체적으로 보아 오펜부르크 G-체계에서는 K-지점의 수가 많으나 M-지점은 매우 적은 수에 그치고 있다. 이 점은 한편으로 B-지점의 장소인 볼파흐가 분리되어 있다는 것으로 설명될 수 있으나, 또 한편으로 이미 알고 이를 다루면서 확인할 수 있었듯이 황무지 취락이 존재하는 결과로도 설명될 수 있다. 일반적으로 슈트라스부르크-오펜부르크 G-체계의 라인강 우측부분에서는 교통원리가 우세하게 작용한다면, 라인강 좌측부분에서는 보급원리가 우세하게 작용한다.

자르부크르 G-체계는 슈트라스부르크와 낭시—이 두 도시는 L-지점으로 파악될 수 있다—의 체계에 의해 뚜렷이 축소되고 있다. 따라서 이 B-

원은 부분적으로 K-원과 일치한다. B-원은 동시에 낭시 또는 슈트라스부르크에 속하는 두 개의 B-지점, 즉 듀즈(Dieuze)와 차베른과 세 개의 K-지점인 자르알벤(Saaralben)과 쉬르메크(Schirmeck), 그리고 브라몽(Blamont)에 의해 규정된다. B-지점인 듀즈가 이루는 방향은 명백히 메츠와 낭시 지점 사이의 방향이다.

(2) 바젤 P-체계

바젤 G-체계는 역사가 오래되고 그 중심부가 이미 과거부터 높은 의미를 지니고 있었다는 점에 비춰볼 때, 잘 발전해 있는 것으로 예상된다. 그러나 국경 — 오늘날 이 지역은 세 국가의 지배하에 분할되어 있다! — 과 지세는 이 체계의 발전을 소멸시키고 있다. 36㎞의 B-원은 B1-지점으로서 B-지점인 뮐하임(Müllheim, 13)이 차지하고, 온천지이자 K-지점인 바덴바일러(Badenweiler, 6)도 이에 가세하고 있다. B2-지점으로서 K-지점인 쇠나우(Schönau, 5)도 자리잡고 있으나, 이 지점은 비제(Wiese) 계곡의 종점에 입지해 있기 때문에 B-지점으로서의 의미를 K-원 위에 자리잡고 있는 쇼프하임(Schopfheim)에 양도하지 않을 수 없었다. B3-지점은 세 개의 A-지점인 무르크(Murg)와 클라인라우펜부르크(Kleinlaufenburg), 그리고 스위스의 라우펜부르크(Laufenburg)의 차지가 되고 있으나, 실제로 B-유형의 기능을 수행하는 지점, 즉 B-지점인 발츠후트는 바젤로부터 47㎞ 떨어져 있고, 이 때문에 독자의 고립적인 B-체계가 발전하고 있다. B4-지점은 두 개의 B-지점에 의해 동시적으로 점유, 유지되고 있다. 즉, 칸톤(Kanton)[30]의 수도인 아라우(Aarau)와 B-지점으로서 역사가 비교적 일천하기는 하지만 중요한 철도 교차점인 올텐(Olten)이 그것이다. B5-지점으로서는 델스베르크〔Delsberg, 델레몽(Delémont)〕가 거론될 수 있다. 끝으로 B6-지점은 엘자스에서 바젤의 P-지점인 장소를 대표하는 것으로서, 즉

---

30) 〔역주〕 스위스의 자치주이다.

P-지점인 뮐하우젠이 차지하고 있다. 뮐하임과 쇠나우, 아라우-올텐, 델레몽, 그리고 뮐하우젠은 정확히 지점 사이의 방향을 취하고 있다.

K-원을 차지하는 것으로서는 북쪽으로 K-지점인 칸데른(Kandern, 8)과 B-지점인 쇼프하임(13)이 있으며, 이 두 지점은 명확히 B-지점 사이의 방향을 취하고 있다. 이밖에도 지사흐(Sissach)와 라우펜, 피르트(Pfirt)가 있으며, 후자의 피르트는 또한 지점 사이의 방향을 뚜렷이 보여주고 있다. 내측 A-원 위에는 A-지점인 에프링겐(Efringen)이 자리잡고 있고, 다음으로 무엇보다도 G-지점인 뢰라흐(51)가 존재하는데, 이는 독일 영토에서 바젤을 대표하는 지점이다. 또한 두 개의 K-지점인 바덴의 라인펠덴(4)과 스위스에서 이와 대칭을 이루는 중요한 K-지점(혹은 B-지점)인 리스탈(Liestal)이 있고, 끝으로 엘자스지방의 A-지점인 지렌츠(Sierenz)가 있다. 그리고 외측 A-원의 A-지점들이 이를 잇고 있다. 기이하게도 호흐라인에서는 도식이 잘 맞아떨어지지 않는다. K-원과 아울러 B-원도 도식이 말하는 위치에 자리잡고 있지 않다. 그 원인은 부분적으로 자연조건이나 경계라는 사실에 있다고 볼 수 있다. 그러나 그 어떤 경우든 12 ㎞라는 특징적인 A-지점 사이의 거리를 가진 모든 장소가 점유되고 있다는 점에 주의할 필요가 있다. 즉, 먼저 두 개의 〔스위스와 바덴에 각각 속하는〕 라인펠덴, 다음으로 젝킹겐(Säckingen)과 라우펜부르크, 끝으로 발츠후트 순으로 살펴 볼 수 있다.

여기서 우리는 본래 G-체계의 바깥에 자리잡고 있긴 하지만 발츠후트 지역에 대해서는 뒤이어서 고찰하고자 한다. 발츠후트(19)는 바젤－취리히－샤프하우젠이 이루는 삼각형의 중심에서 예상되는 B-지점의 장소를 차지하고 있다. 더구나 이 지점은 동시에 바젤－프라이부르크－샤프하우젠이 이루는 삼각형의 B-지점의 장소를 매워야 하기 때문에 그 의미는 대단히 중요하다. 그 의미는 이 지점 가까이에 있는 K-지점인 팅겐(Tiengen, 11)이 더해질 때 — 더구나 스위스의 코블렌츠(Koblenz)도 이에 속한다 — 30을 상회하는 중심성에 도달하게 되고, 따라서 G-유형의 의미에 뚜렷이 접근하게 된다. 이처럼 우리는 여기서 잘 형성된 독자적인 B-체계를 찾아볼 수 있다. 그 21㎞의 원 위에는 K-지점인 젝킹겐, A-지점인 토트모스(Todtmoos)와 나란히 자리잡고 있는 K-지점인 생 블라지엔(St. Blasien, 7), K-지점인 본도르프(4), 그리고 K-지점인 바덴 바이 취리히(Baden bei Zürich)가 있다. 이밖에도 이 원 위에 있는 지점으로서는 A-지점인 슈튈링겐(Stühlingen)과 에글리자우(Eglisau)를 들 수 있다. A-원은 그다지 명확하지 않다. 빈곤한 호첸발트(Hotzenwald)의 산림지대로 말미암아 그 어떤 지점도 결코 A-유형의 의미를 지닐 수 없다. 아마도 이 고립된 B-체계를 P-체계인 취리히에 포함시키는 것이 가장 타당할 것이다. 다만 발츠후트는 취리히로부터 정확히 36㎞ 떨어진 B-원 위에 자리잡고 있고, 더구나 샤프하우젠으로부터도 역시 같은 거리로 떨어져 있다.

뮐하우젠의 지리적 입지는 우선 의외인데, 왜냐하면 이 도시는 오버라인 저지에 입지해 있는 대부분의 기타 대도시들과 달리 산록에 자리잡고 있기 때문이다. 우리의 이론에 따르면 이 입지는 이해될 수 있다. 즉, 뮐하우젠은 정확히 벨포르트－콜마르－바젤이 이루는 삼각형의 중앙에 놓여 있고 이러한 도시로부터 각각 36㎞ 떨어져 있으며, 더구나 프라이부르크로부터의 거리도 이와 거의 같기 때문이다. 이 점만 보더라도 일차적으로 뮐하우젠의 많은 주민수와 의미를 이해할 수 있다 — 도시규모의 원천인 공업은 이차적 의미를 지닐 뿐인데, 실제로 공업자체는 입지가 원래부터 좋은 기회를 제공했기 때문에 마침내 이곳으로 이전한 것이다.

뮐하우젠 G-체계는 바젤 체계에 부속되어 있다. 이 B-원 위에는 앞서 언급한 도시들인 벨포르트와 콜마르, 그리고 바젤 이외에 사실상 더 거론할 지점이 없다. 왜냐하면 도식에 부합하는 장소, 즉 포게젠(Vogesen) 산지에서 슐츠(Sulz)의 벨헨(Belchen), 슈바르츠발트의 벨헨, 그리고 스위스 쥐라(Jura) 산지의 몽 테리(Mont Terri)는 모두 예외 없이 이 지방의 고산준봉의 차지가 되고 있기 때문이다. 그러므로 이러한 장소에 해당하는 B-지점은 K-원을 향해 기울어져 있다 — 그렇지만 뮐하우젠에서는 임의의 그 중간간격에 있는 장소를 향해 기울어져 있지 않다! 따라서 K-원 위에는 B-지점인 탄(Thann)과 게프바일러(Gebweiler)가 (슐츠의 벨헨을 대신하여), B-지점인 뮐하임이 (슈바르츠발트의 벨헨을 대신하여), 그리고 또한 거의 이 원 가까이에 있는 알트키르히가 (몽 테리를 대신하여) 관찰된다. 내측 A-원은 부분적으로 K-지점들에 의해 점유되고 있다.

게프바일러는 이와 동시에 콜마르 G-체계의 정확한 K-원 위에 자리잡고 있으며, 이를 통해 이 지점이 잘 발전해 있다는 점을 이해할 수 있다. 이밖에 이 원 위에는 K-지점인 뮌스터(Münster)와 B-지점인 마르키르히, G-지점인 슐레트슈타트, 그리고 K-지점인 브라이자흐(Breisach)가 있는데, 대부분은 아주 정확히 21 ㎞의 간격을 유지하고 있다. 내측 A-원 위에도 K-지점(포도재배지역!)인 라폴츠바일러와 마르콜스하임, 노이브라이자흐(Neubreisach), 루파흐(Rufach), 그리고 슈니르라흐(Schnierlach)가 자리잡고 있다.

프라이부르크 임 브라이스가우의 입지와 관련하여 우선 눈에 띄는 점은 이 지점이 라인과 카이저슈툴(Kaiserstuhl) 사이의 유리한 장소가 자리잡고 있음에도 불구하고 이 장소에 입지해 있지 않다는 사실이다 — 아마 이 장소는 산맥이 하천과 직접 맞닿은 넓은 범위[의 공간]에 걸쳐 있는 유일한 장소이며, 다른 경우라면 일반적으로 선호되는 도시의 입지로 간주될 수 있기 때문이다. 그러나 이 지점이 바젤과 슈트라스부르크의 중간에 있고 그 어떤 도시로부터도 62 ㎞의 간격을 두고 있지만, 바젤과 슈트라스부르크를 잇는 직선에서 벗어나 있다는 것은 우리의 이론에 따르더라도 수긍할 수 있는 사실이다. 이렇듯 프라이부르크는 비교적 큰 보완지역을 갖고, 이에 따라 한층 더 유리하게 발전할 수 있다.

프라이부르크를 둘러싼 B-원은 거의 예외 없이 중심부로부터 28 ㎞ 떨어져 있다. 이 원 위에서는 B-지점인 뮐하임(13)을 제외할 경우 K-지점만이 관찰된다. 트리베르크(Triberg, 12)와 나란히 자리잡고 있는 엘차흐(Elzach, 5)와 노이슈타트(8), 그리고 쇠나우가 이에 해당하며, 이 모든 지점들은 G-지점 사이의 방향에 놓여 있다. B-원과 아주 근접해 있어서 중심지가 많지 않는 21 ㎞의 K-원 위에는 무엇보다도 K-지점인 브라이자흐(9)가 있으며, 이는 G-지점인 콜마르를 지향하는 방향을 취하고 K-지점인 켄칭겐(7)도 함께 관찰된다. 이에 B-지점 또는 K-지점을 형성하며, 따라서 대안적으로 입지할 수 있는 여섯 개의 장소를 거론할 수 있다. 내측 A-원의 지점 중에는 K-지점인 크로칭겐(Krozingen)과 발트키르히 이외에 B-지점인 엠멘딩겐(23)이 포함될 수 있으며, 그 높은 의미는 순수하게 체계에서 차지하는 위치로만 이해될 수 없다. 왜냐하면 켄칭겐이 보다 유리한 장소를 차지하고 있기 때문이다. 이것은 이론으로 설명할 수 없는 드문 예 중 하나이다.

(3) 칼스루에 P-체계

우리는 칼스루에 G-체계와 이에 부속되어 있는 불완전하게 성립하는 라슈타트와 브루흐잘 체계에 대한 분석으로 논의를 옮겨가고자 한다. 칼스루에 체계의 B-원은 특이하게도 거의 라인강 좌측에서만 나타나며, 그 위에 B-지점인 바이센부르크와 G-지점인 란다우, 그리고 G-지점인 슈파이어가 있다. 라인강 우측으로는 바덴-바덴(85)이 관찰되며, 이 지점은 온천지로서 체계를 형성하지 못하고 있다. 이상에서 언급한 모든 지점들은 칼스루에로부터 약 32 ㎞ 정도 떨어져 있다. K-원은 아주 명확히 발전해 있으며, G-지점인 브루흐잘(55)과 B-지점인 브레텐(12), P-지점인 포르츠하임(209), K-지점인 헤렌알프(7), 그리고 G-지점인 라슈타트가 이 원 위에 입지해 있다. 라우터부르크(Lauterburg)와 칸델(Kandel)은 오히려 내측 A-원 위에 자리잡고 있으며, 더구나 이 원에는 라인강 좌측에 있는 A-지점인 륄츠하임(Rülzheim)이 자리잡고 있다. 라인강 우측으로는 A-지점인 바인가르텐(Weingarten)과 A-지점인 두르머스하임(Durmersheim)이 있다. B-지점인 에틀링겐과 칼스루에 체계의 지점에 포함되는 두르라흐(Durlach)는 칼스루에를 둘러싼 7㎞의 M-원 위에 위치해 있다.

라슈타트의 보조적인 G-체계는 우리가 크게 주목할 만한 가치가 있다. 즉, 라인강 좌측에는 이 체계가 전혀 나타나지 않으며, 라인강 우측에서도 그것은 B-지점인 뷜(Bühl, 22)에서 K-원 위의 입지를 알려줄 뿐이다. 그러나 K-원으로 둘러싸인 핵심부에서는 남동쪽으로 중심지들이 집중하고, A-원 위에는 바덴-바덴에 아주 근접해 있는 B-지점인 게른스바흐(16)가 있으며, 또한 K-지점인 가게나우(Gaggenau)가 있다. 이뿐만 아니라 A-지점인 슈타인바흐와 A-지점인 두르머스하임이 A-원에 속한다. 아헤른에서 라슈타트와 게른스바흐에 이르기까지 비교적 고차 기능을 가진 지점들이 이처럼 많이 집중하는 것은 이 지방에서 고차 중심재에 대한 아주 높은 욕구가 폭넓게 존재함을 시사한다. 이는 부분적으로 세계적 온천지인 바덴-바덴이 자리잡고 있다는 점과 부분적으로 집약적 과수재배(뷜 부근에서)와 공업(가게나우 부근에서)이 행해지고 있다는 점에 따른 것이다.

칼스루에에 북쪽으로 부속되어 있는 브루흐잘의 보조체계는 도식에 따르는 아주 규칙적인 구성을 보여주고 있으나, 실제로는 거의 눈에 띄지 않는다. 그 21㎞의 원 위에는 칼스루에와 슈파이어, K-지점인 비스로흐(Wiesloch, 9), K-지점인 에핑겐(5), 그리고 K-지점인 마울브론이 있다. 더구나 K-지점인 게르머스하임도 이에 포함될 수 있다면 K-원에는 순서대로 여섯 개의 지점이 자리잡게 된다. 이와 마찬가지로 내측 A-원도 A-지점인 필립스부르크(Philippsburg)와 A-지점인 밍골스하임(Mingolsheim), A-지점인 바인가르텐, 그리고 B-지점인 브레텐(12)으로 그 윤곽이 드러나며, 대부분은 교통지향성을 따르거나 명확하지 않은 방향을 취하고 있다.

(4) 만하임 P-체계

만하임은 역사가 오래되지 않은 도시로서 특이하게도 오래된 도시들인 보름스–슈파이어–하이델베르크가 이루는 삼각형의 중앙에 정확히 자리잡고 있으며, 이로 말미암아 만하임은 이 세 도시 모두가 지닌 의미를 동시에 견인하는 힘을 부여받았다. 네카 강이 라인강과 합류하는 하구에 위치하고 있다는 사실이 우선 눈에 띄긴 하지만, 이 사실만이 양호한 입지의 유일한 원인은 아닐 뿐만 아니라—사실 항구로서 네카 하구와 더불어 교통로로서 네카 강은 만하임의 전체 항만체계와 항운에서 상당히 낮은 지위를 차지하고 있을 뿐이다—적어도 같은 정도의 효력을 갖고서 그 원인이 되는 것은 인접지점으로부터 적정한 간격에 입지해 있다는 사실이다. 위에서 언급한 세 지점 이외에도 다섯 개의 또 다른 중요한 지점들이 거의 21 ㎞의 원 위에 자리잡고 있다. 즉, B-지점인 그륀슈타트(Grünstadt, 15)와 B-지점인 바트 뒤르크하임(Bad Dürkheim, 15), G-지점인 노이슈타트 안 데어 하르트(67), B-지점인 바인하임(26), 그리고 끝으로 B-지점인 벤스하임(Bensheim) 또는 헤펜하임(Heppenheim, 7)이 이에 해당한다. 따라서 이 모든 지점에 대해 만하임은 인접한 '대도시'이며, 이것이 만하임의 발전을 상당히 촉진시켰다.

12 ㎞의 A-원도 K-지점인 프랑켄탈(Frankental, 12)과 A-지점인 람페르트하임(Lampertheim, 2), K-지점인 라덴부르크(Ladenburg, 7), K-지점인 슈베칭겐(Schwetzingen, 8), A-지점인 쉬퍼슈타트(Schifferstadt, 3), 그리고 M-지점인 무터슈타트(Mutterstadt)를 동반하며 명확히 구성되어 있으며, 이 모든 지점들은 예외 없이 K-원의 지점들에 대해 한쪽으로 기울어진 방향을 취하고 있다. 이 점은 대단히 특이하게 만하임에서 출발하는 철도망의 영향에 의한 것이다. 다시 말해 이 철도망에는 라덴부르크를 지나 바인하임을 향하는 것, 슈베칭겐을 지나 칼스루에를 향하는 것, 쉬퍼슈타트를 지나 슈파이어와 노이슈타트를 향하는 것, 프랑켄탈을 지나 그륀슈

타트를 향하는 것, 그리고 프랑켄탈 또는 람페르트하임을 지나 보름스를 향하는 것 등이 있다 — 따라서 그 어떤 경우라도 교통노선이 꼭지점을 형성하고 K-원의 지점들을 직접적으로 지향하지 않는다(유일한 예외는 하이델베르크를 향하는 노선이다).

과거 **슈파이어** G-체계의 네 개의 꼭지점이 21 ㎞의 원 위에 여전히 정확히 유지되고 있다는 점은 놀라울 따름이다. 즉, 란다우와 노이슈타트, 하이델베르크, 그리고 브루흐잘이 이 꼭지점에 해당하며, 이밖에도 제 5의 꼭지점으로서 후에 만하임이 가세했는데, 이 때문에 브루흐잘은 결국 그 지위를 상실하게 되었다. 슈파이어를 둘러싼 A-원도 게르머스하임, 하스로흐(Haßloch), 쉬퍼슈타트, 슈베칭겐, 그리고 필립스부르크로 그 윤곽이 매우 분명히 드러나고 있다 — 제 6의 장소에 해당하는 호켄하임(Hockenheim)은 오늘날 M-지점의 의미만을 지니고 있다.

하이델베르크 K-원도 역시 뚜렷이 표현되고 있다. 북쪽에서는 바인하임이 이에 포함될 수 있다. 다음으로 K-지점인 에버스바흐(10)와 진스하임(10)이 뒤를 잇고 있으며, 비록 그 방향을 명확히 제시할 수 없으나 매우 정확한 21 ㎞의 간격을 견지하고 있다. 그렇기는 하지만 주목해야 할 것은 하이델베르크에서 하일브론으로 향하는 옛 노선 위에서는 그 어떤 K-지점도 관찰되지 않는다는 점이다.[31] 더구나 A-지점인 밍골스하임(이 지점은 그 역할을 A-원 위에 있는 K-지점인 비스로흐와 바꾸어 갖고 있다)과 슈파이어, 그리고 만하임이 이 원 위에 자리잡고 있으며, 따라서 이 경우에도 여섯 개의 지점이 성립한다. 12 ㎞의 A-원은 K-지점인 슈베칭겐과 K-지점인 라덴부르크, M-지점인 하일리히크로이츠슈타이이나흐(Heiligkreuzsteinach, 바인하임과 에버바흐 사이의 방향에 해당한다), A-지점인 네카슈타이나흐(Neckarsteinach), A-지점인 메케스하임(Mekkesheim), 그리고 K-지점인 비스로흐(9)가 차지하며, 따라서 이 경우에도 여섯 개의 지점이

31) 그라트만의 《남부독일》(Gradmann: *Süddeutschland*, Bd. 1, a. a. O.,)에 수록되어 있는 중세 도로에 관한 지도(도판 8)를 참조하라.

자리잡고 있다. K-지점인 네카게뮌트(Neckargemünd, 10)와 A-지점인 쇠나우, 그리고 A-지점인 히르쉬호른(Hirschhorn)은 본래 M-지점의 입지를 차지하고 있었다. A-지점인 바이프슈타트(Waibstadt)와 네카비숍스하임(Neckarbischofsheim)은 진스하임과 더불어 하이델베르크－브루흐잘－하일브론이 이루는 G-지점 삼각형의 중점에 해당하는 B-지점의 장소를 차지하는 지점들로 파악된다. 이 B-지점의 장소는 14의 중심성에 도달하고 있다.

만하임-하이델베르크 G-체계를 둘러싼 B-원은 K-원이 이미 이처럼 중요한 지점들을 포함하는 경우에는 더 이상 문제될 수 없다. 만약 노이슈타트 안 데 하르트와 게르머스하임을 이 원 위에 있는 것으로 간주하지 않으려면, 우리는 동쪽에서 그 구조를 찾아 볼 수 있을 뿐이다. 이 부분에서는 B-지점인 모스바흐(16)와 합쳐서 18의 중심성을 지니고 있는 쌍둥이 K-지점인 에어바흐(Erbach, 8)와 미헬슈타트(Michelstadt, 10)에 의해 B-원이 분명히 드러나고 있다. 이 부분에서는 K-지점인 베르펠덴(Beerfelden, 7)과 A-지점인 네카게라흐(Neckargerach)의 입지를 통해 하이델베르크를 둘러싼 24 ㎞의 A-원도 파악될 수 있다. 더구나 동쪽으로는 이밖에 그 어떤 G-체계에도 속하지 않고 다만 B-체계인 모스바흐에 속하는 몇몇 중심지들이 존재한다.

만하임에 부속된 노이슈타트 안 데어 하르트와 란다우라는 공동의 G-체계에 대해서는 언급할 것이 많지 않을 것 같다. 이 지방에서는 마치 도로에 접하는 것처럼 도시가 산록에 접하며 명확히 배열되어 있으므로 보급원리에 관한 우리의 이론을 이 지방에 적용하려는 시도는 얼핏 전혀 무의미한 것처럼 여겨진다. 이러한 지방에서 G-지점을 둘러싼 원에 대해 무엇인가를 논의해야 하는가? 그렇지만 이 도로와 같은 산록, 다시 말해 도시들 사이의 간격을 자세히 관찰해 보면 그륀슈타트－바트 뒤르크하임 사이가 11 ㎞, 바트 뒤르크하임－노이슈타트 사이가 12 ㎞, 노이슈타트－에덴코벤(Edenkoben) 사이가 7 ㎞, 에덴코벤－란다우 사이가 12 ㎞, 란다우－베르크차베른(Bergzabern) 사이가 13 ㎞, 베르크차베른-바이센부르크 사이가 7 ㎞임을 알 수 있다. 다름 아닌 12 ㎞의 전형적인 A-유형의 간격이 이처럼 분명한 방식으로 지배적으로 나타나고, 이와 더불어 7 ㎞의 전형적 M-유형의 간격이 여전히 나타나고 있다는 것은 과연 우연인가? 위와 마찬가지로 만하임과 나란히 B-지점인 그륀슈타트(15)와 슈파이어, K-지점인 안바일러(Annweiler) 및 두 개의 A-지점인 호흐슈파이어(Hochspeyer)와 엔켄바흐(Enkenbach)도 란다우를 둘러싼 21 ㎞의 원 위에 자리잡고 있고, K-지점인 람브레히트(Lambrecht, 6)와 K-지점인 하우엔슈타인(Hauenstein, 5), 그리고 B-지점인 바이센부르크는 란다우의 21 ㎞ 원 위에 위치하고, 칼스루에와 슈파이어도 대체로 21 ㎞ 원 위에 자리잡고 있다. 노이슈타트의 12 ㎞ 원 위에는 B-지점인 바트 뒤르크하임(15)과 A-지점인 하스로흐가 있고, 란다우의 12 ㎞의 원 위에는 K-지점인 에덴코벤(12)과 K-지점인 안바일러(7), K-지점인 베르크차베른(12), K-지점인 칸델(4), 그리고 A-지점인 륄츠하임이 있다. 이처럼 우리는 모든 중요한 지점들을 이 체계에 배열할 수 있다. 중심지의 수가 많은 것은 포도를 재배하고 인구가 조밀하며, 또한 팔츠지방의 주민들이 사교적인 성격을 지니고 있다는 점에 연유한다고 볼 수 있다. 이 때문에 고차 중심재에 대한 수요는 다른 경우보다 훨씬 높은 실정이다. 하르트[32] 산림지대 주변에서는 주로 교통지향성이 나타나는데, 이는 특이하게도 엘자스와 대조를 이룬다. 엘자스에서는 이 점을 제외하면, 전적으로 유사한 조건이 존재하기 때문이다.

카이저스라우테른 G-체계는 종종 상당히 정확하게 특징적 간격을 유지하는 평지의 체계와 전혀 다른 성격을 보여준다. 이렇듯 이 지방에서는 중심부에서 B-원까지의 간격이 21 ㎞〔로켄하우젠(Rockenhausen)〕에서 36 ㎞(남쪽의 경우) 사이를 왔다갔다한다. 이 B-원 위에는 B-지점인 홈부르크(22)가 파악되고, 이와 나란히 비록 그 의미는 정체하고 있으나 어쨌든 G-

---

32) 〔역주〕 독일 팔츠주에 있는 산림지대이다.

유형의 중심지가 지닌 의미의 한계치에 있는 츠바이브뤼켄(Zweibrücken, 33)도 파악된다. K-지점인 쿠젤〔Kusel, 11, 알텐글란(Altenglahn)과 더불어 중심성이 14가 되고 B-유형의 의미를 지니고 있다〕과 K-지점인 라우테레켄(Lauterecken, 6), K-지점인 로켄하우젠(7), B-지점인 그륀슈타트, B-지점인 바트 뒤르크하임, 노이슈타트 안 데어 하르트, 그리고 란다우가 파악된다. 교통지향성이 지배적이라는 점은 별다른 의의를 지니지 못한다. 본래 카이저스라우테른 체계에 속한 것으로서 피르마젠스에서 홈부르크를 지나 그륀슈타트에 이르는 부분만이 문제가 된다. 노이슈타트는 만하임과 관련하여 한쪽으로 기울어진 입지를 갖고 있기 때문에 카이저스라우테른-만하임 사이의 철도노선이 노이슈타트를 지나 우회하게 된 것이다. 이 체계의 북쪽에서 B-지점이 존재하지 않는 것은 카이저스라우테른-크로이츠나흐(Kreuznach) 사이가 45 ㎞라는 비정규적 간격을 갖고 있다는 점 때문이며, 따라서 이 간격은 B-지점 사이의 간격(36 ㎞)에도 G-지점 사이의 간격(62 ㎞)에도 해당하지 않는다. 카이저스라우테른을 둘러싼 K-원과 내측 A-원에 자리잡고 있는 중심지는 극히 소수이며, 이 지방에서는 중심지의 고차 유형과 비교하여 M-유형의 중심지가 현저히 다수를 차지하고 있기 때문이다.

(5) 자르브뤼켄 P-체계

여기서 논의되어야 할 자르브뤼켄 G-체계는 원칙적으로 큰 의의를 지니고 있다. 왜냐하면 그것은 남부독일에서 광산업과 중공업이 지배적인 유일한 체계이기 때문이다. 이 체계는 인접한 G-체계와 거의 접촉하지 않기 때문에, 하등의 장애도 없이 발전할 수 있다. 더구나 특징적인 62 ㎞의 G-지점 사이의 거리에 정확히 다섯 개의 G-지점 또는 P-지점, 즉 메츠와 트리어, 오버슈타인-이다르, 카이저스라우테른, 그리고 자르부르크가 존재하기 때문에 그 발전이 촉진되고 있다. 그렇다면 어떤 양상이 나타나고 있는가?

이 체계에서 네 개의 B-지점에 해당하는 장소는 모두 B-지점인 생 벤델(St. Wendel, 13)과 인접해 있는 B-지점의 장소를 공유하는 홈부르크(22)와 츠바이브뤼켄(33)이 차지하며, 또한 볼헨(Bolchen)과 메르치히(Merzig, 15)가 차지하고 있다 — 메르치히를 제외하면, 모두가 교통원리에 따라 G-지점을 지향하는 방향을 취하고 있다. 이밖에 두 개의 B-지점에 해당하는 장소는 K-지점인 바데른(Wadern, 7)과 K-지점인 자르알벤이 차지하는 것으로 볼 수 있으며, 이 두 지점 역시 G-지점을 지향하는 방향에 놓여 있다. 그런데 계곡에 의한 여러 가지 조건은 교통지향성이 우세하다는 점에 대해 부분적으로만 그 해답을 제시해 준다. 확실히 이러한 상황은 〔과거에〕 이 지방에서 교통원리가 일반적으로 보급원리와의 경쟁에서 승리하였다는 점으로 설명될 수 있을 것이다. 하지만 이는 분명히 공업화 이전시대에 발생한 일이었다. 왜냐하면 이 원의 지점들은 대부분 이미 광산지역 밖에 존재하거나 적어도 그 주변에 위치해 있기 때문이다.

본래의 탄전지대를 검토해 보면, 예를 들어 K-원 위에는 B-원의 지점들과 관련하여 한쪽으로 기울어진 방향이 꽤 드물긴 하지만 존재한다는 사실을 알 수 있다. 즉, B-지점인 노이엔키르헨(Neuenkirchen, 28)과 K-지점인 생 아폴트(St. Avold)의 경우에는 이 방향이 확인되며, 이와 반대로 자르루이스(Saarlouis, 29)와 K-지점인 레바흐(Lebach, 6), 그리고 K-지점인 블리스카스텔(Blieskastel, 6)의 경우에는 이 방향이 확인되지 않는다. A-원에 관해 살펴보더라도 동일한 양상이 제시된다. 즉, B-지점인 푈클링겐(Völklingen, 17)과 A-지점인 호이스바일러(Heusweiler, 4), K-지점인 줄츠바흐(7), 그리고 자르게뮌트가 K-원의 지점들을 지향하는 방향을 취하며, 다만 K-지점인 생 잉크베르트(St. Ingbert, 9)만이 지점 사이의 방향을 취하고 있다. B-지점인 포어바흐(Forbach)를 A-원의 지점에 포함시킬 수 있다면, 이 또한 다음 원의 지점인 생 아폴트를 지향하는 방향을 갖는다. 이렇듯 실제로 도시를 연결하는 가도(街道)가 성립하고, 중심지가 각 원을 차지하며, 거의 모든 중심지들은 중심부에서 본 동일한 방향에 놓여 있다 — 이 방향은 이를테면 슈투트가르트 주변보다 훨씬 뚜렷이 드러난다. 슈투트가르트에서는 중심지가 동시에 이론적 도식에서 말하는 보급원리에 의거한 적정한 입지를 갖고 있는 한 원칙적으로 하천에 접하며 성립하고 있다. 그렇다고 하더라도 자르브뤼켄 G-체계에서는 간격이 상당히 양호하게 준수되고 있다. 7㎞의 M-유형의 간격을 가진 장소에도 A-지점과 K-지점, 그리고 B-지점이 존재한다. 예를 들어, B-지점인 포어바흐와 K-지점인 보우스(Bous)-바트가센(Wadgassen, 5), 딜링겐(9), 오트바일러(Ottweiler, 6)의 경우가 그것들이다. K-지점인 일링겐(Illingen)은 노이키르헨과 레바흐로부터 A-유형의 거리를 두고 입지해 있고, A-지점인 톨레이(Tholey)는 생 벤델과 레바흐로부터, A-지점인 로스하임(Losheim)은 바데른과 메르치히로부터 동일한 거리를 두고 입지해 있다.

따라서 자르브뤼켄 G-체계에서는 교통원리가 보급원리를 전적으로 압도하는 것으로 볼 수 있지만, 어쨌든 적당한 간격을 유지하고 있으며, 더구나 전체로서의 수준이 상승하고 있다. 중공업에 종사하는 사람들이 아주 밀집해 있고 탄광업의 필요에 따라 작업장과 거주지가 분리되어 있기 때문에, 중심지 특히 K-유형 혹은 B-유형의 의미를 지닌 중심지가 수적으로 대단히 많은 편이다. 하지만 G-지점이 유난히도 결여되어 있다는 점도 지적해 두지 않을 수 없다 — 이를테면 팔츠와 같이 기타 인구가 조밀한 지역이나 인구가 조밀할 뿐만 아니라 공업도 융성한 슈투트가르트 관구와 비교해 보면 이 점이 눈에 들어온다. 그러나 중공업에 종사하는 노동자는 확실히 도달범위가 비교적 협소한 중심재, 예를 들어 소매점의 상품, 의원의 진료, 영화관의 상연에 대한 높은 수요를 갖고 있으나 G-지점 정도가 되어야만 비로소 제공할 수 있는 고차의 중심재, 예를 들어 전문점의 상품, 전문의의 진료, 극장의 공연에 대해서는 상대적으로 낮은 욕구를 갖고 있다. 따라서 중공업지역인 경우에 전형적 결과로서 인구가 상당히 집적해 있음에도 불구하고 G-유형의 의미를 지닌 지점이 상대적으로 드문 반면,

K-유형과 B-유형의 의미를 지닌 지점은 아주 밀집하여 병존하며, 이와 동시에 A-지점과 M-지점이 뚜렷이 감소하는 점이 확인된다. 그런데 이 명제가 루르(Ruhr) 지역에서는 부분적으로만, 이를테면 공업지역 중에서 순수하게 광산업에만 전념하는 주변지역과 관련해서만 타당하다.

피르마젠스 체계에 대해 간략히 검토하는 것으로서 슈트라스부르크 L-체계에 대한 분석을 마무리하고자 한다. 피르마젠스의 G-체계는 원래 고립된 B-체계에 다름없다. 이 K-원 위에는 B-지점인 츠바이브뤼켄(33)과 K-지점인 란트슈툴(Landstuhl), K-지점인 하우엔슈타인(5), 그리고 K-지점(경우에 따라서는 B-지점?)인 비취(Bitsch)가 자리잡고 있고, A-원 위에는 K-지점인 발트피쉬바흐(Waldfischbach)와 A-지점인 단(Dahn)이 자리잡고 있다. 카이저스라우테른의 G-체계와 관련성은 밀접하지 않으며, 남쪽을 향해 이 관련성은 거의 모두 단절되고 있다. 이러한 사실은 엘자스가 기타 라인강 좌측의 독일로부터 불행하게도 고립되는 데 확실히 일조했다. 왜 영방통치시대에 영주는 예를 들어 비취를 그 선호하는 거주지로 삼지 않았는가? 이를 행했더라면 분할은 결코 이 정도까지 발생하지 않았을 것이다.

3) 결 과

이상에서 논의한 결과를 지리학적으로 요약해 보자. 취리히 L-체계에 포함될 수 있는 라인강 상류지방은 독일 영토와 관련되는 한 이 고찰의 대상이 된다.

정규 L-체계에는 한 개의 L-지점과 두 개의 P-지점이 속한다 — 그런데 슈트라스부르크 체계에서는 이 체계에 포함되는 일곱 개의 P-지점만이 관찰된다. 그러나 독자의 P-체계를 형성하지 못하는 P-지점을 제외하고 이것들을 G-지점으로 평가해도, 이는 반드시 부당한 것으로 생각되지 않는다. 따라서 이렇게 할 경우 바젤 P-체계의 일부인 프라이부르크와 뮐하우젠, 그리고 만하임 G-체계에 자리잡은 하이델베르크의 세 지점은 제외된다. 이밖에 네 개의 지점, 즉 만하임과 칼스루에, 슈트라스부르크, 그리고 자르브뤼켄은 여전히 남아 있다. 명확한 L-지점이 결여되어 있다는 점을 감안할 때, 칼스루에와 슈트라스부르크를 공동으로 하나의 L-지점으로 계산할 수 있으며, 따라서 L-지점 한 개에 P-지점 두 개라는 정규의 수치를 얻게 된다. 이 체계 안에는 G-지점이 14개나 된다. 이 중 체계를 형성하지 못한 휴양지인 바덴-바덴, 칼스루에 G-체계에 흡수되는 라슈타트와 브루흐잘, 체계를 형성하지 못한 슈파이어와 라르, 그리고 슐레트슈타트, 슈트라스부르크 G-체계에 거의 흡수되는 오펜부르크와 슈트라스부르크의 단순한 전초지에 불과한 하게나우는 제외된다. 란다우와 노이슈타트는 공동의 G-체계를 형성하고 공간적으로 상당히 협소하기 때문에 피르마젠스와 마찬가지로 절반으로만 계산된다. 그러므로 결국 산술적으로 체계를 형성하는 G-지점은 — 도식에 부합하는 — 여섯 개이다. 이때 G-체계를 형성하는 두 개의 P-지점인 프라이부르크와 뮐하우젠은 계산에 포함된다. 그래서 이러한 여섯 개의 G-지점들은 프라이부르크, 뮐하우젠, 콜마르, 자르부르크, 피르마젠스(½), 노이슈타트-란다우(½), 그리고 카이저라우테른 등이다.

이때 슈트라스부르크 L-체계에서 주목되는 점은 이 체계에서 전체 지역이 거의 전부 각종 G-체계의 영역에 속하며, 따라서 G-유형의 도달범위를 가진 중심재의 공급에 그 어떤 틈새도 발생하지 않고 있으며, 이러한 점은 지금까지 우리들의 분석에서 그 어떤 경우에서도 전혀 발견되지 않은 것이다. 확실히 이 사실은 이주시기가 특히 오래되었다는 점과 도시 입지가 주도면밀하게 선택되었다는 점, 그리고 고차 중심재에 대한 욕구가 전반적으로 높다는 점 등의 논거로 평가된다.

슈트라스부르크 L-체계의 구성에는 적어도 다섯 개의 P-체계가 관계하고 있으며, 그 주요 지점은 바젤을 제외하고 모두 K-체계 내측에 존재한다. 그 주요 지점에 해당하는 것은 슈트라스부르크와 만하임, 칼스루에,

자르브뤼켄, 그리고 바젤이다. 만하임-루드비히스하펜은 700의 중심성을 지니고 있고, 아마도 슈트라스부르크도 켈과 그 밖의 교외지점과 함께 비슷한 중심성을 지니고 있을 것이다. 칼스루에와 자르부르크는 약 350의 중심성을 지니고 있으며, 바젤도 아마 이와 비슷할 것이다. 이러한 도시들은 대체로 넓은 공간을 차지하고 완전히 발전한 G-체계를 형성하고 있다. 이 밖의 G-체계 중에는 프라이부르크와 뮐하우젠, 그리고 카이저스라우테른 체계가 가장 잘 발전해 있다. 첫 번째 두 도시인 프라이부르크와 뮐하우젠은 P-유형의 기능을 수행하고, 따라서 300 또는 200(이는 추정치이다)의 중심성에 이르고 있는 데 비해, 카이저스라우테른은 100의 중심성을 지니고 있다. 부분적으로만 G-체계를 형성하는 P-지점인 하이델베르크는 180의 중심성에 도달해 있다. 자르부르크 체계는 독자적이지만 공간적으로 협소하며, 그 중심성은 간신히 30에 이르고 있다. 콜마르와 란다우-노이슈타트는 부유한 포도재배지역에 자리잡고 있는데, 전자의 도시인 콜마르는 80의 중심성을 지니고 있고 후자의 두 도시는 각각 5의 중심성을 지니고 있는 것으로 생각된다. 피르마젠스와 브루흐잘은 그 발전이 미약한 체계임에도 불구하고 60의 중심성에 이르고 있고, 라슈타트는 40에 불과하며 하게나우도 이와 비슷하다. 독일 영토에 속하는 슈트라스부르크와 바젤의 분기점에 해당하는 두 개의 G-지점인 오펜부르크와 뢰라흐는 이러한 사정으로 말미암아 50의 중심성에 도달하고 있다. G-체계를 전혀 형성하지 못하는 G-지점인 슈파이어와 슐레트슈타트, 그리고 라르는 약 35의 중심성을 지니고 있으며, 체계를 형성하지 못하고 있지만 온천지인 바덴-바덴은 85의 중심성을 지니고 있다. 본래의 슈트라스부르크 L-체계는 11개 지역으로 나뉘며, 따라서 21개의 G-지점과 P-지점 중 11개 지점만이 체계를 형성하고 있다. 체계의 G-지점과 P-지점에서 보급지향성은 여덟 개의 지점(주로 P-지점)에서, 교통지향성은 네 개의 지점(대부분 비교적 작은 G-지점)에서, 그리고 무차별적인 것은 일곱 개의 지점(특히 비교적 큰 G-지점)에서 나타난다. 그러므로 보급지향성이 오버라인 체계에서도 높은 의미를 발생시키는 비교적 양호한 전망을 제시해 준다는 점에서 분명 두드러지고 있다.

슈트라스부르크 L-체계의 독일에 속하는 부분(호흐라인을 포함하여)에서는 21개의 B-지점이 발견된다. 세 개의 분할된 B-지점의 장소, 즉 쿠젤-알텐글란과 진스하임-바이프슈타트, 그리고 볼파흐-하우자흐-하슬라흐를 포함시키고, 독특한 사정 때문에 B-유형의 기능을 떠맡고 있는 다섯 개의 지점(대도시의 교외 또는 순수한 공업지점인 켈과 홈부르크, 푈클링겐, 게른스바흐, 그리고 에틀링겐)을 제외하면 B-지점은 19개가 된다. 분석의 대상으로 삼은 지역이 전체 L-체계의 ⅔에 불과하다는 점을 고려한다면, 대략 도식에서 말하는 수의 1½이 된다. 이 B-지점들의 중심성은 12와 33 사이에서 왔다갔다하며, 특히 15와 16의 수치가 아주 지배적이나 B-지점의 ⅓만이 이 수치의 군집에 속한다. 이러한 21개의 B-지점에서 13개는 B-원 위의 입지를, 일곱 개는 K-원 위의 입지를, 두 개가 완전히 발전한 G-체계(대부분은 P-지점)의 내측 B-원 위의 입지를 갖고 있으며, 다섯 개는 축소된 체계의 K-원 위에, 한 개는 그 A-원 위에 자리잡고 있다. 네 개 지점의 입지는 확정되어 있지 않다(두 개는 교외지역의 입지를 갖고 있으며 한 개는 독자적인 B-체계를 형성하고 있다). 여덟 개 지점과 관련해서는 보급원리가, 아홉 개 지점과 관련해서는 교통원리가 각각 입지를 규정하고 있다. 네 개 지점과 관련해서는 그 입지가 무차별적이다. 따라서 B-지점에 대한 가장 유리한 조건은 P-지점을 둘러싸고 완전히 발전한 체계의 B-원과 K-원 위에서 주어지고 있다고 생각된다. 이 경우에는 교통지향성과 보급지향성이 동일한 정도로 관찰된다.

오버라인지방의 독일에 속하는 부분에서만 이미 4에서 12에 달하는 중심성을 가진 58개의 K-지점이 존재한다. 전형적 중심지의 수치는 명확하게도 6과 7 부근에 있고, 다음으로 10과 12 부근에서도 발견된다. 여섯 개의 K-지점이 B-원 위에(종종 협소한 체계에서 B-지점의 분할된 장소 또는 이를 대체하는 지점에) 놓여 있다. 20개는 K-원 위의 정규 입지에, 19개는

A-원(대부분이 고차 수준으로 상승한 G-체계의 원) 위에 놓여 있다. 13개의 K-지점은 그 밖의 입지를 갖고 있다. 27개의 K-지점은 보급원리에 의한 방향을 지향하고, 23개는 교통원리에 의한 방향을 지향하며, 여덟 개 시설과 관련해서는 그 입지가 확정되어 있지 않다. 따라서 이 경우에도 보급지향성과 교통지향성이 거의 균형을 이루고 있다.

더구나 우리는 2에서 4(대부분이 3)의 중심성을 지닌 64개의 A-지점과 1에서 2의 중심성을 지닌 139개의 M-지점, 그리고 끝으로 138개의 H-지점을 산정할 수 있다.

따라서 호흐라인을 포함한 슈트라스부르크 L-체계에서 독일에 속하는 지역과 관련하여 중심지 유형의 수에서의 수열은 다음과 같다.

0 : 5 : 11 : 21 : 58 : 64 : 139 : 138

이에 대해 정규의 2/3체계에서는 수열이 다음과 같다.

1 : 1 : 4 : 12 : 36 : 108 : 324

그러므로 정규도식과 비교해 보면, P-지점과 G-지점은 약 3배, B-지점은 약 2배, K-지점은 약 1½배나 많다. 하지만 A-지점은 정규적인 수의 약 ⅔에 불과하며, M-지점과 H-지점은 함께 합쳐도 정규적인 수와 꼭 일치하지 않는다.

중심지의 지리적 분포에 관해 살펴보면, 중심성이 비교적 높은 지점은 주로 오버라인 저지의 주변부에서 관찰된다. 그러나 19개 지점 중 열 개만이 정확히 이 입지를 보여주고 있으며, 라인강 연안 입지에는 세 개만이 해당한다. 라인강 연안에 입지하는 동시에 산록에 입지하는 지점은 한 개이다. 따라서 주변부 입지에서만 뚜렷한 집적이 관찰되며, 평지와 산지에서는 그 분포가 대단히 균등하다. B-지점은 특이하게도 자르지방에서 집중하고 있으며(하나의 G-체계에서 정규의 여섯 개 지점을 대신하여 10개의 B 지점이 존재한다!), 이밖에 산록에서도 B-지점이 관찰된다. 이에 반해 로트링겐과 슈바르츠발트, 오덴발츠, 그리고 베스트리히(Westrich) 지방에서는 상대적으로 B-지점이 적은 편이다. 이 대신에 이러한 지방들, 특히 슈바르츠발트에는 K-지점이 대단히 빈번히 관찰되며, 이밖에 자르지방에서도 K-지점이 종종 발견된다. A-지점은 라인강 상류와 네카 강 하류처럼 산지를 통과하며 흐르는 큰 하천 연안에 가장 많이 분포하는 반면, 자르지방에서는 눈에 띌 정도로 드물게 분포한다. M-지점은 중간 정도의 중심성을 지닌 지점들이 현저히 감소하는 팔츠 북동부에서 매우 많이 관찰된다. 이 지방은 별로 부유하지 않은 농업지역이다.

보급 및 교통 지향성은 거의 같은 정도로 나타나며, 후자는 무엇보다도 지세상황이 특히 유리한 조건을 부여하는 곳에서 나타난다. 이러한 양상은 이제까지 고찰한 남부독일의 L-체계보다 슈트라스부르크 체계에서 한층 더 빈번히 발생한다. 즉, 평야의 동쪽과 서쪽의 경계를 이루는 산맥의 주변부(이때 포게젠 산맥의 주변에서는 보급원리가 우세하기 때문에, 포게젠 산맥의 주변은 예외에 해당한다)와 자르 강과 그 지류 및 라인강 상류의 계곡에서 이러한 상황이 관찰된다. 그런데 라인강의 저지 구간도 마찬가지이다. 이에 반해 네카 강과 슈바르츠발트-킨치히 강 주변에서는 이러한 경향이 두드러지지 않는다. 이밖에 비교적 작은 산간계곡에서는 오히려 보급지향성이 훨씬 빈번히 나타나며, 단 쿠베이히(Queich) 계곡은 예외에 속한다. 중심지가 자리잡고 있는 장소의 분할은 대단히 빈번히 발생하고 있다—많은 경우 이는 확실히 중세에 영방국가가 세분화된 것의 여파로 생각된다. 슈트라스부르크 주교구, 라인팔츠, 팔츠-츠바이브뤼켄, 북쪽의 변경 방백령인 바덴, 그리고 브라이스가우(Breisgau)와 같은 비교적 통일된 영방국가에서는 이러한 분할이 드문 실정이다.

5. 프랑크푸르트 L-체계

1) 기초적 사실

(1) 프랑크푸르트 L-체계의 특수한 위상

지도를 살펴보면 — 이제까지의 서술에 따르는 한 예외적이라고 지적하고 싶을 정도인데 — 마인 강이 라인강에 흘러드는 중요한 하구를 끼고 있는 오버라인 저지의 북단지역과 관련하여, 우리는 이 지방에 중요한 의미를 지닌 도시를 위한 지점이 본래부터 주어져 있다고 언급할 수 있다. 뉘른베르크와 뮌헨, 그리고 슈투트가르트의 입지가 L-유형의 의미를 지닌 도시의 발생을 필연적으로 조건짓는 것은 결코 아니다. 슈바인푸르트와 레겐스부르크, 그리고 콘스탄츠의 입지를 이와 같은 도시를 위한 주어진 지점으로 설명하는 것도 어쩌면 비슷한 정도로 타당하며, 지리학적 관점에서는 한층 더 타당하다고 할 수 있다. 또한 울름과 로젠하임, 그리고 밤베르크도 이와 마찬가지일 것이다. 그러나 어쨌든 슈바르츠발트와 튀링거발트, 뵈머발트, 그리고 알프스지방 사이의 전역에 경험적으로 최고 186 ㎞, 최저 108 ㎞의 도달범위를 가진 것으로 확인된 L-계층의 재화를 공급하기 위해서는 수적으로 세 개라는 L-유형의 도시가 필요로 하거나 이 정도면 충분할 것이다. 슈트라스부르크의 입지는 명백한 경계를 갖고 있고 여러 가지 측면에서 방해하는 자연적 장애를 갖고 있는 지역의 중심점이기 때문에 필연적인 L-지점의 위치로 확실히 고찰될 수 있다 — 그렇지만 오버라인 저지가 예를 들어 바젤에서 프리트베르크 및 바트 나우하임(Bad Nauheim)까지 펼쳐져 있다고 상정한다면, 라슈타트와 칼스루에를 둘러싼 지역은 거의 정확히 오버라인 저지의 중심점에 자리잡고 있는 것이 된다. 그러나 '중심점이 된다'는 것은 더 이상 입지에 대한 순수 지리학적 평가에 의거하는 것이 아니라 경제학적 평가에 의거한다. 왜냐하면, 이때 어느 것이든 그 지역주민들의 이익이라는 관념에 근거를 두고 있으며, 그 이익은 주민 전체가 이 중심점에 이르는 노정이 가장 짧다는 점에 있다고 보기 때문이다.

따라서 프랑크푸르트라는 입지의 경우 — 또는 실제로 동일한 결과가 나타나기 때문에 마인츠라는 입지의 경우 — 에는 이 장소에 중요한 도시가 발전하지 않을 수 없다는 것과 같은 지리적 사정이 존재한다고 할 수 있다. 따라서 우리는 이 입지를 무조건 중심지망의 일차적 고정점으로 보았다. 이러한 고정점이 중부유럽에서 유사한 방식으로 나타나는 것은 아마도 함부르크와 빈의 입지일 것이다. 모르긴 해도 레겐스부르크의 입지도 이와 마찬가지로 고찰될 수 있다. 이에 따라 L-지점인 프랑크푸르트-마인츠의 장소는 애초부터 주어진 것으로서 고찰될 수 있다. 그러나 이 점에 비춰보더라도 여기서 슈바인푸르트는 L-지점으로 고찰될 수 없다 — 이 지점은 프랑크푸르트에 인접해 있기 때문에, 인구밀도와 직업구성 등의 정상적 조건하에서도 강력히 선호되는 영주의 거주지로 선택되지 않은 한 L-유형의 의미에는 결코 도달하지 못할 것이다. 혹은 그것이 거주지로 선택되었다고 하더라도 우리는 그 결과를 반드시 단언할 수 없다. 왜냐하면 애초부터 프랑크푸르트에서 186㎞ 떨어진 지점 — 예를 들어 뉘른베르크는 186㎞의 거리에 있다 — 이 보다 유리한 발전기회를 갖고 있다고 할 수 있기 때문이다. 그러므로 예를 들어 레겐스부르크가 대단히 유리한 지리적 입지를 갖고 있음에도 불구하고 L-중심부가 될 전망은 뉘른베르크보다 낮은 것은 틀림없는 사실로 단정할 수 있다. 끝으로 프랑크푸르트-마인츠의 입지에서 살펴보면 — 이에 상응하는 정치적 사정을 전제로 하면 — 칼스루에는 결코 오버라인지방의 L-지점이 될 수 없으며, 이러한 L-지점으로서는 슈트라스부르크 이외에 그 어떤 곳도 고려의 대상이 될 수 없다는 점도 우리는 단정할 수 있다. 왜냐하면 슈트라스부르크는 프랑크푸르트로부터 정확히 186㎞ 떨어져 있고, L-중심부의 정규적인 108㎞의 반경을 갖고 있으며, 한편으로 정확히 바젤까지 다른 한편으로 만하임까지 이르며, 게다가 바젤과 만하임의 장소에는 이론적으로 P-지점이 성립해야만 하기 때문이다.

일차적 체계로서 프랑크푸르트 L-체계가 지닌 의미를 정확히 조명하기 위해서는 이러한 것들이 도입부분에서 논의되지 않으면 안될 것이다. 이 지역의 중앙에 남부독일과 서부독일, 그리고 중부독일이라는 세 개의 개념〔지역〕이 서로 맞닥뜨리고 있다는 사실은 우리에게 문제되지 않는다. 오히려 정반대로 우리는 이 세 개의 개념적 지역 — 혹은 우리의 지금까지의 용어에서는 '체계' — 이 서로 맞닥뜨리는 장소에 적당한 계층의 중심지에 대해 이론적으로 규정된 입지가 주어진다는 점을 이미 알고 있다. 따라서 남부독일과 서부독일, 그리고 중부독일을 L-유형의 의미보다 한 단계 높은 의미, 즉 독일 영토의 일부를 대표하는 중심부의 의미 — RT형의 의미 — 를 지닌 중심부를 수반하는 체계로 파악한다면, 이 세 개의 RT-체계가 함께 맞닥뜨리는 장소에 하나의 L-체계는 당연히 자리잡을 수 있을 것이다. 따라서 이 점에 비춰보더라도 우리는 이론적으로 프랑크푸르트 주변에 L-지점이 요구된다는 점을 알 수 있다. 그러나 이 점에서 그것이 어디에 포함되는지는 확실하지 않다. 프랑크푸르트로 형성되는 L-체계는 서부독일 또는 남부독일, 아니면 중부독일에 포함될 수 있는가? 아마도 그 일부, 즉 척량산맥[33]과 보겔스베르크(Vogelsberg) 산맥의 북쪽에 놓여 있는 부분은 분명히 중부독일에 포함될 수 있지만, L-체계의 주요 부분을 남부독일 아니면 서부독일에 포함시키는 것은 자의적이다. 하지만 우리는 여기서 이 부분을 가장 널리 통용되는 독일의 지리적 구분의 예에 따라 남부독일에 포함시킨다. 물론 이 경우에도 L-체계 전체의 유기적 성격을 해명하기 위해서 기타 부분에 대해 적어도 개략적으로 살펴보고자 한다.

33) 〔역주〕 독일에서 지형적으로 골격이 되는 산맥을 일컫는다.

(2) L-중심부

프랑크푸르트는 뉘른베르크나 슈트라스부르크와 마찬가지로 지방의 수도라는 성격을 지니고 있지 않다. 이 점은 프랑크푸르트의 중심성을 현저히 떨어뜨리고 있다. 프랑크푸르트의 중심성을 나타내는 수치는 2,060이며, 이는 2,825의 중심성을 지닌 뮌헨의 수치에 미치지 못한다. 따라서 뮌헨이 중심성에서는 프랑크푸르트보다 37.5%가량 높은 반면, 주민수에서는 74만 7천 2백 명으로 68만 8천 명에 달하는 프랑크푸르트 복합체[34] 보다 8%가량 높을 뿐이다.

그런데 우리는 비스바덴(Wiesbaden)과 마인츠, 다름슈타트, 하나우(Hanau)의 수치를 프랑크푸르트의 수치에 당연히 포함시킬 수 있다. 왜냐하면 사실 프랑크푸르트 L-유형의 기능이 이 도시들로 분할되고 있기 때문이다. 다시 말해 비스바덴은 과거 군주의 거주지이자 지방행정의 중심도시이며 또한 은퇴자들의 도시로서, 마인츠는 교통체계와 상업과 관련된 부차중심지로서, 그리고 다름슈타트는 프랑크푸르트 L-체계가 차지하는 지역의 대부분을 관할하는 지방의 수도이자 공과대학의 소재지로서 프랑크푸르트의 기능을 나눠 갖고 있다. 우리가 위에서 언급한 도시들의 수치를 프랑크푸르트의 수치에 더한다면, 주민수는 1,151,600명이 되고 중심성은 2,748이 된다. 이에 따라 주민수에서는 뮌헨을 훨씬 상회하게 되고, 중심성에서는 뮌헨에 거의 근접하게 된다. 더구나 전화대수의 절대치를 비교해 보면, 프랑크푸르트를 중심으로 하는 도시연합체는 63,890 대의 전화를 갖고 있고, 뮌헨은 50,290 대를 갖고 있다. 전화 한 대당 주민수를 살펴보면, 프랑크푸르트의 경우에는 18명이 되고 뮌헨의 경우에는 15명이 된다. 일반화시켜 살펴 볼 때, 이 점은 뮌헨에 프랑크푸르트를 중심으로 하는 도시연합체보다 상대적으로 많은 중심시설이 〔집중되어〕 있다는 사실을 말해 준다. 이뿐만 아니라 이러한 수치들은 프랑크푸르트와 마인츠가

---

34) 〔역주〕 여기서 말하는 복합체는 오늘날의 연담도시를 말한다.

부분적으로 뚜렷한 대공업지대로서의 성격을 지니고 있다는 점도 나타내준다. 주민수가 많은 반면, 중심성은 상대적으로 낮다는 것을 보여주는 것이다.

(3) L-방향

프랑크푸르트 체계에서 다른 L-중심부의 경우보다 인접한 L-체계가 한층 더 문제가 되는 것은 명백한 RT-체계 사이에 자리잡은 L-체계로서 프랑크푸르트의 특수한 위상에 기인한다고 볼 수 있다. 순수하게 이론적으로 살펴보면 이것은 당연히 잘못된 것인데, 왜냐하면 기하학적 도식에 따르면 그 어디에서도 그러한 특별한 위상은 존재하지 않기 때문이다. 프랑크푸르트 L-체계에 직접적으로 경계를 접하는 것으로서는 쾰른과 하노버, 라이프치히, 뉘른베르크, 그리고 슈트라스부르크의 L-체계를 들 수 있다. 슈투트가르트 체계는 프랑크푸르트 체계와 전혀 접촉하지 않는다 — 그럼에도 불구하고 슈투트가르트는 프랑크푸르트의 모든 L-중심부 중에서도 프랑크푸르트에 가장 가까이 입지해 있다(150 ㎞). 더구나 서쪽에 자리잡고 있는 하나의 L-체계가 어쨌든 프랑크푸르트 체계의 중심지 분포에 영향을 미치고 있다. 이 점에서는 낭시체계도 브뤼셀체계도 아니며, 오히려 파리체계가 비록 475 ㎞라는 상당히 먼 거리로 떨어져 있음에도 불구하고 관계하고 있다. 이 경우에 우리가 고려해야 할 점은 프랑스에서 전형적 간격이 종종 독일과 다른 양상을 보여주며, 무엇보다도 파리의 도달범위가 대단히 넓으며 실제로 룩셈부르크(Luxemburg)와 낭시까지 뻗어 있다는 것이다. 프랑크푸르트로부터 이상에서 언급한 L-중심부까지의 간격을 살펴보면, 슈투트가르트와 쾰른이 각각 150 ㎞, 뉘른베르크와 슈트라스부르크가 각각 185 ㎞(정규적 간격), 하노버가 250 ㎞, 라이프치히가 295 ㎞, 그리고 파리가 475 ㎞이다.

프랑크푸르트의 L-방향은 이러한 L-중심부들을 지향하고 있다. 따라서 우리는 일곱 개의 L-방향을 상정할 수 있다. 이러한 방향은 프랑크푸르트를 둘러싼 원형(의 지역)을 아주 균등한 부채꼴 모양(의 지역)으로 구획하고 있다 ― 알프스와 같은 거대한 산지가 없을 때에는 이러한 결과를 또한 상정할 수 있다. 부채꼴 모양이 이루는 각도는 대개 최소 40°(슈트라스부르크 - 프랑크푸르트 - 슈투트가르트)와 최대 65°(쾰른 - 프랑크푸르트 - 하노버) 사이에서 왔다갔다한다.

(4) P-지점

프랑크푸르트 G-체계의 B-원 위에는 프랑크푸르트로부터 36㎞의 정규적 간격에 도달하지 못하고 32㎞ 또는 28㎞의 간격을 두고 있을 뿐이지만, 세 개의 지점이 P-유형의 의미를 지니고 게다가 ― 이 점이 중요하다 ― 분명한 P-유형의 기능을 지니고서 자리잡고 있다. 이 점에 비춰보더라도 프랑크푸르트 L-체계는 남부독일의 L-체계 중에서 유례가 없는 것이다. 이러한 지점에 해당하는 것은 다름 아닌 비스바덴과 마인츠, 그리고 다름슈타트이다. 이에 따라 의심할 여지없이 프랑크푸르트 L-체계의 남쪽에서는 P-계층의 중심재에 대한 모든 욕구가 충분히 충족되고 있다. 그래서 북쪽으로 멀리 떨어져 비로소 카셀(Kassel)과 같은 대도시가 다시 성립할 수 있는 여지가 남아 있다. 이 도시는 하노버를 향한 L-지점의 방향에 있고, 따라서 도식에서 말하는 보급원리와 상반되는 위치에 자리잡고 있다. 그렇지만 카셀과 동등하거나 그 이상의 의미를 지닌 인근 도시들로부터 카셀까지의 간격은 상당히 균등하다. 〔그 간격이〕 하노버와 에어푸르트로부터 각각 115㎞이고 프랑크푸르트와 도르트문트, 그리고 뮌스터로부터 각각 145㎞에 달하기 때문에, 이 지점은 보급원리와 상반되는 위치에 자리잡고 있음에도 불구하고 P-유형의 재화를 판매하기 위한 지극히 확실하고 모든 방면으로 균등하게 펼쳐져 있는 지역을 갖고 있다.

라이프치히를 지향한 L-지점의 방향에는 P-지점인 에어푸르트가 놓여 있고 프랑크푸르트로부터 거의 190 ㎞를 떨어져 있으며, 따라서 원칙적으로 L-지점을 찾아볼 수 있는 원 위에 자리잡고 있다. 그런데 에어푸르트와 같은 P-지점이 라이프치히를 둘러싸고 있는 정규의 P 원 위(정확히 100 ㎞의 간격을 두고 있다)에 존재하지만, 프랑크푸르트를 둘러싼 P-원 위에는 존재하지 않는 것이 특이하다. 지극히 소수에 지나지 않으나 이와 같은 경향은 풀다에서도 관찰되며, 이 지점은 프랑크푸르트와 에어푸르트로부터 각각 약 100 ㎞ 떨어져 있고, 카셀과 뷔르츠부르크로부터는 이보다 약간 덜 떨어져 있다. 그 원인은 튀링겐과 풀다 지역의 인구밀도와 인구구조가 지극히 다양하다는 점에 있다. 그렇지만 어쨌든 우리는 풀다를 P-지점의 장소를 대표하는 것으로 파악할 수밖에 없으며, 따라서 P-지점의 장소는 풀다와 에어푸르트에 — 이밖에도 고타(Gotha)와 바이마르(Weimar)에도 — 배분되고 있다.

이미 L-지점의 방향에서 두 개의 P-지점이 발견된 이상, 제 3의 P-지점, 즉 뷔르츠부르크가 L-지점의 방향을 취하고 있다는 것도 놀라운 일이 아니다. 더구나 이 지점은 대체로 108 ㎞의 정규적 간격(정확히 말하자면 100 ㎞)의 장소에 놓여 있는 최초의 완전하게 발전한 P-지점이다.

이 체계에서 다음 P-지점의 장소는 슈투트가르트와 슈트라스부르크를 지향한 L-지점 사이의 방향에 자리잡고 있으며 70 ㎞의 간격을 두고 있을 뿐이지만, 자매도시인 만하임(699)과 하이델베르크(178)가 차지하고 있다. P-지점인 다름슈타트(190)는 이 P-지점에 해당하는 장소의 일부가 아니라 오히려 프랑크푸르트가 차지하는 L-지점에 해당하는 장소의 일부로 파악될 수 있으며, 또한 독자적인 경제적 P-체계를 형성하는 것이 아니라 확실히 독특한 정치적 체계, 즉 헤센공화국을 형성하고 있다.

슈트라스부르크-프랑크푸르트-파리로 구성되는 부채꼴 모양의 지역의 P-지점에 해당하는 장소는 프랑크푸르트에서 155 ㎞ 거리에 있는 자르브뤼켄(340)이 차지하고 있다. 하지만 이 경우 L-중심부의 가장 멀리까지 뻗어 있는 부분, 즉 마인츠로부터 거리를 계산하는 것이 타당하며, 이 계산에서 거리는 125 ㎞가 되고, 따라서 오히려 108 ㎞라는 전형적 거리에 부합하는 값이 된다. 끝으로 파리－프랑크푸르트－쾰른으로 구성되는 부채꼴 모양의 지역에서는 코블렌츠가 프랑크푸르트에서 약 85 ㎞ 떨어진 P-지점으로서 자리잡고 있다 — 이밖에도 이 거리는 쾰른과 기센(Gießen)으로부터의 거리와 정확히 같으며, 트리어로부터의 거리와도 거의 같다.

결론적으로 프랑크푸르트 L-체계에서는 일곱 개의 L-지점의 방향이 존재하지만 P-지점의 장소는 여섯 개에 불과하다. 카셀은 P-지점에 해당하는 두 개의 장소를 통합하고, 따라서 L-지점의 방향을 취하며 뚜렷한 독자성을 갖고서 강력히 발전하고 있다. 이 여섯 개의 P-지점의 장소 중 네 개는 통일적으로 한 개의 지점에 의해 대표되며(카셀, 뷔르츠부르크, 자르브뤼켄, 코블렌츠), 두 개는 여러 개의 지점으로 분할되어 있다(에어푸르트와 만하임). 세 개는 보급원리에 부합하는 L-지점 사이의 방향을 취하고, 또 다른 세 개는 L-지점을 지향한 방향을 취하고 있다(카셀, 에어푸르트, 뷔르츠부르크). 단 하나(뷔르츠부르크)의 지점만이 정확히 108 ㎞의 원 위에 놓여 있고, 카셀과 에어푸르트는 프랑크푸르트로부터 먼 거리에 있기 때문에 전적으로 정규체계의 틀에서 벗어나 있다. 이밖의 것은 정규적 간격보다 아주 가까이에 있는 것도 멀리 떨어져 있는 것도 아니다.

이러한 관계로부터 우리는 P-지점이 개별적으로 어떤 L-체계에 포함되는지를 규정할 수 있다. 카셀을 어디에 포함시킬 것인지의 문제를 아무 이의 없이 해결하기란 불가능하다. 왜냐하면 P-지점의 장소로서 카셀은 분할되지 않은 채 카셀이라는 지점에 통합되어 있고, 이때 이 지점은 적어도 두 개의 추정가능한 P-지점의 장소를 차지하고 있기 때문이다. 더구나 문제가 되는 두 개의 L-체계, 즉 하노버와 프랑크푸르트로부터의 거리가 거의 같기 때문이다. 따라서 이에 또 다른 관점, 즉 지리적 혹은 역사적 관점을 부가하지 않을 수 없다. 이렇듯 수리적으로 보고 또한 지역경제학적으로 살펴 볼 경우에는 하노버에 포함시키는 것이 타당하다고 여겨지지만, 역사적으로 살펴보고 현재의 국가상황에 비춰볼 경우에는 프랑크푸르트에 포함시키는 것이 타당한 것으로 생각된다. 그러므로 이 경우에도 단정을 내리기란 결코 쉽지 않다. 그렇지만 우리의 이론에서 어디에 포함시킬 것인지의 문제를 해결할 수 있는 논거는 찾아 볼 수 있다. 즉, L-체계의 유기적 구성은 L-지점을 필요로 할 뿐만 아니라 각각 전체 또는 부분적으로 체계를 수반하는 두 개의 P-지점과 여섯 개의 G-지점 등을 필요로 한다는 것이다. 그런데 프랑크푸르트 L-체계에서는 마인츠-비스바덴만이 어느 정도 독자적인 P-체계를 형성하고 있으며, 따라서 이 L-체계의 내부구조를 〔형성하기〕 위해서는 제 2의 P-지점이 요구된다. 이 P-지점은 슈트라스부르크와 쾰른의 L-체계가 어차피 상당히 많은 P-지점을 갖추고 있는 이상, 만하임에서도 자르브뤼켄에서도, 그리고 코블렌츠에서도 주어진 것일 수 있다. 하지만 만하임과 자르브뤼켄과 관련해서는 우리가 이미 이 지점들을 슈트라스부르크 L-체계에 포함시키기로 결정했기 때문에, 따라서 카셀도 — 또는 후술하듯이 코블렌츠도 — 프랑크푸르트 L-체계에 포함시키는 것으로 결정한다.

기타 P-지점을 어디에 포함시킬 것인지는 더 이상 문제되지 않는다. 에어푸르트의 경우에는 라이프치히 체계에 포함시키기로 한 결정은 분명하다. P-지점의 장소를 대표하는 풀다가 프랑크푸르트에 포함된다는 것도 역시 명백하다. 뷔르츠부르크와 만하임, 그리고 자르브뤼켄의 경우에는 문제가 이미 결정되었으며, 이 모든 지점들의 어느 것도 특이하게 프랑크푸르트 체계 안에서 P-지점의 장소를 대표하는 것이 없다. 코블렌츠의 경우에는 다소 문제의 소지가 있다. 이 경우에도 또한 마인츠를 프랑크푸르트 L-중심부의 돌출된 장소로 간주한다면, 코블렌츠에서 마인츠로 향한 거리는 쾰른을 향한 거리보다 현저히 짧다. 우리는 코블렌츠와 트리어를 포함하는 쾰른 L-체계의 역사적 개념에 따라 코블렌츠를 쾰른 L-체계에 포함시키지만, 이 경우에도 카셀을 프랑크푸르트에 포함시키거나 코블렌츠를 프랑크푸르트에 포함시킬 수 있는 대안은 남아 있을 수 있다. 최종적 결정은 쾰른과 하노버 L-체계를 분석한 후에 비로소 가능하다.

(5) G-지점

프랑크푸르트 주변에는 G-지점과 P-지점이 밀집해 있다. 하나우(63)는 18㎞의 간격을 두고 있으나 K-원 내에 있고, 다름슈타트(190)는 28㎞, 마인츠(206)와 비스바덴(229)은 각각 32㎞의 간격을 두고 있으나 역시 B-원 내에 있으며, 아샤펜부르크(77)는 프랑크푸르트의 B-원 위에 정확히 자리잡고 있다. 이를 통해 프랑크푸르트 G-체계에 부속된 모든 G-체계의 화환을 얻을 수 있다. 마인츠와 비스바덴의 G-체계는 어느 정도 독립한 특별한 지방을 구성하며, 이러한 중심부들은 그 자체로 하나의 P-체계를 형성하고 있다. 하지만 다름슈타트와 아샤펜부르크의 P-체계는 프랑크푸르트 P-체계에 포함되지 않을 수 없다. 하나우 G-체계는 발전되지 않았으며, 이는 실제로 프랑크푸르트 G-체계의 돌출된 부분으로 파악될 수 있다. 따라서 마인츠와 비스바덴 체계를 하나의 공동체계로 계산한다면, G-체계의 화환은 우선 다소 차이가 있을지라도 네 개의 불완전한 체계로 이뤄진다. 프랑크푸르트의 북쪽 전역은 넓은 공간에 걸쳐 독자성이 강한 기센(97) G-체계가 차지하며, 기센은 프랑크푸르트로부터 55㎞ 떨어져 있고, 따라서 62㎞의 정규간격과 거의 정확히 일치한다. 라인지방에서 보통 G-유형의 간격을 대신하여 B-유형의 간격이 나타나기 때문에, 기센 체계를 프랑크푸르트를 둘러싼 G-체계의 화환에 더 이상 포함시키지 않는 것이 타당하다. 이를 대신하는 것으로서는 이 부분에서 합쳐서 55의 중심성을 지닌 한 쌍을 이루는 도시들인 프리트베르크-바트 나우하임이 부속적인 G-체계를 형성하고 있다.

이 화환에 속하는 거의 모든 G-지점 또는 P-지점은 교통지향성을 보여주고 있을 뿐이며 보급지향성을 보여주지 않는다. 즉, 하나우는 풀다 — 또는 B-지점인 겔른하우젠(Gelnhausen) — 를 지향하는 방향에, 아샤펜부르크는 뷔르츠부르크를 지향하는 방향에, 다름슈타트는 만하임을 지향하는 방향에, 그리고 마인츠와 비스바덴은 물론 비교적 저차의 B-지점인 빙겐(Bingen)과 G-지점인 크로이츠나흐를 지향하는 방향에 놓여 있다. 36㎞에서 62㎞라는 G-유형의 재화가 보여주는 전형적 도달범위가 대부분 21㎞이고, 드물게 그리고 주변지역에서 36㎞에 이를 뿐인 이 지방에서 우세한 체계의 도달범위를 상회하고 있기 때문에, 지점 사이의 방향이 지배적인지 아니면 지점을 지향한 방향이 지배적인지는 별로 중요하지 않다. 그러나 실제로는 교통원리의 영향이 〔보급원리의 영향과〕 경쟁하기 때문에, 지점을 지향한 방향을 유리하도록 하는 결과가 발생할 수도 있다.

인접해 나란히 자리잡고 있는 P-지점인 마인츠와 비스바덴은—이 두 지점은 합쳐서 435의 중심성에 도달하고 있다—프랑크푸르트 P-지점에 부속되어 있는 독자의 P-체계를 형성하고 있다. 그러나 이 P-체계는 드물지만 부채꼴 모양으로 확대되어 있는 것이 아니라 트리어와 자르브뤼켄 G-체계 사이의 공간에 쐐기 모양으로 밀쳐 들어가 있다. 이 쐐기 방향, 즉 코블렌츠와 자르브뤼켄 사이의 방향에는 G-지점인 크로이츠나흐(48)가 위치하고 있으며, 이 지점은 가까이에 자리잡고 있는 B-지점인 빙겐(31)과 더불어 79의 중심성에 도달하고 빙겐과 함께 공동의 G-체계를 형성하고 있다. 마인츠-비스바덴 P-체계의 가장 외측 전초지는 오버슈타인-이다르에서 관찰되며, 이는 두 지점인 오버슈타인 및 이다르와 공동으로, 그리고 A-지점인 이다르-티펜슈타인(Tiefenstein)과 M-지점인 키르쉬바일러(Kirschweiler)와 함께 40의 중심성에 이르고 G-유형의 의미를 지니고 있다. 오버슈타인은 거의 크로이츠나흐의 36㎞의 B-원 위에 자리잡고 있으나, G-유형의 의미를 지니고 있음에도 불구하고 상당히 독자적인 B-체계를 형성하고 있다. 그렇기는 하지만 이 체계는 여전히 새로운 체계이다. 마인츠 남쪽에 있는 G-지점인 보름스(58)는 그 전체 〔보완〕지역과 함께 만하임 체계에 포함되며, 만하임의 K-원 위에 놓여 있다. 그러나 논쟁의 여지가 적은 본래의 작용영역은 라인헤센(Rheinhessen)에 있기 때문에, 이것은 마인츠-비스바덴의 P-체계에 포함되어야 할 것이다. 끝으로 마인츠-비스바덴 P-체계의 영역에 있는 림부르크(Limburg)에 대해 언급할 수 있다. 이 지점은 B-유형의 의미를 지닌 것에 불과하다고 추정되나 인접한 디츠(Diez)와 함께 G-유형의 의미에 근접하고 있다. 하지만 이것은 독자적인 B-체계 이상의 것을 갖고 있지 않다.

'중간체계'라는 표현은 프랑크푸르트 P-체계와 카셀 P-체계 사이에 자리잡고 있는, 정도의 차이가 있을지라도 독자적인 G-체계를 총괄하는 것을 말한다. 우선 기센을 언급할 수 있는데, 이 지점은 97의 중심성을 지니고 있으며 카이저스라우테른이나 하일브론과 거의 같은 순위에 있고, 이러한 도시들과 마찬가지로 P-유형의 의미에 접근하는 계층을 차지하고 있다. 프랑크푸르트와 카셀, 지겐, 코블렌츠, 그리고 풀다 사이에 비교적 중요한 도시가 존재하지 않으며, 북쪽방향으로 프랑크푸르트 바로 다음의 P-지점인 카셀이 상당히 멀리 떨어져 자리잡고 있으며, 이밖에도 기센이 대학도시로서의 특성을 갖고 있다는 점을 고려한다면, 우리는 기센에 대한 이상과 같은 높은 수치를 이해할 수 있다. 따라서 G-체계는 충분한 확대가능성을 지니고 있다. 이때 21 ㎞의 A-지점 사이의 간격을 둔 베츠라르(Wetzlar)와 거의 21 ㎞의 K-지점 사이의 간격을 둔 마르부르크(Marburg)는 보조체계 또는 부속체계를 형성한다는 점에서 고려될 뿐이다. 세 개의 지점 모두를 합칠 경우 우리는 확실히 P-유형의 의미를 얻을 수 있을 것이며, 이 때문에 이 지점들을 카셀 체계의 P-지점을 대표하는 장소가 분할된 것으로 보는 것이 타당할 것이다. 이 분할은 주로 정치적, 역사적 조건에 바탕을 둔 것이다. 다시 말해 마르부르크는 헤센-카셀에 속하고, 기센은 헤센-다름슈타트에 속하며, 베츠라르는 라인지방에 속하는 것이다. 이는 격리원리의 효과를 보여주는 훌륭한 예이다—이밖에도 기센과 지겐 사이의 간격이 55 ㎞로 기센에서 프랑크푸르트까지의 간격과 정확히 같으며, 전형적인 G-지점의 간격과 거의 일치한다는 점도 주목할 만하다. 기센과 풀다 사이의 간격도 이와 동일하다. 더구나 에어푸르트의 경우에도 역시 풀다를 이 P-지점을 대표하는 것으로서 살펴볼 수 있다. 풀다가 프랑크푸르트-에어푸르트 방향의 중간에 있는 중요한 입지라는 점은 이미 언급했다. 풀다－기센 사이, 그리고 풀다－마이닝겐 사이의 간격은 G-지점 사이의 간격과 비슷한 약 62㎞에 달한다.

프랑크푸르트 L-체계의 북쪽에는 비교적 높은 중심성을 지닌 지점들이 적으며, 사실 카셀과 경우에 따라서는 에쉬베게(Eschwege)를 언급할 수 있을 뿐이다. 카셀 G-체계는 켈러발트(Kellerwald) 산지에서 마르부르크 G-체계와 겨우 접촉하고 있다. 이 접촉점의 북서쪽과 남동쪽으로는 넓은 지역이 확인되며, 이 지역은 카셀 G-체계에도 마르부르크 G-체계에도, 그리고 기타 G-지점에도 속하지 않는다. 이 지역에서는 비교적 높은 의미를 지닌 보조적 지점조차 관찰되지 않는다. 이 지역에 G-유형의 도달범위를 가진 중심재를 빠짐없이 공급하기 위해서 비교적 높은 의미를 지닌 지점에 해당하는, 그리고 도식에 부합하는 장소는 이를테면 아스텐베르크(Astenberg)의 민둥산과 크뉠(Knüll) 산맥, 즉 중요한 도시가 성립하는 데 별로 문제가 되지 않는 두 지대에 의해 대표된다.

그러면 카셀을 둘러싼 G-체계의 화환은 어떠한가? 쾰른과 프랑크푸르트 사이의 방향에는 마르부르크가 자리잡고 있지만, 이 지점은 오히려 카셀 체계를 대신하는 기센 P-체계에 속한다. 프랑크푸르트와 에어푸르트 사이의 방향에는 상당히 잘 발전한 B-체계인 헤르스펠트(Hersfeld)가 풀다와 카셀의 G-체계 사이의 틈새를 메우고 있으며, 헤르스펠트도 상대적으로 높은 B-유형의 의미를 지닌 것으로 추정된다. 다음으로 에어푸르트를 지향하는 방향에는 확실히 미약한 G-체계로 발전하고 있을 뿐인 에쉬베게가 존재한다. 그리고 또한 노르트하우젠(Nordhausen)과 하노버 사이의 방향에는 상당히 높은 G-유형의 의미를 지닌 괴팅겐(Göttingen)이 놓여 있다. 다음으로 파더보른(Paderborn)이 하노버와 뮌스터 사이의 방향에, 끝으로 아른스베르크(Arnsberg)가 도르트문트를 지향하는 방향에 자리잡고 있다. 따라서 여섯 개의 G-체계를 가진 완전한 화환이 나타나는데, 이 체계들은 주로 보급지향적이다. 다름 아닌 이 후자의 상황을 강조할 필요가 있는데, 왜냐하면 헤센지방 남쪽으로는 이미 살펴본 것처럼 교통지향성이 우세하기 때문이다. 이 경우에는 서로 상이한 인구밀도가 영향을 미치고 있다. 이 화환의 체계 중 마르부르크와 카셀, 헤르스펠트, 에쉬베게 체계만이 프랑크푸르트 L-체계에 포함되며, 후자의 카셀과 헤르스펠트, 그리고 에쉬베게 세 개는 카셀 P-체계에 포함될 수 있다.

2) 개별 G-체계에 관한 분석

(1) 프랑크푸르트 P-체계

프랑크푸르트 G-체계는 지극히 명백하게 P-지점인 비스바덴과 P-지점인 마인츠, B-지점인 그로스(Groß)-게라우(Gerau, 14), P-지점인 다름슈타트, G-지점인 아샤펜부르크, B-지점인 겔른하우젠(17), 그리고 프리트베르크(25)와 바트 나우하임(30)의 쌍둥이 B-지점과 같은 비교적 중요한 지점들, 즉 여섯 개의 B-지점의 장소에까지 펼쳐져 있다. 이러한 지점들은 이론적으로 G-지점 사이의 방향과 L-지점 사이의 방향에 놓여 있다. 하지만 이들 중 다섯 개는 L-지점을 지향하는 방향을 취하고, 교통원리가 명백히 지배하고 있음을 보여준다. 쾰른을 지향한 L-지점의 방향에는 아무것도 존재하지 않으며, 이를 대신하여 이 방향으로 K-원 위에서 B-지점인 쾨니히슈타인(Königstein, 14)이 발견된다. 두드러지는 지점은 프리트베르크와 바트 나우하임이다. 다시 말해 프리트하임은 잘 발전한 B-체계를 형성하는 중심지이며, 바우하임은 프리트베르크와 인접한 물가가 높은 온천지이며, 따라서 체계의 형성이라는 측면에서 문제되지 않는다.

B-원은 종종 21 ㎞의 K-원에 상당히 근접해 있기 때문에 K-원 위에 자리잡고 있는 중심지는 많지 않다. 정확히 K-원 위에는 K-지점인 젤리겐슈타트(Seligenstadt, 5)와 K-지점인 뤼셀스하임(Rüsselsheim, 5)만이 관찰된다. 후자의 뤼셀스하임의 경우에는 그 의미가 높은 원인으로 일차적으로 오펠(Opel)[35] 공장을 생각할 수 있다. 그러나 이 지점이 왜 이러한 중심적 의미

를 얻고 있으며, 그리고 왜 중요한 공장이 입지할 수 있었는지는 마인츠와 그로스-게라우로 치우친 위치로 설명된다. 다음으로 프랑크푸르트에서 약 17 ㎞ 떨어진 원 위에 일련의 중요한 지점들이 자리잡고 있는 사실은 특이하다. 즉, K-지점인 호프하임(Hofheim, 4)과 B-지점인 쾨니히슈타인(14, K-원 가까이에 있다), B-지점인 홈부르크 포어 데어 회에(Homburg vor der Höhe, 22), G-지점인 하나우(63), 그리고 K-지점인 랑겐(Langen, 9)이 있고, 교통지향성이 우세하다. 다만 바트 홈부르크(Bad Homburg)가 표면상 예외로 여겨지지만, 이 지점은 어쨌든 B-원 위에 있는 군(郡)의 중심도시로서 K-지점인 우징겐(Usingen, 7)을 지향하는 방향에 자리잡고 있다.

이미 언급한 것처럼 이렇게 많은 중요한 지점들이 정규의 21 ㎞의 원 위가 아니라 17 ㎞의 원 위에 있다는 것은 특이한 현상이 아닐 수 없다. 그러나 B-지점도 36 ㎞의 원 위가 아니라 평균 약 29 ㎞ 떨어진 원 위에 자리잡고 있다는 점을 고려한다면, 이러한 사정도 이해될 수 있다. 이 두 가지의 경우를 통해 중심부에서 K-원까지의 간격과 B-원까지의 간격 사이에는 수학적으로 보아 적정한 $1 : \sqrt{3}$의 비율이 성립한다. 이에 따라 정규의 12 ㎞의 간격을 가진 내측 A-원도 축소되어야 하지만, 실제로 프랑크푸르트 복합체의 수에 포함되는 지점, 즉 획스트 암 마인(Höchst am Main)과 피벨(Vibel), 오펜바흐, 그리고 노이(Neu)-이젠부르크(Isenburg)가 이 점을 말해 주며, 이 모든 지점들은 프랑크푸르트의 중심으로부터 5 ㎞에서 9 ㎞ 정도 떨어져 있다.

타우누스(Taunus) 산맥에 접하는 수많은 A-지점들은 확정되지 않았다. 크론베르크(Cronberg)와 바트 조덴(Bad Soden), 켈크하임(Kelkheim), 그리고 에프슈타인(Eppstein)이 이에 해당하며, 이 모든 지점들은 프랑크푸르트의 거주와 공업목적의 위성도시(예를 들어, 켈크하임의 가구공업)로 파악될 수 있다. 제 1의 외측 A-원 위에 놓여 있는 것으로서는 A-지점인 니

35) 〔역주〕 독일의 유명한 자동차 제조회사를 말한다.

데른하우젠(Niedernhausen)과 A-지점인 슈미텐(Schmitten), A-지점인 알텐슈타트(Altenstadt), A-지점인 알체나우(Alzenau), 그리고 A-지점인 바벤하우젠(Babenhausen)을 거론할 수 있다. 이밖에도 그 대부분은 B-원의 지점들을 지향하는 지점 사이의 방향을 취하며, 특히 후자의 두 지점인 알체나우와 바벤하우젠은 명백히 이 방향을 취하고 있다. K-원의 지점들이 대부분 B-지점을 지향하는 방향에 놓여 있는 데 비해, 주변부에서는 그리고 상대적으로 중요하지 않은 지점의 입지와 관련해서는 다시 보급원리가 우위를 점하고 있다.

우리는 하나우를 프랑크푸르트의 돌출된 지점으로 파악했는데, 이 지점은 킨치히(Kinzig)[36] 계곡에 가능한 G-유형의 도달범위를 가진 재화를 공급하는 임무를 주로 떠맡고 있다. 이 지점은 A-지점인 잘뮌스터(Salmünster)-조덴(Soden)에 이르는 36 ㎞ 반경의 범위에서 이 임무를 떠맡고 있으나, 풀다의 36 ㎞의 반경도 정확히 이 범위까지 이르고 있다. 하나우는 프랑크푸르트에 아주 인접할 수 있으나, 이를테면 겔른하우젠이 자리잡고 있는 곳에서는 그렇지 않다는 사실은 이 때문이다. 물론 실제로 풀다의 G-체계는 B-지점인 슐뤼히테른(Schlüchtern, 13)까지만 도달하며, 따라서 슐뤼히테른이 대체로 겔른하우젠의 36 ㎞ 원 위에 자리잡고 있는 한 겔른하우젠은 G-지점과 관련된 논리적으로 보다 적절한 장소로 간주될 수 있다—사실 하나우는 과거 중요했던 겔른하우젠의 옛 체계를 교란시켜 온 비교적 새로운 도시이다. 그렇지만 하나우는 체계에서 결코 불리하게 입지하고 있지 않다. 즉, 그 21 ㎞의 K-원 위에는 B-지점인 프리트베르크와 K-지점인 뷔딩겐(Büdingen, 9), B-지점인 겔른하우젠(17), 그리고 G-지점인 아샤펜부르크가 상당히 정확히 자리잡고 있다. 그러나 겔른하우젠은 여전히 비교적 독자적인 B-체계를 형성하고 있으며, 그 체계의 K-원은 K-지점인 오르텐베르크(Ortenberg, 5)와 A-지점인 비르슈타인(Birstein),

36) 〔역주〕 뷔르템베르크지방의 킨치히가 아니라 헤센의 킨치히를 말한다.

그리고 A-지점인 슈타이나우(Steinau)로 윤곽이 드러나고 있다. 그리고 이 B-체계의 21 ㎞ A-원 위에는 K-지점인 뷔딩겐과 A-지점인 잘뮌스터-조덴, 그리고 K 지점인 바드 오르프(Bad Orb, 5)가 놓여 있나.

다름슈타트와 아샤펜부르크 G-체계에는 중심지가 띠 모양으로 펼쳐져 있는 것이 눈에 띄며, 더구나 그 원인은 부분적으로 오덴발트(Odenwald) 산지의 지형과 이와 평행하게 남북으로 달리고 있는 산록과 하천에 있다. 즉, 베르크(Berg) 가도(街道)[37]와 게르스프렌츠(Gersprenz)-베쉬니츠(Weschnitz) 계곡, 뮘믈링(Mümling) 계곡, 그리고 마인 계곡이 그것이다. 그러나 다름슈타트 체계는 그럼에도 불구하고 꽤나 규칙적으로 형성되어 있다. 우선 K-원 위에는 다소 넓은 간격을 두고 있으나 프랑크푸르트가 자리잡고 있고, 다음으로 K-지점인 그로스(Groß)-움슈타트(Umstadt, 6)와 K-지점인 라이헬스하임(Reichelsheim, 4), B-지점인 벤스하임, K-지점의 쌍둥이 도시인 오펜하임(Oppenheim)-니어슈타인(Nierstein, 10 또는 11), K-지점인 뤼셀스하임 등을 동반하는 지극히 규칙적인 나머지 반원이 나타난다. 벤스하임(가장 중요한 지점)과 라이헬스하임을 제외하면, 모든 지점은 명백히 지점 사이의 방향을 취하고 있다 — 하지만 이것은 사실상 다름슈타트에서 철도를 통해 K-지점 사이의 방향을 취하는 A-원 위의 지점들을 지나 이러한 지점들에 도달하는 것이 번거로울 수 있다는 점을 뜻한다. 그렇지만, 이러한 지점들은 모두 K-지점 이상의 의미를 지니고 있다. 다름슈타트를 둘러싼 36 ㎞의 원은 P-지점인 마인츠-비스바덴과 G-지점인 보름스, B-지점인 바인하임, 공동으로 상당한 수준의 B-유형의 기능을 지니고 있는 두 개의 K-지점인 미헬슈타트와 에어바흐(10 또는 8), G-지점인 아샤펜부르크, 그리고 G-지점인 하나우와 접촉하고 있다. 하지만 보름스와 바인하임, 그리고 미헬슈타트만이 다름슈타트와 비교적 긴밀한 관계를 맺고 있을 뿐이다.

---

37) 〔역주〕 오덴발트 기슭을 따라 나 있는 하이델베르크와 다름슈타트 사이의 도로를 말한다.

다름슈타트의 내측 A-원 위에는 G-지점인 그로스-게라우(14)와 K-지점인 랑겐(9), K-지점인 디부르크(Dieburg), K-지점인 라인하임(Reinheim), 그리고 A-지점인 유겐하임(Jugenheim)이 아주 명확히 자리잡고 있다 — 후자인 유겐하임은 단순한 촌락에 불과하며, 중심적 의미에서 비록 철도의 지선에 접하고 있을 뿐이지만 도시인 츠빙겐부르크(Zwingenburg)를 능가하는 점은 특이하다. 그 원인의 거의 대부분은 유겐하임이 다름슈타트와 벤스하임의 12㎞ 원 위에 입지해 있다는 사실에 있다. 단순한 M-지점의 장소는 다름슈타트에 밀착해 있는 A-지점인 풍슈타트(Pfungstadt)와 에버슈타트(Eberstadt), 그리고 오버(Ober)-람슈타트(Ramstadt)가 차지한다. 나머지 A-지점과 K-지점 중 여섯 개는 제1의 외측 A-원 위에 있고, 세 개의 지점만이 그 위치가 확정되어 있지 않다. 이와 함께 우리가 또한 주목해야 할 것은 벤스하임이 인접해 있는 A-지점인 아우에르바흐(Auerbach)와 K-지점인 헤펜하임과 함께 31의 중심성에 이르고 있으며, 따라서 G-유형의 의미에 접근하고 있다는 것이다. 더구나 중심지의 계열에 대한 분석을 계속 시도하면, 이 중심지들이 규칙적인 간격을 두고 있음을 알 수 있으며, 이러한 간격들은 각각 상당히 정확한 21㎞에 달하고 있다. 에어바흐에서 K-지점인 베르펠덴(7)을 향한 간격과 에어바흐에서 K-지점인 에버바흐(Eberbach)로 향한 간격도 거의 같지만, 산악을 넘어 횡단하는 경우의 간격도 같다.

아샤펜부르크 G-체계의 B-원은 G-지점인 하나우와 B-지점인 겔른하우젠, B-지점인 로르, B-지점인 베르트하임, B-지점인 밀텐베르크(Miltenberg), 그리고 다름슈타트와 같은 지점으로 형성되어 있다. 따라서 소수의 지점, 즉 밀텐베르크, 경우에 따라서는 또한 로르도 이 체계에 포함될 수 있지만, 이 체계는 잘 발전해 있다. K-원은 남쪽과 북쪽에서만 확인되며, 한편으로 동쪽에 슈페사르트(Spessart) 산맥이 있고 다른 한편으로 킨치히 계곡의 선으로 막혀 있기 때문에 북쪽에서 B-원에 인접하고 있듯이 완전히 발전하지 못하고 있다. 이 원 위에는 K-지점인 그로스-움슈타트와 K-

지점인 회흐스트 임 오덴발트(Höchst im Odenwald), 그리고 K-지점인 클링겐베르크(Klingenberg, 5)가 존재한다. 내측 A-원에는 A-지점인 쇨크리펜(Schöllkrippen)과 K-지점인 알체나우(6), K-지점인 젤리겐슈타트(Seligenstadt, 5), A-지점인 바벤하우젠, 그리고 A-지점인 클라인발슈타트(Kleinwallstadt)가 꽤나 정확히 자리잡고 있다. A-지점인 아모르바흐(Amorbach)는 비교적 독자적인 밀텐베르크 B-체계의 A-원 위에 자리잡고 있으며, 이 B-체계의 K-원에 속하는 것은 베르트하임과 하르트하임(Hardheim),[38] 부헨(Buchen), 에어바흐, 회흐스트 임 오덴발트, 그리고 클라인-발슈타트와 같은 지점들이다. 따라서 이 원의 지점들은 상당히 규칙적으로 배열되어 있다.

(2) 마인츠-비스바덴 P-체계

마인츠와 비스바덴과 같은 두 개의 중요한 P-지점이 L-중심부에 이렇게 인접하여 존재하는 점은 우리가 이 지점들을 프랑크푸르트 L-체계의 기능을 나눠 갖는 지점으로 파악할 때 손쉽게 이해할 수 있다. 마인 강과 라인 강의 합류점에 있는 마인츠가 유난히도 유리한 지리적 입지를 갖고 있다는 사실만으로는 이 도시의 의미를 설명하는 데 충분하지 않다. 왜냐하면 이와 비슷하게 중요한 하구의 장소를 훨씬 적은 의미를 가진 도시들, 예를 들어 코블렌츠나 파사우와 같은 도시들이 차지하고 있으며, 잘레(Saale) 강이 엘베(Elbe) 강으로 흘러드는 하구와 같은 곳에서도 도시는 거의 존재하지 않기 때문이다. 저지의 하천이 산지의 협소한 곳으로 흘러드는 입구가 도시의 입지에 유리한 의의를 갖는다는 점이 특별히 강조된다면, 빙겐의 입지는 실제보다 훨씬 유망할 것이다. 물론 이 두 가지의 지리적 입지 조건이 만나는 것은 상당히 중요할 것이다. 같은 사정은 비스바덴의 경우에도 해당한다. 즉, 세계적 의의를 지닌 온천지로서의 성격을 갖고 있다는

38) 〔역주〕 하르트하인(Hardhein)은 하르트하임의 오기로 판단된다.

점만은 이 지점에 P-유형의 의미를 발생시키기에는 충분하지 않다. 바덴-바덴과 칼스바트(Karlsbad) 등과 같은 비슷한 명성을 가진 여타 온천지가 G-유형의 의미 이상을 지니고 있지 않기 때문이다. 마인츠와 비스바덴의 경우에 높은 의미가 발생하게 된 것은 L-기능을 나눠 갖고 있다는 점을 통해서만 이해하지 않을 수 없다.

그러므로 마인츠-비스바덴 P-체계는 오히려 프랑크푸르트 P-체계가 서쪽으로 확장된 것으로 파악될 수 있다. 그렇지만 이 확장된 부분은 뚜렷한 독립성을 부여받고 있다. 이 점은 공동의 B-원이 분명히 형성되어 있다는 점을 살펴보더라도 잘 알 수 있다. 즉, 북쪽으로 코블렌츠와 기센의 G-지점 사이의 방향에 B-지점인 림부르크(디츠와 합칠 경우 아마도 G-유형의 의미를 지닐 것이다)가, 다음으로 이 또한 한쪽으로 기울어진 방향에 K-지점인 생 고아르(St. Goar, 7)와 K-지점인 생 고아르스하우젠(St. Goarshausen, 8) — 양자를 합치면 15의 B-유형의 의미를 지닌다 — 이, 카이저스라우테른과 만하임의 G-지점 사이의 방향에 G-지점인 크로이츠나흐와 B-지점인 알차이(Alzey, 15)가, 그리고 끝으로 G-지점인 보름스(58)가 자리잡고 있다. 더구나 북동쪽의 모서리 기둥으로서는 K-지점인 우징겐을 들 수 있다. 따라서 기복이 현저한 지형임에도 불구하고 법칙성은 뚜렷이 부각되고 있다.

K-원은 그다지 뛰어난 구조가 아니며, 중심부로부터의 간격은 상당히 들쭉날쭉하다. K-지점인 이트슈타인(Idstein, 8)과 K-지점인 캄베르크(Kamberg, 5), A-지점인 미헬바흐, B-지점인 뤼데스하임(Rüdesheim, 15), B-지점인 빙겐(31), A-지점인 뵈르슈타트(Wörrstadt)는 모두 B-지점 사이의 방향에 놓여 있다. 교통지향성을 보여주는 것은 K-지점인 오펜하임과 K-지점인 니어슈타인 — 각각 11 또는 10의 중심성을 갖고 있으며, 합칠 경우 21의 B-유형의 의미를 갖게 된다 — 뿐이며, 끝으로 B-지점인 그로스-게라우가 있다. 내측 A-원의 지점으로서는 A-지점인 니데른하우젠과 K-지점인 바트 슈발바흐(Schwalbach, 10), 그리고 K-지점인 엘트필

레(Eltville, 12)를 들 수 있다 — 다름 아닌 라인가우(Rheingau) 지방에서 중심지의 계열 중 가장 중요한 지점, 즉 엘트필레와 뤼데스하임이 각각 12㎞ 혹은 21㎞의 원 위에 자리잡고 있는 점은 주목할 만하다. 마인츠를 둘러싼 A-원은 K-지점인 인겔하임(Ingelheim, 9)과 A-지점인 니더(Nieder)-올름(Olm), 그리고 K-지점인 뤼셀스하임(5)에 의해 점유되고 있다.

다음으로 아주 협소한 보름스 G-체계에 관해 논의하고자 한다. 이 체계는 실제로 K-원을 넘어서지 못하며, 이 K-원을 차지하는 것은 인구가 조밀한 포도재배지역에 자리잡고 있음으로써 예상할 수 있듯이 특히 B-지점 이상의 고차 지점들이다. 북쪽으로는 이 K-원 위에 오펜하임-니어슈타인이, 동쪽으로는 B-지점인 벤스하임이, 남쪽으로는 P-지점인 만하임이, 남서쪽으로는 B-지점인 그륀슈타트가, 끝으로 북서쪽으로 B-지점인 알차이(15)가 자리잡고 있다. 이 지점들의 다수는 교통지향성을 나타내며, 그 간격은 들쭉날쭉하다. 다음으로 특징적인 것은 12㎞의 A-원인데, 이 원 위에도 다섯 개의 지점이 자리잡고 있다. 하지만 이 지점들은 모두 보급지향성을 보여주고 있다. 즉, A-지점인 오스트호펜(Osthofen)과 A-지점인 비블리스(Biblis), A-지점인 람페르트하임, K-지점인 프랑켄탈, 그리고 A-지점인 몬스하임(Monsheim)이 이 다섯 개의 지점에 해당한다. 알차이-그륀슈타트-로켄하우젠이 이루는 삼각형의 중앙에는 K-지점인 키르히하임볼란덴(Kirchheimbolanden, 11)이 위치해 있다. 36㎞ 원의 지점에서도 특히 가장 오래된 체계에서 빈빈히 나타나고 있듯이 뚜렷한 규칙성이 관찰된다.

크로이츠나흐와 빙겐의 공동의 G-체계는 마인츠-비스바덴 체계에 부속되어 있지만, 크로이츠나흐는 마인츠 B-원 위에, 그리고 빙겐은 거의 마인츠 K-원 위에 자리잡고 있다. 이 체계의 B-원은 생 고아르-생 고아르스하우젠(합쳐서 15의 중심성에 B-유형의 의미를 지니고 있다)과 심메른(Simmern) 부근에 자리를 확보하는 K-지점인 카스텔라운(Kastellaun, 7)과 오버슈타인-이다르(합쳐서 40의 중심성에 G-유형의 의미를 지닌다)가 이루는 꼭지점으로 확정되고 있다. 남쪽과 서쪽으로 이 원의 지점들은 비교적 인접해 있는 카이저스라우테른과 보름스의 G-체계에 의해 K-원을 향하여 밀려나 있다. K-지점인 로켄하우젠(7)과 B-지점인 알차이와 카스텔라운, 그리고 오버슈타인은 명백한 G-지점 사이의 방향을 갖고 있으며, 이에 반해 기타 지점들은 G-지점을 지향하는 방향을 취하고 있다. 빙겐-크로이츠나흐 K-원의 기타 지점들은 K-지점인 마이젠하임(Meisenheim, 8)을 제외하면 입지 또는 규모의 측면에서 반드시 도식과 정확히 맞아떨어지지 않는다. 크로이츠나흐를 둘러싼 내측 A-원에는 우선 빙겐 자체가 자리잡고 있고, 다음으로 K-지점인 슈트롬베르크(Stromberg, 4)가 자리잡고 있다. A-지점인 오버모셸(Obermoschel)은 정확히 21 ㎞의 원 위에 있으며, 명백히 로켄하우젠과 마이젠하임 사이의 방향을 취하고 알젠츠(Alsenz) 강의 작은 측방계곡에서 보급원리에 따라 적정하게 자리잡고 있다. 반면에 철도역 지점인 알젠츠는 M-유형의 의미만을 지니고 있을 뿐이다.

빙겐-크로이츠나흐 G-체계의 외측 A-원은 별로 명확하지 않다. 훈스뤼크 고지 위에 고립된 짐메른(10)은 K-체계를 분명히 형성하고, 그 A-원은 K-지점인 카스텔라운과 M-지점인 팔츠펠트(Pfalzfeld), A-지점인 라인뵐렌(Rheinböllen), A-지점인 게뮌덴, 그리고 A-지점인 키르히베르크에 의해 매우 명확히 구성되어 있다. 제 6의 A-지점은 존발트(Soonwald)의 산림지대 때문에 결여되어 있다. 중심기능은 주로 K-지점과 A-지점에 통합되어 있고, M-지점은 거의 전적으로 결여되어 있다. 라인강 연안에 자리잡고 있는 도시들의 입지도 얼핏 보아 무질서한 것으로 여겨지지만 명백하다. 즉, 빙겐-뤼데스하임과 생 고아르-생 고아르스하우젠은 교량도시들을 형성하고 있으나, 그 밖의 경우에는 끊임없이 교대하면서 혹은 라인강 이편에 혹은 다소 하류의 저편에 중심지가 입지하고 있다. A-지점인 아스만스하우젠(Aßmannshausen)은 우측에, 다음으로 M-지점인 트레히팅스하우젠(Trechtingshausen)은 좌측에, A-지점인 로르히(4)는 우측에, K-지점인 바하라흐(Bacharach, 6)는 좌측에, A-지점인 카우프(Caub, 4)는 우측에, A-

지점인 오버베젠(Oberwesen)은 좌측에 자리잡고 있는데, 이는 측방계곡의 하구라는 점에 기인하는 것만이 아니다. 왜냐하면 몇몇 하구는 중심지가 결여된 채 남아 있기 때문이다. 노선이 종점인 경우를 제외하면, 교량지점의 교통원칙이 그 어느 곳에서도 확고하게 관철될 수 없었다.

오버슈타인-이다르는 상대적으로 독자적인 B-체계를 갖고 있으며, 이 B-체계는 크로이츠나흐 G-체계에 부속되어 있다. 이 K-원은 K-지점인 라우테레켄과 K-지점인 쿠젤을 통해 그 윤곽이 명확히 드러난다. M-지점인 튀르키스물레(Türkismuhle)를 이에 부가할 수 있으나, 이는 빠른 속도로 중요한 철도역 지점으로서 중심적 의미를 얻고 있다. K-지점인 조베른하임(Sobernheim)은 덜 정확히 자리잡고 있으나, 뒤이은 A-지점인 게뮌덴은 다시 정확히 자리잡고 있다. A-원은 세 개의 K-지점과 함께 규칙적으로 발전해 있다. 비르켄펠트(6), 마찬가지로 교통로에서 벗어나 있는 바움홀더(Baumholder, 8)와 키른(Kirn, 9)이 이에 해당한다. 더구나 두 개의 M-지점인 켐펠트(Kempfeld)와 진(Sien)이 존재하며, 이 두 지점은 원래 A-지점에 해당한다고 볼 수 있다.

B-지점 또는 이미 G-지점으로 간주되는 림부르크는 비록 그 자체가 비스바덴과 코블렌츠, 베츠라르의 B-원 위에 정확히 자리잡고 있지만 상대적으로 독립적인 B-체계를 갖추고 있다. 이 K-원 위에는 K-지점인 이트슈타인과 A-지점인 미헬바흐, 나사우(Nassau), 그리고 몬타바우르(Montabaur)가 존재하며, 이 모든 지점들은 지점 사이의 방향을 취하고 있다. 더구나 베스터부르크(Westerburg)와 바일부르크(Weilburg)가 존재하는데, 이 지점들은 지점을 지향하는 방향을 취하고 있다. 이 체계를 비스바덴 P-체계 또는 프랑크푸르트 L-체계에 포함시키는 것이 가장 타당한데, 이는 베스터발트의 산림지대에서 라인 및 자우어란트(Sauerland) 지방체계와의 접촉이 단절되고 있기 때문이다.

(3) 중간체계

현저히 발전한 G-체계인 기센은 그 보조체계인 베츠라르와 부속되어 있는 마르부르크 G-체계와 더불어 부분적으로 여기서 검토하는 남부독일의 영역에 속한다. 36㎞ 원의 B-지점에 해당하는 장소를 차지하는 것은 B-지점인 프리트베르크와 B-지점인 바트 나우하임, B-지점인 바일부르크, 그리고 B-지점인 딜렌부르크 또는 하이거(Haiger)이며, 이 모든 지점들은 가장 가까이에 있는 중요한 지점을 지향하는 방향을 취하고 있다. 또한 B-지점인 비덴코프(Biedenkopf)가 있으며, 이 지점은 지점 사이의 방향을 갖고 있고, B-지점인 알스펠트(Alsfeld, 간격은 36㎞보다 약간 넓다)도 역시 지점 사이의 방향을 갖고 있다. K-지점인 쇼텐(Schotten, 9)과 K-지점인 니다(Nidda, 7), 그리고 K-지점인 오르텐베르크가 공동으로 대표하는 제6의 B-지점의 장소는 K-지점으로만 분할되고 있다. 기센과 겔른하우젠 사이에 K-지점들이 비정상적으로 많은 것은 부분적으로 이를 통해 설명된다. 그런데 이 부분에서는 마치 도로를 따라 줄을 서 있는 듯한 다섯 개의 K-지점이 조밀하게 연이어 입지하고 있다. 그러나 이 모든 지점들은 7㎞의 전형적인 M-간격〔리히(Lich)－훙겐(Hungen) 사이, 니다－쇼텐 사이, 그리고 또한 훙겐－라우바흐 사이〕 또는 12㎞의 전형적인 A-간격〔기센－리히 사이, 뷔딩겐－겔른하우젠 사이, 역시 또한 니다－쇼텐 사이, 오르텐베르크－게데른(Gedern) 사이, 리히－부츠바흐(Butzbach) 사이, 그리고 부츠바흐－프리트베르크 사이 등〕을 두고 있다. 이 경우에 우리는 도로의 '거점'[39] 보다는 오히려 중심지의 보급영역에서 이 지역이 어떻게 독자의 특이한 방식으로 분할되는지를 언급할 수 있다. 이때 K-기능을 지닌 지점은 교통지향성을 따르며, 보통 하천의 계곡에서 확인할 수 있듯이 차례차례로 배열되어 있다.

기센을 둘러싼 K-원 위에는 K-지점인 훙겐(5) 이외에도 바트 나우하임

---

39) 슈라더(E. Schrader： a. a. O., S. 19)에 의한 것이다.

과 브라운펠스(Braunfels), 그리고 그륀베르크(Grünberg)가 존재하며, 마르부르크도 거의 이 원 위에 자리잡고 있다. 이에 반해 내측 A-원 위에는 베츠라르와 공업적 특성을 지닌 K-지점인 부츠바흐(12), K-지점인 리히(5), 그리고 롤라르(Lollar)가 있다. 이 지점들의 방향은 거의 다 교통지향적이다.

베츠라르 보조체계의 K-원 위에서는 헤르보른(Herborn)과 바일부르크, 그리고 부츠바흐가 관찰된다.

마르부르크 G-체계에는 약 28 ㎞의 폭을 가진 B-원의 간격이 지배적인데, 라스페(Laasphe)와 프랑켄베르크(Frankenberg), 게뮌덴, 노이슈타트의 경우가 이에 해당한다. 트라이자(Treysa)-치겐하인(Ziegenhein)의 경우에는 그 간격이 36 ㎞로 확장되는 데 비해, 비덴코프와 홈부르크 안 데어 옴(Homburg an der Ohm)은 21 ㎞의 원 위에 놓여 있다.

풀다의 비교적 고립적인 G-체계는 이 36 ㎞ 원 위의 아주 중요한 입지에 B-지점인 알스펠트와 B-지점인 헤르스펠트를 보여주고 있다. 남쪽으로 약 27 ㎞의 간격을 두고 있을 뿐이지만 K-지점인 비숍스하임과 B-지점인 슐뤼히테른(13), K-지점인 브뤼케나우(Brückenau, 12)가 자리잡고 있는 원이 존재한다. 이 두 원 사이에는 A-지점인 슈테르프프리츠(Sterbfritz)가 존재한다. K-원 위에는 무엇보다도 라우터바흐와 게르스펠트(Gersfeld)가 놓여 있다.

(4) 카셀 L-체계

카셀 P-체계에 대한 분석은 이 책의 범위를 뛰어 넘는 것이므로 여기서 시도하지 않으려고 한다.

3) 결 과

이하에서 프랑크푸르트 L-체계에 대해 다시 한번 종합적으로 고찰하고자 한다.

프랑크푸르트 L-체계의 구성에는 두 개의 완전히 발전한 P-체계와 한 개의 부분적으로만 발전한 P-체계가 관계하고 있다. 프랑크푸르트와 카셀 또는 마인츠-비스바덴 체계가 그것이다. 프랑크푸르트 L-지점은 약 2,000의 중심성을, 카셀은 대략 350의 중심성을, 그리고 마인츠와 비스바덴은 합쳐서 450의 중심성을 지니고 있다. 기센은 P-체계를 구성하는 경향을 보여주고 있고, 풀다도 이와 같은 경향을 보여주고 있으나 기센만큼 강력하지 않다. 그러므로 기센은 100의 중심성을 지니고 있다. 프랑크푸르트와 카셀, 그리고 기센의 G-체계는 비록 부분적으로 교란을 받고 있으나 완전히 발전해 있다. 마인츠-비스바덴 G-체계는 프랑크푸르트를 지향하는 부분을 제외하면 양호하게 구성되어 있다. 이밖의 G-체계 중 다름슈타트와 아샤펜부르크, 크로이츠나흐, 그리고 풀다 등 네 개의 체계가 비록 부분적으로 적잖게 축소되어 있지만 상당히 잘 발전해 있다. 마르부르크 체계도 이 G-체계에 부가될 수 있다. 보름스와 오버슈타인, 그리고 에쉬베게가 형성하는 체계는 사실상 아주 작은 B-체계에 지나지 않는다. 하나우는 겔른하우젠의 옛 체계를 넘어선 G-체계를 형성하고 있으나 완전히 발전한 체계가 아니다. 이 지점은 현재 프랑크푸르트의 전초지로서 파악될 뿐이다. G-체계를 형성하는 지점 — 그 중에는 P-지점인 다름슈타트도 포함된다 — 의 중심성은 꽤 상이한데, 그 중심성이 다름슈타트의 경우는 190, 기센의 경우는 100, 아샤펜부르크의 경우는 80, 하나우와 보름스의 경우는 60, 크로이츠나우의 경우는 50(단, 80의 빙겐과 함께), 오버슈타인-이다르의 경우는 60이다. 따라서 60의 중심성이 가장 전형적인 수치로 여겨질 수 있다. 프리트베르크-바트 나우하임은 함께 이 수치에 도달하고 있다. 중심성이 높은 것은 보완지역의 규모와 주민수, 그리고 발전 정도와 깊은 관계를 맺고 있다. 주목되는 것은 다른 체계에서 빈번히 나타나는 30이라는 한계치가 확인되지 않고 있다는 점이다.

프랑크푸르트 L-체계 내에는 G-유형의 도달범위를 지닌 중심재의 보급에 관계하지 않는 세 개의 광대한 지대가 존재한다. 첫째, 베스터발트의 산림지대를 들 수 있으며, 이 지대에서는 비교적 독자적인 림부르크-디츠의 B-체계가 발전하고 있다. 둘째, 중부 풀다와 크뇔 산맥지역을 들 수 있으며, 이 지역은 역시 큰 의미를 지닌 B-지점인 헤르스펠트로부터 〔중심재를〕 보급받고 있다. 그리고 셋째, 발데크(Waldeck)와 아스텐베르크의 민둥산지역을 들 수 있으며, 이 지역에서는 코르바흐(Korbach)가 비슷한 역할을 수행하고 있다—이뿐만 아니라 이 지역에서는 오랫동안 독립적인 국가적 구성체인 발데크가 존속할 수 있었으며, 이는 앞서 언급한 코르바흐의 B-체계와 거의 일치한다.

남부독일에 포함시켜 검토할 수 있는 프랑크푸르크 L-체계의 일부분(면적으로는 전체 체계의 약 절반에 달하지만, 주민수로는 약 ¾ 정도가 된다)에는 12개의 B-지점이 자리잡고 있다. 여기에 B-유형의 의미를 지닌 다섯 개의 K-복합체도 포함될 수 있다. 즉, 쇼텐-니다-오르텐베르크와 에어바흐-미헬슈타트, 오펜하임-니더슈타인, 생 고아르-생 고아르스하우젠, 그리고 마이젠하임-라우테레켄의 복합체가 이에 해당한다. 이 대신에 특별한 사정 때문에, 다시 말해 B-체계를 형성하지 못하는 것으로서 제외되는 것은 바트 나우하임과 쾨니히슈타인, 그리고 바트 홈부르크이며, 뤼데스하임과 빙겐은 이 B-체계를 보완하고 있다. 따라서 13개의 B-체계가 남게 된다. B-지점의 중심성은 (G-지점의 기능을 지니는 빙겐을 제외하면) 13과 25 사이를 왔다갔다하며, 전형적 수치는 14, 15, 그리고 21이다. 이 17개 지점 중 다섯 개는 세 개에 달하는 완전히 발전한 G-체계(프랑크푸르트, 마인츠-비스바덴, 기센)의 B-원 위에, 여덟 개는 K-원 위에, 그리고 한 개는 A-원 위에 자리잡고 있다. 그리고 네 개는 다섯 개의 완전히 발전하지 못한 G-체계의 B-원 위에, 여덟 개는 K-원 위에, 그리고 한 개는 A-원 위에 자리잡고 있다. 그러므로 B-지점이 존립하는 데 가장 유리한 조건을 갖춘 것은 완전하게 발전하고 있든 불완전하게 발전하고 있든 특별히 G-체계의 K-원이다. 여덟 개 지점에서는 보급원리에 따른 지향성이 나타나고 있으며, 더구나 대부분이 비교적 동떨어져 있는 산악지대에서 나타나고 있다. 일곱 개 지점에서는 교통원리에 따른 지향성이 드러나며, 주로 교통이 편리하고 인구가 조밀하게 거주하는 지역에서 나타나고 있으며, 네 개의 지점에서는 그 지향성을 확정할 수 없거나 교차하고 있다.

우리는 프랑크푸르트 L-체계를 자세히 검토한 절에서 47개의 K-지점을 거론했는데, 그 중 11개는 분할된 B-지점의 장소에 속한다. 따라서 본래의 K-지점은 36개이다. 그 중심성은 4와 12 사이를 왔다갔다하며, 전형적 수치는 5, 8, 그리고 12이다. 이 47개의 지점들 중 일곱 개는 G-체계의 B-원 위에 놓여 있고, 그 대부분은 인접한 K-지점과 더불어 B-유형의 기능을 수행하는 비교적 중요한 지점들이다. 14개는 G-체계 및 독자적인 B-체계의 K-원 위에, 그리고 23개는 그 A-원 위에 자리잡고 있다. 세 개는 확정되지 않은 입지를 갖고 있다. 18개의 K-지점만이 보급원리에 따른 지향성을 보여주고 있다—대체로 인구가 희박한 동떨어져 있는 산악지역에서 나타나고 있다. 22개 지점은 교통지향성을 보여주는데, 이는 마인 강, 라인강, 나에(Nahe) 강, 그리고 킨치히 강의 계곡뿐만 아니라 완전한 평야—베테라우(Wetterau), 다름슈타트와 하나우 사이의 로트가우(Rodgau), 라인헤센—에서도 확인된다. 일곱 개 지점은 확정되지 않은 지향성을 갖고 있으며, 이때 특히 분할된 B-지점의 장소에서 이러한 경향이 빈번히 나타난다. 즉, 니더슈타인-오펜하임, 생 고아르-생 고아르스하우젠이 이에 해당한다. 이로부터 우리는 다음과 같이 추론할 수 있다. 즉, 인구가 희박한 산악지역에서는 K-원 위에 존재하며 보급원리를 지향하는 지점이, 그리고 인구가 조밀하고 넓고 평탄한 지역에서는 A-원 위에 존재하며 교통원리를 지향하는 지점이 K-유형의 의미를 획득(또는 유지)할 전망을 가장 크게 갖고 있다는 것이다.

끝으로 우리는 주로 3의 중심성을, 하지만 4와 2의 중심성도 지니고 있는 A-지점을 — 수적으로는 상당히 적은 편이다 — 52개로 산정할 수 있다. 더구나 1의 중심성을 지닌, 드물기는 하지만 2의 중심성을 지닌 M-지점이 114개이며, H-지점은 121개이다.

따라서 규모의 유형이 보여주는 빈도수의 수열은 L-지점에서 시작할 때 다음과 같다.

1 : 2 : 6 : 12 : 47 : 52 : 114 : 121

이에 대해 정규 (½ L-체계의) 수열의 경우는 다음과 같다.

1 : 1 : 3 : 9 : 27 : 81 : 243

따라서 이 경우에도 G-지점, B-지점, 그리고 K-지점의 수가 도식에 부합하는 수보다 훨씬 많다. 하지만 A-지점의 수가 적기 때문에 이러한 경향은 정확히 상쇄된다. 이 경우에도 M-지점과 H-지점의 수는 서로 합칠 경우 이론적으로 예상되는 M-지점의 수와 일치한다.

여기서도 중심지의 지리적 분포에 대해 개관하고자 한다. G-지점과 P-지점은 라인강 유역의 북쪽부분에 집중하고 있다. 비록 라인강 유역은 프랑크푸르트 L-체계의 남쪽부분의 절반 정도에 불과하지만, G-유형 또는 이보다 높은 의미를 지닌 10개의 지점 중 라인강 유역의 평야 또는 그 주변부에만 여덟 개나 존재한다. B-지점의 분포도 이와 비슷하다. 반면에 K-지점은 평야보다는 오히려 산악의 주변지역에서 빈번히 관찰된다. 특히 기센에서 겔른하우젠을 향한 산맥, 마인계곡, 오덴발트의 산림지대, 라인강의 협곡, 나에 강 연안에서 두드러지고 있다. 반면에 A-지점은 라인헤센과 리트(Ried) 지방에서, M-지점은 베테라우지방의 남서쪽에서 우세하게 자리잡고 있다. 다른 한편으로 주목되는 점은 M-지점이 슈페사르트 산지, 뢴 산지, 그리고 훈스뤼크 산지에서 결여되어 있다는 것이다.

보급원리에 따른 지향성은 계곡(킨치히, 마인, 라인 협곡)뿐만 아니라 전체 평야에서도 뚜렷이 나타난다. 즉, 라인헤센, 로트가우, 베테라우, 특히 산록과 산지 주변 — 포겔스베르크(Vogelsberg), 오덴발트, 타우누스 — 에서 나타나고 있다. 격리원리는 〔중심지의〕 분포망에 상당히 자주 개입하는데, 가장 협소한 공간에서 대개 K-지점과 B-지점에 해당하는 장소를 분할하고, 또한 P-지점 및 L-지점의 장소 자체를 분할하는 형식을 취하고 있다(마인츠-비스바덴, 프랑크푸르트). 이러한 분할은 특히 라인강의 협곡, 나에 강과 글란(Glan) 강의 계곡, 오덴발트의 산림지대, 마인 강의 협곡, 그리고 베테라우지방에서 관찰된다.

제4장

결 론

1. 이론의 검증

1) 분포법칙

이 책의 지역편에서 세 가지 원리, 즉 보급원리와 교통원리, 그리고 격리원리가 중심지의 분포와 규모와 수를 어느 정도로 규정하는지를 우리는 아주 명백히 제시했다. 우리는 이러한 원리들을 다름 아닌 중심지의 입지를 원칙적으로, 그리고 종종 놀라울 정도로 정확히 확정하는 **중심지의 분포법칙**, 곧 취락법칙이라고 부를 수 있다.

만약 중심지의 입지가 보급원리에 부합한다면, 다시 말해 중심지가 일정한 전형적인, 모든 방향을 향해 서로 동일한 간격을 취하고 있으며, 그 방향이 그 어떤 것보다 고차 중심지와 관련하여 편향을 보이고, 이러한 지점에 속하는 일정 수의 지점만이 특정의 전형적 군집으로 분류된다면, 우리는 이로부터 거의 예외 없이 보급원리가 작용한다는 결론을 도출할 수 있다. 그 지역이 자연으로부터 개방된 이후 오래 전부터 사람들이 이주했는지[1] 그렇지 않은지와 상관없이 또는 최근에 들어와서 비로소 이주가 이뤄진 본래의 산림지대인지 그렇지 않은지와 상관없이, 이 원리가 논쟁의 여지가 없이 타당성을 지니는 주된 지역은 비교적 인구가 희박하고 상대적으로 빈곤하거나 주로 농업이 행해지는 지대이다. 따라서 라인강 우측[2]의 바이에른 전역과 로트링겐지방, 그리고 슈바벤 및 프랑키쉐 알프, 훈스뤼크, 타우누스와 같은 공업화가 전혀 이뤄지지 않았거나 미약하게만 이뤄진 중부 산악지대의 고원이 이에 해당한다. 종종 산간지방의 계곡부에서도 보급원리 자체가 지세상황보다 훨씬 강력히 작용한다. 예를 들어, 바이에른 및 오버팔츠의 산림지대와 뢴 산지에서 알 수 있듯이, 이러한 지대에서는 보급원리가 명백히 우위를 차지하고 있다.

만약 중심지의 입지가 교통원리에 부합한다면, 다시 말해 고차 중심지에서 시작하고 일반적으로 또 다른 고차 중심지를 향해 나 있는 선을 따라 중심지가 차례차례로 배열되어 있고, 이 선 위에 있는 중심지 사이의 간격이 이 선 위에 있지 않는 기타 중심지 사이의 간격보다 짧으며, 더구나 이 중심지의 수가 보통의 경우보다 많고 규모의 군집이 전형적으로 형성되어 있지 않다면, 우리는 이 점으로부터 다음과 같은 결론을 도출할 수 있다. 즉, 이 경우에 교통원리가 명백히 표현되고 있다(특히 평탄하고 교통이 편리한 지역에서는 이 결론이 아무 문제없이 허용된다)고 하거나 이를테면 계곡 또는 산록과 같은 지세상황이 중심지의 이러한 분포방식에 원인이 되고 있다는 것이다. 그런데 그 결과는 같지만 원인이 다르다. 후자의 경우 우리는 유사 교통원리가 작용하고 있다고 말할 수 있다. 비록 교통로도 계곡이나 산록을 부득이 쫓아가지 않을 수 없다고 할지라도 이러한 경우 교통의 이점이 중심지의 분포방식을 결정했다고는 할 수 없다. 오히려 교통로와 중심지의 입지를 적절하게 조정하는 것은 자연적 상황조건이다. 교통

---

1) 〔역주〕 애초부터 산림이 없는 개활지에 인간이 이주, 정착해 온 경우를 말한다.

2) 〔역주〕 상류에서 하류를 흐르는 하천을 기준으로 볼 때, 여기서 말하는 우측은 곧 라인강의 동편을 일컫는다.

원리에 따른 중심지의 분포는 교통원리가 중심재의 보급에 관한 합리적 원칙과 명백히 대립하지 않는 경우에 한하여 실제로 교통지향성에 의해 초래될 수 있다. 따라서 이러한 분포는 부유하고 인구가 조밀하며 공업을 위주로 하는 지대에서, 특히 그 지대가 전형적 점이지대에 자리잡고 있는 경우에, 예를 들어 라인평야의 북부와 남부, 그리고 그 주변부 및 자르지방에서 발생하고 있다. 이러한 대도시 인근에 자리잡고 있는 중심지가 이 도시로부터 방사상으로 뻗어 있는 노선에 접한 교통지향적 입지를 차지하는 것은 이를 통해 설명될 수 있다. 흔치 않은 예이긴 하지만, 근대나 중세에 형성된 장거리 교통노선은 대도시로부터 멀리 떨어져 있어도 중심지의 입지를 규정했다. 따라서 오버슈바벤, 알고이, 오버팔츠지방에서 이러한 예들이 확인된다. 기타 거의 모든 예에서 교통원리에 의거한 입지에서도 중요한 점은 본래의 교통지향성이 아니라 자연의 규정성이며, 따라서 유사 교통지향성이 나타나고 있다는 것이다. 이러한 예로서는 네카 강 상류와 마인 강 하류, 그리고 헤센의 킨치히 강과 나에 강의 계곡, 오덴발트 산림지대와 알프스지방, 튀링거 발트 산림지대, 피히텔게비르게의 계곡, 그리고 바이에른 알프스의 북쪽 주변부가 있다.

중심지가 보여주는 현재의 분포 양상만을 보고서 격리원리의 효과를 추적하기란 대단히 어렵다. 격리원리는 아마도 역사적 연구를 통해서만 명확히 밝혀질 수 있을 것이다. 일정 규모의 중심지에 대해 보급원리의 도식에 따라 예상되는 그 어떤 장소를 이에 상응하는 지점이 차지하지 않고 오히려 둘 혹은 그 이상의 서로 인접해 자리잡고 있는 하위계층의 중심지가 차지하는 한, 사실상 이에 대한 책임이 격리원리에 있을 확률은 높다. 이러한 중심지의 복합체가 현재 또는 과거의 경계선으로 단절되고, 그래서 이 중심지들이 각각 정치적으로 독립된 어느 하나의 지역에 귀속된다면, 이 경우에 격리원리가 작용했음은 입증된다. 우리는 이 연구에서 일반적으로 이러한 역사적 확인을 단념하고 현재의 경계와 관련된 사실관계만을 참작하는 데 만족했다. 그래서 우리는 특히 P-지점과 G-지점의 분리가 격리원리에 바탕을 둔 것이라는 점을 제시할 수 있었다. 특히 훌륭한 예로 들 수 있는 것은 바젤-프라이부르크-뮐하우젠 또는 린츠-파사우-부트바이스 또는 울름-아우크스부르크 또는 플라우엔-호프-에거의 복합체이다. 도식에서 말하는 장소가 몇 개의 저차 중심지로 분리되는 것은 격리원리의 영향을 받지 않았더라도 필요할 수 있다. 더구나 세 개의 비교적 고차 중심지로 삼각형이 형성되고 그 중심점에 문제의 장소가 자리잡고 있으며 이 삼각형이 정규기준보다 큰 경우에는 이러한 분할이 필요하다. 이 경우에는 단 하나의 지점보다는 여러 개의 지점이 보급원리를 보다 양호하게 충족시켜 줄 수 있을 것이다.

교통원리나 격리원리가 유효하게 작용할 때에는 많은 경우 이를테면 저차 중심지의 분포와 관련해서 보급원리도 동시에 작용하는데, 이 점은 특히 슈트라스부르크 주변에서 잘 나타나고 있다.

남부독일의 중심지 분포에서 보급원리가 분명 우세하다는 점에 비춰볼 때 우리는 일반적으로 다음과 같이 지적할 수 있다. 즉, **보급원리**가 **일차적이고 주요 분포법칙**이라고 한다면, **교통원리**와 **격리원리는 이차적 편차를 일으키는 법칙**에 지나지 않는다. 이러한 이차적 법칙의 효과는 사실 일정한 조건하에서만 나타나며, 교통원리와 관련해서 살펴보면, ① 중심재에 대한 요구가 많은 때, 특히 이 요구가 저차 또는 고차의 이러한 재화에 우선적으로 관련되는지 그렇지 않은지에 따라 이 재화를 공급하는 저차 또는 고차 중심지의 분포에서만 나타난다. ② 과거나 현대의 교통로가 실제로 중요한 의의를 지니고 있을 때, ③ 자연적 상황조건이 이상과 같은 사정을 가능케 하거나 조장할 때, 그리고 ④ 중심지망이 정비되는 시기에 교통이 경제사회적 생활에서 한층 중요한 역할을 수행할 때 나타난다.

격리원리와 관련해서는, ① 경제 외적인 사회학적, 정치적 관점이 합리적인 경제학적 관점보다 훨씬 강력한 힘을 갖고서 주장될 때, ② 무엇보다도 중심지망이 정비되는 시기에 이상과 같은 사태가 발생했을 때, 그리고 ③ 자연적 상황조건이 이상과 같은 사정을 가능케 하거나 조장할 때 나타난다. 따라서 우리는 세 가지 원리의 상호작용에 의거하여 중심지의 분포와 규모와 수를 일반적으로 설명할 수 있다.

2) 경제학적으로 설명할 수 있는 삼차적 편차

그러나 주요 분포법칙과 편차법칙에 따라 발생하고 있음이 틀림없어도 중심지의 분포와 규모와 수에 관한 엄격한 규정에는 여전히 다양한 편차들이 존재한다. 이 모든 편차들은 특수한 국지적 편차이든 일반적으로 관찰되는 지역적 편차이든 경제이론에 의거하여 설명되지 않으면 안 된다. 지형 등의 자연적 조건에 의해 야기되는 편차도 경제학적 설명에 포함되어야만 한다. 만약 자연적 요인이 큰 비중을 차지한다면 이 요인은 보통 경제적으로도 큰 비중을 차지하며, 만약 자연적 요인이 그다지 큰 비중을 차지하지 않는다면 경제적으로 유리한 입지가 결정적이다.

이러한 삼차적 편차는 지역적 편차일 수 있으며, 다음과 같은 측면과 관련이 있다.

⑴ 편차가 중심지의 규모와 관련하여 발생할 경우인데, 이 때문에 전체 중심지체계 또는 체계의 〔부채꼴 모양의〕 일부나 원이 보다 높은 수준(일반적으로 부유하고 인구가 조밀한 경우)으로 상승하거나 보다 낮은 수준(일반적으로 빈곤하고 인구가 희박한 경우)으로 하락한다. 수준이 올라간 전자의 경우에 해당하는 예로서는 슈투트가르트와 칼스루에, 만하임 G-체계의 거의 전부, 프랑크푸르트 G-체계의 대부분, 이와 같은 도시들의 B-체계, 이밖에 자르브뤼켄, 에거, 호프, 코부르크의 B-체계 등이다. 수준이 떨어진 후자의 경우에 해당하는 예로서는 밤베르크와 레겐스부르크의 G-체계, 안스바흐, 바이덴, 그리고 바이로이트의 B-체계 등이다.

⑵ 편차가 중심지체계를 형성하는 중심지의 간격과 관련하여 발생할 경우인데, 이 때문에 전체 체계는 적정한 전형적 규모임에도 불구하고 협소하거나 넓은 공간을 차지한다. 공간이 협소한 것은 중심지가 상대적으

로 작거나(란츠후트, 잉골슈타트, 바이로이트, 자르부르크) 인접해 있는 보다 강력한 체계의 압박에 기인할 수 있다(포르츠하임, 프라이부르크, 다름슈타트). 한편 공간이 넓은 것은 중심지가 상대적으로 크거나(뮌헨, 아우크스부르크, 뉘른베르크, 슈트라스부르크의 G-체계와 슈트라우빙 B-체계의 경우) 인접해 있는 체계가 결여되어 있으며, 이와 동시에 고차 중심재에 대한 욕구가 비교적 낮다는 사실에 기인할 수 있다(파사우, 잘츠부르크, 인스브루크).

(3) 편차가 중심지의 수와 관련하여 발생할 경우이다. 더 정확히 말해 무엇보다도 인구가 밀집해 있고 부유하며, 공업 및 포도재배지역에서는 G-지점과 P-지점의 수가 상대적으로 많다. 예를 들면, 주변부를 포함한 오버라인 저지 전 지역, 뷔르템베르크의 중앙지역, 라인강 우측 바이에른의 북동부지역, 보덴제지방 등이다. B-지점의 수가 비교적 많은 지역의 예로서는 G-지점이 결여되어 있는 부유한 지역(바르, 뷔르템베르크의 북동부지역, 알프스 산맥의 주변부), 기타 비교적 부유하거나 공업화가 이뤄진 지역(피히텔게비르게, 보덴제지방, 슈투트가르트, 프랑크푸르트, 만하임, 그리고 칼스루에 인근지역), 중공업지역이면서 동시에 G-지점이 후퇴하는 지역(자르지방) 등이다. K-지점과 A-지점이 비교적 많은 지역은 방금 언급한 지역 이외에 교통상 유리한 곳에 자리잡은 산지, 무엇보다도 오버라인 저지를 둘러싸고 있는 산지(슈바르츠발트, 포게젠, 오덴발트, 포겔스베르크) 및 황무지 취락지역(오버슈바벤, 알고이, 바이에리쉬 발트) 등이다. 비교적 많은 수의 M-지점은 우선 수많은 중간 및 고차 중심지와 함께 특히 〔경제적으로〕 풍요로운 지역에서 나타나는데, 팔츠와 라인헤센, 베테라우, 카이저슈툴, 오버 고이(Oberer Gäu)에서 슈바인푸르트에 이르는 고이의 전 지역이 그 예이다. 또한 M-지점은 중간계층의 중심지가 결여된 경우에 이를 대체하는 것으로서 특히 빈곤한 지역에서 나타나는데, 삼첩통[3] 지역

3) 〔역주〕 삼첩통(*Keuper*)은 독일식 삼첩계의 상부층을 지칭하는 지질학 용어이다. 사암에 대한 오버플랑켄(Oberfrank) 지방의 명칭이 독일의 지질학

의 많은 부분, 베스트리히지방, 오버팔츠 또는 교통은 불편하나 부유한 지역인 알프스지방, 슈바르츠발트 남동부가 그 예이다. 다른 한편으로 중심지의 수가 매우 적은 경우도 있다. G-지점과 관련해서 살펴보면, 농업지역에 있는 대도시 주변의 일정 지역에서는 중심지의 수가 매우 적다. 예를 들어, 뉘른베르크 남부, 뮌헨 동부가 그 예이다. 이에 따라 B-지점이 많이 나타나는 경우도 있다. 예를 들어, 슈투트가르트 L-체계의 북동부와 남서부, 알프스 주변의 북부가 이에 해당한다. 자연적, 그리고 정치적 경계에 의해 지역이 대단히 협소하기 때문에 고립된 B-체계만이 성립할 수 있는 경우도 존재한다. 뵈머발트와 알프스가 그 예이다. B-지점과 관련해서 살펴보면, 상대적으로 빈곤한 지역(오버팔츠, 뵈머발트), B-지점에 해당하는 장소의 분할을 가져오는 영향하에 있는 지역(레겐스부르크를 둘러싼 지역, 라인강의 협곡, 나에 강 연안), 순수 농업지역에서 G-지점이 비교적 밀집한 경우(니더바이에른, 오버팔츠)가 그 예이다. K-지점과 A-지점과 관련해서 살펴보면, 특히 빈곤한 지역(노르트가우, 오버팔츠 산림지대, 삼엽통 고지)과 산림이 울창하고 인구가 적은 지역(슈페사르트, 하르트, 밤베르크와 뷔르츠부르크 주변지역), 그리고 대도시 주변지역에서 그 수가 적다. M-지점과 관련해서 그 수가 적은 지역은 황무지지역(슈바르츠발트, 오버슈바벤, 알고이, 뵈머발트 — 단, 이 중 일부지역)과 중공업이 발전한 자르지방과 프랑크푸르트, 만하임, 그리고 호프의 대공업지역, 뮌싱거 알프(Münsinger Alb)와 같은 특히 빈곤한 지역, 노르트가우, 뢴 등이다.

삼차적 편차는 **국지적인** 성질의 것일 수 있다. 즉, 중심지의 규모와 관련해서 살펴보면, 일부 지점의 경우에는 그 중심성이 중심지체계에서 그것이 차지하는 지위에 부응하는 수치보다 높다. 이 점은 우선 예를 들어 비스바덴, 바덴-바덴, 키싱겐, 바트 나우하임, 바덴바일러 — 즉, 지표의 절대적 위치와 결합된 지점들이다 — 와 같은 온천지의 경우에서 특히 분

자 부흐(L. von Buch)에 의해 전문용어로 도입된 것이며, 지역적으로 모래가 많은 붉은 진흙, 적토 지대를 가리킨다.

명히 확인된다. 동일한 사정에서 동일한 이유로 광산지역에서도 이 점을 확인할 수 있으며, 그 가장 명백한 예가 비록 오늘날에는 주로 수입한 광석을 가공하고 있지만 오버슈타인-이다르이다. 중심지의 계층이 국지적으로 상승하는 경우와 지역적으로 상승하는 경우 사이의 이행형태는 풍광이 좋아 선호되는 거주지역, 특히 대도시 부근 지역에서 관찰된다. 즉, 타우누스산의 남동쪽 사면, 하이델베르크 근교, 뮌헨 남서쪽의 호수지대가 그 예이다. 하지만 대도시로부터 비교적 멀리 떨어진 지역, 즉 알프스, 특히 테게른제, 가르미쉬-파르텐키르헨, 베르히테스가덴, 이 각각의 주변 지역들, 보덴제 연안지역도 이러한 예에 해당한다.

중심지 상호간의 거리와 관련한 국지적 편차는 우선 서로 인접해 있는 중심지에서 중심재의 가격이 지속적으로 차이를 보여주고 있다는 점에 바탕을 두고 있다. 예를 들어, 가격이 비싼 온천지는 가격이 저렴한 아주 근접해 있는 중심지와 경쟁할 수 없다(바덴-바덴과 라슈타트, 바트 나우하임과 프리트베르크). 경계도 (관세를 통해) 가격을 올리거나 아니면 적어도 그 거리를 주관적으로 보다 먼 것으로 평가하도록 하며, 그래서 주관적으로는 정규의 경제적 간격과 일치하고 있으나 실제로는 이보다 짧은 간격이 나타나고 있다. 예를 들어, 뢰라흐와 바젤 사이와 에거 주변, 그리고 프라이라싱과 잘츠부르크 사이에서 이러한 현상이 발생하고 있다. 이와 유사한 효과는 테게른제와 슐리어제 사이와 같이 산맥으로 인한 장애에서 비롯될 수도 있다.

중심지의 수와 관련된 국지적 편차는 대개 규모와 관련된 편차와 같은 방식으로 발생한다. 이에 따라 지표의 특정 지점이 특별한 경제적 의미를 지니게 됨으로써 이곳에 추가적 중심지가 성립한다. 이러한 지점에는 성지도 해당한다 — 알트외팅, 발뒤른(Walldürn).

3) 경제학적으로 설명할 수 없는 편차

경제학으로 설명할 수 없는, 중심지의 합리적 도식에서 벗어나는 편차를 여기서는 단지 열거만 할 것인데, 사실 이러한 편차는 이 연구의 직접적 대상이 아니다. 이러한 편차는 우선 다만 **역사적으로 설명할 수 있는 편차**로 요약될 수 있는 지극히 다양한 원인에 의해 규정될 수 있다. 이것에는 영주에 의해 건설된 지역(거주성이 이에 해당하며, 그 입지가 루드비히스부르크와 에어랑겐, 그리고 다름슈타트의 경우처럼 도식에서 종종 상당히 벗어나는 것도 있고, 츠바이브뤼켄과 피르마젠스, 바이로이트, 코부르크, 그리고 칼스루에의 경우처럼 그 편차의 정도가 비교적 덜한 것도 있다) 또는 이주자나 종교단체와 〔각종〕 결사체에 의해 건설된 지역—하나우, 노이엔데텔자우(Neuendettelsau), 쾨닉스펠트—등이 이에 속한다. 개인의 기업가정신이나 기타 역사적 상황에 의해 번성하는 일부 공업지역, 예를 들어 피르마젠스과 켈크하임, 뤼셀스하임, 가게나우, 라인펠덴, 슈람베르크, 뮌트, 슈바바흐, 라우샤, 슈바인푸르트, 그리고 또한 포르츠하임과 뮐하우젠도 이에 속한다.

자연지리적 편차는 주로 협소한 공간에서 발생하는 편차이다. 중심지의 이론상의 장소는 사실 일반적 진술에 지나지 않는다. 개개의 경우에 어떤 장소가 선택되는지, 다시 말해 계곡입지인지 아니면 산록입지인지 등의 어떤 지형상의 입지가 선택되는지는 한편으로 도시가 건설된 시대의 입지에 대한 일반적 평가(예를 들어, 방어를 위한 구상)와 다른 한편으로 그러한 선호된 입지의 지리적 상황에 달려 있다. 하지만 이 문제를 여기서는 더 이상 논의하지 않으려고 한다. 오히려 문제가 되는 것은 도시의 지리적 입지[4] 또는 가치평가의 관점에서 살펴 본 도시의 경제적 입지이다. 비교

4) 마르셀 포에트(Marcel Poëte)는 이러한 맥락에서 '지점'(*site*)과 대조되는 '지리적 틀'(*cadre géographique*), 다시 말해 '도시가 점유하는 토지부분'(*la portion de sol qu'occupe la ville*)이라고 아주 특색 있게 언급하고 있다

적 넓은 지역에서는 이와 같은 편차가 적극적 의의를 띤다. 다시 말해 지리적 상황, 무엇보다도 계곡, 특히 협곡, 하구, 여울, 또한 산악지대의 큰 평탄지 혹은 산록에 의해 중심지가 견인되는 의의를 갖는다. 예를 들어, 라인강, 마인 강, 네카 강의 협곡, 또한 인 강, 잘자흐 강 등의 알프스지방에 있는 계곡 또는 오버라인 저지를 경계로 하는 산악지대의 주변부, 알프스와 알프스의 산록, 도나우 강을 향한 바이에리쉬 발트의 주변부에서 이러한 현상이 나타난다. 따라서 우리가 유사 교통지향성이라고 언급한 예들도 역시 이 범주에 포함된다. 소극적 편차는 중심지망에서 이론적으로 예상되는 장소가 통행이 불가능하거나 인구가 희박한 산지에 해당하는 경우에 이 장소를 차지하는 중심지가 존재하지 않는다는 것이다. 예를 들어, 슐츠의 벨헨산, 슈바르츠발트의 벨헨산, 그리고 몽 테리에 나타나는 뮐하우젠을 둘러싼 세 개의 B-지점의 장소 또는 두 개의 G-지점이 크뇔 산맥 혹은 아스텐베르크 민둥산에 자리잡고 있음에 틀림없는 카셀 P-체계의 장소가 이에 해당한다.

고산지대에서는 자연지리적 조건을 바탕으로 하여 〔중심지가〕 도식에서 벗어나는 경향이 상당히 현저하다는 점은 당연하다. 이런 곳에서는 자연조건이 지배적이기 때문에 중심지의 원형적 도식을 논의하는 것은 거의 불가능한 경우가 종종 있다. 그렇지만 그럼에도 불구하고 일반적으로 전형적 간격이 유지되는 점이 관찰된다. 따라서 우리는 중심지의 분포를 규정하는 경우 경제법칙은 자연조건이 허용하는 한 관철되고 있다는 점을 살펴볼 수 있다. 고산지대에서는 L-지점이 존재하지 않기 때문에 경계를 접하는 L-체계도 왜곡된다. 이를테면 동남부에서의 슈투트가르트 체계와 특히 남서부에서의 뮌헨 체계가 이에 해당한다. 이와 유사하게 '목적지역'[5]의 범위와 거의 일치하는 탁월한 자연경관도 중심지의 분포망을 규정할 수 있

(*Introduction à l'Urbanisme. L'evolution des villes.* Paris 1929, S. 31ff. 및 78ff.).

5) 포겔(Vogel : a. a. O. S. 25 ff.)에 의거한 것이다.

다. 이렇듯 뵈멘이 그러한데, 프라하가 그 중심부를 차지하고 있고 이밖에 제 2의 L-지점이 성립할 가능성은 전혀 없다. 그렇지만 이로 말미암아 인접한 L-체계도 왜곡되고 있다.

경제적으로도 역사적으로도 자연지리적으로도 설명할 수 없는 편차들 중 무엇보다도 **민족에 바탕을 둔** 편차를 언급하지 않을 수 없다. 이를테면 우리는 한편으로 중앙집권주의 경향을, 다른 한편으로 연방주의 경향을 확인할 수 있다. 이렇듯 프랑스에서는 L-유형의 중심지가 대단히 미약한 발전을 보여주는 반면, R-유형 — 파리 — 이 지배적이고 G-유형(데빠뜨망의 수도들)도 확실히 우세하다. 이에 반해 독일에서는 L-유형이 두드러지게 발전해 있고, 이에 따라 P-유형은 미약한 경우가 종종 있다 — 예를 들어, 바이에른과 뷔르템베르크에서는 그 어떤 P-지점도 250을 넘어서는 중심성을 지니고 있지 않는 반면, L-지점은 1,400 이상의 중심성을 지니고 있다. 따라서 차하위 P-지점보다 6~12배나 높은 중심성을 지니고 있다.

민족의 특성으로 설명할 수 있는 편차 이외에 **군사적 문제에 바탕을 둔** 편차를 언급할 수 있다. 예를 들어, 국경 요새의 위치는 결코 순수한 시장의 위치, 바꿔 말해 보급의 위치와 전혀 다르다. 오히려 그것은 이상적인 교통상의 위치와 일치한다. 교통이 자유로운 근대경제하에 있는 국가에서는 예전에 존재했던 이러한 편차가 상당부분 해소되었으나, 유럽 이외의 이를테면 아시아 국가들에서는 그렇지 못한데, 이러한 국가에서는 도시의 입지를 선정하는 데 안보에 대한 고려가 여전히 중요하다.

2. 취락지리학에 대한 방법론적 귀결

1) 취락지리학에서의 경제학적 방법

이 책에서 우리는 도시지리학을 순수한 경제학적 방법에 의거하여 다루었고, 또한 도시의 한 가지 특성, 말하자면 도시의 중심지로서의 기능만을 살펴보았다. 따라서 무엇보다도 도시발전이 공업화에 의해 규정된다는 복합적 문제에 대해서는 소홀히 했다. 이 문제는 오히려 알프레트 베버와 크로이츠부르크(Creutzburg) 등이 대표하는 공업입지론의 영역에 속한다. 그러므로 우리는 중심지의 일차적 망을 설명하는 데 만족했으며, 차후에 공업화의 현상들은 이 중심지망과 연결될 수 있을 것이다. 이때 주목하지 않으면 안 되는 점은 공업이 중심지가 지닌 상대적 의미 — 중심성 — 와 비교적 별다른 관계를 맺고 있지 않다는 것이다. 우리는 도시의 규모와 의미를 일면적이고 도식적으로 그 주민수에 의거하여 표현하는 데 익숙해 있었기 때문에, 이러한 사실은 이제까지 가려져 있었다.

경제학적 방법이 여기에 적용된 순수한 형태로 지금까지 취락지리학에서 원용되지 않았으며, 이밖에 경제지리학에서도 역시 전혀 원용되지 않았다 — 〔경제학적 방법을 원용하는〕 이러한 방향으로 보벡이 인스브루크에 대한 연구[6]에서 가장 멀리까지 나아갔지만, 바로 공간적 관계와 관련하여 (국민)경제학이 드물게, 그리고 불완전하게 제공했던 도구를 적용하는 데 만족해야만 했다. 보벡은 본질적인 것에 다가서는 취락지리학적 연구를 위해 연구방법이라는 이러한 '공구' 자체를 '만드는' 일을 단념해야 했다. 하싱거의 빈[7]과 최근의 바젤에 대한 연구[8]는 적잖은 기본적 의의를 지니고

---

6) Hans Bobek: "Innsbruck." a. a. O.

7) Hugo Hassinger: "Beiträge zur Siedlungs- und Verkehrsgeographie von Wien." a. a. O.

8) Hugo Hassinger: "Basel." In: *Beiträge zur Oberrheinischen Landes-*

있다. 그는 도시의 영향권과 따라서 도시의 규모를 본질적으로 규정하는 요인을 확인하고 또한 이러한 도시의 전체적 복합체의 규모를 파악하기 위해 도시를 둘러싸고 있는 지점들의 경제적 거리(시간비용의 거리)를 도입했다. 끝으로 슐뤼터의 접근방법에 대해서도 언급할 필요가 있는데, 그는 ― 물론 농촌취락과 관련해서만 ― 토지세의 평가액에 의거하여 산정된 토지의 가치를 고려하고 이것을 취락의 발전과 결부시켰다.[9] 그러나 이밖의 경우에서는 실제로 경제학적 방법이 도시지리학에 거의 적용되지 않았다. 도시의 수와 입지와 규모에 대한 경제적 규정성이 가끔 강조되었으나, 그것이 곧 경제적 방법의 적용을 뜻하지는 않는다. 오히려 이를테면 역사적 방법(그라트만[10])과 통계적 방법〔올브리히트(Olbricht),[11] 쇼트(Schott),[12] 하세(Hasse)[13]〕 또는 대다수의 도시지리학적 '조사연구'에서처럼 평범한 기술적 방법이 사용되었을 뿐이다. 이러한 경우 도시지리학은 대개 경제적 유형을 설정하는 데 그치고 있다. 따라서 도시지리학은 현상을 주로 계통적으로 다루는 데 만족하고, 이로써 경제적, 지리적 문제들을 특유의 방식으로 전개하지도 하물며 해결하지도 못했다(무엇보다도 취락의 경제적 유형에 관한 헤트너의 논문을 들 수 있다.[14] 이 논문에 의해 이러한 총체적 문제가 처음으로 논의되었기 때문이다. 이뿐만 아니라 마리넬리[15]와 아루소[16]도 거

kunde, Festschrift zum 22. Geographentag. Herausg. von Friedrich Metz. Breslau 1927.

9) Otto Schlüter: *Die Siedlungen im nordöstlichen Thüringen.* Berlin 1903.

10) Robert Gradmann: "Die städtischen Siedlungen usw.," a. a. O.

11) Karl Olbricht: "Die deutschen Großstädte." In: *Petermanns Mitteilungen* 1913.

12) Sigmund Schott: "Die großstädtischen Agglomerationen usw.," a. a. O.

13) Ernst Hasse: "Die Intensität usw.," a. a. O.

14) Alfred Hettner: a. a. O.

15) Olinto Marinelli: "Dei tipi economici usw.," a. a. O.

16) M. Aurousseau: a. a. O.

론할 수 있다). 이러한 계통화가 다만 취락의 가시적 현상형태만을 고려하는 지배적 관점에 따른다면 그 학문적 가치는 때때로 아주 미미할 것이다 〔이 문제에 관해서는 가이슬러(Geisler)[17]를 참조하라〕. 우리는 경제지리학에서 결국 단순한 계통화를 행한 린네(Linné)의 단계를 넘어서지 않으면 안 된다!

2) 기타 취락지리학적 방법

이 연구에서 우리는 경제학적 방법을 거의 전적으로 적용해 왔다—우리는 경제학적 방법에 보다 사회학적이고 '이해론적인' 방법과 함께 보다 객관적이고 수학적인 방법도 통합하고, 그 형식은 보조수단으로서 수학(수량에 의거한 계산)을 이용하고 있지만 내용은 심리적 관련성을 이해하려는 것이었다. 그러나 이 때문에 우리는 또 다른 취락지리학적 방법이 존재한다는 사실을 결코 부정하지 않는다. 오히려 이와는 정반대로 다른 방법도 한편으로 경제학적 방법에 의거하여 얻은 인식을 그 타당성과 관련하여 검증하기 위해, 또 한편으로 도시의 수와 분포, 그리고 규모의 경제 외적인 규정요인을 설명하기 위해 전적으로 필요하다.

이렇듯 역사적 방법은 두 가지 측면에서 필수적인데, 더 정확히 말해 단일 주제의 성격을 띤 특수한 연구를 위해서 뿐만 아니라 역사적 방법만이 우리로 하여금 도시의 성립시기에 지배적이었던 경제적 신조와 그로부터 비롯된 구체적 경제체제를 이해할 수 있도록 해주는 방향의 일반적 연구를 위해서도 필수적이다. 이러한 경우에는 이 책에서도 비록 잠정적이긴 하나 역사적 방법을 활용했다. 이 두 가지 측면에서 그라트만의 뷔르템베르크지방의 취락에 관한 연구[18]는 언제나 모범으로 남을 것이다. 왜냐하면

---

17) W. Geisler: "Die deutsche Stadt—ein Beitrag zur Morphologie der Kulturlandschaft." In: *Forschungen zur deutschen Landes- und Volkskunde*. 22, 5. Stuttgart 1924.

이 연구에서 역사적 방법으로 얻어진 결과가 이 책에서 경제학적 방법을 활용하여 찾아 낸 결과와 이를테면 시장으로서 도시의 기능이 그 발전에 대해 갖는 의의와 관련하여, 또는 취락이 성립할 때 교통의 영향이 과대평가되고 있다는 점과 관련하여 상당부분 일치하기 때문이다. 이 점은 오히려 당연한 것으로서 이해할 수밖에 없다. 왜냐하면 어떤 방법으로 얻었는지와 상관없이 학문적 인식은 단 하나밖에 존재하지 않기 때문이다.

이와 마찬가지로 통계학적 방법은 한편으로 이론적으로 예상되는 관계가 실제로 존재하는지를 확인하기 위해, 다른 한편으로 문제를 발견하기 위해서도 필수적이다. 물론 후자의 경우 이러한 문제를 해결하는 데 이해론적 방법이 우선권을 갖는다. 이 연구에서는 통계학적 방법을 폭넓게 사용했으며, 전화대수에 의거한 방법은 순수한 통계학적 방법이다.

물론 지리학적 방법, 다시 말해 하나의 현상을 동일한 지구공간 또는 지표의 동일한 장소에서 나타나는 또 다른 현상과 연관시키는 방법도 결코 경제학적 방법에 의해 배제될 수는 없다. 우리는 중심지의 이론적 도식을 어느 정도 지표 위에 자리잡고 펼쳐져 있는 것으로서 고찰하고, 더구나 그 이상적(막스 베버가 말하는 '이념형적') 관계와 현실적 관계를 비교할 때 지리학적 방법을 결정적으로 활용했다. 이러한 비교는 상당히 축소된 척도에서 도형, 다시 말해 지도에 의거하여 합목적적으로 수행되었다. 그런데 이와 덧붙여 언급해 둘 것은 중심지의 구체적 분포망을 자연적으로 조건지워진 지표의 사상, 이를테면 토양의 구비조건[19]과 비교해야 할 경우에는 대단히 주의를 기울여야 한다는 것이다. 즉, 이러한 주의를 통해 비교할 두 계열의 사실들은 비로소 공통분모를 갖게 되는데, 다시 말해 전적으로 이 공통분모에 의해 비로소 비교가능하게 되는 것이다. 중심지의 분포는 경제적으로 조건지워진 현상이기 때문에 토지의 생산성에 관한 인간의 경제적 가치판단만이 그 비교의 기초가 될 수 있을 뿐이며 — 접근하기 힘든

18) Robert Gradmann: a. a. O.

19) 〔역주〕 대표적으로 자연자원을 들 수 있다.

토지의 생산성은 아무런 가치가 없으며, 그 자체로 생산성이 상대적으로 떨어지나 대도시 인근에 있는 토지는 높은 가치를 지니고 있다—객관적이고 자연적인 생산성은 그 비교의 기초가 될 수 없다. 이런 점에서 여전히 많은 실수가 저질러지고 있다. 그 결과 이러한 취락지리학적 논구는 내용이 없는 공허한 것에 지나지 않으며, 종종 지리학자가 아닌 사람들로부터 비웃음을 사게 된다. 그렇지 않으면 비교할 수 없는 일련의 사실들을 인과적으로 결합하는 한 명백한 오류가 발생한다. 이런 점 때문에 취락지리학의 이른바 지리학적 방법(라첼, 폰 리히트호펜, 하세르트)은 많은 불신을 받게 되었다. 하지만 이 사실은 지리학적 방법을 논리적으로 올바르게 적용하는 것과는 아무 관련이 없다.

3) 경제학인가 경제지리학인가

이 책에서 제시된 것이 경제지리학인가 아니면 경제학인가? 이러한 질문을 던지는 독자들이 적지 않을 것이다. 지리학자는 이것을 경제학이라고 부를 테고, 경제학자는 이것을 지리학이라고 부를 것이다. 호칭과 분류는 우리가 도달하려는 특정 결과와 아무 관계가 없으므로, 나는 이러한 질문에 대해서는 흥미를 전혀 느끼지 못한다. 중요한 것은 문제제기이며, 그것은 의심할 여지없이 지리학적이다. 따라서 여기서 전개된 문제들은 지리학적인 것이지만, 그것은 경제학적 이론에 의거하여 경제학적 방법의 도움을 받아야만 해결될 수 있는 것들이다.

지형학자가 기초적인 지질학적 지식을 필요로 하고 식물지리학자가 식물학적 지식을 필요로 한다는 것은 주지의 사실이다. 그런데 경제지리학자는 대체로 경제이론적 지식이 없어도 무방하다고 생각하고, 통계학과 경제학원론,[20] 그리고 경제사를 이해하는 정도로 만족하고 있다. 따라서

20) 〔역주〕 일반 경제학과 경제와 관련한 사실관계론을 말한다.

경제지리학은 "개개의 사례에 한하여 사실을 설명하는 데 그치는 본질적으로 기술적 학문에서 근본적으로 **법칙의 발견**을 추구하는 학문으로 제고될" 때, 경제지리학은 그 하위분야와 함께 비로소 "자연지리학 분야들과 대등하게 어깨를 견주게" 될 것이다.[21] 식물지리학의 법칙들이 생리학적 법칙이고 지형학의 법칙들이 물리학적, 화학적 법칙인 것과 마찬가지로 경제지리학의 법칙들도 경제학적 법칙이기 때문에, 경제**이론**만이 이러한 법칙을 발견하는 길을 제시해 줄 수 있다. 경제이론이 경제적 현상과 과정의 공간적 전제조건과 분포에 별다른 관심을 기울이지 않는다면, 순수 경제지리학적 법칙을 탐색하는 것이야말로 경제지리학이라는 학문의 회피할 수 없는 과제가 된다. 이렇게 하는 데서 경제지리학은 공간과학, 곧 지리학의 일부를 구성하며, 이를 통해 공간적 사실에 대한 보다 포괄적이고 전면적인 개념을 갖는다는 점에서 오히려 고도의 역량을 부여받게 된다. 다른 한편으로 이러한 고찰방법은 때때로 경제학에서 존재하지 않는 것이며, 따라서 경제학의 합리적 도식들은 — 이를테면 공업입지와 관련하여 알프레트 베버가 제시한 도식처럼 — 종종 필수적 공간개념을 빠뜨리고, 그래서 지나치게 '자연으로부터 벗어난' 결과를 가져오고, 이로 말미암아 그 도식의 경제지리학적 인식의 가치는 떨어지게 된다. 그런데 경제지리학의 경우에는 경제지리학이 그 법칙을 어디에서 이끌어내는지와 아무런 상관없다. 중요한 것은 경제지리학이 이러한 법칙들을 적용하고, 이를 통해 마침내 복잡다단한 경제지리학적 현상들 — 그리고 저자의 견해로서는 역시 또한 경제지리학의 영역에 포함되어야 한다고 생각되는 과정들 — 을 실제로 설명하고, 그리고 끝으로 이를 통해 경제적, 정치적 실천에 활용될 수 있도록 하는 것이다.

21) Alfred Hettner: "Der gegenwärtige Stand der Verkehrsgeographie," a. a. O., S. 629. 원문에는 강조 표시가 없다.

1. 남부독일의 중심지에 관한 일람표

▪ 일러두기

제1열: 순번

제2열: 지점명

제3열: 지점의 정치〔행정〕적 명칭. 약어: U. St. =〔다른 시·군에 소속되어 있지 않는〕 단일시 또는 군과 동급인 단일시; St. =시; Mf. =장터; Df. =촌락(게마인데); F. Df. =보조 촌락(독자적 게마인데를 형성하지 못하고 있음)

제4열: 주민수, 1=주민 4백 명으로 산정; 따라서 수치는 〈지도 1〉의 점의 수와 일치함. 독일제국의 경우에는 1925년 6월 16일에 실시된 센서스 결과를, 자르지역의 경우에는 1927년 7월 10일에 실시된 센서스 결과를 근거로 함

제5열: 전화(접속) 대수, 1=전화대수 10대로 산정; 따라서 수치는 〈지도 2〉의 점의 수와 일치함. 수치는 독일제국의 경우에는 1931년 5월 말에서 10월 사이에, 그리고 자르지역의 경우에는 1930년 11월에 발간된 공식 전화번호부를 근거로 함

제6열: 전화 밀도; 1은 주민 4백 명당 전화대수 10대라는 정규상태를, 1보다 작은 수치는 낮은 전화밀도를, 1보다 큰 수치는 높은 전화밀도를 뜻함

제7열: 개략적으로 정리한 중심성의 수치

제8열: 중심지 유형; 이는 〈지도 3〉과 〈지도 4〉에 표시되어 있음

제9열: 비고

* 기타 사항은 이 책 제2장의 설명을 참조할 것

1) 뮌헨 L-체계

1	2	3	4	5	6	7	8	9
1	München	U. St.	1868	5029	1. 18	2825	L	
2	Augsburg	U. St.	461	648	0. 92	224	P	
3	Innsbruck	?	?	?	?	?	P	
4	Kempten	U. St.	69	131	1. 00	62	G	
5	Passau	U. St.	73	103	0. 55	62	G	
6	Landshut	U. St.	76	89	0. 50	51	G	
7	Straubing	U. St.	59	78	0. 55	46	G	
8	Ingolstadt	U. St.	67	66	0. 48	34	G	
9	Rosenheim	U. St.	48	65	0. 70	31	G	
10	Salzburg	?	?	?	?	?	G	
11	Bozen	?	?	?	?	?	G	
12	Memmingen	U. St.	37	63	0. 86	31	B	
13	Garmisch-Partenk	Mf.	30	86	2. 00	26	B	
14	Deggendorf	U. St.	24	30	0. 50	18	B	
15	Traunstein	U. St.	24	37	0. 80	18	B	
16	Freising	U. St.	39	33	0. 42	17	B	
17	Starnberg	St.	13	43	2. 00	17	B	
18	Mühldorf	St.	15	25	0. 50	17	B	1
19	Berchtesgaden	Mf.	9	35	2. 00	17	B	
20	Bad Tölz	St.	17	41	1. 45	16	B	
21	Weilheim	St.	15	24	0. 70	04	B	
22	Kaufbeuren	U. St.	25	30	0. 65	14	B	
23	Mindelheim	St.	12	21	0. 70	13	B	
24	Donauwörth	U. St.	12	19	0. 45	13	B	
25	Neuburg a. D.	U. St.	19	22	0. 46	13	B	
26	Tegernsee	Df.	8	41	3. 50	13	B	2
27	Erding	St.	11	16	0. 35	21	B	
28	Landsberg a. L.	U. St.	19	20	0. 46	11	B	
29	Pfarrkirchen	St.	9	14	0. 46	10	B	3
30	Alt-und Neuötting	St.	22	22	0. 50	11	K	
31	Fürstenfeldbruck	Mf.	13	18	0. 55	11	K	
32	Dachau	Mf.	20	20	0. 44	11	K	
33	Bad Reichenhall	St.	22	54	2. 00	10	K	4
34	Prien-Stock	Mf.	5	16	1. 20	10	K	5
35	Vilshofen	St.	10	15	0. 46	10	K	

주) 1: 알트외팅 및 노이외팅과 합쳐서 중심성이 28임.
2: 이례적으로 높은 수치임.
3: 아주 근소하게 B-기능을 지님.
4: 온천지로서 특별한 위상을 지님.
5: 이례적으로 높은 수치임.

1	2	3	4	5	6	7	8	9
36	Eggenfelden	St.	8	13	0.37	10	K	
37	Murnau	Mf.	6	16	1.20	9	K	
38	Schrobenhausen	St.	10	13	0.35	9	K	
39	Pfaffenhofen	St.	11	14	0.43	9	K	
40	Moosburg	St.	10	12	0.40	8	K	
41	Aichach	St.	9	11	0.33	8	K	
42	Landau a. I.	St.	8	12	0.47	8	K	
43	Wasserburg	St.	12	13	0.40	8	K	
44	Bad Aibling	Mf.	11	18	0.90	8	K	
45	Zwiesel	St.	12	15	0.57	8	K	1
46	Marktgrafing	Mf.	4	9	0.60	7	K	2
47	Sonthofen	St.	11	18	1.00	7	K	3
48	Immenstadt	St.	14	20	0.90	7	K	
49	Oberstdorf	Mf.	10	26	1.90	7	K	
50	Wolfratshausen	Mf.	6	12	0.80	7	K	
51	Schwabmünchen	Mf.	9	12	0.54	7	K	
52	Mainburg	Mf.	7	11	0.55	7	K	
53	Plattling	St.	14	13	0.40	7	K	
54	Vilsbiburg	Mf.	8	11	0.42	7	K	
55	Füssen	St.	16	21	0.90	7	K	
56	Holzkirchen	Mf.	7	10	0.50	6	K	
57	Buchloe	Mf.	6	9	0.50	6	K	
58	Ottobeuren	Mf.	6	10	0.63	6	K	
59	Abensberg	St.	7	9	0.50	6	K	4
60	Rain	St.	4	8	0.40	6	K	
61	Dingolfing	St.	8	10	0.44	6	K	
62	Viechtach	Mf.	5	8	0.40	6	K	
63	Regen	Mf.	8	11	0.57	6	K	
64	Burghausen	St.	13	12	0.50	6	K	
65	Trostberg	St.	7	10	0.60	6	K	
66	Freilassing	Df.	5	9	0.60	6	K	5
67	Herrsching	Df.	3	11	1.90	5	K	6
68	Dorfen	Mf.	6	7	0.30	5	K	
69	Miesbach	St.	11	14	0.80	5	K	
70	Schongau	St.	8	10	0.60	5	K	7
71	Marktoberdorf	Mf.	6	9	0.60	5	K	
72	Obergünzburg	Mf.	4	7	0.55	5	K	

주) 1: 관구 소재지인 레겐보다 큰 의미를 지님. B-지점이어야 함.
2: 에버스베르크와 함께 중심성은 10임.
3: 임멘슈타트와 함께 중심성은 14이고, B-기능을 지님.
4: 노이슈타트와 함께 중심성은 9이고, B-장소를 대표함.
5: 잘츠부르크호펜이 이에 포함됨.
6: [반나절 또는 한 나절] 소풍의 목적지이자 거주지임.
7: 파이팅과 함께 중심성이 8임.

1	2	3	4	5	6	7	8	9
73	Bad Wörishofen	Df.	7	17	1.70	5	K	1
74	Diessen-St. Georgen	Mf.	6	12	1.10	5	K	
75	Wolnzach	Mf.	7	8	0.40	5	K	
76	Grafenau	St.	4	7	0.35	5	K	
77	Waldkirchen	Mf.	4	7	0.40	5	K	2
78	Osterhofen	St.	8	8	0.40	5	K	
79	Simbach a. Inn	Df.	12	10	0.44	5	K	3
80	Markt Schwaben	Mf.	5	6	0.40	4	K	
81	Schliersee	Mf.	4	12	2.00	4	K	
82	Oberstaufen	Mf.	4	8	0.90	4	K	
83	Mering	Mf.	7	7	0.40	4	K	4
84	Wertingen	St.	5	6	0.40	4	K	
85	Au Hallertau	Mf.	3	6	0.45	4	K	
86	Griesbach	Mf.	3	6	0.50	4	K	
87	Haag	Mf.	3	5	0.35	4	K	
88	Thannhausen	Mf.	4	6	0.40	4	K	
	Bez.-Amt〔관구청〕 *München:*							
89	Höhenkirchen	Df.	3	2	0.50	1	M	5
	H-Orte〔보조지점〕: St. Pasing, Df. Planegg, Df. Allach, Df. Schleißheim, Df. Garching, Df. Ismaning, Df. Feldkirchen, Df. Haar, Df. Unterhaching, Df. Deisenhofen, Df. Grünwald, Df. Pullach, 이상의 전부가 뮌헨에 흡수됨; Df. Aying.							
	Bez.-Amt Starnberg:							
90	Tutzing	Df.	5	13	2.00	3	A	
91	Gauting	Df.	7	16	2.10	1	M	
92	Feldafing	Df.	3	10	3.00	1	M	6
93	Weßling	Df.	1	3	1.80	1	M	
	H-Orte: Df. Oberalfing-Seefeld, Df. Inning, Df. Gilching.							
	Bez.-Amt Wolfratshausen:							
94	Schäftlarn-Ebenhsn	Df.	5	7	1.20	1	M	
95	Sauerlach	Df.	2	2	0.70	1	M	
96	Beuerberg	Df.	1	1	0.50	1	M	
97	Dietramszell	Df.	2	1	0.30	1	M	7

주) 1: 온천지로서 특별한 위상을 지님.
2: 관구 소재지인 프라이웅-볼프슈타인보다 큰 의미를 지님.
3: 브라우나우의 B-기능을 일부 공유함.
4: 관구 소재지인 프리트베르크보다 큰 의미를 지님.
5: 지거츠브룬(Siegertsbrunn)과 함께.
6: 포센호펜(Possenhofen)과 함께.
7: 쇠네크(Schönegg)와 함께.

1	2	3	4	5	6	7	8	9
	H-Orte: Df. Leoni-Allmannshöhe, Df. Ammerland-Münsing, Df. Baierbrunn, Df. Ascholding, Df. Großdingharting.							
	Bez.-Amt Fürstenfeldbruck:							
98	Olching	Df.	7	3	0.35	1	M	
99	Maisach	Df.	4	2	0.35	1	M	
100	Moorenweis	Df.	2	1	0.20	1	M	
101	Althegnenberg	Df.	1	1	0.30	1	M	
	H-Orte: Df. Türkenfeld, Df. Wildenroth, Df. Germering, Df. Mammendorf-Nannhofen							
	Bez.-Amt Dachau:							
102	Markt Indersdorf	Mf.	2	4	0.30	3	A	
103	Petershausen	Df.	2	2	0.30	1	M	
104	Haimhausen	Df.	2	1	0.30	1	M	
105	Odelzhausen	Df.	1	2	0.30	1	M	
	H-Orte: Df. Hohenkammer, Df. Röhrmoos, Df. Schwabhausen, Df. Sulzemoos.							
	Bez.-Amt Freising:							
106	Nandlstadt	Mf.	3	3	0.30	2	M	
107	Allershausen	Df.	1	1	0.25	1	M	
108	Kranzberg	Df.	1	1	0.25	1	M	
109	Neufahrn	Df.	2	1	0.30	1	M	
110	Attenkirchen	Df.	1	1	0.20	1	M	
111	Mauern	Df.	1	1	0.20	1	M	
112	Bruckberg	Df.	1	1	0.30	1	M	
	H-Orte: Df. Unterzolling, Df. Langenbach, Df. Hallbergmoos.							
	Bez.-Amt Erding:							
113	Taufkirchen	Df.	2	3	0.25	2	M	
114	Wartenberg	Mf.	3	2	0.20	1	M	
	H-Orte: Df. Lengsdorf.							
	Bez.-Amt Ebersberg:							
115	Ebersberg	Mf.	5	6	0.50	3	A	1
116	Glonn	Mf.	2	3	0.40	2	A	
117	Kirchseeon	F. Df.	2	2	0.50	1	M	
118	Zorneding	Df.	2	2	0.60	1	M	
119	Steinhöring	Df	2	1	0.30	1	M	

주) 1: 철도역 지점인 마르크트그라핑이 보다 큰 의미를 지님.

1	2	3	4	5	6	7	8	9
	H-Orte: Df. Moosach, Df. Aßling, Df. Hohenlinden.							
	Bez.-Amt Miesbach:							
120	Gmund	F. Df.	2	6	2.00	2	A	
121	Bad Wiessee	Df.	3	12	3.50	2	M	1
122	Bayrischzell	Df.	1	4	2.00	2	M	
123	Schaftlach	Df.	1	2	0.80	1	M	
124	Fischbachau	Df.	1	2	0.80	1	M	
125	Kreuth	Df.	1	2	1.00	1	M	
	H-Orte: Df. Wörnsmühle, Df. Bad Thalham							
	Bez.-Amt Tölz:							
126	Kochel	Df.	4	6	1.00	2	A	
127	Lenggries	Df.	4	5	1.00	1	M	
128	Benediktbeuren	Df.	2	3	0.80	1	M	
129	Bichl	Df.	1	2	0.80	1	M	
130	Walchensee	F. Df.	1	2	0.90	1	M	
	H-Orte: Df. Jachenau, F. Df. Bad Heilbrunn.							
	Bez.-Amt Garmisch:							
131	Oberammergau	Df.	6	15	2.00	3	A	
132	Mittenwald	Mf.	7	11	1.30	2	A	
133	Bad Kohlgrub	F. Df.	1	3	1.70	1	M	
134	Oberau	Df.	1	2	1.30	1	M	
135	Wallgau	Df.	1	2	1.00	1	M	
	H-Orte: Df. Unter- und Obergrainau, Df. Ohlstadt.							
	Bez.-Amt Weilheim:							
136	Penzberg	St.	12	7	0.50	2	A	
137	Unterpeißenberg	Mf.	12	7	0.50	1	M	
138	Seeshaupt	Df.	2	5	1.80	1	M	
139	Uffing	Df.	2	2	0.60	1	M	
140	Huglfing	Df.	2	1	0.50	1	M	
141	Pähl	Df.	1	1	0.50	1	M	
	H-Orte: Df. Obersöchering, Df. Wessobrunn							
	Bez.-Amt Schongau:							
142	Peiting	Df.	6	6	0.45	3	A	2
143	Steingaden	F. DF.	1	3	0.50	2	A	

주) 1: 압빈클(Abwinkl)과 함께 온천지임.
　2: 숑가우에 포함됨.

1	2	3	4	5	6	7	8	9
144	Rottenbuch	Df.	1	1	0.40	1	M	
145	Kinsau	Df.	1	1	0.40	1	M	
	H-Orte: Df. Bernbeuern, Df. Hohenpeißenberg, Df. Schwabsoien, Df. Bayersoien.							
	Bez.-Amt Füssen:							
146	Nesselwang	Mf.	3	6	1.00	3	A	
147	Pfronten	Df.	7	9	1.00	2	A	
148	Lechbruck	Df.	3	2	0.50	1	M	
149	Seeg	Df.	2	2	0.50	1	M	
150	Trauchgau	Df.	1	1	0.50	1	M	
	H-Orte: Df. Roßhaupten.							
	Bez.-Amt Sonthofen:							
151	Hindelang	Mf.	4	9	1.50	3	A	1
152	Wertach	Mf.	2	4	1.00	2	M	
153	Fischen	Df.	2	4	1.50	1	M	
	H-Orte: Df. Vorderburg, Df. Thalkirchdorf, Df. Rettenberg, Df. Missen.							
	Bez.-Amt Kempten:							
154	Dietmannsried	Mf.	3	4	0.70	2	A	
155	Altusried	Mf.	2	4	0.70	2	A	
156	Oberdorf	F. Df.	1	1	0.60	1	M	
157	Weitnau	Mf.	2	2	0.60	1	M	
158	Oy-Mittelberg	Df.	2	3	1.00	1	M	
159	Wildpoldsried	Df.	1	2	0.60	1	M	
160	Wiggensbach	Df.	1	2	0.60	1	M	
161	Kimratshofen	Df.	1	2	0.60	1	M	
	H-Orte: Mf. Waltenhofen, Mf. Sulzberg, Df. Buchenberg, Df. Kreuztal.							
	Bez.-Amt Marktoberdorf:							
162	Unterthingau	Mf.	2	3	0.50	2	A	
163	Aitrang	Df.	2	3	0.50	2	M	
164	Ronsberg	Mf.	1	1	0.40	1	M	
165	Görisried	Df.	1	1	0.50	1	M	
166	Stötten	Df.	1	1	0.40	1	M	
	H-Orte: Df. Bidingen, Df. Friesenried. (Bidingen은 M-지점이어야 함).							
	Bez.-Amt Kaufbeuren:							
167	Waal	Mf.	2	2	0.30	1	M	

주) 1: 바트 오버도르프(Bad Oberdorf)와 함께.

1	2	3	4	5	6	7	8	9
168	Westendorf	Df.	1	1	0.30	1	M	
169	Asch	Df.	1	1	0.35	1	M	
170	Denklingen	Df.	2	2	0.35	1	M	
	H-Orte: Df. Baisweil (M-지점이어야 함), Df. Pforzen, Mf. Blonhofen, Df. Aufkrich, Mf. Leeder, Mf. Irsee.							
	Bez.-Amt Mindelheim:							
171	Türkheim	Mf.	6	6	0.45	3	A	
172	Pfaffenhausen	Mf.	3	4	0.40	3	A	
173	Kirchheim	Mf.	3	4	0.40	3	A	
174	Dirlewang	Mf.	2	2	0.35	1	M	
175	Markt Wald	Mf.	2	1	0.30	1	M	
	H-Orte: Df. Loppenhausen, Df. Ettringen.							
	Bez.-Amt Memmingen:							
176	Grönenbach	Mf.	2	4	0.70	3	A	
177	Legau	Mf.	2	4	0.70	2	A	
178	Markt Rettenbach	Mf.	2	3	0.40	2	A	
179	Erkheim	Df.	3	3	0.50	1	M	
180	Fellheim	Df.	1	2	0.50	1	M	
	H-Orte: Df. Lautrach, Df. Böhen.							
	OA. Leutkirch (동쪽 부분):							
181	Aitrach	Df.	2	2	0.50	1	M	1
182	Tannheim	Df.	2	2	0.50	1	M	
	H-Orte: 결여됨.							
	Bez.-Amt Krumbach (동쪽 절반) 및 *Günzburg* (동쪽 절반):							
183	Burgau	St.	7	6	0.40	3	A	
184	Ziemetshausen	Mf.	3	2	0.35	1	M	2
185	Jettingen	Mf.	4	3	0.40	1	M	
186	Burtenbach	Mf.	3	2	0.30	1	M	
	H-Orte: Mf. Münsterhausen.							
	Bez.-Amt Zusmarshausen (K-지점이 없는 관구로 현재는 폐지됨):							
187	Fischach	Df.	2	5	0.40	4	A	
188	Zusmarshausen	Mf.	3	4	0.40	3	A	
189	Dinkelscherben	Mf.	3	2	0.40	1	M	
190	Welden	Mf.	2	2	0.30	1	M	

주) 1: 마르슈테텐(Marstetten)과 함께.
2: 탄하우젠과 함께 공동지역임.

1	2	3	4	5	6	7	8	9
	H-Orte: Df. Altenmünster, Df. Horgau.							
	Bez.-Amt Augsburg:							
191	Gessertshausen	Df.	1	2	0. 30	1	M	
	H-Orte: Df. Gablingen. St. Göggingen을 흡수함.							
	Bez.-Amt Schwabmünchen:							
192	Bobingen	Df.	7	5	0. 40	3	A	
193	Lechfeld	Df.	2	2	0. 30	1	M	1
194	Mickhausen	Df.	1	1	0. 40	1	M	
	H-Orte: Df. Langenneufnach, Df. Großaitingen, Df. Mittelneufnach.							
	Bez.-Amt Landsberg a. L.							
195	Utting	Df.	3	6	1. 30	2	M	
196	Unterschondorf	Df.	3	5	1. 20	1	M	
197	Schwabhausen	Df.	1	1	0. 30	1	M	
198	Egling	Df.	2	1	0. 25	1	M	
	H-Orte: Df. Kaufering, Df. Issing, Df. Prittriching.							
	Bez.-Amt Friedberg:							
199	Friedberg	St.	10	8	0. 40	4	A	2
	H-Orte: Df. Eurasburg, Df. Dasing.							
	Bez.-Amt Aichach:							
200	Pöttmes	Mf.	3	4	0. 20	3	A	
201	Altomünster	Mf.	3	3	0. 20	2	A	
202	Aindling	Mf.	2	2	0. 20	1	M	
	H-Orte: Df. Sielenbach, Df. Schiltberg, Df. Affing, Df. Hilgartshausen, Mf. Kühbach, Mf. Inchenhofen; (꽤 [illegible] 새평가를 받고 있음).							
	Bez.-Amt Wertingen:							
203	Meitingen	Df.	2	3	0. 35	2	A	
204	Uttenwiesen	Df.	2	2	0. 30	1	M	
205	Biberbach	Mf.	1	1	0. 30	1	M	
	H-Orte: Df. Villenbach, Df. Emersacker.							
	Bez.-Amt Donauwörth (부분적으로) 및 *Dillingen* (부분적으로):							

주) 1: 야영지이자 수도원인 레히펠트.
2: 거의 아우크스부르크의 세력권 내에 입지하고 있음.

1	2	3	4	5	6	7	8	9
206	Marxheim	Df.	1	1	0.20	1	M	
207	Nordendorf	Df.	1	2	0.30	1	M	
208	Harburg	St.	4	2	0.30	1	M	
209	Bissingen	Mf.	1	1	0.20	1	M	
	H-Orte: Df. Tapfheim, Df. Schwenningen, Df. Mertingen, Df. Kaisheim, Df. Amerdingen.							
	Bez.-Amt Neuburg a. D.:							
210	Burgheim	Mf.	3	3	0.40	2	A	
211	Rennertshofen	Mf.	2	2	0.30	1	M	
212	Ebekirchen	Df.	1	1	0.20	1	M	
213	Karlshuld	Df.	3	2	0.25	1	M	
214	Ludwigsmoos	Df.	1	1	0.20	1	M	
	H-Orte: Df. Thierhaupten (이곳에서는 M-지점이 결여되어 있음).							
	Bez.-Amt Schrobenhausen:							
215	Hohenwart	Mf.	3	2	0.20	1	M	
216	Niederarnbach	F. Mf.	1	1	0.20	1	M	
	H-Orte: Df. Sandizell, Df. Gerolsbach.							
	Bez.-Amt Ingolstadt:							
217	Reichertshofen	Mf.	3	2	0.20	1	M	
218	Eitensheim	Df.	2	1	0.20	1	M	1
219	Pförring	Mf.	3	2	0.30	1	M	
220	Kösching	Mf.	6	3	0.30	1	M	
	H-Orte: Df. Manching, Df. Stammham, Df. Oberdolling, Mf. Gaimersheim.							
	Bez.-Amt Pfaffenhofen:							
221	Geisenfeld	Mf.	5	5	0.40	3	A	
222	Vohburg	Mf.	4	3	0.30	2	M	
223	Münchsmünster	Df.	2	1	0.30	1	M	
224	Schweitenkirchen	Df.	1	1	0.20	1	M	
	H-Orte: Df. Pörnbach, Df. Reichertshausen, Df. Jetzendorf.							
	Bez.-Amt Mainburg (A-지점과 M-지점이 없는 관구)							
	H-Orte: Df. Elsendorf, Df. Volkenschwand.							
	Bez.-Amt Rottenburg (K-지점이 없는 관구이지만, 세 개의 A-지점을 갖고 있음):							
225	Rottenburg	Mf.	3	4	0.45	3	A	
226	Pfeffenhausen	Mf.	3	4	0.40	3	A	

주) 1: 장터인 가이머스하임보다 더 중요함.

1	2	3	4	5	6	7	8	9
227	Langquaid	Mf.	3	4	0.40	3	A	
228	Wildenberg	Df.	2	1	0.35	1	M	1
	H-Ort: Df. Hohenthann.							
	Bez.-Amt Kelheim (남쪽 부분):							
229	Neustadt a. d. D.	St.	5	5	0.45	3	A	2
230	Siegenburg	Mf.	4	5	0.40	3	A	
231	Rohr	Mf.	3	2	0.35	1	M	
	H-Ort: Df. Herrnwahltann.							
	Bez.-Amt Mallersdorf (K-지점이 없는 관구):							
232	Geiselhöring	Mf.	6	6	0.45	3	A	
233	Neufahrn	Df.	2	3	0.45	2	A	
234	Ergoldsbach	Mf.	5	4	0.45	2	A	
235	Mallersdorf	Df.	3	3	0.50	2	M	3
236	Pfaffenberg	Mf.	2	2	0.50	1	M	
237	Schierling	Df.	4	2	0.40	1	M	4
	H-Orte: Df. Bayerbach, Df. Eggmühl.							
	Bez.-Amt Landshut:							
238	Essenbach	Df.	3	2	0.30	1	M	
239	Wörth a. I.	Df.	1	1	0.30	1	M	
240	Postau	Df.	1	1	0.30	1	M	5
	H-Orte: Df. Pfettrach, Df. Furth, Df. Unterneuhausen, Df. Kronwinkl, Df. Buch a. E.							
	Bez.-Amt Dingolfing:							
241	Reisbach	Mf.	2	3	0.30	2	M	
242	Loiching	Df.	1	1	0.30	1	M	
243	Niederviehbach	Df.	2	2	0.30	1	M	
244	Mengkofen	Df.	2	2	0.30	1	M	
	H-Ort: Df. Mamming.							
	Bez.-Amt Landau a. I.:							
245	Eichendorf	Mf.	3	4	0.35	3	A	
246	Wallersdorf	Df.	4	4	0.40	2	A	

주) 1: 퓌르크방(Pürkwang)과 함께.
2: 아벤스베르크와 함께 B-장소를 차지함.
3: 파펜베르크와 함께 아직까지 K-기능을 지니지 못함.
4: 철도역 지점인 에크뮐에 의해 밀려나지 않음.
5: 뵈르트와 함께 공동지역임.

1	2	3	4	5	6	7	8	9
247	Pilsting	Mf.	3	2	0. 40	1	M	1
	H-Ort: Df. Haunersdorf.							
	Bez.-Amt Straubing (Straubing에 뚜렷이 집중되어 있음):							
248	Leiblfing	Df.	1	2	0. 45	2	M	
249	Straßkirchen	Df.	3	3	0. 50	2	M	
250	Oberschneiding	Df.	1	1	0. 45	1	M	
	H-Orte: Df. Rain, Df. Kirchroth (관구 소재지 Regensburg의).							
	Bez.-Amt Bogen (K-지점이 없는 관구):							
251	Bogen	Mf.	4	5	0. 30	3	A	
252	Mitterfels	Df.	2	3	0. 30	2	A	2
253	Schwarzach	Df.	2	3	0. 30	2	A	
254	Englmar	Df.	2	1	0. 20	1	M	
255	Wiesenfelden	Df.	2	1	0. 15	1	M	
256	Stallwang	Df.	1	1	0. 15	1	M	
	H-Orte: Df. Rattenberg, Df. Konzell, Df. Neukirchen, Df. Bernried.							
	Bez.-Amt Deggendorf:							
257	Hengersberg	Mf.	4	5	0. 35	4	A	
258	Metten	Df.	4	3	0. 40	1	M	3
259	Schöllnach	Df.	2	2	0. 35	1	M	
260	Stephansposching	Df.	1	1	0. 40	1	M	
	H-Orte: Df. Lalling, Mf. Winzer.							
	Bez.-Amt Viechtach:							
261	Teisnach	Df.	2	4	0. 30	3	A	
262	Ruhmannsfelden	Mf.	3	4	0. 35	3	A	4
263	Gotteszell	Df.	1	1	0. 35	1	M	
	H-Orte: 존재하지 않음.							
	Bez.-Amt Regen:							
264	Bodenmais	Df.	5	5	0. 40	3	A	
265	Bayr. Eisenstein	Df.	2	3	0. 60	2	A	5
266	Kirchberg	Df.	1	1	0. 30	1	M	
267	Frauenau	Df.	2	2	0. 40	1	M	

주) 1: 란다우지역에 속함.
2: 인접한 슈트라우빙으로 인해 〔그 발전을〕 현저히 방해받고 있음.
3: 데겐도르프지역에 속함.
4: 고테스첼과 함께 공동지역임.
5: 국경지점이자 뵈멘의 아이젠슈타인의 보조지점임.

1	2	3	4	5	6	7	8	9
	H-Orte: Df. Rinchnach, Df. Kirchdorf, Df. Bischofsmais.							
	Bez.-Amt Grafenau:							
268	Spiegelau	F. Df.	2	3	0. 35	2	M	
269	Schönberg	Mf.	2	2	0. 25	2	M	
	H-Orte: Df. Zenting, Df. Schöfweg.							
	Bez.-Amt Freyung-Wolfstein:							
270	Freyung-Wolfstein	Mf.	3	5	0. 40	4	A	1
271	Perlesreuth	Mf.	1	2	0. 25	2	M	
272	Haidmühle	F. Df.	1	1	0. 40	1	M	2
273	Neureichenau	F. Df.	1	1	0. 30	1	M	
274	Röhrnbach	Mf.	1	1	0. 30	1	M	
275	Mauth	Df.	1	1	0. 30	1	M	
	H-Orte: Df. Bischofsreuth, Df. Untergrainet, Df. Herzogsreuth, Df. Karlsberg, Df. Hohenau.							
	Bez.-Amt Wegscheid (K-지점이 없는 관구):							
276	Wegscheid	Mf.	3	4	0. 45	3	A	
277	Hauzenberg	Mf.	4	5	0. 40	3	A	
278	Untergriesbach	Mf.	3	3	0. 45	2	M	
279	Obernzell	Mf.	3	3	0. 40	2	M	
280	Breitenberg	Df.	1	1	0. 30	1	M	
	H-Orte: 없음.							
	Bez.-Amt Passau:							
281	Fürstenzell	Df.	2	4	0. 55	3	A	
282	Tittling	Mf.	3	5	0. 45	3	A	
283	Neuhaus	Df.	2	3	0. 50	2	M	3
284	Sulzbach	Df.	1	2	0. 50	1	M	
285	Fürstenstein	Df.	2	2	0. 40	1	M	
286	Hutthurn	Mf.	2	2	0. 50	1	M	
	H-Orte: Df. Sandbach, Df. Bad Höhenstadt, Df. Thyrnau, Df. Dommelstadl.							
	Bez.-Amt Vilshofen:							
287	Ortenburg	Mf.	3	5	0. 50	3	A	
288	Aidenbach	Mf.	3	4	0. 40	3	A	
289	Eging	Df.	2	2	0. 35	1	M	

주) 1: 발트키르헨은 관구 소재지보다 큰 의미를 지님.
2: 국경지점.
3: 줄츠바흐와 함께 공동지역이며, A 의미를 지님.

1	2	3	4	5	6	7	8	9
	H-Orte: Df. Otterskirchen, Mf. Hofkirchen (M-지점으로 파악하는 것이 적절할 것임), Df. Gergweis, Df. Moos, Df. Oberpöring (비교적 양호한 M-지점).							
	Bez.-Amt Griesbach:							
290	Pocking	Df.	3	5	0.50	3	A	1
291	Rotthalmünster	Mf.	4	5	0.50	3	A	
292	Birnbach	Df.	2	2	0.40	1	M	
293	Kößlarn	Mf.	2	2	0.40	1	M	
294	Ruhstorf	Df.	2	2	0.50	1	M	
295	Tettenweis	Df.	2	2	0.50	1	M	
	H-Orte: Df. Aigen, Mf. Hartkirchen, Df. Haarbach.							
	Bez.-Amt Pfarrkirchen:							
296	Tann	Mf.	3	5	0.30	4	A	
297	Triftern	Mf.	3	3	0.30	2	M	
298	Ering	Df.	2	2	0.40	1	M	
	H-Orte: Df. Anzenkirchen, Df. Egglham, Df. Dietersburg, Df. Wittibreuth.							
	Bez.-Amt Eggenfelden:							
299	Arnstorf	Mf.	4	5	0.35	4	A	
300	Gangkofen	Mf.	4	4	0.35	3	A	
301	Massing	Mf.	2	3	0.35	2	A	
302	Simbach b. E.	Mf.	2	2	0.30	1	M	
	H-Orte: Df. Kollbach, Df. Schönau, Df. Falkenberg, Df. Wurmannsquick.							
	Bez.-Amt Vilsbiburg:							
303	Velden	Mf.	4	5	0.35	4	A	
304	Frontenhausen	Mf.	4	5	0.30	4	A	
305	Geisenhausen	Mf.	4	4	0.35	3	A	
306	Gerzen	Df.	2	1	0.30	1	M	
	H-Ort: Altfraunhofen.							
	Bez.-Amt Mühldorf:							
307	Neumarkt	Mf.	4	5	0.30	4	A	
308	Kraiburg	Mf.	3	4	0.30	3	A	
309	Ampfing	Df.	2	2	0.40	1	M	
310	Buchbach	Mf.	1	2	0.30	1	M	2

주) 1: 루스토르프와 함께 공동지역이며, K-의미를 지님.
2: 철도역 지점인 슈빈데크(Schwindegg)와 나란히 입지해 있음.

1	2	3	4	5	6	7	8	9
	H-Orte: Df. Schwindegg, Df. Peterskirchen, Df. Oberneukirchen.							
	Bez.-Amt Altötting:							
311	Garching-Hart	Df.	2	2	0.30	1	M	
312	Marktl	Mf.	2	2	0.40	1	M	
313	Reischach	Df.	1	1	0.30	1	M	
314	Tüßling	Mf.	2	1	0.40	1	M	
	H-Orte: Df. Pleiskirchen, Df. Burgkirchen, Df. Töging, Df. Kirchweidach.							
	Bez.-Amt Wasserburg:							
315	Isen	Mf.	3	4	0.40	3	A	
316	Gars	Mf.	1	3	0.40	2	A	
317	Rott a. Inn	Df.	3	2	0.35	1	M	
	H-Orte: Df. Amerang, Df. Schonstett, Df. Albaching.							
	Bez.-Amt Aibling:							
318	Bruckmühl	Df.	1	4	0.50	3	A	
319	Feldkirchen b. W.	Df.	1	3	0.50	2	M	
320	Au b. Aibling	Df.	1	2	0.60	1	M	
321	Feilnbach	Df.	1	2	0.60	1	M	
322	Ostermünchen	Df.	1	1	0.40	1	M	
	H-Orte: Df. Kolbermoor, Df. Schönau.							
	Bez.-Amt Rosenheim:							
323	Endorf	Df.	3	6	0.80	4	A	1
324	Brannenburg	Df.	4	5	0.80	2	A	
325	Oberaudorf	Df	2	4	0.70	2	A	
326	Nd. u. Hohenaschau	Df.	3	6	1.00	2	A	
327	Kiefersfelden	Df.	3	3	0.70	1	M	
328	Halfing	Df.	2	2	0.50	1	M	
	H-Orte: Df. Vogtareuth, Df. Eggstädt, Df. Breitbrunn, Df. Bernau, Df, Frasdorf, Df. Sachrang, Df. Törwang, Mf. Neubeuern, Df. Nußdorf.							
	Bez.-Amt Traunstein:							
329	Ruhpolding	Df.	3	6	1.00	3	A	
330	Obing	Df.	2	3	0.30	2	A	
331	Siegsdorf	F. Df.	2	4	0.80	2	M	
332	Inzell	Df.	1	2	1.00	1	M	
333	Übersee	Df.	2	3	1.00	1	M	

주) 1: 꽤나 중요한 A-지점임.

1	2	3	4	5	6	7	8	9
334	Grassau	Df.	2	3	1.00	1	M	
335	Marquartstein	F. Df.	2	3	1.00	1	M	1
336	Schnaitsee	Df.	2	2	0.30	1	M	
337	Reit i. Winkl	Df.	2	3	0.90	1	M	
338	Matzing	Df.	1	1	0.40	1	M	
339	Altenmarkt	Df.	3	2	0.50	1	M	
	H-Orte: Df. Bergen, Df. Grabenstätt, Df. Niederseeon, Df. Schleching, Df, Seebruck, Df. Kienberg.							
	Bez.-Amt Laufen:							
340	Laufen	St.	7	7	0.45	4	A	2
341	Tittmoning	St.	4	3	0.40	2	A	
342	Waging	Mf.	3	3	0.45	2	A	
343	Teisendorf	Mf.	4	4	0.60	2	M	
344	Kirchanschöring	Df.	1	1	0.40	1	M	
345	Palling	Df.	2	2	0.30	1	M	
	H-Orte: Df. Friedolfing, Df. Tengling, Df. Tyrlaching.							
	Bez.-Amt Berchtesgaden:							
346	Königsee	Df.	1	3	1.60	1	M	
347	Ramsau	Df.	1	3	1.60	1	M	
348	Schellenberg	Mf.	1	2	1.40	1	M	
349	Piding	Df.	1	1	0.70	1	M	
	H-Orte: Df. Anger.							

주) 1: 그라사우와 함께 공동지역이며, A-기능을 지님.
2: 프라이라싱은 관구 소재지보다 큰 의미를 지님.

2) 뉘른베르크 L-체계

1	2	3	4	5	6	7	8	9
1	Nürnberg-Fürth	U. St.	1216	2623	1.05	1346	L	
2	Würzburg	U. St.	259	492	0.95	246	P	
3	Regensburg	U. St.	220	365	0.67	217	P	
4	Bamberg	U. St.	138	234	0.65	144	G	
5	Koburg	U. St.	75	154	0.88	88	G	
6	Bayreuth	U. St.	88	126	0.66	68	G	

1	2	3	4	5	6	7	8	9
7	Hof	U. St.	103	153	0. 90	60	G	
8	Schweinfurt	U. St.	96	126	0. 62	66	G	
9	Erlangen	U. St.	75	92	0. 70	40	G	
10	Sonneberg	St.	68	103	0. 97	37	G	
11	Ansbach	U. St.	57	61	0. 56	29	G	
12	Amberg	U. St.	67	60	0. 50	27	G	
13	Weiden	U. St.	50	57	0. 59	27	G	
14	Kulmbach	U. St.	30	52	0. 65	32	B	
15	Kitzingen	U. St.	26	48	0. 75	28	B	
16	Bad Kissingen	U. St.	29	81	2. 00	23	B	
17	Kronach	St.	16	32	0. 60	22	B	
18	Bad Mergentheim	St.	14	33	0. 80	22	B	
19	Lichtenfels	St.	15	30	0. 60	21	B	
20	Nördlingen	U. St.	21	34	0. 70	19	B	
21	Rothenburg	U. St.	22	29	0. 50	18	B	
22	Neumarkt	U. St.	19	26	0. 40	18	B	
23	Cham	St.	12	22	0. 50	16	B	
24	Schwabach	U. St.	31	42	0. 85	16	B	
25	Wertheim	St.	9	20	0. 60	15	B	
26	Hildburghausen	St.	16	24	0. 65	14	B	
27	Forchheim	U. St.	22	23	0. 42	14	B	
28	Neustadt a. d. S.	St.	7	15	0. 55	14	B	
29	Lohr	St.	15	20	0. 55	12	B	
30	Weißenburg	U. St.	20	25	0. 65	12	B	
31	Eichstätt	U. St.	21	21	0. 45	12	B	
32	Schwandorf	U. St.	23	21	0. 40	12	B	
33	Marktredwitz	U. St.	26	32	0. 75	12	B	
34	Selb	U. St.	33	38	0. 80	12	B	
35	Hersbruck	St.	14	20	0. 55	12	B	
36	Neustadt a. d. A.	St.	12	17	0. 45	12	B	
37	Wunsiedel	St.	14	23	0. 75	12	K	
38	Neustadt b. K.	U. St.	22	30	0. 80	12	K	
39	Eisfeld	St.	11	19	0. 65	12	K	
40	Gunzenhausen	St.	14	17	0. 45	11	K	
41	Helmbrechts	St.	13	20	0. 75	10	K	1
42	Tauberbischofsheim	St.	9	13	0. 45	9	K	
43	Furth i. W.	St.	13	14	0. 40	9	K	
44	Roth b. Nürnberg	St.	15	20	0. 70	9	K	
45	Dinkelsbühl	U. St.	13	15	0. 45	9	K	
46	Uffenheim	St.	6	12	0. 55	9	K	
47	Haßfurt	St.	8	12	0. 42	9	K	
48	Rehau	St.	15	18	0. 65	8	K	
49	Kötzting	Mf.	5	10	0. 50	8	K	

주) 1: 뮌히베르크와 함께 B-의미(18)를 지님.

1	2	3	4	5	6	7	8	9
50	Lauf	St.	18	22	0.75	8	K	
51	Gerolzhofen	St.	7	11	0.50	8	K	
52	Münchberg	St.	15	19	0.75	8	K	
53	Bopfingen	St.	9	12	0.40	8	K	
54	Ochsenfurt	St.	9	12	0.60	7	K	
55	Karlstadt	St.	8	10	0.40	7	K	
56	Hammelburg	St.	7	10	0.40	7	K	
57	Mellrichstadt	St.	5	10	0.53	7	K	
58	Volkach	St.	5	10	0.50	7	K	
59	Feuchtwangen	St.	6	9	0.40	6	K	
60	Gemünden	St.	6	9	0.60	6	K	
61	Königshofen	St.	5	8	0.40	6	K	
62	Marktheidenfeld	Mf.	5	8	0.40	6	K	
63	Pegnitz	St.	7	9	0.40	6	K	
64	Berneck	St.	6	9	0.55	6	K	
65	Naila	St.	10	13	0.70	6	K	
66	Tirschenreuth	St.	13	13	0.55	6	K	
67	Windsheim	St.	9	11	0.50	6	K	
68	Öttingen	St.	7	9	0.45	6	K	
69	Kelheim	St.	10	11	0.53	6	K	
70	Römhild	St.	4	6	0.30	5	K	
71	Silzbach	U.St.	15	11	0.40	5	K	1
72	Burglengenfeld	St.	10	9	0.40	5	K	
73	Parsberg	Mf.	3	6	0.35	5	K	
74	Marktbreit	St.	6	8	0.55	5	K	2
75	Leutershausen	St.	3	6	0.35	5	K	
76	Pappenheim	St.	5	8	0.55	5	K	
77	Altdorf	St.	7	8	0.40	5	K	
78	Schnaittach	Mf.	6	8	0.50	5	K	
79	Rodach b. K.	U.St.	7	7	0.40	5	K	
80	Schwarzenbach a. d. S.	St.	11	10	0.50	5	K	
81	Beilngries	St.	4	7	0.40	5	K	3
82	Roding	Mf.	4	7	0.40	5	K	
83	Creglingen	St.	3	6	0.40	5	K	
84	Lauscha	Df.	16	18	0.80	5	K	4
85	Münnerstadt	St.	6	6	0.30	4	K	
86	Lauda	St.	7	7	0.40	4	K	
87	Höchstadt a. d. A.	St.	5	6	0.35	4	K	
88	Steinach	St.	20	20	0.80	4	K	5
89	Waldsassen	St.	13	11	0.55	4	K	
90	Heilsbronn	St.	4	6	0.45	4	K	

주) 1: 암베르크에 인접해 있기 때문에 중심성이 낮음.
2: 포도재배지역임.
3: 인접한 A-지점과 함께 B-의미를 지님.
4: 공업(이 주요 산업임).
5: 공업(이 주요 산업임).

1	2	3	4	5	6	7	8	9
91	Riedenburg	Mf.	4	6	0.35	4	K	
92	Nabburg	St.	6	7	0.42	4	K	
93	Vohenstrauß	Mf.	5	6	0.35	4	K	
94	Waldmünchen	St.	7	6	0.35	4	K	
95	Neunburg	St.	6	6	0.30	4	K	
96	Treuchtlingen	St.	11	10	0.55	4	K	
	Bez.-Amt Nürnberg-Fürth:							
97	Feucht	Mf.	4	6	0.60	4	A	1
98	Langenzenn	St.	5	5	0.40	3	A	
99	Cadolzburg	Mf.	5	3	0.45	1	M	
100	Ammerndorf	Mf.	1	1	0.40	1	M	
101	Großhabersdorf	Df.	2	2	0.30	1	M	
102	Roßtal	Mf.	4	3	0.50	1	M	
103	Burgthann	Df.	1	1	0.35	1	M	2
	H-Orte: Df. Vach, Df. Veitsbronn-Siegelsdorf, Df. Leinburg; U.St. Fürth, St. Zirndorf는 Nürnberg에 의해 흡수됨.							
	Bez.-Amt Erlangen:							
104	Baiersdorf	St.	3	4	0.50	2	A	
105	Eschenau	Mf.	2	2	0.40	1	M	
106	Forth	Df.	3	2	0.40	1	M	3
	H-Ort: Mf. Heroldsberg.							
	Bez.-Amt Lauf:							
107	Simmelsdorf-Hüttenbach	Df.	3	3	0.50	1	M	
	H-Ote: Df. Röthenbach.							
	Bez.-Amt Hersbruck:							
108	Eschenbach	Df.	1	1	0.35	1	M	
109	Rupprechtstegen	Df.	1	1	0.30	1	M	4
110	Hartmannshof	Df.	2	1	0.30	1	M	
111	Alfeld	Df.	2	1	0.20	1	M	
	H-Ort: St. Velden.							
	Bez.-Amt Schwabach:							

주) 1: 동떨어져 있는 알트도로프를 밀어 낼 수 없음.
2: 확장 일로에 있는 M-기능을 지님.
3: 에쉐나우와 함께 공동지역이며, 발전과정에 있음.
4: 요양지이며 생 펠덴을 밀어 냄.

1	2	3	4	5	6	7	8	9
112	Georgensgmünd	Df.	5	6	0.60	3	A	1
113	Spalt	St.	5	5	0.45	3	A	
114	Wendelstein	Mf.	4	5	0.50	3	A	
115	Wassermungenau	Df.	1	1	0.20	1	M	
	H-Ort: Mf. Kornburg, Mf. Abensberg.							
	Bez.-Amt Neumarkt:							
116	Freystadt	St.	2	1	0.15	1	M	
117	Sulzbürg	Mf.	1	1	0.15	1	M	
118	Deining	Df.	1	1	0.15	1	M	
119	Pyrbaum	Mf.	2	1	0.20	1	M	
120	Lauterhofen	Mf.	3	1	0.15	1	M	
121	Kastl	Mf.	2	1	0.15	1	M	2
	H-Ort: Df. Postbauer.							
	Bez.-Amt Beilngries:							
122	Berching	St.	5	4	0.20	3	A	
123	Dietfurt	St.	3	4	0.30	3	A	
124	Burggriesbach	Df.	1	1	0.15	1	M	
	H-Ort: Df. Holnstein.							
	Bez.-Amt Riedenburg:							
125	Altmannstein	Mf.	2	2	0.30	1	M	
	H-Ort: Df. Pondorf.							
	Bez.-Amt Hilpoltstein (K-지점이 없는 관구):							
126	Thalmässing	Mf.	3	5	0.35	4	A	3
127	Hilpoltstein	St.	4	5	0.40	3	A	
128	Greding	St.	3	4	0.30	3	A	
129	Allersberg	Mf.	4	3	0.25	2	M	
130	Heideck	St.	2	1	0.25	1	M	
131	Titting	Mf.	1	1	0.20	1	M	
	H-Ort: Mf. Eysölden.							
	Bez.-Amt Weißenburg:							
132	Solnhofen	Df.	3	3	0.50	2	M	4

주) 1: 인접 지점들과 함께.
2: 지방법원지소 소재지이며, 적어도 A-의미를 지녀야 할 것임.
3: 관구 소재지보다 큰 의미를 지님.
4: 공업이 주요 산업임.

1	2	3	4	5	6	7	8	9
133	Ellingen	St.	4	3	0. 40	1	M	1
134	Pleinfeld	Mf.	3	2	0. 40	1	M	
135	Nenslingen	Mf.	2	1	0. 20	1	M	
	H Ort: Df. Ettenstatt.							
	Bez.-Amt Eichstätt:							
136	Kipfenberg	Mf.	2	3	0. 25	3	A	
137	Dollnstein	Mf.	2	2	0. 30	1	M	
138	Kinding	Mf.	1	1	0. 20	1	M	
	H-Orte: Df. Pfalzpaint, Df, Denkendorf, Df. Böhmfeld, Df. Adelschlag, Mf. Nassenfels, Mf. Mörnsheim, Mf. Wellheim.							
	Bez.-Amt Gunzenhausen:							
139	Markt Berolzheim	Mf.	3	3	0. 35	2	M	
140	Altenmuhr	Df.	2	1	0. 20	1	M	
141	Heidenheim	Mf.	3	2	0. 25	1	M	2
142	Wolframseschenbach	St.	3	1	0. 20	1	M	
	H-Orte: Mf. Absberg, Mf. Gnotzheim, St. Merkendorf, Df. Döckingen.							
	Bez.-Amt Nördlingen 및 *Bez.-Amt Donauwörth* (북쪽 부분):							
143	Monheim	St.	3	4	0. 30	3	A	
144	Wemding	St.	6	5	0. 30	3	A	
145	Möttingen	Df.	1	1	0. 30	1	M	
146	Wallerstein	Mf.	3	2	0. 40	1	M	3
	H-Orte: Df. Fremdingen, Df. Marktoffingen, Df. Alerheim, Df. Mönchsdeggeingen, Df. Fünfstetten, Df. Tagmersheim.							
	Bez.-Amt Dinkelsbühl:							
147	Wassertrüdingen	St.	4	6	0. 40	4	A	
148	Schopfloch	Df.	4	3	0. 30	2	M	
149	Wittelshofen	Df.	1	1	0. 30	1	M	4
150	Weiltingen	Mf.	2	2	0. 30	1	M	
	H-Orte: Mf. Dürrwangen, Mf. Aufkirchen, Df. Ehingen, Df. Mönchsroth.							
	Bez.-Amt Feuchwangen:							
151	Bechhofen	Mf.	3	4	0. 25	3	A	

주) 1: 바이센부르크의 보조지점으로, 격리원리에 따른 것임.
 2: 지방법원지소의 소재지임에도 불구하고 M-기능만 지님.
 3: M-지역인 뇌르틀링겐에 속함.
 4: 바일팅겐과 함께 공동지역임.

1	2	3	4	5	6	7	8	9
152	Triesdorf-Weidenbg	Df.-Mf.	2	2	0.25	2	A	
153	Schnelldorf	Df.	2	1	0.25	1	M	
154	Wieseth	Df.	1	1	0.20	1	M	
155	Herrieden	Mf.	2	2	0.25	1	M	1
	H-Orte: St. Ornbau, Df. Aurach, Mf. Marktlustenau.							
	Bez.-Amt Ansbach:							
156	Windsbach	St.	4	5	0.30	4	A	
157	Lichtenau	Mf.	3	2	0.40	1	M	
158	Lehrberg	Df.	2	1	0.30	1	M	
159	Colmberg	Mf.	1	1	0.25	1	M	
160	Oberdachstetten	Df.	2	1	0.30	1	M	
	H-Orte: Mf. Flachslanden, Df. Rügland, Df. Neuendettelsau.							
	Bez.-Amt Rothenburg:							
161	Schillingsfürst	Mf.	4	4	0.25	3	A	
162	Dombühl	Mf.	2	1	0.25	1	M	
	H-Orte: Df. Gedlau, Df. Wettringen, Df. Steinach.							
	Bez.-Amt Uffenheim:							
163	Obernzenn	Mf.	2	3	0.25	2	A	2
164	Burgbernheim	Mf.	4	3	0.30	2	M	
165	Herrnberchtheim	Df.	1	1	0.35	1	M	
166	Ipsheim	Mf.	2	1	0.30	1	M	
	H-Orte: Mf. Marktbergel, Mf. Ippesheim.							
	Bez.-Amt Neustadt a. d. A.:							
167	Willhermsdorf	Mf.	4	5	0.40	3	A	
168	Merktellbach	Mf.	3	3	0.35	2	A	
169	Ühlfeld	Mf.	2	3	0.30	2	A	3
170	Dachsbach	Mf.	1	1	0.30	1	M	
171	Emskirchen	Mf.	2	2	0.40	1	M	
172	Dietenhofen	Mf.	2	2	0.25	1	M	
	H-Orte: Df. Trautskirchen, Mf. Neuhof, Df. Münchsteinach, Mf. Baudenbach, Mf. Rauschenberg.							
	Bez.-Amt Scheinfeld (K-지점이 없는 관구):							

주) 1: 지방법원지소 소재지임에도 불구하고 M-의미만을 지님.
2: 동떨어져 있으며, 철도역이 없으나 A-의미를 지님.
3: 다흐스바흐(Dachsbach)와 함께 공동지역임.

1	2	3	4	5	6	7	8	9
173	Scheinfeld	St.	3	5	0.45	4	A	
174	Burghaslach	Mf.	2	3	0.25	2	A	1
175	Markteinersheim	Mf.	2	1	0.35	1	M	
176	Iphofen	St.	4	2	0.35	1	M	
	H-Orte: Mf. Oberscheinfeld, Mf. Geiselwind, Mf. Nordheim, Mf. Taschendorf, Mf. Sugenheim, Mf. Marktbibart; 수많은 장터가 존재함!							
	Bez.-Amt Kitzingen:							
177	Dettelbach	St.	5	5	0.55	2	A	
178	Mainbernheim	St.	3	3	0.40	2	M	
179	Mainstockheim	Df.	3	2	0.50	1	M	2
180	Prosselsheim	Df.	2	1	0.30	1	M	
	H-Orte: Mf. Kleinlangheim, Mf. Großlangheim, Mf. Stadtschwarzach, St. Marktsteft, Mf. Obernbreit, Mf. Herrnsheim, Mf. Seinsheim, 포도재배지역이며, 많은 보조지점(장터)이 존재함.							
	Bez.-Amt Ochsenfurt:							
181	Aub	St.	3	5	0.40	4	A	3
182	Giebelstadt	Mf.	2	3	0.40	2	A	
183	Sommerhasen	Mf.	3	3	0.50	2	M	
184	Bütthart	Mf.	2	2	0.40	1	M	
185	Gaukönigshofen	Df.	2	2	0.45	1	M	
186	Röttingen	St.	3	2	0.40	1	M	
	H-Orte: St. Eibelstadt, Mf. Winterhausen, Mf. Fuchsstadt, Mf. Herchsheim, Mf. Gelchsheim, Mf. Allersheim, Mf. Frickenhausen, 포도재배지역!							
	Bez.-Amt Würzburg:							
187	Rimpar	Mf.	7	4	0.30	2	A	
188	Randersacker	Mf.	5	3	0.50	1	M	
189	Geroldshausen	Df.	1	1	0.40	1	M	
190	Kirchheim	Df.	2	2	0.40	1	M	4
191	Unteraltertheim	Df.	1	1	0.25	1	M	
192	Veitshöchheim	Df.	6	3	0.40	1	M	
193	Unterpleichfeld	Df.	2	1	0.30	1	M	
	H-Orte: Df. Reichenberg, Df. Rottendorf, Df. Estenfeld, Df. Thüngersheim, Df. Bergtheim, Df. Kleinrinderfeld; aufgesaugt; St. Heidingsfeld, Mf. Zell.							
	OA. Mergentheim 및 *OA. Gerabronn*의 일부:							

주) 1: 인접해 있는 슐뤼셀펠트(Schlüsselfeld)와 함께 A-기능을 지님.
2: 고유한 지역이 없음.
3: 크레글링겐과 함께 K-기능을 지님.
4: 이곳에서는 A-지점이 결여되지 않음.

1	2	3	4	5	6	7	8	9
194	Niederstetten	St.	3	6	0.55	4	A	
195	Weikersheim	St.	4	4	0.40	2	A	
196	Markelsdorf	Df.	3	2	0.40	1	M	
197	Archshofen	Df.	1	1	0.30	1	M	
	H-Orte: Mf. Wachbach, Mf. Laudenbach, Df. Spielbach.							
	Amtsbez. Tauberbischofsheim:							
198	Boxberg	St.	2	3	0.40	2	A	
199	Grünsfeld	St.	4	4	0.40	2	A	
200	Unterwittinghausen	Df.	2	2	0.40	1	M	
201	Unterschüpf	Mf.	2	2	0.40	1	M	
202	Königheim	Mf.	4	2	0.30	1	M	
203	Wenkheim	Df.	2	1	0.25	1	M	
	H-Orte: St. Königshofen (철도 교차점임에도 불구하고 H-의미만을 지님), Mf. Gerlachsheim, Df. Werbach, Df. Großrinderfeld.							
	Amtsbez Wetheim:							
204	Külsheim	St.	4	3	0.30	2	M	
205	Freudenberg	St.	4	2	0.40	1	M	
	H-Orte: Mf. Reicholzheim, Df. Bronnbach, Df. Gamburg.							
	OA.. Neresheim 및 *Ellwangen*의 일부:							
206	Wört	Df.	1	1	0.20	1	M	1
	H-Orte: Mf. Tannhausen, Df. Zöbingen, Mf. Oberdorf (Bopfingen에 포함됨).							
	Bez.-Amt Marktheidenfeld:							
207	Hafenlohr	Df.	2	1	0.30	1	M	
208	Urspringen	Df.	2	2	0.30	1	M	
209	Üttingen	Df.	2	1	0.25	1	M	
210	Remlingen	Mf.	3	1	0.25	1	M	
211	Homburg	Mf.	2	1	0.30	1	M	
212	Stadtprozelten	St.	2	2	0.30	1	M	
	H-Orte: Df. Esselbach, Mf. Karbach, Mf. Helmstadt, Mf. Neubrunn, Mf. Kreuzwertheim (Wertheim에 포함됨).							
	Bez.-Amt Lohr, 이에 *Lohrhaupten*을 포함시켜:							
213	Frammersbach	Mf.	6	4	0.30	2	A	
214	Rothenfels	St.	1	1	0.30	1	M	

주) 1: 보다 유리하게 입지해 있다고 할 수 있는 슈퇴틀렌(Stödtlen)을 대신함.

1	2	3	4	5	6	7	8	9
215	Lohrhaupten	Df.	2	2	0.35	1	M	
	H-Orte: Df. Partenstein, Df. Wiessen, Df. Rothenbuch.							
	Bez.-Amt Karlstadt:							
216	Arnstein	St.	4	6	0.40	4	A	1
217	Thügen	Mf.	3	3	0.30	2	A	
218	Zellingen-Retzbach	Df.	8	3	0.30	1	M	
219	Wiesenfeld	Df.	3	2	0.30	1	M	
	H-Orte: Mf. Retzbach (Zellingen에 포함됨), Df. Bonnland, Df. Wülfershausen, Df. Eußenheim.							
	Bez.-Amt Gemünden:							
220	Burgsinn	Mf.	5	4	0.40	2	A	
221	Gräfendorf	Df.	2	1	0.40	1	M	
222	Heßdorf	Df.	1	1	0.30	1	M	
	H-Orte: Df. Wernfels, St. Rieneck, Df. Mittelsinn.							
	Bez.-Amt Hammelburg:							
223	Euerdorf	Mf.	2	3	0.30	2	A	
224	Oberthulba	Mf.	2	1	0.20	1	M	
	H-Orte: Df. Völkersleier, Mf. Sulztal.							
	Bez.-Amt Kissingen:							
225	Maßbach	Mf.	3	3	0.30	2	A	
226	Burkardroth	Mf.	3	2	0.20	1	M	
227	Steinach	Mf.	2	1	0.25	1	M	
	H-Orte: Df. Ebenhausen, Df. Poppenlauer, Mf. Aschbach.							
	Bez.-Amt Neustadt a. d. S.:							
228	Unsleben	Df.	2	4	0.30	3	A	
229	Bischofsheim	St.	3	4	0.30	3	A	
230	Oberelsbach	Mf.	2	1	0.20	1	M	
	H-Ort: Df. Höllstadt.							
	Bez.-Amt Mellrichstadt 및 *Meiningen*의 남쪽 일부:							
231	Ostheim (Rhön)	St.	6	6	0.40	4	A	2
232	Fladungen	St.	2	3	0.30	2	A	

주) 1: K-기능에 근접해 있음.
2: K-기능에 근접해 있으며, 격리원리가 작용하고 있음.

1	2	3	4	5	6	7	8	9
233	Berkach	Df.	1	1	0.30	1	M	
234	Rentwertshausen	Df.	1	1	0.40	1	M	
	H-Orte: Df. Frankenheim (Rhön), Df. Nordheim, Mf. Sondheim, Mf. Behrungen.							
	Bez.-Amt Königshofen:							
235	Saal	Mf.	3	1	0.30	1	M	
	H-Orte: Mf. Trappstadt, Df. Irmelshausen, Df. Sulzdorf.							
	Bez.-Amt Hoftheim (K-지점이 없는 관구):							
236	Hofheim	St.	3	5	0.40	4	A	1
237	Königsberg	St.	2	3	0.30	2	A	
238	Ermershausen	Df.	1	1	0.20	1	M	
239	Burgpreppach	Mf.	1	1	0.25	1	M	
240	Stadtlauringen	Mf.	2	2	0.30	1	M	
	H-Orte: Mf. Birkenfeld, Mf. Friesenhausen, Mf. Ostheim.							
	Bez.-Amt Schweinfurt:							
241	Werneck	Mf.	4	4	0.40	3	A	
242	Gochsheim	Df.	6	5	0.45	2	A	2
243	Schonungen	Df.	4	3	0.40	2	M	
244	Grettstadt	Df.	2	1	0.30	1	M	
245	Schwanfeld	Df.	2	2	0.30	1	M	
246	Obbach	Df.	2	2	0.30	1	M	
	H-Orte: Df. Schwenheim, Df. Grafenrheinfeld, Df. Bergrheinfeld, Df. Klosterheidenfeld, Df. Eßleben.							
	Bez.-Amt Gerolzhofen:							
247	Wiesentheid	Mf.	4	4	0.40	2	A	
248	Prichsenstadt	St.	2	2	0.30	1	M	
249	Zeilitzheim	Df.	2	1	0.30	1	M	
250	Fahr	Df.	1	1	0.30	1	M	
	H-Orte: Mf. Abtswind, Mf. Rüdenhausen, Mf. Oberschwarzach, Df. Donnersdorf, Df. Sulzheim.							
	Bez.-Amt Haßfurt:							
251	Eltmann-Ebelsdorf	St.-Df.	6	6	0.35	4	A	
252	Zeil	St.	5	3	0.35	2	M	
253	Wedtheim	Df.	2	1	0.30	1	M	

주) 1: 근접한 K-의미를 지님.
2: 슈바인푸르트에 근접해 있음에도 불구하고.

1	2	3	4	5	6	7	8	9
254	Kleinsteinach	Df.	1	1	0.30	1	M	
	H-Orte: Df. Neuschleichach, Mf. Prölsdorf, Df. Untersteinbach.							
	Bez.-Amt Ebern (K-지점이 없는 관구):							
255	Ebern	St.	3	5	0.37	4	A	
256	Maroldsweisach	Mf.	2	2	0.25	2	M	1
257	Untermerzbach	Df.	1	1	0.30	1	M	
258	Memmelsdorf	Df.	1	2	0.30	1	M	2
259	Baunach	Mf.	3	2	0.30	1	M	
	H-Orte: Df. Kirchlauter, Df. Pfarrweisach.							
	Bez.-Amt Bamberg I 및 II:							
260	Scheßlitz	St.	3	5	0.30	4	A	3
261	Hirschaid	Df.	4	4	0.30	3	A	
262	Burgebrach	Mf.	3	3	0.30	2	A	
263	Burgwindheim	Mf.	1	1	0.25	1	M	
264	Frensdorf	Df.	1	1	0.30	1	M	4
265	Ebrach	Mf.	3	2	0.25	1	M	
266	Trabelsdorf	Df.	1	1	0.20	1	M	
267	Buttenheim	Mf.	2	2	0.30	1	M	5
	H-Orte: Mf. Achbach, Mf. Hallstadt를 흡수함.							
	Bez.-Amt Höchstadt a. d. A.:							
268	Herzogenaurach	St.	9	7	0.30	4	A	6
269	Adelsdorf	Df.	2	2	0.30	1	M	
270	Mühlhausen	Mf.	3	2	0.20	1	M	
271	Schlüsselfeld	St.	2	1	0.10	1	M	7
	H-Orte: Df. Weisendorf, Mf. Lonnerstadt, Mf. Vestenbergsreuth, Mf. Wachenroth.							
	Bez.-Amt Forchheim:							
272	Gräfenberg	St.	3	4	0.40	3	A	
273	Effeltrich	Df.	2	1	0.30	1	M	

주) 1: 에르머스하우젠과 함께 공동지역임.
2: 운터메르츠바흐와 함께 공동지역임.
3: K-기능에 근접해 있음.
4: 철도 교차점임.
5: 히르샤이트와 함께 공동지역임.
6: K-기능에 근접해 있음.
7: 인접해 있는 부르크하슬라흐가 보다 중요함.

1	2	3	4	5	6	7	8	9
274	Hiltpoltstein	St.	1	1	0.30	1	M	
275	Neunkirchen	Mf.	2	2	0.30	1	M	
	H-Orte: Df. Egloffstein, Df. Heroldsbach-Thurn, Df. Kunreuth, Mf. Eggolsheim.							
	Bez.-Amt Ebermannstadt (K-지점이 없는 관구):							
276	Hollfeld	St.	3	5	0.30	4	A	1
277	Embermannstadt	St.	2	3	0.40	3	A	2
278	Pretzfeld	Mf.	2	2	0.40	1	M	
279	Streitberg	Df.	1	1	0.50	1	M	
280	Muggendorf	Mf.	1	2	0.50	1	M	3
281	Waischenfeld	St.	2	2	0.30	1	M	
282	Plankenfels	Df.	1	1	0.30	1	M	
	H-Orte: Df. Aufseß, Df. Wonsees.							
	Bez.-Amt Staffelstein (K-지점이 없는 관구):							
283	Staffelstein	St.	5	5	0.32	3	A	
284	Zapfendorf	Df.	2	1	0.25	1	M	
285	Seßlach	St.	1	1	0.30	1	M	
	H-Orte: Mf. Ebensfeld, Mf. Rattelsdorf, Df. Gemünda.							
	Bez.-Amt Lichtenfels:							
286	Burgkunstadt	St.	5	6	0.40	3	A	4
287	Redwitz-Rodach	Df.	2	3	0.40	2	A	5
288	Weismain	St.	3	2	0.30	2	M	
289	Hochstadt	Df.	1	2	0.40	1	M	6
290	Altenkunstadt	Df.	2	2	0.40	1	M	
	H-Orte: Mf. Marktzeuln, Mf. Marktgraitz.							
	Bez.-Amt Koburg:							
291	Sonnefeld	Mf.	3	5	0.50	3	A	
292	Öslau	Df.	4	3	0.60	1	M	7
293	Mönchröden	Df.	3	3	0.80	1	M	
294	Weidhausen	Df.	3	3	0.50	1	M	

주) 1: 중심부 가까이에 자리잡고 있으며, 따라서 관구 소재지보다 더 중요함.
2: 프레츠펠트(Pretzfeld)와 함께 〔중심성이〕 4임.
3: 슈트라이트베르크(Streitberg)와 함께 공동지역임.
4: 알텐쿤슈타트(Altenkunstadt)와 함께 중심성이 5이며, K-기능을 지님.
5: 장터 마르크트그라이츠(Marktgraitz)를 밀어 냄.
6: 장터 마르크트조일른(Marktzeuln)을 밀어 냄.
7: 묀히뢰덴(Mönchröden)과 함께 공동지역임.

1	2	3	4	5	6	7	8	9
295	Untersiemau	Df.	2	2	0.40	1	M	
296	Meeder	Mf.	2	1	0.30	1	M	
	H-Orte: Mf. Roßach, Df. Ebersdorf.							
	Kreis Hildburghausen:							
297	Heldburg	St.	3	4	0.33	3	A	
298	Streufdorf	Df.	2	2	0.30	1	M	
299	Hellingen	Mf.	2	1	0.20	1	M	
300	Ummerstadt	St.	2	1	0.20	1	M	
	H-Orte: Df. Gleicherwiesen, Df. Veilsdorf.							
	Kreis Sonneberg:							
301	Schalkau	St.	6	7	0.65	3	A	
302	Neuhaus-Igelshieb	Df.	17	12	0.60	2	M	1
303	Rauenstein	Df.	3	3	0.40	1	M	
304	Neuhaus	Df.	2	2	0.30	1	M	
305	Heinersdorf	Mf.	2	2	0.30	1	M	
306	Steinhaid	Df.	5	5	0.60	1	M	
	H-Orte: Df. Effelder, Df. Mengersgreuth, Mf. Judenbach; Mf. Oberlind은 흡수됨.							
	Bez.-Amt Teuschnitz 및 *Thüringen*으로 구획된 지역 (K-지점이 없음):							
307	Nordhalben	Mf.	5	3	0.25	2	A	
308	Steinbach a. W.	Df.	1	1	0.30	1	M	
309	Tettau	Df.	2	2	0.70	1	M	
310	Pressig	Df.	3	2	0.30	1	M	
311	Hasental	Df.	3	4	0.90	1	M	
	H-Orte: Mf. Rothenkirchen, St. Teuschnitz (관구 소재지로서 H-의미만을 지님), Df. Förtschendorf.							
	Bez.-Amt Kronach:							
312	Mitwitz	Mf.	3	3	0.40	2	M	
313	Wallenfels	Mf.	4	3	0.40	2	M	2
314	Unterrodach	Df.	3	2	0.40	1	M	
315	Zeyern	Df.	1	1	0.40	1	M	
316	Küps	Mf.	4	2	0.35	1	M	
	H-Ort: Df. Stockheim.							
	Bez.-Amt Stadtsteinach (K-지점이 없는 관구):							

주) 1: 지역이 없음.
2: 이곳 또는 차이에른에서는 A-의미가 결여되어 있음.

1	2	3	4	5	6	7	8	9
317	Stadtsteinach	St.	4	4	0.40	3	A	
318	Marktleugast	Mf.	3	2	0.40	1	M	
319	Grafengehaig	Mf.	1	1	0.40	1	M	
320	Presseck	Mf.	2	2	0.40	1	M	
	H-Orte: Mf. Wartenfels, St. Kupferberg, Mf. Ludwigschorgast, Mf. Enchenreuth, Mf. Seibelsdorf, Df. Untersteinach.							
	Bez.-Amt Kulmbach:							
321	Thurnau	Mf.	3	3	0.30	2	A	
322	Kasendorf	Mf.	1	1	0.30	1	M	1
323	Neuenmarkt	Df.	3	2	0.35	1	M	
324	Wirsberg	Df.	2	2	0.35	1	M	
325	Trebgast	Df.	1	1	0.30	1	M	
326	Mainleus	Df.	3	2	0.30	1	M	
	H-Ort: Df. Neudrossenfeld.							
	Bez.-Amt Bayreuth:							
327	Kirchenlaibach	Df.	1	2	0.30	2	M	
328	Glashütten	Df.	1	1	0.25	1	M	2
329	Weidenberg	Mf.	3	2	0.35	1	M	
330	Warmensteinach	Df.	3	2	0.40	1	M	
331	Fichtelberg-Neubau	Df.	4	3	0.40	1	M	
	H-Ort: Df. Obernsees.							
	Bez.-Amt Pegnitz:							
332	Pottenstein	St.	2	4	0.50	3	A	
333	Gößweinstein	Mf.	2	3	0.50	2	A	3
334	Betzenstein	St.	1	1	0.30	1	M	
335	Creußen	St.	3	2	0.30	1	M	
	H-Orte: Mf. Plech, Mf. Trockau, Mf. Schnabelwaid, Mf. Lindenhard, Mf. Büchenbach.							
	Bez.-Amt Berneck:							
336	Gefrees	St.	4	4	0.40	2	A	
337	Bischofsgrün	Df.	4	3	0.40	1	M	
	H-Orte: St. Goldkronach, Df. Himmelskron, Mf. Marktschorgast.							
	Bez.-Amt Münchberg:							

주) 1: 비르스베르크와 함께 공동지역임.
2: 동떨어져 있지만, 오베른제보다 중요함.
3: 베링거스뮐레(Behringersmühle)와 함께 A-의미를 지님.

1	2	3	4	5	6	7	8	9
338	Stammbach	Mf.	2	3	0.30	2	A	
	H-Orte: Mf. Zell, Mf. Sparneck; 둘 중 하나는 M-지점이어야 할 것임.							
	Bez.-Amt Naila:							
339	Schwarzenbach a. W.	Mf.	5	7	0.50	4	A	
340	Bad Steben	Df.	3	8	1.70	3	A	1
341	Selbitz	Mf.	6	6	0.60	2	A	
342	Lichtenberg	St.	2	2	0.60	1	M	
	H-Orte: St. Schauenstein, Df. Geroldsgrün, Df. Marxgrün.							
	Bez.-Amt Hof:							
343	Oberkotzau	Mf.	8	8	0.50	4	A	
344	Berg	Df.	2	2	0.40	1	M	
	H-Ort: Konradsreuth.							
	Bez.-Amt Rehau:							
345	Regnitzlosau	Df.	2	2	0.40	1	M	
346	Hohenberg	Mf.	3	2	0.50	1	M	2
	H-Ort: Df. Schönwald.							
	Bez.-Amt Wunsiedel:							
347	Weißenstadt	St.	6	7	0.50	4	A	3
348	Kirchenlamitz	St.	6	7	0.60	3	A	
349	Arzberg	St.	10	9	0.65	2	A	
350	Marktleuthen	Mf.	5	5	0.60	2	M	
351	Röslau	Df.	4	2	0.50	1	M	
352	Thiersheim	Mf.	3	2	0.50	1	M	
	H-Orte: Mf. Thierstein, Df. Tröstau, Df. Schirnding.							
	Bez.-Amt Tirschenreuth:							
353	Wiesau	Df.	4	6	0.55	4	A	4
354	Mitterteich	Mf.	10	8	0.55	3	A	
355	Bärnau	St.	4	3	0.30	2	A	
356	Plößberg	Df.	2	2	0.25	2	M	
357	Neualbenreuth	Df.	2	1	0.20	1	M	
358	Mähring	Mf.	2	1	0.15	1	M	
	H-Orte: Mf. Falkenberg, Mf. Konnersreuth, Mf. Waldershof.							

주) 1: 리히텐베르크지역에 있는 온천지임.
2: 철도역 지점인 쉬른딩보다 중요함.
3: K-기능에 근접함.
4: 중요한 철도 교차점임.

1	2	3	4	5	6	7	8	9
	Bez.-Amt Kemnath (K-지점이 없는 관구):							
359	Kemnath	St.	3	5	0.42	4	A	1
360	Erbendorf	St.	5	5	0.40	3	A	
361	Neusorg	Df.	1	2	0.40	1	M	
362	Ebnath	Df.	3	2	0.40	1	M	2
363	Friedenfels	Df.	1	1	0.30	1	M	
	H-Orte: Mf. Waldeck, Df. Reuth b. E.							
	Bez.-Amt Neustadt a. d. W.:							
364	Neustadt a. d. W.	St.	8	7	0.40	4	A	3
365	Floß	Mf.	5	5	0.30	4	A	
366	Windischeschenbach	Mf.	8	5	0.35	2	A	4
367	Mantal	Mf.	2	1	0.25	1	M	
	H-Orte: Mf. Parkstein, Mf. Luhe-Wildenau, Df. Floßenbürg, Mf. Kaltenbrunn, Mf. Kohlberg.							
	Bez.-Amt Eschenbach (K-지점은 없지만 A-지점이 많은 관구):							
368	Eschenbach	St.	3	4	0.45	3	A	
369	Auerbach	St.	7	6	0.45	3	A	
370	Grafenwöhr	St.	5	5	0.45	3	A	
371	Pressath	St.	5	4	0.45	2	A	
372	Neuhaus a. d. P.	Mf.	2	2	0.30	2	M	
373	Kirchenthumbach	Mf.	2	1	0.25	1	M	
374	Neustadt a. K.	St.	2	1	0.30	1	M	
	H-Orte: Df. Haag, Df. Vorbach.							
	Bez.-Amt Amberg:							
375	Vilseck-Schlicht	St.	4	5	0.35	3	A	
376	Hirschau	St.	6	4	0.30	2	A	
377	Freihung	Mf.	2	1	0.30	1	M	
378	Schnaittenbach	Mf.	3	1	0.25	1	M	
379	Ensdorf	Df.	2	1	0.20	1	M	5
	H-Orte: Df. Hahnbach, Df. Wutschdorf, Df. Freihölz, Mf. Rieden.							
	Bez.-Amt Sulzbach:							
380	Neukirchen b. S.	Df.	2	2	0.25	1	M	

주) 1: K-의미에 근접함.
2: 노이조르크(Neusorg)와 함께 공동지역임.
3: 바이덴에 인접한 것이 주목됨.
4: 장터 노이하우스와 함께 함.
5: 장터 리덴을 밀어 냄.

1	2	3	4	5	6	7	8	9
381	Königstein	Mf.	2	2	0. 20	1	M	
	H-Ort: Df. Illschwang.							
	Bez.-Amt Nabburg:							
382	Schwarzenfeld	Df.	4	5	0. 35	3	A	
383	Pfreimd	St.	3	3	0. 30	2	M	
384	Wernberg	Mf.	2	1	0. 30	1	M	
	H-Ort: Df. Altendorf.							
	Bez.-Amt Vohenstrauß:							
385	Pleystein	Mf.	3	3	0. 30	2	M	
386	Eslarn	Mf.	5	2	0. 25	1	M	
387	Tännesberg	Mf.	2	1	0. 20	1	M	
	H-Orte: Mf. Waldthurn, Mf. Waidhaus, Mf. Moosbach, Mf. Leuchtenberg.							
	Bez.-Amt Oberviechtach (K-지점이 없는 관구):							
388	Oberviechtach	Mf.	3	4	0. 30	3	A	
389	Winklarn	Mf.	2	1	0. 20	1	M	
390	Schönsee	St.	3	2	0. 20	1	M	
	H-Ort: Df. Pullenried.							
	Bez.-Amt Waldmünchen:							
391	Rötz	St.	3	4	0. 35	3	A	
392	Tiefenbach	Df.	2	1	0. 25	1	M	
	H-Orte: 결여됨.							
	Bez.-Amt Neunburg:							
393	Schwarzhofen	Mf.	1	1	0. 20	1	M	
394	Neukirchen Balbini	Mf.	1	1	0. 15	1	M	
395	Bodenwöhr	Df.	3	2	0. 20	1	M	1
	H-Orte: 결여되어 있음							
	Bez.-Amt Roding:							
396	Nittenau	Mf.	4	5	0. 30	4	A	2
397	Falkenstein	Mf.	2	3	0. 20	2	A	
398	Roßbach-Wald	Df.	2	1	0. 20	1	M	
399	Bruck	Mf.	4	2	0. 20	1	M	

주) 1: 브루크 함께 공동지역이며, 철도 교차점임.
2: 근접한 K-의미를 지님.

1	2	3	4	5	6	7	8	9
400	Walderbach	Df.	1	1	0. 15	1	M	
	H-Orte: Df. Neubäu, Df. Michlsneukirchen, Mf. Stamsried.							
	Bez.-Amt Cham, 이에 *Arnbruck*가 포함됨:							
401	Sattelpeilstein	Df.	1	1	0. 15	1	M	
402	Arnbruck	Df.	3	1	0. 25	1	M	
	H-Ort: Mf. Eschlkam.							
	Bez.-Amt Kötzting:							
403	Lam	Df.	4	6	0. 50	4	A	1
404	Neukirchen b. H. Bl. .	Mf.	4	4	0. 40	2	A	
405	Miltach	Df.	1	1	0. 25	1	M	
	H-Orte: Df. Hohenwart, Df. Chamerau.							
	Bez.-Amt Regensburg-Stadtamhof:							
406	Rengenstauf	Mf.	6	7	0. 40	4	A	
407	Wörth a. d. D.	Mf.	4	5	0. 40	3	A	
408	Sünching	Df.	4	4	0. 50	2	A	
409	Mintraching	Df.	2	2	0. 50	1	M	2
410	Köfering	Df.	2	2	0. 50	1	M	
411	Dinaustauf	Mf.	3	3	0. 50	1	M	
412	Etterzhausen	Df.	1	1	0. 40	1	M	
413	Alling	F. Df.	1	1	0. 35	1	M	
	H-Orte: Df. Obertraubling, Df. Pfatter, Df. Brennberg, Df. Wenzenbach, Df. Pielenhofen, Df. Ponhlz.							
	Bez.-Amt Burglengenfeld:							
414	Schmidmühlen	Mf.	3	3	0. 20	2	A	
415	Kallmünz	Mf.	3	2	0. 25	1	M	
416	Maxhütte	F. Df.	2	1	0. 30	1	M	3
	H-Ort: Df. Klardorf.							
	Bez.-Amt Parsberg:							
417	Hemau	St.	4	5	0. 35	4	A	
418	Beratzhausen	Mf.	3	3	0. 30	2	A	
419	Breittenbrunn	Mf.	1	2	0. 25	2	M	
420	Hohenfels	Mf.	2	2	0. 20	2	M	

주) 1: 피서지이며 철도 종착점임.
2: 쾨페링과 함께 공동지역임.
3: 공업 및 철도역 지점이며, 부르글랭펠트와 함께 공동지역임.

1	2	3	4	5	6	7	8	9
421	Vellburg	St.	3	2	0.25	1	M	
	H-Orte: Mf. Painten, Mf. Laaber, Mf. Hohenburg, Df. Seubersdorf.							
	Bez. Amt Kelheim (북쪽 부분).							
422	Saal	Df.	2	2	0.50	1	M	
423	Abbach	Mf.	3	3	0.40	1	M	
	H-Ort; Neuessing.							

3) 슈투트가르트 L-체계

1	2	3	4	5	6	7	8	9
1	Stuttgart	U. St.	1039	2853	1.20	1606	L	
2	Pforzheim	St.	222	531	1.45	209	P	
3	Ulm-Neuulm	U. St.	177	302	0.90	163	P	
4	Heilbronn	St.	167	267	1.00	100	G	
5	Reutlingen	St.	76	168	1.00	92	G	
6	Konstanz	St.	87	167	1.15	67	G	
7	Tübingen	St.	57	108	0.80	62	G	
8	Göppingen	St.	57	12	0.95	58	G	
9	Ludwigsburg	St.	99	153	1.00	54	G	
10	Ravensburg	St.	48	88	1.00	40	G	
11	Gmünd	St.	51	80	0.90	34	G	
12	Eßlingen	St.	113	153	1.10	29	B	
13	Lindau i. B.	U. St.	34	70	1.20	29	B	
14	Biberach	St.	25	47	0.70	29	B	
15	Freudenstadt	St.	24	57	1.20	28	B	
16	Singen	St.	29	63	1.20	28	B	
17	Tuttlingen	St.	41	57	0.80	24	B	
18	Kirchheim u. T.	St.	25	43	0.80	23	B	
19	Donaueschingen	St.	14	35	0.90	22	B	
20	Aalen	St.	31	41	0.60	22	B	
21	Heidenheim	St.	48	57	0.80	21	B	
22	Villingen	St.	36	62	1.10	21	B	
23	Rottweil	St.	26	39	0.75	20	B	
24	Hall	St.	26	38	0.70	20	B	
25	Waiblingen	St.	20	35	0.80	19	B	
26	Friedrichshafen	St.	29	51	1.10	19	B	
27	Nürtingen	St.	23	33	0.65	18	B	
28	Öhringen	St.	11	26	0.75	18	B	
29	Ellwangen	St.	14	25	0.50	18	B	
30	Balingen	St.	10	26	0.85	18	B	

1	2	3	4	5	6	7	8	9
31	Hechingen	St.	13	26	0.65	18	B	
32	Schorndorf	St.	18	29	0.65	17	B	
33	Crailsheim	St.	16	25	0.50	17	B	
34	Böblingen	St.	18	32	0.90	16	B	
35	Calw	St.	14	27	0.80	16	B	
36	Schwenningen	St.	47	68	1.10	16	B	
37	Ebingen	St.	30	52	1.20	16	B	
38	Sigmaringen	St.	13	24	0.65	16	B	
39	Überlingen	St.	13	31	1.15	16	B	
40	Wangen	St.	16	30	0.95	15	B	
41	Leutkirch	St.	11	22	0.75	14	B	
42	Geislingen	St.	35	42	0.80	14	B	
43	Laupheim	St.	14	22	0.55	14	B	
44	Bachnang	St.	22	29	0.75	13	B	
45	Metzingen	St.	16	24	0.70	13	K	
46	Urach	St.	13	20	0.70	11	K	
47	Waldsee	St.	9	17	0.65	11	K	
48	Riedlingen	St.	6	15	0.60	11	K	
49	Ehingen	St.	12	17	0.50	11	K	
50	Nagold	St.	10	19	0.85	10	K	
51	Marbach	St.	8	14	0.55	10	K	
52	Stockach	St.	7	16	0.90	10	K	
53	Krumbach	Mf.	9	14	0.47	10	K	
54	Leonberg	St.	15	21	0.80	9	K	
55	Wildbad	St.	12	23	1.20	9	K	
56	Horb	St.	7	14	0.65	9	K	1
57	Herrenberg	St.	8	13	0.50	9	K	
58	Künzelsau	St.	8	13	0.50	9	K	
59	Münsingen	St.	5	12	0.60	9	K	
60	Saulgau	St.	12	17	0.65	9	K	
61	Oberndorf	St.	12	18	0.75	9	K	
62	Tailfignen	Mf.	16	28	1.20	9	K	2
63	Meßkirch	St.	5	13	0.75	9	K	
64	Engen	St.	5	13	0.75	9	K	
65	Illertissen	Mf.	6	13	0.65	9	K	
66	Günzburg	U. St.	15	17	0.52	9	K	
67	Radolfzell	St.	18	26	0.95	9	K	
68	Plochingen	Mf.	10	15	0.70	8	K	3
69	Murrhardt	St.	7	11	0.50	8	K	
70	Vaihingen a. d. Enz	St.	8	13	0.60	8	K	
71	Mühlacker	St.	17	18	0.60	8	K	
72	Rottenburg	St.	19	18	0.50	8	K	

주) 1: 렉싱겐과 함께 중심성이 12이며, 거의 B-의미를 지님.
2: 공업지임.
3: 중요한 철도 교차점임.

1	2	3	4	5	6	7	8	9
73	Bietigheim	St.	15	20	0.80	8	K	
74	Gaildorf	St.	4	10	0.55	8	K	
75	Buchau	St.	6	11	0.50	8	K	
76	Isny	St.	9	15	0.80	8	K	
77	Weißenhorn	St.	6	11	0.50	8	K	
78	Dillingen	U. St.	15	15	0.45	8	K	1
79	Neuenbürg	St.	8	13	0.80	7	K	
80	Altensteig	St.	7	12	0.70	7	K	
81	Pfullingen	St.	20	19	0.60	7	K	2
82	Giengen a. d. Brenz	St.	8	12	0.60	7	K	
83	Blaubeuren	St.	9	12	0.55	7	K	
84	Tettnang	St.	7	14	1.00	7	K	
85	Spaichingen	St.	8	11	0.55	7	K	
86	Sulz a. N.	St.	6	10	0.50	7	K	
87	Ichenhausen	Mf.	6	11	0.52	7	K	3
88	Lindenberg (Allg.)	St.	10	19	1.20	7	K	
89	Winnenden	St.	13	14	0.6	6	K	
90	Bad Liebenzell	St.	4	10	0.95	6	K	
91	Ochsenhausen	Mf.	5	8	0.40	6	K	
92	Kißlegg	Mf.	3	8	0.70	6	K	
93	Pfullendorf	St.	7	12	0.85	6	K	
94	Furtwangen	St.	13	15	0.70	6	K	
95	Adelsheim	St.	4	9	0.65	6	K	
96	Babenhausen	Mf.	5	9	0.60	6	K	
97	Schramberg	St.	39	33	0.70	6	K	
98	Lauingen	St.	12	11	0.45	6	K	
99	Sindelfingen	St.	13	17	0.90	5	K	4
100	Maulbronn	St.	3	7	0.50	5	K	
101	Lorch	St.	8	9	0.55	5	K	
102	Welzheim	St.	5	8	0.55	5	K	
103	Weinsberg	St.	9	9	0.50	5	K	5
104	Möckmühl	St.	4	7	0.5	5	K	
105	Mengen	St.	8	10	0.60	5	K	
106	Aulendorf	Mf.	7	9	0.55	5	K	
107	Ebersbach	Mf.	8	10	0.60	5	K	
108	Haigerloch	St.	3	6	0.50	5	K	
109	Meersburg	St.	5	11	1.25	5	K	
110	St. Georgen	St.	10	14	0.90	5	K	
111	Gundelfingen	St.	8	8	0.40	5	K	
112	Eppingen	St.	8	10	0.65	5	K	
113	Brackenheim	St.	4	6	0.45	4	K	

주) 1: 라우잉겐과 군델필겐(Gundenfingen)과 함께 B-장소를 차지함.
2: 공업지임.
3: 동떨어져 있음에도 불구하고 상당한 의미를 지님.
4: 뵈블링겐지역에 속함.
5: 이미 거의 하일브론의 교외지점에 해당함.

1	2	3	4	5	6	7	8	9
114	Laichingen	Mf.	8	8	0.50	4	K	
115	Altshausen	Mf.	5	7	0.50	4	K	
116	Wurzach	St.	4	6	0.50	4	K	1
117	Neckarsulm	St.	17	18	0.80	4	K	2
	OA.〔상급 관청〕 *Stuttgart:*							
118	Waldenbuch	St.	5	5	0.40	3	A	
119	Echterdingen	Mf.	6	5	0.60	1	M	3
120	Plieningen	Mf.	7	5	0.60	1	M	
121	Bernhausen	Mf.	6	4	0.50	1	M	
	H-Orte: St. Cannstatt, St. Zuffenhausen, St. Feuerbach, Mf. Untertürkheim, Mf. Wangen, Mf. Möhringen, Df. Vaihingen, Mf. Fellbach는 흡수된 지점들임.							
	OA. Ludwigsburg:							
122	Markgröningen	St.	8	7	0.60	2	A	
123	Asperg	St.	10	8	0.70	1	M	
	H-Ort: Mf. Kornwestheim.							
	OA. Leonberg.							
124	Weilderstadt	St.	5	6	0.50	4	A	
125	Ditzingen	Mf.	6	6	0.70	2	M	
126	Remmingen	Df.	6	4	0.50	1	M	
127	Friolzheim	Mf.	2	1	0.30	1	M	4
	H-Orte: Df. Münchingen, St. Heimsheim, Mf. Merklingen, Df. Hemmingen.							
	OA. Böblingen:							
128	Holzgerlingen	Mf.	5	6	0.50	3	A	5
129	Magstadt	Df.	6	5	0.50	2	M	
130	Ehningen	Mf.	4	2	0.40	1	M	6
	H-Orte: Mf. Weil i. Schönbuch, Mf. Altdorf.							
	OA. Eßlingen:							
131	Neuhausen	Mf.	7	5	0.50	2	M	
	H-Orte: Mf. Denkendorf, Mf. Köngen.							

주) 1: 논란의 여지가 없는 완성된 지역임.
2: 거의 하임브론의 교외지점이며, 야크스트펠트 복합체는 보다 높은 의미를 지님.
3: 플리닝겐과 베른하우젠과 함께 공동지역임.
4: 근소한 M-지점임.
5: 쇤부흐(Schönbuch)의 바일(Weil)을 밀어 냄.
6: 미약한 M-기능을 지님.

1	2	3	4	5	6	7	8	9
	OA. Waiblingen:							
132	Endersbach	Df.	3	4	0.60	2	M	1
	II Oıt: Df. Neckarrems.							
	OA. Schorndorf:							
133	Winterbach	Mf.	4	3	0.50	1	M	
134	Grunbach	Df.	3	3	0.50	1	M	
	H-Orte: Mf. Baltmannsweiler, Mf. Oberurbach, Df. Adelberg, Mf. Schnaith, Mf. Beutelsabch.							
	OA. Backnang:							
135	Sulzbach	Mf.	4	5	0.50	3	A	
136	Großaspach	Mf.	2	2	0.50	1	M	
137	Spiegelberg	Df.	1	1	0.30	1	M	
	H-Ort: Mf. Fornsbach.							
	OA. Marbach:							
138	Steinheim	Mf.	3	3	0.45	2	M	
139	Großbottwar	St.	5	3	0.40	1	M	
140	Beilstein	St.	4	2	0.30	1	M	
141	Mundelsheim	Mf.	4	2	0.40	1	M	2
	H-Orte: Mf. Affalterbach, Df. Kirchberg, Mf. Pleidelsheim, Mf. Oberstenfeld, Mf. Auenstein.							
	OA.Vaihingen a. d. Enz:							
142	Großsachsenheim	St.	4	4	0.40	2	A	
143	Weißach	Mf.	3	1	0.30	1	M	3
	H-Orte: St. Oberriexingen, Mf. Enzweihingen, Mf. Horrheim, Mf. Hohenhaslach.							
	OA. Maulbronn:							
144	Illingen	Mf.	4	2	0.40	1	M	
145	Wiernsheim	Mf.	2	1	0.30	1	M	4
	H-Ort: Ötisheim.							

주) 1: 보이텔스바흐(Beutelsbach)를 밀어 내고 있음.
2: 소규모 지역임.
3: 미약한 M-기능을 지님.
4: 미약한 M-기능을 지님.

1	2	3	4	5	6	7	8	9
	Amts-Bez. Pforzhiem:							
146	Niefern	Df.	8	5	0.40	2	M	
147	Tiefenbronn	Df.	2	2	0.35	1	M	
148	Ellmendingen	Df.	3	2	0.35	1	M	
149	Königsbach	Df.	6	3	0.35	1	M	
	H-Orte: Df. Ittersbach, Df. Bauschlott, Df. Singen-Wilferdingen.							
	OA. Neuenbürg							
150	Höfen	Df.	3	5	0.60	3	A	
151	Schömberg	Df.	2	8	2.00	4	A	1
152	Calmbach	Df.	8	7	0.60	2	M	2
153	Birkenfeld	Mf.	9	8	0.65	2	M	3
154	Schwann	Df.	2	2	0.50	1	M	
155	Enzklösterle	Df.	1	1	0.60	1	M	
	H-Ort: Mf. Feldrennach.							
	OA. Calw:							
156	Bad Teinach	Df.	1	5	2.00	3	A	4
157	Hirsau	Df.	2	4	0.85	2	M	5
158	Unterreichenbach	Df.	2	3	0.40	2	M	
	H-Orte: Df. Gechingen, Df. Deckenpfronn, Df. Neuweiler, St. Neubulach, St. Zavelstein.							
	OA. Nagold:							
159	Wildberg	St.	4	4	0.50	2	A	
160	Ebhausen	Mf.	3	3	0.50	2	M	
161	Rohrdorf	Df.	2	2	0.50	1	M	6
162	Simmersfeld	Df.	1	1	0.40	1	M	
163	Haiterbach	St.	4	2	0.40	1	M	
	H-Ort: St. Berneck.							
	OA. Horb:							
164	Rexingen	Df.	3	5	0.65	3	A	7

주) 1: 휴양지임.
2: 빌트바트 옆에 있는 온천지가 아님.
3: 포르츠하임의 교외지점임.
4: 온천지이며, 차펠슈타인(Zavelstein)과 노이불라흐(Neubulach)를 밀어 냄.
5: 칼브지역에 속함.
6: 나골트지역에 속함.
7: 호르프지역에 속하며, 유대인 〔거주〕지점임.

1	2	3	4	5	6	7	8	9
165	Hochdorf	Df.	3	2	0. 40	1	M	
166	Mühringen	Mf.	2	2	0. 30	1	M	
	H-Ort: Df. Altheim.							
	OA. Freudenstadt:							
167	Dornstetten	St.	4	6	0. 80	3	A	
168	Pfalzgrafenweiler	Mf.	4	5	0. 50	3	A	
169	Klosterreichenbach	Df.	2	4	0. 80	2	M	1
170	Baiersbronn	Df.	6	7	0. 80	2	M	
171	Kniebis	Df.	1	2	0. 80	1	M	2
172	Besenfeld	Df.	1	2	0. 60	1	M	
173	Schönmünzach	F. Df.	1	2	0. 60	1	M	
174	Loßburg	Df.	1	2	0. 60	1	M	
	H-Orte: Df. Göttelfingen, Df. Obertal, Mf. Schopfloch.							
	OA. Herrenberg:							
175	Bondorf	Df.	4	2	0. 30	1	M	
176	Entringen	Mf.	3	1	0. 30	1	M	3
	H-Orte: Mf. Unterjesingen, Mf. Oberjettingen.							
	OA. Rottenburg:							
177	Mössingen	Df.	8	7	0. 40	4	A	
178	Boldelsheim	Df.	4	2	0. 30	1	M	
179	Ergenzingen	Mf.	3	2	0. 40	1	M	
	H-Orte: Df. Hierlingen, Mf. Ofterdingen, Mf. Öschingen.							
	OA. Tübingen:							
180	Pliezhausen	Mf.	4	3	0. 30	2	M	
181	Dußlingen	Mf.	6	4	0. 40	2	M	
182	Kirchentellinsfurt	Df.	5	3	0. 40	1	M	
183	Gönningen	Mf.	4	3	0. 40	1	M	
184	Dettenhausen	Df.	3	2	0. 40	1	M	
	H-Orte: Mf. Walddorf, Mf. Nehren.							
	OA. Reutlingen:							
185	Honau	Df.	2	2	0. 40	1	M	4
186	Unterhausen	Df.	4	3	0. 50	1	M	

주) 1: 바이어스브론(Baiersbronn)과 함께 공동지역이며, A-기능을 지님.
2: 희소한 사례이며, 산지에 있는 M-지점임. 관광〔이 주요 산업임〕.
3: 미약한 M-기능을 지님.
4: 운터하우젠(Unterhausen)과 함께 공동지역임.

1	2	3	4	5	6	7	8	9
187	Kleinengstingen	Df.	2	1	0.30	1	M	
188	Mägerkingen	Df.	1	1	0.30	1	M	1
	H-Orte: Mf. Eningen, Mf. Gomaringen, Df. Undingen, Mf. Willmandingen, Mf. Großengstingen, Mf. Erpfingen.							
	OA. Urach:							
189	Böhringen	Df.	3	1	0.30	1	M	
190	Dettingen	Mf.	10	4	0.30	1	M	2
191	Gächingen	Mf.	1	1	0.30	1	M	
	H-Orte: Mf. Zainingen, Df. Würtingen, Mf. Mittelstadt.							
	OA. Nürtingen:							
192	Neuffen	St.	5	5	0.40	3	A	
193	Frickenhausen	Df.	4	3	0.50	1	M	3
194	Unterboihingen	Df.	3	2	0.50	1	M	4
195	Neckartenzlingen	Mf.	4	2	0.30	1	M	
	H-Orte: Mf. Neckartailfingen, Mf. Grötzingen, Mf. Wolfschlugen.							
	OA. Kirchheim:							
196	Weilheim	St.	8	6	0.40	3	A	
197	Oberlenningen	Mf.	3	2	0.40	1	M	5
	H-Orte: Mf. Neidlingen, Mf. Dettingen, St. Owen, Mf. Bissingen, Mf. Gutenberg.							
	OA. Göppingen:							
198	Salach	F. Df.	7	7	0.60	3	A	6
199	Eislingen	Mf.	25	17	0.60	2	M	
200	Reichenbach	Df.	6	6	0.60	2	M	
201	Bad Boll	Mf.	3	3	0.40	2	M	
202	Uhingen	Mf.	7	6	0.60	2	M	
203	Hohenstaufen	Mf.	2	1	0.30	1	M	7
	H-Orte: Mf. Schlierbach, Mf. Dürnau, Mf. Gruibingen, Mf. Heiningen.							

주) 1: 트로히텔핑겐을 가진 지역이며, 격리원리에 따른 것임.
2: 메칭겐지역에 있으며, 공업이 주요 산업임.
3: 뉘르팅겐지역에 있음.
4: 철도 교차점이며, 장터인 쾽겐(Mf. Köngen)을 밀어 냄.
5: 생 오벤(St. Owen)을 밀어 냄.
6: 쥐센(Süßen)과 아이슬링겐과 함께 공동지역임.
7: 근소한 M-기능을 지님.

1	2	3	4	5	6	7	8	9
	OA. Geislingen:							
204	Süßen	Mf.	6	7	0.60	3	A	1
205	Donzdorf	Mf.	6	7	0.60	3	A	
206	Wiesensteig	St.	3	3	0.45	2	M	2
207	Deggingen	Mf.	5	3	0.45	1	M	
208	Weißenstein	St.	2	2	0.50	1	M	
	H-Orte: Mf. Böhmenkirch, Mf. Kuchen, Df. Eybach, Df. Amstetten.							
	OA. Gmünd:							
209	Heubach	St.	5	5	0.40	3	A	
210	Waldstetten	Df.	3	3	0.50	1	M	3
211	Spraitbach	Mf.	1	1	0.30	1	M	
212	Leinzell	Df.	2	1	0.30	1	M	
	H-Orte: Mf. Bartholomä, Mf. Iggingen, Mf. Möggingen, Mf. Straßdorf.							
	OA. Welzheim:							
213	Kaisersbach	Mf.	1	1	0.30	1	M	
214	Rudersberg	Mf.	2	2	0.40	1	M	
215	Plüdershausen	Mf.	5	2	0.40	1	M	4
216	Alfdorf	Mf.	2	2	0.30	1	M	
	H-Ort: Mf. Wäschenbeuren.							
	OA. Besigheim:							
217	Besigheim	St.	8	10	0.80	3	A	5
218	Lauffen	St.	12	12	0.75	3	A	6
219	Bönnigheim	St.	5	6	0.50	3	A	
220	Kirchheim	Mf.	5	4	0.60	1	M	
221	Ilsfeld	Mf.	5	3	0.40	1	M	
	H-Orte: Mf. Großingersheim, Mf. Löchgau, Mf. Freudental, Mf. Neckarwestheim.							
	OA. Brackenheim:							
222	Schwaigern	St.	6	5	0.45	2	A	
223	Güglingen	St.	3	3	0.40	2	M	

주) 1: 잘라흐 및 아이슬링겐과 함께 공동지역임.
2: 이곳에 A-기능이 존재하지 않는 점은 주목할 만함.
3: 뮌트(Gmünd)와 함께 공동지역임.
4: 근소한 M-기능을 지님.
5: 비티히하임이 훨씬 높은 중심성을 지니고 있음에도 불구하고, 베지히하림이 상급 관청도시임.
6: 키르히하임과 연계된 소규모 지역임.

1	2	3	4	5	6	7	8	9
224	Zaberfeld	Mf.	2	1	0.40	1	M	
225	Nordheim	Df.	5	3	0.40	1	M	1
	H-Orte: Mf. Stockheim, St. Kleingartach, Mf. Stetten a. H.							
	Amts-Bez. Eppingen (Sinsheim의 동쪽 부분):							
226	Bad Rappenau	Df.	4	6	0.70	3	A	
227	Kirchard	Df.	3	2	0.40	1	M	
228	Gemmingen	Df.	3	2	0.50	1	M	
	H-Orte: Mf. Siegelsbach, Df. Sulzfeld.							
	OA. Heilbronn:							
229	Talheim	Df.	4	3	0.40	1	M	2
230	Bonfeld	Mf.	2	2	0.40	1	M	
	H-Orte: Mf. Großgartach, Mf. Fürfeld, Df. Flein; aufgesaugt: St. Böckingen.							
	OA. Weinsberg (현재는 인접한 상급 관청으로 분할됨):							
231	Mainhardt	Mf.	2	3	0.30	2	A	
232	Löwenstein	St.	3	3	0.40	2	A	
233	Willsbach	Mf.	3	2	0.40	1	M	
234	Bretzfeld	Df.	1	1	0.40	1	M	
	H-Orte: Mf. Wüstenroth, Df. Neuhütten, Mf. Eschenau, Mf. Eberstadt.							
	OA. Neckarsulm (Wimpfen과 함께):							
235	Neuenstadt	St.	3	5	0.50	3	A	
236	Gundelsheim	St.	4	6	0.65	3	A	
237	Jagstfeld	Df.	4	5	0.75	2	A	3
238	Kochendorf	Mf.	6	6	0.75	2	M	
239	Wimpfen	St.	8	7	0.75	1	M	
240	Roigheim	Mf.	2	2	0.50	1	M	
241	Widdern	St.	3	2	0.50	1	M	
	H-Orte: Mf. Erlenbach, Mf. Ödheim, Mf. Brettach, Df. Kochersteinsfeld, Mf. Siglingen, Mf. Jagsthausen.							
	Amts-Bez. Adelsheim (Seckach가 없이):							
242	Osterburken	St.	4	4	0.55	2	M	4
243	Eubigheim	Df.	2	3	0.50	2	M	5

주) 1: 하일브론의 교외지대에 있음.
2: 하일브론의 교외지대에 있음.
3: 코헨도르프(Kochendorf)와 빔펜(Wimpfen)과 함께 중심성이 5이며, 상급 관청도시인 네카줄름(Neckarsulm)은 중심성이 4에 지나지 않음.
4: 아델스하임(Adelsheim) 및 젠펠트(Sennfeld)와 공동지역이며, 합쳐서 중심성이 9임.
5: 생 발렌베르크(St. Ballenberg)를 밀어 냄.

1	2	3	4	5	6	7	8	9
244	Sennfeld	Df.	2	2	0.50	1	M	
245	Krautheim	St.	2	2	0.45	1	M	
246	Merchingen	Df.	2	2	0.45	1	M	1
247	Rosenberg	Df.	2	2	0.50	1	M	
248	Neudenau	St.	3	2	0.50	1	M	
	H-Orte: St. Ballenberg, Df. Assamstadt.							
	OA. Öhringen:							
249	Neuenstein	St.	4	5	0.50	3	A	2
250	Kupferzell	Mf.	2	3	0.40	2	A	
251	Waldenburg	St.	2	2	0.40	1	M	
252	Pfedelbach	Mf.	2	2	0.50	1	M	3
253	Forchtenberg	St.	2	2	0.40	1	M	
	H-Orte: St. Sindringen, Mf. Ernsbach, Df. Ohrnberg, Mf. Adolzfurt, Mf. Langendeutingen, Mf. Untersteinbach, Mf. Michelbach a. W.							
	OA. Künzelsau:							
254	Dörzbach	Mf.	3	3	0.40	2	A	
255	Ingelfingen	St.	3	3	0.40	2	M	4
256	Braunsbach	Mf.	1	2	0.30	2	M	
257	Berlichingen	Mf.	2	2	0.40	1	M	
	H-Orte: Mf. Bieringen, St. Niedernhall, Mf. Ailringen, Mf. Hollenbach, Mf. Mulfingen (M-기능을 지녀야 할 것임!), Mf. Döckingen, Mf. Altkrautheim.							
	OA. Gerabronn (K-지점이 없는 상급 관청):							
258	Gerabronn	St.	4	6	0.55	4	A	5
259	Schrozberg	Mf.	3	4	0.50	2	A	
260	Blaufelden	Mf.	3	4	0.55	2	A	6
261	Kirchberg	St.	2	3	0.40	2	M	
262	Langenburg	St.	2	3	0.50	2	M	
263	Rot a. See	Df.	1	1	0.50	1	M	
264	Brettheim	Mf.	1	1	0.40	1	M	
265	Bartenstein	St.	1	1	0.30	1	M	
	H-Orte: Df. Michelbach a. d. L., Mf. Hengstfeld, Mf. Beimbach.							
	OA. Crailsheim:							

주) 1: 이미 거의 A-기능을 지님.
2: 외링겐에 인접해 있음에도 불구하고 높은 중심성을 지님.
3: 외링겐지역에 있음.
4: 퀸첼자우와 함께 중심성이 11임.
5: 상위지구 도시이며, 거의 등가의 많은 지점들 때문에 K-의미를 지니지 않음.
6: 지역의 가장 중심적인 지점을 지향하는 입지를 지님.

1	2	3	4	5	6	7	8	9
266	Matzenbach	Df.	1	1	0.20	1	M	1
	H-Orte: Mf. Marktlustenau, Mf. Unterdeufstetten, Mf. Gründelhardt.							
	OA. Hall:							
267	Ilshfen	St.	2	4	0.40	3	A	
268	Hessental	Df.	2	2	0.50	1	M	2
269	Sulzdorf	Df.	2	2	0.40	1	M	
	H-Orte: Mf. Untermünkheim, Mf. Michelfeld, Mf. Westheim, St. Vellberg, Mf. Talheim, Mf. Steinbach (Hall에 포함됨).							
	OA. Gaildorf:							
270	Gschwend	Mf.	2	3	0.30	2	A	3
271	Untergröningen	Mf.	2	2	0.30	1	M	
272	Obersontheim	Mf.	2	2	0.40	1	M	
273	Fichtenberg	Mf.	2	2	0.40	1	M	
	H-Orte: Mf. Oberrot, Mf. Ottendorf, Mf. Eschach, Mf. Geifertshausen, Df. Sulzbach a. K.							
	OA. Ellwangen:							
274	Jagstzell	Df.	1	1	0.30	1	M	
275	Lauchheim	St.	2	2	0.30	1	M	
276	Bühlerzell	Df.	1	1	0.30	1	M	
	H-Orte: Mf. Bühlertann, Mf. Westhausen, Df. Röhlingen.							
	OA. Aalen:							
277	Abtsgmünd	Mf.	2	2	0.30	1	M	
278	Essingen	Mf.	3	2	0.40	1	M	
279	Oberkochen	Mf.	4	2	0.40	1	M	
	H-Orte: Mf. Adelmannsfelden (M-지점일 수 있음), Mf. Wasseralfingen, Mf. Hohenstadt, Mf. Schechingen.							
	OA. Neresheim (Bopfingen이 없이):							
280	Neresheim	St.	3	4	0.30	3	A	4
281	Dischingen	Mf.	2	2	0.25	2	M	
	H-Ort: Mf. Ebnat.							
	OA. Heidenheim:							

주) 1: 장터인 운터도이프슈테텐(Unterdeufstetten)을 대신함.
2: 할지역에 있음.
3: A-기능은 의외임.
4: 매우 동떨어져 있으며, A-기능을 지니고 있으나 상위지구의 소재지임.

1	2	3	4	5	6	7	8	9
282	Gerstetten	Mf.	5	5	0.40	3	A	
283	Herbrechtingen	Mf.	6	4	0.50	1	M	
284	Brenz	Mf.	2	1	0.30	1	M	1
285	Königsbronn	Mf.	3	2	0.40	1	M	
	H-Orte: Df. Söhnstetten, Mf. Sontheim, Mf. Gussenstadt, Mf. Dettingen, Mf. Steinheim, Mf. Schnaitheim (Heidenheim에 속함).							
	OA. Ulm:							
286	Langenau	St.	10	8	0.40	4	A	
287	Beimerstetten	Df.	1	1	0.40	1	M	
288	Lonsee	Df.	1	1	0.40	1	M	
289	Niederstotzingen	St.	3	1	0.30	1	M	2
	H-Ort: Mf. Altheim.							
	Bez.-Amt Neuulm:							
290	Nersingen	Df.	1	1	0.30	1	M	
291	Pfaffenhofen	Mf.	1	2	0.40	1	M	
292	Senden	Df.	3	2	0.35	1	M	
	H-Ort: Df. Roggenburg.							
	Bez.-Amt Günzburg (서쪽 부분):							
293	Leipheim	St.	4	2	0.30	1	M	
294	Offingen	Df.	3	2	0.40	1	M	
	H-Orte: Df. Großkissendorf, Mf. Waldstetten.							
	Bez.-Amt Dillingen (완전하지 않음):							
295	Höchstätt	St.	5	5	0.40	3	A	
296	Wittislingen	Df.	3	1	0.30	1	M	
	H-Orte: Df. Bachhagel, Mf. Aislingen, Df. Glött.							
	Bez.-Amt Krumbach (서쪽 부분):							
297	Neuburg	Mf.	1	2	0.30	1	M	
	H-Orte: 결여됨.							
	Bez.-Amt Illertissen:							
298	Kellmünz	Mf.	2	3	0.40	2	A	

주) 1: 존트하임(Sontheim) 옆에 있음.
2: 근소한 M-기능을 지님.

1	2	3	4	5	6	7	8	9
299	Altenstadt-Illereichen .	Mf.	4	3	0.40	1	M	
300	Vöhringen	Df.	6	4	0.40	2	M	
	H-Ort: Mf. Buch.							
	OA. Blaubeuren:							
301	Schelklingen	St.	5	5	0.30	3	A	
302	Herrlingen	Df.	2	3	0.40	2	A	
303	Nellingen	Mf.	3	2	0.40	1	M	
	H-Ort: Mf. Tomerdingen.							
	OA. Münsingen:							
304	Zwiefalten	Mf.	3	3	0.40	2	M	
305	Buttenhausen	Mf.	1	2	0.40	1	M	
	H-Orte: Df. Ennabeuren, Mf. Mehrstetten, Mf. Justingen, Df. Hütten, Df. Gomadingen, Mf. Bernloch, St. Hayingen, Mf. Pfronstetten; 눈에 띌 정도로 H-지점은 많으나 M-지점이 적음.							
	OA. Ehingen:							
306	Munderkingen	St.	6	6	0.30	4	A	
307	Obermarchtal	Mf.	2	2	0.30	1	M	
308	Erbach	Mf.	4	3	0.40	1	M	
	H-Orte: Df. Allmendingen, Df. Altsteußlingen, Mf. Oberdischingen, Df. Rißtissen, Df. Oberstadion, Mf. Rottenacker.							
	OA. Riedlingen:							
309	Ertingen	Mf.	5	3	0.30	1	M	
310	Uttenweiler	Mf.	3	2	0.30	1	M	
311	Zwiefaltendorf	Df.	1	1	0.40	1	M	
	H-Orte: Mf. Unlingen, Df. Dürrmentingen.							
	OA. Laupheim:							
312	Schwendi	Mf.	3	4	0.30	3	A	
313	Dietenheim	Mf.	3	4	0.30	3	A	
314	Oberkirchberg	Df.	2	1	0.30	1	M	
	H-Orte: Df. Sulmingen, Df. Mietingen, Df. Dellmensingen.							
	OA. Biberach:							
315	Erolzheim	Mf.	3	3	0.30	2	A	
	H-Orte: Df. Kirchberg, Df. Langenschemmern; M-지점이 존재하지 않는다는 점이 눈에 띔.							

1	2	3	4	5	6	7	8	9
	OA. Saulgau:							
316	Herbertingen	Mf.	4	2	0.40	1	M	
	H-Orte: St. Scheer, Mf. Hohentengen, Df. Hoskirch, Mf. Königseggwald; 상급 관청에 세 개의 K-지점과 한 개의 M-지점이 있으나, A-지점은 없음.							
	OA. Waldsee:							
317	Schussenried	Mf.	4	6	0.50	4	A	
318	Oberessendorf	Df.	1	1	0.40	1	M	
319	Wolfegg	Df.	2	2	0.50	1	M	
	H-Orte: Df. Eberhardzell, Df. Bergatreute, Df. Arnach.							
	OA. Leutkirch:							
320	Aichstetten	Mf.	2	3	0.60	2	M	
321	Friesenhofen	Df.	1	2	0.50	1	M	
322	Rot a. d. Rot	Mf.	1	2	0.40	1	M	
	H-Orte: Df. Hauerz, Df. Ellwangen, Mf. Gebrazhofen.							
	OA. Wangen:							
323	Amtzell	Df.	1	2	0.60	1	M	
	H-Orte: Df. Eisenharz, Df. Leupolz; 상급 관청에 한 개의 B-지점과 두 개의 K-지점이 있음!							
	OA. Ravensburg:							
324	Weingarten	St.	18	21	1.00	3	A	1
325	Waldburg	Df.	1	1	0.50	1	M	
326	Wilhelmsdorf	Df.	3	2	0.40	1	M	2
327	Mochenwangen	Df.	1	1	0.50	1	M	
	H-Orte: Df. Vogt, Df. Bodnegg, Df. Obereschach, Df. Fronhofen, Df. Hasenweiler.							
	OA. Tettnang:							
328	Hemigkofen	Mf.	4	7	1.20	2	A	
329	Meckenbeuren	Df.	2	4	0.70	2	A	3
330	Langenargen	Mf.	5	8	1.20	2	M	4

주) 1: 라벤스부르크지역에 속함.
2: 새로 건설된 곳이며, 소규모 영업이 행해짐.
3: 테트낭을 위한 철도역지점임.
4: 헤미히코펜(Hemigkofen)과 크레스브론(Kreßbronn)과 함께 공동지역이며, 피서지임.

1	2	3	4	5	6	7	8	9
331	Fischbach	Df.	2	3	1.00	1	M	1
332	Neukirch	Mf.	1	2	0.70	1	M	
	H-Ort: Df. Oberteuringen.							
	Bez.-Amt Lindau:							
333	Weiler	Mf.	4	8	1.20	3	A	
334	Röthenbach	Df.	1	2	1.00	1	M	
335	Hergensweiler	Df.	1	2	1.10	1	M	
336	Heimenkirch	Df.	2	3	1.00	1	M	
337	Scheidegg	Df.	3	5	1.20	1	M	2
	H-Orte: Df. Mayerhöfen, Mf. Simmerberg, Df. Hergatz, Df. Nonnenhorn, Df. Esseratsweiler.							
	Amts.-Bez. Überlingen:							
338	Markdorf	St.	5	9	1.00	4	A	3
339	Salem	Df.	1	3	0.80	2	A	4
340	Immenstaad	Mf.	2	4	1.00	2	M	
341	Mimmenhausen	Df.	1	2	0.80	1	M	
342	Unteruhldingen	Df.	1	2	0.90	1	M	
	H-Orte: Df. Wittenhofen, Df. Billafingen.							
	Amts.-Bez. Pfullendorf:							
343	Heilgenberg	Df.	2	3	0.60	2	M	5
344	Illmensee	Df.	1	1	0.40	1	M	
	H-Orte: Df. Aach-Linz, Df. Herdwangen.							
	Amts.-Bez. Meßkirch:							
345	Stetten am Kalten Markt	Mf.	3	5	0.50	3	A	
346	Hausen im Tal	Df.	1	1	0.30	1	M	
347	Guttenstein	Df.	1	1	0.40	1	M	
	H-Orte: Df. Sauldorf, Df. Krumbach, Df. Schwenningen.							
	Amts.-Bez. Stockach:							
348	Ludwigshafen	Df.	2	4	1.00	2	A	
349	Mühlingen	Df.	1	1	0.50	1	M	

주) 1: 프리드리히스하펜지역에 속함.
2: 린덴베르크지역에 속함.
3: K-기능에 근접함.
4: 밈멘하우젠(Mimmenhausen)과 함께 공동지역이며, A-기능을 지님.
5: 피서지임.

1	2	3	4	5	6	7	8	9
350	Eigeltingen	Df.	2	2	0.60	1	M	1
351	Volkertshausen	Df.	2	2	0.70	1	M	
352	Steißlingen	Df.	3	3	0.70	1	M	
	H-Orte: Df. Oberschwandorf, Mf. Liptingen.							
	Amts.-Bez. Konstanz:							
353	Gailingen	Mf.	4	5	0.70	2	A	
354	Reichenau	Df.	5	6	1.00	1	M	
355	Öhningen	Df.	3	3	0.70	1	M	
356	Gottmadingen	Df.	4	4	0.70	1	M	
	H-Orte: Df. Geienhofen, Df. Bohlingen.							
	Amts.-Bez. Engen:							
357	Immendingen	Df.	3	4	0.60	2	A	2
358	Tengen	St.	2	3	0.50	2	M	3
359	Möhringen	St.	4	3	0.60	1	M	
360	Aach	St.	2	2	0.60	1	M	4
	H-Orte: St. Blumenfeld, Df. Binningen, Df. Mühlhausen, Df. Leipferdingen.							
	Amts.-Bez. Donaueschingen 및 *Amts.-Bez. Neustadt*의 동쪽 부분:							
361	Hüfingen	St.	4	5	0.60	3	A	5
362	Vöhrenbach	St.	5	6	0.70	3	A	
363	Löffingen	St.	4	6	0.65	3	A	
364	Döggingen	Df.	1	2	0.50	1	M	
365	Blumberg-Zollhaus	Mf.	2	2	0.40	1	M	
366	Geisingen	St.	3	2	0.50	1	M	
367	Eisenbach	Df.	1	2	0.60	1	M	
	H-Orte: St. Fürstenberg, St. Bräunlingen, Df. Hammereisenbach, Df. Wolterdingen, Df. Neudingen, Df. Oberbaldingen.							
	Amts.-Bez. Villingen (Triberg가 없이):							
368	Bad Dürrheim	Df.	5	13	1.70	4	A	6
369	Königsfeld	Df.	3	7	0.90	4	A	7

주) 1: 아흐(Aach) 및 폴커트스하우젠(Volkertshausen)과 함께 공동지역이며, 격리 원리를 따른 것임.
2: 중요한 철도 교차점이며, 뫼링겐(Möhringen)을 밀어 냄.
3: 옆으로 생 블루멘펠트(St. Blumenfeld)가 있으며, 거의 의미가 없음.
4: 아이겔팅겐(Eigeltingen)과 폴커트스하우젠과 함께 공동지역임.
5: 도나우에슁겐지역에 속함.
6: 온천지이며, 특별한 위상을 지님.
7: 헤른후터(Herrnhuter)파 취락이며, 특별한 위상을 지님.

1	2	3	4	5	6	7	8	9
370	Niedereschbach	Df.	2	2	0.50	1	M	
371	Tennenbronn	Df.	4	3	0.60	1	M	
	H-Orte: 결여됨.							
	OA. Tuttlingen:							
372	Trossingen	Mf.	14	18	1.00	4	A	1
373	Mühlheim	St.	3	2	0.30	1	M	
	H-Orte: Df. Neuhausen am Eck, Df. Talheim, Df. Tuningen, St. Fridingen.							
	OA. Spaichingen:							
374	Aldingen	Df.	4	3	0.50	1	M	
375	Gosheim	Df.	2	2	0.40	1	M	2
376	Wehingen	Mf.	3	2	0.40	1	M	
	H-Orte: Df. Böttingen, Df. Egesheim, Mf. Nusplingen, Mf. Obernheim.							
	OA. Rottweil:							
377	Dunningen	Mf.	4	4	0.40	2	A	
378	Schömberg	St.	3	3	0.40	2	M	
379	Deißlingen	Df.	6	4	0.50	1	M	
	H-Ort: Df. Wellendingen.							
	OA. Oberndorf (Amts-Bez. Wolfach의 일부와 함께):							
380	Alpirsbach	St.	4	7	0.80	4	A	3
381	Schiltach	St.	5	7	0.60	4	A	
382	Winzeln	Df.	3	2	0.45	1	M	4
383	Sulgau	Df.	1	2	0.60	1	M	5
384	Rippoldsau	Df.	2	3	0.80	1	M	
	H-Orte: Df. Epfendorf, Mf. Fluorn, Df. Rötenbach.							
	OA. Sulz a. N.:							
385	Rosenfeld	St.	4	3	0.30	2	M	
386	Dornhan	St.	4	3	0.40	2	M	
	H-Orte: Mf. Leinstetten, Mf. Leidringen, St. Binzdorf.							
	OA. Balingen:							

주) 1: 공업지임.
2: 베힝겐(Wehingen)과 함께 공동지역임.
3: K-기능에 근접함.
4: 장터인 플루오른(Mf. Fluorn)보다 중요함.
5: 슈람베르크지역에 속함.

1	2	3	4	5	6	7	8	9
387	Winterlingen	Mf.	6	5	0.50	2	M	
388	Laufen	Df.	2	2	0.60	1	M	
389	Onstmettingen	Mf.	8	8	0.90	1	M	1
390	Oberdigisheim	Df.	1	1	0.30	1	M	
	H-Orte: Mf. Ostdorf, Mf. Tieringen, Df. Meßstetten, Df. Bitz.							
	OA. Hechingen:							
391	Burladingen	Mf.	5	5	0.50	2	A	
392	Bisingen	Df.	4	4	0.50	2	M	
393	Dettingen	Df.	2	1	0.40	1	M	
394	Jungingen	Df.	2	2	0.50	1	M	
	H-Orte: Mf. Empfingen, Mf. Gruol, Mf. Großelfingen, Mf. Melchingen, Df. Killer.							
	OA. Sigmaringen:							
395	Ostrach	Mf.	3	5	0.60	3	A	
396	Gammertingen	St.	3	4	0.50	2	A	
397	Trochtelfingen	St.	3	3	0.30	2	M	
398	Krauchenwies	Df.	2	2	0.60	1	M	
399	Wald	Mf.	1	2	0.60	1	M	
400	Beuron	Df.	2	2	0.30	1	M	
401	Hettingen	St.	1	1	0.50	1	M	
402	Veringenstadt	St.	1	1	0.50	1	M	
	H-Orte: Df. Langenenslingengen, Mf. Neufra, Mf. Inneringen, Df. Jungnau, Mf. Bingen, Df. Straßberg, Df. Liggersdorf							

주) 1: 타일핑겐(Tailfingen) 지역에 속함.

4) 슈트라스부르크 L-체계

1	2	3	4	5	6	7	8	9
1	Straßburg	U. St.	?	?	?	?	P	
2	Mannheim-Ludwigsh.	U. St.	992	1939	1.25	699	P	
3	Karlsruhe	St.	452	922	1.25	357	P	
4	Basel	St.	?	?	?	?	P	
5	Saarbrücken	U. St.	368	745	1.10	340	P	
6	Freiburg	St.	238	590	1.25	292	P	
7	Heidelberg	St.	224	502	1.45	178	P	
8	Mülhausen	St.	?	?	?	?	P	
9	Kaiserslautern	U. St.	152	211	1.74	99	G	
10	Baden-Baden	St.	64	213	2.00	85	G	
11	Colmar	St.	?	?	?	?	G	
12	Neustadt a. d. H.	U. St.	61	146	1.30	67	G	
13	Landau	U. St.	42	112	1.25	60	G	

1	2	3	4	5	6	7	8	9
14	Pirmasens	U. St.	107	167	1. 00	60	G	
15	Bruchsal	St.	41	84	0. 70	55	G	
16	Lörrach	St.	44	104	1. 20	51	G	
17	Offenburg	St.	42	92	1. 00	50	G	
18	Hagenau	St.	?	?	?	?	G	
19	Lahr-Dinglingen	St.	41	72	0. 80	39	G	
20	Saarburg	St.	?	?	?	?	G	
21	Rastatt	St.	38	67	0. 80	36	G	
22	Speyer	U. St.	64	99	1. 00	35	G	
23	Zweibrücken	U. St.	63	80	0. 75	33	B	1
24	Kehl	St.	24	56	1. 00	32	B	2
25	Saarlouis	St.	71	72	0. 60	29	B	
26	Neunkirchen	St.	102	78	0. 50	28	B	
27	Weinheim	St.	39	65	1. 00	26	B	
28	Emmendingen	St.	22	39	0. 75	23	B	
29	Bühl	St.	15	35	0. 90	22	B	
30	Homburg i. d. Pfalz ..	St.	27	35	0. 50	22	B	
31	Waldshut	St.	13	31	0. 95	19	B	3
32	Völklingen	Df.	93	64	0. 55	17	B	
33	Gernsbach	St.	10	25	0. 90	16	B	
34	Mosbach	St.	12	24	0. 65	16	B	
35	Achern	St.	18	32	0. 90	16	B	
36	Ettlingen	St.	24	34	0. 80	15	B	
37	Grünstadt	St.	13	28	1. 00	15	B	
38	Bad Dürkheim	St.	23	42	1. 20	15	B	
39	Merzig	St.	25	29	0. 55	15	B	
40	St. Wendel	St.	23	23	0. 45	13	B	
41	Mülheim	St.	9	23	1. 10	13	B	
42	Schopfheim	St.	10	22	0. 90	13	B	
43	Bretten	St.	14	20	0. 55	12	B	
44	Triberg	. St.	10	24	1. 20	12	K	4
45	Gaggenau	Df.	10	18	0. 60	12	K	5
46	Frankental	U. St.	88	96	0. 95	12	K	6
47	Edenkoben	St.	13	27	1. 10	12	K	
48	Bergzabern	St.	7	16	0. 6	12	K	
49	Tiengen	St.	7	18	0. 95	11	K	
50	Kusel	St.	9	15	0. 45	11	K	7

주) 1: 본래 G-의미를 지님.
2: 슈트라스부르크에 속함.
3: 팅겐(Tiengen)과 함께 중심성이 30임.
4: 근접한 B-기능을 갖고, 관광의 중심점임.
5: 대공업이 주요 산업임.
6: 만하임에 인접해 있기 때문에 낮은 중심성을 지님.
7: 알텐글란(Altenglan)과 함께 공동지역이며, B-기능을 지님.

1	2	3	4	5	6	7	8	9
51	Säckingen	St.	14	26	1.10	10	K	
52	Waldkirch	St.	19	24	0.75	10	K	
53	Sinsheim	St.	9	16	0.70	10	K	1
54	Neckargemünd	St.	8	19	1.10	10	K	
55	Eberbach	St.	17	22	0.70	10	K	
56	Landstuhl	St.	13	18	0.60	10	K	
57	Breisach	St.	8	15	0.70	9	K	
58	Wiesloch	St.	18	20	0.60	9	K	
59	St. Ingbert	St.	51	35	0.50	9	K	
60	Dillingen	Df.	33	26	0.50	9	K	
61	Neustadt i. Schw.	St.	12	21	1.00	8	K	
62	Kandern	St.	5	12	0.80	8	K	
63	Wolfach	St.	5	12	0.85	8	K	
64	Oberkirch	St.	11	20	1.10	8	K	
65	Schwetzingen	St.	45	42	0.75	8	K	2
66	St. Blasien	St.	5	13	1.30	7	K	
67	Krozingen	Df.	4	10	0.80	7	K	3
68	Ladenburg	St.	12	16	0.75	7	K	
69	Germersheim	St.	8	11	0.50	7	K	
70	Annweiler	St.	11	13	0.55	7	K	
71	Rockenhausen	Df.	5	10	0.60	7	K	4
72	Sulzbach b. Saarbr.	Df.	59	28	0.35	7	K	
73	Wadern	Df.	3	8	0.40	7	K	
74	Herrenalb	Df.	4	13	1.60	7	K	
75	Kenzingen	St.	7	12	0.70	7	K	
76	Staufen	St.	5	10	0.80	6	K	
77	Badenweiler	Df.	3	18	4.00	6	K	5
78	Hornberg	St.	8	13	0.85	6	K	
79	Haslach	St.	7	12	0.85	6	K	
80	Lambrecht	St.	9	14	0.86	6	K	
81	Waldfischbach	Df.	6	10	0.65	6	K	
82	Lauterecken	St.	5	8	0.45	6	K	
83	Winnweiler	Df.	4	8	0.60	6	K	6
84	Blieskastel	St.	5	8	0.50	6	K	
85	Ottweiler	St.	18	14	0.45	6	K	
86	Lebach	Df.	6	8	0.35	6	K	
87	Kappelrodeck	Df.	6	11	0.90	6	K	
88	Schönau	St.	4	8	0.80	5	K	
89	Elzach	St.	3	7	0.65	5	K	
90	Gengenbach	St.	8	10	0.70	5	K	

주) 1: B-장소를 차지하지만, 바이프슈타트와 네카비숍스하임과 경쟁함.
2: 오프터스하임(Oftersheim)과 플란크슈타트(Plankstadt)와 함께 함.
3: 철도역 지점이며, 슈타우펜(Staufen)과 함께 중심성이 13임.
4: 비록 촌락에 지나지 않지만 소관구 소재지임.
5: 온천지이며, 뮐하임지역에 자리잡고 있음.
6: 랑마일(Langmeil)과 함께 중심성이 7임.

1	2	3	4	5	6	7	8	9
91	Zellharmersbach	St.	4	8	0.70	5	K	
92	Oppenau	St.	5	10	1.00	5	K	
93	Buchen	St.	6	8	0.55	5	K	
94	Freinshein	Df.	7	12	1.00	5	K	
95	Hauenstein (Pfalz)	Df.	6	8	0.45	5	K	
96	Illingen	Df.	11	9	0.35	5	K	
97	Bous-Wadgassen	Df.	20	15	0.50	5	K	
98	Bonndorf	St.	4	8	0.90	4	K	
99	Walldürn	St.	10	8	0.45	4	K	1
100	Kandel	Df.	9	8	0.50	4	K	
101	Rheinfelden	Df.	13	19	1.15	4	K	
	Amts.-Bez. Lörrach:							
102	Grenzach	Df.	6	11	1.35	3	A	2
103	Efringen-Kirchen	Df.	4	5	0.80	2	A	
104	Steinen	Df.	8	8	0.75	2	M	
	H-Orte: Df. Weil-Leopoldshöhe, Df. Kleinkems.							
	Amts.-Bez. Schopfheim:							
105	Zell-Atzenbach	St.	12	15	0.85	4	A	
106	Wehr	Df.	10	13	0.85	4	A	
107	Todtnau	Df.	6	9	1.00	3	A	
	H-Orte: Df. Tegernau, Df. Bernau, Df. Gersbach.							
	Amts.-Bez. Säckingen:							
108	Todtmoos	Df.	4	8	1.00	4	A	
109	Laufenburg	Df.	2	6	1.00	4	A	
110	Murg	Df.	4	7	1.00	3	A	
	H-Orte: Df. Schwörstadt, Df. Rickenbach, Df. Herrischried, Df. Öflingen-Brennet.							
	Amts.-Bez. Waldshut:							
111	Stühlingen	St.	3	6	0.60	4	A	
112	Albbruck	Df.	3	5	0.80	3	A	
113	Grießen	Df.	3	4	0.70	2	A	
114	Oberlauchringen	Df.	1	2	0.80	1	M	3
115	Erzingen	Df.	4	4	0.70	1	M	4

주) 1: (성지) 순례지임.
2: 독일 영토에 속하는, 바젤의 교외지점임.
3: 팅겐과 함께 공동지역임.
4: 국경지점이며, 그리센(Grießen)과 함께 공동지역임.

1	2	3	4	5	6	7	8	9
116	Untereggingen	Df.	1	2	0.60	1	M	
117	Jestetten	Df.	4	4	0.70	1	M	
118	Birkenfeld	Mf.	1	2	0.70	1	M	1
119	Ühlingen	Df.	2	2	0.70	1	M	
120	Höchenschwand	Df.	1	2	1.20	1	M	
121	Immeneich	Df.	1	1	0.70	1	M	
122	Görwihl	Df.	2	2	0.70	1	M	
	H-Orte: St. Hauenstein, Df. Bannholz, Df. Grimmelshofen.							
	Amts.-Bez. Neustadt (동쪽 부분이 없이):							
123	Lenzkirch	Mf.	4	8	1.20	3	A	
124	Hinterzarten	Df.	2	6	1.50	3	A	2
125	Titisee	F. Df.	1	4	2.00	2	M	
126	Grafenhausen	Mf.	2	3	0.70	1	M	
127	Schluchsee	Df.	2	3	1.20	1	M	
128	Altglashütten	Df.	1	2	1.20	1	M	
	H-Orte: F. Df. Feldberg, Df. Menzenschwand.							
	Amts.-Bez. Freiburg:							
129	Kirchzarten	Df.	3	5	0.70	3	A	
130	Oberrotweil	Df.	3	4	0.60	2	M	3
131	Schallstadt	Df.	5	3	0.50	1	M	4
132	Ihringen	Df.	8	6	0.60	1	M	
133	St. Peter	Df.	2	2	0.60	1	M	
134	St. Märgen	Df.	2	3	0.70	1	M	
	H-Orte: Df. Gottenheim, Df. Hugstetten, St. Burkheim, Df. Opfingen.							
	Amts.-Bez. Staufen:							
135	Sulzburg	St.	3	4	0.60	2	M	5
136	Heitersheim	St.	4	4	0.70	1	M	
	H-Orte: Df. Untermünstertal, Df. Bollschweil, Df. Hartheim.							
	Amts.-Bez. Müllheim:							
137	Neuenburg	St.	4	4	0.70	1	M	6
138	Buggingen	Df.	2	3	0.70	1	M	

주) 1: 윌링겐(Ühlingen)과 결합된 지역임.
2: 티티제(Titisee)와 함께 중심성이 5이며, K-기능을 지님.
3: 카이저슈툴(Kaiserstuhl)의 중심점이며, 생 부르크하임(St. Burkheim)을 밀어 냄.
4: 에프링겐 및 볼펜바일러(Wolfenweiler)와 함께 함.
5: 소규모지역임.
6: 뮐하임과 결합된 지역임.

1	2	3	4	5	6	7	8	9
139	Schliengen	Mf.	3	3	0.70	1	M	
	H-Orte: Df. Marzell, Df. Nieder- und Obereggenen, Mf. Auggen.							
	Amts.-Bez. Waldkirch:							
140	Bleibach	Df.	2	2	0.55	1	M	
	H-Orte: Df. Oberprechtal, Df. Unterglottental, Df. Altsimonswald.							
	Amts.-Bez. Emmendingen:							
141	Herbolzheim	St.	8	9	0.60	4	A	
142	Endingen	St.	7	7	0.50	4	A	1
143	Eichstetten	Df.	5	5	0.60	2	M	
144	Riegel	Mf.	4	3	0.50	1	M	
145	Weisweil	Df.	3	2	0.40	1	M	
146	Königsschaffhausen	Df.	2	2	0.60	1	M	
147	Teningen	Df.	5	4	0.60	1	M	2
148	Denzlingen	Df.	5	4	0.60	1	M	
	H-Orte: 결여됨.							
	Amts.-Bez. Lahr:							
149	Friesenheim	Df.	7	7	0.60	3	A	
150	Seelbach	Mf.	4	5	0.60	3	A	
151	Ettenheim	St.	11	10	0.60	3	A	
152	Kippenheim	Df.	4	4	0.60	2	M	3
153	Schmieheim	Df.	2	2	0.60	1	M	
154	Ottenheim	Df.	4	2	0.35	1	M	
	H-Orte: Df. Schweighausen, St. Malberg, Mf. Ichenheim.							
	Amts.-Bez. Wolfach (부분적으로):							
155	Hausach	St.	4	6	0.60	4	A	
156	Schapbach	Df.	2	2	0.60	1	M	
	H-Ort: Df. Gutach.							
	Amts.-Bez. Offenburg:							
157	Altenheim	Df.	6	5	0.35	3	A	
158	Appenweier	Df.	5	4	0.50	2	M	
159	Nordrach	Df.	4	5	0.70	2	M	

주) 1: 리겔(Riegel)과 함께 공동지역이며, 합쳐서 K-기능을 지님.
2: 엠멘딩겐지역에 자리잡고 있음.
3: 쉬미하임(Schmieheim)과 함께 공동지역이며, A-기능을 지니고 생 말베르크(St. Malberg)를 대신함.

1	2	3	4	5	6	7	8	9
160	Schutterwald	Df.	5	3	0.40	1	M	1
	H-Orte: Df. Oberharmersbach, Df. Niederschopfheim, Df. Durbach.							
	Amts.-Bez. Kehl:							
161	Lichtenau	St.	3	4	0.40	3	A	
162	Rheinbischofsheim	Df.	3	4	0.40	3	A	
163	Kork	Mf.	3	3	0.50	1	M	2
	H-Orte: St. Neufreistett, Df. Willstatt, Df. Bodersweier.							
	Amts.-Bez. Oberkirch:							
164	Bad Peterstal	Df.	4	5	0.85	2	M	
	H-Ort: Bad Griesbach.							
	Amts.-Bez. Bühl:							
165	Ottenhöfen	Df.	4	6	0.60	4	A	
166	Steinbach	St.	5	6	0.60	3	A	
167	Renchen	St.	6	7	0.60	3	A	
168	Bühlertal	Df.	13	10	0.70	1	M	3
	H-Orte: Mf. Schwarzach, Df. Sinzheim.							
	Amts.-Bez. Rastatt:							
169	Durnmersheim	Df.	11	8	0.45	3	A	
170	Kuppenheim	St.	6	5	0.50	2	M	
171	Wintersdorf	Df.	3	2	0.40	1	M	4
172	Forbach-Gausbach	Df.	9	6	0.60	1	M	
	H-Orte: Df. Hügelsheim, Df. Hundsbach.							
	Amts.-Bez. Ettlingen (Herrenalb와 함께):							
173	Malsh	Mf.	12	7	0.40	2	M	
174	Dobel	Df.	2	3	1.00	1	M	
175	Marxzell	F. Df.	1	1	0.50	1	M	
	H-Orte: Df. Langensteinbach, Df. Völkersbach.							
	Amts.-Bez. Karlsruhe:							
176	Weingarten	Df.	12	8	0.40	3	A	

주) 1: 오펜부르크지역에 있음.
2: 켈지역에 속함.
3: 뷜(Bühl)지역에 속함.
4: 라슈타트지역에 속함.

1	2	3	4	5	6	7	8	9
177	Graben	Mf.	6	4	0.40	2	M	1
178	Friedrichstal	Mf.	4	2	0.35	1	M	
179	Berghausen	Df.	7	3	0.30	1	M	
	H-Orte: St. Durlach (흡수됨), Df. Linkenheim (M-지점이어야 함), Df. Jöhlingen, Df. Blankenloch, Df. Wössingen.							
	Amts.-Bez. Bruchsal:							
180	Philippsburg	St.	8	6	0.35	3	A	
181	Mingolsheim	Df.	6	5	0.50	2	A	2
182	Langenbrücken	Df.	4	3	0.50	1	M	
183	Östringen	Df.	9	5	0.40	1	M	
184	Untergrombach	Df.	7	4	0.40	1	M	3
185	Odenheim	Df.	6	3	0.40	1	M	
	H-Orte: Df. Heidelsheim, St. Gochsheim, Df. Menzingen, St. Unteröwisheim, Df. Waghäusel.							
	Amts.-Bez. Bretten (상급 관청인 Maulbronn의 서쪽 부분과 함께):							
186	Knittlingen	St.	5	3	0.40	1	M	4
187	Oberderdingen	Mf.	4	2	0.30	1	M	
188	Gondelsheim	Mf.	3	2	0.40	1	M	
189	Flehingen	Df.	3	2	0.40	1	M	
	H-Orte: Df. Sulzfeld, Mf. Kürnbach.							
	Amts.-Bez. Sinsheim (동쪽 부분과 함께):							
190	Waibstadt	St.	5	5	0.55	2	A	5
191	Neckarbischofsheim	St.	3	4	0.50	2	A	
192	Neidenstein	Df.	2	2	0.50	1	M	
193	Eichtersheim	Df.	2	2	0.40	1	M	
	H-Orte: St. Hilsbach (H-의미만을 지니고 있다는 것은 아주 생소하게 생각됨), Mf. Helmstadt, Df. Riehen.							
	Amts.-Bez. Mosbach (Seckach와 함께, 그리고 Neudenau는 없이):							
194	Aglasterhausen	Df.	2	4	0.50	3	A	
195	Neckargerach	Df.	1	3	0.50	2	A	

주) 1: 중요한 철도 교차점이며, A-의미를 지녀야 할 것임.
2: 랑겐브뤼켄(Langenbrücken)과 함께 공동지역임.
3: 매우 작은 지역임.
4: 브레텐으로 인하여 축소된 의미를 지님.
5: 네카비숍스하임과 나이덴슈타인(Neidenstein)과 함께 공동지역이며, K-기능을 지님.

1	2	3	4	5	6	7	8	9
196	Neckarelz	Df.	9	5	0.50	1	M	1
197	Strümpfelbrunn	Df.	2	2	0.40	1	M	
198	Billigheim	Df.	2	1	0.40	1	M	
199	Oberschefflenz	Df.	3	2	0.40	1	M	
200	Seckach	Df.	2	2	0.50	1	M	
	H-Orte: Df. Hüffenhardt, Df. Fahrenbach, Df. Haßmersheim.							
	Amts.-Bez. Buchen:							
201	Hardheim	Mf.	6	5	0.30	3	A	
202	Mudau	Mf.	3	4	0.30	3	A	2
	H-Orte: Df. Altheim, Df. Gerichtstetten, Df. Waldhausen, Mf. Bödigheim, Df. Rippberg, Df. Ernsttal; (M-지점이 없지만, 두 개의 K-지점과 두 개의 A-지점이 있음).							
	Amts.-Bez. Wiesloch:							
203	Walldorf	St.	11	6	0.50	1	M	3
204	Malsch	Mf.	4	2	0.40	1	M	
	H-Orte: 결여됨.							
	Amts.-Bez. Heidelberg:							
205	Meckesheim	Mf.	4	5	0.60	3	A	
206	Schönau	St.	5	6	0.70	2	A	4
207	Bammental	Df.	4	4	0.70	1	M	
208	Leimen	Mf.	10	6	0.50	1	M	
209	Heiligkreuzsteinach	Df.	1	1	0.50	1	M	
	H-Orte: Df. Sandhausen, Mf. Nußloch.							
	Amts.-Bez. Weinheim (Heppenheim 및 Erbach 군의 일부와 함께):							
210	Neckarsteinach	St.	4	7	0.70	4	A	
211	Waldmichelbach	Mf.	4	5	0.50	3	A	
212	Hirschhorn	St.	6	6	0.60	2	A	
213	Birkenau	Mf.	6	5	0.60	1	M	
214	Viernheim	Mf.	27	16	0.55	1	M	5
215	Geoßsachsen	Df.	3	3	0.60	1	M	
	H-Orte: Mf. Rotenberg, Df. Kailbach, Mf. Mörlenbach, Df. Hemsbach.							

주) 1: 디데스하임(Diedesheim)과 오브리히하임(Obrigheim)을 포함하며, 모스바흐의 철도역 지점이며, 모스바흐와 함께 공동지역임.
2: 잘 완성된 지역임.
3: 비슬로흐(Wiesloch)와 함께 공동지역임.
4: 동떨어져 있으며, 매우 작은 지역임.
5: 노동자 거주지임.

1	2	3	4	5	6	7	8	9
	Amts.-Bez. Mannheim (Mapertheim과 함께):							
216	Schriesheim	Df.	9	11	0.80	4	A	
217	Lampertheim	Mf.	27	18	0.60	2	A	
218	Hockenheim	St.	22	15	0.60	2	M	
	H-Ort: Friedrichsfeld (Mannheim의 교외지점).							
	Amts.-Bez. Ludwigshafen:							
219	Limburgerhof	F. Df.	2	3	0.70	2	M	1
220	Mutterstadt	Df.	14	11	0.70	1	M	
	H-Orte: Df. Fußgönheim, Df. Dannstadt, St. Oggersheim (흡수됨), Df. Altrip.							
	Amts.-Bez. Frankental:							
221	Eisenberg	Df.	9	10	0.70	3	A	2
222	Hettenleidelheim	Df.	5	7	0.70	3	A	
223	Dirmstein	Df.	4	4	0.70	1	M	
224	Kirchheim	Df.	3	3	0.80	1	M	3
225	Altleiningen	Df.	2	2	0.70	1	M	
226	Lambsheim	Df.	8	6	0.65	1	M	
	H-Orte: Df. Bobenheim, Df. Kleinbockenheim, Df. Großheuchelheim.							
	Amts.-Bez. Bad Dürkheim:							
227	Deidesheim	St.	6	9	1.00	3	A	
228	Weisenheim a. S.	Df.	7	8	0.80	2	M	4
229	Wachenheim	St.	6	7	1.00	1	M	5
	H-Ort: Df. Friedelshausen.							
	Amts.-Bez. Neustadt a. d. H.:							
230	Haßlich	Df.	23	14	0.50	3	A	
231	Mußbach	Df.	7	8	1.00	1	M	6
232	Duttweiler	Df.	2	2	0.40	1	M	
233	Weidental	Df.	4	3	0.50	1	M	
	H-Ort: Df. Elmstein.							
	Amts.-Bez. Speyer:							

주) 1: 무터슈타트와 함께 공동지역이며, 철도역 지점임.
2: 헤텐라이델하임(Hettenleidelheim)과 함께 공동지역이며, K-의미를 지님.
3: 그륀슈타트지역에 있음.
4: 프라인스하임(Freinsheim)지역에 자리잡고 있음.
5: 바트 뒤르크하임(Bad Dürkheim)지역에 속함.
6: 노이슈타트지역에 속함.

1	2	3	4	5	6	7	8	9
234	Schifferstadt	Df.	26	17	0.55	3	A	
	H-Ort: Df. Waldsee.							
	Amts.-Bez. Germersheim:							
235	Rülzheim	Df.	9	8	0.40	4	A	1
236	Bellheim	Df.	9	6	0.40	2	M	
237	Rheinzabern	Df.	5	3	0.40	1	M	
238	Schaidt	Df.	3	2	0.40	1	M	
239	Hagenbach	Df.	5	3	0.40	1	M	2
	H-Orte: Df. Niederlustadt, Df. Schwegenheim, Df. Maximiliansau, Df. Neuburg a. Rh.							
	Amts.-Bez. Landau:							
240	Maikammer	Df.	8	12	1.00	4	A	3
241	Herxheim	Df.	13	9	0.45	3	A	
242	Niederhochstadt	Df.	3	3	0.50	2	M	
243	Rhodt	Df.	3	4	1.00	1	M	4
244	Böchingen	Df.	2	2	0.75	1	M	
245	Siebeldingen	Df.	2	2	0.70	1	M	5
	H-Orte: Df. Offenbach, Df. Essingen, Df. Göcklingen.							
	Amts.-Bez. Bergzabern:							
246	Albersweiler	Df.	6	5	0.50	2	A	
247	Ingenheim	Df.	3	3	0.40	2	M	6
248	Billigheim	Df.	3	3	0.40	2	M	
249	Klingenmünster	Df.	5	2	0.40	1	M	7
250	Ramberg	Df.	3	2	0.40	1	M	
	H-Orte: Df. Schweigen, Df. Vorderweidental.							
	Amts.-Bez. Pirmasens:							
251	Dahn	Df.	5	7	0.55	4	A	8

주) 1: 벨하임(Bellheim)과 함께 공동지역이며, K-기능을 지님.
2: 뵈르트(Wört)-막시밀리안자우(Maxmiliansau), 노이부르크(Neuburg), 베르크(Berg)에 대응하여 자신의 의미를 유지하고 있음.
3: 알스터바일러(Alsterweiler)를 포함하며, 에덴코벤(Edenkoben)과 함께 공동지역임.
4: 에덴코벤지역에 있음.
5: 알버스바일러(Albersweiler)와 함께 공동지역임.
6: 빌리히하임(Billigheim)과 함께 공동지역이며, A-기능을 지님.
7: (공공)기관 때문에 주민수가 많음.
8: 지방법원지소 소재지이지만 하우엔슈타인과 힌터바이덴탈(Hinterweidental)에 의해 밀려남.

1	2	3	4	5	6	7	8	9
252	Thaleischweiler	Df.	5	5	0.60	2	M	
253	Fischbach	Df.	2	1	0.30	1	M	
254	Hinterweidental	Df.	3	2	0.45	1	M	
255	Schopp	Df.	2	2	0.55	1	M	
256	Wallhalben	Df.	1	1	0.50	1	M	1
257	Herschberg	Df.	2	2	0.50	1	M	
	H-Orte: Df. Rodalben, Df. Münchweiler, Df. Trulben, Df. Weselberg, Df. Leimen, Df. Bundental, Df. Bobental.							
	Amts.-Bez. Zweibrücken:							
258	Hornbach	St.	4	4	0.40	2	A	
259	Großsteinhausen	Df.	1	1	0.40	1	M	
260	Rieschweiler	Df.	2	1	0.30	1	M	
	H-Orte: Df. Oberauerbach, Df. Dellfeld.							
	Amts.-Bez. Kaiserslautern:							
261	Enkenbach	Df.	4	4	0.50	2	A	
262	Hochspeyer	Df.	7	5	0.50	2	A	
263	Bruchmühlbach	Df.	2	3	0.50	2	M	
264	Otterberg	St.	7	4	0.40	1	M	2
265	Otterbach	Df.	5	3	0.40	1	M	
266	Olsbrücken	Df.	2	2	0.40	1	M	
267	Niederkirchen	Df.	2	2	0.35	1	M	
268	Weilerbach	Df.	5	3	0.40	1	M	
269	Ramstein	Df.	7	4	0.40	1	M	
270	Reichenbach	Df.	1	1	0.30	1	M	
	H-Orte: Df. Trippstadt, Df. Mehlingen-Neukirchen.							
	Amts.-Bez. Rockenhausen (남쪽 부분):							
271	Langmeil	F. Df.	1	1	0.50	1	M	
	H-Orte: Df. Bisterschied.							
	Amts.-Bez. Kusel 및 *Kreis Baumholder*의 일부:							
272	Wolfstein	St.	3	5	0.40	4	A	
273	Altenglan	Df.	3	4	0.40	3	A	
274	Waldmohr	Df.	5	5	0.40	3	A	
275	Glanmünchweiler	Df.	2	3	0.40	2	A	

주) 1: 헤르쉬베르크(Herschberg)와 함께 공동지역임.
2: 오터바흐(Otterbach)와 함께 공동지역이며, A-기능을 지님.

1	2	3	4	5	6	7	8	9
276	Offenbach	Df.	2	3	0.40	2	M	1
277	Odenbach	Df.	2	2	0.40	1	M	
278	Ulmet	Df.	2	2	0.40	1	M	
279	Schönenberg	Df.	3	2	0.35	1	M	2
280	Niederkirchen	Df.	2	1	0.30	1	M	
281	Oberkirchen	Df.	4	2	0.30	1	M	
	H-Orte: Mf. Grumbach, Df. Reipoltskirchen, Df. Herschweiler, Df. Konken, Df. Breitenbach, Df. Altenkirchen, Df. Jettenbach.							
	Amts.-Bez. St. Ingbert:							
282	Rohrbach	Df.	9	5	0.40	1	M	3
283	Ensheim	Df.	8	4	0.35	1	M	
284	Gersheim	Df.	2	2	0.40	1	M	
285	Einöd	F. Df.	3	2	0.40	1	M	4
286	Mittelbexbach	Df.	16	7	0.35	1	M	
	H-Orte: Df. Altheim, Df. Limbach, Df. Kirkel, Df. Reinheim.							
	Kreis Saarbrücken:							
287	Heusweiler	Df.	12	8	0.35	4	A	5
288	Friedrichstal	Df.	35	13	0.35	1	M	6
289	Hanweiler	Df.	2	2	0.50	1	M	7
	H-Orte: Df. Kleinblitersdorf, Df. Dudweiler, Df. Quierschied, Df. Kölln, Df. Püttlingen, Df. Naßweiler, Df. Großrosseln, Df. Lauterbach.							
	Kreis Ottweiler:							
290	Tholey	Mf.	4	5	0.40	4	A	8
291	Wiebelskirchen	Df.	24	11	0.40	1	M	9
292	Eppelborn	Df.	8	3	0.35	1	M	
	H-Orte: Df. Fürth, Df. Spiesen-Elversberg, Df, Schiffwieler.							

주) 1: 거의 A-기능을 지니고 있으며, 라우테레켄(Lauterecken) 옆에 있음.
2: 발트모르(Waltmohr)와 결합된 지역임.
3: 생 잉크베르트지역에 속함.
4: 광산업이 주요 산업임.
5: K-기능에 근접함.
6: 전형적 광산지임.
7: 자르게뮌트(Saargemünd)의 경계지점임.
8: K-기능에 근접하지만, 동떨어져 있음.
9: 노인키르헨(Neunkirchen)에 속함.

1	2	3	4	5	6	7	8	9
	Kreis St. Wendel (Birkenfeld의 남쪽 부분과 함께) :							
293	Türkismühle	F. Df.	1	2	0. 50	2	M	1
294	Nohfelden	Df.	3	3	0. 50	1	M	
295	Sötern	Df.	3	3	0. 50	1	M	
	H-Orte: Df. Obertal, Df. Marpingen, Df. Nauborn.							
	Kreis Saarlouis:							
296	Wallerfangen	Df.	9	5	0. 40	1	M	
297	Überherrn-Bisten	Df.	6	3	0. 40	1	M	2
298	Bettingen	Df.	5	2	0. 30	1	M	
	H-Orte: Df. Niederaltdorf, Df. Kerprichhemmersdorf, Df. Nalbach, Df. Saarwellingen.							
	Kreis Merzig:							
299	Mettlach	Df.	5	5	0. 40	3	A	
300	Hilbringen	Df.	3	2	0. 35	1	M	3
301	Beckingen	Df.	7	4	0. 35	1	M	
	H-Orte: Df. Reimsbach, Df. Tünsdorf.							
	Kreis Wadern:							
302	Losheim	Df.	7	7	0. 40	4	A	4
303	Nunkirchen	Df.	4	3	0. 40	1	M	
304	Otzenhausen	Df.	3	2	0. 35	1	M	
	H-Orte: Df. Primstal, Df. Weiskirchen.							

주) 1: 노펠덴(Nohfelden)과 쇠테른(Sötern)과 함께 공동지역이며, 철도역 지점으로서 그 의미를 빼앗은 것임.
2: 경계로 말미암아 불완전한 지역임.
3: 메르치히지역에 속함.
4: K-기능에 근접함.

5) 프랑크푸르트 L-체계

1	2	3	4	5	6	7	8	9
1	Frankfurt	U. St.	1720	4210	1. 25	2060	L	
2	Kassel	U. St.	?	?	?	?	P	
3	Wiesbaden	U. St.	380	894	1. 75	229	P	
4	Mainz	St.	371	614	1. 10	206	P	
5	Darmstadt	St.	253	468	1. 10	190	P	

1	2	3	4	5	6	7	8	9
6	Gießen	St.	105	202	1.00	97	G	
7	Aschaffenburg	U. St.	102	159	0.80	77	G	
8	Hanau	U. St.	155	203	0.90	63	G	
9	Worms	St.	137	216	1.15	58	G	
10	Kreuznach	St.	63	130	1.30	48	G	
11	Oberstein-Idar	S.	53	112	1.35	40	G	
12	Fulda	U. St.	?	?	?	?	G	
13	Marburg	U. St.	?	?	?	?	G	
14	Bingen	St.	48	86	1.15	31	B	
15	Bad Nauheim	St.	23	85	2.40	30	B	
16	Friedberg	St.	28	50	0.90	25	B	
17	Bad Homburg	St.	45	98	1.70	22	B	
18	Bensheim	St.	25	45	0.95	21	B	
19	Gelnhausen	St.	12	25	0.70	17	B	
20	Miltenberg	St.	11	25	0.80	16	B	
21	Alzey	St.	23	39	1.05	15	B	
22	Rüdesheim	St.	11	28	1.20	15	B	
23	Groß-Gerau	St.	15	25	0.75	14	B	
24	Königstein	St.	10	34	2.00	14	B	
25	Schlüchtern	St.	8	18	0.60	13	B	
26	Eltville	St.	10	24	1.20	12	K	
27	Butzbach	St.	13	22	0.80	12	K	
28	Brückenau	St.	6	17	0.90	12	K	1
29	Oppenheim	St.	10	21	1.00	11	K	2
30	Kirchheimbolanden	St.	9	19	0.90	11	K	
31	Michelstadt	St.	13	22	0.90	10	K	3
32	Nierstein	Df.	11	21	1.00	10	K	
33	Simmern	St.	8	15	0.60	10	K	
34	Bad Schwalbach	St.	7	16	0.80	10	K	
35	Langen	St.	20	21	0.60	9	K	
36	Ingelheim	Mf.	20	28	0.95	9	K	
37	Kirn	St.	19	25	0.80	9	K	
38	Büdingen	St.	9	16	0.80	9	K	
39	Erbach i. O.	St.	11	18	0.90	8	K	
40	Sobernheim	St.	10	16	0.80	8	K	
41	Meisenheim	Mf.	5	11	0.55	8	K	
42	Baumholder	St.	5	10	0.40	8	K	
43	St. Goarshausen	St.	5	12	0.90	8	K	4
44	Idstein	St.	9	15	0.75	8	K	

주) 1: 바트 브뤼케나우(Bad Brückenau)를 포함함.
2: 니어슈타인과 함께 중심성이 21이며, B-기능을 지님.
3: 에어바흐와 함께 중심성이 18이며, B-기능을 지님.
4: 생 고아르와 함께 중심성이 15이며, B-기능을 지님.

1	2	3	4	5	6	7	8	9
45	Schotten	St.	6	12	0.70	8	K	1
46	Beerfelden	St.	5	11	0.80	7	K	
47	Heppenheim	St.	19	22	0.80	7	K	2
48	Kastellaun	Mf.	4	9	0.55	7	K	
49	St. Goar	St.	6	12	0.85	7	K	
50	Usingen	St.	5	11	0.75	7	K	
51	Nidda	St.	6	12	0.75	7	K	3
52	Dieburg	St.	15	16	0.65	6	K	4
53	Groß-Umstadt	St.	10	13	0.65	6	K	
54	Birkenfeld	St.	6	10	0.55	6	K	
55	Bacharach	St.	5	10	0.80	6	K	
56	Obernburg	St.	4	8	0.50	6	K	5
57	Alzenau	Mf.	6	8	0.40	6	K	
58	Seligenstadt	St.	13	13	0.60	5	K	
59	Rüsselsheim	Mf.	21	21	0.75	5	K	6
60	Bad Orb	St.	11	14	0.80	5	K	
61	Klingenberg	St.	4	7	0.40	5	K	
62	Lich	St.	7	9	0.60	5	K	
63	Hungen	St.	4	7	0.50	5	K	
64	Nastätten	St.	4	8	0.70	5	K	7
65	Kamberg	St.	6	9	0.75	5	K	
66	Ortenberg	St.	2	6	0.70	5	K	
67	Wächtersbach	St.	4	7	0.55	5	K	
68	Reinheim	St.	9	10	0.65	4	K	8
69	Reichelsheim	Mf.	5	8	0.70	4	K	9
70	Höchst i. O.	Mf.	5	8	0.80	4	K	10
71	Stromberg	St.	3	6	0.70	4	K	
72	Hofheim	St.	12	14	0.80	4	K	
	Frankfurt (주변과 헤센 교외지점들):							

주) 1: 니다와 함께 중심성이 15이며, B-기능을 지니고 격리원리에 따른 것임.
2: 젠스하임 옆에 있으며, 훨씬 낮은 의미를 지님.
3: 바트 잘츠하우젠(Bad Salzhausen)을 포함함; 여러 가지로 유리한 교통입지에도 불구하고 동떨어져 있는 군소재지인 쇼텐보다 낮은 중심성을 지님.
4: 그로스-침메른과 함께 중심성이 9임.
5: 엘젠펠트(Elsenfeld)와 클라인발슈타트(Kleinwallstadt)와 함께 중심성이 9임.
6: 공업이 주요 산업임.
7: 밀렌(Miehlen)과 홀츠하우젠(Holzhausen)과 함께 공동지역임.
8: 그로스-비베라우와 함께 중심성이 7임.
9: 린덴펠스(Lindenfels) 및 퓌르트와 나란히 위치한 비교적 의미 있는 지점이며, 이 세 지점을 모두 합쳐 중심성이 12임.
10: 근소한 K-기능을 지니고 있지만, 노이슈타트와 함께 중심성이 5임.

1	2	3	4	5	6	7	8	9
	H-Orte: St. Offenbach, St. Neu-Isenburg, Df. Mühlheim, Mf. Hochstadt, St. Bergen, St. Vilbel, Df. Eschersheim, St. Höchst a. M., Mf. Kelsterbach, Df. Sprendlingen은 흡수됨.							
	Kreis Offenbach:							
73	Obertshausen	Df.	5	6	0.70	2	A	1
74	Jügesheim	Df.	6	3	0.40	1	M	
75	Heusenstamm	Df.	8	6	0.70	1	M	
	H-Orte: Df. Hainstadt, St. Dreieichenhain, Df. Dietzenbach.							
	Kreis Dieburg:							
76	Babenhausen	St.	8	8	0.50	4	A	
77	Groß-Bieberau	Mf.	5	6	0.60	3	A	
78	Groß-Zimmern	Mf.	11	9	0.55	3	A	
79	Fränkisch-Crumbach	Mf.	4	4	0.60	2	M	
80	Brensbach	Mf.	3	3	0.60	1	M	
81	Lengfeld	Mf.	4	4	0.60	1	M	2
82	Urberach	Df.	6	3	0.40	1	M	3
	H-Orte: Mf. Schaafheim, Mf. Heubach, Df. Wiebelsbach, St. Hering, Mf. Habitzheim, Df. Ernsthofen, Df. Lichtenberg.							
	Kreis Erbach:							
83	König	Mf.	6	8	0.70	3	A	
84	Zell	Df.	1	2	0.60	1	M	4
85	Kirchbrombach	Mf.	2	2	0.60	1	M	
86	Neustadt	St.	2	2	0.60	1	M	
	H-Orte: Df. Viebrunn, Mf. Steinbach (Michelstadt에 의해 흡수됨), Mf. Pfaffenbeerfurt; 다섯 개의 K-지점을 가진 군!							
	Kreis Darmstadt:							
87	Eberstadt	Mf.	19	17	0.70	4	A	5
88	Oberramstadt	Mf.	12	11	0.70	3	A	
89	Pfungstadt	St.	18	14	0.65	2	A	
90	Griesheim	Mf.	16	10	0.60	1	M	

주) 1: 매우 협소한 지역이며, 그럼에도 불구하고 A-의미를 지님.
2: 매우 작지만, 부유한 지역임.
3: 철도 교차점인 오버(Ober)-로덴(Roden)보다 훨씬 높은 중심성을 지님.
4: 키르히브롬바흐(Kirchbrombach)와 함께 공동지역이며, 철도역 지점임.
5: 다름슈타트의 교외지대에 입지하고 있음.

1	2	3	4	5	6	7	8	9
	H-Orte: Df. Roßdorf, Df. Wixhausen, Df. Gräfenhausen, Df. Weiterstadt, Df. Messel; Df. Nieder-Ramstadt는 흡수됨.							
	Kreis Bensheim:							
91	Lindenfels	St.	4	8	0.70	4	A	1
92	Biblis	Df.	8	7	0.50	3	A	
93	Auerbach	Df.	8	16	1.55	3	A	2
94	Jugenheim	Df.	4	8	1.20	3	A	3
95	Zwingenberg	St.	5	6	1.00	1	M	4
96	Lorsch	Mf.	14	8	0.50	1	M	
	H-Orte: Mf. Gadernheim. Mf. Groß-Rohrheim.							
	Kreis Heppenheim (남쪽 부분이 없이):							
97	Fürth	Mf.	4	6	0.50	4	A	
98	Rimbach	Mf.	5	4	0.50	2	M	
	H-Ort: Mf. Hammelbach.							
	Kreis Groß-Gerau:							
99	Gernsheim	St.	12	10	0.60	3	A	
100	Mörfelden	Df.	11	7	0.50	2	M	
101	Trebur	Df.	6	4	0.50	1	M	5
102	Crumstadt	Df.	3	3	0.60	1	M	6
	H-Ort: Df. Goddelau.							
	Kreis Mainz:							
103	Niederolm	Df.	5	6	0.70	2	A	
104	Budenheim	Df.	7	6	0.70	1	M	7
	H-Orte: 흡수됨; Df. Bischofsheim.							
	Kreis Oppenheim:							
105	Guntersblum	Df.	7	10	0.90	4	A	

주) 1: (공기 좋은) 휴양지이며, 오덴발트의 중심점임.
2: 벤스하임지역에 있고, 선호되는 거주지임.
3: 생 츠빙겐베르크(St. Zwingenberg)를 밀어 냄.
4: 독자적인 지역이 없음.
5: 철도와 연계되어 있지 않으나, M-기능을 지님.
6: 아직까지 인접한 철도 교차점인 고델라우(Goddelau)에 의해 밀려나지 않음.
7: 마인츠지역에 속함.

1	2	3	4	5	6	7	8	9
106	Wörrstadt	Mf.	6	8	0.80	3	A	
107	Wallerrtheim	Df.	3	4	0.70	2	M	
108	Undenheim	Df.	4	6	0.80	2	M	
109	Bodenheim	Df.	8	7	0.70	1	M	
	H-Orte: Df. Mommenheim, Df. Ober-Hillbersheim, Df. Nieder-Saulheim, Df. Armsheim.							
	Kreis Worms:							
110	Osthofen	St.	11	12	0.85	3	A	1
111	Monsheim	Df.	3	4	0.70	2	A	2
112	Bechtheim	Mf.	4	4	0.80	1	M	
113	Westhofen	Mf.	5	6	0.90	1	M	
114	Monzernheim	Df.	1	2	0.90	1	M	
115	Gundersheim	Df.	2	3	0.90	1	M	
116	Alsheim	Df.	5	6	0.90	1	M	
117	Eich	Df.	5	4	0.60	1	M	
118	Dorndürkheim	Df.	2	3	0.80	1	M	
	H-Orte: St. Pfeddersheim, Df. Heppenheim a. d. W., Df. Abenheim, Df. Eppelsheim; Mf. Herrnsheim은 흡수됨.							
	Kreis Alzey:							
119	Sprendlingen	Mf.	6	8	0.80	3	A	3
120	Flonheim	Mf.	4	7	0.90	3	A	
121	Wöllstein	Mf.	4	6	0.90	2	A	
122	Gau-Odernheim	Mf.	5	6	0.90	1	M	4
123	Framersheim	Df.	3	4	0.90	1	M	
124	Fürfeld	Df.	3	3	0.70	1	M	
	H-Orte: Df. Nieder-Wiesen, Df. Freilaubersheim.							
	Bez.-Amt Kirchheimbolanden 및 *Rockenhausen*의 일부:							
125	Albisheim	Df.	3	5	0.90	2	A	5
126	Dreisen	Df.	2	2	0.60	1	M	6
127	Göllheim	Df.	4	4	0.70	1	M	
128	Steinbach	Df.	1	1	0.50	1	M	
	H-Orte: Df. Marnheim (철도 교차점), Df. Kriegsfeld.							

주) 1: 오스트호펜은 베히트하임(Bechtheim)과 함께 중심성이 4이며, 거의 K-기능을 지님.
2: 철도 교차점이며, 페더스하임(Peddersheim)을 밀어 냄.
3: 유리한 교통지점으로, 측면에 자리 잡은 뵐슈타인(Wöllstein)을 밀어 내고 있음.
4: 프라머스하임(Framersheim)과 함께 공동지역이며, A-기능을 지님.
5: 철도역 지점인 마른하임(Marnheim)의 의미는 다만 적게 축소됨.
6: 오래되었지만 동떨어져 있는 괼하임(Göllheim)과 함께 공동지역이며, A-기능을 지님.

1	2	3	4	5	6	7	8	9
	Kreis Bingen:							
129	Elsheim	Df.	2	2	0.70	1	M	1
130	Gau-Algesheim	St.	8	7	0.80	1	M	
131	Gensingen	Df.	3	3	0.70	1	M	
	H-Orte: Mf. Jugenheim i. Rheinh., Mf. Schwabenheim, Df. Heidesheim.							
	Kreis Kreuznach:							
132	Bad Münster a. St.	Df.	4	9	1.50	3	A	2
133	Langenlonsheim	Df.	5	6	0.80	2	M	
134	Schweppenhausen	Df.	1	2	0.70	1	M	3
135	Windesheim	Df.	3	4	0.80	1	M	
136	Wallhausen	Df.	3	4	0.80	1	M	
137	Waldböckelheim	Df.	4	3	0.60	1	M	4
138	Bockenau	Df.	2	2	0.60	1	M	
	H-Orte: Df. Bingerbrück (Bingen에 포함), Df. Simmern u. D., Df. Eckweiler.							
	Kreis Meisenheim 및 *Bez.-Amt Rockenhausen*의 일부:							
139	Obermoschel	St.	3	4	0.50	3	A	5
140	Alsenz	Df.	4	4	0.50	2	M	
141	Odernheim	Df.	4	3	0.50	1	M	
	H-Orte: Df. Merxheim, Df. Becherbach.							
	Kreis Baumholder (부분적으로):							
142	Sien	Df.	1	1	0.30	1	M	
	H-Ort: Df. Berschweiler.							
	Landesteil Birkenfeld (남쪽 부분이 없이):							
143	Herrstein	Mf.	1	3	0.80	2	A	
144	Fischbach	Df.	3	4	0.85	1	M	
145	Hoppstädten	Df.	2	2	0.50	1	M	
	H-Orte: Df. Brücken, Df. Nieder-Brombach; Oberstein에 의해 흡수됨: Df. Idar-Tiefenstein und Df. Kirschweiler.							

주) 1: 아주 중심적으로 자리잡고 있으며, 따라서 유겐하임과 슈바벤하임(Schwabenheim)을 밀어내고 있음

2: 크로이츠나흐와 함께 공동지역임.

3: 빈데스하임(Windesheim)과 함께 공동지역이며, A-기능을 지님.

4: 보케나우(Bockenau)와 함께 공동지역임.

5: 알젠츠와 함께 공동지역이며, K-기능을 지님; 오버모셸은 보급입지이며, 알젠츠는 교통입지임.

1	2	3	4	5	6	7	8	9
	Kreis Bernkastel (부분적으로):							
146	Rhaunen	Mf.	3	4	0.60	2	A	
147	Sohren	Df.	2	2	0.50	1	M	1
148	Büchenbeuren	Df.	1	2	0.50	1	M	
149	Kempfeld	Df.	1	2	0.60	1	M	
	H-Orte: Df. Hottenbach, Df. Allenbach.							
	Kreis Simmern:							
150	Kirchberg	St.	3	5	0.50	4	A	
151	Gemünden	Mf.	2	4	0.50	3	A	
152	Rheinböllen	Df.	3	5	0.50	3	A	2
153	Ellern	Df.	1	1	0.50	1	M	
154	Laufersweiler	Df.	2	2	0.50	1	M	
	H-Orte: Df. Kappel, Df. Horn, Df. Argental.							
	Kreis St. Goar:							
155	Oberwesel	St.	9	11	0.80	4	A	
156	Pfalzfeld	Df.	1	1	0.50	1	M	
157	Trechtingshausen	Df.	2	2	0.60	1	M	3
	H-Orte: Df. Hirzenach, Df. Nieder-Heimbach.							
	Kreis St. Goarshausen:							
158	Caub	St.	5	8	0.80	4	A	4
159	Kestert	Mf.	2	2	0.60	1	M	
160	Welterod	Df.	1	1	0.40	1	M	
161	Miehlen	Df.	3	3	0.50	1	M	
162	Holzhausen	Df.	2	2	0.50	1	M	
	H-Ort: Mf. Rettert.							
	Kreis Unter-Taunus:							
163	Schlangenbad	Df.	1	5	1.70	3	A	5
164	Michelbach	Df.	2	3	0.40	2	A	6

주) 1: 뷔헨보이렌(Büchenbeuren) 및 라우퍼스바일러(Laufersweiler)와 함께 공동지역임.
2: 엘에른(Ellern)과 함께 공동지역임.
3: 협소한 지역임.
4: 근접한 K-기능을 지님.
5: 온천지임.
6: 케텐바흐(Kettenbach)와 함께 공동지역임.

1	2	3	4	5	6	7	8	9
165	Hahn	Df.	2	3	0.70	2	M	1
166	Kettenbach	Mf.	2	2	0.40	1	M	
167	Laufenselden	Df.	2	2	0.40	1	M	
	H-Orte: Df. Wehen, Mf. Wallrabenstein, Mf. Walsdorf, Mf. Heftrich, Df. Panrod.							
	Kreis Rheingau:							
168	Lorch	St.	6	9	0.90	4	A	
169	Aßmannshausen	Df.	3	7	1.20	3	A	
170	Geisenheim	St.	11	13	1.00	2	M	2
171	Östrich	Mf.	7	7	0.90	1	M	3
172	Winkel	Mf.	7	7	0.90	1	M	
173	Nieder-Walluf	Df.	4	6	1.20	1	M	
	H-Orte: Df. Neudorf, Mf. Hattenheim.							
	Kreis Wiebaden:							
	H-Orte: St. Biebrich, Df. Schierstein은 흡수됨.							
	Kreis Limburg (부분적으로):							
174	Niederselters	Df.	4	3	0.50	1	M	
	H-Ort: Mf. Würges.							
	Main-Taunus-Kreis:							
175	Kelkheim	Df.	5	11	1.30	4	A	4
176	Niedernhausen	Df.	3	6	0.90	3	A	
177	Bad Soden	Df.	8	19	1.85	4	A	5
178	Eppstein	Mf.	4	7	1.00	3	A	
179	Hochheim	St.	10	11	0.90	2	M	6
180	Wallau	Df.	3	3	0.75	1	M	7
181	Flörsheim	Df.	14	11	0.75	1	M	
182	Reifenberg	Df.	4	5	0.90	1	M	
	H-Ort: Mf. Hattersheim.							

주) 1: 지방법원지소 소재지인 베엔(Wehen)과 합쳐서 A-기능을 지님.
2: 뤼데스하임지역에 자리잡고 있으며, 따라서 낮은 중심성을 지님.
3: 빈켈(Winkel)과 함께 공동지역임.
4: 가구공업이 주요 산업임.
5: 프랑크푸르트의 교외 거주지임.
6: 마인츠의 교외지점.
7: 철도역은 없지만 중요함.

1	2	3	4	5	6	7	8	9
	Kreis Ober-Taunus:							
183	Cronberg	St.	10	20	2.00	3	A	1
184	Oberursel	St.	25	40	1.50	2	M	
185	Friedrichsdorf	St.	4	6	1.20	1	M	2
	H-Ort: 없음.							
	Kreis Usingen 및 *Kreis Wetzlar*의 일부:							
186	Schmitten	Df.	2	4	0.70	3	A	3
187	Rod a. d. Weil	Df.	1	2	0.50	1	M	
188	Grävenwiesbach	Df.	2	2	0.50	1	M	
189	Brandoberndorf	Df.	2	2	0.50	1	M	
	H-Orte: Mf. Wehrheim, Df. Kransberg, Df. Ober-Kleen, Mf. Kleeberg.							
	Kreis Gießen (불완전함):							
190	Großenlinden	St.	6	5	0.60	1	M	4
191	Langgöns	Df.	5	3	0.50	1	M	
	H-Orte: Df. Rodheim, St. Grüningen.							
	Kreis Friedberg:							
192	Rodheim v. d. H.	Mf.	5	5	0.60	2	M	
193	Reichelsheim	St.	2	3	0.70	2	M	5
194	Assenheim	St.	3	3	0.70	1	M	
195	Nieder-Wöllstadt	Df.	4	4	0.70	1	M	
196	Groß-Karben	Df.	4	4	0.70	1	M	6
197	Büdesheim	Df.	3	3	0.50	1	M	
198	Staden	St.	1	1	0.60	1	M	
199	Wölfersheim	Mf.	3	3	0.60	1	M	
200	Münzenberg	St.	2	2	0.50	1	M	
	H-Orte: Df. Heldenbergen, St. Ober-Rosbach (Mf. Rodheim에 의해 밀려 남), Df. Obermörlen.							

주) 1: 상류층의 거주지역임.
2: 바트 홈부르크와 함께 공동지역임.
3: 동떨어져 있으나 완성된 지역임.
4: 기센의 교외지대에 자리잡고 있음.
5: 고유한 베테라우의 가장 중요한 지점임.
6: 빈데켄(Windecken)과 헬덴베르겐(Heldenbergen)과 결합된 지역이며, 철도교차점인 헬덴베르겐보다 중요함.

1	2	3	4	5	6	7	8	9
	Kreis Schotten (불완전함) 및 *Kreis Lauterbach*의 일부:							
201	Gedern	Mf.	5	7	0.60	4	A	1
202	Laubach	St.	5	7	0.60	4	A	
203	Ober-Seemen	Df.	2	2	0.60	1	M	
204	Freiensteinau	Mf.	2	1	0.30	1	M	
	H-Orte: Mf. Ulfa, Mf. Freienseen.							
	Kreis Büdingen:							
205	Altenstadt	Mf.	3	5	0.60	3	A	
206	Echzell	Df.	4	4	0.60	2	M	
207	Stockheim	Df.	2	3	0.60	2	M	2
208	Eckartshausen	Df.	2	2	0.40	1	M	3
209	Wenings	St.	2	2	0.40	1	M	
210	Berstadt	Df.	2	2	0.60	1	M	
	H-Orte: St. Lißberg, Mf. Bleichenbach, Df. Hirzenhain, Df. Mittelgründau, Mf. Ranstadt, Df. Ober-Schmitten.							
	Kreis Hanau:							
211	Langenselbold	Df.	14	7	0.40	2	M	4
212	Langendiebach	Df.	6	3	0.40	1	M	
213	Windecken	St.	5	3	0.50	1	M	5
214	Marköbel	Mf.	4	2	0.40	1	M	
	H-Orte: Df. Bruchköbel; St. Groß-Steinheim, Df. Groß-Krotzenburg, Mf. Groß-Auheim은 흡수됨.							
	Kreis Gelnhausen:							
215	Birstein	Mf.	3	6	0.50	4	A	6
216	Meerholz	Mf.	3	2	0.40	1	M	
217	Somborn	Df.	7	3	0.35	1	M	
218	Bieber	Mf.	2	2	0.40	1	M	
219	Lichenroth	Df.	1	1	0.40	1	M	
	H-Orte: Df. Kassel, Df. Burgjoß.							
	Kreis Schlüchtern (불완전함):							

주) 1: 오버제멘(Oberseemen)과 함께 중심성이 5이며, K-기능을 지님.
2: 보다 중요한 철도교차점으로서, 인접 도시들인 뷔딩겐(Büdingen)과 오르텐베르크(Ortenberg)의 중심적 기능을 빼앗고 있음.
3: 마르쾨벨(Marköbel)과 결합된 지역이며, 격리원리에 따른 것임.
4: 랑겐딥바흐(Langendiebach)와 결합된 지역임.
5: 뷔데스하임에 관한 주를 참조할 것.
6: 거의 A-기능을 지님.

1	2	3	4	5	6	7	8	9
220	Salmünster-Soden	St.	8	7	0.50	3	A	
221	Steinau	St.	6	5	0.50	2	A	
222	Sterbfritz	Df.	3	4	0.50	3	A	1
	H-Orte: Df. Ober-Zell, Df. Jossa, Df. Ulmbach, Df. Marjoß.							
	Bez.-Amt Brückenau:							
223	Zeitlofs	Mf.	1	1	0.40	1	M	2
224	Bad Brückenau	F. Df.	1	3	1.70	1	M	3
225	Geroda	Df.	2	1	0.30	1	M	
226	Oberbach	Mf.	2	1	0.35	1	M	
	H-Orte: Df. Kothen, St. Schondra, Mf. Detter.							
	Bez.-Amt Alzenau:							
227	Schöllkrippen	Df.	3	4	0.30	3	A	
228	Kahl	Df.	7	3	0.35	1	M	
	H-Orte: Mf. Hörstein, Df. Mömbris.							
	Bez.-Amt Aschaffenburg (관구청 Lohr의 일부와 함께):							
229	Groß-Ostheim	Mf.	9	5	0.40	1	M	
230	Laufach	Df.	3	2	0.40	1	M	
231	Heigenbrücken	Df.	3	2	0.40	1	M	
232	Hösbach	Df.	8	4	0.40	1	M	4
	H-Orte: Df. Stockstadt, Df. Heimbuchental, Df. Weibersbrunn, Df. Straßbessenbach, Df. Rothenbuch.							
	Bez.-Amt Obernburg:							
233	Klein-Wallstadt	Mf.	4	4	0.40	2	A	5
234	Elsenfeld	Df.	3	2	0.40	1	M	
235	Wörth a. M.	St.	5	3	0.40	1	M	
236	Eschau	Mf.	2	2	0.30	1	M	
	H-Orte: Df. Mömlingen, Df. Sulzbach, Mf. Trennfurt, Mf. Mönchberg.							
	Bez.-Amt Miltenberg (Freudenberg와 함께):							

주) 1: 한 번도 H-지점이었던 적이 없는 지방법원지소 소재지인 슈바르첸펠스(Schwarzenfels)보다 훨씬 중요함.
2: 아직까지는 철도역 지점인 요사(Jossa)에 의해 밀려나지 않았음.
3: 브뤼케나우에 포함됨.
4: 아샤펜부르크의 교외지역임.
5: 오베른부르크(Obernburg)를 위한 철도역 지점임.

1	2	3	4	5	6	7	8	9
237	Kleinheubach	Mf.	4	5	0. 50	3	A	1
238	Amorbach	St.	6	7	0. 50	4	A	
239	Freudneberg	Sf.	4	2	0. 40	1	M	
	H-Orte: Mf. Großheubach, Mf. Weilbach, Mf. Kirchzell, Mf. Schneeberg, Mf. Bürgstadt, Df. Neunkirchen.							

주) 1: 밀텐베르크와 함께 공동지역이며, 합쳐서 중심성이 18임.

2. 중심지 유형별 빈도분포 그래프

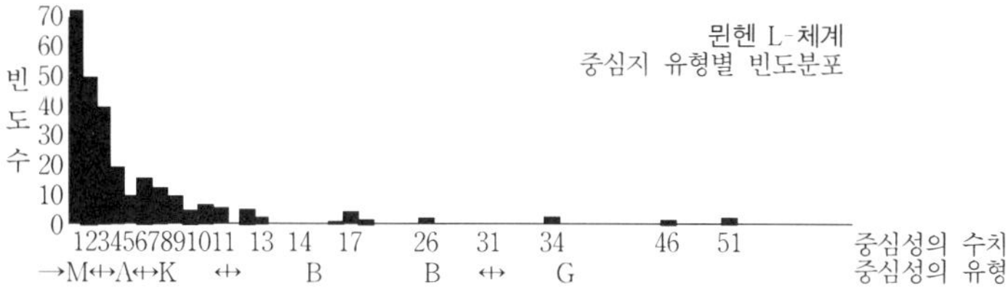

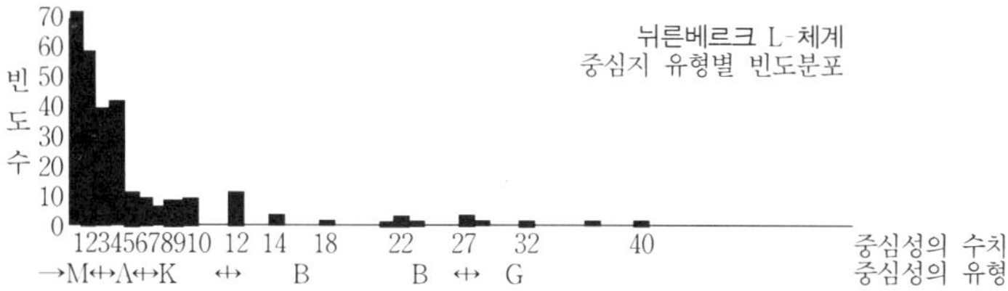

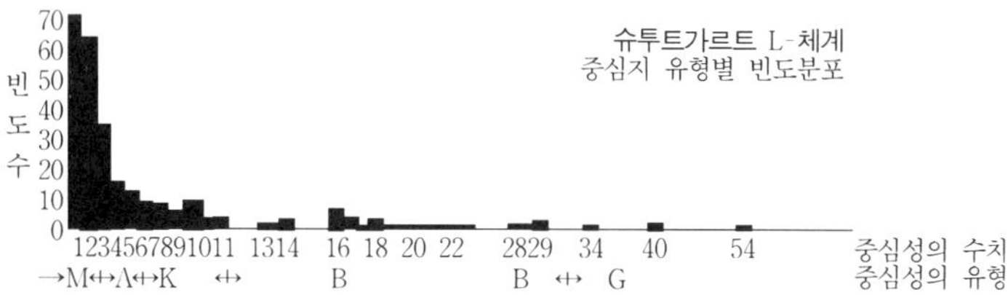

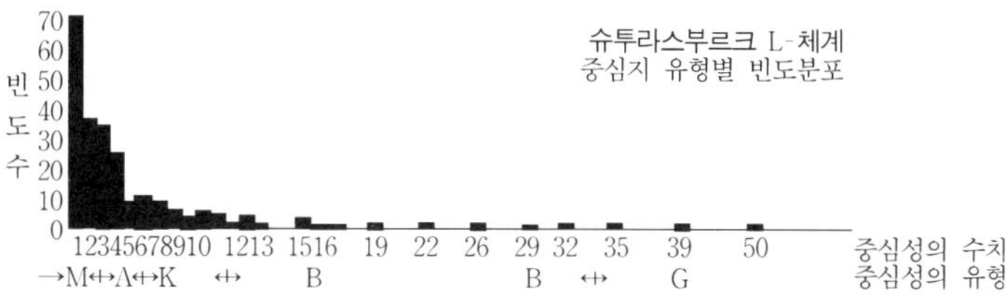

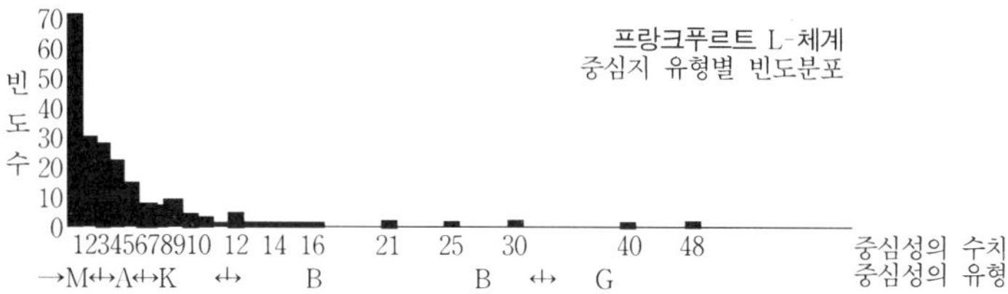

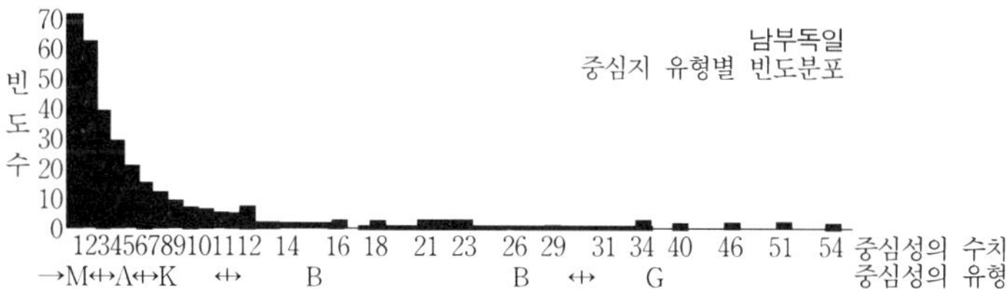

3. 지 도

〈지도 1〉 남부독일의 인구분포

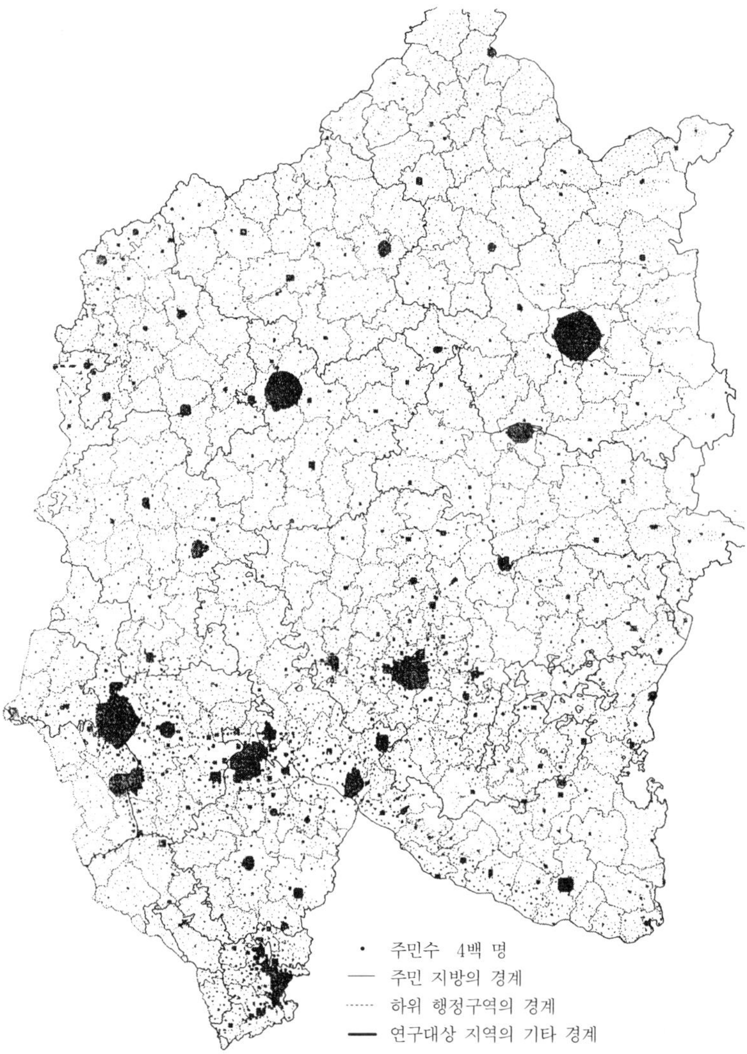

〈지도 2〉 남부독일의 중심시설의 분포

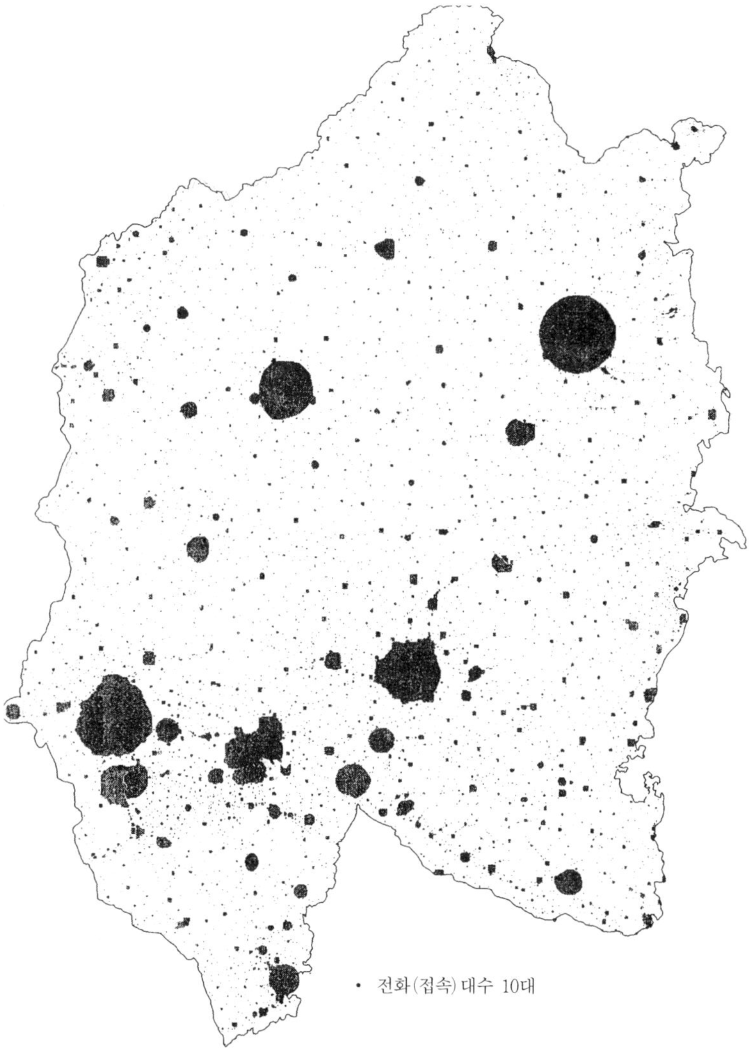

〈지도 3〉 남부독일의 중심지와 그 M-지역

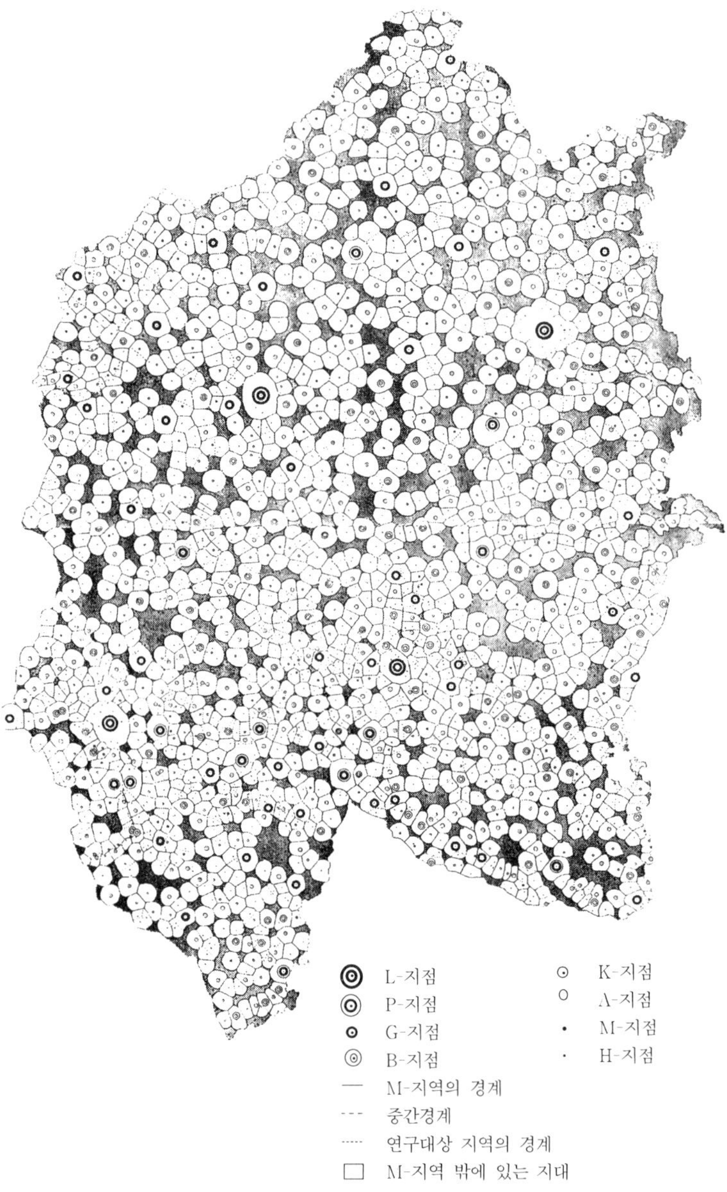

〈지도 4〉 남부독일의 중심지체계

중심지의 합리적 도식

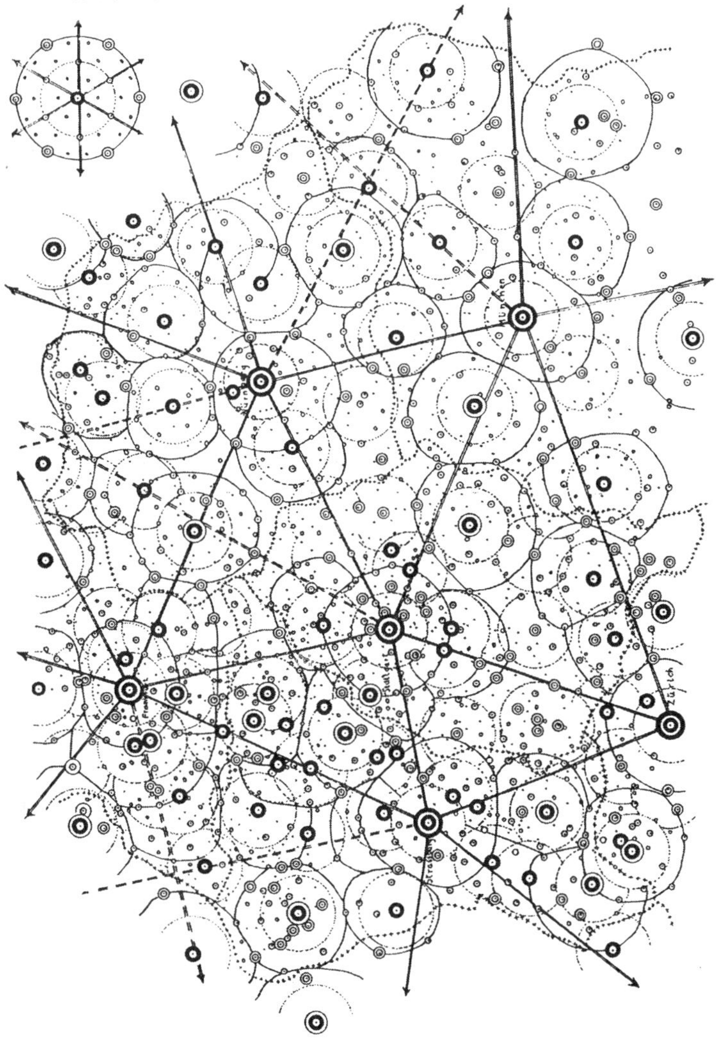

- L-지점
- P-지점
- G-지점
- B-지점
- K-지점
- A-지점
- M-지점
- 21 ㎞의 K-원(도식적)
- B-지점의 원(정규적인 경우 36㎞)
- +++++ L-체계의 경계
- 제 1차 S-방향
- 제 2차 L-방향

〈지도 5〉 중심지의 경제적 위치와 관련한 세 가지 원리

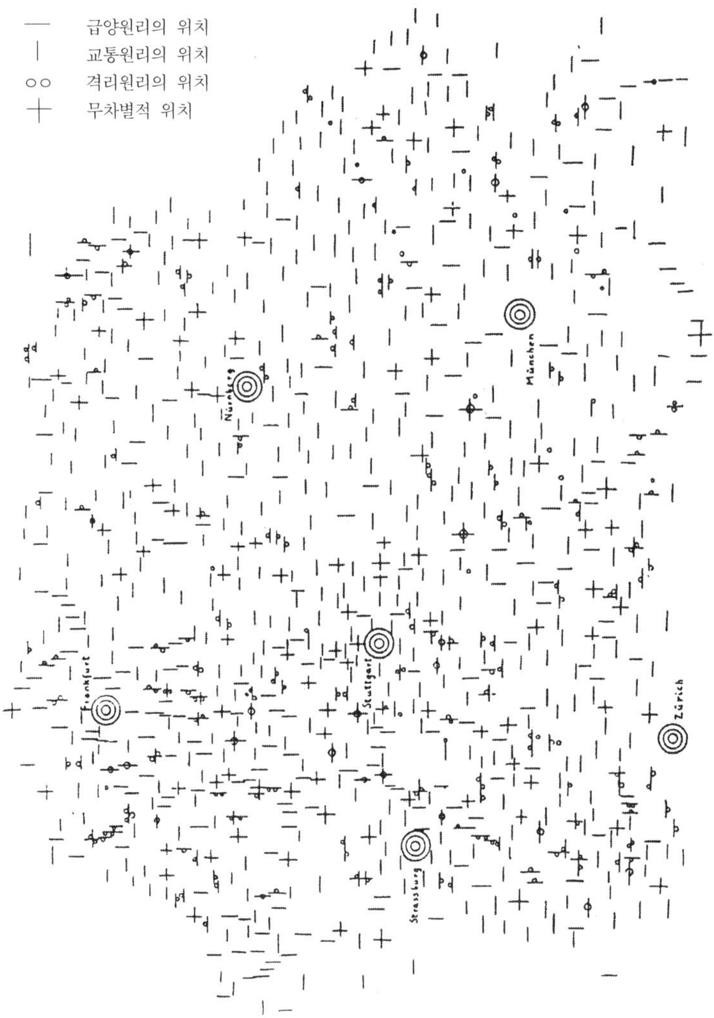

옮긴이 해제

발터 크리스탈러(Walter Christaller, 1893~1969)가 1933년에 출간한 《남부독일의 중심지 : 도시기능을 지닌 취락의 분포와 발전의 법칙성에 관한 경제지리학적 연구》(*Die Zentrale Orte in Süddeutschland. Eine ökonomisch-geographische Untersuchung über die Gesetzmäßigkeit der Verbreitung und Entwicklung der Siedlungen mit städtischen Funktionen*, 1933)는 인간의 정주체계를 구성하는 기본요소인 취락의 입지적 특성과 질서체계를 이론적으로 구성하고, 이를 남부독일을 사례로 검증한 고전적 학술서이다. 이를 통해 크리스탈러는 산업화 이래 인류의 중요한 생활터전으로서 본격적으로 자리잡아 온 중심지로서 도시가 수와 규모, 그리고 분포와 관련하여 공간적으로 어떻게 조직되며, 그 가운데서 작용하는 일반적 법칙과 원리가 무엇인지를 규명하고자 했다.

이처럼 도시의 입지체계와 발전에 관한 획기적 공간모델을 제시하는 크리스탈러의 중심지이론은 발표 당시 정작 독일에서 별다른 주목을 받지 못했다. 하지만 해외, 특히 앵글로색슨 및 스칸디나비아어권으로 소개되면서 제2차 세계대전 이후 세계 (지리)학계에 지대한 영향을 미쳤다. 예를 들어, 크리스탈러의 저서는 1941년에 이미 도시지리학자인 울만(Ullmann)에 의해 "도시의 입지이론"[1] 이라는 이름으로 영미권에 소개되었을 뿐만 아니라 1945년에 스웨덴어로, 1966년에 영어로, 1969년에 일본어로, 그리고 1980년에는 이탈리아어로 각각 번역 출간되었다. 크리스탈러의 이론은 무엇보다도 지리학이 전통적 지지중심에서 벗어나 새로운 지리학, 다시 말해 논리실증주의와 비판합리주의 등을 바탕으로 한 공간분석적 지리학으로 거듭나는 데 선구적 계기를 제공한 것으로 평가받는다. 이에 따라 지난 1950년대 이후 지리학은 도시지리학과 경제지리학, 그리고 교통지리학 등의 계통분야들을 중심으로 종래의 현장경험주의적, 개성 기술적(*ideographic*) 접근방법에서 점차 탈피하여 이론지향적, 법칙추구적(*nomothetic*) 접근방법을 확립하고, 이른바 '계량혁명'을 거쳐 정상과학으로 자리매김되기에 이르렀다.

오늘날 지리학에 뿌리를 둔 수많은 이론 중 중심지이론만큼 잘 알려진 이론도 많지 않다.[2] 그동안 크리스탈러의 중심지이론은 인접 사회과학분야, 예를 들어 행정학, 경제학, 경영학(마케팅), 사회학, 문화인류학, 지역개발 및 도시계획학 등으로부터 정도의 차이가 있으나 크고 작은 관심을 끌어왔다. 이를테면 크리스탈러가 스스로 '도시적 영업 및 시설의 입지론'으로 지칭하는 중심지이론은 튀넨(H. von Thünen)의 '농업입지론'과 베버(A. Weber)의 '공업입지론'과 더불어 인간의 (경제)활동에 의해 조직되고 편성된 지표공간의 발전과 질서에 관한 일반원리를 제공하고 있다. 이는 뢰쉬(A. Lösch)와 아이사드(W. Isard) 등에 의해 공간경제학과 지역과학

---

1) E. Ullman: "A Theory of Cities." In: *American Journal of Sociology* xlvi, 1941.

2) J. Uhlmann: "Zentrale Orte heute—Zum Stand von Forschung und Planungspraxis." In: *Raumforschung und Raumordnung*, 37(3/4), Hannover 1979, S. 161~165; H. Gebhardt: "Zentralitätsforschung—Ein 'alter Hut' für die Regionalforschung und Raumordnung heute." In: *Erdkunde*, Band 50, Heft 1, Bonn 1996, S. 1~8.

분야에서 중요한 공간이론으로 원용되었을 뿐만 아니라 스키너(G. W. Skinner)를 통해 문화인류학 등의 학제적 연구에도 적잖은 영향을 주었다. 하지만 중심지이론이 지닌 가치는 이러한 지리학 안팎의 이론적 측면에 그치는 것이 아니라 실증적, 응용적 측면에서도 높은 평가를 받고 있다. 크리스탈러의 중심지이론과 이를 바탕으로 한 전개된 중심지 또는 중심성 연구는 상업, 교육, 의료 등의 분야에서 각종 기관과 시설을 유효하게 배치하고, 신도시나 농촌의 정주생활권을 개발하며 지역과 국토를 재조직하는 각종 개발계획과 공간정책에서도 다양하게 원용되고 있다.[3]

여기서 크리스탈러의 중심지이론이 지닌 학문적 의의와 성격, 그리고 관련 연구동향 등을 재검토하거나 자세히 살펴보는 것은 더 이상 큰 의의가 없다고 생각된다.[4] 중심지이론은 대학의 지리학 관련문헌은 두말할 나위도 없고 심지어 중·고등학교 교과서에서도 언급되거나 비교적 자세히 다뤄지고 있기 때문이다. 그럼에도 불구하고 우리나라에서 크리스탈러의 이론 자체에 대한 이해가 반드시 충분하다고 할 수 없다. 지난 3, 40여 년 동안 중심지이론의 소개와 연구가 주로 영어나 일본어 문헌을 통해 간접적으로, 그리고 그것도 특정영역에 치우쳐 이뤄졌기 때문이다. 자연히 크리스탈러의 고전적 연구서 자체가 지닌 전체적 내용구성과 논리체계, 그리고 주요 관점이나 방법론적 전개 등은 오히려 간과되었다고 해도 과언이 아니다. 따라서 이 책의 해제와 관련해서는 크리스탈러의 중심지이론을 내용적 측면과 맥락, 그리고 이론적 함의 등을 위주로 종합적으로 살펴보

---

3) 중심지이론의 정책적, 계획적 응용은 전후 독일의 국토 및 주 발전정책, 네덜란드의 폴더(*polder*)의 취락구조 계획, 이스라엘의 뉴타운(*new town*) 개발, 그리고 제3세계 국가들의 일극 집중형 수위도시에 대응한 분산적 지방 중소도시 및 농어촌 네트워크 강화정책 등에서 대표적으로 살펴 볼 수 있다.

4) 다음 논문을 참조하라. Richard E. Preston: "Remembering Walter Christaller's Scholarly Contribution on the One Hundredth Anniversary of his Birth." In: *Die Erde*, Band 124, Berlin 1993, S. 303~312.

고자 한다.

우선 이 책은 잘 알려져 있듯이 발터 크리스탈러가 1932년 독일 에어랑겐 대학에서 로베르트 그라트만을 지도교수로 하여 제출된 박사학위논문을 바탕으로 하여 그 이듬해인 1933년에 예나(Jena)의 구스타프 피셔 출판사(Verlag von Gustav Fischer)에서 단행본으로 발간된 것이다. 그리고 이 책은 1968년에 다름슈타트(Darmstadt) 소재 학술출판공사(Wissenschaftliche Buchgesellschaft)에서 내용의 수정 없이 재출간되었다.

이 책은 전체적으로 다섯 부분으로 구성되어 있다. 먼저 책의 서장에 해당하는 서론은 연구의 목적과 함께 연구방법에 관해 서술하고 있다. 뒤이은 제 1장 이론편에서는 중심지이론을 구성하고 전개하는 데 필요한 기본개념들과 용어, 그리고 기초원칙들을 자세히 논의하고 있으며, 특히 기본개념에 대한 정의, 중심지와 중심지체계의 정태적 관계와 동태적 과정 등으로 그 내용이 구성되어 있다. 제 2장은 이른바 응용편으로 알려진 연계편으로서, 제 1장에서 구성된 이론을 취락지리학적 현실상황에 적용하여 일차적으로 검토하고 있다. 따라서 이 부분에서는 현실을 보다 명확히 파악하기 위한 방법론이 함께 설명되어 있다. 제 3장은 지역편으로서, 앞 장에서 논의된 이론과 접근방법론을 1930년대 남부독일이라는 구체적 지역을 대상으로 하여 분석한 검증편에 해당한다. 그리고 마지막 제 4장은 결론부분으로서, 이론의 검증결과를 요약, 정리하고 있을 뿐만 아니라 이상의 본문의 설명을 취락지리학적 방법론과 결부시켜 그 의의를 평가하고 설명하고 있다.

우리는 이러한 연구의 내용구성과 체계를 통해 이미 크리스탈러의 연구가 지닌 중요한 특성의 하나를 파악할 수 있다. 그것은 다름 아닌 그 이전의 전통적 지리학 연구가 일반적으로 보여준 현실의 다양한 사물과 현상에 대한 단순한 나열적 기술이 아니라 이론의 연역에서 출발하고 있다는 점이다. 또한 크리스탈러의 중심지이론은 비록 튀넨의 농업입지론이나 베버의 공업입지론으로부터 적잖은 영향을 받았지만, 이와 달리 이론적 논구에 그치지 않고 이론의 검증이라는 측면에서 이론과 현실세계의 비교분석을 구체적이고 자세히 진행시키고 있다는 점이다.

먼저 크리스탈러는 책의 서론에서 중심지 연구의 목적과 방법론을 명확히 제시하고 있다. 그는 그 주된 연구목적을 "왜 크고 작은 도시들이 존재하며, 도시의 분포는 과연 불규칙적인가?" 하는 의문점을 밝히는 데 두고 있다. 이러한 문제제기는 "도시의 수와 규모, 그리고 분포를 규정하는 법칙이 존재하는가? 만약 존재한다면 그 법칙은 어떤 것인가?"의 명제로 요약된다. 그는 이러한 법칙을 탐구하기 위해 기존의 지리학적 방법뿐만 아니라 역사학적, 통계학적 방법 등의 타당성도 아울러 검토하고 있다. 그는 전통적인 지리학적 방법론으로서는 도시 입지의 발생적 특성과 발전계기 및 그 과정 등을 설명할 수 있으나 도시 입지의 일반적 법칙과 질서원리를 밝혀낼 수 없으며, 역사학적 방법과 통계학적 방법 등도 역시 유효한 법칙을 충분히 제시할 수 없다고 보았다.

이에 따라 크리스탈러는 이러한 취락지리학적 법칙을 도출하기 위한 중요한 계기를 정주취락의 경제적 측면, 즉 기능에서 찾고 있다. 그는 도시와 농촌을 고찰할 때 경제현상이 결정적 의의를 지닌다고 파악하고 있다. 즉, 도시의 성립과 발전, 그리고 쇠퇴에서 도시주민들이 도시에서 생업의 가능성, 다시 말해 직업을 얻고 도시가 공급하는 것에 대한 수요가 존재해야 한다는 경제적 문제가 가장 중요하다고 고찰하고 있다. 따라서 그는 이러한 경제활동이 수행되는 도시의 성립원리가 경제지리학의 연구대상이며, 거기서 작용하는 경제지리학적 법칙에 의거하여 도시의 규모와 수, 그리고 분포패턴을 설명할 수 있다고 강조한다. 바꿔 말해 크리스탈러는 그의 연구목적을 "경제학적 법칙과 규칙이 취락지리학에 미치는 공간적 작용"을 설명하는 데 있음을 분명히 적시하고 있다. 이러한 맥락에서 크리스탈러의 중심지 연구의 또 하나의 특성이 부각되는데, 그것은 다름 아닌 취락지리학에 경제학적 관점을 도입하고 있다는 점이다. 이러한 기본특성이 아래에서 서술할 그의 기본개념과 이론적 설명에서 되풀이되고 있음은 두

말할 나위도 없다.

크리스탈러는 이러한 연구목적에 입각하여 중심지 연구를 본격적으로 진행하고 있다. 그런데 그는 이론의 전개에 앞서 이론을 구성하기 위해 필요한 기본개념들을 자세히 규정하고 있다. 이러한 개념과 원리의 대부분은 대단히 독창적이며, 또한 중심지이론을 이해하는 데 필수불가결한 것들이라고 할 수 있다.

이미 언급한 것처럼 도시의 존립근거를 경제활동에서 찾고 있듯이 도시의 본질이 형태가 아니라 기능에 있다고 본 크리스탈러는 도시라는 구체적 개념보다 그것을 추상화한 '중심지'라는 개념을 이론의 요체로 제시하고 있다. 따라서 중심성과 중심기능과 같은 개념 등도 예외가 아니다. 이밖에도 크리스탈러는 일련의 개념들을 조작적으로 규정하며 이론의 토대를 계속적으로 확장시키는데, 이러한 조작적 개념에는 주지하다시피 보완지역과 재화의 도달범위, 중심재와 중심기능의 계차, 중심지계층, 경제적 거리 등도 포함된다.

크리스탈러는 이상과 같은 중심지와 그 형성체계를 둘러싼 한 개념적 요소들을 자세히 정의한 뒤, 이러한 개념들을 기초로 하여 중심지의 성립과 발전의 정태적 관계들을 서술적으로 설명하고 있다. 이와 관련하여 중심재의 소비와 중심지의 발전 사이의 관계, 인구밀도 및 그 변동에 따른 중심재의 소비, 다양한 종류의 중심재가 공급되는 고차 중심지와 소수의 재화만이 공급되는 저차 중심지 사이의 관계, 동일한 재화에서도 중심지계층에 따른 (재화의) 도달범위의 차이, 그리고 재화가 보여주는 도달거리의 상한과 하한 사이의 관계 등을 다양한 사례를 통해 제시하면서 논의하고 있다.

뒤이어 크리스탈러는 이상에서 언급한 개념과 중심지의 성립 및 발전의 기본특성을 바탕으로 중심지체계를 연역적으로 도출하고 있다. 이 부분은 그의 이론 논의의 핵심이라고 할 수 있다. 이것은 구체적으로 두 가지 논제와 연결되고 있다. 첫째로 주민들이 중심재를 가장 합리적으로 수요하고 중심지가 그것을 가장 효율적으로 공급한다면, 중심지의 공간적 배치가 과연 어떠하며, 둘째로 동일한 재화가 아닌 이른바 최소요구치와 도달범위가 서로 다른 재화들을 공급하는, 즉 중심성의 차이가 있는 중심지들이 같은 장소에 존재한다면, 중심지의 공간적 조직 내지 편성이 어떠한가 하는 것이다.[5)]

이미 잘 알려져 있듯이 크리스탈러는 중심지체계로 세 가지 유형을 제시하고 있으며, 그 기본원리는 서로 다르다. 다시 말해 보급원리와 교통원리, 그리고 격리원리로 일컫는 원리에 바탕을 둔다. 이 가운데 보급원리에 입각한 중심지체계가 가장 기본적 체계이며, 나머지 두 체계는 이로부터 도출된, 그리고 이와 일정한 편차를 보여주는 체계라고 지적한다. 물론 이 모든 중심지체계는 현실적, 경험적 공간이 아니라 추상적, 이상적 공간을 전제로 한 중심지의 공간조직을 유형적으로 보여준다고 할 수 있다.

이러한 배경에서 중심지체계를 구성하기 위한 출발점으로서 일련의 조건들이 전제되고 있다. 이는 기본적으로 소비자와 공급자의 행위뿐만 아

---

5) 아래에서도 설명하였듯이 크리스탈러의 중심지이론은 처음 소개된 후 다양한 측면에서 수정, 보완, 확대되었다. 우리나라에서 일반적으로 중심지이론의 소개는 주로 영미권과 일본을 통해 이뤄졌다. 중심지이론을 적용한 본격적인 실증적, 분석적 연구를 논외로 하면, 중요한 이론적 논의는 베리(B. J. L. Berry)와 게리슨(W. L. Garrison)의 1950, 1960년대에 걸쳐 이뤄진 일련의 연구에 의거한 영미권의 일반 연구서와 (대학)교재에 바탕을 두고 있다고 해도 과언이 아니다. 따라서 특히 중심지이론의 가장 핵심적인 개념인 재화의 도달범위와 계층성, 그리고 중심지체계의 편성 또는 구성논리와 관련하여 크리스탈러가 당초 제시한 접근방법과 베리 및 게리슨 등이 수정 보완한 (우리나라에서 널리 알려져 있는) 방법을 비교 검토하는 것도 학술적으로 흥미로운 작업이라고 여겨진다. B. J. J. Berry and W. L. Garrison: "Recent Developments of Central Place Theory." In: *Papers and Proceedings of the Regional Science Association* 4. 1958, pp. 107~120; cf. Günter Heinritz: *Zentralität und zentrale Orte*. Stuttgart 1979, S. 26~45.

니라 구체적 공간 특성의 의도적 배제와 관련되어 있다.[6] 다만, 여기서 분명히 지적해 둘 점은 현실을 단순화하기 위한 많은 전제조건에는 크리스탈러가 명시하는 것들도 포함되지만, 대개는 문맥상 암묵적으로 표현되어 있다는 사실이다.

크리스탈러는 이러한 전제조건하에서 보급원리에 입각한 중심지체계의 구성방식을 논의하고 있다. 이미 언급했듯이, 크리스탈러의 연구목적은 도시취락의 분포와 발전에 법칙성이 과연 존재하는지에 있으며, 그러한 법칙성이 계층원리와 함께 관찰된다는 사실은 무엇보다도 그의 가장 중요한 연구결과로 볼 수 있다.[7] 중심지의 계층적 편성은 곧 그 어떤 공간적 척도와 상관없이 중심지의 공간조직을 말하며, 이 계층원리는 중심기능(중심재와 중심서비스)은 물론이고 중심지에 속하는 보완지역과 관련해서도 입증되고 있다.

그런데 크리스탈러는 이러한 정태적 관계에 대한 고찰에 머물지 않고 다양한 상황조건의 어느 하나가 변할 때 중심지와 중심지체계가 어떤 동태적 변동과정을 보여주는지를 고찰하는 데까지 나아가고 있다. 이 동태론에서 고찰되는 것은 연역적 이론을 현실세계에 적용할 때 하나의 규범이 되는 것이므로, 이론 논의의 중요한 부분이라고 말할 수 있다. 그가 동태적 과정으로서 검토하는 내용들은, 첫째, 인구변화와 중심지의 동태(인구증가에 의한 변화, 인구감소에 의한 변화, 대도시에서의 높은 지가의 영향), 둘째, 교통여건의 변동과 중심지의 변화(교통비용 하락의 의의, 철도교통에 의한 변화, 자동차교통에 의한 변화), 셋째, 재화의 도달범위의 변화와 중

---

6) 특히 보급원리에 따른 중심지체계와 관련한 전제조건으로서는 다음을 들 수 있다. 첫째 수요의 공간적 분포가 균등하며, 둘째 어떤 방향으로든 교통조건이 동일하며, 셋째 소비자가 가장 가까운 거리에 있는 중심지를 이용할 뿐만 아니라 소비성향도 동일하며, 넷째 재화의 공급자는 합리적으로 행동하며, 다섯째 중심재의 가격과 질이 일정하다는 것 등이다.

7) Günter Heinritz: *Zentralität und zentrale Orte*. Stuttgart 1979, S. 23.

심지의 동태(도달범위 상한의 확대와 축소, 도달범위 상한의 변화와 중심지의 변화, 하한의 변동) 등이다. 특히 이 동태적 과정에 대한 분석과 함께 크리스탈러는 중심지체계의 정책적 응용을 강조하고 있다.

그는 중심지체계라는 도식을 하나의 합리적 도식이라고 상정하고, 이를 통해 중심재 공급자의 가장 유리한 입지선정과 소비자의 가장 유리한 중심지 이용이라는 시사점을 얻을 수 있다고 한다. 그러나 이것이 현실적으로 다양한 요인에 의해 방해받거나 왜곡될 수 있으므로, 그 실현을 경제정책이라는 수단을 통해 보장되도록 다각적 노력을 경주해야 한다는 점을 잊지 않고 지적하고 있다.

크리스탈러는 제 1장 이론편을 마무리하면서 중심지이론의 성격과 본질에 대해 언급하고 있다. 그것은 두 가지 논점으로 나눠질 수 있는데, 그 하나는 중심지이론이 특수한 목적, 즉 남부독일의 중심지의 수와 규모, 그리고 분포라는 특정한 현재의 지리적 현상을 설명하는 것을 목적으로 하며, 또 하나는 그의 이론이 자본주의 경제체제를 전제로 하고 있으나 사회주의 경제체계에 적용하더라도 원리적으로 그 어떤 변화도 발생하지 않을 것이라는 점이다. 이렇듯 후자와 관련하여 중심지이론은 튀넨이나 베버 등의 이론과 공통으로 이러한 이론들이 지닌 본질의 일면을 표현해 주고 있다고 볼 수 있다.

크리스탈러는 이상에서 논의한 자신의 이론을 검증하기 위해 1930년대 남부독일을 대상지역으로 삼았다. 하지만 지역을 사례로 하여 본격적으로 분석을 진행시키기 전에 연역적으로 구성된 이론을 현실에 적용하기 위한 방법론을 모색하고 있다. 이러한 맥락에서 그의 책 제 2장은 이론과 현실을 연결하는 장일 뿐만 아니라 응용의 장으로도 일컫는다.

여기서의 중심논제는 중심지의 이론적 공간조직이 현실세계에서 어느 정도로 관찰되는지를 검증하기 위해 무엇보다도 현실세계의 중심지를 파악하는 것이라고 할 수 있다. 우선 문제가 되는 것은 중심기능이 입지한 취락이라는 중심지의 정의에서 알 수 있듯이, 당시 남부독일의 행정적으로 구획된 도시취락(인구 2천 명 이상을 기준으로 함)을 모두 중심지로 할 수 없다는 사실이다. 그래서 그는 중심기능을 구체적 예(중심재의 교환에 이용되는 시설)를 제시하는 것으로부터 위에서 도출된 이론을 현실에 적용하는 방법을 논의하기 시작한다. 또 하나는 시설이 입지한 장소가 중심지라고 해도 실제로 중심기능을 어느 정도 지니고 있는지 하는, 다시 말해 중심기능의 최저수준의 문제, 개별 중심지의 전체로서 중심기능의 총량을 구하는 문제, 즉 시설의 내용적 차이를 파악하는 방법론적 문제이다.

따라서 그는 남부독일을 도시와 농촌의 수많은 취락단위에서 중심지를 규정하고, 이러한 중심지들의 계층을 구분하기 위해 취락이 보유한 전화(접속)대수를 이용하여 중심성을 측정하고 중심성의 크기를 따라 이 취락들의 계층구분을 시도하고 있다. 이처럼 전화대수를 이용한 것은 1930년대는 지금과 달리 전화보급의 초기단계(당시 독일에서도 일반가정의 전화보급률은 대단히 낮았음)에 있었으며, 각 중심지의 경제활동 상황을 유효하게 파악할 수 있는 적절한 지표로 생각되었기 때문이다. 오늘날에는 이 방법이 더 이상 통용될 수 없음은 명약관화하다.

이에 크리스탈러는 중심지의 인구수에 따라 당연히 가져야 한다고 본 각 중심지의 이론적 전화대수를 구하고 이를 실제 전화대수와 비교하여 그 차이를 계산하여, 실제 전화대수가 추정된 전화대수보다 많을수록 중심지의 계층이 상위가 된다고 본다. 그는 또한 이와 같이 구한 중심성에 의해 남부독일의 중심지의 계층구분을 시도한다. 그 결과 그는 남부독일의 중심지 계층을 최하위인 M-중심지에서 시작하여 최상위인 L-중심지에 이르기까지 모두 일곱 개의 계층으로 구분할 수 있다고 지적한다.

크리스탈러는 이상과 같이 현실의 중심지가 지닌 의미(중요성)와 그 계층을 규정하고, 그 공간분포와 이론적 입지 사이의 관계를 그의 저서 제3장 지역편에서 상세히 검토하고 있다. 이에 따라 그는 남부독일의 중심지의 공간조직을 그 최상위 체계인 L-체계를 기준으로 하여 뮌헨, 뉘른베르크, 슈투트가르트, 슈트라스부르크, 그리고 프랑크푸르트 등 다섯 개의 지역체계로 나눠 살펴보고 있다. 여기서는 각 체계의 일반적 특성뿐만 아니라 계층별 중심지의 분석이 이뤄지고, 검증결과가 요약 정리되어 있다.

크리스탈러는 마지막 결론부분에서 이론의 검증결과를 설명할 뿐만 아니라 방법론적 귀결을 논의한다. 먼저 이론의 검증과 관련하여 남부독일에서 중심지의 수와 규모, 그리고 분포를 규정하는 세 가지 원리, 즉 보급(또는 시장)원리, 교통원리, 그리고 격리(또는 행정)원리가 존재하며, 이러한 원리들을 중심지의 분포법칙 또는 취락의 법칙이라고 지칭한다.

크리스탈러는 중심지가 일정한 간격으로 분포하는 것을 설명하는 가장 보편적인 원리는 다름 아닌 보급원리라고 지적하고, 이 원리가 주로 적용되는 지역으로 이를테면 인구가 비교적 적고 상대적으로 빈곤하며 또한 농업을 주요 산업으로 하는 지역이라고 한다. 이처럼 일반적으로 보급원리가 1차적·기본적 분포법칙이 되는 반면, 교통원리와 격리원리는 일정한 편차를 지닌 2차적 법칙에 해당한다. 이 2차적 법칙의 효과들은 일정한 조건하에서만 관찰된다고 한다. 그리고 이러한 1차적 법칙과 2차적 편차법칙에 의해서도 설명되지 않는 편차는 지역적 편차와 특수한 국지적 편차로 나뉘며, 이 편차들은 경제학적으로 설명될 수 있다고 한다. 이밖에 이상의 세 가지 원리와 경제학적으로 설명되지 않는 편차들이 존재하는데, 이러한 편차들은 이 연구의 직접적 대상이 아니라고 보고, 역사적, 자연지리적, 민족적, 군사적 요인으로 나눠 향후 설명에 필요한 단초를 제시하고 있다.

끝으로 연구의 방법론적 귀결과 관련하여 크리스탈러는 경제학적 방법이 그의 책에서 적용된 순수한 형태로 지금까지 취락지리학에서는 원용되지 않았으며, 또한 그나마 유형을 설정하는 데 그치고 있다고 지적하고, 단순한 계통화의 단계를 넘어서야 한다고 강조하고 있다. 그리고 이 연구에서 경제학적 방법을 전적으로 적용했지만, 이것은 또 다른 취락지리학적 방법의 존재의 정당성을 부정하는 것이 아니며, 오히려 다른 방법도 한편으로 경제학적 방법에 의거하여 얻은 인식을 그 타당성과 관련하여 검증하기 위해, 또 한편으로 도시의 수와 분포, 그리고 규모의 경제 외적인 규정요인을 설명하기 위해 전적으로 필요하다고 언급하고 있다. 이러한 다른 방법으로서는 역사적 방법과 통계학적 방법 등이 있으며, 비교 지리학적 방법도 이에 해당한다고 설명한다. 결국 경제지리학은 개개의 사례에 한정하여 사실을 설명하는 데 불과한 기술적(記述的) 학문에서 근본적으로 법칙의 발견을 추구하는 학문으로 발전해야 하며, 경제지리학이 어디에서 그 법칙을 이끌어 내는지는 별로 문제되지 않는다고 강조한다. 경제지리학은 결국 이러한 법칙들을 적용하고, 이를 통해 마침내 복잡다단한 경제지리학적 현상들을 실제로 설명하며, 그리고 결국에는 이를 통해 경제적, 정치적 실천에 활용할 수 있도록 하는 것이라고 언급하고 있다.

이 책의 부록편에는 참고문헌과 아울러 제 2장의 논의를 통해 알 수 있듯이 남부독일의 중심지를 확인하고 그 중심성을 계산해 놓은 남부독일 중심지에 관한 일람표와 중심지의 유형별 발생빈도를 나타내는 빈도분포 그래프가 첨부되어 있다. 그리고 본문에서 빈번히 언급한 지도가 제시되어 있어 남부독일의 중심지의 분포패턴을 손쉽고 일목요연하게 파악할 수 있도록 해주고 있다.

크리스탈러의 중심지이론이 발표된 이후 지난 70여 년 동안 지리학자들뿐만 아니라 타분야의 수많은 학자들도 그의 생각을 수용하여 사유하고, 적용하며, 비판적으로 검증하고, 또한 수정 보완하거나 그 한계를 극복하려고 노력했다. 이미 언급한 것처럼, 중심지는 그동안 지리학자들뿐만 아니라 지역과학자, 도시 및 지역계획가, 경제학자, 역사학자, 민속학자 등에게도 하나의 연구주제로서 굳건히 자리잡았다. 이러한 배경에서 중심지이론과 관련된 연구는 중심지의 공간적 분포에 관한 경험적 확인, 중심지의 역사적 변화에 관한 실증적 연구, 상업 및 서비스업의 입지에 대한 해석, 정기시장에의 중심지이론의 적용, 대도시에서 중심기능의 입지동태, 지역계획에의 중심지이론의 정책적 응용 등 실로 폭넓은 영역에 걸쳐 다채롭게 진행되었다.[8] 자연히 지난 7, 80년 동안 이뤄진 중심지 및 중심성

연구를 문헌을 통해 종합적으로 개관하는 것이 어느 누구에 의해서도 시도되지 않았으며, 또한 앞으로 누군가가 시도한다면 무한한 노력이 요구되는 작업이라고 할 수 있을 것이다.[9]

---

8) 이와 관련된 주요 논저로서 다음을 참조하라. 성준용: "오늘날에서 중심지 이론의 역할." 〈지리학연구〉 제 38권 제 3호(서울, 2004), pp. 272~291; 森川 洋: 《中心地研究－理論・研究および實證》(東京, 1974); 森川 洋: 《中心地論 I, II》(東京, 1980); 森川 洋: 《中心地論 III－西ドイツにおける地域政策への適用》(東京, 1988); 西村睦男: 《中心地と勢力圈》(東京, 1977); 西村睦男・森川 洋(編): 《中心地研究の展開》(東京, 1986); 林 上: 《中心地理論研究》(東京, 1986); 富田和曉: 《經濟立地の理論と實際》(東京, 1977), pp. 162~200; K. S. O. Beavon: *Central Place Theory－A Reinterpretation*. London 1977; Günter Heinritz: *Zentralität und zentrale Orte*. Stuttgart 1979; L. J. King: *Central Place Theory*. Beverly Hills 1984; B. J. J. Berry, J. B. Parr, B. J. Epstein, A. Ghosh and R. H. T. Smith: *Market Centers and Retail Location－Theory and Applications*. Englewood Cliffs 1988.

9) 이와 관련한 예로 들 수 있는 대표적 논저들로서 다음을 참조하라. H. F. Andrews: *Working Notes and Bibliography on Central Place Studies 1965~69*. Toronto 1970 (=University of Toronto, Department of Geography, Discussion Paper Ser. 8); H. G. Barum, R. Kasperson and S. Kiuchi: *Supplement to Central Place Studies－A Bibliography of Theory and Applications*. Regional Science Research Institute (= Bibliography Ser. 1). Philadelphia 1965; B. J. J. Berry and A. Pred: *Central Place Studies－A Bibliography of Theory and Application*. Regional Science Research Institute (= Bibliography Ser. 1). Philadelphia 1961; H. H. Blotevogel, M. Hommel und P. Schöller: "Bibliographie zur Zentralitätsfoschung." In: Peter Schöller: *Zentralitätsforschung*. Darmstadt 1972, S. 473~494; Deutscher Verband für Wohnungswesen, Städtebau und Raumplanung(Hrsg.): *Literaturzusammenstellung LZ5－Zentrale Orte*. Köln-Mühlheim 1969; K. Gustafsson und E. Söker: "Bibliographie zum Untersuchungsobjekt 'Zentralörtliche Erscheinungen in Verdichtungsräumen.'" In: *Zentralörtliche Funktionen in Verdichtungsräumen*. Hannover 1972,

물론 최근 들어 중심지이론에 관한 지리학 안팎의 학문적, 그리고 정책적 관심은 과거와 한결같지 않다. 이미 1970년대에 지리학에서 논리실증주의 사조에 대한 비판과 함께 중심지이론에 대한 비판적 평가가 행해졌으며, 자연히 주요 학술지에 발표되는 관련연구들도 감소하고 그나마 발표되는 연구도 아주 세분화된 특정분야를 지향하고 있다는 점도 부인할 수 없는 사실이다. 무엇보다도 이러한 연구의 소강상태는 새로운, 그리고 역량 있는 이론적 틀을 가진 연구분야들(예를 들어, 지리학 내에서의 도시체계 및 세계도시 연구, 유통·소매업의 지리학 등과 지리학 밖에서의 국제경제학자 폴 그루그만 등의 신경제지리학적 접근[10] 등)이 전통적 중심지이론에서 한 걸음 더 나아가 독자적 성장을 추구하는 점과 무관하지 않다고 판단된다.[11]

하지만 이러한 상황에도 불구하고 크리스탈러의 중심지이론이 갖는 인간의 생활터전인 지표공간의 기본질서와 조직체계 및 상호작용의 원리에 관한 탁월한 인식과 독창적 해석은 오늘날에도 여전히 유효하다. 더구나

S. 185～201 (= Veröffentlichungen der Akademie für Raumordnung und Landesplanung 72); G. Olsson: *Distance and Human Interaction – A Review and Bibliography*. Philadelphia 1965 (= Regional Science Research Institute, Bibliography Ser. 2); Informationszentrum Raum und Bau der Fraunhofer-Gesellschaft (Hrsg.): *Zentrale-Orte-Theorie*. 2. Aufl. Stuttgart 1988; H. H. Blotevogel und H. Heineberg: *Kommentierte Bibliographie zur Geographie Teil 2 –Wirtschafts- und Sozialgeographie*. 2. Aufl. Paderborn 1992, S. 206～213.

10) 폴 크루그만(Paul Krugman)의 다음 저서들을 참조하라. P. Krugman: *Geography and Trade*. Cambridge, Mass. 1990; P. Krugman: *Development, Geography, and Economic Theory*. Cambridge, Mass. 1995; P. Krugman: *The Self-Organization Economy*. Cambridge, Mass. 1996.

11) Hans Heinrich Blotevogel: "Zentrale Orte–Zur Karriere und Krise eines Konzepts in Geographie und Raumplanung." In: *Erdkunde*, Band 50, Heft 1, Bonn 1996, S. 9～25.

그의 연역적, 이론적 연구관점은 지리학자들이 현실세계에서 늘 직면하는 너무나도 복잡다단한 현상과 문제들을 해결하는 데 긴요한 접근방법을 발견론적으로 제시하고 있다고 할 수 있다. 이러한 배경에서 크리스탈러의 중심지이론을 대표하는 《남부독일의 중심지》는 교육적 의의까지 깊이 내포하고 있다. 만약 지리학 입문자나 연구자들이 이 책을 차분히 읽어 나간다면, 이 책에서 지리적 현상들을 어떤 관점에서 어떻게 접근하고, 이를 또한 논리적으로 어떻게 풀어갈 것인지에 대해 풍부한 학문적 상상력과 아울러 깊은 이론적 시사점을 얻을 수 있을 것으로 생각한다.

Auerbach, Felix: "Das Gesetz der Bevölkerungskonzentration." In: *Petermanns Mitteilungen*, 59. Jahrg. Gotha 1913, S. 74ff.

Aurousseau, M.: "Recent Contributions to Urban Geography." In: *Geographical Review*, Vol. XIV. New York 1924.

______: "The Arrangement of Rural Population." In: *Geographical Review*. New York 1920.

Below, Georg von: *Vom Mittelalter zur Neuzeit*. (Wissenschaft und Bildung Nr. 198) Leipzig 1924.

Bergsträßer, Arnold: *Staat und Wirtschaft Frankreichs*. (Frankreich, 2. Bd.) Berlin und Leipzig 1922.

Bericht über die Vorstandssitzung des preußischen Städtetages am 9. Februar 1929. In: der Städtetag, 23. Jahrg. Berlin 1929.

Blind: "Vortrag," mitgeteilt in: *Geograph. Zeitschrift*, 5. Jahrg. Leipzig 1899.

Bobek, Hans: "Innsbruck. Eine Gebirgsstadt, ihr Lebensraum und ihre Erscheinung." In: *Forschungen zur deutschen Landes- und Volkskunde*, 25. Bd., Stuttgart 1928.

______: "Grundfragen der Stadtgeographie." In: *Geograph. Anzeiger*, 28. Jahrg. Gotha 1927.

Böhm-Bawerk, Eugen von: *Positive Theorie des Kapitals*. Band 1, 4. Aufl. Jena 1921.

______: "Besprechung von E. v. Bergmanns 'Geschichte der nationalökonomischen Krisentheorien.'" In: *Zeitschrift für Volkswirtschaft, Sozialpolitik und Verwaltung*, VII, 1898.

Bortkiewicz, Ludwig von: "Eine geometrische Fundierung der Lehre vom Standort der Industrien." In: *Archiv für Sozialwissenschaften und Sozialpolitik*, XXX. Bd. Tübingen 1910.

Bücher, Karl: "Die Großstädte in Gegenwart und Vergangenheit." In: '*Die Großstadt*', *Jahrbuch der Gehestiftung*. Dresden 1927, S. 1~32.

Carlberg, Berthold: "Stadtgeographie." In: *Geograph. Anzeiger*, 27. Jahrg. Gotha 1926.

Cassel, Gustav: *Theoretische Sozialökonomie*, 4. Aufl. Leipzig 1927.

Creutzburg, Nikolaus: "Das Lokalisationsphänomen der Industrien. Am Beispiel des nortwestlichen Thüringer Waldes." In: *Forschungen zur deutschen Landes- und Volkskunde*, 23. Bd., Heft 4. Stuttgart 1925.

Diebelius, Wilhelm: *England*. Leipzig und Berlin 1929. 1. Bd.

Dobbeler, C. von: "Mathematische Beiträge zur Wirtschaftsgeographie." In: *Technik und Wirtschaft*, 17. Jahrg., Heft 9.

Dörries, Hans: "Entstehung und Formenbildung der niedersächsischen Stadt, eine vergleichende Städtegeographie." In: *Forschungen zur deutschen Landes- und Volkskunde*, 27. Bd. Stuttgart 1929.

______: "Der gegenwärtige Stand der Stadtgeographie." In: *Hermann Wagner Gedächtnisschrift*. Goth 1930.

Dühring, Eugen: *Cursus der National- und Sozialökonomie*, 2. Aufl. Leipzig 1876.

Eckardt, Hans von: *Rußland*. Leipzig 1930.

Eckert, Max: *Die Kartenwissenschaft*. 2 Bände, Berlin und Leipzig 1925.

Engländer, Oskar: *Theorie der Volkswirtschaft*, I. Teil: *Preisbildung und Preisaufbau*. Wien 1929.

______: *Theorie des Güterverkehrs und der Frachtsätze*. Jena 1924.

______: "Volkswirtschaftliche Theorie des Personenverkehrs." In: *Archiv für Sozialwissenschaften und Sozialpolitik*, 50. Bd. Tübingen 1923.

Enquete-Ausschuß (Ausschuß zur Untersuchung der Erzeuguns-und Absatzbedingungen der deutschen Wirtschaft): *Das Wirt schfatsleben der Städte, Landkreise und Landgemeinden*, I. Bd. Berlin 1930.

Eulenburg, Franz: "Sind 'historische Gesetze' möglich?" In: *Hauptprobleme der Soziologie. Erinnerungsgabe für Max Weber*, I. Bd. München und Leipzig 1923.

______: *Gesellschaft und Natur*. Akademische Antrittsrede, abgedr. in: Archiv für Sozialwissenschaft und Sozialpolitik, 21. Bd. (neue Folge 3. Bd.). Tübingen 1905.

Furlan, V.: "Die Standortsprobleme in der Volks- und Weltwirtschaftslehre." In: *Weltwirtschaftliches Archiv*, Bd. 2. Jena 1913.

Geisler, W.: "De deutsche Stadt—Ein Beitrag zur Morphologie der Kulturlandschaft." In: *Forschungen zur deutschen Landes- und Volkskunde*, XXII, 5. Stuttgart 1924.

Götz, Wilhelm: *Die Verkehrswege im Dienste des Welthandels. Eine historisch-geographische Untersuchung, samt einer Einleitung für eine 'Wissenschaft von den geographischen Entferungen'*. Stuttgart 1888.

Gradmann, Robert: "Das ländliche Siedlungswesen des Königreichs Württemberg." In: *Forschungen zur deutschen Landes- und Volkskunde*, 21. Bd., Heft 1, 2. Aufl. Stuttgart 1926.

Gradmann, Robert: "Die städtischen Siedlungen des Königreichs Württemberg." In: *Forschungen zur deutschen Landes- und Volkskunde*, 21. Bd., Heft 2, 2. Aufl. Stuttgart 1926 (1. Aufl. 1913).

______: *Süddeutschland*. Bd. 1. Stuttgart 1931.

______: "Schwäbische Städte." In: *Zeitschrift der Gesellschaft für Erdkunde*. Berlin 1916.

Grimms Wörterbuch, VII. Band.

Gruber, Hermann: "Kreise und Kreisgrenzen Preußens, vornehmlich die Ost-Preußens, geographisch betrachtet." Diss. Königsberg 1912.

Hanslik, E.: *Biala—eine deutsche Stadt in Galizien*. Leipzig 1909.

Bernhard Harms: *Volkswirtschaft und Weltwirtschaft. Versuch der*

Begründung einer Weltwirtschaftslehre. Jena 1912.

Harms, Bernhard: "Strukturwandlungen in der Weltwirtschaft." In: *Wetlwirtschaftliches Archiv*, Bd. 25. Jena 1927.

Hasse, Ernst: "Die Intensität großstädtischer Menschenanhaufungen." In: *Allg. stat. Archiv*, 2 Jahrg. Tübingen 1892.

Hassert, Kurt: *Allgemeine Verkehrsgeographie*. 2. Aufl. Berlin und Leipzig 1931, 1. Bd.

______: *Die Städte geographisch betrachtet*. Leipzig 1907.

Hassinger, Hugo: "Über Aufgaben der Städtekunde." In: *Petermanns Mitteilungen*, 56 Jahrg. Tübingen 1892.

______: "Basel." In: *Beiträge zur Oberrheinischen Landeskunde. Festschrift zum 22. Geographentag*. Herausg. von Friedrich Metz. Breslau 1927.

______: "Beiträge zur Siedlungs-und Verkehrsgeographie von Wien." In: *Mitteilungen der geographischen Gesellschaft*. Wien 1910.

Haufe, Helmut: *Die geographische Struktur des deutschen Eisenbahnverkehrs*. (Veröffentlichungen des geogr. Sem. der Universität Leipzig, Heft 2.) Langensalza 1931.

Haußleiter, Otto: "Verwaltungsgliederung und Reichsreform." In: *Zeitschrift für die gesamten Staatswissenschaften*, 92. Bd. Tübingen 1932.

Helander, Sven: *Rationale Grundlagen der Wirtschaftspolitik*. Akademische Rede. Auszugsweiser Abdruck in: Akademische Nachrichten der Studentenschaft der Hochschule für Wirtschafts- und Sozialwissenschaften (Handelshochschule) Nürnberg, 2. Jahrg., Nr. 10. Nürnberg 1932.

Hettner, Alfred: "Die wirtschaftlichen Typen der Ansiedlungen." In: *Geograph. Zeitschrift*, 8. Jahrg. Leipzig 1902.

______: "Der gegenwärtige Stand der Verkehrsgeographie." In: *Geograph. Zeitschrift*, 3. Jahrg. Leipzig 1895.

______: "Die Lage der menschlichen Ansiedlungen." In: *Geograph. Zeitschrift*, I, Leipzig 1895.

______: *Die Geographie. ihre Geschichte, ihr Wesen und ihre Methoden*.

Breslau 1927.

Kjellén, Rudolf: *Der Staat als Lebensform*, 1. Aufl. Leipzig 1917.

Kohl, Johann Georg: *Der Verkehr und die Ansiedlungen der Menschen in ihrer Abhängigkeit von der Gestaltung der Erdoberfläche*, 2. Ausg. Leipzig 1850 (1. Aufl. 1841 erschienen).

Körzschke, Rudolf: "Allgemeine Wirtschaftsgeschichte des Mittelalters." In: *Handbuch der Wirtschaftsgeschichte*, herausg. von Georg Brodnitz. Jena 1924.

Krebs, Nobert: *Die Verbreitung des Menschen auf der Erdoberfläche.* (Anthropogeographie.) (A. N. u. G. 632) Leipzig und Berlin 1921.

Krebs, P.: "Die Frachtgrenze der deutschen Braunkohle." In: *Technik und Wirtschaft*, 17 Jahrg., Heft 9.

Kuske, Bruno: *Die Großstadt Köln als wirtschaftlicher und sozialer Körper.* Köln 1928.

Launhardt, Wilhelm: *Theorie des Trassirens*, Heft 1. Hannover 1887.

Lautensach, Hermann: *Allgemeine Geographie zur Einführung in die Länderkunde.* Gotha 1926.

Losch, Hermann: *Über die Neueinteilung Württembergs. Mitteilungen des Württemberg.* Statistischen Landesamts. Stuttgart 1927.

Marinell, Olinto: "Dei tipi economici dei centri abitati, a proposito di alcune città italiane ed americane." In: *Rivista Geografica Italiana*, Vol. XXIII. Florenz 1916.

Marx, Karl: *Das Kapital. Kritik der politischen Ökonomie.* Berlin 1859.

______: *Zur Kritik der politischen Ökonomie.* Berlin 1925.

Maul, Otto: *Politische Geographie.* Berlin 1925.

Maunier, René: "La distribution géographique des industries." In: *Revue internationale de Sociologie*, 16. Année. Paris 1908.

Mayer, Hans: Art. "Gut". In: *Handwörterbuch der Staatswissenschaften.* Jena 1927, IV. Band.

Menger, Carl: *Grundsätze der Volkswirtschaftslehre.* Wien 1871, 2. Aufl. Wien und Leipzig 1923.

Menz, Gerhard: *Irrationales in der Rationalisierung. Mensch und*

Maschine. Breslau 1828.

Metz, Friedrich: *Die Oberrheinlande*. Breslau 1925.

______: *Die ländlichen Siedlungen Badens*. I. *Unterland*. (Badische geograph. Abhandlungen, 1. Heft.) Karlsruhe 1926.

Nüßle, Friedrich: "Die administrative Einleitung des unteren und mittleren württembergischen Neckargebiets. Ein Beitrag zur wirtschaftlichen und politisch-geographischen Landeskunde von Württemberg." Diss. Stuttgart 1930.

Olbricht, Karl: "Die deutschen Großstädte." In: *Petermanns Mitteilungen* 1913.

Oppenheimer, Franz: *Theorie der Reinen und Politischen Ökonomie*. Berlin 1910.

Oppenheimer, Franz: *System der Soziologie*, 3. Bd.: *Theorie der Reinen und Politischen Ökonomie*, 1 Halbband: Grundlegung. Jena 1923.

Passarge, Siegfried: *Die Grundlagen der Landschaftskunde*. Band I: *Beschreibende Landschaftskunde*. Hamburg 1919.

______: *Die Erde und ihr Wirtschaftsleben*, II. Teil. Hamburg und Berlin o. J. (1926).

Pfannschmidt, Martin: "Geographische und volkswirtschaftliche Grundlagen von Landeskunde und Landesplanung." In: *Mitteilungen des Sächs.-Thür. Vereins für Erdkunde*, 52 Jahrg. Halle 1929.

Pfeifer, Gottfried: "Über raumwirtschaftliche Begriffe und Vorstellungen und ihre bisherige Anwendung in der Geographie und Wirtschaftswissenschaft." In: *Geograph. Zeitschrift*, 34, Jahrg. Leipzig und Berlin 1928.

Pöte, Marcel: *Introduction à l'Urbanisme. L'évolution des villes*. Paris 1929.

Predöhl, Andreas: "Das Standortsproblem in der Wirtschaftstheorie." In: *Weltwirtschaftliches Archiv*, 21. Bd. (1925 I.) Jena 1925.

Ratzel, Friedrich: *Anthropogeographie oder Grundzüge der Anwendung der Geographie auf die Geschichte*, I Teil. Stuttgart 1882.

______: *Anthropogeographie*, II Teil: *Die geographische Verbreitung des Menschen*. Stuttgart 1892.

______: "Die geographische Lage der großen Städte." In: '*Die Großstadt*', *Jahrbuch der Gehestiftung*, IX. Band Dresden 1903.

Reuscher: "Das Vorortsproblem, usw." In: *Verwaltungsarchiv, Zeitschrift für Verwaltungsrecht und Verwaltungsgerichtsbarkeit*, Bd. 35. Berlin 1930.

Richthofen, Ferdinand von: *Vorlesungen über allgemeine Siedlungs- und Verkehrsgeographie*, bearb. und herausg. von Otto Schlüter. Berlin 1908.

Ritter, Carl: *Einleitung zur allgemeinen vergleichenden Geographie und Abhandlungen zur Begründung einer mehr wissenschaftlichen Behandlung der Erdkunde*. Berlin 1852.

Sapper, Karl: *Allgemeine Wirtschafts- und Verkehrsgeographie*. Berlin 1925.

Sax, Emil: *Die Verkehrsmittel in Volks- und Staatswirtschaft*, I. Bd.: *Allgemeine Verkehrslehre*. Breslau 1918.

Schäffle, Albert: *Das gesellschaftliche System der menschlichen Wirtschaft*. 3. Aufl. Tübingen 1873, Bd. 2.

Scheu, Erwin: *Wirtschaftsprovinzen und Wirtschaftsbezirke*. Weltpol. Bücherei, Bd. 2. Berlin.

______: *Deutschlands wirtschaftsgeographische Harmonie*. Breslau 1924.

Schilling, A.: "Die wirtschaftsgeographischen Grundgesetze des Wettbewerbes in mathematischer Form." In: *Technik und Wirtschaft*, 17. Jahrg., Heft 7. Berlin 1924.

Schlüter, Otto: "Die Stellung der Geographie des Menschen in der erdkundlichen Wissenschaft." In: *Die Geographie als Wissenschaft und Lehrfach*. Berlin 1919, S. 25ff.

______: "Über die Aufgaben der Verkehrsgeographie im Rahmen der 'Reinen' Geographie." In: *Hermann Wagner Gedächtnisschrift*. Ergänzungsheft Nr. 209 zur Petermanns Mitteilungen. Gotha 1930.

______: *Die Siedlungen im nordöstlichen Thüringen*. Berlin 1903.

______: "Beiträge zur Bevölkerungs-und Siedlungsgeographie Deutschlands." In: *Petermanns Mitteilungen*, 56. Jahrg., II. Gotha 1910.

Schmerler, Wolfgang: "Die Landesplanung in Deutschland." In: *Zeitschrift für Kommunalwirtschaft*, XXII. Jahrg. Berlin 1932, Sp. 885~984.

Schmidt, Peter Heirich: *Wirtschaftsforschung und Geographie*. Jena 1925.

______: "Raum und Ort als geographische Grundbegriffe." In: *Geograph. Zeitschrift*, 36. Jahrg. Leipzig und Berlin 1930.

Schneider, Erich: "Mathematische Betrachtungen über den nationalen Gütertransport." In: *Technik und Wirtschaft*, Jahrg. 17, Heft 9. Berlin 1924.

Schott, Sigmund: *Die großstädtischen Agglomerationen des Deutschen Reichs 1871 bis 1910*. Heft 1 *der Schriften des Verbands deutscher Städtestatistiker*. Breslau 1912.

Schrader, Erich: "Die Städte Hessens." In: *Jahresbericht des Frankfurter Vereins für Geographie und Statistik*, 84., 85., 86. Jahrg. Frankfurt a. M. 1922, S. 3ff.

Schwelm, Hans und Volz, Wilhelm: *Die deutsche Ostgrenze, Unterlagen zur Erfassung der Grenzzerreißungsschäden*. Leipzig 1929.

Semenow, J.: "Die Revolution und die inneren Grenzen Rußlands." In: *Zeitschrift für Geopolitik*. Berlin 1927.

Seraphim, Hans Jürgen: "Statistik und Sozialökonomie." In: *Jahrbücher für Nationalökonomie und Statistik*, 3. Folge, 76. Bd., II, 1929.

Sidaritsch, M.: "Die steirischen Städte und Märkte in vergleichend geographischer Darstellung." In: *Sieger-Festschrift*. Wien 1924.

Sieger, Rudolph: "Die neuen Grenzen in den Alpen." In: *Zeitschrift des Deutsch-Österreichischen Alpenvereins* 1923.

Sölch, Johann: "Die Brennergrenze eine 'natürliche' Grenze?" In: *Tiroler Heimat*, IV. Innsbruck 1924.

Sombart, Werner: "Einige Anmerkungen zur Lehre vom Standort der

Industiren." In: *Archive für Sozialwissenschaften und Sozialpolitik*, XXX. Bd. Tübingen 1910.

______: *Die drei Nationalökonomien. Geschichte und System der Lehre von der Wirtschaft.* München und Leipzig 1930.

______: *Der moderne Kapitalismus.* I. Bd., 2. Aufl., München und Leipzig 1916.

______: *Der moderne Kapitalismus.* II. Bd., 2. Aufl., München und Leipzig 1917.

______: "Art. 'Städt. Siedlungen, Stadt'," im *Hdwb. d. Soziologie*, herausg. von Alfred Vierkandt. Stuttgart 1931.

Stucken, Rudolf: *Die Konjunkturen des Wirtschaftslebens.* Jena 1932.

______: "Zur Lehre von den Bewegungsvorgängen des Wirtschaftsle-bens." In: *Zeitschrift für die gesamten Staatswissenschaften*, Bd. 89, 2. Tübingen 1932.

Sten de Geer: *Befolkningens Fördelning I Sverige.* Stockholm 1919.

Strakosch, Siegfried: *Das Agraproblem im neuen Europa.* Berlin 1930.

Thünen, Johann Heinrich von: *Der isolierte Staat in Beziehung auf Landwirtschaft und Nationalökonomie.* Rostock 1842 (Neuauflage Jena 1910).

Vogel, Wakther: *Politische Geographie.* A. N. u. G. Leipzig und Berlin 1922.

Volz, Wilhelm und Schwelm, Hans: *Die deutsche Ostgrenze, Unterlagen zur Erfassung der Grenzzerreißungsschäden.* Leipzig 1929.

Vidal de Blache, Paul: *La France de l'Est* (*Lorraine-Alsace*). Paris 1920.

Vorschläge zur Abgrenzung der Zuständigkeiten zwischen Reich, Ländern und Gemeinden. In: Der Städtetag, 23 Jahrg. Berlin 1929.

Wagner, Hermann: *Lehrbuch der Geographie.* 1. Bd.: *Allgemeine Erdkunde*, 9. Aufl. Hannover und Leipzig 1912.

______: *Lehrbuch der Geographie*, 2. Bd., 1. Abteil.: *Allgemeine Länderkunde von Europa*, 6. Aufl. Hannover und Leipzig 1915.

Weber, Adna Ferrin: *The Growth of Cities in the Nineteenth Century*, New York und London 1899.

Weber, Alfred: *Über den Standort der Industrien*, I. Teil. *Reine Theorie des Standorts*. 1. Aufl. Tübingen 1909. (2. Aufl. ebenda 1922).

______: "Industrielle Standortlehre (allgemeine und kapitalistische Theorie des Standorts)." In: *Grundriß der Sozialökonomik*, 6. Abteil. Tübingen 1914.

Weber, Max: "Wirtschaft und Gesellschaft." In: *Grundriß der Sozialökonomik*. Tübingen 1925.

______: *Allgemeine Wirtschaftsgeschichte*. München und Leipzig 1923.

Weigmann, Hans: "Ideen zu einer Theorie der Raumwirtschaft. Ein Versuch zur Begründung einer realistischen Wirtschaftstheorie." In: *Weltwirtschaftliches Archiv*, 34. Bd. (1931, II). Jena, S. 1 ~40.

Weitzel, A.: *Deutschlands Neugliederung* ("Frankfurter Entwurf"). Frankfurt a. M., o. J. (1931).

▪ 기타 출처

Mitteilungen und Veröffentlichung der statistische Ämter von Bayern, Württemberg, Baden, Hessen, Preußen, Saargebiet und Thüringen.

Vogels Karte des Deutschen Reichens 1 : 500,000.

Karte des Deutschen Reichs 1 : 100,000.

Amtliche Fernsprechbücher für 1931, für das Saargebiet 1930.

찾아보기

(용 어)

ㄱ ~ ㄴ

ㄷ ~ ㄹ

ㅁ ~ ㅂ

ㅅ ～ ㅇ

ㅌ ～ ㅎ

찾아보기

(인 명)

발터 크리스탈러 (Walter Christaller, 1893~1969)

1893년 독일 남부 베르네크(Berneck)에서 출생하여 하이델베르크, 뮌헨, 에어랑겐 대학 등에서 철학과 문학, 미학, 정치경제학, 지리학을 공부했다. 1932년 에어랑겐대학에서 박사학위를, 1937년 프라이부르크대학에서 대학교수 자격을 취득했다. 1940년대에는 지방정부의 연구소 설립과 나치 독일의 동유럽 점령지에 대한 취락정비계획에 참여했고, 1950년대에는 공산주의 정당에 가입하여 활동했다. 말년에 들어 그의 중심지이론이 국내외에서 크게 인정받으면서 미국지리학회(1964년)와 영국왕립지리학회(1968년)로부터 표창과 메달을 수상했으며, 1968년에는 스웨덴 룬트(Lund)대학과 독일 보쿰대학으로부터 각각 명예박사학위를 받았다. 1969년에 76세의 나이로 사망했다.

안영진 (Young-Jin Ahn)

1963년생. 서울대학교 사회과학대학 지리학과를 졸업하고 동대학원 석사 및 박사과정을 수료한 뒤 독일 뮌헨공과대학교(TUM) 경제사회대학에서 박사학위를 받았다. 서울대학교에서 박사후 과정(Post-Doc.)을 거쳐 현재 전남대학교 사회과학대학 지리학과 교수로 있다.

주요 역서로 《사회지리학》(1998), 《세상을 변화시킨 열 가지 지리학 아이디어》(2001), 《노동시장의 지리학》(2002), 《사회공간론》(2003) 등이 있다.

박영한 (Young-Han Park)

1940년생. 서울대학교 문리과대학 지리학과 및 동대학원을 졸업하고 독일 뮌스터대학교에서 수학했다. 서울대학교 문리과대학 및 사회과학대학 지리학과 교수를 지냈으며, 대한지리학회장과 2000년 서울 세계지리학대회(IGC) 조직위 부위원장을 역임했다. 현재 서울대학교 명예교수로 있다.

주요 역서로 《부르주아 유토피아》(2000), 《인구·경제발전·환경》(2000) 등이 있다.